R 기반 제한적 종속변수 대상 회귀모형

백영민 지음

한나래 아카데미

R 기반 제한적 종속변수 대상 회귀모형

2019년 7월 20일 1판 1쇄 박음
2019년 7월 30일 1판 1쇄 펴냄

지은이 | 백영민
펴낸이 | 한기철

펴낸곳 | 한나래출판사
등록 | 1991. 2. 25. 제22–80호
주소 | 서울시 마포구 토정로 222, 한국출판콘텐츠센터 309호
전화 | 02) 738–5637 · 팩스 | 02) 363–5637 · e–mail | hannarae91@naver.com
www.hannarae.net

ISBN 978–89–5566–227–6 93310

* 이 도서의 국립중앙도서관 출판예정도서목록(CIP)은 서지정보유통지원시스템 홈페이지(http://seoji.nl.go.kr)와 국가자료공동목록시스템(http://www.nl.go.kr/kolisnet)에서 이용하실 수 있습니다.(CIP제어번호: CIP2019027841)

* 이 저서는 2016년도 정부재원(교육부 인문사회연구역량강화사업비)으로 한국연구재단의 지원을 받아 연구되었습니다(NRF–2016S1A3A2925033).

회귀모형에서 종속변수는 연구자가 설명하고자 하는 현상입니다. 하지만 가장 널리 사용되는 일반최소자승(OLS, ordinary least squares) 회귀모형에서 가정하는 형태의 종속변수, 즉 정규분포를 따른다고 가정할 수 있는 종속변수는 현실에서 잘 발견되지 않습니다. 물론 통계모형의 가정과 현실이 반드시 부합할 필요는 없지만, 통계모형의 가정과 현실이 너무 동떨어져 있을 경우 연구자는 '현실을 통계모형에 욱여넣거나' 아니면 '현실에 맞는 통계모형'을 사용하거나 둘 중 하나를 선택해야 합니다. 만약 후자를 선택하는 것이 타당하다고 생각하시는 분이라면 이 책의 내용이 큰 도움이 될 것으로 생각합니다.

본서에서는 정규분포를 따른다고 가정하기 어려운 종속변수들을 '제한적 종속변수(limited dependent variable)'라고 통칭하였습니다. 본서에서는 절단형 변수[측정이 완전하지 않은 중도절단형(censored) 변수와 측정이 되지 않은 완전절단형(truncated) 변수], 집단이나 선택(choice)·상태(status)로 나타나는 범주형 변수(categorical variable), 사건의 발생횟수와 같은 횟수형 변수(count variable) 등을 제한적 종속변수로 다루었습니다. 즉 본서의 목적은 이러한 제한적 종속변수를 투입한 회귀모형에는 어떤 것이 있고, R을 이용해 어떻게 회귀모형을 추정할 수 있으며, 회귀모형 추정결과를 해석하고 시각화할 수 있는지 소개하는 것입니다.

OLS 회귀모형이나 이항 로지스틱 회귀모형처럼 널리 알려진 경우를 빼고 본서에서 소개해 드릴 모형들은 토빗(Tobit) 회귀모형, 완전절단(truncated) 회귀모형, 순위(ordered)·다항(multinomial) 로지스틱 회귀모형과 기타 로지스틱 회귀모형들(조건부, 혼합, 배속, 스테레오타입, 범주순위, 지속비율순위 로지스틱 회귀모형), 포아송 회귀모형과 음이항 회귀모형, 허들 회귀모형과 영포화 회귀모형, 잠재집단분석(LCA, latent class analysis) 모형, 잠재프로파일분석(LPA, latent profile analysis) 모형과 잠재전이분석(LTA,latent transition analysis) 모형 등입니다. 일반적인 회귀모형은 아니지만 학문분과에 따라 특수한 형태의 종속변수로 표현된 사회적, 의학적, 자연적 현상을 설명할 때 종종 사용되는 모형들입니다.

본서에 관심 있는 독자분께 다음과 같은 부탁을 드리고 싶습니다.

첫째, R에 대한 기초지식을 습득하신 후에 본서를 보시기 바랍니다. 이 책은 R을 소개하는 입문서가 아니라, R을 활용하여 제한적 종속변수를 예측·설명하는 회귀모형을 추정하는 방법을 소개하는 책입니다. 따라서 본서에 관심 있는 독자분은 R이 무엇이며 어떻게 설치하고 어떻게 사용하는지에 대한 기초적 지식을 갖추셔야 합니다. 만약 R이 낯설게 느껴지신다면 이 책에 앞서 R 입문서를 먼저 학습해 주시기 바랍니다[예를 들어 졸저 『R 기반 데이터과학: tidyverse 접근』(2018a) 혹은 이와 유사한 다른 입문서들].

둘째, `ggplot2` 패키지(`tidyverse` 패키지에 속해 있음)에 대한 지식이 필수적입니다. 대부분의 연구자들이 제한적 종속변수인 경우 OLS 회귀모형을 사용하는 것이 적절하지 않다는 것은 인지하고 있지만, 본서에서 소개하는 제한적 종속변수에 맞는 회귀모형을 사용하길 꺼려합니다. 적어도 제 경험에 따르자면 그 이유는 두 가지입니다. 한 가지 이유는 제한적 종속변수에 사용할 수 있는 대안적 회귀모형을 잘 이해하지 못하는 경우입니다. 다른 이유는 제한적 종속변수에 사용할 수 있는 대안적 회귀모형을 알고 있고 사용할 수 있지만, 모형추정 결과에 대한 해석이 까다로워 결과해석이 잘 전달되지 않기 때문입니다. 첫 번째로 언급한 이유에 대해서는 뭐라 드릴 말씀이 없지만, 두 번째로 언급한 이유에 대해서는 저도 십분 동감합니다. 저만 하더라도 대안적 회귀모형을 사용했다가 논문심사자의 요구로 제한형 종속변수를 대상으로 OLS 회귀모형을 적용할 수밖에 없었던 경험이 적지 않기 때문입니다. '연구결과의 소통'이라는 점에서 청중이나 독자에게 대안적 회귀모형 추정결과를 전달하는 가장 좋은 방법은 '시각화(visualization)'입니다. 시각화와 관련하여 `tidyverse` 패키지에 속해 있는 `ggplot2` 패키지는 현재의 R 이용자들에게 필수품이 되었습니다. `ggplot2` 패키지의 함수들에 대해서는 졸저 『R 기반 데이터과학: tidyverse 접근』(2018a) 혹은 다른 참고서적을 먼저 학습하여 주시기 바랍니다.

셋째, 회귀모형 추정 후, 예측변수의 한계효과(marginal effect)를 시각화할 때 저는 `modelr` 패키지(마찬가지로 `tidyverse` 패키지에 속해 있음)를 사용하였습니다. `modelr` 패키지 함수들에 대해서도 졸저 『R 기반 데이터과학: tidyverse 접근』(2018a) 혹은 다른 온라인 자료를 통해 사전학습을 해 두시면 본서를 이해하는 데 큰 도움이 될 것입니다.

넷째, 범주형 변수를 효과적으로 사전처리할 수 있는 forcats 패키지(마찬가지로 tidyverse 패키지에 속해 있음)와 문자형 변수에 대한 기초적 사전처리를 할 수 있는 stringr 패키지 함수들에 대한 지식이 있다면 본서를 이해하는 데 큰 도움이 됩니다. 두 패키지 덕분에 모형추정 결과를 보다 쉽게 시각화하는 것이 가능해졌습니다. 이에 대해서도 졸저 『R 기반 데이터과학: tidyverse 접근』(2018a) 혹은 다른 자료들을 먼저 참고해 주시기 바랍니다.

끝으로 본서에서 소개한 R 코드들과 예시용 데이터는 모두 제 홈페이지(https://sites.google.com/site/ymbaek/)에서 다운로드 가능합니다. 이전까지는 출판사 홈페이지에 자료파일들을 업로드했습니다만, 많은 독자분들이 데이터를 찾는 데 어려움을 겪는 듯하여 이번부터는 관련 자료를 제 홈페이지에 업로드해 두었습니다. 부디 본서를 이해하는 데 유용하게 사용하실 수 있길 바랍니다.

R 관련 도서를 내면서 언제나 느끼는 것이지만 R은 참 매력적인 언어입니다. R과 관련하여 제게 엄청난 자극과 통찰력을 주시는 가톨릭대학교 순환기내과 문건웅 교수님께 이 자리를 빌려 감사의 말씀 드립니다. 또한 "R 기반 데이터 과학"이라는 이름으로 범주형 데이터 분석 수업을 의뢰하여 주신 연세대학교 사회복지대학원장님이신 강철희 교수님께도 이 자리를 빌려 감사의 말씀 드립니다. 강철희 교수님께서 수업을 의뢰해 주지 않으셨다면, 강의록을 정리한 이 책이 나오지 못하였을 것입니다. 또한 "R 기반 데이터 과학" 수업에 매주 성실히 과제를 제출하시고 수업 중간중간 날카로운 질문을 던져주셨던 박사과정의 홍기혜 선생님께도 이 자리를 빌려 감사의 말씀 드립니다. 아울러 몇 명만 사볼 책이라도 필요한 사람이 있다면 출간해야 한다는 따뜻한 말씀으로 본서를 출간해 주신 한나래출판사의 조광재 상무님과 한기철 사장님께 감사의 말씀을 드립니다.

하지만 무엇보다도 큰 감사의 말씀은 데이터 과학에 큰 관심을 보이고 있는 연세대학교 언론홍보영상학부 소속 주은혜 씨(2014년도 입학)와 박인서 씨(2016년도 입학)입니다. 학부생으로서 접하기 쉽지 않은 주제일 텐데도 학문적 진지함과 호기심으로 본서에 사용된 R 코드의 오류와 본문의 오탈자 등을 훌륭하게 지적해 주셨습니다(물론 본서의 모든 오류는 오롯이

저의 책임입니다). 주은혜 씨와 박인서 씨 덕분에 학생이 어떻게 교수에게 가르침을 줄 수 있고, 지적인 면은 물론 학문적 동기를 일깨우고 북돋을 수 있는지 깨달을 수 있었습니다. 교수-학생의 관계가 '학점거래'처럼 느껴지거나 연구자인지 아니면 대학 행정담당자인지 정체성의 혼란이 느껴져 '교수'라는 직책에 대한 회의감이 몰려왔던 순간이 적지 않았지만, 주은혜 씨와 박인서 씨와 같은 분들 덕분에 교수와 학생이 같은 학문공동체의 일원이라는 보람을 느낄 수 있었습니다. 진심으로 감사드립니다.

2019년 6월 15일

연세대학교 아펜젤러관에서

백영민

차례 Contents

3부 _ 범주형 변수

4부 _ 횟수형 변수

5부 _ 범주형 잠재변수

Introduction

1부
들어가며

Regression models
for
limited dependent variable
using R

General introduction to limited dependent variable

1부

1장 제한적 종속변수란?

본서에서 소개될 모형들에 투입되는 종속변수는 흔히 '제한적(limited) 종속변수'로 통칭됩니다.[1] '제한적'이라는 말은 여러 가지 의미로 해석될 수 있지만, 본서에서는 '정규분포(normal distribution)를 따른다고 가정하기 어려운 종속변수'라는 의미로 사용하였습니다. 즉 회귀모형 중에서 가장 널리 사용되는 '일반최소자승(OLS, ordinary least squares)' 회귀모형을 적용하기 어려운 형태의 종속변수인 경우 적용할 수 있는 모형들이 무엇인지 소개하고, 어떻게 R을 이용하여 이들 모형을 추정할 수 있을지 설명하는 것이 본서의 목적입니다.

그렇다면 본서에서 소개할 제한적 종속변수란 구체적으로 어떤 변수일까요? 제2부에서 소개해 드릴 제한적 종속변수는 중도절단형(censored) 혹은 완전절단형(truncated) 종속변수입니다. 우선 제2부에서 소개해 드릴 모형에서 다룰 종속변수는 모두 정규분포를 가정할 수 있는 연속형 변수이지만, 측정과정에서 완전한 종속변수 형태에서 벗어난 변수입니다. 예를 들어 직장인의 월급여를 측정할 때, 월 100만 원 이상인 경우는 1원 단위로 측정하여 보고하지만 월 100만 원 미만인 경우 '월 100만 원 미만'이라고 묶어서 측정한 변수를 중도절단형 변수라고 부릅니다. 반면 측정과정에서 일정 수준의 소득 이상인 개체만 표집하고 그렇지 않은 개체의 경우 표집에서 배제되었을 때(예를 들어 월소득 100만 원 미만인 경우는

1 '제한적 종속변수'라는 용어는 롱(Long, 1997)에서 가져온 것입니다.

표집하지 않음), 이렇게 측정된 소득변수를 완전절단형 종속변수라고 부릅니다. 중도절단형 혹은 완전절단형 종속변수인 경우 절단값을 기준으로 특정 사례의 측정값이 왜곡되어 기록되어 있거나 혹은 기록에서 배제되어 있기 때문에, OLS 회귀모형을 사용하여 모형을 추정하거나 모형예측값을 추정할 때 문제가 발생합니다. 제2부에서 소개해 드릴 모형은 다음과 같습니다.

- 토빗 모형(Tobit model): 중도절단형 변수가 종속변수로 사용될 때
- 완전절단회귀모형(truncated regression model): 완전절단형 변수가 종속변수로 사용될 때

제3부에서는 종속변수로 범주형 변수(categorical variable)가 투입되는 로지스틱 회귀모형을 다루었습니다. 범주형 변수는 연속형 변수와 질적으로 구분되기 때문에 OLS 회귀모형을 적용하는 것이 불가능합니다. 범주형 변수는 범주들의 서열화 가능 여부에 따라 순위범주형 변수[ordered categorical variable; 혹은 서열변수(ordinal variable)]와 무순위범주형 변수[unordered categorical variable; 혹은 명목변수(nominal variable)]로 구분됩니다. '예/아니오', '그렇다/아니다' 등과 같이 두 개의 범주를 갖는 이분변수(dichotomous variable; binary variable)는 가장 단순한 형태의 순위범주형 혹은 무순위범주형 변수입니다. 이렇듯 두 개의 범주로 구성된 이분변수의 경우 이항 로지스틱 회귀모형(binary logistic regression model)을 사용하며 거의 모든 기본 통계분석 교과서에서 소개되어 있습니다. 본서에서는 이항 로지스틱 회귀모형에 대한 논의를 기반으로 다양한 범주형 변수들을 다루었습니다. 흔히 사용되는 5점 리커트 척도로 측정된 순위범주형 변수, 선거상황에서의 정당·후보자에 대한 투표 형태와 같은 무순위범주형 변수, 구매 가능한 아이템들에 대해 순위를 매겨놓은 데이터 등 범주형 변수들은 사회과학 분야에서 매우 빈번하게 사용되지만 OLS 회귀모형을 적용하기 어려운 경우가 대부분입니다. 본서의 제3부에서는 범주형 변수의 유형에 따라 고려해 볼 수 있는 아래와 같은 로지스틱 회귀모형들을 소개하였습니다.

- 순위 로지스틱 회귀모형(ordered logistic regression model): 범주들의 선호도 순서가 지정된 순위범주형(ordered categorical) 변수가 종속변수로 사용될 때
- 다항 로지스틱 회귀모형(multinomial logistic regression model): 범주들의 선호도 순서가

존재하지 않는 무순위범주형(unordered categorical) 변수가 종속변수로 사용될 때

- 로지스틱 다층모형(mixed model for binary data): 두 개의 범주로 구성된 이분변수들이 최소 2개 시점 이상 반복측정되었을 때
- 조건부 로지스틱 회귀모형(conditional logistic regression model): 범주형 변수의 범주별 속성이 개체의 범주선택에 미치는 효과를 살펴볼 때
- 혼합 로지스틱 회귀모형(mixed logistic regression model): 개체의 속성과 범주형 변수의 범주별 속성이 개체의 범주선택에 미치는 효과를 살펴볼 때
- 배속 로지스틱 회귀모형(nested logistic regression model): 범주형 변수의 범주들이 상위 범주로 묶일 수 있다고 가정할 때
- 범주순위 로지스틱 회귀모형(rank-ordered logistic regression model): 범주형 변수의 선택 가능한 범주들에 대해 개체가 순위를 매겨두었을 때
- 스테레오타입 로지스틱 회귀모형(stereotype logistic regression model): 범주형 변수들의 범주가 위계화되어 있지만, 순위 로지스틱 회귀모형의 가정이 완전히 충족되어 있지 않을 때
- 지속비율 순위 로지스틱 회귀모형(continuation ratio ordered logistic regression model): 순위범주형 변수의 범주들이 단계단계 순차적으로 위계화되어 있다고 가정할 때

제4부에서는 횟수형 변수(count variable)가 종속변수로 사용될 경우 고려할 수 있는 회귀모형들을 소개하였습니다. 횟수형 변수는 음수(negative number)로 표현될 수 없기 때문에 OLS 회귀모형을 적용하기 어려운 경우가 종종 발생합니다. 특히 횟수형 변수의 경우 '0'이라는 값은 특별한 의미를 갖는 경우가 적지 않습니다. 예를 들어 음주횟수를 측정한 변수를 '지난 한 주 동안의 음주횟수는?'과 같은 방식으로 측정한 경우, 0번이라는 횟수는 2가지 혹은 그 이상의 의미를 갖습니다. 종교적 이유로 전혀 술을 안 마시는 사람도 있을 것이고, 지난주에 건강검진을 받거나 곧 수술을 받아야 하기 때문에 일시적으로 금주한 사람도 있을 것이고, 어쩌다 보니 술을 마실 기회가 없어서 음주횟수가 0인 사람도 있을 것입니다. 이러한 다양한 이유 때문에 '0'의 의미는 횟수형 변수에서 독특한 의미를 갖고 있습니다. 본서에서는 횟수형 변수를 설명하는 고전적인 회귀모형으로 포아송 회귀모형과 음이항 회귀모형을 설명한 후, '0'과 '1 이상의 양의 정수'를 구분하여 설명하는 허들

(hurdle) 회귀모형과 영포화(zero-inflated) 회귀모형을 소개하였습니다.

- 포아송 회귀모형(Poisson regression model): 포아송 분포를 따른다고 가정할 수 있는 횟수형 변수를 종속변수로 사용할 때
- 음이항 회귀모형(negative binomial regression model): 포아송 회귀모형 적용 시 과대분포 현상이 발생하는 횟수형 변수를 종속변수로 사용할 때
- 허들 회귀모형(hurdle regression model): '0'과 '1 이상의 양의 정수'를 '허들'로 개념화한 후, 0을 넘어설 확률 모형과 1 이상의 양의 정수 횟수만큼 발생하는 사건을 예측하는 포아송 혹은 음이항 회귀모형을 동시에 추정하고자 할 때
- 영포화 회귀모형(zero-inflated regression model): '0'이 발생할 확률 모형과 '0 이상의 정수 횟수'만큼 발생하는 사건을 예측하는 포아송 혹은 음이항 회귀모형을 동시에 추정하고자 할 때

제5부에서는 범주형 잠재변수(categorical latent variable)를 추정하는 모형들을 소개하였습니다. 사회과학 분야에서 연속형 잠재변수를 가정하는 모형들, 이를테면 탐색적 인자분석(EFA, exploratory factor analysis)이나 확증적 인자분석(CFA, confirmatory factor analysis) 등은 상당히 잘 알려져 있고 널리 사용되고 있는 편입니다. 그러나 개체의 잠재유형 혹은 어떤 집단으로 분류될지를 예측하는 모형들은 비교적 최근에야 사용되고 있습니다. 본서에서는 범주형 잠재변수로 범주형 관측변수들을 설명·예측하거나 범주형 잠재변수로 연속형 관측변수들을 설명·예측하는 경우, 범주형 잠재변수의 시계열 변화패턴을 설명·예측하는 경우 사용할 수 있는 다음의 모형들을 소개하였습니다.

- 잠재집단분석(LCA, latent class analysis)모형: 범주형 잠재변수를 이용하여 일련의 범주형 관측변수들을 설명·예측하고자 할 때(제5부 제1장). 그리고 개체 속성에 따라 범주형 잠재변수의 변화를 예측·설명하거나 개체 속성별 범주형 잠재변수와 범주형 관측변수의 관계의 변화양상을 살펴보고자 할 때(제5부 제2장)
- 잠재프로파일분석(LPA, latent profile analysis)모형: 범주형 잠재변수를 이용하여 일련의 연속형 관측변수들을 설명·예측하고자 할 때

• 잠재전이분석(LTA, latent transition analysis)모형: 시간변화에 따라 범주형 잠재변수의 변화패턴이 어떻게 달라지는지 설명·예측하고자 할 때

본서에서 소개된 모형들을 숙지하고 실습하시면 여러 형태의 제한적 종속변수들(중도절단·완전절단형 변수, 순위범주형·무순위범주형 변수, 횟수형 변수, 범주형 잠재변수)을 대상으로 한 웬만한 모형들을 이해하는 것은 물론 독자분께서 분석하여야 할 데이터에 적용하실 수 있을 것으로 확신합니다.

2장 예시 데이터 소개

본서의 목적은 제한적 종속변수에 대해 사용할 수 있는 여러 회귀모형들을 가능한 쉬운 말로 설명해 드린 후, 각각의 모형을 R을 이용하여 어떻게 실제로 구현할 수 있는지 예시 사례를 통해 소개하는 것입니다. 각 모형이 어떤 맥락에서 적용되는지를 설명하기 위해 사용한 예시 데이터는 '시뮬레이션 데이터'와 '실제 데이터' 두 가지로 구분할 수 있습니다.

첫째, '시뮬레이션 데이터'는 제가 R을 이용하여 특정한 조건에 맞도록 생성한 데이터를 뜻합니다. 시뮬레이션 데이터는 본서에서 소개하는 모형이 어떻게 작동하는지, 모형의 가정이 충족되지 않는 경우 모형추정 결과나 모형의 예측값이 어떤 영향을 받는지를 설명할 때 사용하였습니다. 저장된 데이터 중에는 `exdata5.csv` 데이터가 여기에 해당되며, 다른 개별 시뮬레이션 데이터는 각 장의 R 코드를 실행하시면 구현할 수 있습니다.

둘째, '실제 데이터'는 실제로 수집된 경험 데이터를 의미합니다. `exdata5.csv` 데이터를 제외한 다른 다섯 개의 데이터들이 여기에 속합니다. 각 데이터별 출처와 어떤 모형을 설명할 때 사용하였는지를 간략하게 소개해 드리면 다음과 같습니다.[1]

1 각 데이터의 사전처리 방법은 본서의 목적에 맞지 않기에 별도로 소개하지는 않았습니다. 만약 각 데이터에 대한 구체적 사전처리가 궁금하신 독자께서는 저자에게 별도 요청하시기 바랍니다.

- `exdata1.csv` 데이터: 한국복지패널데이터[2] 중 2차년도(2007년)에 수집된 데이터의 일부입니다. 해당 데이터는 토빗 모형, 완전절단회귀모형, 순위 로지스틱 회귀모형, 다항 로지스틱 회귀모형, 포아송 회귀모형, 음이항 회귀모형, 허들 회귀모형, 영포화 회귀모형을 설명할 때 예시 데이터로 사용하였습니다. 데이터의 변수들과 그 의미는 아래와 같습니다.
  - `female2`: 가변수(dummy variable). 응답자의 성별. 남성인 경우 0, 여성인 경우 1.
  - `age2`: 연속형 변수. 응답자의 연령.
  - `log10inc2`: 연속형 변수. 응답자의 연소득에 상용로그를 취한 변수.
  - `educ2`: 범주형 변수. 응답자의 교육수준.
  - `donate2`: 연속형 변수. 지난 한 해 응답자의 기부금액(만 원 단위). 즉 20이라는 입력값을 갖는 응답자는 지난 한 해 20만 원을 기부하였다고 자기보고(self-report)한 응답자임을 의미.
  - `volunt2`: 횟수형 변수. 지난 한 해 응답자의 자원봉사참여횟수. 예를 들어 10이라는 입력값을 갖는 응답자는 지난 한 해 총 10회 자원봉사에 참여했다고 자기보고하였음을 의미.
  - `workstatus2`: 무순위범주형 변수. 조사시점 당시 응답자의 고용형태.
  - `hlthsat2`: 순위범주형 변수. 조사시점 당시 응답자의 주관적 건강상태 인식. 리커트 5점척도로 측정되었음('1' = '매우 불만'; '5' = '매우 만족').

- `exdata2.csv` 데이터: 한국복지패널데이터 중 2차년도(2007년)와 5차년도(2010년)에 수집된 데이터의 일부입니다. 해당 데이터는 로지스틱 다층모형, 잠재집단분석(LCA)모형, 잠재전이분석(LTA)모형을 설명할 때 예시 데이터로 사용하였습니다. 데이터의 변수들과 그 의미는 아래와 같습니다.
  - `id`: 무순위범주형 변수. 응답자의 개인식별번호(personal identification number)입니다.
  - `female2`: 가변수(dummy variable). 응답자의 성별. 남성인 경우 0, 여성인 경우 1.
  - `age2`: 연속형 변수. 응답자의 연령.

---

2 `https://www.koweps.re.kr:442/main.do`

— educ2: 범주형 변수. 응답자의 교육수준.

— log10inc2: 연속형 변수. 응답자의 연소득에 상용로그를 취한 변수.

— CESD_w◌_□: 이분변수(dichotomous variable). ◌ 속에는 조사차수가 입력되어 있으며('2'인 경우 '2차년도'; '5'인 경우 '5차년도'), □에는 일반인 대상 우울성향[3] 측정항목이 입력되어 있음. 측정항목은 아래의 총 9개이며, 각 항목에 대해 '극히 드물다(일주일에 1일 미만)'라는 응답과 나머지 응답들['가끔 있었다(일주일에 1~2일간)', '종종 있었다(일주일에 3~4일간)', '대부분 그랬다(일주일에 5일 이상)']을 구분하였음.

1 = '식욕이 없음'

2 = '상당히 우울'

3 = '모든 일이 힘들게 느껴짐'

4 = '잠을 설침'

5 = '외로움'

6 = '사람들이 차갑게 대하는 것 같은 느낌'

7 = '마음이 슬펐다'

8 = '사람들이 나를 싫어하는 것 같은 느낌'

9 = '뭘 해나갈 엄두가 나지 않음'

- exdata3.csv 데이터: 한국언론재단에서 수집한 "포털뉴스 이용 및 댓글에 대한 인식조사" 설문조사 데이터의 일부입니다. 이 데이터는 다항 로지스틱 회귀모형, 조건부 로지스틱 회귀모형, 혼합 로지스틱 회귀모형, 배속 로지스틱 회귀모형, 잠재프로파일분석(LPA)모형을 설명할 때 예시 데이터로 사용되었습니다. 데이터의 변수들과 그 의미는 아래와 같습니다.

— female: 가변수(dummy variable). 응답자의 성별. 남성인 경우 0, 여성인 경우 1.

— age2: 연속형 변수. 응답자의 연령.

3 여기에 사용된 측정항목들은 흔히 CES-D 척도(The Center for Epidemiological Studies Depression scale)로 알려져 있습니다. 한국복지패널데이터의 경우, 본서의 예시 데이터에 포함된 9개 측정항목들을 포함 총 11개 측정문항들이 있습니다만, 이 중 "비교적 잘 지냈다"와 "불만 없이 생활"의 두 개 항목들의 경우 예시 데이터를 생성할 때 제외하였습니다.

— choice: 무순위범주형 변수. 뉴스를 접할 때 주로 이용하는 기기(device). 이 중 'Smart'라는 응답값은 스마트폰이나 태블릿 PC를 의미하며, 'ETC'라는 응답값은 종이신문이나 라디오를 의미.

— f_PC: 연속형 변수(5점 리커트 척도로 측정하였으며, 5점일수록 이용빈도가 높음). 응답자가 자기보고한 지난 한 주간 PC 사용빈도.

— f_ETC: 연속형 변수(5점 리커트 척도로 측정하였으며, 5점일수록 이용빈도가 높음). 응답자가 자기보고한 지난 한 주간 기타기기(종이신문 혹은 라디오) 사용빈도.

— f_Smart: 연속형 변수(5점 리커트 척도로 측정하였으며, 5점일수록 이용빈도가 높음). 응답자가 자기보고한 지난 한 주간 스마트기기(스마트폰 혹은 태블릿 PC) 사용빈도.

— f_TV: 연속형 변수(5점 리커트 척도로 측정하였으며, 5점일수록 이용빈도가 높음). 응답자가 자기보고한 지난 한 주간 TV 사용빈도.

• exdata4.csv 데이터: 한국언론재단에서 수집한 "한국의 언론신뢰도: 진단과 처방" 설문조사 데이터의 일부입니다. 이 데이터는 범주순위 로지스틱 회귀모형을 설명할 때 예시 데이터로 사용되었습니다. 데이터의 변수들과 그 의미는 아래와 같습니다.

— female: 가변수(dummy variable). 응답자의 성별. 남성인 경우 0, 여성인 경우 1.

— bornyear: 연속형 변수. 응답자가 출생한 연도의 뒷자리 2자리.

— conpro: 연속형 변수(5점 리커트 척도). 응답자가 자기보고한 정치적 이념성향. 1점에 가까울수록 '강한 보수성향'이며, 5점에 가까울수록 '강한 진보성향'임을 의미.

— role_□: 순위범주형 변수. 언론의 역할로 언급된 아래의 □ 항목에 대해 응답자가 부여한 순위.

— eval_□: 연속형 변수(7점 리커트 척도). 언론의 역할로 언급된 □ 항목을 현재 언론이 얼마나 잘 수행하고 있는가에 대한 응답자의 평가로 7점에 가까울수록 언론이 □ 항목을 잘 수행하고 있다고 평가.

1 = '시민에게 필요한 정보를 제공'

2 = '정치·경제·사회 권력에 대한 비판과 견제'

3 = '공론장 제공 및 여론 형성'

4 = '이슈에 대한 전문적 의견을 제공'

5 = '사회적 의제·안건 등을 설정'

- `exdata6.csv` 데이터: 서울시 공공데이터의 일부입니다. 이 데이터는 횟수형 종속변수에 적용하는 모형의 오프셋(offset) 옵션을 설명하면서 예시 데이터로 사용되었습니다. 데이터의 변수들과 그 의미는 아래와 같습니다.
  — `district`: 서울시의 25개 구(區)
  — `disease1`: 횟수형 변수. 2017년 각 구별 1종감염병(콜레라, 장티푸스, 파라티푸스, 세균성이질, 장출혈성대장균감염증, A형 간염 등) 발생 환자 수.
  — `pop`: 연속형 변수. 2016년 각 구별 거주 인구수.
  — `hospital`: 횟수형 변수. 2016년 각 구별 병원 수.

3장 R 패키지 소개

제1부를 마무리하면서 제2부~제5부에서 사용하게 될 R 패키지들을 소개하겠습니다. 본서의 독자들은 대부분 알고 계실 내용일 듯하지만, 먼저 R을 설치한 후, R을 편하게 사용하기 위해 R Studio를 추가로 설치하시기 바랍니다. R은 `https://www.r-project.org/`를 방문한 후 여러분의 PC 사양에 맞는 R 프로그램을 다운로드하여 설치하실 수 있으며, R Studio는 `https://www.rstudio.com/`를 방문하여 해당 프로그램을 설치할 수 있습니다. R 및 R Studio 설치에 대해서는 제가 저술한 『R기반 데이터 과학: tidyverse 접근』(2018a) 혹은 다른 R 입문서를 참조하시기 바랍니다. 제가 본서를 작성하던 시점에서 사용한 R은 3.5.2, R Studio는 1.1.463이었습니다. 단 제5부의 제2장에서만 R 3.4.4를 사용하였습니다(옛 버전의 R을 사용한 이유에 대해서는 제5부의 제2장에서 보다 상세하게 언급하였습니다).

개별 모형을 추정할 때 사용하게 될 R 패키지들은 크게 세 부류로 나눌 수 있습니다. 첫 번째 부류의 R 패키지는 데이터를 소환하고, 사전처리하며, 시각화할 때 사용하는 패키지들입니다. `tidyverse`, `modelr`, `broom` 패키지 등이 여기에 속합니다. 이들 패키지들은 제한적 형태의 종속변수를 대상으로 하는 회귀모형을 추정할 때만 사용되는 패키지가 아닙니다. 일반적인 기술통계분석이나 다른 형태의 종속변수들에 대한 분석을 실시할 때도 매우 유용하게 사용될 수 있습니다. `tidyverse` 패키지의 경우 데이터 처리 및 시각화의 효율성을 극대화시킨 가히 혁명적인 패키지라고 저는 생각합니다. 또한 `modelr` 패키지는 예측모형의 추정결과를 정리하고 시각화하는 데 매우 유용한 패키지입니다. `broom` 패키지는 모형추정 결과를 정리·요약하는 데 매우 유용합니다. 해당 패키지들의 사용방법에 대해서는 졸저(2018a)를 참조하여 주시기 바랍니다.

두 번째 부류의 R 패키지는 제2부부터 제5부까지 소개해 드릴 여러 모형들을 추정할 수 있는 함수를 담은 패키지들입니다. 제2부에서는 `VGAM`, `truncreg` 패키지의 함수들을 중심으로 중도절단형(censored) 혹은 완전절단형(truncated) 종속변수에 대해 적용하는 토빗 모형과 완전절단회귀모형을 추정하였습니다. 제3부에서는 `MASS`, `nnet`, `mlogit`, `VGAM`, `lme4` 패키지의 함수들을 중심으로, 순위 로지스틱 회귀모형, 다항 로지스틱 회귀모형, 다층 로지스틱 회귀모형, 조건부 로지스틱 회귀모형, 혼합 로지스틱 회귀모형, 배속 로지스틱 회귀모형, 범주순위 로지스틱 회귀모형, 스테레오타입 로지스틱 회귀모형, 지속비율 순위 로지스틱 회귀모형 등을 집중 소개하였습니다. 제4부에서는 `MASS`, `pscl` 패키지의 함수들을 이용하여, 음이항 회귀모형, 허들 회귀모형, 영포화 회귀모형 등을 소개하였습니다. 제5부에서는 `poLCA`, `lcca`, `mclust`, `tidyLPA`, `CAT_LVM` 패키지의 함수들을 이용하여 잠재집단분석(LCA, latent class analysis)모형, 잠재프로파일분석(LPA, latent profile analysis)모형, 잠재전이분석(LTA, latent transition analysis)모형 등을 분석하였습니다. 두 번째 부류에 속하는 R 패키지들 중 `lcca` 패키지와 `CAT_LVM` 패키지를 제외한 다른 패키지들은 모두 `install.packages()` 함수를 이용해 다운로드와 설치가 가능합니다. `lcca` 패키지와 `CAT_LVM` 패키지의 경우 제5부의 제2장과 제4장에서 어떻게 설치할 수 있는지 설명해 드리겠습니다.

세 번째 부류의 R 패키지는 부가적 통계치나 테스트를 실시할 때 사용할 패키지입니다. 세 번째 부류의 R 패키지의 경우 `library()` 함수를 사용하지 않고 `::` 기호를 이용하여 해당 패키지를 구동시키지 않은 채 함수만 실행시키는 방법을 사용하였습니다. 구체적으로 여기에 속하는 R 패키지들은 임의 R^2를 계산하기 위해 `DescTools::PseudoR2()` 함수를 사용하였으며, 이항 로지스틱 회귀모형을 설명하면서 `ResourceSelection::hoslem.test()` 함수를 사용하였으며, 순위 로지스틱 회귀모형을 설명하면서 `lmtest::coeftest()` 함수와 `brant::brant()` 함수를 소개하였고, 조건부 로지스틱 회귀모형을 소개할 때 주로 사용한 `mlogit` 패키지의 모형추정 결과가 조건부 로지스틱 회귀모형을 추정할 때 통상적으로 사용되는 survival::clogit() 함수의 추정결과와 같음을 보여주었고, 끝으로 LPA 모형과 군집분석의 결과를 비교하기 위해 cluster, factoextra의 두 패키지를 사용하였습니다.

끝으로 여러 패키지들을 동시에 사용할 때, 서로 다른 패키지들에 동일한 이름을 갖는 함수가 사용될 경우 오류가 발생하기도 합니다. 본서의 각 장별 예시 코드의 패키지들을 순서대로 실행하지 않을 경우 오류가 발생할 수 있습니다. 이 경우 해당 함수 이름 앞에 여러분들께서 사용하시는 패키지를 먼저 밝힌 후 해당 함수를 사용하시면 됩니다. 예를 들어 tidyverse 패키지를 구동한 후 MASS 패키지를 구동할 경우 tidyverse 패키지에 속한 dplyr 패키지의 select() 함수가 작동하지 않습니다. 만약 이런 문제가 발생하였을 경우 select = dplyr::select와 같은 방식으로 select() 함수를 재지정하신 후에 예시 코드를 실행하시기 바랍니다.

제2부~제5부의 각 장별로 필요한 패키지들은 본서와 함께 온라인으로 제공되는 R 예시 코드에서 찾아보실 수 있습니다. 각 장에서 소개될 모형들을 학습하기 이전에 library() 함수에 입력된 혹은 :: 기호의 앞부분에 표시된 패키지를 먼저 설치하신 후 코드를 실행하시기 바랍니다.

censored/truncated variable

2부
절단형 변수

Regression models for limited dependent variable using R

2부

OLS model and censored and truncated data

1장 OLS 회귀모형과 중도-혹은 완전-절단형 종속변수

OLS 회귀모형

실증데이터 분석을 기반으로 한 응용과학연구에서 가장 널리 사용되는 모형은 '회귀모형'입니다. 또한 다양한 회귀모형들 중 가장 널리 사용되는 것은 일반최소자승(OLS, ordinary least squares) 회귀모형입니다. 아마도 본서를 접하시는 분들은 이전에 OLS 회귀모형을 어떤 방식으로든 접하셨을 것으로 생각합니다. 따라서 여기서는 OLS 회귀모형에 대해 전반적으로 소개하기보다 '종속변수의 측정'이라는 관점에서 OLS 회귀모형에서 종속변수를 어떻게 가정하고 있는지 살펴보도록 하겠습니다.

OLS 회귀모형에서는 회귀모형에 투입되는 종속변수 y_i가 정규분포를 따른다고 가정합니다. 이때 종속변수의 평균이 μ라고 한다면, 우리는 종속변수를 다음과 같이 μ와 오차항 e_i로 표현할 수 있습니다.

$$y_i=\mu+e_i$$

흔히 통계학 교과서에서는 OLS 회귀모형의 오차항의 가정을 $NID(0,\ \sigma^2)$로 요약하여 표현하는데, 이는 위에서 $(y_i-\mu)$의 평균과 표준편차가 0과 σ라는 것을 보여줍니다. 위의 OLS 회귀모형에 연속형 변수인 예측변수 x_i를 투입해 봅시다. 그러면 공식은 다음과 같이 바꾸어서 써야 할 것입니다.

$$y_i = b_0 + b_1 \cdot x_i + e_i$$

하지만 위의 공식 역시도 $y_i - b_0 - b_1 \cdot x_i = e_i$와 같이 바꾸어 쓸 수 있고, 이 경우에도 마찬가지로 $(y_i - b_0 - b_1 \cdot x_i)$의 평균과 표준편차가 0과 σ라는 $NID(0, \sigma^2)$ 가정을 그대로 적용할 수 있습니다.

위에서 이야기한 OLS 회귀모형의 가정은 개념적으로는 크게 문제될 것 없습니다. 하지만 종속변수에 대한 OLS 회귀모형의 가정은 '현실적 측정'에서 잘 구현되지 않습니다. 왜냐하면 보통 변수를 측정할 때 가능한 모든 범위를 다 고려하지 않기 때문입니다. 다시 말해 $NID(0. \sigma^2)$ 가정에서는 오차항의 범위에 특정한 제약을 부과하지 않지만(즉 $[-\infty, +\infty]$), 실제 측정된 종속변수의 경우 특정하게 한정된 범위를 갖는 것이 보통입니다. 대표적인 사례들로 몇 가지 예를 들어 보죠.

첫째, 사회과학연구에서 흔히 사용되는 5점 리커트 척도는 최솟값을 1, 최댓값을 5로 한정짓습니다. 예를 들어 어떤 강의에 대한 만족도를 5점 리커트 척도로 측정할 때, 응답자는 만족도가 아무리 높아도 5점을 넘는 응답을 할 수는 없습니다(반대로 아무리 불만족스러워도 1점보다 낮은 응답을 할 수는 없습니다). 리커트 척도 측정방식이 아닌 변수도 다르지 않습니다. 하지만 많은 사회과학연구들(제가 수행했던 연구들 포함)은 리커트 척도로 측정된 태도, 의도 등의 변수를 종속변수로 하는 OLS 회귀모형을 추정합니다. 이 경우 OLS 회귀모형은 명시적이든 묵시적이든 종속변수의 최솟값이 1미만을 가질 수도 있고 최댓값이 5초과의 값을 가질 수도 있다고 가정하고 있습니다. 다시 말해 '현실적 측정'이라는 관점에서 OLS 회귀모형의 가정은 타당하지 않을 수도 있습니다.

둘째, 측정과정에서의 편의 혹은 현실적 필요성으로 인해 측정변수의 범위가 왜곡되어 입력되는 경우가 적지 않습니다(여기서 왜곡이라는 말을 절대로 부정적으로 받아들이지 마세요). 가장 대표적인 사례로는 응답자의 '소득수준' 변수를 언급할 수 있습니다. 자료를 수집하는 연구자 혹은 기관에 따라 기준은 다릅니다만, 소득의 최솟값은 '월소득 ○미만', 소득의 최댓값은 '월소득 ○이상'과 같이 측정하는 것이 보통입니다. 예를 들어 일반적인 설문조사의 경우 응답자의 소득수준 변수를 다음과 같이 1-10점 척도로 측정합니다. '1' = '월소득 200만 원 미만', '2' = '월소득 200만 원 이상 ~ 300만 원 미만', ..., '9' = '월소득 900만 원 이상 ~ 1000만 원 미만', '10' = '월소득 1000만 원 이상'. 이 변수의 경우 '1'점이 증가할수록 월소득의 급간이 100만 원 증가하는 방식으로 측정된다고 가정하고 있습니다만, 이 가정은 현실에 부합하지 않을 가능성이 높습니다. 이를테면 월소득 50만 원인 응답자와 월소득 150만 원인 응답자는 소득차이가 '100만 원'입니다만, 두 응답자의 값은 '1'로 동일하게 측정됩니다(마찬가지로 월소득 1000만 원인 응답자와 월소득 2000만 원인 응답자의 값 역시 '1'로 모두 동일합니다).

셋째, 개념적으로 특정값 미만(혹은 초과)된 측정치를 얻을 수 없는 경우도 있습니다. 예를 들어 '기업의 광고비'라는 변수를 생각해 봅시다. 현실적으로 기업의 광고비는 0보다 작은 값을 가질 수 없습니다(즉 광고를 전혀 하지 않는 기업의 경우). 동시에 기업의 광고비는 기업의 자산규모를 절대로 넘을 수가 없습니다(극단적으로 기업의 모든 자원을 광고비에 투입하였을 경우). 또 다른 예로 '일일 TV시청 시간'이라는 변수도 생각해 보죠. (극단적 사례이겠지만) TV를 전혀 보지 않는 사람도 있을 수 있고, 24시간 TV를 보는 사람도 있을 수 있습니다. 하지만 '-2'시간 TV를 보는 혹은 하루에 '30'시간 TV를 보는 사람은 존재할 수 없습니다.

넷째, 변수의 측정과정에서 자료수집 상황 혹은 연구자의 의도에 따라 변수의 '결측값(missing value)'이 발생할 수 있으며, 이로 인해 앞서 언급한 OLS 회귀분석 가정이 타당하지 않을 수 있습니다.[1] 예를 들어 일반인을 대상으로 '심리적 우울감(depression)'을 설문조사 방식으로 측정한다고 가정해 보죠. 우울감이 가벼운 사람의 경우 쉽게 설문조사에 응할 것이고, 설문문항들에 대해 큰 문제 없이 응답을 할 수 있을 것입니다. 하지만 우울감이 매우 높은 응답자의 경우 설문조사 자체에 응하지 않을 가능성이 높습니다. 다시 말해 일반인을 대상으로 우울감을 설문조사하는 경우 우울감 수준이 매우 높은 사람들이 포함되지 못합니다. 또한 특정 조건을 만족하는 사람들만 조사대상에 포함하는 설문조사(이를테면 '월소득 100만 원 이상' 혹은 '월소득 300만 원 이하') 역시 여기에 속합니다.

---

1 본서에서 다루는 결측값은 연구자의 통제범위를 벗어난 결측값이 아닙니다. 흔히 결측 데이터 분석(missing data analysis)으로 알려진 분야에서는 연구자가 통제할 수 없는 결측값을 '완전무작위 발생 결측 데이터(MCAR, missing completely at random)', '무작위 발생 결측 데이터(MAR, missing at random)', '비무작위 발생 결측 데이터(MNAR, missing not at random)'로 구분합니다(결측 데이터에 대한 입문서로는 다음을 참조; Allison, 2001). MCAR과 MAR의 경우 데이터에 대한 적합한 가정과 적절한 통계적 처치를 통해 어느 정도 대처 가능합니다. 흔히 말하는 결측 데이터 분석은 MCAR, MAR을 가정할 수 있는 결측 데이터를 다루고 있습니다. 결측값 분석과 관련된 내용은 기회가 된다면 별도의 도서로 출간할 예정입니다.

이상의 네 가지는 사회과학연구에서 흔히 접하게 되는 사례들입니다. 나중에 구체적 사례와 함께 다시 설명을 드리겠습니다만, 첫 번째와 두 번째 사례에 해당되는 데이터를 '중도절단형 데이터(censored data)'라고 부르며, 세 번째와 네 번째 사례에 해당되는 데이터를 '완전절단형 데이터(truncated data)'라고 부릅니다. 또한 중도절단 혹은 완전절단이 발생한 위치가 최솟값 쪽에 가까우면 좌측(left) 중도절단 혹은 좌측 완전절단이라고 부르고, 최댓값 쪽에 가까우면 우측(right) 중도절단 혹은 우측(right) 완전절단이라고 부릅니다. 물론 상황에 따라 중도절단 혹은 완전절단의 방향이 좌측과 우측에서 동시에 나타날 수도 있습니다.[2]

아무튼 중도절단형 혹은 완전절단형 데이터가 종속변수인 경우 앞서 소개한 OLS 회귀모형의 $NID(0, \sigma^2)$ 가정이 완전히 적용되지 않습니다. 물론 통계적 가정이 위배되었다고 해서 OLS 회귀모형의 추정결과, 그리고 추정결과를 통해 얻은 분과학문의 지식들이 틀렸다고 할 수 없습니다. 통계학자 조지 박스(George Box, 1919~2013)의 말처럼 "모든 모형은 틀렸다. 하지만 어떤 모형은 유용하다"라고 보는 것이 합당하기 때문입니다. 다시 말해 통계적 모형에서 요구하는 가정이 심각한 수준으로 위배된 것이 아니라면, 가정에 위배된 모형을 통해 얻은 결과라고 해도 여전히 현실적으로 유용하기 때문입니다.

중도절단형(censored) 데이터와 완전절단형(truncated) 데이터

그러나 통계적 가정위배가 아주 심각한 경우에 OLS 회귀모형을 사용하는 것은 매우 적절하지 않습니다. 제1장에서는 정규분포를 따른다고 가정할 수 있지만, 측정과정에서 중도절단형 혹은 완전절단형 변수를 종속변수로 삼을 때 OLS 회귀모형 대신 적용할 수 있는 모형을 살펴보도록 하겠습니다. 구체적으로 정규분포를 가정한 중도절단형 변수를 종속변수로 삼을 경우 사용하는 '토빗(Tobit) 모형'을, 정규분포를 가정한 완전절단형 변수를 종속변수로 삼을 경우 사용하는 '완전절단회귀모형(truncated regression model)'을 소개하도록 하겠습니다.

모형에 대한 구체적 설명에 앞서 중도절단형 및 완전절단형 변수를 OLS 회귀모형의 종속변수로 투입하였을 때 모형추정 결과에 어떤 문제가 발생하며, 대안적 모형(토빗 모형과

---

2 중도절단형 데이터와 완전절단형 데이터에 대한 다른 사례들을 확인하시고 싶은 분들은 롱(Long, 1997, Chapter 7)이나 그리니(Greene, 2012, Chapter 19)를 참조하시기 바랍니다.

완전절단회귀모형)을 사용하였을 때 과연 해당 문제가 극복될 수 있는지 우선 간단한 시뮬레이션 사례를 통해 맛보도록 하겠습니다. 시뮬레이션은 다음과 같은 조건을 따라 생성하였습니다.

- 총 표본수는 100,000이다.
- 독립변수인 x의 경우 평균이 0, 표준편차가 1인 정규분포를 따른다.
- 회귀모형의 오차항인 e_i는 평균이 0, 표준편차가 1인 정규분포를 따른다.
- 종속변수인 y는 다음의 3가지 방식으로 측정되었다.
  (1) 측정문제가 전혀 없는 변수인 경우
  (2) 0 이하의 값이 0으로 측정된 중도절단형 변수인 경우
  (3) 0 미만의 값이 측정에서 배제된 완전절단형 변수인 경우
- 종속변수 y를 x로 예측하는 OLS 회귀모형의 절편은 '0', 비표준화 회귀계수는 '1'이다.

위와 같은 시나리오를 따르는 시뮬레이션 데이터(데이터 오브젝트 이름은 simdata)는 아래와 같이 생성하였습니다. 앞서 제1부에서 소개했던 패키지들을 `library()` 함수를 이용해 먼저 구동한 후, 아래와 같은 방식으로 시뮬레이션 데이터를 생성해 봅시다. 데이터의 사전처리 및 시각화는 `tidyverse` 접근을 기반으로 한 것입니다. 파이프 오퍼레이터나 ggplot2 패키지에 기반한 시각화 방법이 잘 이해되지 않는 분께서는 먼저 졸저 『R기반 데이터과학: tidyverse 접근』(2918a)를 살펴보시기 바랍니다.

```
> #아래의 패키지들이 사용됩니다.
> library("VGAM")       #중도절단형(censored)/기타 범주형 종속변수 대상 회귀모형
> library("truncreg") #완전절단형(truncated) 종속변수 대상 회귀모형
> #아래 패키지는 데이터에 대한 기술통계 분석 및 결과 시각화에 사용할 것입니다.
> library('tidyverse')
> library('modelr')
> library('broom')
> # 시뮬레이션 데이터
> trial_number = 20190103  # 동일한 결과를 얻기 위해서는 반드시 실시
> sampleN = 100000          # 표본수
> sigma = 1                 # 오차항 표준편차
```

```
> set.seed(trial_number)  # 동일한 결과를 얻기 위해서는 반드시 실시
> x = rnorm(sampleN, mean=0, sd=1)
> y = 0 + 1*x + rnorm(sampleN, mean=0, sd=sigma)
> simdata = tibble(x=x,y=y)%>%
+   mutate(
+     y_trunc=ifelse(y<0,NA,y),  #좌측완전절단형
+     y_censor=ifelse(y<0,0,y)   #좌측중도절단형
+   )
```

시뮬레이션 데이터의 세 가지 종속변수 분포를 살펴보죠. 히스토그램은 아래의 R 코드를 실행하면 생성할 수 있습니다. 〈그림1〉의 맨 위 그래프에서 잘 드러나듯, 측정이 완벽한 경우 평균인 0을 중심으로 좌우가 대칭을 이룬 모습을 볼 수 있습니다. 그러나 좌측중도절단형 종속변수인 경우 0 미만의 값들이 모두 0으로 입력되어 있기 때문에 좌우대칭 분포가 아니며, 좌측완전절단형 종속변수인 경우 0 미만의 값들이 존재하지 않기 때문에 우측의 분포만이 존재하는 것을 알 수 있습니다.

```
> simdata %>%
+   select(contains("y")) %>%
+   gather(key=type,value=obs) %>%
+   mutate(
+     type=ifelse(type=="y","완전하게 측정된 종속변수\n",type),
+     type=ifelse(type=="y_censor",
+         "좌측 중도절단 측정된 종속변수\n(left-censored dependent variable)",type),
+     type=ifelse(type=="y_trunc",
+         "좌측 완전절단 측정된 종속변수\n(left-truncated dependent variable)",type),
+     type=fct_relevel(type,"완전하게 측정된 종속변수\n",
+        "좌측 중도절단 측정된 종속변수\n(left-censored dependent variable)")
+   ) %>%
+   ggplot()+
+   geom_histogram(aes(x=obs),bins=50)+
+   geom_vline(xintercept=0,color='red',linetype=2)+
+   labs(x="시뮬레이션된 종속변수",y="빈도")+
+   theme_bw()+
+   facet_wrap(~type,ncol=1)
Warning message:
Removed 49913 rows containing non-finite values (stat_bin).
```

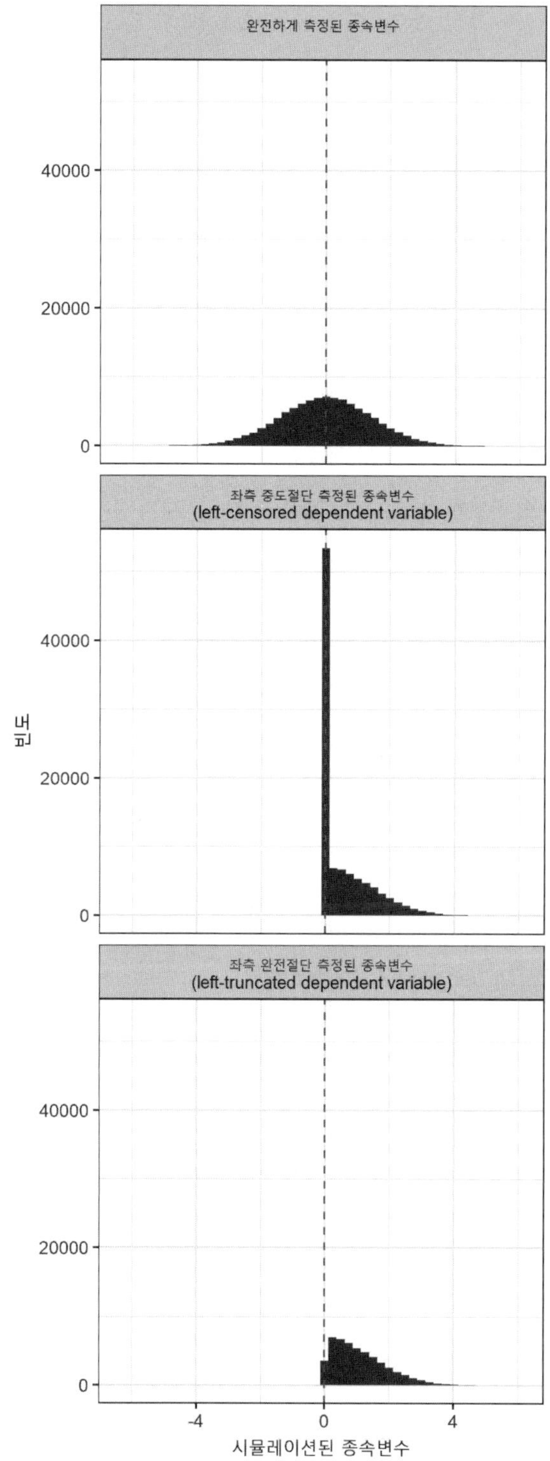

그림1. 좌측 중도절단형 및 좌측 완전절단형 종속변수

이제 예측변수 x로 세 가지 종속변수, 즉 완전하게 측정된 y, 좌측 중도절단된 y, 완전절단된 y 세 변수를 설명하는 회귀모형을 추정해 봅시다.

첫째, 완전하게 측정된 y를 종속변수로 택한 경우는 OLS 회귀모형을 사용하였습니다.

둘째, 좌측 중도절단된 y를 종속변수로 택한 경우는 OLS 회귀모형과 중도절단형 데이터에 대해 주로 사용되는 토빗 회귀모형을 각각 사용하였습니다. 이를 통해 중도절단형 데이터에 OLS 회귀모형을 적용할 경우 어떤 문제가 발생하며, 토빗 회귀모형은 모수를 타당하게 추정하는지 살펴보겠습니다.

셋째, 좌측 완전절단된 y를 종속변수로 택한 경우는 OLS 회귀모형과 완전절단형 데이터에 대해 주로 사용되는 완전절단회귀모형을 각각 사용하였습니다. 마찬가지로 완전절단형 데이터에 OLS 회귀모형을 적용할 경우 어떤 문제가 발생하며, 완전절단회귀모형이 모수를 타당하게 추정하는지 살펴보겠습니다. R을 이용하여 토빗 모형과 완전절단회귀모형을 추정하는 방법은 아래와 같습니다. R 코드에 대한 자세한 설명은 조금 후에 구체적으로 설명하도록 하겠습니다. 또한 토빗 모형과 완전절단회귀모형 추정결과의 경우 조금 후에 구체적으로 살펴보기로 하고, 모형추정 결과는 〈표1〉로 간단하게 요약하여 제시하겠습니다.

```
> #완전측정 종속변수에 대한 OLS
> model_ols_P=lm(y~x,simdata)
> #좌측 중도절단형 종속변수에 대한 OLS
> model_ols_C=lm(y_censor~x,simdata)
> #좌측 중도절단형 종속변수에 대한 토빗 모형
> model_tobit=vglm(y_censor~x,tobit(Lower=0),simdata)
> #좌측 완전절단형 종속변수에 대한 OLS
> model_ols_T=lm(y_trunc~x,simdata)
> #좌측 완전절단형 종속변수에 대한 완전절단회귀모형
> model_trunc=truncreg(y_trunc~x,point=0,direction='left',simdata)
> #모형추정 결과
> summary(model_ols_P)
                                [모형추정 결과는 본문의 표를 참조]
> summary(model_ols_C)
                                [모형추정 결과는 본문의 표를 참조]
> summary(model_tobit)
                                [모형추정 결과는 본문의 표를 참조]
```

```
> summary(model_ols_T)
                              [모형추정 결과는 본문의 표를 참조]
> summary(model_trunc)
                              [모형추정 결과는 본문의 표를 참조]
```

아마도 OLS 회귀분석 결과는 모든 독자분들이 어려움 없이 이해할 수 있을 것입니다. 토빗 모형과 완전절단회귀모형 추정결과 중 우리의 관심사인 '절편'과 '회귀계수'의 모수추정 결과만 비교해 봅시다. 위에서 얻은 결과들을 하나의 표로 정리하면 다음의 〈표1〉과 같습니다. 우선 표본수가 100,000으로 상당히 크기 때문에 완전하게 측정된 종속변수에 대한 OLS 회귀모형 추정결과는 거의 완벽합니다.

표1. 시뮬레이션 데이터에 대한 모형추정 결과 비교

	모수	완전하게 측정된 종속변수 OLS 회귀모형	좌측 중도절단형 종속변수		좌측 완전절단형 종속변수	
			OLS 회귀모형	토빗 회귀모형	OLS 회귀모형	완전절단 회귀모형
절편	0.000	0.002 (0.003)	0.566*** (0.002)	0.002 (0.003)	0.828*** (0.004)	−0.003 (0.016)
x	1.000	1.003*** (0.003)	0.504*** (0.002)	1.006*** (0.004)	0.534*** (0.004)	1.004*** (0.010)

알림. ***$p<.001$. N=100,000. 비표준화 회귀계수와 표준오차(괄호 안)가 보고되었음. 토빗 회귀모형의 경우 VGAM 패키지(version 1.0-6)의 `vglm()` 함수를 이용하여 추정하였으며, 완전절단 회귀모형의 경우 `truncreg` 패키지(version 0.2-5)의 `truncreg()` 함수를 이용하여 추정하였음.

우선 좌측 중도절단형 종속변수의 경우 OLS 회귀모형은 모수를 전혀 제대로 추정하지 못하고 있습니다. 좌측 중도절단형 종속변수에 대해 OLS 회귀모형을 적용한 경우 절편의 경우 과대추정경향이(b_0=.566, $p<.001$), 회귀계수의 경우 과소추정경향이 발생한 것을 알 수 있습니다(b_1=.504, $p<.001$). 반면 토빗 회귀모형의 경우 절편과 회귀계수 모두가 거의 정확하게 추정된 것을 확인할 수 있습니다(b_0=.002, $p=ns$; b_1=1.006, $p<.001$).

다음으로 좌측 완전절단형 종속변수의 경우도 OLS 회귀모형은 모수를 전혀 제대로 추정하지 못하고 있습니다. 마찬가지로 좌측 완전절단형 종속변수에 대해 OLS 회귀모형을 적용한 경우 절편의 경우 과대추정경향이(b_0=.828, $p<.001$), 회귀계수의 경우 과소추정경향이 발생한 것을 알 수 있습니다(b_1=.534, $p<.001$). 반면 완전절단회귀모형은 절편과

회귀계수 모두를 거의 정확하게 추정하고 있습니다(b_0=-.003, p=ns; b_1=1.004, p<.001).

위의 시뮬레이션 데이터는 정규분포를 따르는 종속변수가 측정과정에서 중도절단형 혹은 완전절단형 변수로 측정되었을 때, OLS 회귀모형으로 정확한 모수추정이 어려울 수 있다는 것을 매우 잘 보여줍니다. 또한 종속변수가 어떻게 중도절단되었는지, 혹은 어떻게 완전절단되었는지에 대해 연구자가 정확하게 알고 있다면 토빗 모형이나 완전절단회귀모형이 매우 훌륭한 대안이 될 수 있다는 것을 잘 보여줍니다.

2장 토빗 모형: 중도절단형 종속변수인 경우

개요

앞서 설명하기는 했습니다만, 토빗 모형을 적절하게 사용하기 위해서는 '중도절단형(censored) 변수'와 '완전절단형(truncated) 변수'를 명확하게 이해하고 구분할 수 있어야 합니다. 왜냐하면 어떤 과정을 통해 종속변수 측정에서 어떤 문제가 발생하였는지를 명확하게 이해하지 못한 상태에서 토빗 모형을 적용할 경우 모수추정 결과가 더 왜곡될 수 있기 때문입니다(이 부분에 대해서는 제2부 제4장에서 예시 자료와 함께 추가 설명을 제시하겠습니다). 중도절단형 변수는 특정값 τ_y 미만(혹은 초과)의 관측치가 τ_y로 측정된 변수를 의미합니다. 반면 완전절단형 변수는 특정값 τ_y 미만(혹은 초과)의 관측치가 배제되어 측정된 변수를 의미합니다.

토빗 모형은 정규분포를 따른다고 가정된 중도절단형 변수가 종속변수인 경우에 사용할 수 있는 회귀모형입니다. 그렇다면 토빗 모형은 어떠한 방식으로 중도절단형 종속변수를 이해하고 추정할까요? 우선 결론부터 이야기하면 토빗 모형을 포함하여 본서에서 소개하는 모든 모형들은 중도절단형 종속변수를 관측변수(observed variable)로 파악한 후 이 중도절단형 종속변수의 측정문제에서 자유로운 완벽하게 측정된 잠재변수(latent variable)를 가정합니다. 여기서 관측변수를 y로, 잠재변수를 y^*라고 부르겠습니다. 또한 중도절단이 발생한 지점을 τ_y라고 가정해 보죠. 만약 좌측 중도절단이 발생했다면, y는 다음과 같이 표현됩니다.

$$y=\begin{cases} y^* \text{ 만약 } y^* > \tau_y \\ \tau_y \text{ 만약 } y^* \leq \tau_y \end{cases}$$

위의 공식을 이해하셨다면 토빗 모형의 핵심 아이디어를 이해하셨다고 볼 수 있습니다. 즉 관측변수 y는 $y^* > \tau_y$ 아니면 $y^* \leq \tau_y$ 두 가지 범위 중 하나에 속합니다. y가 $y^* > \tau_y$에 속할 확률을 Prob(uncensored)라고, $y^* \leq \tau_y$에 속할 확률을 Prob(censored)라고 표시한다면, 두 확률의 합은 '1'이 됩니다. 다시 말해 아래의 공식이 성립합니다.

$$\text{Prob(uncensored)+Prob(censored)=1}$$

앞에서 말씀 드렸듯 토빗 모형에서는 OLS 회귀모형과 마찬가지로 종속변수가 정규분포를 따른다고 가정합니다. 즉 표준정규분포의 누적밀도함수(cumulative density function, CDF)를 Φ라고 표현한다면, 위의 공식은 아래와 같이 바꾸어 쓸 수 있습니다.

$$\Phi\left(\frac{\mu-\tau_y}{\sigma}\right)+\Phi\left(\frac{\tau_y-\mu}{\sigma}\right)=1$$

발생확률을 추정하는 공식을 이해하셨다면, 이제는 y의 기대값(expected value)을 계산하는 방법을 살펴봅시다. 우선 중도절단이 발견된 경우의 기대값은 고정값, 즉 τ_y입니다. 공식으로 표현하면 아래와 같습니다.

$$E(y|y^* \leq \tau_y)=E(y|y=\tau_y)=\tau_y$$

그렇다면 중도절단이 발견되지 않은 경우의 기대값은 어떻게 표현할 수 있을까요? 우선 "중도절단이 발견되지 않은 경우"라는 뜻은 조건부 확률을 의미합니다. 다시 말해 $E(y|y>\tau_y)$, 즉 y가 τ_y보다 큰 경우의 y값으로 표현할 수 있고, 이 값은 아래의 공식과 같이 표현됩니다.

$$E(y|y^* > \tau_y) = E(y|y > \tau_y) = \mu + \sigma \frac{\phi\left(\frac{\mu - \tau_y}{\sigma}\right)}{\Phi\left(\frac{\tau_y - \mu}{\sigma}\right)}$$

위의 공식의 오른쪽 부분을 설명하는 것은 조금 까다롭습니다. 공식을 이해하기 전에 중도절단이 일어나기 이전의 잠재변수 y^*의 기대값과 중도절단이 발생한 후의 관측변수 y의 기대값이 어떠할지 한번 생각해 봅시다. 앞서 소개했던 시뮬레이션 데이터(`simdata`)의 경우 0 미만의 값은 모두 0으로 측정하였습니다. 이 경우 중도절단이 발생하기 이전의 y는 평균이 0이지만, 중도절단이 발생한 후에는 평균이 0보다 높은 값이 나타나게 됩니다. 즉 좌측 중도절단이 발생한 경우 관측변수의 평균은 잠재변수의 평균보다 크게 나타나고, 우측 중도절단이 발생한 경우 관측변수의 평균은 잠재변수의 평균보다 작게 나타나게 됩니다. 이 부분을 이해하셨다면 위의 공식의 $\sigma \frac{\phi\left(\frac{\mu - \tau_y}{\sigma}\right)}{\Phi\left(\frac{\tau_y - \mu}{\sigma}\right)}$이 문제없이 이해되실 것입니다.[1]

보통 위의 공식은 다음과 같이 간략한 형태로 제시됩니다. 여기서 $\lambda(\bullet)$을 흔히 '밀의 역비(逆比, inverse Mills ratio)'라고 부릅니다.

$$E(y|y > \tau_y) = \mu + \sigma\lambda\left(\frac{\mu - \tau_y}{\sigma}\right), \ \lambda(\bullet) = \frac{\phi(\bullet)}{\Phi(\bullet)}$$

이제 중도절단형 변수에 대한 기대값을 다음과 같이 계산할 수 있습니다.

$$\begin{aligned} E(y) &= \text{Prob(uncensored)} \times E(y|y > \tau_y) + \\ &\quad \text{Prob(censored)} \times E(y|y \le \tau_y) \\ &= \left\{\Phi\left(\frac{\mu - \tau_y}{\sigma}\right)\left[\mu + \sigma\lambda\left(\frac{\mu - \tau_y}{\sigma}\right)\right]\right\} + \Phi\left(\frac{\tau_y - \mu}{\sigma}\right)\tau_y \end{aligned}$$

위의 과정을 통해 토빗 모형이 OLS 회귀모형과 어떻게 다른지 이해하셨을 것입니다. 이제는 실제 사례에 토빗 모형을 적용해 보겠습니다.

---

1 가급적 공식을 간략화하기 위하여 좌측중도절단 상황만을 가정하였습니다. 우측중도절단 상황, 특히 양측 중도절단 상황을 가정한 상황의 공식은 조금 다르게 표시됩니다.

토빗 모형 추정과정 및 결과해석

여기서는 예제 데이터 exdata1.csv를 사용하겠습니다. 데이터와 변수의 출처와 구성, 그리고 의미에 대해서는 앞서 이미 설명한 바 있습니다. 토빗 모형의 종속변수로는 donate2라는 변수를 택하도록 하겠습니다. 본격적인 토빗 모형 적용에 앞서 독자 여러분들께서는 다음과 같은 가정들을 받아들여 주시기 바랍니다.

- 첫째, 본서에서 다루고자 하는 모집단은 '기부자'이며, '비기부자'의 경우 분석대상에서 제외된다.
- 둘째, 엄밀하게 말해 donate2 변수는 좌측 완전절단형 변수다. 왜냐하면 데이터를 수집할 때 '0원 초과 ~ 1만 원 미만'의 값은 측정되지 않았고, '1만 원 이상'의 값만 측정되었기 때문이다. 그러나 이 분석에서는 좌측 완전절단이 일어나지 않았다고 가정하였다.
- 셋째, 엄밀하게 말해 donate2 변수는 우측 중도절단형 변수다. 왜냐하면 데이터를 수집할 때 1000만 원 이상을 기부한 경우 1000으로 표시되었기 때문이다. 하지만 이 분석에서는 우측 중도절단이 일어나지 않았다고 가정하였다.

이러한 가정을 따라 exdata1.csv에서 기부자만으로 구성된 표본을 선택한 후, 종속변수가 정규분포에 가깝도록 로그전환을 실시해 봅시다. 로그전환된 변수가 '금액'이라는 점에서 상용로그 전환을 실시하였습니다. 또한 예측변수로 사용될 educ2, workstatus2, hlthsat2 변수들은 모두 요인형 변수로 전환하였고, age2, log10inc2 변수들은 모두 평균중심화 변환을 실시하였습니다.

```
> #아래의 패키지들이 사용됩니다.
> library("VGAM")       #중도절단형(censored)/기타 범주형 종속변수 대상 회귀모형
> library("truncreg") #완전절단형(truncated) 종속변수 대상 회귀모형
> #아래 패키지는 데이터에 대한 기술통계 분석 및 결과 시각화에 사용할 것입니다.
> library('tidyverse')
> library('modelr')
> library('broom')
```

```
> #우선 exdata1부터 열어본 후, 어떤 형태 데이터인지 살펴봅시다.
> setwd("D:/data/Categorical_Data_Analysis")
> mydata = read_csv("exdata1.csv")
> #최소 만 원 이상 기부를 했던 사람들만 선택한 후
> #기부금액을 상용로그 전환해 보겠습니다.
> mydata_ch1 = mydata %>%
+   filter(donate2>0) %>%
+   mutate(log10donate=log10(donate2)) %>%
+   mutate_at(
+     vars(educ2,workstatus2,hlthsat2),
+     funs(factor(.))
+   )
> # 연속형 변수의 경우 평균중심화 변환
> mydata_ch1 = mydata_ch1 %>%
+   mutate(
+     age2C = (age2 - mean(mydata_ch1$age2))/10,  #10세를 기본단위로
+     log10inc2C = log10inc2 - mean(mydata_ch1$log10inc2)
+   )
```

상용로그 전환된 기부금액의 분포는 아래의 〈그림1〉과 같습니다. 완벽한 정규분포를 이루지는 않지만, 상당히 정규분포에 가까운 것을 발견하실 수 있을 것입니다.

```
> mydata_ch1 %>% ggplot(aes(x=log10donate))+
+   geom_histogram(bins=30)+
+   labs(x="기부금액(만원단위 측정값에 대한 상용로그 전환값)",y="빈도")+
+   scale_x_continuous(breaks=c(0,log10(5),1:3),
+                      labels=c("1만원","5만원",str_c(c(10,100,1000),"만원")))+
+   theme_bw()
```

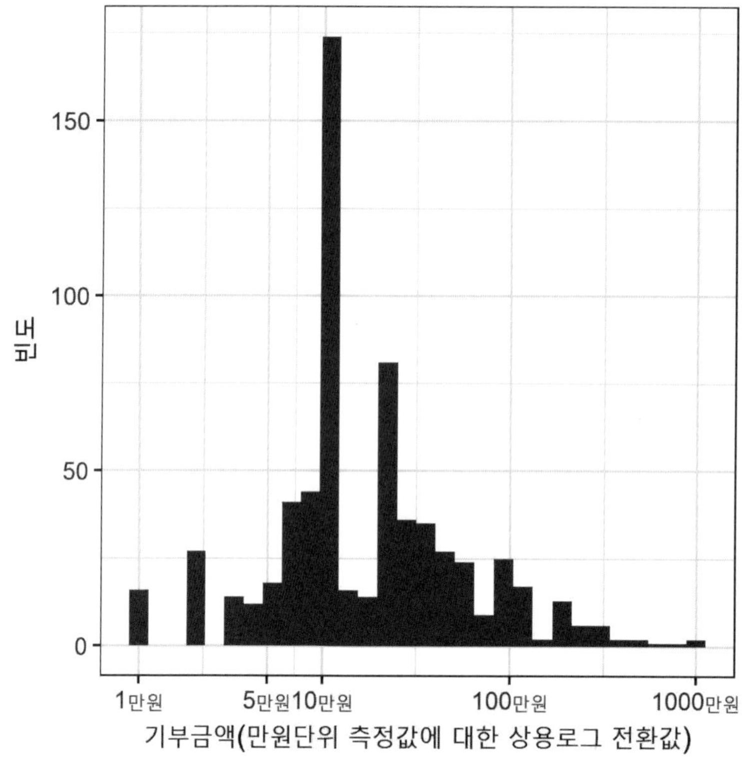

그림 1. 상용로그 변환 기부금액의 분포

이제 이 변수를 기준으로 '5만 원 미만' 그리고 '100만 원 초과'의 두 지점을 각각 좌측 중도절단값과 우측 중도절단값으로 하는 '좌측 중도절단형 변수(censor_L)', '우측 중도절단형 변수(censor_R)', '양측 중도절단형 변수(censor_B)' 세 가지를 생성해 보겠습니다.

```
> #중도절단형(censored) 종속변수인 경우
> #5만 원 이하인 경우 "5"로 측정된 좌측 중도절단형 변수
> #100만 원 이상인 경우 "100"으로 측정된 우측 중도절단형 변수
> #좌측 및 우측 모두 중도절단된 변수
> mydata_ch1 = mydata_ch1 %>%
+   mutate(
+     censor_L = ifelse(log10donate<log10(5),log10(5),log10donate),
+     censor_R = ifelse(log10donate>log10(100),log10(100),log10donate),
+     censor_B = ifelse(censor_L>log10(100),log10(100),censor_L)
+   )
```

이제 위에서 생성한 세 가지 중도절단형 변수들을 대상으로 토빗 모형을 추정해 보겠습니다. 우선 토빗 모형을 추정하기 위해서는 VGAM 패키지를 먼저 구동해야 합니다. 이후 vglm() 함수에 tobit() 옵션을 지정하면 좌측(Lower 옵션), 우측(Upper 옵션), 혹은 좌·우측 중도절단형 종속변수에 대한 토빗 모형을 추정할 수 있습니다. vglm() 함수의 사용방법은 lm() 함수 혹은 glm() 함수를 이용하는 방법과 거의 유사합니다.

```
vglm(공식, tobit(Lower=좌측 중도절단값, Upper=우측 중도절단값), data)
```

좌측 중도절단형 종속변수인 censor_L을 성별(female2), 연령의 일차항(age2C)과 이차항(I(age2C^2)), 소득의 일차항(log10inc2C), 교육수준(educ2)으로 추정한 모형은 아래와 같습니다. 좌측 중도절단 기준점이 5만 원이기 때문에 Lower 옵션을 log10(5)로 설정하면 됩니다.

```
> m_tobit_L = vglm(censor_L~female2+age2C+I(age2C^2)+
+                  log10inc2C+educ2,
+                 tobit(Lower=log10(5)), mydata_ch1)
```

우측 중도절단형 종속변수인 경우 tobit() 함수의 옵션이 Lower에서 Upper로 달라질 뿐 다른 부분들은 동일합니다.

```
> m_tobit_R = vglm(censor_R~female2+age2C+I(age2C^2)+
+                  log10inc2C+I(log10inc2C^2)+educ2,
+                 tobit(Upper=log10(100)), mydata_ch1)
```

좌측과 우측 모두에서 중도절단이 나타난 종속변수인 경우 tobit() 함수의 옵션에 Lower, Upper로 두 가지를 모두 지정해 주시면 됩니다.

```
> m_tobit_B = vglm(censor_B~female2+age2C+I(age2C^2)+
+                  log10inc2C+I(log10inc2C^2)+educ2,
+                 tobit(Lower=log10(5), Upper=log10(100)), mydata_ch1)
```

모형 추정과정은 어렵지 않았을 것입니다. 이제 모형추정 결과를 살펴보시죠. summary() 함수를 이용하면 토빗 모형의 추정결과를 확인할 수 있습니다. 가장 먼저 추정했던 좌측 중도절단형 종속변수에 대한 토빗 모형 추정결과를 살펴보죠.

```
> summary(m_tobit_L)

Call:
vglm(formula = censor_L ~ female2 + age2C + I(age2C^2) + log10inc2C +
    educ2, family = tobit(Lower = log10(5)), data = mydata_ch1)


Pearson residuals:
             Min      1Q   Median     3Q   Max
mu        -2.248 -0.6176 -0.09433 0.6062 3.203
loge(sd) -0.896 -0.7261 -0.49409 0.3544 6.814

Coefficients:
               Estimate Std. Error z value  Pr(>|z|)
(Intercept):1   1.09003    0.09420  11.571   < 2e-16 ***
(Intercept):2  -0.71719    0.03062 -23.426   < 2e-16 ***
female2        -0.06694    0.03960  -1.690   0.09094 .
age2C           0.10546    0.01983   5.317  1.05e-07 ***
I(age2C^2)     -0.02300    0.01062  -2.166   0.03030 *
log10inc2C      0.36274    0.06939   5.228  1.72e-07 ***
educ24중졸      0.13604    0.11035   1.233   0.21763
educ25고졸      0.15794    0.09329   1.693   0.09046 .
educ26전문대졸  0.34117    0.11071   3.082   0.00206 **
educ27대졸      0.26784    0.09888   2.709   0.00675 **
educ289대학원졸 0.30806    0.11858   2.598   0.00938 **
---
Signif. codes:  0 ‘***’ 0.001 ‘**’ 0.01 ‘*’ 0.05 ‘.’ 0.1 ‘ ’ 1

Number of linear predictors:  2

Names of linear predictors: mu, loge(sd)
```

```
Log-likelihood: -499.7075 on 1319 degrees of freedom

Number of iterations: 5

No Hauck-Donner effect found in any of the estimates
```

결과를 차례차례 살펴보도록 하겠습니다. `Pearson residuals:`은 오차항에 대한 부분입니다. 앞서 공식에서 소개했던 `mu`는 μ를, `loge(sd)`는 자연로그 변환된 σ을 의미합니다. OLS 회귀분석의 경우는 μ만 보고되지만, 토빗 모형에서는 μ와 σ 둘 다 보고됩니다. 이유는 OLS 회귀모형과 달리 토빗 모형에서는 중도절단이 일어나지 않은 부분의 기대값이 σ에 따라 달라지기 때문입니다[앞서 소개했던 $E(y|y>\tau_y)=\mu+\sigma\lambda\left(\frac{\mu-\tau_y}{\sigma}\right)$ 참조].

`Coefficients:`은 예측변수가 종속변수에 미치는 효과추정치입니다. 제시된 결과 중 가장 중요한 결과라고 볼 수 있습니다. 언뜻 보면 절편이 2개가 추정된 것처럼 보입니다. 하지만 그렇지는 않습니다. `(Intercept):1`은 OLS 회귀모형의 절편값과 동일한 의미를 갖습니다. 반면 `(Intercept):2`는 자연로그 변환된 σ의 추정치입니다[흔히 추가통계치(ancillary statistics)라고 불립니다]. 이것이 추정되는 이유는 앞서 설명했던 이유, 즉 OLS 회귀모형과 달리 토빗 모형에서는 중도절단이 일어나지 않은 부분의 기대값이 σ에 따라 달라진다는 이유와 동일합니다. 따라서 `(Intercept):1`, `(Intercept):2` 두 가지가 보고되었으나 사실 절편값은 하나에 지나지 않는 것입니다. 이외 다른 예측변수들의 회귀계수에 대한 해석은 OLS 회귀분석의 회귀계수 설명과 동일합니다. OLS 예를 들어 `female2`, `log10inc2C` 두 변수의 회귀계수를 해석하면 다음과 같습니다.

- 성별(`female2`): 다른 변수들의 효과를 통제하였을 때, 남성에 비해 여성은 약 1만2천원(11,666원=10,000원×$10^{0.06694}$) 가량 기부금액이 낮지만, 남성과 여성의 기부금액 차이는 통계적으로 유의미하다고 보기 어렵다(p=.09).
- 상용로그전환소득(`log10inc2C`): 다른 변수들의 효과를 통제하였을 때, 상용로그로 전환된 소득이 1단위 증가하면 기부금액은 약 2만3천원(23,054원=10,000원×$10^{0.36274}$) 가량 증가하며, 이 증가분은 통계적으로 유의미하다(p<.001).

독자분들은 성별 회귀계수에 대한 해석은 쉽게 이해하실 수 있지만, 상용로그로 전환된 소득의 회귀계수에 대한 해석은 언뜻 이해되지 않을 수도 있습니다(사실 직관적으로 쉽게 해석되는 표현은 아닙니다). age2C 변수처럼 일차항과 이차항을 동시에 투입했을 때의 회귀계수는 말로 풀어쓰기가 쉽지는 않습니다. 이런 경우 보통 모형추정 결과를 시각화하는 전략을 택합니다. 시각화 방법은 이번 섹션 맨 마지막에 사례를 통해 보다 자세히 설명해 드리겠습니다.

다음으로 Number of linear predictors:, Names of linear predictors:는 모형에 투입된 모수의 숫자와 이름을 의미합니다. 앞의 결과에서 나왔듯 투입된 모수는 μ와 σ 두 가지입니다.

그다음에 나오는 Log-likelihood:는 모형의 로그우도입니다. 보고된 값 그대로 자유도는 1319이며, 로그우도는 –499.7075입니다. OLS 회귀분석의 자유도인 655와 모형의 자유도가 상당히 다른 것을 알 수 있습니다. 토빗 모형은 중도절단면을 기준으로 2차에 걸쳐 모형추정이 발생하기 때문에 모형의 자유도는 전체 표본수에 2를 곱한 후 모형에 투입된 모수의 수를 빼주는 방식으로 계산됩니다[즉 665×2-(9+2)=1319].

Number of iterations:는 최종 모형추정까지 몇 번의 반복계산을 했는지를 보여주고 있습니다. 끝으로 No Hauck-Donner effect foundin any of the estimates라는 표현은 모형추정 결과에서 하우크-도너 효과(Hauck-Donner effect, HDE; Hauck & Donner, 1977)가 나타나지 않았다는 뜻입니다. 결론부터 말씀드리자면 HDE가 나타나지 않았다면 모형추정 결과에 별문제가 없다는 뜻입니다. HDE란 흔히 범주형 종속변수를 대상으로 모형을 추정할 때 발생합니다. HDE는 예측변수의 값이 종속변수의 범주별로 완벽하게 혹은 매우 강하게 분리되어 나타날 때 발생합니다. 앞서 설명해 드렸듯 토빗 모형의 경우 중도절단면을 기준으로 중도절단이 일어나지 않은 영역과 중도절단이 일어난 영역을 구분합니다. 예를 들어 만약 여성 응답자의 종속변수 관측값이 중도절단면에 위치하고, 남성 응답자의 종속변수 관측값은 중도절단면에 위치하지 않았다면 성별변수의 경우 HDE, 즉 하우크-도너 효과가 나타나게 됩니다. 일반적으로 하우크-도너 효과가 나타난 예측변수의 회귀계수 표준오차는 과대추정되고 따라서 상대적으로 통계적 유의도값이 1에 근접하게 나타납니다(즉 제1종 오류 발생 가능성 증대). 특별한 경우가 아니라면 대부분 하우크-도너 효과가 나타나지 않는 것이 보통이지만, 만약 발생했다면 여러분이 분석하고 있는 데이터를 다시 살펴보셔야 할 것입니다.

토빗 모형의 추정과정과 결과를 이해하셨으니, 이제 토빗 모형을 이용하여 추정한 결과와 중도절단형 데이터에 OLS 회귀모형을 적용하여 추정한 결과를 비교해 보겠습니다. 두 가지 모형의 추정결과의 정확도 비교는 중도절단형 데이터를 생성하기 이전의 변수(log10donate 변수)에 대한 OLS 회귀모형 추정결과를 기준으로 하겠습니다. 아울러 좌측 중도절단형 변수뿐만 아니라, 우측 중도절단형, 또한 좌·우측 중도절단형 변수들에 대한 토빗 모형 추정결과와 OLS 회귀모형 추정결과 역시도 비교해 보도록 하죠. R 아웃풋을 그대로 제시하면 불필요하게 분량이 늘어납니다. 이에 R 코드만 제시한 후, 모형추정 결과는 별도의 표와 그림으로 정리하였습니다. 토빗 모형이 중도절단된 종속변수를 추정하는데 얼마나 유용한지 살펴보기 위해, 중도절단이 발생하기 이전의 변수를 종속변수로 한 OLS 회귀모형 추정결과 역시도 제시하였습니다. 우선 모형추정을 위한 R 코드, 그리고 요약된 결과는 〈표1〉과 〈그림2〉와 같습니다.

```
> # 중도절단 발생이전
> m_ols_P = lm(log10donate~female2+age2C+I(age2C^2)+log10inc2C+educ2, mydata_ch1)
> summary(m_ols_P)
                              [모형추정 결과는 본문의 표를 참조]
> # 중도절단 발생이후: 토빗 모형 vs OLS 모형
> m_tobit_L = vglm(censor_L~female2+age2C+I(age2C^2)+
+                  log10inc2C+educ2,
+                tobit(Lower=log10(5)), mydata_ch1)
> m_ols_L = lm(censor_L~female2+age2C+I(age2C^2)+log10inc2C+educ2, mydata_ch1)
> summary(m_tobit_L);summary(m_ols_L)
                              [모형추정 결과는 본문의 표를 참조]
> m_tobit_R = vglm(censor_R~female2+age2C+I(age2C^2)+
+                  log10inc2C+educ2,
+                tobit(Upper=log10(100)), mydata_ch1)
> m_ols_R = lm(censor_R~female2+age2C+I(age2C^2)+log10inc2C+educ2, mydata_ch1)
> summary(m_tobit_R); summary(m_ols_R)
                              [모형추정 결과는 본문의 표를 참조]
> m_tobit_B = vglm(censor_B~female2+age2C+I(age2C^2)+
+                  log10inc2C+educ2,
+                tobit(Lower=log10(5), Upper=log10(100)), mydata_ch1)
> m_ols_B = lm(censor_B~female2+age2C+I(age2C^2)+log10inc2C+educ2, mydata_ch1)
> summary(m_tobit_B); summary(m_ols_B)
                              [모형추정 결과는 본문의 표를 참조]
```

표1. 중도절단형 종속변수(상용로그전환 기부금액)에 대한 토빗 모형 및 OLS 회귀모형 추정결과 비교

	중도절단 발생이전	좌측 중도절단		우측 중도절단		양측(좌측·우측) 중도절단	
	OLS	Tobit	OLS	Tobit	OLS	Tobit	OLS
절편	1.098*** (0.094)	1.090*** (0.094)	1.155*** (0.082)	1.086*** (0.096)	1.065*** (0.085)	1.075*** (0.094)	1.122*** (0.073)
성별(여성 = 1)	−0.068+ (0.040)	−0.067+ (0.040)	−0.060+ (0.035)	−0.065 (0.041)	−0.050 (0.036)	−0.063 (0.040)	−0.042 (0.031)
연령 일차항	0.108*** (0.020)	0.105*** (0.020)	0.101*** (0.017)	0.109*** (0.020)	0.095*** (0.018)	0.105*** (0.020)	0.088*** (0.015)
연령 제곱항	−0.023* (0.011)	−0.023* (0.011)	−0.023* (0.009)	−0.023* (0.011)	−0.020* (0.010)	−0.023* (0.011)	−0.020* (0.008)
소득수준 (상용로그전환)	0.381*** (0.069)	0.363*** (0.069)	0.338*** (0.061)	0.368*** (0.072)	0.297*** (0.063)	0.333*** (0.070)	0.254*** (0.054)
교육수준 (중졸 = 1)	0.111 (0.110)	0.136 (0.110)	0.098 (0.097)	0.118 (0.113)	0.111 (0.100)	0.150 (0.110)	0.098 (0.085)
교육수준 (고졸 = 1)	0.147 (0.093)	0.158+ (0.093)	0.131 (0.082)	0.147 (0.095)	0.142+ (0.084)	0.164+ (0.093)	0.126+ (0.072)
교육수준 (전문대졸 = 1)	0.332** (0.111)	0.341** (0.111)	0.305** (0.097)	0.327** (0.114)	0.298** (0.101)	0.341** (0.111)	0.271** (0.086)
교육수준 (대졸 = 1)	0.250* (0.099)	0.268** (0.099)	0.222* (0.087)	0.271** (0.101)	0.254** (0.090)	0.295** (0.099)	0.226** (0.076)
교육수준 (대학원졸 = 1)	0.301* (0.119)	0.308** (0.119)	0.267* (0.104)	0.302* (0.123)	0.283** (0.108)	0.316** (0.119)	0.249** (0.092)
추가통계치(ancillary statistic, log(σ))		−0.717*** (0.031)		−0.672*** (0.030)		−0.720*** (0.033)	

알림. $+p<.10$, $*p<.05$, $**p<.01$, $***p<.001$. $N=665$. 토빗 모형 추정은 `VGAM` 패키지(version 1.0-6)의 `vglm()` 함수를 이용하였음.

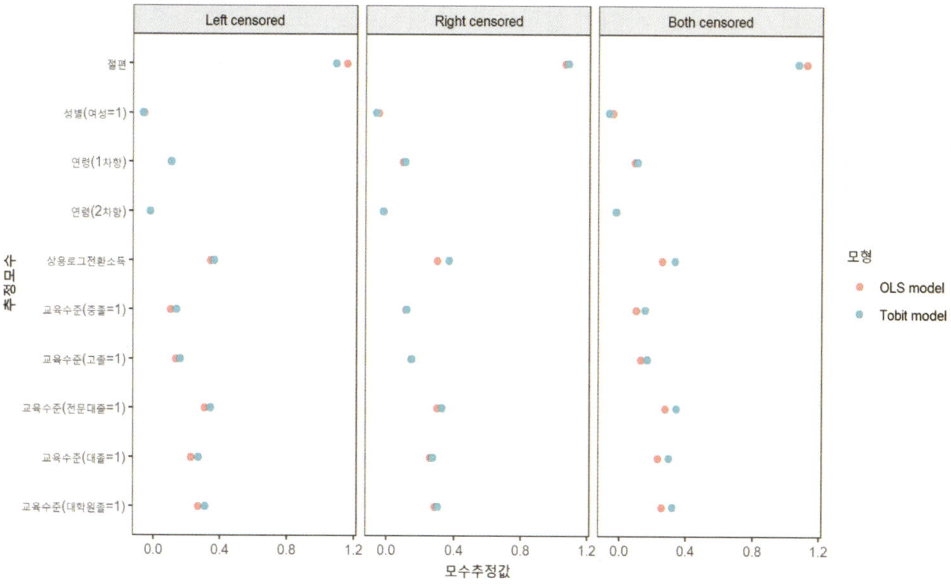

그림2. 중도절단형 종속변수(상용로그전환 기부금액)에 대한 토빗 모형 및 OLS 회귀모형 추정결과 시각화

먼저 좌측 중도절단형 변수에 대한 토빗 모형과 OLS 회귀모형 추정결과를 비교해 봅시다. 우선 절편값의 경우 토빗 모형 추정값이 OLS 회귀모형 추정값보다 작게 나타났습니다. 또한 예측변수들의 회귀계수들의 경우 토빗 모형의 추정값이 OLS 회귀모형의 추정값보다 약간 더 크게 나타난 것을 발견하실 수 있습니다. 독자분들은 제1장의 〈표1〉에서 나타난 토빗 모형과 OLS 회귀모형의 절편과 회귀계수의 추정값의 차이값 패턴은 앞서 시뮬레이션 결과에서 적용된 이번 장의 〈표1〉에서 나타난 절편과 회귀계수 추정값의 차이값 패턴과 비슷하다는 것을 알 수 있을 것입니다.

다음으로 우측 중도절단형 데이터에 대한 토빗 모형과 OLS 회귀모형을 비교해 보죠. 우선 절편의 경우 토빗 모형 추정값이 OLS 회귀모형 추정값보다 다소 큰 것을 발견할 수 있습니다. 조금만 생각해 보시면 이 결과는 쉽게 이해할 수 있습니다. 왜냐하면 좌측 중도절단형 데이터의 경우 중도절단값보다 작은 값들이 상대적으로 크게 측정된 반면, 우측 중도절단형 데이터의 경우 중도절단값보다 큰 값들이 상대적으로 작게 측정되었기 때문입니다. 그리고 우측 중도절단형 데이터의 경우에도 모든 예측변수들의 회귀계수들에서 토빗 모형의 추정값이 OLS 회귀모형의 추정값보다 약간 더 큰 것을 발견할 수 있습니다.

이제는 좌·우측에서 중도절단이 발생하였을 경우 토빗 모형과 OLS 회귀모형을 비교해 보겠습니다. 〈표1〉의 결과를 자세히 살펴보면 잘 나타나듯, 토빗 모형이 추정한 절편값은 OLS 회귀모형이 추정한 절편값에 비해 다소 작지만, 회귀계수의 추정값은 OLS 회귀모형에 비해 토빗 모형이 더 큰 것을 확인할 수 있습니다.

세 가지 중도절단형 데이터에 대한 토빗 모형과 OLS 회귀모형의 모수추정 결과는 〈그림2〉에서 쉽게 확인할 수 있습니다. 정리하자면 전반적인 모수추정 결과는 상당히 유사하지만, 예측변수의 회귀계수의 경우 토빗 모형의 추정값이 OLS 회귀모형의 추정값보다 다소 크게(절댓값 기준), 그리고 절편의 경우 우측 중도절단형 데이터는 토빗 모형의 추정값이 OLS 회귀모형 추정값보다는 크게 나타났지만 좌측 혹은 양측 중도절단의 경우는 OLS 회귀모형 추정값이 토빗 모형의 추정값보다 작게 나타나는 것을 알 수 있습니다.

끝으로 중도절단이 발생하기 이전 변수를 종속변수로 한 OLS 추정값을 기준으로 중도절단된 종속변수에 대한 토빗 모형과 OLS 회귀모형 중 어떤 모형이 참값에 근접한지 살펴보도록 하시죠. 〈표1〉에서 제시된 결과를 살펴보시면 알 수 있듯, 세 가지 중도절단형 데이터 모두에서 OLS 회귀모형의 모수추정치에 비해 토빗 모형의 모수추정치가 중도절단 발생이전의 모수추정치에 훨씬 더 가까운 것을 알 수 있습니다.

위의 결과를 보고 어떤 독자분은 이런 질문을 할 수도 있습니다. "전반적인 모형추정 결과가 일치한다면 중도절단형 종속변수에 대해 토빗 모형을 고집할 필요가 있을까?" 개인적으로 이 질문은 매우 타당하다고 생각합니다. 왜냐하면 적어도 〈표1〉의 결과를 볼 때, 중도절단형 데이터에 대해 OLS 회귀분석을 사용해도 각 예측변수의 효과를 추정하는 데 큰 문제가 없기 때문입니다. 하지만 위의 질문에 대한 답변은 중도절단 발생지점을 다르게 설정할 경우 바뀔 수 있습니다. 예를 들어 좌측 중도절단 발생지점이 5만 원이 아니라 30만 원이었다면 어떨까요? 아니면 60만 원이라면? 과연 30만 원이나 60만 원과 같은 중도절단 발생지점을 가정했을 때도 OLS 회귀모형으로 "그리 크게 틀리지 않은 모수추정치"를 얻을 수 있을 것으로 믿으시나요? 직관적으로 볼 때, 왠지 아닐 것 같죠?

실제로 그런지 한번 살펴봅시다. 본서에서는 2가지 방법으로 중도절단 발생지점 변화에 따른 토빗 모형과 OLS 추정모형의 모수추정치 변화를 살펴보고자 합니다. 첫째, 우리가 살펴보았던 모수추정치들 중, '절편값'과 연속형 예측변수인 '상용로그 변환소득의 회귀계수'가 모형에 따라 어떻게 다르게 추정되며, 중도절단 발생이전 종속변수에 대한 모형추정

결과와 어떤 차이를 보이는지 살펴보겠습니다(다른 예측변수의 회귀계수들도 확인할 수 있습니다만, 불필요하게 반복되는 일이기에 여기서는 상용로그 전환 변환소득만 살펴보았습니다). 다시 말해 중도절단이 발생하기 이전 종속변수를 대상으로 한 모형추정치에 가까운 모수추정치를 보이는 모형이 보다 좋은 모형입니다.

둘째, 모형을 통해 얻은 예측값이 중도절단이 발생하기 이전의 종속변수(`log10donate`)를 얼마나 잘 예측하는지 살펴보겠습니다. 모형 예측값의 정확성(accuracy)를 평가하는 지수로 '오차절대평균(MAE, mean absolute error)'과 '오차제곱평균(RMSE, root mean squared error)' 두 가지를 선정하였습니다. 두 지수의 공식은 아래와 같습니다. 두 변수 모두 값이 작으면 작을수록 모형의 예측이 성공적임을 나타냅니다. 즉 MAE, RMSE가 크게 나타난다는 말은 중도절단에 따른 측정의 문제로 인해 모형 예측값의 정확도가 낮아진다는 것을 의미합니다.

오차절대평균(MAE, mean absolute error)

$$MAE = \frac{1}{n}\sum_{j=1}^{n} | y_i - \hat{y}_j |$$

오차제곱평균(RMSE, root mean squared error)

$$RMSE = \sqrt{\frac{1}{n}\sum_{j=1}^{n} (y_j - \hat{y}_j)^2}$$

아래 제시된 〈그림3〉과 〈그림4〉는 좌측 중도절단형 종속변수를 대상으로 토빗 모형과 OLS 회귀모형의 추정결과를 중도절단 발생이전 상황을 기준으로 비교한 것입니다. 우선 〈그림3〉에서 확인할 수 있듯, 좌측 중도절단값이 더 커질수록 OLS 회귀모형의 절편추정치는 점차 과대추정경향을 보이며, 회귀계수 추정치는 점차 과소추정경향을 보이는 것을 확인할 수 있습니다. 반면 토빗 모형추정치는 상당히 흥미로운 패턴을 보여주고 있습니다. 우선 중도절단 기준이 10만 원 이하인 경우, 토빗 모형의 절편 및 회귀계수 추정치는 중도절단 발생이전의 모형추정치와 거의 흡사합니다. 반면 중도절단 기준이 10만 원을 넘어서면 절편추정값은 다소 과소추정경향을 보이며, 회귀계수 추정값은 상당한 수준의 과대추정경향을 보이는 것을 확인할 수 있습니다.

```
> # 모수추정치의 정확성 평가: 절편, log10inc2C
> myrange=sort(as.vector(unique(mydata_ch1$donate2)))
> myresult = matrix(NA,nrow=40,ncol=5)
> colnames(myresult) = c("censor_point",
+                 "intercept_ols","coef_ols",
+                 "intercept_tobit","coef_tobit")
> for (i in 1:40){
+   temp=mydata_ch1 %>%
+     mutate(censor_change=ifelse(log10donate<log10(myrange[i]),
+                          log10(myrange[i]),log10donate))
+   m_ols_L = lm(censor_change~female2+age2C+I(age2C^2)+
+              log10inc2C+educ2,temp)
+   m_tobit_L = vglm(censor_change~female2+age2C+I(age2C^2)+
+                log10inc2C+educ2,tobit(Lower=log10(myrange[i])),
+               temp,control=vglm.control(maxit=100))
+   myresult[i,1:5]=c(myrange[i],coef(m_ols_L)[c(1,5)],coef(m_tobit_L)[c(1,6)])
+ }
> myresult = as_tibble(myresult)
> myresult = myresult %>%
+     mutate(intercept_true=coef(m_ols_P)[1],
+          coef_true=coef(m_ols_P)[5]) %>%
+     gather(key=type,value=value,-censor_point) %>%
+     mutate(
+       Int_coef=ifelse(str_detect(type,"intercept"),
+                   "절편","상용로그전환소득 회귀계수"),
+       model=factor(1*str_detect(type,"ols")+
+                   2*str_detect(type,"true")+
+                   3*str_detect(type,"tobit")),
+       Int_coef=fct_relevel(Int_coef,"절편")
+     )
> # 그래프 작업
> myresult %>%
+   ggplot(aes(x=censor_point,y=value,color=model))+
+   geom_line()+
+   labs(x="중도절단 발생지점(단위: 만원)",y="모수추정치",
```

```
+       color="모형")+
+   scale_x_continuous(breaks=5*0:16)+
+   scale_color_manual(values=1:3,
+                 labels=c("OLS모형\n추정치\n",
+                          "중도절단\n발생이전\n추정치\n",
+                          "Tobit모형\n추정치\n"))+
+   theme_bw()+
+   facet_wrap(~ Int_coef)
```

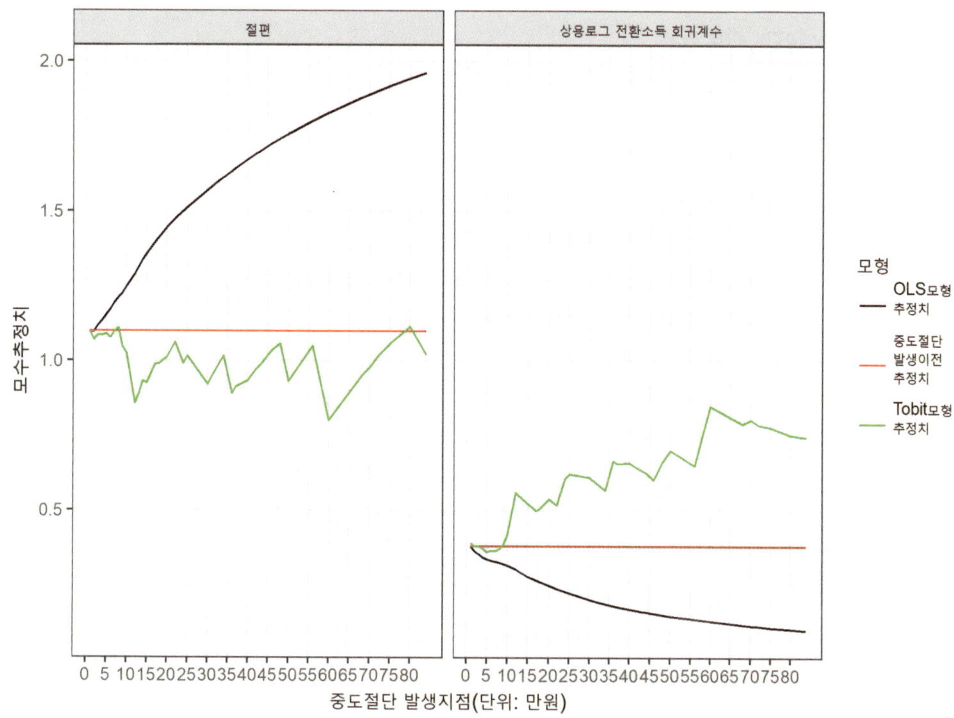

그림3. 좌측 중도절단 발생지점 변화에 따른 모수추정치의 변화 패턴

그렇다면 모형의 예측값 정확도는 중도절단지점의 변화에 따라 어떻게 변할까요? 〈그림4〉의 결과에서 알 수 있듯 중도절단값이 점차 커질수록 OLS 회귀모형의 예측값은 점점 더 부정확해지는 것을 알 수 있습니다. 흥미로운 점은 토빗 모형의 예측값 정확도입니다. 중도절단값이 10만 원 이하일 때까지는 MAE, RMSE 두 지표 모두 변화가 없습니다. 다시 말해 적어도 현재 데이터에서 10만 원 이하에서 중도절단에 따른 측정의 문제가 생겨도 모형추정 결과에 큰 문제가 발생하지 않는 것을 알 수 있습니다. 그러나 중도절단값이

10만 원을 초과하면서 토빗 모형의 예측값 정확도 역시 점차 낮아지는 것을 볼 수 있습니다. 하지만 전반적으로 중도절단형 데이터의 경우 OLS 회귀모형의 예측값에 비해 토빗 모형의 예측값이 상대적으로 예측력이 더 높은 것을 발견하실 수 있을 것입니다.

```
> # 모형 추정치의 정확성 평가: MAE, RMSE
> # 84만 원까지 중도절단값을 점차 증가
> myrange=sort(as.vector(unique(mydata_ch1$donate2)))
> myresult=list()
> for (i in 1:40){
+   temp=mydata_ch1 %>%
+     mutate(censor_change=ifelse(log10donate<log10(myrange[i]),
+                          log10(myrange[i]),log10donate))
+   m_ols_L = lm(censor_change~female2+age2C+I(age2C^2)+
+              log10inc2C+educ2,temp)
+   m_tobit_L = vglm(censor_change~female2+age2C+I(age2C^2)+
+               log10inc2C+educ2,tobit(Lower=log10(myrange[i])),
+               temp,control=vglm.control(maxit=100))
+   temp_result = temp %>% mutate(
+     MAE_ols=abs(log10donate - fitted(m_ols_L)),
+     RMSE_ols=(log10donate - fitted(m_ols_L))^2,
+     MAE_tobit=abs(log10donate - fitted(m_tobit_L)),
+     RMSE_tobit=(log10donate - fitted(m_tobit_L))^2,
+     censor_point=i
+   ) %>% summarize_at(
+     vars(censor_point,MAE_ols,RMSE_ols,MAE_tobit,RMSE_tobit),
+     funs(mean(.,na.rm=TRUE))
+   ) %>% mutate_at(
+     vars(starts_with("RMSE")),
+     funs(sqrt(.))
+   )
+   temp_result
+   myresult=bind_rows(myresult,temp_result)
+ }
> myresult = myresult %>%
+   gather(key=type,value=value,-censor_point) %>%
+   mutate(
+     index=ifelse(str_detect(type,"MAE"),"MAE","RMSE"),
```

```
+   model=ifelse(str_detect(type,"ols"),"OLS","Tobit")
+ )
> myresult %>%
+ ggplot(aes(x=censor_point,y=value,color=model))+
+ geom_point(size=1)+
+ geom_line()+
+ labs(x="중도절단 발생지점(단위: 만원)",
+     y="지표(MAE, RMSE)의 값",color="모형")+
+ scale_x_continuous(breaks=5*0:16)+
+ theme_bw()+
+ facet_wrap(~ index)
```

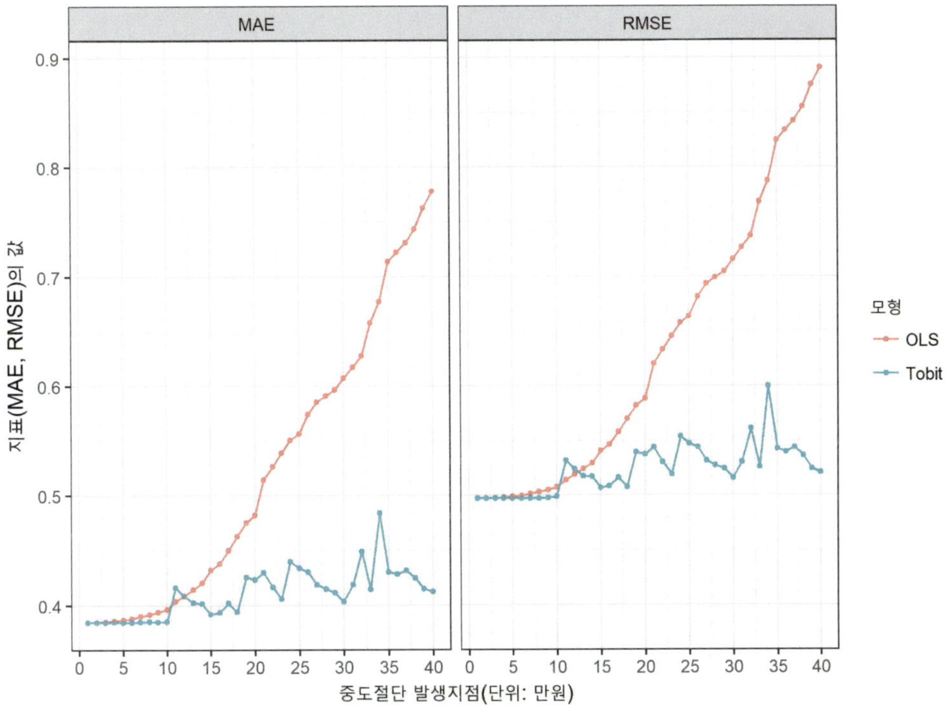

그림4. 좌측 중도절단 발생지점 변화에 따른 모형예측값 정확도 변화 패턴

물론 위의 결과를 완전히 일반화할 수는 없습니다. 왜냐하면 위의 결과는 특정한 시점, 특정한 응답자를 대상으로 얻은 데이터이기 때문이죠. 그렇다면 무작위 표집된 시뮬레이션 데이터의 경우는 어떨까요? 비슷한 패턴이 나올까요, 아니면 상이한 패턴이 나올까요? 이를 위해 절편이 '3', 예측변수 x의 비표준화 회귀계수는 '1'이고, 오차의 표준편차(σ)가

'1'이면서 표본의 크기는 500인 데이터를 시뮬레이션하였습니다. 이후 좌측 중도절단값을 0부터 4까지 0.1 단위로 증가시킬 때 절편값과 회귀계수가 어떻게 변하는지를 살펴보았습니다. 또한 좌측 중도절단값 변화에 따라 모형 예측값의 정확도(MAE, RMSE)가 어떻게 변하는지 살펴보았습니다. 시뮬레이션을 위한 R 코드는 아래와 같습니다.

```
> # 시뮬레이션 데이터의 경우
> # 시뮬레이션 데이터 생성 이용자함수
> mydatasimulation = function(trial_number,sampleN,sigma){
+   set.seed(trial_number)
+   x = rnorm(sampleN, mean=0, sd=1)
+   y = 0 + 1*x + rnorm(sampleN, mean=3, sd=sigma)
+   tibble(x=x,y=y)
+ }
> # 특정 지점을 기준으로 중도절단 데이터를 생성한 후
> # 절편,회귀계수,MAE,RMSE 추정
> mymodelestimate = function(simdata,mypoint){
+   temp = simdata %>%
+     mutate(
+       y_censor=ifelse(y<mypoint,mypoint,y)
+     )
+   model_ols_P=lm(y~x,temp)
+   model_tobit=vglm(y_censor~x,tobit(Lower=mypoint),temp,
+                   control=vglm.control(maxit=1000))
+   model_ols_C=lm(y_censor~x,temp)
+   temp_myresult1 = tibble(
+     censor_point=mypoint,
+     OLS_perfect_intercept=coef(model_ols_P)[1],
+     OLS_perfect_x=coef(model_ols_P)[2],
+     Tobit_censored_intercept=coef(model_tobit)[1],
+     Tobit_censored_x=coef(model_tobit)[3],
+     OLS_censored_intercept=coef(model_ols_C)[1],
+     OLS_censored_x=coef(model_ols_C)[2]
+   )
+   temp_myresult2 = temp %>% mutate(
+     MAE_ols=abs(y - fitted(model_ols_C)),
+     RMSE_ols=(y - fitted(model_ols_C))^2,
```

```
+    MAE_tobit=abs(y - fitted(model_tobit)),
+    RMSE_tobit=(y - fitted(model_tobit))^2
+   ) %>% summarize_at(
+    vars(MAE_ols,RMSE_ols,MAE_tobit,RMSE_tobit),
+    funs(mean(.,na.rm=TRUE))
+   ) %>% mutate_at(
+    vars(starts_with("RMSE")),
+    funs(sqrt(.))
+   )
+   temp_result=bind_cols(temp_myresult1,temp_myresult2)
+   temp_result
+ }
> # 시뮬레이션 시작
> simdata=mydatasimulation(20190105,500,1)
> myresult = list()
> for (i in 1:41){
+   mypoint=0.1*c(0:40)[i]
+   myresult = bind_rows(myresult,
+          mymodelestimate(simdata,mypoint))
+ }
```

위에서 정의한 각각의 결과는 아래의 〈그림5〉 및 〈그림6〉과 같습니다. 우선 〈그림5〉에서 볼 수 있듯, 절편과 회귀계수의 추정치의 경우 의심의 여지 없이 OLS 회귀모형보다 토빗 모형이 더 참값에 근접한다는 것을 확인할 수 있습니다.

```
> # 중도절단지점 변화에 따른 절편과 회귀계수 변화 패턴
> myresult %>%
+   select(censor_point,ends_with("_intercept"),
+          ends_with("_x")) %>%
+   gather(key=type,value=value,-censor_point) %>%
+   mutate(
+    model=factor(str_detect(type,"_perfect")+
+              2*str_detect(type,"OLS_cen")+
+              3*str_detect(type,"Tobit_cen")),
+    term=ifelse(str_detect(type,"_intercept"),
```

```
+             "intercept","x, coefficient")
+   ) %>%
+   ggplot(aes(x=censor_point,y=value,color=model))+
+   geom_line()+
+   scale_color_manual(values=1:3,
+                 labels=c("중도절단 이전",
+                          "중도절단후 OLS",
+                          "중도절단후 Tobit"))+
+   labs(x="중도절단값",y="모수추정치",color="추정모형")+
+   theme_bw()+
+   facet_wrap(~ term)
```

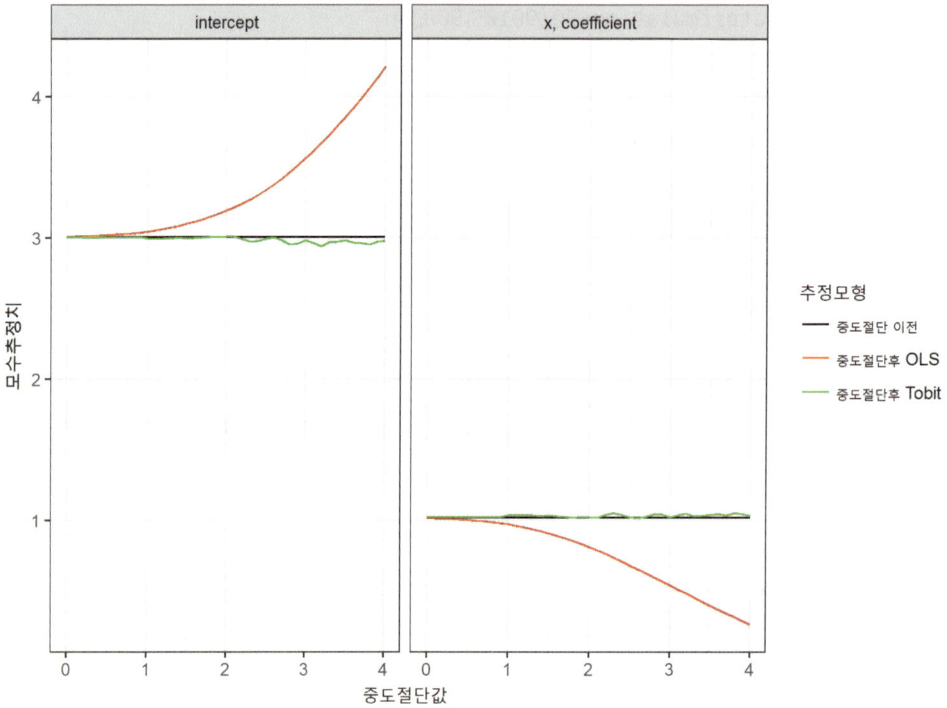

그림5. 중도절단지점 변화에 따른 OLS 모형과 토빗 모형의 절편과 회귀계수 추정값 변화

또한 〈그림6〉에서 확인하실 수 있듯 중도절단된 데이터가 더 많으면 많을수록 OLS 회귀모형보다 토빗 모형이 보다 좋은 예측값을 얻는다는 사실을 확인하실 수 있습니다.

```
> # 모형 추정치의 정확성 평가: MAE, RMSE
> myresult %>%
+  select(censor_point,starts_with("MAE_"),
+        starts_with("RMSE_")) %>%
+  gather(key=type,value=value,-censor_point) %>%
+  mutate(
+   index=ifelse(str_detect(type,"MAE"),"MAE","RMSE"),
+   model=ifelse(str_detect(type,"ols"),"OLS","Tobit")
+  ) %>%
+  ggplot(aes(x=censor_point,y=value,color=model))+
+  geom_point(size=1)+
+  geom_line()+
+  labs(x="중도절단 발생지점",y="지표(MAE, RMSE)의 값",color="추정모형")+
+  scale_x_continuous(breaks=0:5)+
+  theme_bw()+
+  facet_wrap(~ index)
```

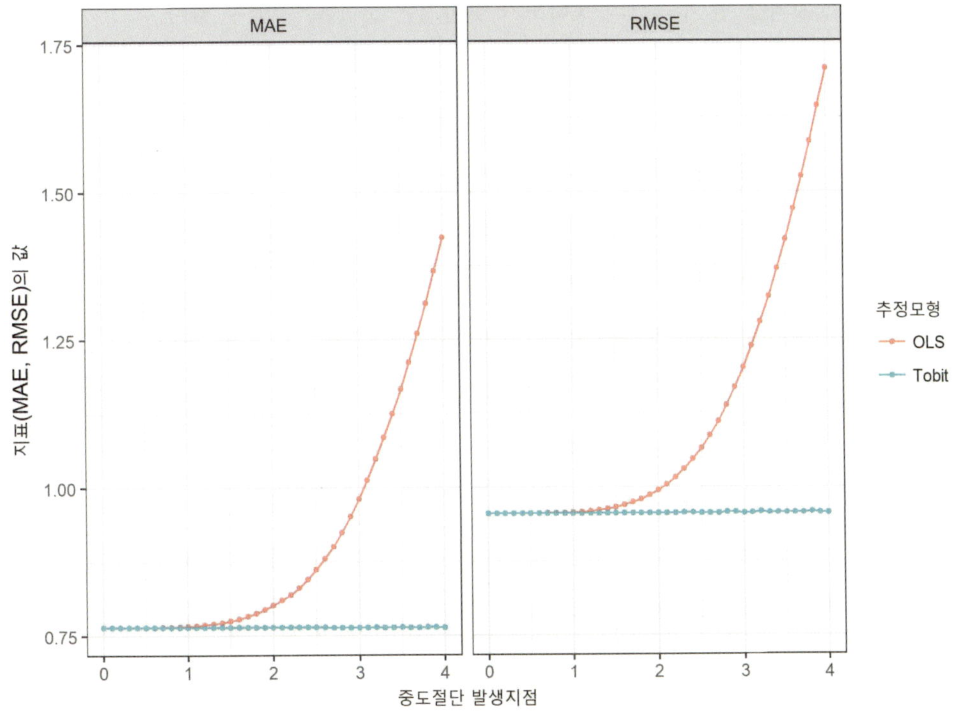

그림6. 중도절단지점 변화에 따른 OLS 모형과 토빗 모형의 절편과 회귀계수 추정값 변화

이상으로 첫째, 상용로그를 취한 기부금액을 중도절단형으로 바꾼 실제 데이터, 둘째, 시뮬레이션을 통해 얻은 정규분포 변수를 중도절단형으로 바꾼 시뮬레이션 데이터, 두 가지 데이터를 대상으로 토빗 모형 추정결과와 OLS 회귀모형 추정결과를 비교해 보았습니다. 이를 통해 다음을 알 수 있습니다.

- 정규분포를 띠고 있는 중도절단된 종속변수의 경우 중도절단값을 정확하게 알 수 있다면, OLS 회귀모형보다 토빗 모형을 사용할 때, 보다 타당한 모수추정치와 보다 정확한 예측값을 얻을 수 있다.
- 좌측 중도절단형 종속변수에 대해 OLS 회귀모형을 적용하면 절편은 과대추정되고, 회귀계수는 과소추정될 가능성이 높다(우측 중도절단형 종속변수의 경우 절편과 회귀계수 모두가 OLS 회귀모형에서 과대추정될 가능성이 높다). 그러나 토빗 모형의 경우 OLS 회귀모형에 비해 절편과 회귀계수가 상대적으로 참값에 수렴한다.
- 그러나 토빗 모형이라 하더라도 종속변수의 중도절단된 데이터가 많으면 많을수록 모수추정치와 모형 예측값의 정확도가 낮아지는 것을 확인할 수 있다.

그러나 안타깝게도 현실 데이터를 분석할 때 토빗 모형의 모수추정치와 모형 예측값이 얼마나 타당한지 '실증적으로' 확신하기는 어렵습니다. 〈그림4〉의 상용로그전환소득의 회귀계수 변화에서 살펴볼 수 있듯 데이터 상황에 따라 토빗 모형의 모수추정 결과는 참값에서 상당히 벗어날 가능성도 있습니다.

아무튼 제가 드리고 싶은 말씀을 요약하자면 다음과 같습니다. 만약 여러분이 종속변수의 분포가 정규분포를 띠면서 어떤 특정한 값을 기준으로 좌측(혹은 우측이나 양측) 중도절단되었다고 확신할 수 있다면, 중도절단형 종속변수에 대해 OLS 회귀모형을 적용하는 것보다는 토빗 모형을 적용하는 것이 좋습니다. 만약 중도절단형 종속변수에 대하여 충분히 알지 못한다면(이를테면 정규분포를 띠지 못한다거나 혹은 중도절단지점을 확실하게 지정할 수 없다면), 토빗 모형을 사용하는 것이 언제나 좋은 결과로 이어진다고 확신할 수 없습니다.

토빗 모형이 무엇이고, 중도절단형 종속변수를 추정할 때 OLS 회귀모형에 비해 어떤 점에서 더 우월한지 이해하셨을 것입니다. 토빗 모형을 마무리하기 전에 '토빗 모형비교 테스트', '예측변수가 종속변수에 미치는 효과 시각화' 두 가지만 더 설명해 드리고자 합니다.

토빗 모형에 대한 로그우도비 테스트

두 가지 모형이 서로 배속관계(embedded relationship)를 가질 때 어떤 모형이 데이터를 더 잘 설명하는지 테스트하는 기법을 흔히 모형비교 테스트(model comparison test)라고 부릅니다. OLS 회귀모형의 설명분산 증분 테스트(increment R^2 test)를 떠올리시면 됩니다. 토빗 모형의 경우 로그우도비 테스트[log-likelihood ratio (LR) test]를 통해 모형비교 테스트를 실시합니다. 예를 들어 앞서 소개했던 m_tobit_L에서 모든 예측변수를 배제한 기준모형(baseline model)을 추정한 후 m_tobit_L0라고 이름 붙인 후, m_tobit_L0 대비 m_tobit_L의 로그우도 테스트를 실시해 보도록 하죠. 모형의 로그우도는 logLik() 함수를 통해 추출할 수 있으며, 모형의 자유도는 모형추정 오브젝트 중 df.residual 하위 오브젝트를 지정하는 방식으로 추출할 수 있습니다(토빗 모형 추정 오브젝트의 경우 하위 오브젝트를 @ 기호를 통해 추출합니다. $이 아닌 것에 주의하세요).

```
> # 모형비교 테스트(로그우도 테스트)
> m_tobit_L0 = vglm(censor_L~1,tobit(Lower=log10(5)), mydata_ch1)
> logLik(m_tobit_L0)
[1] -540.3693
> m_tobit_L0@df.residual
[1] 1328
> logLik(m_tobit_L)
[1] -180.4441
> m_tobit_L@df.residual
[1] 1319
```

위의 결과들을 이용해 다음과 같이 로그우도비 테스트(LR test)를 실시할 수 있습니다. 로그우도의 차이값에 −2를 곱한 값은 '두 모형의 자유도 차이'를 자유도로 하는 카이제곱분포에 근접한 것으로 알려져 있습니다.

```
> (delta_2LL=-2*(logLik(m_tobit_L0)-logLik(m_tobit_L))) #로그우도 차이
[1] 719.8505
> (delta_df=m_tobit_L0@df.residual-m_tobit_L@df.residual) #자유도 차이
[1] 9
> pchisq(delta_2LL,delta_df,lower.tail=F)
[1] 3.730539e-149
```

즉 예측변수 4개를 투입한 모형(m_tobit_L)은 예측변수를 전혀 투입하지 않은 모형(m_tobit_L0)에 비해 모형의 설명력이 통계적으로 유의미하게 높은 것을 알 수 있습니다[$\chi^2(9)=719.85$, $p<.001$].

또한 위에서 추출한 로그우도값을 이용하여 임의 R^2(pseudo-R^2)을 계산하는 것도 가능합니다. 그러나 임의 R^2은 총분산 대비 회귀모형의 설명분산 비율을 의미하는 OLS 회귀모형의 R^2과 동일하게 해석될 수 없습니다. OLS 회귀모형의 R^2의 경우 '종속변수의 분산 중 예측변수들로 설명된 분산비'라는 구체적 해석이 가능합니다. 하지만 임의 R^2의 경우 모형의 설명력을 대략적으로 기술할 뿐, 구체적인 해석은 불가능합니다. 예를 들어 m_tobit_L에 대한 맥파든(McFadden's) 임의 R^2은 다음과 같이 계산할 수 있습니다.

```
> # McFadden's Pseudo-R2
> (logLik(m_tobit_L0)-logLik(m_tobit_L))/logLik(m_tobit_L0)
[1] 0.6660727
```

사실 임의 R^2의 경우 DescTools 패키지의 PseudoR2() 함수를 사용하시면 편합니다(단 다음에 소개될 완전절단회귀모형 오브젝트의 경우 사용이 불가능합니다).

```
> # 디폴트는 맥파든R2
> DescTools::PseudoR2(m_tobit_L)
> # 다른 임의 R2
> DescTools::PseudoR2(m_tobit_L,which="all") %>% round(4)
      McFadden    McFaddenAdj        CoxSnell     Nagelkerke
        0.0752         0.0549          0.1151         0.1433
 AldrichNelson VeallZimmermann         Effron McKelveyZavoina
        0.0358         0.1084          0.1208         0.0097
          Tjur         logLik         logLik0             G2
            NA      -499.7075       -540.3693        81.3236
```

저는 임의 R^2를 사용하는 것을 별로 좋아하지 않습니다. 만약 임의 R^2를 사용해야만 하는 경우(이를테면 논문심사자의 요구 등과 같이), 맥파든의 임의 R^2를 보고하는 것을 선호합니다. 제 경험으로는 위에서 얻은 임의 R^2 지수들 중에서 맥파든의 임의 R^2(McFadden), 콕스-스넬의 임의 R^2(CoxSnell), 네겔커크의 임의 R^2(Negelkerke) 세 가지가 가장 많이 사용되는 듯합니다. 임의 R^2에 대한 보다 자세한 설명과 해석상의 문제점에 대해서는 롱(Long, 1997)의 논의를 참조하시기 바랍니다(pp. 104-106).

토빗 모형 추정결과 시각화

다음으로 5만 원을 좌측 중도절단값으로 선정했던 토빗 모형 추정결과[`summary(m_tobit_L)` 부분]를 활용해 예측변수의 효과를 시각화한 사례를 보여드리고자 합니다. 앞서 `Coefficients:` 파트의 모형추정 결과의 경우 회귀계수의 의미를 문장으로 제시하였습니다. 회귀계수 중 성별(`female2`)의 효과는 문장으로 표현해도 쉽게 이해됩니다. 교육수준(`educ2`)의 경우, 성별에 비해 결과해석이 다소 번잡하지만, 기준집단인 '`123초등졸`'을 기준으로 각 집단의 상용로그전환 기부금액의 증가분을 해석하면 된다는 점에서 그리 까다롭지는 않을 것입니다. 예를 들어 '`educ26전문대졸`'의 회귀계수 b=.341은 다음과 같이 해석할 수 있습니다. 다른 변수들의 효과를 통제하였을 때, 초등학교 졸업 이하의 학력을 갖는 응답자들에 비해 전문대 졸업 학력의 응답자들은 약 2만2천 원(21,928원=$10,000 \times 10^{0.341}$) 가량 더 많이 기부하며, 이 차이는 통계적으로 유의미하다($p<.01$).

그러나 연령(`age2C`의 일차항과 이차항), 그리고 상용로그전환소득(`log10inc2C`)의 회귀계수들의 경우 문장형식으로 해석할 경우 쉽게 와 닿지 않는 경우가 대부분입니다. 예측변수의 효과가 이차항 이상의 고차항을 투입하는 경우, 혹은 예측변수가 로그변환이나 기타 변환과정을 거쳐 투입된 경우 그림을 그려 제시하는 것이 가장 효과적입니다. 제가 R을 선호하는 이유는 다른 통계처리 프로그램에 비해 그래프 작업이 매우 쉽고 효과적이기 때문입니다. 특히 `modelr` 패키지가 개발된 후 '한계효과(marginal effect)' 즉 '다른 변수들을 특정한 값으로 고정한 후 특정변수의 변화가 종속변수에 미치는 효과'를 시각화하는 것이 매우 쉬워졌습니다. `modelr` 패키지의 `data_grid()` 함수의 경우 졸저 『R기반 데이터과학: tidyverse 접근』(2018a)에서도 소개한 바 있습니다.

우선 먼저 다른 변수들이 종속변수에 미치는 효과를 통제하였을 때, 5만 원을 기준으로 좌측 중도절단된 기부금액이 응답자의 소득변화에 따라 어떻게 변화하는지를 시각화해 보죠. 응답자 소득을 제외한 다른 변수들의 경우 다음과 같이 통제하였습니다.

- 성별은 남녀 동수를 가정: female=0.5
- 연령은 표본에 속한 응답자의 평균연령으로 가정: age2C=0
- 교육수준은 대졸자를 가정: educ2="7대졸"

먼저 data_grid() 함수를 이용하여 성별, 연령, 교육수준을 통제한 후, 데이터에 존재하는 상용로그전환소득에 따른 한계효과 예측용 데이터를 생성합니다(저는 myfig1이라는 이름을 붙였습니다). 이후 predict() 함수를 이용해 토빗 모형에 따른 각 사례별 좌측 중도절단된 종속변수의 예측값을 계산해 본 결과는 아래와 같습니다.

```
> # 응답자 소득수준 변화에 따른 기부금액 예측값 변화
> myfig1=mydata_ch1 %>%
+   data_grid(female2=0.5,age2C=0,log10inc2C,educ2=factor("7대졸"))
> # 2개의 모수가 추정되며, 우리가 원하는 것은 mu에 해당
> head(predict(m_tobit_L,myfig1))
         mu   loge(sd)
1 0.2416440 -0.6649906
2 0.3424565 -0.6649906
3 0.4915561 -0.6649906
4 0.5386945 -0.6649906
5 0.5529909 -0.6649906
6 0.5599082 -0.6649906
```

위의 결과에서 알 수 있듯, 토빗 모형의 추정값은 평균에 대한 기대값(mu라는 이름의 세로줄)과 자연로그전환된 표준편차[loge(sd)라는 이름의 세로줄], 2가지가 제시됩니다. 여기서 우리가 원하는 것은 평균에 대한 기대값입니다. 이를 통해 좌측 중도절단된 종속변수의 예측값을 추출한 후(pred_log10donate), 상용로그전환을 적용하기 이전의 값으로 돌려주었습니다(pred_donate). 또한 응답자의 소득변수 역시 평균중심화 변환이전(log10inc2), 그리고 상용로그전환 이전으로 변환하였습니다(inc2). 연 가처분 소득의 경우 해석의 편의를 위해 1000을 나누어 주어 기본단위를 1,000만 원으로 바꾸었습니다(inc2_1000). 예측변수의 수준과 종속변수의 예측값을 해석하기 쉬운 상태로 전환한 후, 두 변수들 사이의 변화를 그래프로 나타내면 아래의 〈그림7〉과 같습니다. 〈그림7〉은 소득수준에 따른 기부금액의 예측값이 어떠한지 매우 잘 보여줍니다.

```
> myfig1=myfig1 %>%
+  mutate(
+  pred_log10donate=predict(m_tobit_L,myfig1)[,1], #상용로그전환된 기부금액예측값
+  pred_donate=10^pred_log10donate,    #상용로그전환 이전으로
+  log10inc2=log10inc2C+mean(mydata_ch1$log10inc2), #평균중심변환 이전으로
+  inc2=10^log10inc2,          #상용로그전환 이전으로
+  inc2_1000=inc2/1000    #천만원 단위로 전환
+  )
> myfig1 %>%
+  ggplot(aes(x=inc2_1000,y=pred_donate))+
+  geom_point()+
+  geom_line()+
+  scale_x_continuous(breaks=5*(0:8))+
+  scale_y_continuous(breaks=5*(0:23))+
+  labs(x="연 가처분 가구소득(단위: 천만원)",y="기부금액(단위: 만원)")+
+  theme_bw()
```

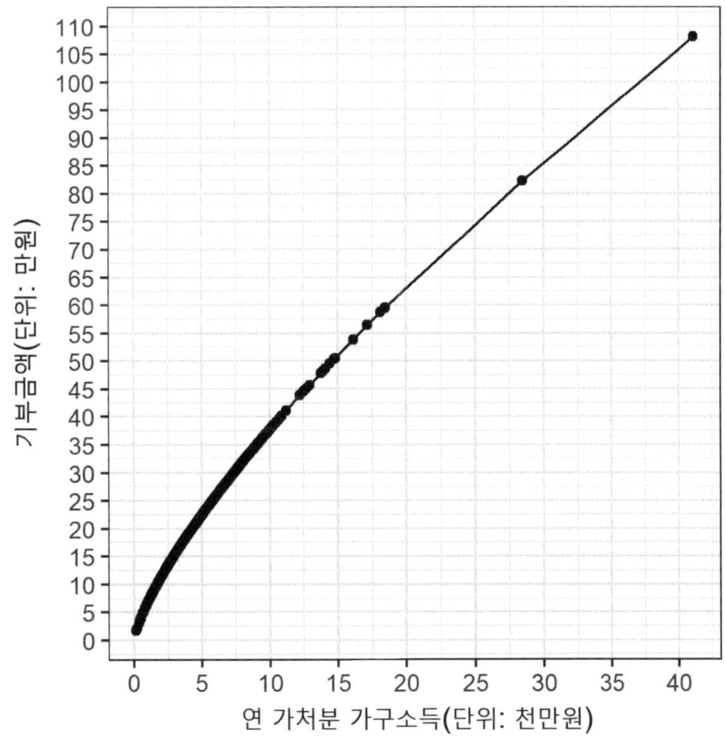

그림7. 토빗 모형 기반 연 가처분 가구소득이 기부금액에 미치는 효과 추정

연령 변화에 따른 기부금액 변화 패턴 역시 위와 유사한 방법을 사용하면 됩니다. 응답자 연령을 제외한 다른 변수들의 경우 다음과 같이 통제하였습니다.

- 성별은 남녀 동수를 가정: female=0.5
- 상용로그전환소득은 표본에 속한 응답자의 평균값으로 가정: log10inc2C=0
- 교육수준은 대졸자를 가정: educ2="7대졸"

또한 위와 마찬가지로 기부금액 예측값을 상용로그전환 이전상태로 전환하고(pred_donate), 연령 역시도 10살을 기본단위로 했던 것을 바꾸어준 후 평균중심변환 이전으로 되돌린 값을 구하였습니다(age2).

```
> # 응답자 연령 변화에 따른 기부금액 예측값 변화
> myfig2=mydata_ch1 %>%
+   data_grid(female2=0.5,age2C,log10inc2C=0,educ2=factor("7대졸"))
> myfig2=myfig2 %>%
+   mutate(
+     pred_log10donate=predict(m_tobit_L,myfig2)[,1], #상용로그전환된 기부금액예측값
+     pred_donate=10^pred_log10donate,   #상용로그전환 이전으로
+     age2=10*age2C+mean(mydata_ch1$age2) #평균중심변환 이전으로
+   )
```

위의 과정을 거쳐 얻은 그림은 아래의 〈그림8〉과 같습니다. 그림에서 명확하게 드러나듯 기부금액은 응답자가 약 69세일 경우 가장 최고점을 보이며(약 28만 원), 이보다 나이가 적거나 많을 경우 점차 감소하는 추세를 보이고 있습니다.

```
> max_age=myfig2$age2[myfig2$pred_donate==max(myfig2$pred_donate)]
> myfig2 %>%
+   ggplot(aes(x=age2,y=pred_donate))+
+   geom_point()+
+   geom_line()+
+   geom_hline(yintercept=max(myfig2$pred_donate))+
```

```
+   geom_vline(xintercept=max_age)+
+   scale_x_continuous(breaks=5*(4:17))+
+   scale_y_continuous(breaks=5*(0:6))+
+   labs(x="응답자의 연령",y="기부금액(단위: 만원)")+
+   theme_bw()
```

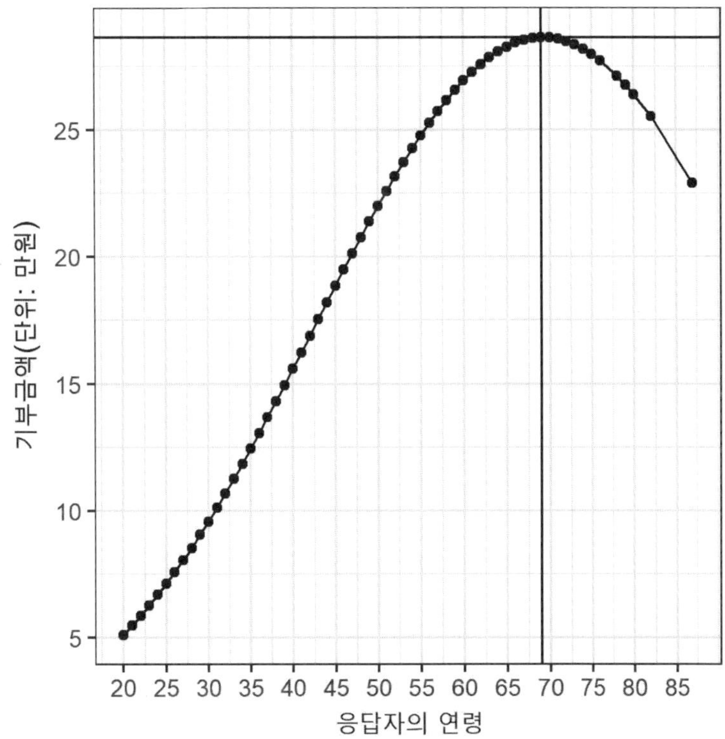

그림8. 토빗 모형 기반 응답자 연령이 기부금액에 미치는 효과 추정

지금까지는 중도절단형 종속변수에 대해 사용하는 토빗 회귀모형을 소개하였습니다. 제3장에서는 완전절단형 종속변수에 대해 사용하는 완전절단회귀모형을 소개하겠습니다.

3장 완전절단회귀모형: 완전절단형 종속변수인 경우

개요

앞에서는 중도절단형(censored) 데이터에 적용할 수 있는 토빗 모형을 살펴보았습니다. 이제는 완전절단형(truncated) 데이터에 적용되는 '완전절단회귀모형(truncated regression)'을 살펴보겠습니다. 완전절단회귀모형을 이해하기에 앞서 '중도절단'과 '완전절단'의 개념적 차이를 다시금 되짚어 보겠습니다. '중도절단'은 특정 절단값 미만(혹은 초과)의 값을 중도절단값으로 측정하면서 발생하는 측정의 문제입니다. 반면 '완전절단'은 특정 절단값 미만(혹은 초과)의 값을 측정하지 않아서, 즉 결측값으로 측정하면서 발생하는 측정의 문제입니다. 즉 중도절단의 문제는 '측정이 되었으나 정확하게 측정되지 않은 것'이며, 완전절단의 문제는 '측정 자체가 되지 않은 것'입니다.

완전절단의 경우 절단값보다 큰(혹은 작은) 값의 기대값만을 구할 수 있습니다. 여기서는 종속변수에 우선 좌측 완전절단이 발생한 상황만을 고려해 봅시다. 좌측 완전절단형 종속변수의 경우 절단값인 τ_y보다 큰 값만이 관측되었기 때문에, 관측변수 y의 기대값은 다음과 같이 정의됩니다(공식에 투입된 기호는 앞서 설명한 토빗 모형과 동일). 앞서 소개된 토빗 모형을 이해하신 분이라면 아마도 어렵지 않게 완전절단회귀모형을 이해하실 수 있을 것입니다.

$$E(y|y>\tau_y)=\mu+\sigma\lambda\left(\frac{\mu-\tau_y}{\sigma}\right),\ \lambda(\bullet)=\frac{\phi(\bullet)}{\Phi(\bullet)}$$

$$E(y)=\text{Prob(untruncated)}\times E(y|y>\tau_y)$$

$$=\left\{\Phi\left(\frac{\mu-\tau_y}{\sigma}\right)\left[\mu+\sigma\lambda\left(\frac{\mu-\tau_y}{\sigma}\right)\right]\right\}$$

완전절단회귀모형 추정과정 및 결과해석

토빗 모형과 마찬가지로 완전절단회귀모형의 추정과정 및 결과해석에서도 예제 데이터 exdata1.csv를 사용하고, 동일하게 종속변수로 donate2를 상용로그 전환한 log10donate2변수를 택하도록 하겠습니다. 그리고 완전절단회귀모형에 투입될 예측변수들도 동일하게 성별, 연령(일차항 및 이차항), 소득, 교육수준 네 가지를 설정하도록 하겠습니다.

끝으로 토빗 모형에서의 중도절단값과 동일하게 좌측 완전절단값은 '5만 원'을, 우측 완전절단값은 '100만 원'을 설정하였습니다. 좌측 및 우측 완전절단형 데이터를 생성하는 과정은 아래와 같습니다. 완전절단형 종속변수를 히스토그램으로 시각화한 결과는 〈그림1〉과 같습니다. 아쉽게도 truncreg 패키지의 truncreg() 함수의 경우 좌측과 우측 모두에서 완전절단이 발생한 종속변수는 추정이 불가능합니다.

```
> #아래의 패키지들이 사용됩니다.
> library("VGAM")       #중도절단형(censored)/기타 범주형 종속변수 대상 회귀모형
> library("truncreg") #완전절단형(truncated) 종속변수 대상 회귀모형
> #아래 패키지는 데이터에 대한 기술통계 분석 및 결과 시각화에 사용할 것입니다.
> library('tidyverse')
> library('modelr')
> library('broom')
> # 데이터 불러오기
> setwd("D:/2019_year/Categorical_Data_Analysis")
> #완전절단형(truncated) 종속변수인 경우
> #좌측완전절단: 5만원 초과인 경우만 측정되고 그 이하의 경우는 완전절단됨
> #우측완전절단: 100만원 미만인 경우만 측정되고 그 이상인 경우는 완전절단됨
```

```
> mydata_ch1 = mydata_ch1 %>%
+   mutate(
+     trunc_L = ifelse(log10donate<log10(5),NA,log10donate),
+     trunc_R = ifelse(log10donate>log10(100),NA,log10donate)
+   )

> # 시각화를 하면 아래와 같다.
> mydata_ch1 %>%
+   select(trunc_L,trunc_R,log10donate) %>%
+   gather(key=type,value=obs) %>%
+   mutate(
+     limit_type=ifelse(type=="log10donate",
+                       "완전절단 발생이전 변수\n",type),
+     limit_type=ifelse(type=="trunc_L",
+                       "좌측 완전절단형\n(left truncated)",limit_type),
+     limit_type=ifelse(type=="trunc_R",
+                      "우측 완전절단형\n(right truncated)",limit_type),
+     limit_type=fct_relevel(limit_type,
+                            "완전절단 발생이전 변수\n",
+                            "좌측 완전절단형\n(left truncated)")
+   ) %>%
+   ggplot()+
+   geom_histogram(aes(x=obs),bins=50)+
+   geom_vline(xintercept=log10(5),color='red',linetype=2)+
+   geom_vline(xintercept=log10(100),color='blue',linetype=2)+
+   labs(x="기부금액(만원단위 측정값에 대한 상용로그 전환값)",y="빈도")+
+   scale_x_continuous(breaks=c(0,log10(5),1:3),
+                     labels=c("1만원","5만원",str_c(c(10,100,1000),"만원")))+
+   theme_bw()+
+   facet_wrap(~limit_type,ncol=1)
Warning message:
Removed 121 rows containing non-finite values
(stat_bin).
```

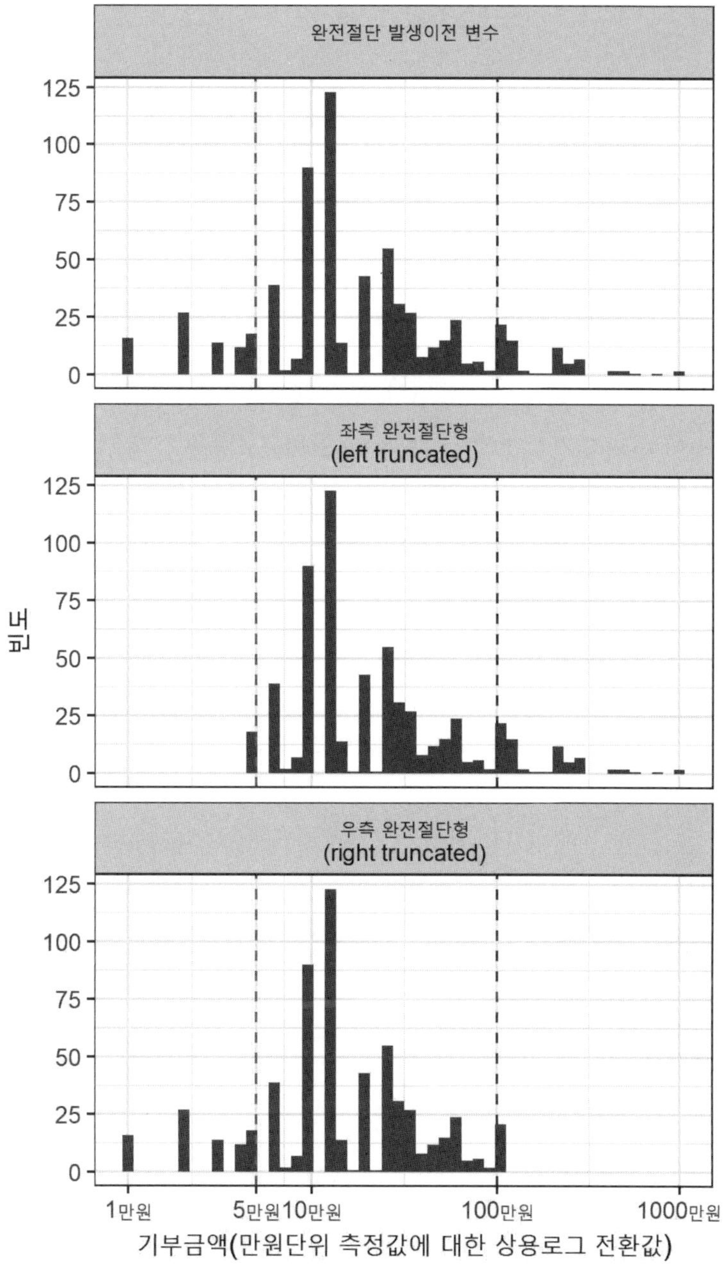

그림1. 좌측 완전절단형 및 우측 완전절단형 종속변수

좌측 완전절단형 종속변수에 대한 완전절단회귀모형 추정은 다음과 같습니다. 즉 `point` 옵션에는 완전절단이 발생한 지점을, 그리고 `direction`의 경우 좌측을 의미하는 `"left"`를 지정하면 됩니다.

```
truncreg(공식, point=완전절단값, direction="left", 데이터)
```

우측 완전절단형 종속변수에 대한 완전절단회귀모형 추정 역시 비슷하지만 direction의 값에 우측을 의미하는 "right"를 지정하면 됩니다.

```
truncreg(공식, point=완전절단값, direction="right", 데이터)
```

위에서 소개한 truncreg() 함수에 따라 좌측 완전절단형 종속변수 그리고 우측 완전절단형 종속변수에 대해 완전절단회귀모형과 OLS 회귀모형을 각각 적용한 후 모형추정 결과를 비교해 보겠습니다. 먼저 좌측 완전절단된 종속변수일 경우 완전절단회귀모형 추정 과정과 그 결과는 아래와 같습니다.

```
> #좌측 완전절단형 데이터에 완전절단회귀모형 적용
> trunc_treg_L = truncreg(trunc_L~female2+age2C+I(age2C^2)+log10inc2C+educ2,
+                    point=log10(5), direction = "left", mydata_ch1)
> summary(trunc_treg_L)

Call:
truncreg(formula = trunc_L ~ female2 + age2C + I(age2C^2) + log10inc2C +
   educ2, data = mydata_ch1, point = log10(5), direction = "left")

BFGS maximization method
76 iterations, 0h:0m:0s
g'(-H)^-1g = 1.86E-09

Coefficients :
                 Estimate Std. Error t-value  Pr(>|t|)
(Intercept)      0.941653  0.183374  5.1351 2.819e-07 ***
female2         -0.089180  0.065751 -1.3563  0.174990
age2C            0.193835  0.036596  5.2966 1.180e-07 ***
I(age2C^2)      -0.053899  0.019306 -2.7918  0.005241 **
log10inc2C       0.632574  0.126552  4.9985 5.777e-07 ***
educ24중졸       0.122292  0.203625  0.6006  0.548125
educ25고졸       0.158629  0.175581  0.9035  0.366285
educ26전문대졸   0.497906  0.199435  2.4966  0.012540 *
```

```
educ27대졸      0.299989  0.182289  1.6457   0.099829 .
educ289대학원졸 0.333551  0.206091  1.6185   0.105562
sigma           0.567047  0.031957 17.7439  < 2.2e-16 ***
---
Signif. codes:  0 '***' 0.001 '**' 0.01 '*' 0.05 '.' 0.1 ' ' 1

Log-Likelihood: -240.46 on 11 Df
```

모형추정 결과 맨 처음에 나타난 `Call:` 부분은 공식을 어떻게 지정하고 어떤 방식으로 완전절단회귀모형을 실행했는가에 대한 부분입니다.

다음에 등장하는 `BFGS maximization method` 부분은 모형의 최종 수렴값을 얻어낸 모형 알고리즘입니다. BFGS는 Broyden – Fletcher – Goldfarb – Shanno의 첫 글자를 딴 것입니다[예를 들어 피셔(Fisher)의 첫 자를 따 *F* 통계치의 이름을 붙이는 것과 비슷합니다]. BFGS 알고리즘은 비선형 방정식의 최적 추정값을 얻을 때 흔히 사용되는 알고리즘입니다. 즉 위의 모형추정 결과는 BFGS 알고리즘을 적용하여 76번의 반복계산을 통해 얻었으며(`76 iterations` 부분) 모형추정에 소요된 시간은 1초 미만이고(`0h:0m:0s` 부분) 또한 최종수렴값이 얼마인지 제시되어 있습니다(`g'(-H)^-1g = 1.86E-09` 부분). 특별한 이유가 아니라면 `BFGS maximization method` 부분은 일반 이용자들이 주목할 부분은 아닐 것입니다.

`Coefficients:` 부분은 절편과 투입된 예측변수의 회귀계수 추정치입니다. 절편 및 회귀계수에 대한 해석방법은 OLS 회귀모형 혹은 토빗 모형을 통해 추정한 절편 및 회귀계수 해석방법과 동일합니다. 예를 들어 제시된 결과의 절편[(Intercept)]과 교육수준(`educ26`전문대졸)의 회귀계수를 해석하자면 아래와 같습니다(연령 및 상용로그전환소득의 회귀계수의 경우 문장형태로 제시하는 것보다 그래프로 시각화하는 것이 훨씬 더 효과적입니다).

- 절편[(Intercept)]: 성별이 남성이고 연령은 약 45세[1]이며 연평균소득수준이 약 3,874만 원인[2] 초등학교 졸업 이하의 응답자의 경우, 1년에 약 8만7천 원 정도를 기부하는

---

1 투입된 `age2C` 변수는 평균중심화 변환을 실시한 것이다. `mydata_ch1` 데이터에서 평균중심화 변환을 적용하기 이전의 연령평균은 44.6333이다.

2 투입된 `log10inc2C` 변수는 응답자의 연소득을 상용로그전환한 후 평균중심화 변환을 실시한 것이다. 이를 원데이터의 값으로 환산하면 3874.809만 원이다(`10^mean(mydata_ch1$log10inc2)`를 실행하면 됨).

데($10^{0.941653}$), 이 기부금액은 0보다 통계적으로 유의미하게 큰 금액이다(p<.001).

- 교육수준(educ26전문대졸): 다른 변수들의 효과를 통제하였을 때, 초등학교 이하의 학력을 가진 사람에 비해 전문대 졸업 학력을 가진 사람은 약 3만 원 정도($10^{0.497906}$) 더 기부하며, 이 차이는 통계적으로 유의미한 결과다(p<.05).

끝으로 `Log-Likelihood: -240.46 on 11 Df` 부분은 추정된 완전절단회귀모형의 로그우도값(-240.46)과 추정된 모수의 수(11)를 의미합니다.

좌측 완전절단형 종속변수 그리고 우측 완전절단형 종속변수를 대상으로 한 완전절단회귀모형과 OLS 회귀모형을 추정하는 방법은 아래와 같습니다. R 아웃풋을 다 제시하는 것은 번잡한 일이기에, 완전절단형 데이터에 대한 네 가지 모형추정 결과를 다음의 〈표1〉과 〈그림2〉처럼 정리하였습니다.

```
> #좌측 완전절단형 데이터에 OLS 회귀모형 적용
> trunc_ols_L = lm(trunc_L~female2+age2C+I(age2C^2)+log10inc2C+educ2, mydata_ch1)
> summary(trunc_ols_L)
                          [모형추정 결과는 본문의 표를 참조]
> #우측 완전절단형 데이터에 완전절단회귀모형 적용
> trunc_treg_R = truncreg(trunc_R~female2+age2C+I(age2C^2)+log10inc2C+educ2,
+                  point=log10(100), direction = "right", mydata_ch1)
> summary(trunc_treg_R)
                          [모형추정 결과는 본문의 표를 참조]
> #우측 완전절단형 데이터에 OLS 회귀모형 적용
> trunc_ols_R = lm(trunc_R~female2+age2C+I(age2C^2)+log10inc2C+educ2, mydata_ch1)
> summary(trunc_ols_R)
                          [모형추정 결과는 본문의 표를 참조]
```

표1. 완전절단 데이터에 대한 완전절단 회귀모형 및 OLS 회귀모형 추정결과 비교

	완전절단값 발생이전	좌측완전절단		우측완전절단	
	OLS	완전절단회귀모형 (절단점=5만원)	OLS	완전절단회귀모형 (절단점=100만원)	OLS
절편	1.098*** (0.094)	0.942*** (0.183)	1.267*** (0.087)	1.042*** (0.096)	1.019*** (0.082)
성별(여성 = 1)	−0.068+ (0.040)	−0.089 (0.066)	−0.046 (0.035)	−0.032 (0.042)	−0.027 (0.035)
연령 일차항	0.108*** (0.020)	0.194*** (0.037)	0.101*** (0.018)	0.088*** (0.021)	0.073*** (0.018)
연령 제곱항	−0.023* (0.011)	−0.054** (0.019)	−0.027** (0.010)	−0.023* (0.011)	−0.019* (0.010)
소득수준 일차항 (상용로그전환)	0.381*** (0.069)	0.633*** (0.127)	0.341*** (0.063)	0.195** (0.075)	0.163* (0.063)
교육수준 (중졸 = 1)	0.111 (0.110)	0.122 (0.204)	0.058 (0.101)	0.103 (0.111)	0.091 (0.096)
교육수준 (고졸 = 1)	0.147 (0.093)	0.159 (0.176)	0.079 (0.087)	0.140 (0.093)	0.120 (0.081)
교육수준 (전문대졸 = 1)	0.332** (0.111)	0.498* (0.199)	0.269** (0.102)	0.287* (0.115)	0.242* (0.098)
교육수준 (대졸 = 1)	0.250* (0.099)	0.300+ (0.182)	0.158+ (0.091)	0.283** (0.101)	0.238** (0.087)
교육수준 (대학원졸 = 1)	0.301* (0.119)	0.334 (0.206)	0.186+ (0.107)	0.244+ (0.127)	0.204+ (0.107)
추가통계치 (ancillary statistic, σ)		0.567*** (0.032)		0.463*** (0.017)	

알림. $+p<.10$, $*p<.05$, $**p<.01$, $***p<.001$. $N_{좌측완전절단}=596$. $N_{우측완전절단}=603$. 완전절단회귀모형 추정은 truncreg 패키지(version 0.2-5)의 truncreg() 함수를 이용하였음.

```
> myterm=c('절편','성별(여성=1)','연령(1차항)','연령(2차항)','상용로그전환소득',
+        '교육수준(중졸=1)','교육수준(고졸=1)','교육수준(전문대졸=1)',
+        '교육수준(대졸=1)','교육수준(대학원졸=1)')
> parameter_trunc = tibble(term=myterm,
+                  coef_ols_L=coef(trunc_ols_L),
+                  #sigma 부분은 삭제
+                  coef_TR_L=coef(trunc_treg_L)
+                  [names(coef(trunc_treg_L))!="sigma"],
+                  coef_ols_R=coef(trunc_ols_R),
+                  coef_TR_R=coef(trunc_treg_R)
```

```
+                  [names(coef(trunc_treg_L))!="sigma"]
+ ) %>%
+  gather(key=coef, value=para_est, -term) %>%
+  mutate(
+   model=ifelse(str_detect(coef,"ols"),
+              "OLS model","Truncated\nregression model"),
+   dir_trunc=ifelse(str_detect(coef,"_L"),
+                "Left truncated",coef),
+   dir_trunc=ifelse(str_detect(coef,"_R"),
+                "Right truncated",dir_trunc),
+   term=fct_rev(fct_relevel(term,myterm)),
+   dir_trunc=fct_relevel(dir_trunc,"Left truncated")
+  )
> parameter_trunc %>% ggplot(aes(x=term,y=para_est,color=model))+
+  geom_point(size=2,stat="identity")+
+  labs(x="추정모수",y="모수추정값",color="모형",shape="모형")+
+  coord_flip()+
+  theme_bw()+
+  facet_wrap(~dir_trunc)
```

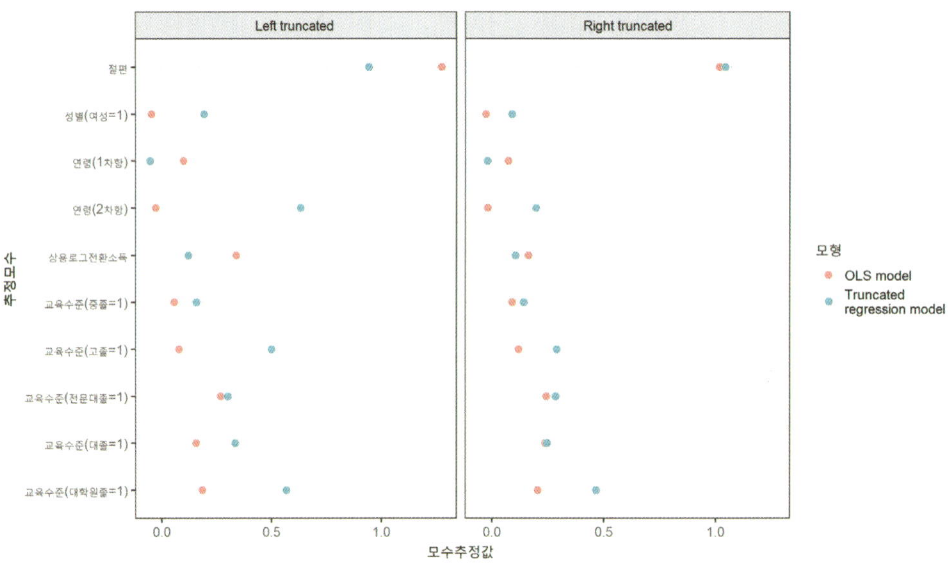

그림2. 완전절단형 종속변수에 대한 OLS 회귀모형과 완전절단회귀모형 추정결과 시각화

〈표1〉과 〈그림2〉에서 확인할 수 있듯 좌측 완전절단형 종속변수의 경우 완전절단회귀모형은 OLS 회귀모형에 비해 절편은 과소추정된 반면, 회귀계수는 거의 대부분 보다 크게 추정된 것을 확인할 수 있습니다. 한편 우측 완전절단회귀모형 종속변수의 경우 완전

절단회귀모형의 모수추정 결과는 OLS 회귀모형과 거의 비슷합니다만, 전체적으로 약간 과다추정하는 경향을 발견할 수 있습니다. 완전절단형 데이터의 경우 OLS 회귀모형 대비 완전절단회귀모형의 모수추정치 패턴은 중도절단형 데이터의 경우 OLS 회귀모형 대비 토빗 모형의 모수추정치 패턴과 전반적으로 유사하게 나타납니다. 다시 말해 좌측에서 완전절단이 발생한 경우 완전절단회귀모형은 OLS 회귀모형에 비해 절편은 작게, 회귀계수는 크게 추정하는 경향이 있으며, 우측에서 완전절단이 발생하는 경우 완전절단회귀모형은 OLS 회귀모형에 비해 절편과 회귀계수 모두를 크게 추정하는 경향이 있습니다.

끝으로 〈표1〉에서 완전절단형 데이터에 대한 완전절단회귀모형과 OLS 회귀모형의 모수추정값을 완전절단이 발생하기 이전 데이터를 대상으로 할 때와 비교해 봅시다. 판단을 내리기가 쉽지는 않습니다. 우선 좌측완전절단의 경우 연령(일차항과 2차항)의 회귀계수와 상용로그변환소득의 회귀계수는 OLS 회귀모형의 추정결과가 완전절단회귀모형보다 나아보입니다. 다음으로 우측완전절단의 경우 절편과 회귀계수에서 전반적으로 OLS 회귀모형보다 완전절단회귀모형의 모수추정값이 완전절단 발생이전 데이터에 대한 모수추정값에 근접합니다. 그러나 그렇다고 완전절단회귀모형이 OLS 회귀모형보다 월등하게 낫다고 판단내리기는 어렵습니다.

그렇다면 완전절단된 사례들이 많아질수록 완전절단회귀모형과 OLS 회귀모형의 모수추정치 및 모형 예측값의 정확도는 어떻게 변할까요? 앞서 우리는 좌측 중도절단 사례들을 점차 늘리는 방식을 통해 토빗 모형과 OLS 회귀모형의 모수추정치 및 모형 예측값의 정확도가 어떻게 변하는지 살펴보았습니다. 이번에는 우측 완전절단값을 1,000부터 32까지 점차 줄여나가는 방식을 통해 완전절단된 사례들이 많아지도록 변화시켰으며, 이 과정 속에서 두 모형의 모수추정치(절편과 회귀계수) 그리고 모형 예측값의 정확도 지수들(MAE, RMSE)이 어떻게 변하는지를 살펴보도록 하시죠.

```
> # 모수추정치의 정확성 평가: 절편, log10inc2C
> # 모형 예측값의 정확성 평가: MAE, RMSE
> myrange=sort(as.vector(unique(mydata_ch1$donate2)),decreasing=T)
> myrange[c(1,40)]
[1] 1000   32
> myresult = list()
> for (i in 1:40){
+   temp = mydata_ch1 %>%
+    mutate(trunc_change=ifelse(log10donate>log10(myrange[i]),NA,log10donate))
+   m_ols_R = lm(trunc_change~female2+age2C+I(age2C^2)+
+             log10inc2C+educ2,temp)
+   m_TR_R = truncreg(trunc_change~female2+age2C+I(age2C^2)+
+               log10inc2C+educ2,point=log10(myrange[i]),
+               direction="right", temp)
+   temp_myresult1 = tibble(
+      trunc_point=myrange[i],
+      truncreg_intercept=coef(m_TR_R)[1],
+      truncreg_inc=coef(m_TR_R)[5],
+      OLS_trunc_intercept=coef(m_ols_R)[1],
+      OLS_trunc_inc=coef(m_ols_R)[5]
+    )
+   temp_myresult2 = temp %>% mutate(
+     MAE_ols=abs(log10donate - predict(m_ols_R,mydata_ch1)),
+     RMSE_ols=(log10donate - predict(m_ols_R,mydata_ch1))^2,
+     MAE_truncreg=abs(log10donate - predict(m_TR_R,mydata_ch1)),
+     RMSE_truncreg=(log10donate - predict(m_TR_R,mydata_ch1))^2
+   ) %>% summarize_at(
+     vars(MAE_ols,RMSE_ols,MAE_truncreg,RMSE_truncreg),
+     funs(mean(.,na.rm=TRUE))
+   ) %>% mutate_at(
+     vars(starts_with("RMSE")),
+     funs(sqrt(.))
+   )
+   temp_result=bind_cols(temp_myresult1,temp_myresult2)
+   myresult=bind_rows(myresult,temp_result)
+ }
```

우선 우측 완전절단값을 점차로 줄여나갈 때, 절편과 상용로그전환소득(log10inc2C)의 회귀계수값이 어떻게 변하는지 살펴보도록 하죠. 물론 다른 회귀계수들도 살펴볼 수 있지만, 앞서 토빗 모형의 경우와 마찬가지로 절편과 상용로그전환소득의 회귀계수만 살펴보겠습니다. 〈그림3〉에서 잘 드러나듯, 우측 완전절단값을 최댓값인 1,000만 원부터 32만 원으로 줄여나가면서 우측 중도절단된 사례들을 늘릴수록, 완전절단회귀모형의 절편추정치가 OLS 회귀모형의 절편추정치에 비해 상대적으로 참값에 가까운 것을 확인할 수 있습니다. 반면 상용로그전환소득의 회귀계수는 OLS 회귀모형의 회귀계수와 비교할 때 크게 다르지는 않지만, 우측 완전절단회귀모형의 회귀계수가 OLS 회귀모형의 회귀계수에 비해 상대적으로 더 나은 모습을 보이는 것을 확인할 수 있습니다.

```
> myresult %>%
+   mutate(range=row_number(),
+          true_intercept=coef(m_ols_P)[1],
+          true_inc=coef(m_ols_P)[5]) %>%
+   select(range,trunc_point,ends_with("_intercept"),ends_with("_inc")) %>%
+   gather(key=type,value=value,-trunc_point,-range) %>%
+   mutate(
+     Int_coef=ifelse(str_detect(type,"intercept"),
+                     "절편","상용로그전환소득 회귀계수"),
+     model=factor(2*str_detect(type,"OLS_")+
+                  1*str_detect(type,"true_")+
+                  3*str_detect(type,"truncreg_")),
+     Int_coef=fct_relevel(Int_coef,"절편")
+   ) %>%
+   ggplot(aes(x=range,y=value,color=model))+
+   geom_line()+
+   labs(x="우측 완전절단 발생지점(단위: 만원)",y="모수추정치",color="모형")+
+   scale_x_continuous(breaks=5*(0:8),labels=c(myrange[1+1*(0:8)]))+
+   scale_color_manual(values=1:3,
+                      labels=c("우측 완전절단\n발생이전\n추정치\n",
+                               "우측 완전절단\n발생이후\nOLS모형\n추정치\n",
+                               "우측 완전절단\n발생이후\n완전절단회귀모형\n추정치\n"))+
+   theme_bw()+
+   facet_wrap(~ Int_coef)
```

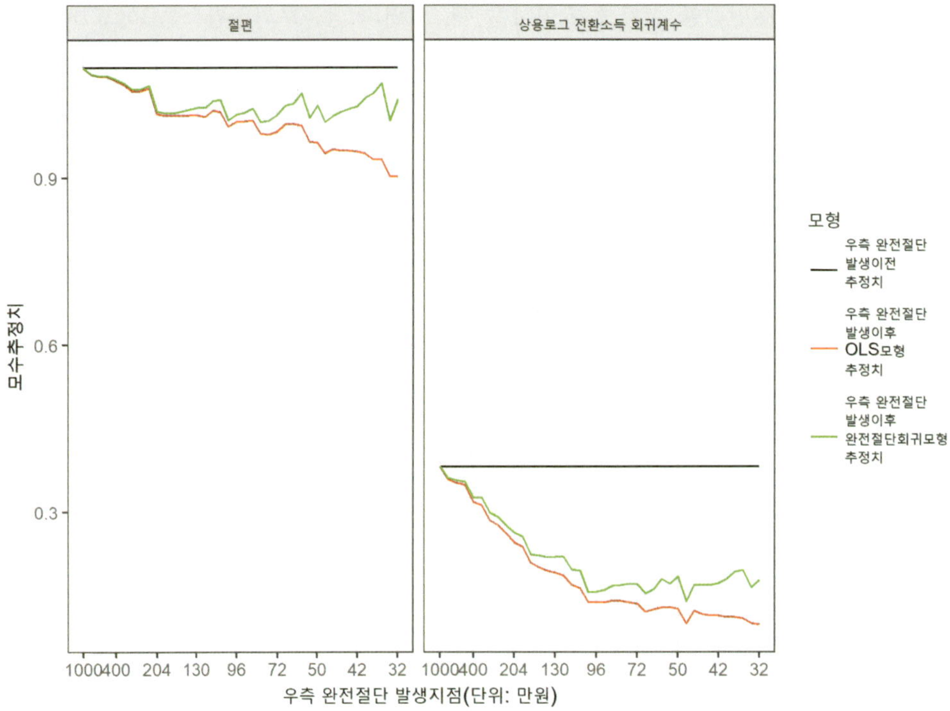

그림3. 우측 완전절단 발생지점 변화에 따른 OLS 회귀모형과 완전절단회귀모형의 모수추정치 변화

그렇다면 완전절단회귀모형의 예측값 정확도 지수들(MAE, RMSE)과 OLS 회귀모형의 예측값 정확도 지수들은 우측 완전절단값의 감소에 따라 어떤 변화패턴을 보일까요? 패턴은 아래의 〈그림4〉에서 아주 잘 드러납니다. 완전절단회귀모형을 통해 추정한 종속변수의 예측값은 OLS 회귀모형을 통해 얻은 종속변수의 예측값에 비해 종속변수의 실제 관측값을 더 정확하게 예측하고 있습니다.

```
> myresult %>%
+   mutate(range=row_number()) %>%
+   select(range,trunc_point,starts_with("MAE_"),starts_with("RMSE_")) %>%
+   gather(key=type,value=value,-trunc_point,-range) %>%
+   mutate(
+     index=ifelse(str_detect(type,"MAE"),"MAE","RMSE"),
+     model=ifelse(str_detect(type,"ols"),"OLS","완전절단\n회귀모형")
+   ) %>%
+   ggplot(aes(x=range,y=value,color=model))+
```

```
+  geom_point(size=1)+
+  geom_line()+
+  labs(x="우측 완전절단 발생지점(단위: 만원)",y="지표(MAE, RMSE)의 값",color="모형")+
+  scale_x_continuous(breaks=c(1,5*(1:8)),labels=c(myrange[c(1,5*(1:8))]))+
+  theme_bw()+
+  facet_wrap(~ index)
```

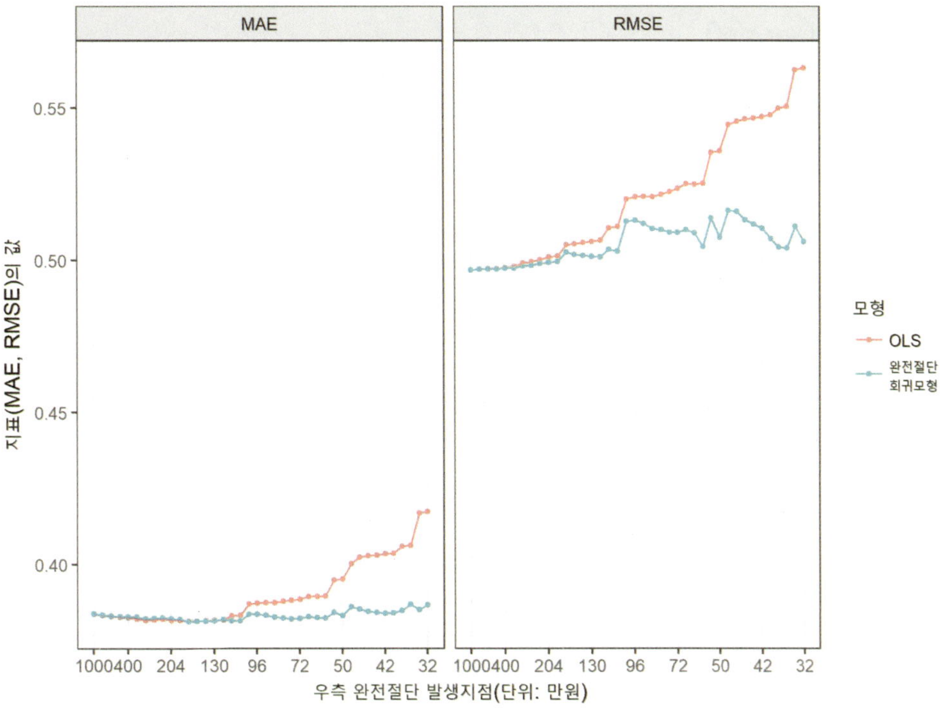

그림4. 우측 완전절단 발생지점 변화에 따른 OLS 회귀모형과 완전절단회귀모형의 모형 예측값 정확도 변화

위의 〈그림3〉와 〈그림4〉은 실제 데이터를 대상으로 얻은 결과입니다. 그렇다면 정규분포를 띠며 완전절단이 발생하기 전 종속변수를 시뮬레이션 한 데이터를 대상으로 하였을 때, 우측 완전절단값 감소에 따른 완전절단회귀모형의 모수추정값과 모형 예측값 정확도 변화 패턴은 어떨까요? 이를 위해 절편이 3, 예측변수 x의 회귀계수가 1, σ가 1인 조건을 따르는 종속변수 y와 예측변수 x를 생성한 후, 우측 완전절단값을 6부터 2까지 0.1점 간격으로 줄여가는 방법으로 우측 완전절단 종속변수를 생성해 보았습니다. 이렇게 시뮬레이션된 데이터를 대상으로 우측절단값 변화에 따라 OLS 회귀모형 및 완전절단회귀모형

의 모수추정값과 모형 예측값 정확도 지수들(MAE, RMSE)이 어떻게 변하는지 살펴보죠. 우선 시뮬레이션을 위한 R 코드는 아래와 같습니다.

```
> # 시뮬레이션 데이터 생성 이용자함수
> mydatasimulation = function(trial_number,sampleN,sigma){
+   set.seed(trial_number)
+   x = rnorm(sampleN, mean=0, sd=1)
+   y = 0 + 1*x + rnorm(sampleN, mean=0, sd=sigma)
+   tibble(x=x,y=y)
+ }
> # 특정 지점을 기준으로 중도절단 데이터를 생성한 후
> # 절편,회귀계수,MAE,RMSE 추정
> mymodelestimate = function(simdata,mypoint){
+   temp = simdata %>%
+     mutate(
+       y_trunc=ifelse(y>mypoint,NA,y)
+     )
+   model_ols_P=lm(y~x,temp)
+   model_trunc=truncreg(y_trunc~x,point=mypoint,direction='right',temp)
+   model_ols_T=lm(y_trunc~x,temp)
+   temp_myresult1 = tibble(
+     trunc_point=mypoint,
+     OLS_perfect_intercept=coef(model_ols_P)[1],
+     OLS_perfect_x=coef(model_ols_P)[2],
+     TR_truncated_intercept=coef(model_trunc)[1],
+     TR_truncated_x=coef(model_trunc)[2],
+     OLS_truncated_intercept=coef(model_ols_T)[1],
+     OLS_truncated_x=coef(model_ols_T)[2])
+   temp_myresult2 = temp %>%
+     mutate(
+     MAE_ols=abs(y - predict(model_ols_T,simdata)),
+     RMSE_ols=(y -  predict(model_ols_T,simdata))^2,
+     MAE_truncreg=abs(y -  predict(model_trunc,simdata)),
+     RMSE_truncreg=(y - predict(model_trunc,simdata))^2
+   ) %>% summarize_at(
+     vars(MAE_ols,RMSE_ols,MAE_truncreg,RMSE_truncreg),
+     funs(mean(.,na.rm=TRUE))
+   ) %>% mutate_at(
+     vars(starts_with("RMSE")),
```

```
+    funs(sqrt(.))
+  )
+  temp_result=bind_cols(temp_myresult1,temp_myresult2)
+  temp_result
+ }
```

먼저 〈그림5〉는 우측 완전절단값 감소에 따라 절편, 예측변수의 회귀계수 추정치가 어떻게 변하는지를 살펴본 결과입니다. 그림에서 잘 드러나듯 우측 완전절단값이 약 3.5이상인 경우 완전절단회귀모형의 절편과 회귀계수는 참값에 매우 근접한 것을 알 수 있습니다. 반면 OLS 회귀모형을 통해 얻은 절편과 회귀계수는 참값에서 점차 멀어지는 것을 발견할 수 있습니다.

```
> # 완전절단지점 변화에 따른 절편과 회귀계수 변화 패턴
> myresult %>%
+  mutate(range=0.1*(60:20)) %>%
+  select(range,trunc_point,ends_with("_intercept"),
+        ends_with("_x")) %>%
+  gather(key=type,value=value,-trunc_point,-range) %>%
+  mutate(
+    model=factor(str_detect(type,"_perfect")+
+              2*str_detect(type,"OLS_trunc")+
+              3*str_detect(type,"TR_trunc")),
+    term=ifelse(str_detect(type,"_intercept"),
+              "intercept","x, coefficient")
+  ) %>%
+  ggplot(aes(x=range,y=value,color=model))+
+  geom_line()+
+  scale_x_continuous(breaks=2:6,labels=6:2)+
+  scale_color_manual(values=1:3,
+                 labels=c("완전절단 이전",
+                          "완전절단후 OLS",
+                          "완전절단후\n완전절단회귀모형"))+
+  labs(x="완전절단값",y="모수추정치",color="추정모형")+
+  theme_bw()+
+  facet_wrap(~ term)
```

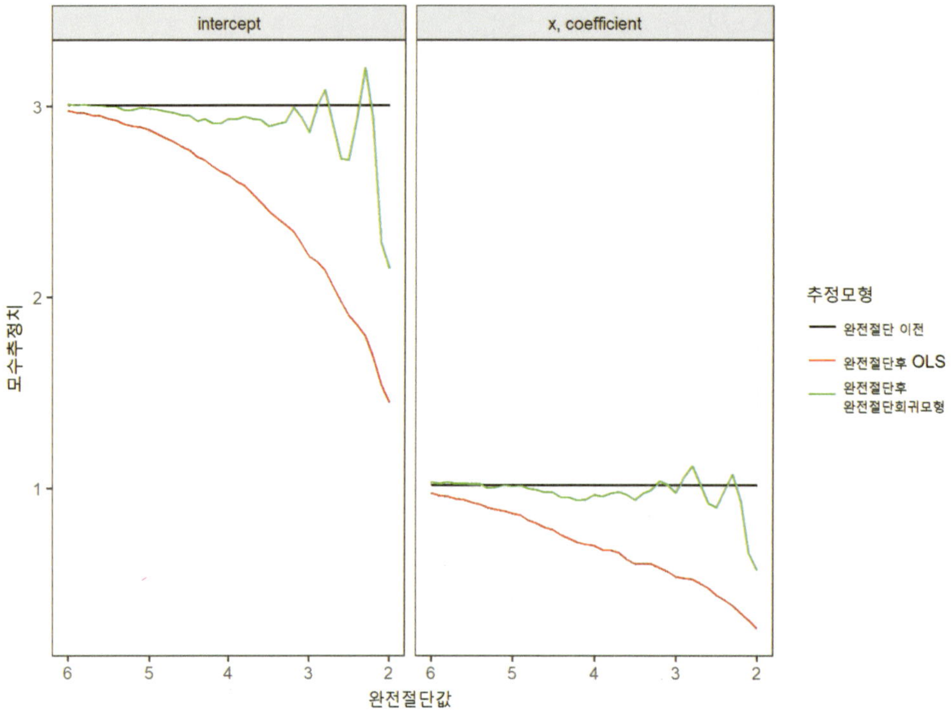

그림5. 시뮬레이션 데이터 기반 우측 완전절단값 변화에 따른 절편과 회귀계수 변화패턴

다음으로 〈그림6〉에서는 우측 완전절단값 감소에 따라 OLS 회귀모형과 완전절단회귀모형의 예측값이 실제 관측된 종속변수값에 더 근접한지 정확도 평가지표(MAE, RMSE)를 통해 살펴본 것입니다. 결과에서 잘 드러나듯 절단된 데이터가 많지 않을 때에는 완전절단회귀모형의 정확도는 매우 높지만, 우측 완전절단값이 점차 작아질 경우(즉 우측 완전절단 데이터가 많아지는 경우) 완전절단회귀모형의 예측값이 OLS 회귀모형의 예측값보다 참값에 더 근접한다고 말하기 어려워집니다.

```
> # 모형 추정치의 정확성 평가: MAE, RMSE
> myresult %>%
+   mutate(range=0.1*(60:20)) %>%
+   select(range,trunc_point,starts_with("MAE_"),
+          starts_with("RMSE_")) %>%
+   gather(key=type,value=value,-range,-trunc_point) %>%
+   mutate(
+     index=ifelse(str_detect(type,"MAE"),"MAE","RMSE"),
+     model=ifelse(str_detect(type,"ols"),"OLS","Truncated regression")
```

```
+   ) %>%
+   ggplot(aes(x=range,y=value,color=model))+
+   geom_point(size=1)+
+   geom_line()+
+   labs(x="완전절단 발생지점",y="지표(MAE, RMSE)의 값",color="추정모형")+
+   scale_x_continuous(breaks=2:6,labels=6:2)+
+   theme_bw()+
+   facet_wrap(~ index)
```

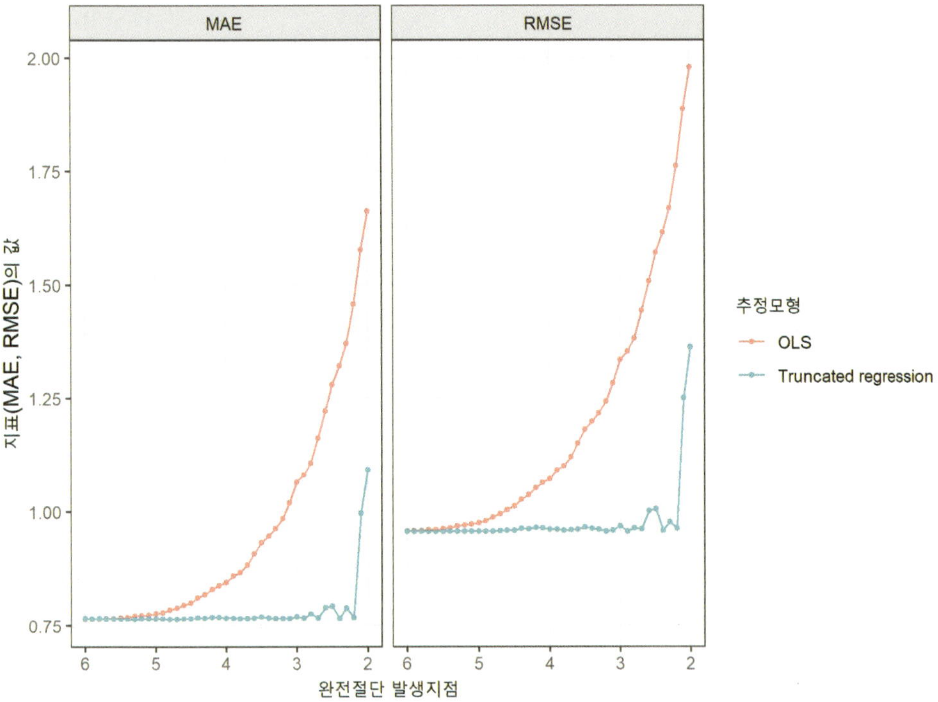

그림6. 시뮬레이션 데이터 기반 우측 완전절단값 변화에 따른 모형 예측값 정확도 변화패턴

실제 데이터와 시뮬레이션 데이터를 기반으로 완전절단을 가정한 상태에서 완전절단회귀모형과 OLS 회귀모형의 모형추정치와 예측값 정확도를 비교한 결과를 정리하면 다음과 같습니다.

- 좌측 완전절단형 데이터의 경우 OLS 회귀모형의 절편 추정값은 완전절단회귀모형의 절편 추정값보다 과소추정되는 경향이 있으며, 우측 완전절단인 경우 과대추정되는 경향이 뚜렷합니다. 반면 회귀계수의 경우 좌측과 우측 모두에서 OLS 회귀모형

의 회귀계수가 완전절단회귀모형의 회귀계수보다 더 큰 절댓값을 갖는 경향이 나타납니다.

- 완전절단이 발생한 경우, 완전절단회귀모형을 통한 모수추정치는 OLS 회귀모형으로 얻은 모수추정치에 비해 참값에 보다 가깝습니다.
- 완전절단이 발생한 경우, (완전절단이 발생되기 이전의) 종속변수에 대한 모형 예측값 정확성이라는 점에서는 완전절단회귀모형은 OLS 회귀모형에 비해 우수합니다.

완전절단회귀모형에 대한 로그우도비 테스트

다음으로는 모형비교 테스트를 실시해 보겠습니다. 앞서 소개한 토빗 모형과 마찬가지로 완전절단회귀모형의 경우도 로그우도비 테스트(LR test)를 이용해 어떤 모형이 다른 모형에 비해 데이터를 더 잘 설명하는지를 테스트합니다. 이번에는 앞서 우리가 추정했던 `trunc_treg_R`이라는 이름의 완전절단회귀모형과 교육수준 변수(educ2)를 투입하지 않은 완전절단회귀모형을 `trunc_treg_R0`라는 이름의 오브젝트로 저장한 후, 모형비교 테스트를 실시해 보겠습니다. `update()` 함수를 이용하면 공식의 다른 부분은 그대로 두고 특정 예측변수(혹은 종속변수)를 추가 혹은 삭제하는 것이 매우 편합니다. 마침표(.)로 표시한 부분은 동일하다는 것을 의미하고 `-educ2`라는 부분은 `trunc_treg_R`이라는 이름의 완전절단회귀모형에서 `edu2` 변수를 삭제한 후 모형을 추정한다는 의미입니다.

```
> # 모형비교 테스트(로그우도비 테스트)
> # update() 함수를 쓰면 편리함
> trunc_treg_R0 = update(trunc_treg_R, . ~ . -educ2)
```

이제 `logLik()` 함수를 이용하여 각 모형의 로그우도값을 추출합니다. 또한 각 모형을 추정하는 데 사용한 회귀계수의 개수는 해당 오브젝트의 `coefficient` 하위 오브젝트를 추출한 후 그것의 개수를 `length()` 함수를 이용해 추출하였습니다. 이후 두 모형에 투입된 회귀계수들의 개수 차이를 자유도 차이, −2를 곱한 로그우도값의 차이를 카이제곱값으로 하는 카이제곱 테스트를 실시하면 다음과 같습니다.[3]

3 나중에 소개해 드릴 `lmtest` 패키지의 `lrtest()` 함수를 사용하면 더 편합니다. 나중에 다시 소개해 드리겠습니다.

```
> logLik(trunc_treg_R0)
'log Lik.' -326.5855 (df=6)
> length(trunc_treg_R0$gradient)
[1] 6
> logLik(trunc_treg_R)
'log Lik.' -320.5027 (df=11)
> length(trunc_treg_R$gradient)
[1] 11
> (delta_2LL=-2*(logLik(trunc_treg_R0)[1]-logLik(trunc_treg_R)[1])) #로그우도카이제곱
[1] 12.16558
> (delta_df=length(trunc_treg_R$gradient)-length(trunc_treg_R0$gradient)) #자유도
[1] 5
> pchisq(delta_2LL,delta_df,lower.tail=F)
[1] 0.03258808
```

다시 말해 educ2 변수를 추가한 trunc_treg_R는 educ2 변수가 삭제된 trunc_treg_R0에 비해 데이터를 더 잘 설명하는 모형이며, 두 모형의 설명력 차이는 통계적으로 유의미하다고 말할 수 있습니다[$\chi^2(5)=12.17$, $p=.033$].

토빗 모형과 마찬가지로 완전절단회귀모형의 경우도 임의 R^2를 계산할 수 있습니다. 하지만 안타까운 점은 완전절단회귀모형 추정결과 오브젝트의 경우 DescTools 패키지의 PseudoR2() 함수를 사용할 수 없다는 점입니다. 만약 완전절단회귀모형의 임의 R^2 계산을 원하시는 분은 제가 이용자 함수로 만들어둔 function_PseudoR2() 함수를 이용해 보시기 바랍니다. 각 임의 R^2의 계산방식, 해석 시 주의사항과 문제점 등에 대해서는 앞서도 언급했던 롱(Long, 1997)을 참조하시기 바랍니다.

```
> # 아래와 같은 방식으로 하면 더 편합니다.
> lmtest::lrtest(trunc_treg_R0,trunc_treg_R)
Likelihood ratio test

Model 1: trunc_R ~ female2 + age2C + I(age2C^2) + log10inc2C
Model 2: trunc_R ~ female2 + age2C + I(age2C^2) + log10inc2C + educ2
  #Df  LogLik Df   Chisq Pr(>Chisq)
1   6 -326.59
2  11 -320.50  5  12.166    0.03259 *
---
Signif. codes:  0 '***' 0.001 '**' 0.01 '*' 0.05 '.' 0.1 ' ' 1
```

```
> # 아래의 함수를 지정한 후 임의 R2를 계산할 수 있습니다.
> function_PseudoR2=function(LL_null,LL_model,n_parameter,n_sample){
+  LL_null_2=-2*LL_null
+  LL_model_2=-2*LL_model
+  G2=-2*(LL_null-LL_model)
+  tibble(
+   McFadden = 1 - LL_model/LL_null,
+   adj_McFadden = 1 - (LL_model - n_parameter - 1)/LL_null,
+   Cox_Snell = 1 - exp(-G2/n_sample),
+   Negelkerke = (1 - exp((LL_model_2 - LL_null_2)/n_sample))/
+     (1 - exp(-LL_null_2/n_sample))
+  )
+ }
> function_PseudoR2(LL_null=logLik(update(trunc_treg_L, .~1)), # 기저(null)모형
+             LL_model=logLik(trunc_treg_L), # 추정모형
+            n_parameter=length(trunc_treg_L$coefficients), #모형투입모수의 수
+             n_sample=trunc_treg_L$nobs  # 표본수
+             )
# A tibble: 1 x 4
  McFadden adj_McFadden Cox_Snell Negelkerke
     <dbl>        <dbl>     <dbl>      <dbl>
1    0.148        0.105     0.131      0.213
```

완전절단회귀모형 추정결과 시각화

끝으로 완전절단회귀모형에 투입된 예측변수의 한계효과를 시각화해 보겠습니다. 앞서 설명하였듯 한계효과는 다른 변수들의 효과를 통제하였을 때(즉 다른 변수들을 특정한 고정값으로 설정하였을 때) 특정변수의 변화가 종속변수에 미치는 효과를 의미합니다. 앞에서 살펴본 완전절단회귀모형의 추정결과[summary(trunc_treg_R) 부분] 중 '연령 효과'와 '교육수준 효과' 두 가지의 한계효과를 시각화해 보도록 하겠습니다.

우선 연령(age2C의 일차항과 이차항)의 한계효과, 즉 다른 변수들이 종속변수에 미치는 효과를 통제하였을 때, 100만 원을 기준으로 우측 완전절단된 기부금액이 응답자의 연령변화에 따라 어떻게 달라지는지 시각화해 보겠습니다. 응답자 소득을 제외한 다른 변수들의 경우 다음과 같이 통제하도록 하겠습니다.

- 성별은 남녀 동수를 가정: female=0.5
- 상용로그전환소득은 표본의 평균값으로 가정: log10inc2C=0
- 교육수준은 대졸자를 가정: educ2="7대졸"

다음으로 교육수준의 한계효과의 경우, 다른 변수들의 수준을 다음과 같이 고정시키는 방식으로 통제하도록 하겠습니다.

- 성별은 남녀 동수를 가정: female=0.5
- 상용로그전환소득은 표본의 평균값으로 가정: log10inc2C=0
- 연령은 중위값으로 가정: age2C=44

먼저 data_grid() 함수를 이용하여 성별과 상용로그전환소득 두 가지를 통제한 후, 응답자의 연령과 교육수준을 변화시킨 예측용 데이터를 생성합니다(이 데이터는 myfig1이라고 이름 붙였습니다). 이후 predict() 함수를 이용해 완전절단회귀모형에 따른 각 사례별 우측 완전절단형 종속변수의 예측값, 그리고 OLS 회귀모형에 따른 예측값을 계산하였습니다. 또한 연령의 경우 원변수 형태로 전환하였으며, 교육수준의 경우 효과적 시각화를 위하여 변수의 값을 재처리하였습니다[범주형 변수의 텍스트 표기방식에 대한 처리방식은 졸저(백영민, 2018a, 2018b)를 참조하시기 바랍니다].

```
> # 응답자 연령, 교육수준 변화에 따른 기부금액 예측값 변화
> myfig1=mydata_ch1 %>%
+   data_grid(female2=0.5,age2C,log10inc2C=0,educ2)
> myfig1=myfig1 %>%
+   mutate(
+     pred_log10donate_TR=predict(trunc_treg_R,.), #상용로그전환된 기부금액예측값(TR)
+     pred_log10donate_OLS=predict(trunc_ols_R,.), #상용로그전환된 기부금액예측값(OLS)
+     pred_donate_TR=10^pred_log10donate_TR,       #상용로그전환 이전으로
+     pred_donate_OLS=10^pred_log10donate_OLS,     #상용로그전환 이전으로
+     age2=10*age2C + mean(mydata_ch1$age2),    #10세단위 연령 환산/평균중심화변환 이전으로
+     educ2=str_replace(educ2,"[[:digit:]]{1,3}",""),
+     educ2=fct_reorder(educ2,row_number())
+   )
```

위에서 생성한 myfig1 데이터 오브젝트에는 응답자의 연령별, 그리고 응답자의 교육수준별 기부금액이 얼마인지 기록되어 있습니다. 이 데이터 오브젝트를 이용해 '대졸' 교육수준인 경우 연령에 따른 기부금액의 변화패턴을 시각화하면 〈그림7〉과 같습니다. 그림에서 잘 드러나듯 OLS 회귀모형의 예측값에 비해 완전절단회귀모형의 예측값이 더 큽니다. 즉 연령의 한계효과는 OLS 회귀모형보다 완전절단회귀모형에서 훨씬 더 강하게 나타납니다.

```
> # 응답자 연령 변화에 따른 기부금액 예측값 변화
> myfig1 %>%
+   filter(educ2=="대졸") %>%
+   select(age2,starts_with("pred_donate")) %>%
+   gather(key=model, value=pred_donate,-age2) %>%
+   mutate(model=ifelse(str_detect(model,"TR"),
+          "완전절단\n회귀모형\n","OLS\n회귀모형\n")) %>%
+   ggplot(aes(x=age2,y=pred_donate,color=model))+
+   geom_point()+
+   geom_line()+
+   labs(x="연령",y="기부금액(단위: 만원)",color="모형")+
+   theme_bw()
```

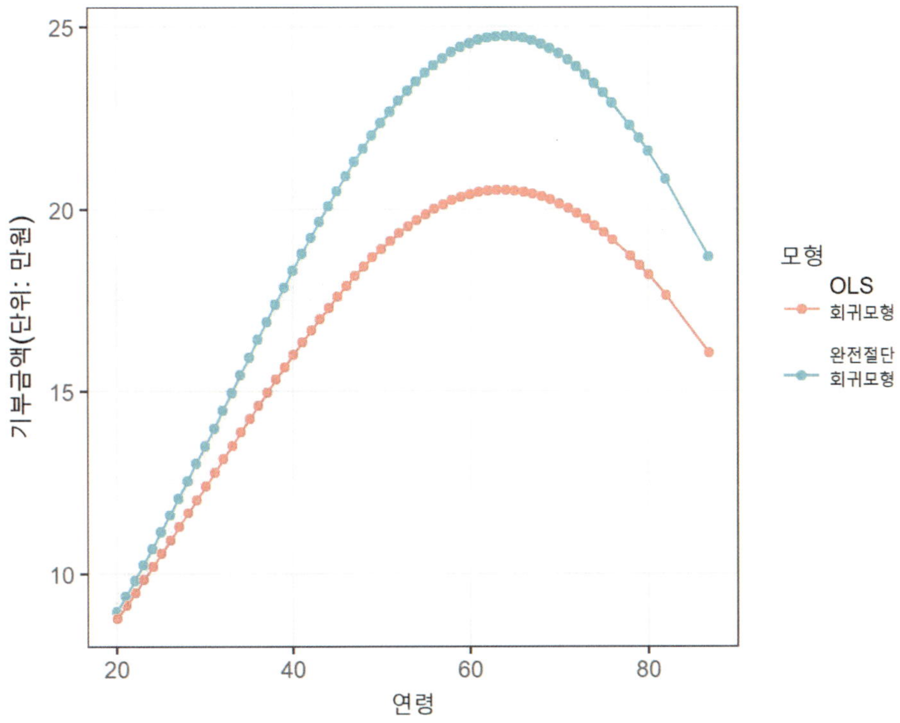

그림7. 연령변화에 따른 완전절단회귀모형과 OLS 회귀모형의 기부금액 예측값 비교

다음으로 중위값의 교육수준을 가정하였을 때, 응답자의 교육수준별 기부금액 예측값의 변화를 나타낸 막대그래프는 〈그림8〉과 같습니다. 그림에서 명확하게 잘 드러나듯, 우측 완전절단형 종속변수인 경우 OLS 회귀모형에 비해 완전절단회귀모형의 모형예측값이 더 크다는 것이 매우 뚜렷이 나타납니다.

```
> # 응답자 교육수준 변화에 따른 기부금액 예측값 변화
> myfig1 %>%
+   filter(age2==44) %>%
+   select(educ2,starts_with("pred_donate")) %>%
+   gather(key=model, value=pred_donate,-educ2) %>%
+   mutate(model=ifelse(str_detect(model,"TR"),"완전절단\n회귀모형\n","OLS\n회귀모형\n")) %>%
+   ggplot(aes(x=educ2,y=pred_donate,fill=model))+
+   geom_bar(stat='identity',position='dodge')+
+   coord_cartesian(ylim=c(8,21))+
+   labs(x="응답자의 교육수준",y="기부금액(단위: 만원)",fill="모형")+
+   theme_bw()
```

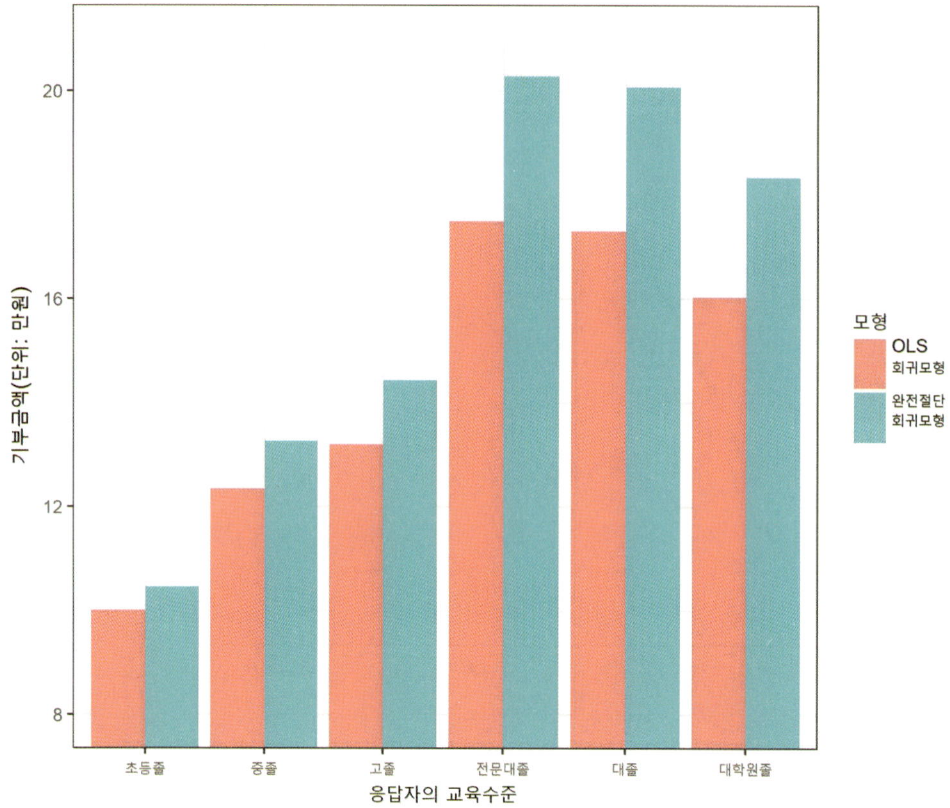

그림8. 교육수준에 따른 완전절단회귀모형과 OLS 회귀모형의 기부금액 예측값 비교

Tobit & truncated regression model: Caution

4장 절단형 종속변수 대상 회귀모형 사용 시 주의사항

중도절단과 완전절단을 혼동할 경우

앞서 여러 차례 강조하였습니다만, 중도절단형 데이터(censored data)와 완전절단형 데이터(truncated data)는 개념적으로 구분되어야만 합니다. 그러나 만약 두 가지 형태의 데이터를 명확하게 구분하지 못할 경우 어떤 일이 발생할까요? 우선 결론부터 말씀드리겠습니다. 중도절단형 종속변수에 대해 완전절단회귀모형을 적용하거나, 혹은 완전절단형 종속변수에 대해 토빗 모형을 적용할 경우 모형추정 결과(즉, 절편과 회귀계수)의 타당성이 낮아집니다.

그렇다면 구체적으로 어떤 문제가 발생할까요? 중도절단형 데이터에 대해 완전절단회귀모형을 적용하였을 때, 그리고 완전절단형 데이터에 대하여 토빗 모형을 적용하였을 때 어떤 문제가 발생하는지 살펴보겠습니다. 아래와 같이 좌측 중도절단된 종속변수 `censor_L`에 대해 '5만 원을 중도절단값으로 하는 토빗 모형'과 '5만 원을 완전절단값으로 하는 완전절단회귀모형'을 추정하는 R 코드는 다음과 같습니다.

```
                [데이터 소환 및 사전처리는 제1장, 제2장, 제3장을 참조]
> # 중도절단과 완전절단을 혼동할 경우
> # 중도절단형 종속변수에 완전절단회귀모형 적용
> tobit_right = vglm(censor_L~female2+age2C+I(age2C^2)+
+               log10inc2C+educ2,tobit(Lower=log10(5)),
+             mydata_ch1)
> tobit_wrong = truncreg(censor_L~female2+age2C+I(age2C^2)+
+               log10inc2C+educ2,point=log10(5),direction="left",
+               mydata_ch1)
```

또한 완전절단형 종속변수 trunc_L에 대하여 다음과 같이 '5만 원을 완전절단값으로 하는 완전절단회귀모형'과 '5만 원을 중도절단값으로 하는 토빗 모형'을 추정하는 R 코드는 다음과 같습니다.

```
> # 완전절단형 종속변수에 Tobit모형 적용
> TR_right = truncreg(trunc_L~female2+age2C+I(age2C^2)+
+                 log10inc2C+educ2,point=log10(5),direction="left",
+               mydata_ch1)
> TR_wrong = vglm(trunc_L~female2+age2C+I(age2C^2)+
+               log10inc2C+educ2,tobit(Lower=log10(5)),
+             mydata_ch1)
```

위의 과정을 거쳐 얻은 모형추정 결과를 요약하면 아래의 〈표1〉과 같습니다. 우선 좌측 중도절단형 데이터를 좌측 완전절단형 데이터로 잘못 파악하고 완전절단회귀모형을 적용할 경우 절편값은 상대적으로 과소추정되며, 회귀계수의 값들은 상대적으로 과대추정됩니다. 또한 좌측 완전절단형 데이터를 좌측 중도절단형 데이터로 잘못 파악하여 토빗 모형을 적용할 경우 절편값은 상대적으로 과대추정되며, 회귀계수의 값들은 상대적으로 과소추정되는 현상이 나타납니다.

일반적으로 특정 예측변수의 회귀계수에 대한 통계적 유의도 테스트를 통해 연구자의 연구가설 테스트가 진행됩니다. 즉 절단된 데이터에 대한 회귀분석을 통해 연구가설을 테스트할 경우, 절단된 데이터를 '중도절단'으로 가정할지 '완전절단'으로 가정할지에 따라 연구가설 테스트 결과가 현격하게 달라질 가능성도 존재합니다. 또한 절단된 데이터 형태를 잘못 파악할 경우, 모형 기반 예측값의 타당성이 낮을 수밖에 없습니다.

표1. 완전절단 데이터에 대한 완전절단 회귀모형 및 OLS 회귀모형 추정결과 비교

	좌측 중도절단 (left-censored)		좌측 완전절단 (left-truncated)	
	올바른 사용 토빗 모형 (중도절단점=5만원)	**잘못된 사용** 완전절단회귀모형 (완전절단점=5만원)	**잘못된 사용** 토빗 모형 (중도절단점=5만원)	**올바른 사용** 완전절단회귀모형 (완전절단점=5만원)
절편	1.090*** (0.094)	0.195 (0.328)	1.258*** (0.090)	0.942*** (0.183)
성별(여성 = 1)	−0.067+ (0.040)	−0.178+ (0.101)	−0.044 (0.036)	−0.089 (0.066)
연령 일차항	0.105*** (0.020)	0.292*** (0.060)	0.101*** (0.018)	0.194*** (0.037)
연령 제곱항	−0.023* (0.011)	−0.073* (0.030)	−0.026** (0.010)	−0.054** (0.019)
소득수준 일차항 (상용로그전환)	0.363*** (0.069)	0.982*** (0.203)	0.337*** (0.065)	0.633*** (0.127)
교육수준 (중졸 = 1)	0.136 (0.110)	0.384 (0.321)	0.061 (0.104)	0.122 (0.204)
교육수준 (고졸 = 1)	0.158+ (0.093)	0.459 (0.281)	0.079 (0.089)	0.159 (0.176)
교육수준 (전문대졸 = 1)	0.341** (0.111)	0.930** (0.322)	0.271** (0.104)	0.498* (0.199)
교육수준 (대졸 = 1)	0.268** (0.099)	0.704* (0.294)	0.164+ (0.094)	0.300+ (0.182)
교육수준 (대학원졸 = 1)	0.308** (0.119)	0.777* (0.327)	0.184+ (0.110)	0.334 (0.206)

알림. $+p<.10$, $^{*}p<.05$, $^{**}p<.01$, $^{***}p<.001$. 좌측 중도절단형 데이터에 대한 표본수는 N=665이며, 좌측 완전절단형 데이터에 대한 모형추정 시 표본수는 N=596, 토빗 모형 추정은 VGAM 패키지(version 1.0-6)의 `vglm()` 함수를 이용하였으며, 완전절단회귀모형 추정은 `truncreg` 패키지(version 0.2-5)의 `truncreg()` 함수를 이용하였음.

절단발생지점을 잘못 파악하는 경우

다음으로 절단이 발생한 지점을 잘못 파악하였을 때 어떤 문제가 발생하는지 살펴봅시다. 여기서는 두 가지 상황을 살펴보겠습니다. 첫째, 좌측 중도절단형 데이터에서 중도절단점을 실제 중도절단점보다 낮게 설정한 후 토빗 모형을 적용하였을 때 어떤 문제가 발생할까요? 이를 알아보기 위해 좌측 중도절단형 종속변수(censor_L)의 중도절단지점을 각각 '1만 원'(잘못된 중도절단지점)과 '5만 원'(정확한 중도절단지점)으로 구분한 후, 토빗 모형을 추정하였습니다. 이에 대한 R 코드는 아래와 같습니다.

```
> # 절단발생지점을 잘못 파악하는 경우
> # 중도절단형 종속변수
> tobit_point_wrong = vglm(censor_L~female2+age2C+I(age2C^2)+
+               log10inc2C+educ2,tobit(Lower=log10(1)),
+             mydata_ch1)
> tobit_point_right = vglm(censor_L~female2+age2C+I(age2C^2)+
+               log10inc2C+educ2,tobit(Lower=log10(5)),
+             mydata_ch1)
```

둘째, 좌측 완전절단형 데이터에서 완전절단 발생지점을 실제보다 낮게 설정한 후, 완전절단회귀모형을 적용하면 어떤 문제가 발생하는지 살펴보았습니다. 이를 위해 좌측 완전절단형 종속변수(trunc_L)의 완전절단지점을 각각 '1만 원'(잘못된 중도절단지점)과 '5만 원'(정확한 중도절단지점)으로 구분한 후, 완전절단회귀모형을 추정하였습니다. 이에 대한 R 코드는 아래와 같습니다.

```
> # 완전절단형 종속변수
> TR_point_wrong = truncreg(trunc_L~female2+age2C+I(age2C^2)+
+                 log10inc2C+educ2,point=log10(1),direction="left",
+                 mydata_ch1)
> TR_point_right = truncreg(trunc_L~female2+age2C+I(age2C^2)+
+                 log10inc2C+educ2,point=log10(5),direction="left",
+                 mydata_ch1)
```

위의 과정을 거쳐 얻은 모형추정 결과를 요약하면 아래의 〈표2〉와 같습니다.

표2. 완전절단 데이터에 대한 완전절단 회귀모형 및 OLS 회귀모형 추정결과 비교

	좌측 중도절단 (left-censored)		좌측 완전절단 (left-truncated)	
	잘못된 중도절단점 지정 토빗 모형 (중도절단점=1만원)	올바른 중도절단점 지정 토빗 모형 (중도절단점=5만원)	잘못된 완전절단점 지정 완전절단회귀모형모형 (완전절단점=1만원)	올바른 완전절단점 지정 완전절단회귀모형 (완전절단점=5만원)
절편	1.155*** (0.082)	1.090*** (0.094)	1.264*** (0.088)	0.942*** (0.183)
성별(여성 = 1)	−0.060+ (0.035)	−0.067+ (0.040)	−0.047 (0.036)	−0.089 (0.066)
연령 일차항	0.101*** (0.017)	0.105*** (0.020)	0.103*** (0.018)	0.194*** (0.037)
연령 제곱항	−0.023* (0.009)	−0.023* (0.011)	−0.027** (0.010)	−0.054** (0.019)
소득수준 일차항 (상용로그전환)	0.338*** (0.060)	0.363*** (0.069)	0.345*** (0.064)	0.633*** (0.127)
교육수준 (중졸 = 1)	0.098 (0.096)	0.136 (0.110)	0.059 (0.102)	0.122 (0.204)
교육수준 (고졸 = 1)	0.131 (0.081)	0.158+ (0.093)	0.081 (0.087)	0.159 (0.176)
교육수준 (전문대졸 = 1)	0.305** (0.096)	0.341** (0.111)	0.273** (0.102)	0.498* (0.199)
교육수준 (대졸 = 1)	0.222** (0.086)	0.268** (0.099)	0.160+ (0.092)	0.300+ (0.182)
교육수준 (대학원졸 = 1)	0.267* (0.104)	0.308** (0.119)	0.188+ (0.108)	0.334 (0.206)

알림. $+p<.10$, $^{*}p<.05$, $^{**}p<.01$, $^{***}p<.001$. 좌측 중도절단형 데이터에 대한 표본수는 N=665이며, 좌측 완전절단형 데이터에 대한 모형추정 시 표본수는 N=596, 토빗 모형 추정은 `VGAM` 패키지(version 1.0-6)의 `vglm()` 함수를 이용하였으며, 완전절단회귀모형 추정은 `truncreg` 패키지(version 0.2-5)의 `truncreg()` 함수를 이용하였음.

우선 좌측 중도절단발생지점을 실제값보다 낮게 잘못 지정하였을 경우, 토빗 모형의 절편은 상대적으로 과대추정되는 반면, 예측변수의 회귀계수는 상대적으로 과소추정되는 것을 발견할 수 있습니다. 좌측 완전절단 데이터에 대한 완전절단회귀모형의 추정결과 역시도 비슷한 패턴을 확인할 수 있습니다. 즉 좌측 완전절단발생시점을 실제보다 낮게 잘못 지정한 경우 완전절단회귀모형의 절편은 상대적으로 과대추정되지만, 회귀계수는 상

대적으로 과소추정되어 나타납니다.

따라서 연구자가 중도절단 혹은 완전절단이 발생한 지점을 잘못 파악하였다면, 절단형태에 맞게 토빗 모형 혹은 완전절단회귀모형을 사용했다고 하더라도 모형추정 결과는 타당하지 않을 가능성이 높습니다. 구체적으로 절단발생지점을 제대로 파악하지 못한 상황에서 얻은 모형추정 결과로는 예측변수의 회귀계수를 이용한 연구가설 테스트 결과를 믿기 어려우며, 또한 모형의 예측값의 타당도 역시 낮을 수밖에 없습니다.

지금까지 제2부에서는 종속변수가 연속형 변수이지만, 측정상의 문제로 최솟값의 일부가 혹은 최댓값의 일부가 불완전하게 측정되거나(각각 좌측 및 우측 중도절단) 혹은 측정과정에서 배제된(각각 좌측 및 우측 완전절단) 경우를 살펴보았습니다. 중도절단 혹은 완전절단에도 불구하고 토빗 모형이나 완전절단회귀모형에 투입되는 종속변수는 연속형 변수라고 가정될 수 있습니다. 하지만 개체의 선택(이를테면 선거상황에서의 투표행위 혹은 경쟁하는 상품들 중 하나를 구매하는 행위 등)이나 개체의 상태(질병의 진행단계 혹은 고용상태와 같은 사회적·경제적 상태 등)의 경우 개념적으로 연속형 변수라고 간주하기 어렵습니다. 제3부에서는 범주들 사이의 서열을 가정할 수 있는 순위범주형 변수와 서열을 가정할 수 없는 무순위범주형 변수가 종속변수일 때 흔히 사용되는 다양한 형태의 로지스틱 회귀모형들을 소개하고 어떻게 R을 이용해 해당 모형을 추정할 수 있는지 소개하도록 하겠습니다.

categorical variable

3부
범주형 변수

1장 이항 로지스틱 회귀모형
2장 순위 로지스틱 회귀모형
3장 다항 로지스틱 회귀모형
4장 기타 로지스틱 회귀모형

Regression models
for
limited dependent variable
using R

1장 이항 로지스틱 회귀모형

이번부터 소개할 모형들에 투입되는 종속변수는 개체가 어떤 '집단(class)'에 속하는지를 나타내는 범주형 변수입니다. 앞서 잠시 소개했듯, 범주형 변수는 범주들을 특정 기준에 따라 서열화할 수 있는지 여부에 따라 '순위범주형(ordered categorical) 변수' 그리고 '무순위범주형(unordered categorical) 변수'로 구분할 수 있습니다. 제2장에서는 순위범주형 변수가 종속변수로 투입되었을 때 사용하는 '순위 로지스틱 회귀모형(ordered logistic regression model)'을 소개하고, 제3장에서는 무순위범주형 변수를 종속변수로 하는 '다항 로지스틱 회귀모형(multinomial logistic regression model)'을 소개하도록 하겠습니다.

순위 로지스틱 회귀모형에 대한 본격적 분석에 앞서 종속변수가 '0' 혹은 '1'로 코딩된 경우 사용하는 이항 로지스틱 회귀모형(binary logistic regression model)을 먼저 살펴보겠습니다. 이항 로지스틱 회귀모형은 순위 로지스틱 회귀모형의 특수사례입니다. 왜냐하면 종속변수를 구성하는 두 집단을 '1 >0'과 같이 서열화된 방식으로 이해할 수 있기 때문입니다.

개요

OLS 회귀모형의 관점에서 이항 로지스틱 회귀모형에 투입되는 종속변수 역시 '제한된(limited) 종속변수'입니다. 그러나 0/1로 코딩된 이분형(dichotomous, binary) 변수는 앞서 소개했던 중도절단형 혹은 완전절단형 변수와는 개념적으로 구분해야 합니다. 왜냐하면 본질적으로 종속변수를 '연속형 변수'로 보는 토빗 모형이나 완전절단회귀모형과 달리, 이항 로지스틱 회귀모형(그리고 제2장에서 소개할 순위형 로지스틱 회귀모형)에서는 종속변수를 '범주형 변수'로 파악하기 때문입니다.

우선 중도절단형·완전절단형 변수의 경우 측정의 문제로 연속형 변수 중 일부 구간이 연속형 변수로 측정되지 못한 것뿐입니다. 예를 들어 좌측 중도절단형 변수의 경우 특정 중도절단값(τ_y)보다 낮은 관측치들이 특정한 상수로 고정되어 측정되어 있을 뿐, 중도절단값보다 큰 관측치들은 정규분포를 따르는 연속형 변수입니다. 반면 이분형 변수는 본질적으로 연속형 변수가 아니라 범주형 변수입니다. 예를 들어 '0'과 '1'로 측정이 된 이분형 변수에서 '0.5'라는 관측값은 존재 자체가 불가능합니다.[1]

또한 앞서 소개했던 토빗 모형 혹은 완전절단회귀모형의 경우 추정된 모형을 통해 특정 절단값(τ_y)보다 작거나(좌측 절단의 경우) 큰(우측 절단의 경우) 예측값을 구하는 것이 가능합니다. 앞서 소개한 예를 다시 떠올려 보죠. 구체적으로 5만 원을 기준으로 좌측 중도절단된 기부금액 변수를 종속변수로 투입한 토빗 모형의 경우, 모형의 예측값으로 5만 원보다 작은 예측값(이를테면 2만 원)을 얻을 수 있으며, 이 예측값은 현실적으로 해석 가능한 값이기도 합니다. 그러나 이분형 변수를 종속변수로 투입하는 경우 0보다 작은 모형 예측값은 실제로 존재할 수 없습니다. 우측 중도절단의 경우도 마찬가지입니다. 예를 들어 100만 원을 기준으로 우측 중도절단된 데이터에 대한 토빗 모형 추정결과 어떤 사람이 130만 원을 기부했을 것이라는 예측값을 얻었다고 해도, 이 값은 여전히 현실적으로 해석 가능합니다. 하지만 이분형 변수를 종속변수로 투입하는 경우 1보다 큰 모형 예측값은 실제로 존재할 수 없습니다.

그러나 로지스틱 회귀모형에서도 토빗 모형 혹은 완전절단회귀모형에서 가정했던 정규분포를 따른다고 가정하는 '잠재변수(latent variable)'를 상정한 후, 이 잠재변수의 특정값을

---

1 '1'이 나올 확률이 0.50이라는 것과 0.50이라는 값 자체를 혼동하시는 분들을 많이 봅니다. 이 두 가지는 명확하게 다른 개념입니다. 예를 들어 '1'이 나올 확률이 0.50이라는 것은 동전을 100번 던졌을 때 앞면이 50번 나왔다는 뜻입니다. 하지만 0.50이라는 값은 동전을 한 번 던졌는데 앞면과 뒷면이 절반씩 섞인 동전이 나타났다는 뜻입니다(현실 속에서는 불가능하겠죠). 범주형 변수를 어떻게 간주하고 파악할 것인가와 관련해서는 파워스와 쉐(Powers & Xie, 2000)의 제1장을 살펴보시기 바랍니다.

기준으로 관측된 종속변수의 측정값이 달라진다고 가정합니다. 표현이 추상적일 수 있으니 구체적인 예를 하나 들어보죠. 운전면허를 취득하려면 '신체검사', '필기시험', '장내기능시험', '도로주행시험' 네 가지를 모두 통과해야만 합니다. 이 중 필기시험의 경우 1종 운전면허를 기준으로 100점 만점에 70점 이상을 받으면 합격, 그렇지 않으면 불합격입니다(2018년 기준). 다시 말해 필기시험 합격 여부라는 '순위범주형 변수(합격 〉 불합격)'는 0~100점의 범위의 필기시험 점수라는 '연속형 변수'를 통해 도출됩니다. 이항 로지스틱 회귀모형은 물론 다른 로지스틱 회귀모형에서 말하는 종속변수는 바로 '합격/불합격'과 같은 범주형 변수를 의미하며, '합격/불합격'과 같은 범주형 변수를 생성하는 0~100점과 같은 필기시험 점수같은 연속형 변수를 '잠재변수'라고 부릅니다.

기본적으로 로지스틱 회귀모형에서는 관측된 범주형 변수 이면의 연속형 잠재변수를 가정하고 이를 OLS 회귀모형과 같은 방식으로 추정한 후, 관측되지 않은 연속형 잠재변수를 관측된 범주형 변수로 환원시켜 해석하는 과정을 밟습니다. 관측되지 않은 잠재변수를 관측된 범주형 변수로 환원시키는 함수를 '연결함수(link function)'라고 부릅니다. 로지스틱 회귀모형에서는 연결함수로 로지스틱 함수(logistic function)를 사용하기 때문에, '로지스틱'이라는 용어를 덧붙인 것입니다. 따라서 연결함수의 이름이 바뀌면 '로지스틱'이라는 용어는 다른 용어로 바뀝니다. 본서에서는 다루지 않았습니다만, 만약 연결함수가 프로빗(probit) 함수라면 '프로빗 회귀모형'이라고 불립니다. 또한 종속변수가 '합격/불합격'과 같은 이분형 종속변수인 경우 이항분포(binomial distribution)를 따르기 때문에 '이항' 로지스틱 회귀모형이라는 이름을 붙입니다.

그렇다면 어떻게 로지스틱 함수를 이용하여 0/1로 표현된 범주형 종속변수를 연속형 종속변수로 변환시킬까요? 이항 로지스틱 회귀모형의 경우 로짓 변환(logit transformation)을 통해 연속형 종속변수를 생성합니다. 이분형 종속변수 0/1의 관측값 중 '1'이 나타날 확률을 p라고 할 때, '로짓'은 다음과 같이 표현됩니다.

$$logit = ln\left(\frac{p}{1-p}\right)$$

만약 여기서 이분형 종속변수의 관측값이 1이 나타날 확률 p를 이용해 로짓을 구한 후, 이를 예측변수 x로 설명하는 회귀모형을 설정한다면 위의 공식은 다음과 같이 표현될 수 있습니다.

$$logit = b_0 + b_1 x$$

이항 로지스틱 회귀분석에서 흥미로운 사실은 특정한 사건이라는 범주형 변수를 p 확률값으로 전환한 후, 이를 로짓 변환할 경우 [−∞, +∞]의 범위를 갖는 연속형 변수, 즉 '잠재변수'로 변환할 수 있다는 점입니다. 더욱이 로짓의 분포는 OLS 회귀분석의 종속변수에 대해 적용하는 '정규분포'와 매우 유사합니다. 다시 말해 로짓을 잠재변수로 가정한 위의 공식은 개념적으로 OLS 회귀분석과 크게 다르지 않습니다.

그렇다면 잠재변수인 로짓을 어떻게 관측된 종속변수인 범주형 변수로 전환할 수 있을까요? 앞에서 말씀드렸듯 연속형인 잠재변수를 범주형인 관측변수로 변환시키는 역할은 '연결함수'의 몫입니다. 수학적으로 위의 공식에서 제시된 로짓과 '1'이 나올 확률 p를 로지스틱 함수[$F(x)$]로 치환하여 표현하면 아래와 같습니다.

$$logit = ln\left(\frac{F(x)}{1-F(x)}\right) = b_0 + b_1 x$$

위의 공식을 로지스틱 함수를 위주로 다시 풀어쓰면 아래와 같습니다.

$$\frac{F(x)}{1-F(x)} = e^{logit} = e^{b_0 + b_1 x}$$

$$F(x) = \frac{1}{1+e^{-logit}} = \frac{1}{1+e^{-(b_0 + b_1 x)}}$$

아마도 공식으로 표현된 위의 과정들이 낯설게 느껴지실 수 있습니다. 위의 과정을 조금 더 구체적으로 살펴보도록 하겠습니다. 편의상 절편(b_0)과 예측변수 x의 회귀계수(b_1)를 각각 $b_0=0$, $b_1=1$로 설정하도록 하겠습니다. -10부터 +10까지의 범위를 가진 예측변수 x를 로지스틱 함수에 투입한 결과 $F(x)$는 다음과 같이 계산됩니다. 부드러운 곡선을 얻기 위해 예측변수 x는 $\frac{1}{100}$ 단위로 점차 변화시켰습니다.

```
> #아래 패키지는 데이터에 대한 기술통계 분석 및 결과 시각화에 사용할 것입니다.
> library('tidyverse')
> library('modelr')
> library('broom')
```

```
> # 예측변수 변화에 따른 로지스틱 함수 결과값
> simdata=tibble(x = 0.01*(-1000:1000))
> simdata=simdata %>%
+   mutate(
+     p=1/(1+exp(-x))
+   )
> # 그래프
> simdata %>% ggplot(aes(x=x,y=p))+
+   geom_line()+
+   scale_x_continuous(breaks=2*(-5:5))+
+   labs(x="x",y="F(x)")+
+   theme_bw()
```

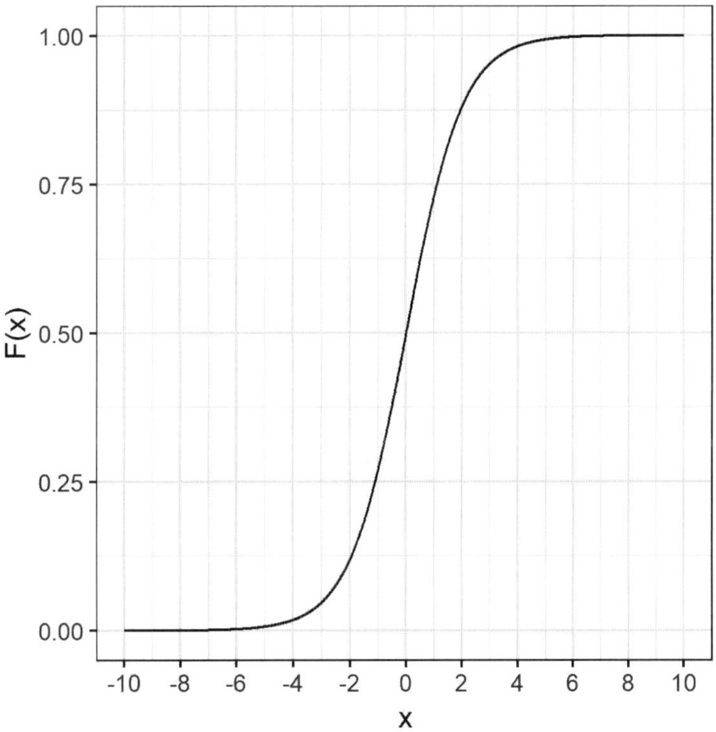

그림1. 로지스틱 함수

〈그림1〉에서 나타난 Y축의 범위는 상당히 흥미롭습니다. 왜냐하면 최솟값은 0보다 작지 않고, 최댓값은 1보다 크지 않기 때문입니다. 다시 말해 이분형 종속변수에서 '1'이 발

생할 확률의 범위 (0, 1)의 조건을 충족시킵니다.[2] 이렇게 얻은 로지스틱 함수 투입결과 $[F(x)]$를 로짓 변환 시켜본 후 그래프로 그리면 다음의 〈그림2〉와 같습니다.

```
> # 로짓 변환
> simdata=simdata %>%
+   mutate(
+     logit=log(p/(1-p))
+   )
> # 그래프
> simdata %>% ggplot(aes(x=x,y=logit))+
+   geom_line()+
+   scale_x_continuous(breaks=2*(-5:5))+
+   labs(x="x",y="로짓")+
+   theme_bw()
```

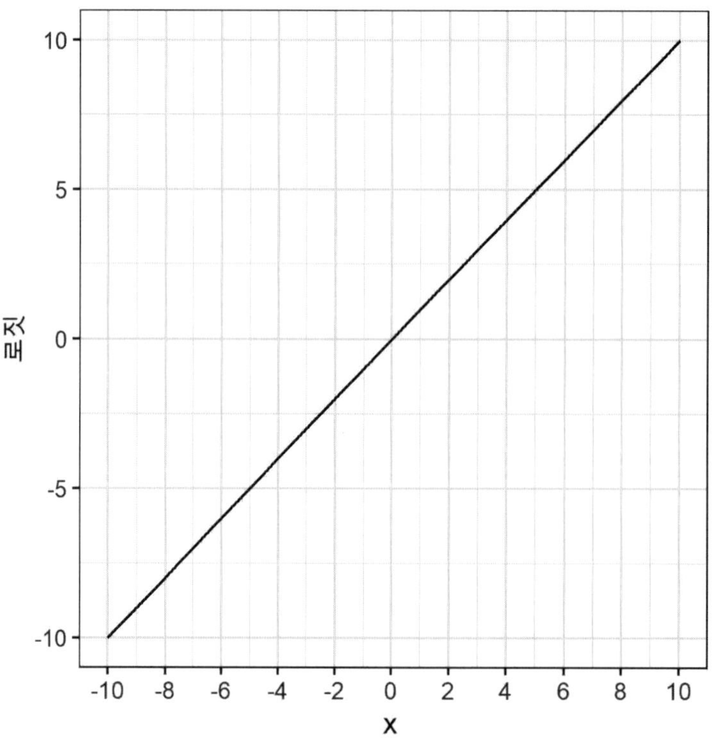

그림2. 로짓 함수

2 이분형 종속변수에서 '1'이 발생할 확률의 범위는 결코 [0, 1]이 될 수 없습니다. 만약 확률값이 0 혹은 1이 된다면 해당 변수는 '변수'가 아니라 '상수'이기 때문입니다.

〈그림2〉의 결과는 로짓을 연속형 종속변수로 볼 수 있는지 명확하게 보여줍니다. 즉 예측변수 x 의 변화에 대해 로짓이 선형적으로 변하는 모습을 볼 수 있습니다. 또한 로짓은 로지스틱 함수를 이용하여 (0, 1)의 범위를 갖는 범주형 변수의 확률값으로도 변환할 수 있습니다.

위의 두 그래프들을 잘 살펴보시면 절편과 회귀계수가 OLS 회귀모형과 조금 다른 것을 깨달으실 것입니다. 다시 말해 OLS 회귀모형의 경우 예측변수를 이용해 관측된 종속변수를 곧바로 예측하는 반면, 이항 로지스틱 회귀모형의 경우 예측변수를 이용해 잠재변수를 예측한 후, 이렇게 예측된 잠재변수의 값을 이용하여 종속변수의 값이 1이 나올 확률로 전환해 줍니다. 즉 $b_0=0$이라는 것은 예측변수의 값이 0일 때 로짓의 예측값, 즉 잠재변수의 예측값이 0이라는 것을 의미합니다. 또한 $b_1=1$이라는 것은 예측변수가 1단위 증가할 때, 로짓의 예측값이 1만큼 증가하는 것을 의미합니다.

그렇다면 예측변수의 값이 0일 때 종속변수의 값이 '1'로 나타날 확률은 얼마일까요? 앞의 공식을 이용하면 다음과 같이 계산할 수 있습니다.

$$\frac{F(0)}{1-F(0)} = e^{0+1\cdot 0} = 1.00$$

다시 말해 $b_0=0$, $b_1=1$인 1차 회귀방정식에서 예측변수의 값이 0일 때, '1'이 나타날 확률과 '1'이 나타나지 않을 확률의 비율은 1입니다. 즉 '1'이 나타날 확률과 '1'이 나타나지 않을 확률은 0.50으로 같습니다.

다음으로 예측변수의 값이 1만큼 증가할 때, 종속변수의 값이 '1'로 나타날 확률은 얼마나 변할까요? 이제 $x=0$에서 $x=1$로 변화했다고 가정해 봅시다. 이 경우 '1'이 나타날 확률과 '1'이 나타나지 않을 확률의 비율은 다음과 같이 약 2.718이 나옵니다.

$$\frac{F(1)}{1-F(1)} = e^{0+1\cdot 1} \approx 2.71828$$

즉 $b_0=0$, $b_1=1$인 1차 회귀방정식에서 예측변수가 1단위 증가할 경우 '1'이 나올 확률은 '1'이 나타나지 않을 확률에 비해 약 $e^1=2.718$배 증가합니다. 이렇듯 이항 로지스틱 회귀분석에서 로짓을 대상으로 얻은 예측변수 x의 회귀계수는 e^{b_i}와 같은 방식으로 해석됩니다. 이를 흔히 오즈비(OR, odds ratio) 혹은 승산비(勝算比)라고 부릅니다.

위의 계산식에서 역산과정을 통해 $F(1)$을 계산하면 '1'이 나올 확률을 도출할 수 있습니다. 즉 0/1로 측정된 이분형 종속변수의 값이 '1'이 나올 확률은 약 73%이고, '1'이 아닌 값, 다시 말해 '0'이 나올 확률은 약 27%입니다.

$$F(1) \approx \frac{2.718}{1+2.718} \approx 0.731038$$

이번에는 $x=-2$인 경우를 생각해 보시죠. 이 경우 $F(-2) \approx 0.1192029$로 계산될 것입니다. 다시 말해 예측변수가 -2인 경우 종속변수의 값이 '1'로 나타날 확률은 약 12%입니다.

이렇게 얻은 $F(x)$, 즉 어떤 예측변수가 주어졌을 때 이분형 종속변수의 값이 '1'이 나올 확률 p를 기반으로 우리는 종속변수의 범주형 변수도 추정할 수 있습니다. 다른 정보들이 알려지지 않았을 때, 만약 $x=1$이라면 이때의 종속변수는 '1'이라고 추정할 수 있습니다(물론 틀릴 가능성도 약 27% 존재합니다). 하지만 만약 예측변수가 -2인 경우라면 종속변수의 값은 '0'으로 추정하는 것이 더 그럴 듯할 것입니다(물론 그렇지 않을 가능성도 약 12% 정도 존재합니다).

이항 로지스틱 회귀모형 추정

이제는 실제 데이터를 대상으로 이항 로지스틱 회귀모형을 실습해 보겠습니다. 이항 로지스틱 회귀모형 실습에서도 앞의 토빗 모형과 완전절단회귀모형에서 실습 데이터로 사용했던 exdata1를 사용하겠습니다. 해당 데이터에서 응답자가 느끼는 주관적 건강상태를 측정한 hlthsat2 변수를 먼저 살펴보겠습니다.

```
> #우선 exdata1부터 열어본 후, 어떤 형태 데이터인지 살펴봅시다.
> setwd("D:/2019_year/Categorical_Data_Analysis")
> mydata = read_csv("exdata1.csv")
> #제3부: 제한된 종속변수 대상 회귀모형
> #주관적 건강상태 변수
> mydata %>% count(hlthsat2)
# A tibble: 5 x 2
  hlthsat2       n
  <chr>      <int>
1 1매우불만     32
2 2불만        150
3 3그저그렇다  295
4 4만족        442
5 5매우만족     93
```

만약 어떤 연구자가 hlthsat2 변수를 주관적 건강상태에 대해 만족하는 응답자(4만족 혹은 5매우만족)와 만족하지 못하는 응답자(1매우불만, 2불만 혹은 3그저그렇다)로 구분하는 이분변수로 변환한 후 성별(female2), 연령(age2), 상용로그변환소득(log10inc2)을 예측변수로 투입한 이항 로지스틱 회귀모형을 추정하고자 한다고 가정해 보겠습니다. 추정하고자 하는 이항 로지스틱 회귀모형은 다음의 2가지입니다.

- 모형1: 성별, 연령, 상용로그변환소득 세 변수들의 주효과만 추정한 이항 로지스틱 회귀모형
- 모형2: 성별, 연령, 상용로그변환소득 세 변수들의 주효과에 2원 상호작용효과, 3원 상호작용효과도 추가 추정한 이항 로지스틱 회귀모형

이항 로지스틱 회귀분석을 실시할 때, 상호작용효과항에 대한 해석의 편의를 위해 예측변수 중 연속형 변수인 연령과 상용로그변환소득은 평균중심화 변환을 실시하였습니다. 모형추정을 위한 데이터 사전처리과정은 아래와 같습니다.

```
> # 데이터 사전처리
> mydata_ch2 = mydata %>%
+   mutate(
+     hlthsat2_ord=as.factor(hlthsat2),
+     goodhlth=ifelse(hlthsat2=="4만족"|hlthsat2=="5매우만족",1,0), #이분변수 생성
+     age2C = (age2 - mean(.$age2))/10,  #평균중심화 변환, 10세를 기본단위로
+     log10inc2C = log10inc2 - mean(.$log10inc2) #평균중심화 변환
+   )
```

이항 로지스틱 회귀모형 추정은 R 베이스 함수인 glm() 함수를 이용하며, 종속변수의 분포와 연결함수의 형태를 family 옵션을 통해 지정하면 됩니다.

glm(공식, <u>family</u>, 데이터)

이항 로지스틱 회귀모형에 투입되는 종속변수는 이항분포(binomial distribution)을 따르며, 연결함수는 로지스틱 함수를 기반으로 로짓 변환을 실시한다는 것을 앞에서 설명한 바 있습니다. 따라서 family 옵션은 다음과 같이 적용하시면 됩니다.

glm(공식, family=binomial(link='logit'), 데이터)

위와 같은 공식으로 위에서 설정한 '모형1'과 '모형2'는 아래와 같습니다.

```
> # 이항 로지스틱 회귀모형
> m_binary_logit1=glm(goodhlth~female2+age2C+log10inc2C,
+              family=binomial(link='logit'),mydata_ch2)
> m_binary_logit2=glm(goodhlth~female2*age2C*log10inc2C,
+              family=binomial(link='logit'),mydata_ch2)
```

위와 같이 추정한 모형은 summary() 함수를 이용하여 모형추정 결과를 확인할 수 있습니다. 두 모형에 대한 모형추정 결과는 아래와 같습니다. R아웃풋은 모형1, 즉 m_binary_logit1의 결과만 제시하였습니다. 두 모형들에 대한 추정결과는 조금 뒤에 제시될 〈표1〉에 정리하였습니다.

```
> summary(m_binary_logit1)

Call:
glm(formula = goodhlth ~ female2 + age2C + log10inc2C, family = binomial(link = "logit"),
    data = mydata_ch2)

Deviance Residuals:
    Min       1Q   Median       3Q      Max
-1.5439  -1.2013   0.9165   1.0957   1.5578

Coefficients:
             Estimate Std. Error z value Pr(>|z|)
(Intercept)  0.30612    0.09440   3.243  0.00118 **
female2     -0.35677    0.12939  -2.757  0.00583 **
age2C       -0.20720    0.05141  -4.031 5.56e-05 ***
log10inc2C   0.31981    0.21463   1.490  0.13621
---
Signif. codes:  0 '***' 0.001 '**' 0.01 '*' 0.05 '.' 0.1 ' ' 1
(Dispersion parameter for binomial family taken to be 1)

    Null deviance: 1399.6  on 1011  degrees of freedom
Residual deviance: 1368.1  on 1008  degrees of freedom
AIC: 1376.1

Number of Fisher Scoring iterations: 4
```

'모형1'에 대한 추정결과를 차례차례 살펴보겠습니다. 우선 `Call:` 부분은 우리가 앞에서 지정한 `glm()` 함수를 다시 보여준 것이기에 특별하게 해석할 것이 없습니다.

다음으로 `Deviance Residuals:` 부분은 로짓의 잔차에 대한 통계치라고 생각하시면 됩니다. 앞서 말씀드렸듯 로짓은 잠재변수이며, 이는 $[-\infty, +\infty]$의 범위를 가질 수 있는 연속형 변수입니다.

`Coefficients:` 부분은 로짓을 종속변수로 추정한 절편과 예측변수의 회귀계수들이며, OLS 회귀분석과 동일하게 해석될 수 있습니다. 그러나 OLS 회귀분석의 절편과 회귀계수는 관측된 종속변수에 직접 적용될 수 있는 모수추정치입니다만, 여기 제시된 절편과 회귀계수는 로짓이라는 잠재적 종속변수에 대한 추정결과이기 때문에 실질적인 의미를 갖는 해석은 아닙니다. 실질적인 의미가 없음에도 불구하고 제시된 모수추정치들 중 `(Intercept)`와 `female2`의 회귀계수, `age2C`의 회귀계수를 설명하면 다음과 같습니다.

- 절편[`(Intercept)`]: 예측변수들의 값이 모두 0일 때, 다시 말해 평균연령과 평균상용로그전환소득을 갖는 남성의 로짓은 0.30612이며, 이는 0보다 통계적으로 유의미하게 큰 값이다($p<.01$).
- 성별의 회귀계수(`female2`): 다른 예측변수들의 효과를 통제하였을 때, 남성에 비해 여성의 로짓은 약 0.35677만큼 낮으며, 이 차이는 통계적으로 유의미하다($p<.01$).
- 연령의 회귀계수(`age2C`): 다른 예측변수들의 효과를 통제하였을 때, 응답자의 연령이 10세 증가하면 로짓은 약 0.20720만큼 감소하며, 이 감소분은 통계적으로 유의미하다($p<.001$).

다시금 말씀드립니다만, 위의 결과는 잠재변수인 '로짓'을 추정한 것이기 때문에 실질적인 의미를 갖지 않습니다. 보다 실질적인 의미를 갖는 해석은 회귀계수의 지수함수값, 즉 앞서 소개한 오즈비(OR)를 이용하는 것입니다. 다음과 같은 방식으로 위의 회귀계수들을 추출한 후, 지수함수값을 구한 결과는 아래와 같으며, 이를 해석하면 다음과 같습니다.

```
> # OR계산
> exp(coef(m_binary_logit1))
(Intercept)    female2     age2C      log10inc2C
  1.3581457  0.6999300  0.8128547   1.3768657
```

- 절편[(Intercept)]: 예측변수들의 값이 모두 0일 때, 즉 평균연령과 평균상용로그전환소득을 갖는 남성의 경우 주관적 건강상태에 '만족하지 못할 확률'보다 '만족할 확률'이 약 36%(≈100×(1.3581457-1)%) 높다.
- 성별의 회귀계수(female2): 다른 예측변수들의 효과를 통제하였을 때, 성별이 남성에서 여성으로 변할 경우 주관적 건강상태에 '만족할 확률'은 '만족하지 못할 확률'보다 약 30%(≈100×(1-0.69993)%) 감소하며, 이 감소분은 통계적으로 유의미하다($p<.01$).
- 연령의 회귀계수(age2C): 다른 예측변수들의 효과를 통제하였을 때, 응답자의 연령이 10세 증가하면 주관적 건강상태에 '만족할 확률'은 '만족하지 못할 확률'보다 약 19%(≈100×(1-0.8128547)%) 감소하며, 이 감소분은 통계적으로 유의미하다($p<.001$).

(Dispersion parameter for binomial family taken to be 1) 부분은 쉬운 말로 설명하기가 다소 쉽지는 않습니다. 이 표현에 등장하는 Dispersion은 흔히 '산포' 혹은 '분포'라는 말로 번역되며, 흔히 '과대분포(over-dispersion) 문제'와 같은 표현으로 매우 자주 등장합니다. 과대분포 문제는 나중에 소개될 포아송 회귀모형(Poisson regression model)과 음이항 회귀모형(negative binomial regression model)에서도 다시 소개될 것입니다. 과대분포의 문제는 '0'이 포함된 범주형 변수에서 매우 자주 등장합니다. 위의 "Dispersion parameter for binomial family taken to be 1"라는 표현을 굳이 번역하자면 "이항 분포 패밀리(family)에 적용되는 분포모수는 1이다"라고 번역할 수 있을 것입니다. 이 말은 "이항 분포를 따르는 데이터의 추정된 기대분산에 아무런 문제가 없다고 가정한다"는 뜻입니다. 사실 이 말도 쉽지가 않죠. 조금 버겁더라도 이항분포를 따르는 데이터의 기대분산 σ^2 공식을 잠시 살펴봅시다. 공식에서 n은 표본수, p는 종속변수의 값이 '1'이 나올 확률을 의미합니다.

$$\sigma^2 = np(1-p)$$

만약 n이 고정된 상태에서 p값이 변할 때 기대분산 σ^2는 어떻게 변하는지 한번 살펴봅시다. 아래의 R 코드를 실행시키시면 $n=400$인 경우 p와 σ^2의 관계가 어떻게 변하는지 쉽게 확인할 수 있습니다.

```
> # 분포모수(dispersion parameter) 이해
> tibble(
+   n=400,
+   p=0.01*(1:99),
+   sigmasq=n*p*(1-p)
+ ) %>% ggplot(aes(x=p,y=sigmasq))+
+   geom_line()+
+   labs(x="사건발생확률",y="기대분산")+
+   theme_bw()
```

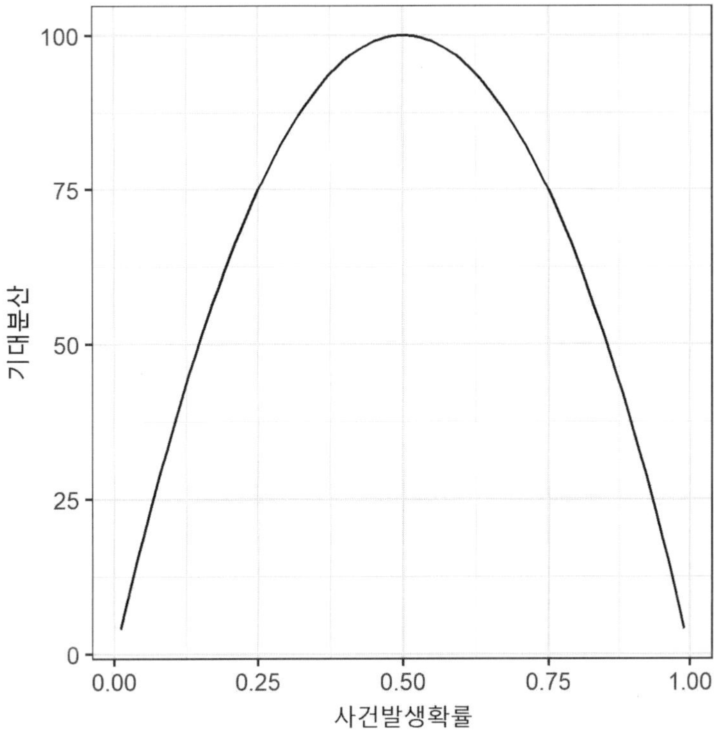

그림3. 이항분포에서 사건이 발생할 확률에 따른 기대분산

위의 〈그림3〉에서 사건발생확률 p의 변화에 따라 기대분산이 어떻게 변하는지 살펴보시기 바랍니다. p=0.50을 중심으로 p의 값이 퍼져있을 때, 기대분산의 값은 그리 급격하게 변하지 않습니다. 하지만 $p\approx0.00$ 혹은 $p\approx1.00$에 가까운 영역에 p의 값이 퍼져있을 때는 기대분산의 값이 불안정하게 변하는 것을 알 수 있습니다. 즉 p의 값이 0에 매우 가까운 경우를 '0포화(zero-inflated)' 상태 혹은 '희소한 사건발생(rare event occurrence)' 상황이라고 불립니다. R아웃풋에서 나온 "`Dispersion parameter for binomial family` taken to be 1"이라는 표현은 바로 '0포화' 상태 혹은 '희소한 사건발생' 상황을 가정하지 않았다는 뜻입니다. 그렇다면 분포(dispersion)와 관련된 이런 가정이 과연 타당한 가정일까요? 이분형 종속변수의 값이 0 혹은 1에 과도하게 쏠리지 않은 경우 거의 대부분 타당합니다. 만약 분포모수를 1로 가정하지 않고, 데이터를 기반으로 추정된 분포모수를 알고 싶다면 아래와 같이 family 옵션을 quasibinomial(link='logit')로 바꾼 후 이항 로지스틱 회귀모형을 추정하면 됩니다.

```
> # dispersion parameter 계산
> m_binary_logit1_free=glm(goodhlth~female2+age2C+log10inc2C,
+              family=quasibinomial(link='logit'),mydata_ch2)
```

위의 모형을 추정하면 분포모수는 1.004011의 값이 나오며 이는 1과 매우 유사한 값이라는 것을 발견하실 수 있습니다. 만약 1.004011이라는 데이터 기반 분포모수를 1로 가정할 수 있을지에 대한 통계적 유의도 테스트를 원하신다면, 아래와 같이 카이제곱 테스트를 실시해 보시기 바랍니다.

```
> # overdispersion 문제가 있다고 볼 수 있는지 테스트
> mydispersion=summary(m_binary_logit1_free)$dispersion
> pchisq(mydispersion*m_binary_logit1$df.residual,
+      m_binary_logit1$df.residual,
+      lower.tail=F)
[1] 0.4582791
```

Null deviance: 부분은 예측변수를 전혀 투입하지 않은 기저모형의 로그우도에 -2를 곱한 값[흔히 이탈도(D, deviance)라고 불림]과 모형의 자유도를 의미하고, Residual deviance: 부분은 예측변수를 투입한 연구모형의 로그우도에 -2를 곱한 값과 자유도를 의미합니다. 기저모형의 이탈도와 연구모형의 이탈도의 차이값과 두 모형의 자유도 차이는 카이제곱 분포에 매우 근접하는 것으로 알려져 있습니다. 보고된 두 이탈도의 차이값 31.5(1399.6-1368.1)과 자유도 차이값 3(1011-1008)을 이용한 카이제곱 테스트 결과를 흔히 '로그우도 카이제곱(χ^2) 테스트'라고 부릅니다(이에 대해서는 '모형1'과 '모형2'의 모형 비교 테스트 부분에서 다시 설명하겠습니다). 그 아래 AIC: 부분은 모형의 '아카이케 정보지수(Akaike

Information Criterion, AIC, index)'를 의미합니다. AIC 지수는 배속관계에 놓인 두 모형 중 어떤 모형이 데이터를 보다 잘 설명하는가를 판별할 때 자주 사용합니다. AIC 지수는 값이 작으면 작을수록 모형이 데이터를 보다 잘 설명합니다.

끝으로 `Number of Fisher Scoring iterations:` 부분은 최종모형을 얻기까지 몇 번의 반복계산을 했는지를 알려줍니다. 특별한 경우가 아니라면 대부분의 연구자에게 이 정보는 유용하지 않습니다.

'모형1(`m_binary_logit1`)'과 '모형2(`m_binary_logit2`)'의 결과를 요약한 결과표는 다음의 〈표1〉과 같습니다. 앞서 예측변수의 주효과만을 추정했던 '모형1'의 모수추정치 해석 방법은 소개해 드린 바 있습니다. 그렇다면 상호작용효과는 어떻게 해석해야 할까요? 우선 결론부터 말씀드리면, 로지스틱 회귀모형의 상호작용효과는 말로 설명하기 쉽지 않습니다. 우선은 '성별×연령'(가변수와 연속형 변수)의 상호작용효과를 해석하자면 다음과 같습니다.

- 로짓에 대한 성별과 연령의 2원 상호작용효과: 상용로그전환소득의 효과를 통제하였을 때, 남성의 연령이 10세 증가할 때 로짓은 .148만큼 감소하며, 여성의 연령이 10세 증가할 때 로짓은 .255(-.255=-.148-.107)만큼 감소한다. 그러나 연령이 로짓에 미치는 효과는 응답자의 성별에 따라 통계적으로 유의미하게 다르지 않다(p=.318).

- 종속변수에 대한 성별과 연령의 2원 상호작용효과: 상용로그전환소득의 효과를 통제하였을 때, 남성의 연령이 10세 증가하면 주관적 건강상태가 양호하다고 응답할 확률은 양호하지 않다고 응답할 확률에 비해 약 14% 감소하며($.862 \approx e^{-.148}$), 여성의 연령이 10세 증가하면 주관적 건강상태가 양호하다고 응답할 확률은 양호하지 않다고 응답할 확률에 비해 약 23% 감소한다($.774 \approx e^{-.148-.107} = e^{-.255}$). 그러나 성별에 따라 다르게 나타나는 연령효과는 통계적으로 유의미한 효과라고 보기 어렵다(p=.318).

위의 해석을 보면 〈표1〉에 보고된 '성별×연령'의 오즈비인 0.899는 곧바로 해석될 수 없는 수치라고 느끼실 것입니다. 즉 상호작용효과를 해석할 때는 회귀계수의 지수함수값인 오즈비를 바로 사용할 수 없습니다. 이번에는 '연령×소득'(연속형 변수와 연속형 변수)의 상호작용을 해석해 보도록 하죠.

- 로짓에 대한 연령과 소득의 2원 상호작용효과: 성별의 효과를 통제하였을 때, 연령이 10세 증가할 때 로짓은 .148만큼 감소하며, 상용로그전환소득이 1만큼 높은 응답자의 연령이 10세 증가할 때 변하는 로짓은 .369(-.369=-.148-.221)만큼 감소하지만, 반대로 상용로그전환소득이 1만큼 낮은 응답자의 연령이 10세 증가할 때 변하는 로짓은 .073(.073=-.148+.221)만큼 증가한다. 즉 연령이 로짓에 미치는 부정적 효과는 소득이 높을수록 더 강하게 나타난다. 그러나 이러한 연령과 소득의 상호작용효과는 통계적으로 유의미하게 다르지 않다(p=.358).

- 종속변수에 대한 연령과 소득의 2원 상호작용효과: 성별의 효과를 통제하였을 때, 연령이 10세 증가하면 주관적 건강상태가 양호하다고 응답할 확률은 양호하지 않다고 응답할 확률에 비해 약 14% 감소한다($.862 \approx e^{-.148}$). 하지만 상용로그전환소득이 평균보다 1만큼 높은 응답자의 연령이 10세 증가한다면 주관적 건강상태가 양호하다고 응답할 확률은 양호하지 않다고 응답할 확률에 비해 약 31% 감소하며($.691 \approx e^{-.148-.221} = e^{-.369}$), 상용로그전환소득이 평균보다 1만큼 낮은 응답자의 연령이 10세 증가할 때는 반대로 약 8% 증가한다($1.076 \approx e^{-.148+.221} = e^{.073}$). 하지만 이러한 연령과 소득의 상호작용효과는 통계적으로 유의미하게 다르지 않다(p=.358).

결과를 자세히 살펴본 후, 위의 서술을 찬찬히 읽어보시면 이해 못할 것은 없을 것입니다. 하지만 복잡하게 들리고, 직관적으로 잘 이해가 되지는 않는다고 느끼실 것입니다. 그렇다면 3원 상호작용효과, 즉 '성별×연령×소득'은 어떻게 해석해야 할까요? 문장으로 서술을 하는 것이 불가능하지는 않습니다만, 별로 권하고 싶지 않습니다. 왜냐하면 서술이 번잡하고 직관적으로 잘 이해되지 않으며 따라서 불필요한 오해를 불러올 가능성이 높기 때문입니다. 제가 알고 있는 범위에서 세 변수 혹은 그보다 많은 수의 변수들 사이의 상호작용효과는 그래프를 그리는 것보다 좋은 방법이 없습니다. 이에 3원 상호작용효과항의 회귀계수에 대한 문장식 해석을 제시하는 대신 조금 후에 추정결과를 그래프로 시각화하는 방법으로 대치하도록 하겠습니다.

표1. 이항 로지스틱 회귀모형 추정결과 비교

	모형1		모형2	
	모수추정치 (표준오차)	오즈비	모수추정치 (표준오차)	오즈비
절편	0.306** (0.094)	1.358	0.277** (0.097)	1.319
주효과항				
성별(여성 = 1)	−0.357** (0.129)	0.700	−0.293* (0.134)	0.746
연령(단위: 10세)	−0.207*** (0.051)	0.813	−0.148+ (0.076)	0.863
소득(상용로그 전환)	0.320 (0.215)	1.377	0.439 (0.360)	1.551
상호작용효과항				
성별×연령			−0.107 (0.107)	0.899
성별×소득			−0.263 (0.465)	0.769
연령×소득			−0.221 (0.240)	0.802
성별×연령×소득			0.633+ (0.338)	1.882
모형적합도 지수				
로그우도 $\chi^2(df)$	31.477*** (3)		37.923*** (7)	
로그우도비 테스트(LR test)			6.446 (4)	
맥파든(McFadden's) 임의 R^2	0.022		0.027	
AIC	1376.127		1377.681	
BIC	1395.805		1417.038	
호스머-레머쇼 테스트, $\chi^2(df)$ (Hosmer-Lemeshow test)	13.024 (8)		6.054 (8)	

알림. $+p<.10$, $^*p<.05$, $^{**}p<.01$, $^{***}p<.001$. N=1,012. 관례에 따라 호스머-레머쇼 테스트 실행 시 총 10개의 집단을 상정하였음. 연속형 변수인 연령과 소득의 경우 평균중심화 변환을 실시하였음.

이제는 〈표1〉 하단에 있는 '모형적합도 지수' 부분의 결과를 살펴보겠습니다. 우선 로그우도 카이제곱(log-likelihood χ^2)은 추정된 모형의 로그우도에 -2를 곱한 값(즉 이탈도 통계치 D)에서 기저모형(baseline model)의 로그우도에 -2를 곱한 값의 차이를 의미하며, df는 기저모형에 추가로 투입된 예측변수들의 개수를 의미합니다. 추정된 모형의 로그우도에 -2를 곱한 값은 흔히 이탈도(Deviance)라고 불립니다. 예를 들어 '모형1'의 로그우도 카이제곱 테스트 결과(χ^2=31.477)는 성별, 연령, 소득의 세 가지 예측변수들(df=3)을 투입한 이항 로지스틱 회귀모형은 아무런 예측변수도 투입하지 않은 이항 로지스틱 회귀모형에 비해 데이터를 통계적으로 유의미하게(p<.001) 잘 설명한다는 뜻입니다. '모형1'에 대한 로그우도 카이제곱 테스트 결과는 아래의 R 코드를 통해 얻을 수 있습니다. '모형2'에 대한 로그우도 카이제곱 테스트 역시 마찬가지로 진행할 수 있습니다(별도로 제시하지는 않았습니다만, 웹페이지에 업로드된 R 코드에서는 해당 결과가 제시되어 있습니다).

```
> # 로그우도 카이제곱 테스트
> (LL_chi2=m_binary_logit1$null.deviance - m_binary_logit1$deviance)
[1] 31.47721
> (LL_df=m_binary_logit1$df.null - m_binary_logit1$df.residual)
[1] 3
> pchisq(LL_chi2,LL_df,lower.tail=F)
[1] 6.744359e-07
```

다음으로 로그우도비 테스트 결과를 살펴보겠습니다. 이 테스트는 '모형1'과 '모형2'의 모형 설명력에 대해 통계적 유의도 테스트를 실시한 것입니다. 아래의 anova() 함수를 이용하면 됩니다. 통계적 유의도의 경우 보고된 이탈도의 차이와 모형 자유도의 차이값을 이용해 카이제곱 테스트를 실시하면 됩니다. 즉 $\chi^2(4)$=6.446, p=.618은 '모형1'의 모형 설명력과 '모형2'의 모형설명력이 통계적으로 유의미하게 다르지 않다는 것을 의미합니다.

```
> # 모형비교 테스트
> anova(m_binary_logit1,m_binary_logit2)
Analysis of Deviance Table

Model 1: goodhlth ~ female2 + age2C + log10inc2C
Model 2: goodhlth ~ female2 * age2C * log10inc2C
```

```
  Resid. Df Resid. Dev Df Deviance
1     1008    1368.1
2     1004    1361.7 4   6.446
> pchisq(6.446, 4, lower.tail=F)
[1] 0.1682248
```

그 아래 제시된 맥파든(McFadden's) 임의 R^2은 각 이항 로지스틱 회귀모형의 임의 R^2값입니다. 앞서 말씀드렸듯 저는 개인적으로는 임의 R^2을 선호하지 않습니다(그 이유에 대해서는 제1장에서 설명해 드린 바 있습니다). 만약 맥파든 임의 R^2이 아닌 다른 임의 R^2을 원하시면 다른 값을 보고하셔도 됩니다. 맥파든 임의 R^2을 포함하여 다른 임의 R^2은 다음의 R 코드를 이용해 계산할 수 있습니다('모형1'만 보고하였으며, '모형2' 역시 동일한 방식으로 계산할 수 있습니다).

```
> # 임의 R2
> DescTools::PseudoR2(m_binary_logit1,which="all") %>% round(4)
     McFadden     McFaddenAdj        CoxSnell      Nagelkerke
       0.0225          0.0168          0.0306          0.0409
  AldrichNelson VeallZimmermann          Effron McKelveyZavoina
       0.0094          0.0316          0.0308          0.0378
         Tjur             AIC             BIC          logLik
       0.0308       1376.1267       1395.8055       -684.0634
      logLik0              G2
    -699.8020         31.4772
```

맨 아래 제시된 AIC(아카이케 정보지수)와 BIC(베이지안 정보지수)는 흔히 정보지수(information criterion index)라고 불립니다. 경쟁하는 모형들 중 정보지수가 작은 모형일수록 적은 수의 모수로 주어진 데이터를 더 잘 설명하는 모형이라고 해석할 수 있습니다. 위와 같이 `DescTools` 패키지를 기반으로 `PseudoR2()` 함수를 이용할 수도 있지만, R 베이스의 `AIC()` 함수와 `BIC()` 함수를 이용하실 수도 있습니다. 두 모형의 AIC, BIC는 다음과 같습니다. 아래의 결과 혹은 〈표1〉의 하단에서 잘 나타나듯, 2원 및 3원 상호작용효과를 가정한 '모형2'보다 주효과만을 가정한 '모형1'이 보다 설명력이 좋은 모형입니다.

```
> # AIC, BIC
> AIC(m_binary_logit1);AIC(m_binary_logit2)
[1] 1376.127
[1] 1377.681
> BIC(m_binary_logit1);BIC(m_binary_logit2)
[1] 1395.805
[1] 1417.038
```

끝으로 마지막 줄에 제시된 호스머-레머쇼 테스트 결과를 살펴보겠습니다. 우선 저는 개인적으로 호스머-레머쇼 테스트 결과를 별로 신뢰하지 않습니다.[3] 하지만 문헌에 따라 혹은 학문분과나 논문심사자에 따라 해당 테스트 결과를 반드시 보고할 것을 요구하는 경우가 종종 있기에 간략하게 언급하겠습니다. 호스머-레머쇼 테스트 결과는 연구모형을 통해 얻은 '예측된 종속변수의 확률 $\hat{p}$(즉, '1'이 관측될 확률)'이 얼마나 '관측된 종속변수의 확률 p'에 부합하는가에 대해 카이제곱 테스트를 실시한 것입니다. 다시 말해 호스머-레머쇼 테스트 카이제곱 수치가 통계적으로 유의미하다는 것은 모형을 통해 예측한 종속변수는 관측된 종속변수와 잘 부합되지 않는다는 것을 의미하며, 따라서 추정된 모형의 모형적합도에 문제가 있다고 해석할 수 있습니다. 호스머-레머쇼 테스트의 아이디어 자체는 매우 좋다고 생각합니다. 그러나 문제는 카이제곱 테스트를 실시하는 과정에서의 집단구분방법의 자의성입니다. 즉 호스머-레머쇼 테스트에서는 예측된 종속변수의 확률값을 크기 순서로 정렬한 후 g개의 집단들로 구분한 후, 해당 집단들에서 얻은 관측된 p와 $\hat{p}$의 카이제곱값을 구합니다. 즉 g의 숫자가 변하면 호스머-레머쇼 테스트 결과도 바뀝니다(흔히 g=10을 사용합니다). 조금 번잡하지만 그 과정을 R 코드로 구현하면 다음과 같습니다. 통상적으로 사용되는 g=10 기준을 기반으로 '모형1'의 호스머-레머쇼 테스트 카이제곱값을 계산해 보도록 하죠.

3 사실 제가 신뢰하지 않는 것은 일반적으로 사용되는 호스머-레머쇼 테스트입니다. 반복재연된(replicated) 연구, 혹은 통계적 유의도 테스트에 과도하게 집착하지 않는 방식으로 호스머-레머쇼 테스트를 사용한다면 저는 반대할 이유가 전혀 없다고 믿습니다. 사실 여기서 말씀드리는 문제는 호스머-레머쇼 테스트 개발자들도 대부분 인지하고 있는 문제입니다(Hosmer, Hosmer, Le Cessie, & Lemeshow, 1997). 즉 테스트 자체에 문제가 있다기보다는 테스트 결과에 대한 맹신에 문제가 있다고 저는 생각합니다.

```
> # Hosmer-Lemershow test
> obs_var=mydata_ch2$goodhlth  #관측된 종속변수
> prd_var=fitted(m_binary_logit1)  #예측된 종속변수의 확률
> grouping=unique(quantile(prd_var,probs=0.1*c(0:10))) #순서대로 10개 집단으로 구분
> cut_prd_var=cut(prd_var,breaks=grouping,include.lowest=T) #10개 집단으로 구분
> temp=tibble(yobs1=obs_var,yhat1=prd_var,g=cut_prd_var)
> # 10개 집단별 1이 나타날 확률과 0이 나타날 확률
> freq_table=temp %>%
+   mutate(
+     yobs0=1-yobs1,
+     yhat0=1-yhat1
+   ) %>%
+   group_by(g) %>%
+   summarize_at(
+     vars(starts_with('y')),
+     funs(sum)
+   )
> # 카이제곱값 계산
> HL_chisq=freq_table %>%
+   mutate(
+     dif_y1=((yobs1-yhat1)^2)/yhat1,
+     dif_y0=((yobs0-yhat0)^2)/yhat0,
+     dif_y=dif_y1+dif_y0
+   ) %>%
+   summarize(chisq=sum(dif_y))
> HL_chisq
# A tibble: 1 x 1
  chisq
  <dbl>
1  13.0
> # 카이제곱 테스트
> pchisq(HL_chisq[[1]],10-2,lower.tail=F)
[1] 0.1110402
```

위의 과정을 통해 호스머-레머쇼 테스트 결과는 $\chi^2(8)=13.024$, $p=.111$인 것을 알 수 있습니다. 즉 연구모형의 예측값은 실제 관측값과 그다지 다르지 않아, 우리가 앞서 추정한 '모형1'은 적합한 모형이라고 볼 수 있습니다. 물론 호스머-레머쇼 테스트를 위와 같은

과정으로 수계산할 이유는 없습니다. 왜냐하면 ResourceSelection 패키지의 hoslem.test() 함수를 이용하면 아주 간단하게 호스머-레머쇼 테스트 결과를 얻을 수 있기 때문입니다. 결과를 비교해 보시면 두 결과가 동일하다는 것을 확인하실 수 있습니다.

```
> ResourceSelection::hoslem.test(mydata_ch2$goodhlth,
+                         fitted(m_binary_logit1),
+                         g=10)

	Hosmer and Lemeshow goodness of fit (GOF) test

data:  mydata_ch2$goodhlth, fitted(m_binary_logit1)
X-squared = 13.024, df = 8, p-value = 0.111
```

위에서는 g=10으로 가정하여 얻은 결과입니다. 그렇다면 g의 값 변화에 따라 호스머-레머쇼 테스트 결과는 얼마나 달라질까요? 아래의 R 코드는 앞서 추정했던 '모형1'에 적용한 호스머-레머쇼 테스트 결과가 집단수 g의 변화에 따라 어떻게 달라지는지를 보여준 것입니다. 아래에서 잘 나타나듯, g는 3부터 15까지 변하도록 설정했습니다.

```
> # 시뮬레이션용 개인함수
> simple_simulation_HLtest=function(myg){
+   temp=ResourceSelection::hoslem.test(
+     mydata_ch2$goodhlth,
+     fitted(m_binary_logit1),
+     g=myg)
+   tibble(
+     g=myg,
+     chisq=temp$statistic,
+     pval=temp$p.value
+   )
+ }
> # 집단수 설정과 호스머-레머쇼 테스트 결과
> myresult=list()
> for (i in 3:15){
+     myresult=bind_rows(myresult,simple_simulation_HLtest(i))
+ }
```

```
> myresult %>%
+   mutate(
+     sigstar=cut(pval,breaks=c(0,0.05,1),
+           labels=c("유의함(p < .05)","유의하지 않음(p ≥ .05)"))
+   ) %>%
+   ggplot(aes(x=g,y=pval))+
+   geom_point(aes(color=sigstar),size=2)+
+   geom_line(linetype=2)+
+   scale_x_continuous(breaks=3:15)+
+   scale_y_continuous(breaks=0.05*(0:12))+
+   geom_hline(yintercept=0.05,color='red',size=1)+
+   labs(x="구분된 집단수",y="통계적 유의도",
+      color="통계적 유의도 테스트")+
+   theme_bw()
```

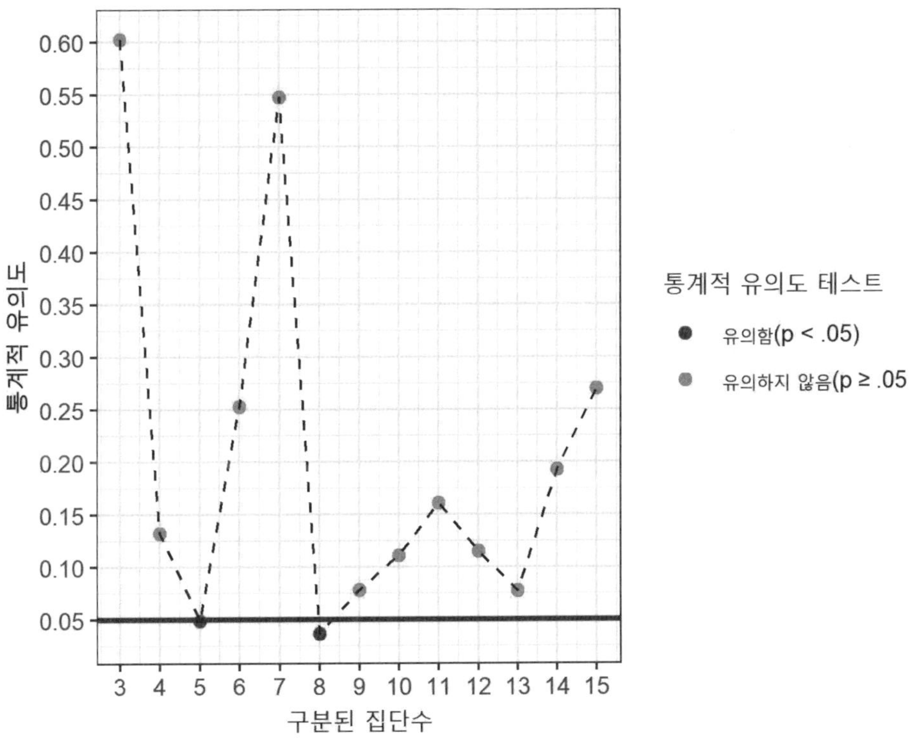

그림4. 집단수에 따른 호스머-레머쇼(Hosmer-Lemershow) 테스트의 통계적 유의도 변화

그래프에서 명확하게 드러나듯, 집단수를 어떻게 구분하는가에 따라 호스머-레머쇼 테스트 결과는 달라집니다. 만약 어떤 연구자가 집단을 5로 구분했다면, 혹은 8로 구분했다면 앞에서 얻은 '모형1'은 '적합하지 않은 모형'이라는 판정을 받게 될 것입니다. 과연 타당

할까요? 이런 이유로 저는 가능한 호스머-레머쇼 테스트를 사용하지 말아야 한다고 생각합니다. 하지만 안타깝게도 이항 로지스틱 회귀모형을 접하는 적지 않은 수의 논문심사자들이 호스머-레머쇼 테스트를 보고하도록 요구하고 있으며, 때에 따라서는 통계적으로 유의미하지 않은 호스머-레머쇼 테스트 결과를 보고하기 위해 여러 가지 g를 시도한 후 구미에 맞는 결과를 보고하기도 합니다. 하지만 위의 이유로 저는 호스머-레머쇼 테스트를 사용하지 말아야 한다고 믿습니다.

모형추정 결과 시각화

앞서 2원 상호작용효과를 말로 설명한 바 있습니다. 아마 대부분의 독자분들이 말로 설명된 상호작용효과를 쉽게 이해하시지는 못하였을 것으로 생각합니다. 더욱이 본서에서는 3원 상호작용효과의 경우 과도하게 해석이 복잡해지기 때문에 아예 설명 자체를 제시하지도 않았습니다. 상호작용효과를 독자와 청중들에게 설명하는 가장 좋은 방법은 모형추정 결과를 그래프로 시각화하는 것입니다. R, 특히 `tidyverse` 접근법을 기반으로 그래프를 그리면 모형추정 결과를 매우 알기 쉽게 전달할 수 있습니다.

여기서는 '모형2'에서 추정한 3원 상호작용효과를 그래프로 시각화해보겠습니다. 그래프 작업을 위해서는 `modelr` 패키지의 `data_grid()` 함수를 사용하여, 모형예측값을 추출하기 위한 데이터를 하나 생성하겠습니다. 3원 상호작용효과를 시각화할 때, '연령'을 원인변수로 설정하고(그래프의 X축에 배치), 연령의 효과를 조절하는 조절변수로 '성별'을 설정하고(그래프의 범례로 배치), 연령과 성별의 상호작용효과를 조절하는 두 번째 조절변수로 소득수준을 설정하겠습니다(상위25%, 중위, 하위25%). 이를 위해 각 변수의 수준은 다음과 같이 설정하였습니다.

- 연령: 변수에 기록된 모든 연령을 가정(19~87세)
- 성별: 남성 응답자와 여성 응답자로 구분
- 소득수준: 상용로그전환소득 변수를 기준으로 표본의 중위값을 중위집단으로, 상위 25%에 해당될 경우 상위집단으로, 하위 25%에 해당될 경우 하위집단으로 구분

예측변수들의 조건별로 '모형2'의 종속변수의 값이 '1'이 나올 확률을 predict() 함수를 이용하여 계산하였습니다. 이때 type="response"을 지정하지 않으면 '1'의 값을 갖는 종속변수의 확률이 아니라 로짓값이 저장되니 옵션을 정확하게 지정하도록 주의하시기 바랍니다. 이후 중심화 변환된 연령변수와 상용로그 전환 후 중심화 변환된 소득변수를 원변수 형태로 전환한 과정은 아래와 같습니다.

```
> # 세 변수들의 3원 상호작용효과 제시
> quantile(mydata_ch2$log10inc2C)[2:4] # 소득 하위25%, 중위(50%), 상위25%
        25%         50%         75%
-0.17396000  0.03681681  0.20693561
> myfig1=mydata_ch2 %>%
+   data_grid(female2,age2C,
+             log10inc2C=quantile(mydata_ch2$log10inc2C)[2:4]) %>%
+   mutate(
+     predy=predict(m_binary_logit2,.,type="response"),
+     gender=ifelse(female2==0,"남성","여성"),
+     age2=10*age2C+mean(mydata_ch2$age2),
+     inc2=factor(10^(log10inc2C+mean(mydata_ch2$log10inc2)),
+                 labels=c("하위25%","중위(50%)","상위25%"))
+   )
```

위의 과정을 통해 얻은 데이터를 기반으로 3원 상호작용효과를 시각화하면 다음과 같습니다.

```
> myfig1 %>% ggplot(aes(x=age2,y=predy,color=gender,shape=gender))+
+   geom_line()+
+   labs(x="연령",y="건강상태 '좋음/매우 좋음'으로 응답할 확률",
+        color="성별",shape="성별")+
+   scale_x_continuous(breaks=10*(2:9))+
+   theme_bw()+
+   facet_wrap(~ inc2)
```

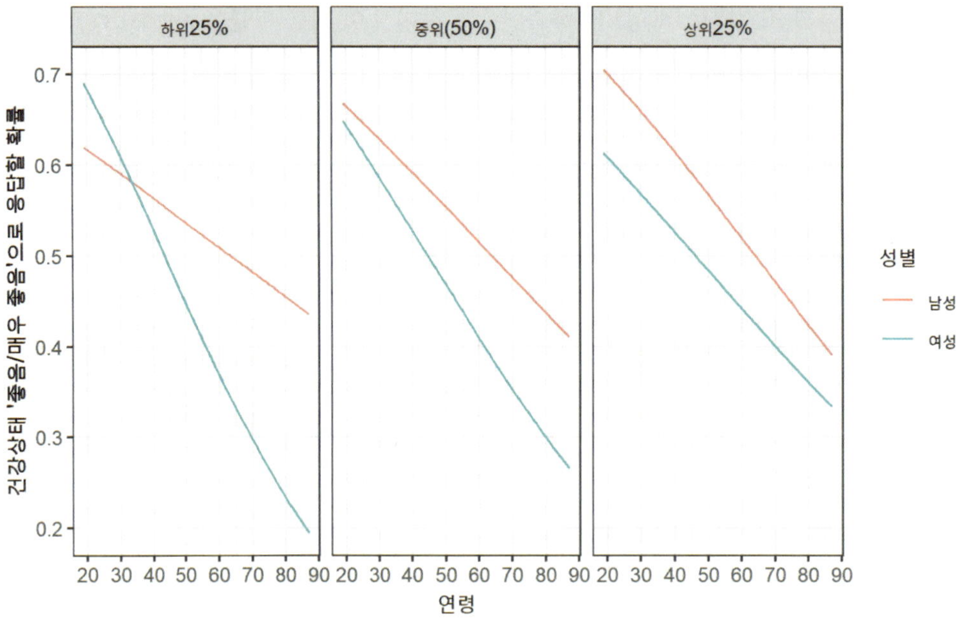

그림5. 연령, 성별, 소득수준의 3원 상호작용효과 시각화

〈그림5〉는 이해하기 매우 쉽습니다. 소득수준이 어떻든, 남성이든 여성이든, 응답자의 나이가 많을수록 주관적 건강상태가 양호하다고 응답할 확률은 감소합니다. 그러나 상위 25%인 응답자의 경우 연령효과가 성별에 따라 뚜렷하게 다르지 않게 나타납니다. 반면 소득수준이 낮을수록 남성에 비해 여성에게 연령효과가 뚜렷하게 강하게 나타납니다. 즉 연령과 성별의 2원 상호작용효과는 응답자의 소득수준에 따라 달라집니다. 그러나 이러한 3원 상호작용효과의 통계적 유의도는 p=.061로 통상적 유의도 수준에는 미치지 못합니다.

이상으로 이항 로지스틱 회귀모형을 살펴보았습니다. 리뷰가 다소 길었습니다만, 제2장에서 본격적으로 소개할 순위 로지스틱 회귀모형을 이해하기 위해서는 이항 로지스틱 회귀모형을 반드시 이해하지 않으면 안 됩니다. 왜냐하면 순위 로지스틱 회귀모형은 이항 로지스틱 회귀모형을 보다 넓은 맥락에서 일반화시킨 모형이기 때문입니다.

ordered logistic regression model

2장 순위 로지스틱 회귀모형

이항 로지스틱 회귀모형의 종속변수는 0 혹은 1의 값을 갖습니다. 즉 1은 0보다 서열이 높은 값입니다. 그런데 만약 종속변수의 값이 '1>0'이 아니라 '5>4>3>2>1'과 같은 순위범주형 변수라면 어떨까요? 이러한 순위범주형 변수의 경우에 고려해 볼 수 있는 로지스틱 회귀모형이 바로 '순위 로지스틱 회귀모형(ordered logistic regression model)'입니다. 순위 로지스틱 회귀모형은 문헌에 따라 '비례확률 로지스틱 회귀모형(proportional odds logistic regression model, POLR)'이라고도 불립니다.

개요

우선 결론부터 말씀드리겠습니다. 순위 로지스틱 회귀모형은 이항 로지스틱 회귀모형의 확장입니다. 5>4>3>2>1와 같은 순위범주형 변수를 다음과 같이 5>4, 4>3, 3>2, 2>1와 같은 네 개의 쌍으로 전환하여 생각해 보시죠. 이렇게 관점을 바꾸면 5점의 순위범주형 변수는 '$J > J-1$'로 일반화시켜 생각할 수 있습니다. 즉 종속변수의 값이 1순위 증가하기 이전과 증가한 후를 비교하는 것입니다. 어떤가요? $J > J-1$은 본질적으로 이항 로지스틱 회귀분석에서 다루었던 1>0과 유사합니다. 만약 예측변수가 종속변수가 $J-1$일 때 확률에 비해 J일 때의 확률에 미치는 효과가 J의 수준에 상관없이 일정하다고 가정할 수 있다면, 순위범주형 변수를 종속변수로 상정한 후 절편과 예측변수의 회귀계수를 추정할 수 있습니다. 나중에 다시 설명하겠지만, "예측변수가 종속변수가 J-1일 때의 확률에 비해 J일 때의 확률에 미치는 효과가 J의 수준에 상관없이 일정하다고 가정"하는 것이 타당한지는 데이터에 따라 다를 것입니다. 이 가정이 과연 타당한지는 브랜트 테스트(brant test)를 통해 점검합니다(브랜트 테스트는 나중에 실제 분석사례와 함께 다시 설명해 드리겠습니다).

물론 다른 점이 있습니다. 1>0만 다룬 이항 로지스틱 회귀분석의 절편은 한 개만 추정되는 반면, $J > J$-1은 'J-1'개의 절편이 추정됩니다(다시 말해 5점 순위범주형 변수가 종속변수로 투입되는 경우 4개의 절편 추정). 이제는 왜 제가 "순위 로지스틱 회귀모형은 이항 로지스틱 회귀모형의 확장"이라는 말씀을 드리는지 이해하실 수 있을 것입니다. 즉 순위 로지스틱 모형 혹은 비례확률 로지스틱 회귀모형을 공식으로 표현하면 다음과 같으며, 이는 앞서 살펴보았던 이항 로지스틱 회귀모형과 개념적으로 동일합니다. 예측변수는 여러 개 투입할 수 있지만, 설명의 편의를 위해 1개만 투입했다고 가정해 봅시다.

$$ln\frac{P(y>j|x)}{1\text{-}P(y>j|x)} = a_j + bx$$

위의 공식을 치환하여 로짓 형태를 종속변수의 값이 j보다 클 확률로 나타내면 아래와 같습니다.

$$P(y>j|x) = \frac{1}{1+e^{-(a_j+bx)}}$$

5점 순위범주형 변수의 경우 위의 공식 j값이 1, 2, 3, 4가 됩니다. 다시 말해 절편값은 a_1, a_2, a_3, a_4로 네 가지가 추정됩니다. 만약 절편들의 모수가 a_1=1.5, a_2=0.5, a_3=-0.5, a_4=-1.5이고, 예측변수의 x의 회귀계수가 b=1로 추정되는 경우, 예측변수 x와 종속변수에서 범주의 값이 $y>j$일 확률의 관계는 아래와 같습니다.

```
> # 예측변수 변화에 따른 로지스틱 함수 결과값
> simdata=tibble(x = 0.01*(-1000:1000))
> simdata=simdata %>%
+   mutate(
+     p1=1/(1+exp(-(1.5+x))),
```

```
+    p2=1/(1+exp(-(0.5+x))),
+    p3=1/(1+exp(-(-0.5+x))),
+    p4=1/(1+exp(-(-1.5+x)))
+   )
> # 그래프
> simdata %>%
+   gather(key=p,value=prob,-x) %>%
+   mutate(
+    J=ifelse(p=="p1","j > 1",p),
+    J=ifelse(p=="p2","j > 2",J),
+    J=ifelse(p=="p3","j > 3",J),
+    J=ifelse(p=="p4","j > 4",J)
+   ) %>%
+   ggplot(aes(x=x,y=prob,color=J))+
+   geom_line(size=1)+
+   scale_x_continuous(breaks=2*(-5:5))+
+   labs(x="x",y="Prob(y > j)",color="J")+
+   theme_bw()
```

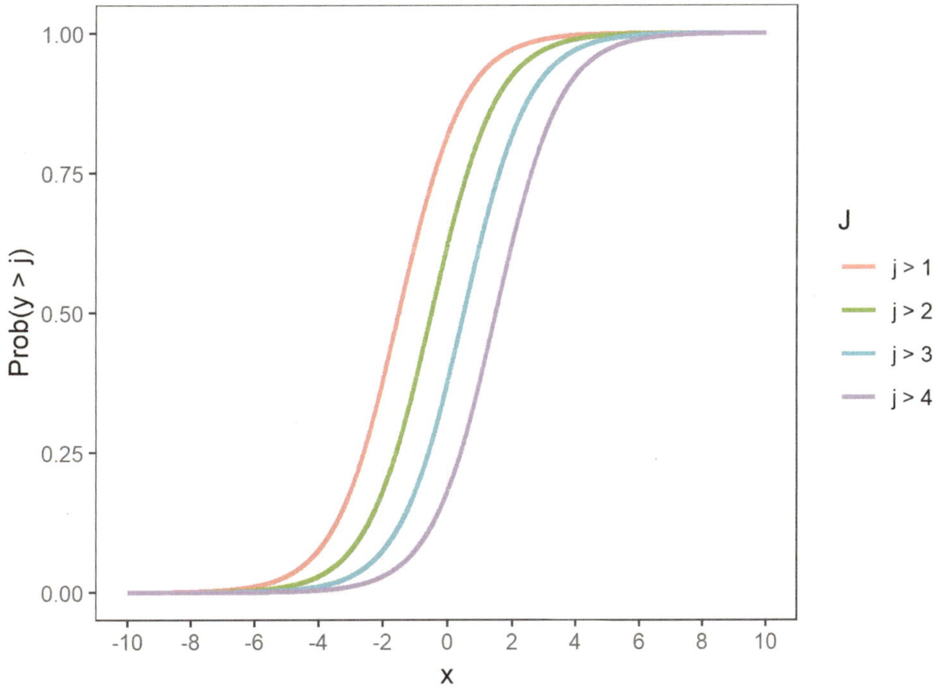

그림1. 범주의 수준별 로지스틱 함수 변화

〈그림1〉에서 명확하게 드러나듯, 로지스틱 함수가 J값의 변화에 따라 좌우로만 변동할 뿐 예측변수의 증가분에 따른 로지스틱 함수의 변화패턴이 동일합니다. 즉 예측변수의 효과가 순위범주형 종속변수의 값 차이에도 불구하고 일정하다고 가정할 수만 있다면, J-1개의 절편들만 추가로 추정하는 방식으로 순위 로지스틱 회귀모형을 추정할 수 있습니다.

순위 로지스틱 회귀모형 추정

이제는 실제 데이터를 대상으로 순위 로지스틱 회귀모형을 추정해 보겠습니다. 앞서 이항 로지스틱 회귀모형에서 사용했던 mydata_ch2 데이터를 그대로 사용하겠습니다. 단 종속변수의 경우 주관적 건강상태 변수(hlthsat2 변수는 문자형으로 입력된 변수임)를 순위범주형 변수로 변환했던 hlthsat2_ord 변수를 사용하겠습니다. 본서에서는 MASS 패키지 내의 polr() 함수를 이용하여 순위 로지스틱 회귀모형을 추정하겠습니다.[1] 앞서 이야기했듯 순위 로지스틱 회귀모형은 '확률비례 로지스틱 회귀모형(POLR)'이라고도 불립니다. 왜 함수의 이름이 polr()인지 쉽게 이해할 수 있을 것입니다. polr() 함수는 다음과 같은 형태로 정의됩니다.

```
polr(공식, 데이터, method="logistic")
```

함수의 형태는 R의 일반적 회귀모형과 비슷합니다. polr() 함수의 경우 순위 로지스틱 회귀모형이 디폴트입니다(다시 말해 method="logistic"이 언급되지 않아도 됩니다). 만약 연결함수를 다르게 설정하고 싶다면 method 옵션을 다르게 지정하시기 바랍니다(예를 들어, "probit", "loglog", "cloglog" 등). 앞서 이항 로지스틱 회귀모형을 소개했을 때와 마찬가지로 성별, 연령, 소득의 세 예측변수들의 주효과만을 추정한 '모형1'(m_ordinal_logit1)과 이들 변수들의 2원 및 3원 상호작용효과들을 추가로 추정한 '모형2'(m_ordinal_logit2)를 구성한 후 각각 순위 로지스틱 회귀모형을 추정하면 아래와 같습니다.

1 ordinal 패키지의 clm() 함수를 이용해도 됩니다. ordinal 패키지에는 polr() 함수로 추정할 수 없는 순위 로지스틱 혼합모형 등을 추가로 추정할 수 있는 clmm() 함수가 들어 있습니다.

```
> # exdata1부터 열어본 후
> setwd("D:/2019_year/Categorical_Data_Analysis")
> mydata = read_csv("exdata1.csv")
Parsed with column specification:
cols(
  female2 = col_integer(),
  age2 = col_integer(),
  log10inc2 = col_double(),
  educ2 = col_character(),
  donate2 = col_double(),
  volunt2 = col_integer(),
  workstatus2 = col_character(),
  hlthsat2 = col_character()
)
> # 데이터 사전처리
> mydata_ch2 = mydata %>%
+   mutate(
+     hlthsat2_ord=as.factor(hlthsat2),
+     goodhlth=ifelse(hlthsat2=="4만족"|hlthsat2=="5매우만족",1,0),
+     age2C = (age2 - mean(.$age2))/10,  #10세를 기본단위로
+     log10inc2C = log10inc2 - mean(.$log10inc2)
+   )
> # 순위형 로지스틱 회귀분석
> m_ordinal_logit1=polr(hlthsat2_ord~female2+age2C+log10inc2C,data=mydata_ch2)
> m_ordinal_logit2=polr(hlthsat2_ord~female2*age2C*log10inc2C,data=mydata_ch2)
```

summary() 함수를 사용하여 추정된 '모형1'의 결과를 살펴보면 다음과 같습니다.

```
> # 추정결과에는 통계적 유의도가 보고되어 있지 않다.
> summary(m_ordinal_logit1)

Re-fitting to get Hessian

Call:
polr(formula = hlthsat2_ord ~ female2 + age2C + log10inc2C, data = mydata_ch2)
```

```
Coefficients:
            Value  Std. Error  t value
female2    -0.4479    0.11812  -3.792
age2C      -0.2723    0.04753  -5.730
log10inc2C  0.4575    0.19854   2.304

Intercepts:
                   Value  Std. Error  t value
1매우불만|2불만     -3.7622    0.1950 -19.2917
2불만|3그저그렇다   -1.7970    0.1075 -16.7219
3그저그렇다|4만족   -0.3311    0.0897  -3.6911
4만족|5매우만족      2.1389    0.1233  17.3536

Residual Deviance: 2635.907
AIC: 2649.907
```

추정된 결과는 매우 단출합니다. 우선 맨 첫줄의 "Re-fitting to get Hessian"이라는 표현은 헤시안 행렬(Hessian matrix)을 구하였다는 의미입니다. 일반 이용자 입장에서 이 부분에 대해 크게 신경 쓰실 것은 없습니다. polr() 함수에 Hess=TRUE를 추가로 지정하시면 이 표현이 나타나지 않습니다. 다음에 제시된 Call:부분은 polr() 함수를 어떻게 지정했는지를 보여주는 부분입니다. 이 역시도 크게 신경쓰실 것 없습니다.

순위 로지스틱 회귀모형을 사용하는 연구자의 입장에서 가장 중요한 부분은 다음에 등장하는 Coefficients: 부분과 Intercepts: 부분일 것입니다. Coefficients: 부분은 각각 예측변수의 회귀계수를 그리고 Intercepts: 부분은 5점 순위범주형 종속변수의 절편값들을 추정한 것입니다. Value라는 세로줄이 각 예측변수의 회귀계수입니다. 개인적으로 polr() 함수에 대한 가장 큰 불만은 회귀계수에 대한 통계적 유의도 테스트 결과가 제시되어 있지 않다는 점입니다. 통계적 유의도 테스트 결과가 제시되지 않은 이유는 사실 다른 것이 아니라 MASS 패키지 개발자의 개인적 철학 때문입니다. 본서의 목적과는 거리가 멀지만, 저 역시도 통계적 유의도가 남용·오용되고 있다고 생각합니다. 하지만 일반 연구자의 입장에서, 보다 정확하게는 논문심사를 받아야 하는 연구자의 입장에서 통계적 유의도 테스트 결과는 자신이 싫다고 보고하지 않을 수 있는 '선택의 영역'이 아닌 듯합니다(적어도 제 경험상). 아무튼 통계적 유의도 테스트 결과를 얻고자 한다면 lmtest

패키지의 coeftest() 함수를 사용하면 됩니다. 통계적 유의도 테스트 결과는 아래와 같습니다.

```
> # 하지만 아래와 같이 하면 통계적 유의도 테스트 결과를 얻을 수 있다.
> lmtest::coeftest(m_ordinal_logit1)

Re-fitting to get Hessian

t test of coefficients:

           Estimate  Std. Error  t value  Pr(>|t|)
female2    -0.44793    0.11812  -3.7922  0.0001582 ***
age2C      -0.27233    0.04753  -5.7296  1.329e-08 ***
log10inc2C  0.45753    0.19854   2.3044  0.0214011 *
---
Signif. codes:  0 '***' 0.001 '**' 0.01 '*' 0.05 '.' 0.1 ' ' 1
```

위에서 보고된 회귀계수들을 해석하려면 이항 로지스틱 회귀분석과 마찬가지로 회귀계수를 오즈비로 변화시킨 후 해석해야 합니다. 오즈비는 다음과 같이 구할 수 있습니다.

```
> # 오즈비는 다음과 같이 구할 수 있다.
> exp(coef(m_ordinal_logit1))
  female2     age2C log10inc2C
0.6389494 0.7616013 1.5801716
```

이제 각 예측변수의 효과를 해석해 보겠습니다.

- 성별(female2): 다른 변수들의 효과를 통제하였을 때, 여성 응답자는 남성 응답자에 비해 종속변수의 값이 특정값 이하로 나올(이를테면 ≤ 3) 확률에 비해 특정값보다 크게 나올(이를테면 >3) 확률이 약 36% 감소하며, 성별에 따른 차이는 통계적으로 유의미하다($p<.001$).
- 연령(age2C): 다른 변수들의 효과를 통제하였을 때, 응답자의 연령이 약 10세 증가하

면 종속변수의 값이 특정값 이하로 나올(이를테면 ≤3) 확률에 비해 특정값보다 크게 나올(이를테면 >3) 확률은 약 24% 감소하며, 이러한 연령효과는 통계적으로 유의미하다($p<.001$).

- 소득(`log10inc2C`): 다른 변수들의 효과를 통제하였을 때, 상용로그를 이용해 전환한 응답자의 연소득이 1점 증가하면 종속변수의 값이 특정값 이하로 나올(이를테면 ≤3) 확률에 비해 특정값보다 크게 나올(이를테면 >3) 확률이 약 58% 증가하고, 이러한 소득효과는 통계적으로 유의미하다($p<.05$).

끝으로 `Residual Deviance:`은 모형의 로그우도에 −2를 곱한 값, 즉 이탈도(D)를 의미하며, `AIC:`는 아카이케 정보지수를 뜻합니다. '이탈도'와 AIC에 대해서는 앞서 설명한 바 있습니다.

'모형2' 역시도 위와 같이 `summary()` 함수, `lmtest::coeftest()` 함수 등을 이용해 모형추정 결과를 확인할 수 있습니다. 〈표1〉은 '모형1'과 '모형2'의 모수추정치(절편과 회귀계수)와 앞서 이항 로지스틱 회귀모형에서 소개하였던 모형적합도 지수들을 정리하여 제시한 것입니다.

표1. 순위 로지스틱 회귀모형 추정결과 비교

	모형1		모형2	
	모수추정치 (표준오차)	오즈비	모수추정치 (표준오차)	오즈비
주효과항				
성별(여성 = 1)	−0.448*** (0.118)	0.639	−0.378** (0.122)	0.685
연령(단위: 10세)	−0.272*** (0.048)	0.762	−0.206** (0.070)	0.814
소득(상용로그 전환)	0.458* (0.199)	1.58	0.505 (0.329)	1.658
상호작용효과항				
성별×연령			−0.132 (0.098)	0.876
성별×소득			−0.096 (0.428)	0.909
연령×소득			−0.398+ (0.219)	0.672
성별×연령×소득			0.800** (0.302)	2.226
절편				
τ_1	−3.762 (0.195)		−3.768 (0.199)	
τ_2	−1.797 (0.107)		−1.771 (0.110)	
τ_3	−0.331 (0.090)		−0.291 (0.092)	
τ_4	2.139 (0.123)		2.185 (0.127)	
모형적합도 지수				
로그우도 $\chi^2(df)$	61.438*** (3)		74.795*** (7)	
로그우도비 테스트(LR test)			13.357** (4)	
맥파든(McFadden's) 임의 R^2	0.023		0.028	
AIC	2649.907		2644.551	
BIC	2684.345		2698.667	

알림. +p<.10, *p<.05, **p<.01, ***p<.001. N=1,012. 순위 로지스틱 회귀모형 추정을 위해 `MASS` 패키지 (version 7.3-51.1)의 `polr()` 함수를 이용하였음.

우선 '모형2'에 제시된 2원 상호작용효과, 특히 3원 상호작용효과에 대한 회귀계수를 말로 해석하는 것은 매우 쉽지 않습니다. 이항 로지스틱 회귀분석의 경우와 마찬가지로 상호작용효과에 대한 설명은 그래프를 통한 시각화보다 나은 방법은 없습니다. 이에 모수추정치에 대한 해석은 제2장 말미에 3원 상호작용효과를 시각화한 그래프를 제시하는 방식을 택하겠습니다.

이제 〈표1〉 하단의 모형적합도 지수를 살펴보도록 하겠습니다. 우선 로그우도 카이제곱 테스트는 추정된 모형과 기저모형의 이탈도(즉, -2를 곱한 로그우도)의 차이값이며, 예측변수들의 수를 자유도로 하여 통계적 유의도 테스트를 실시할 수 있습니다. 또한 임의 R^2, AIC와 BIC 역시 앞서 이항 로지스틱 회귀모형 추정결과를 소개할 때 설명한 바 있습니다. 앞서 설명한 `DescTools` 패키지의 `PseudoR2()` 함수를 이용하면 로그우도 카이제곱 및 통계적 유의도 테스트 결과, 임의 R^2, AIC, BIC를 쉽게 구할 수 있습니다. '모형1'의 경우 다음과 같이 구할 수 있습니다. 아래의 결과 중 `G2`(G^2)가 바로 로그우도 카이제곱이며, 이에 대해 카이제곱 테스트를 실시하면 통계적 유의도를 얻을 수 있습니다. '모형2'의 경우 R아웃풋을 제시하지는 않았습니다만, 아래를 응용하여 쉽게 그 결과를 얻으실 수 있을 것입니다.

```
> # 모형적합도 지수들
> DescTools::PseudoR2(m_ordinal_logit1,which="all") %>% round(4)
     McFadden        CoxSnell      Nagelkerke   AldrichNelson
       0.0228          0.0589          0.0633              NA
VeallZimmermann          Effron McKelveyZavoina            Tjur
             NA              NA              NA              NA
            AIC             BIC          logLik         logLik0
      2649.9075       2684.3453      -1317.9537      -1348.6728
             G2
        61.4380
> # 모형의 로그우도 카이제곱 테스트
> pchisq(DescTools::PseudoR2(m_ordinal_logit1,which="G2"),3,lower.tail=F)
          G2
2.897092e-13
```

끝으로 '모형1'과 '모형2'의 모형 설명력을 비교해 보겠습니다. 마찬가지로 anova() 함수를 이용하면 됩니다. 결과는 다음과 같이 제시됩니다.

```
> # 모형비교 테스트
> anova(m_ordinal_logit1,m_ordinal_logit2)
Likelihood ratio tests of ordinal regression models

Response: hlthsat2_ord
                   Model          Resid. df  Resid. Dev   Test
1 female2 + age2C + log10inc2C       1005    2635.907
2 female2 * age2C * log10inc2C       1001    2622.551  1 vs 2
    Df LR stat.    Pr(Chi)
1
2    4 13.35663 0.009658516
```

추정된 절편 개수가 달라졌을 뿐, 순위 로지스틱 회귀모형은 이항 로지스틱 회귀모형과 본질적으로 크게 다르지 않습니다. 이항 로지스틱 회귀모형을 충분히 이해하셨다면 순위 로지스틱 회귀모형을 이해하는 것이 그리 어렵지는 않을 것입니다.

브랜트 테스트(Brant test): 순위 로지스틱 회귀모형 적용의 타당성 점검

앞의 설명에서 순위 로지스틱 회귀모형에 내재한 가정을 다시금 되뇌어 봅시다. 앞에서 저는 "종속변수가 $J-1$일 때 확률에 비해 J일 때의 확률에 미치는 예측변수의 효과가 J의 수준에 상관없이 일정하다고 가정"할 수 있어야 순위 로지스틱 회귀모형을 추정할 수 있다고 언급한 바 있습니다. 사실 직관적으로 이 가정은 위배되기 쉽습니다. 제2장에서 사례로 삼고 있는 개인의 주관적 건강상태를 예로 들어 봅시다. 다음의 2가지 상황을 한번 생각해 봅시다(다른 상황들도 생각할 수 있지만, 설명의 편의를 위해 아래의 2가지만 살펴본 것입니다).

- 상황1: '2'점('불만')을 기준으로 5개의 종속변수값을 [1, 2]와 [2, 5]의 두 집단으로 구분
- 상황2: '3'점('그저 그렇다')을 기준으로 5개의 종속변수값을 [1, 3]와 [3, 5]의 두 집단으로 구분

첫 번째 상황은 자신의 건강상태에 대한 응답자의 '불만 강도'가 변한 것입니다(즉 불만이 '약해짐'). 반면 두 번째 상황은 자신의 건강상태에 대한 응답자의 '질적 평가'가 바뀐 것입니다(불만이 '사라짐'). 과연 2가지 변화를 동일하다고 볼 수 있을까요? 개념적으로 첫 번째의 상황과 두 번째의 상황은 다르다고 보아도 되지 않을까요? 물론 이에 대한 대답은 데이터에 따라 달라질 수 있습니다. 즉 동일하다고 봐도 무방할 수 있지만(H_0 채택), 반면 동일하지 않다고 봐야 할 경우도 있을 것입니다(H_0 기각).

구체적으로 예를 들어 두 상황에서 연령의 효과는 과연 동등하게 나타날까요? 아니면 다르게 나타날까요? 이번 섹션에서 살펴볼 브랜트 테스트의 목적은 바로 예측변수의 효과가 J의 값에 따라 유사하게 동질적으로 나타나는지(H_0 채택), 아니면 이질적으로 나타나는지를 점검하는 것입니다(H_0 기각). 즉 브랜트 테스트 결과 특정 예측변수의 효과가 유사하게 동질적으로 나타났다면 순위 로지스틱 회귀모형의 가정이 유효하다고 볼 수 있지만, 만약 브랜트 테스트 결과 특정 예측변수의 효과가 이질적이라고 나타났다면 순위 로지스틱 회귀모형의 가정이 충족되지 않았다고 볼 수 있습니다. 우선 위에서 추정한 '모형1'에 대해 브랜트 테스트를 실시해 보죠. 브랜트 테스트는 `brant` 패키지의 `brant()` 함수를 이용하면 됩니다.

```
> # 브랜트 테스트
> brant::brant(m_ordinal_logit1)
--------------------------------------------
Test for           X2        df    probability
--------------------------------------------
Omnibus            23.43     9     0.01
female2            5.05      3     0.17
age2C              12.4      3     0.01
log10inc2C         1.59      3     0.66
--------------------------------------------

H0: Parallel Regression Assumption holds
                   X2   df   probability
Omnibus     23.427212   9   0.005304914
female2      5.051161   3   0.168089012
age2C       12.395685   3   0.006143622
log10inc2C  1.588653    3   0.661965467
```

R아웃풋 중 위 혹은 아래 둘 중 하나만 보시면 됩니다(왜냐하면 두 개의 결과가 동일하기 때문입니다). 여기서는 아래의 결과를 보겠습니다.

먼저 Omnibus로 시작하는 결과 부분은 맨 마지막에 설명해 드리도록 하겠습니다. 첫째, 브랜트 테스트 결과 성별효과(female2)의 경우 *J*값의 수준에 따라 그다지 달라지지 않아[$\chi^2(3)=5.051$, $p=.168$], 순위 로지스틱 회귀모형의 가정에 잘 부합한다고 볼 수 있습니다. 둘째, 브랜트 테스트 결과 연령효과(age2C)의 경우 *J*값의 수준에 따라 통계적으로 유의미할 정도로 차이를 보이고 있어[$\chi^2(3)=12.396$, $p=.006$], 순위 로지스틱 회귀모형의 가정이 충족되지 않는다고 볼 수 있습니다. 셋째, 브랜트 테스트 결과 *J*값의 수준에 따라 소득효과(log10inc2C)가 그다지 달라지지 않아[$\chi^2(3)=1.589$, $p=.662$], 순위 로지스틱 회귀모형의 가정은 유효하다고 볼 수 있습니다. 끝으로 Omnibus로 시작하는 결과는 성별, 연령, 소득의 효과 중 최소 하나는 *J*값의 수준에 따라 효과가 이질적으로 나타난다는 것을 보여줍니다[$\chi^2(9)=23.427$, $p=.005$].

브랜트 테스트 결과를 엄격하게 적용한다면 앞서 우리가 추정한 '모형1'은 순위 로지스틱 회귀모형의 가정에 위배됩니다. 그렇다면 브랜트 테스트 결과 순위 로지스틱 회귀모형의 가정이 충족되지 않았다면 순위 로지스틱 회귀모형을 쓸 수 없는 것일까요? 우선 이 질문에 대해서는 '정해진 정답은 없다'는 것이 제 생각입니다. 순위 로지스틱 회귀분석을 소개하는 대부분의 문헌들에서는 브랜트 테스트 결과가 통계적으로 유의미한 경우, 순위 로지스틱 회귀모형이 아닌 다른 로지스틱 회귀모형을 쓰라고 권합니다(대안적 모형들은 제3장과 제4장에서 소개될 예정입니다).

그러나 한 가지 유념할 것은 브랜트 테스트는 카이제곱 테스트 통계치를 이용한다는 사실입니다. 잘 알려져 있듯 카이제곱 통계치는 표본의 숫자가 클수록 통계적 유의도 값이 0에 근접하기 때문에 귀무가설(H_0)을 기각하기 쉬워지는 문제가 있습니다. 다시 말해 표본이 클 경우 브랜트 테스트만으로 순위 로지스틱 회귀모형의 가정이 '충족되었다' 혹은 '충족되지 않았다'고 말하는 것은 적절하지 않다고 생각합니다. 예를 들어 현재 우리가 사용하는 mydata_ch2의 표본수는 1,012입니다. 이 중 100명(약 10%)만 무작위로 추출한 후 '모형1'을 대상으로 다시 브랜트 테스트를 실시한 결과는 아래와 같습니다. 아래의 결과에서 잘 드러나듯, 표본수가 감소하면서 카이제곱 통계치의 값도 감소하였으며, 이번의 브랜트 테스트 결과는 순위 로지스틱 회귀모형의 가정이 타당하다는 것을 보여줍니다.

```
> # 100명만 무작위 추출하여 동일한 모형에 대해 브랜트 테스트 실시
> set.seed(20190115); random_rows = sort(sample(1:1012,size=100,replace=F))
> brant::brant(polr(hlthsat2_ord~female2+age2C+log10inc2C,
+               data=mydata_ch2[random_rows,]))
--------------------------------------------
Test for      X2      df      probability
--------------------------------------------
Omnibus       8.46    9       0.49
female2       4.05    3       0.26
age2C         1.64    3       0.65
log10inc2C    2.62    3       0.45
--------------------------------------------

H0: Parallel Regression Assumption holds
                  X2 df probability
Omnibus     8.456635  9  0.4888619
female2     4.046494  3  0.2564872
age2C       1.640523  3  0.6502369
log10inc2C  2.621420  3  0.4537468
```

표본이 클 경우 브랜트 테스트를 통해 얻은 통계적 유의도보다는 J값의 변화에 따라 각 예측변수의 회귀계수가 어떻게 변하는지를 살펴보는 것이 더 나을 수 있습니다. 종속변수가 5점으로 측정된 순위범주형 변수이기 때문에 J의 수준에 따라 총 4번의 이항 로지스틱 회귀모형을 추정할 수 있습니다. 4번의 이항 로지스틱 회귀모형 추정결과는 아래와 같습니다.

```
> # 브랜트 테스트의 의미
> # j수준별 4회의 이항로지스틱 회귀모형
> mydata_ch2 = mydata_ch2 %>%
+   mutate(
+     ordinal_1=ifelse(as.numeric(as.factor(hlthsat2))>1,1,0),
+     ordinal_2=ifelse(as.numeric(as.factor(hlthsat2))>2,1,0),
+     ordinal_3=ifelse(as.numeric(as.factor(hlthsat2))>3,1,0),
+     ordinal_4=ifelse(as.numeric(as.factor(hlthsat2))>4,1,0)
+   )
```

```
> model_ordinal_1=glm(ordinal_1~female2+age2C+log10inc2C,
+               mydata_ch2,family=binomial(link='logit'))
> model_ordinal_2=update(model_ordinal_1, ordinal_2~.)
> model_ordinal_3=update(model_ordinal_1, ordinal_3~.)
> model_ordinal_4=update(model_ordinal_1, ordinal_4~.)
```

위의 모형추정 결과에서 각 예측변수의 회귀계수의 95% 신뢰구간을 추출한 후 각 회귀계수의 값이 어떻게 변하는지를 시각화한 그래프는 아래와 같습니다.

```
> coefficient_95CI=function(myobject,condition){
+  summary(myobject)$coef %>% as_tibble() %>%
+   mutate(
+     term=rownames(summary(myobject)$coef),
+     term=fct_reorder(term, row_number()),
+     est_point=Estimate,
+     est_ul=Estimate+qnorm(.975)*`Std. Error`,
+     est_ll=Estimate-qnorm(.975)*`Std. Error`,
+     condition=condition
+   ) %>% filter(term!="(Intercept)") %>%
+   select(term,est_point,est_ul,est_ll,condition)
+ }
> # 회귀계수의 95% 신뢰구간 계산 및 저장
> myfig = bind_rows(
+  coefficient_95CI(model_ordinal_1,"[1, 1]\n  vs.\n[2, 5]  "),
+  coefficient_95CI(model_ordinal_2,"[1, 2]\n  vs.\n[3, 5]  "),
+  coefficient_95CI(model_ordinal_3,"[1, 3]\n  vs.\n[4, 5]  "),
+  coefficient_95CI(model_ordinal_4,"[1, 4]\n  vs.\n[5, 5]  ")
+ )
> # 시각화를 해보면 age2C 변수의 회귀계수가 체계적으로 변하는 것 확인 가능
> myfig %>% ggplot(aes(x=term,y=est_point,
+                 shape=condition,color=condition))+
+  geom_errorbar(aes(ymin=est_ll,ymax=est_ul),size=1,
+            stat='identity',position='dodge')+
+  labs(x="예측변수 회귀계수",y="회귀계수의 95% 신뢰구간",
+      color="종속변수\n이분화\n기준",stat="종속변수\n이분화\n기준")+
+  theme_bw()+theme(legend.position="top")
```

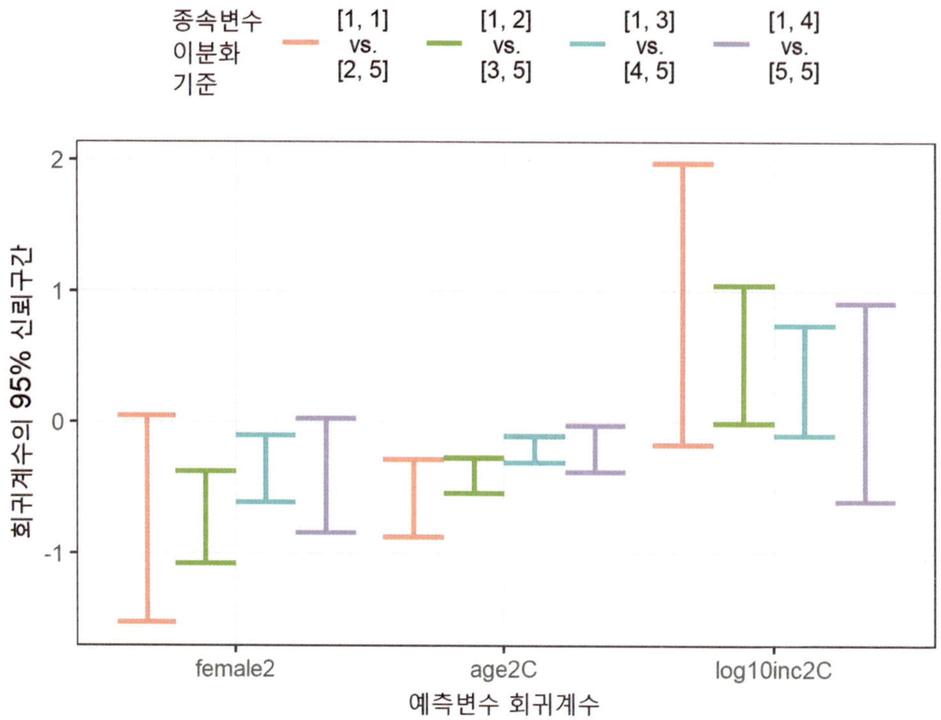

그림2. 순위 로지스틱 회귀모형 가정의 타당성 평가를 위한 시각화

위의 〈그림2〉는 각 예측변수의 회귀계수별 브랜트 테스트가 무엇을 비교하고 있는지를 보다 명확하게 보여줍니다. 세 변수 모두 회귀계수의 값이 *J*값의 수준에 따라 오르락내리락하지만, 연령 변수의 경우 다른 변수들에 비해 회귀계수의 95% 신뢰구간 차이가 더욱 뚜렷하게 나타납니다. 즉 연령의 부정적 효과는 *J*가 낮을수록 더 강하게 나타납니다. 구체적으로 종속변수가 '매우불만' 단계에서 '불만' 단계 이상으로 변할 때의 연령의 부정적 효과는 종속변수가 '그저그렇다'의 단계에서 '만족'단계로 변할 때의 연령의 부정적 효과보다 훨씬 더 강합니다. 그러나 관점을 조금 바꾸어서 본다면 연령효과는 언제나 부정적 효과로 나타납니다. 즉 부정적 효과의 강도가 달라진 것은 사실이나 연령이 많은 응답자일수록 종속변수의 값이 더 낮게 나타나는 경향이 일관된다는 점에서 순위 로지스틱 회귀모형의 가정이 충족되었다고 볼 수도 있습니다(물론 '통계적 유의미성에도 불구하고'라는 점은 유념하셔야만 할 것입니다).

아마 이제 독자분들은 브랜트 테스트가 무엇이며 왜 필요한 것인지 이해하셨을 것으로 생각합니다. 브랜트 테스트에 대한 소개를 마치기 전에 상호작용효과항이 포함된 경우

brant 패키지의 brant() 함수를 사용할 때 주의사항 한 가지만 간단하게 언급해 드리겠습니다. R의 경우 상호작용효과항을 별도로 생성하지 않고 '변수*변수'와 같이 표현하면 상호작용효과항이 자동으로 생성됩니다. 그러나 brant() 함수의 경우 공식에 '변수*변수'와 같은 표현이 사용될 경우 상호작용효과항을 인식하지 못합니다. 즉 상호작용효과항이 투입된 순위 로지스틱 회귀모형에 대해 brant() 함수를 적용하시고 싶다면, 상호작용효과항을 생성하신 후 공식에 투입하셔야 합니다. 즉 다음과 같습니다.

```
> # 상호작용효과항이 포함된 경우 문제 발생
> brant::brant(m_ordinal_logit2)
Error in `[.data.frame`(temp.data, , name) : undefined columns selected
> # 상호작용효과의 경우 브랜트 테스트 실시를 위해 별개로 변수를 생성해야 함.
> mydata_ch2=mydata_ch2 %>%
+   mutate(
+     female2_age2C=female2*age2C,
+     female2_log10inc2C=female2*log10inc2C,
+     age2C_log10inc2C=age2C*log10inc2C,
+     female2_age2C_log10inc2C=female2*age2C*log10inc2C
+   )
> m_ordinal_logit2_full=polr(hlthsat2_ord~female2+age2C+log10inc2C+
+                          female2_age2C+female2_log10inc2C+
+                          age2C_log10inc2C+female2_age2C_log10inc2C,
+                        data=mydata_ch2)
> brant::brant(m_ordinal_logit2_full)
--------------------------------------------------------
Test for                   X2     df    probability
--------------------------------------------------------
Omnibus                    32.21  21    0.06
female2                    4.99   3     0.17
age2C                      8.36   3     0.04
log10inc2C                 1.6    3     0.66
female2_age2C              4.58   3     0.21
female2_log10inc2C         1.93   3     0.59
age2C_log10inc2C           5.21   3     0.16
female2_age2C_log10inc2C   1.34   3     0.72
--------------------------------------------------------
```

```
H0: Parallel Regression Assumption holds
                              X2  df  probability
Omnibus                32.210283  21   0.05574094
female2                 4.986931   3   0.17275661
age2C                   8.360360   3   0.03912265
log10inc2C              1.604537   3   0.65836148
female2_age2C           4.578072   3   0.20543129
female2_log10inc2C      1.929195   3   0.58723187
age2C_log10inc2C        5.205493   3   0.15735369
female2_age2C_log10inc2C 1.338904  3   0.71991637
```

위의 결과에서도 연령의 주효과(age2C)에서는 순위 로지스틱 회귀모형의 가정이 충족되지 않는다는 것을 확인하실 수 있습니다.

모형추정 결과 시각화

이제 앞서 추정했던 '모형2'의 3원 상호작용효과를 시각화해 봅시다. 방법은 앞서 이항 로지스틱 회귀모형의 3원 상호작용효과와 유사합니다. 먼저 그래프 작업을 위해 `modelr` 패키지의 `data_grid()` 함수를 사용하여, 모형예측값을 추출하기 위한 데이터를 하나 생성한 후 `myfig2`라는 이름을 붙이겠습니다. 또한 이항 로지스틱 회귀모형 추정결과 시각화와 마찬가지로 3원 상호작용효과를 시각화할 때, '연령'을 원인변수로 설정하고(그래프의 X축에 배치), 연령의 효과를 조절하는 조절변수로 '성별'을 설정하고(그래프의 범례로 배치), 연령과 성별의 상호작용효과를 조절하는 두 번째 조절변수로 소득수준을 설정하겠습니다(상위25%, 중위, 하위25%). 이를 위한 각 변수의 수준은 다음과 같습니다.

- 연령: 변수에 기록된 모든 연령을 가정(19~87세)
- 성별: 남성 응답자와 여성 응답자로 구분
- 소득수준: 상용로그전환소득 변수를 기준으로 표본의 중위값을 중위집단으로, 상위 25%에 해당될 경우 상위집단으로, 하위 25%에 해당될 경우 하위집단으로 구분

이제 세 예측변수들의 조건별로 '모형2'의 종속변수의 값을 추정하겠습니다. 앞서 이항 로지스틱 회귀모형에서는 `predict()` 함수를 통해 종속변수에서 '1'의 값이 나올 확률을

계산하기 위해서는 type="response"를 지정하셨던 것 기억하실 것입니다(type 옵션을 별도 지정하지 않으면 로짓값이 예측됩니다). 순위 로지스틱 회귀분석의 경우도 마찬가지입니다. 그러나 순위 로지스틱 회귀분석의 경우 종속변수의 범주 개수만큼의 확률값을 추정해야 합니다. 각 범주별 확률값 추정을 위해서는 predict() 함수의 type 옵션을 type="probs"로 지정해야 하며, predict() 함수 결과값은 '사례수×범주별 확률값'의 행렬로 산출됩니다.

```
> # 세 변수들의 3원 상호작용효과 제시
> quantile(mydata_ch2$log10inc2C)[2:4] # 소득 하위25%, 중위(50%), 상위25%
        25%         50%         75%
-0.17396000  0.03681681  0.20693561
> myfig2=mydata_ch2 %>%
+   data_grid(female2,age2C,
+             log10inc2C=quantile(mydata_ch2$log10inc2C)[2:4])
> # 종속변수 범주별 확률값 추출 후 티블 데이터로 전환
> predy=predict(m_ordinal_logit2,myfig2,type="probs") %>% as_tibble()
> predy
# A tibble: 390 x 5
   resp_1매우불만 resp_2불만 resp_3그저그렇다 resp_4만족 resp_5매우만족
          <dbl>      <dbl>          <dbl>      <dbl>          <dbl>
 1      0.0174     0.0979          0.249      0.508          0.128
 2      0.0126     0.0734          0.207      0.538          0.169
 3      0.00974    0.0578          0.174      0.550          0.209
 4      0.0176     0.0990          0.250      0.506          0.127
 5      0.0129     0.0749          0.209      0.537          0.166
 6      0.0100     0.0594          0.177      0.549          0.204
 7      0.0178     0.100           0.252      0.505          0.125
 8      0.0132     0.0764          0.212      0.535          0.163
 9      0.0103     0.0610          0.181      0.548          0.200
10      0.0181     0.101           0.254      0.503          0.124
# ... with 380 more rows
```

산출된 확률값의 경우, 가로줄의 총합이 1입니다. 왜냐하면 응답자는 5개의 선택지 중에 하나를 선택했기 때문입니다. 다시 말해 1번째 응답자의 경우 '4'(만족)를 택할 확률이 약 50.8%, '5'(매우 만족)를 택할 확률이 약 12.8%, '3'(그저 그렇다)을 택할 확률이 약 24.9%,

'2'(불만)를 선택할 확률이 약 9.8%, '1'(매우 불만)을 택할 확률은 약 1.7%입니다. 이제 이렇게 얻은 확률값 데이터(predy)와 앞서 생성한 예측변수들의 조건을 지정한 데이터(myfig2) 데이터를 합친 후, 예측변수들을 원래 측정된 상태로 전환한 후, 3원 상호작용효과 패턴을 그린 그래프는 아래와 같습니다.

```
> # 저장된 확률값에 대해 라벨을 붙이고,
> names(predy)=str_c("resp_",names(predy))
> # 예측변수를 원래 관측값으로 변환
> myfig2=bind_cols(myfig2,predy) %>%
+   mutate(
+     gender=ifelse(female2==0,"남성","여성"),
+     age2=10*age2C+mean(mydata_ch2$age2),
+     inc2=factor(10^(log10inc2C+mean(mydata_ch2$log10inc2)),
+                 labels=c("하위25%","중위(50%)","상위25%")),
+     inc2=fct_rev(inc2)
+   )
> myfig2 %>%
+   select(starts_with("resp_"),gender,age2,inc2) %>%
+   gather(key=option,value=prob,-gender,-age2,-inc2) %>%
+   mutate(
+     option=str_replace(option,"resp_[[:digit:]]{1}",""),
+     option=fct_relevel(option,"매우불만","불만","그저그렇다","만족")
+   ) %>%
+   ggplot(aes(x=age2,y=prob,color=gender))+
+   geom_line()+
+   labs(x="연령",y="응답확률",
+        color="성별",shape="성별")+
+   scale_x_continuous(breaks=10*(2:9))+
+   theme_bw()+
+   facet_grid(option~inc2)
```

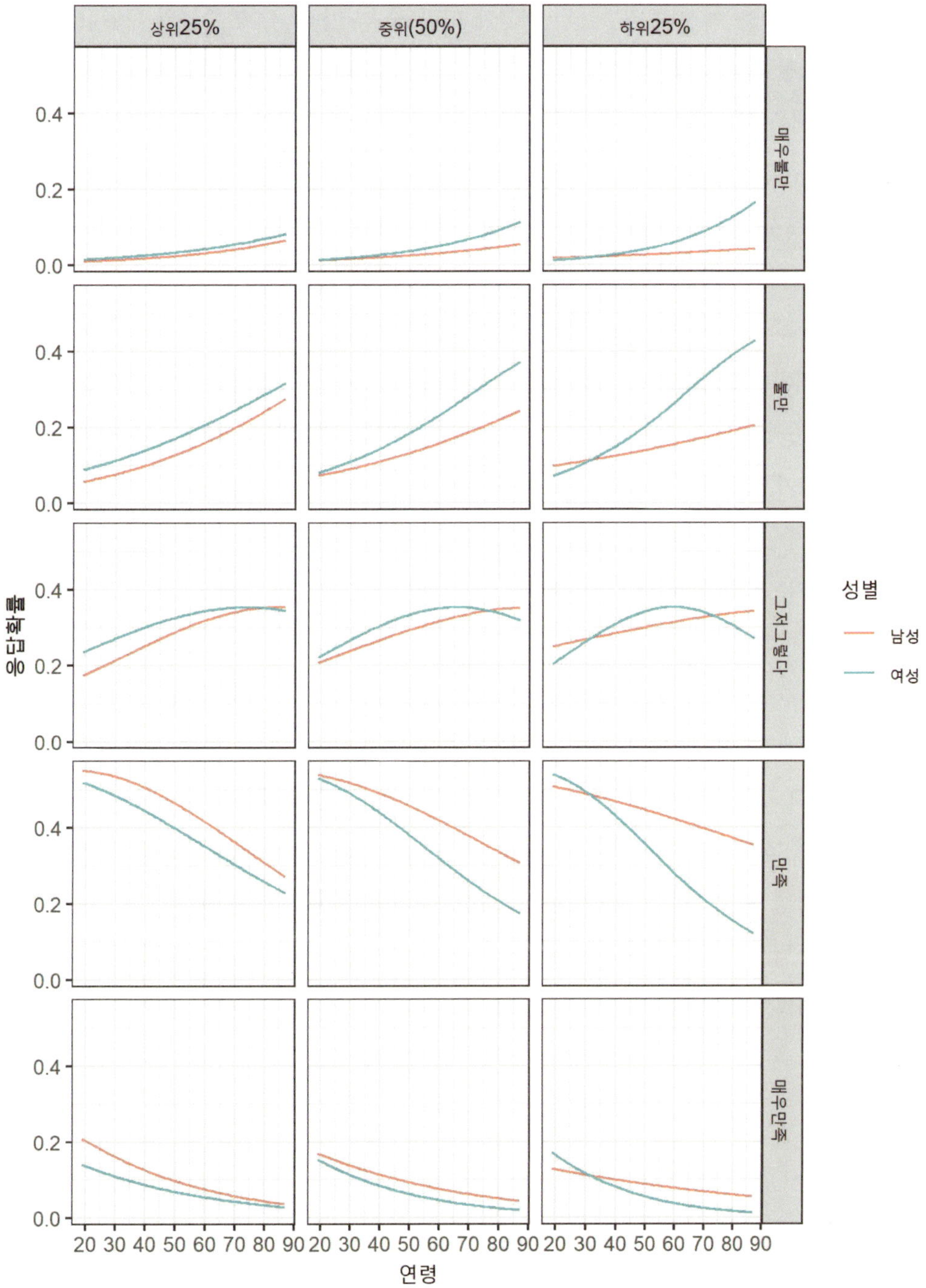

그림3. 순위 로지스틱 회귀모형에서 나타난 연령, 성별, 소득수준의 3원 상호작용효과 시각화

위의 〈그림3〉은 세 예측변수들의 변화에 따라 종속변수의 각 범주들의 확률값이 어떻게 변하는지를 잘 보여주고 있습니다. 우선 가장 윗줄을 살펴보죠. 연령이 높아짐에 따라 응답자가 '매우 불만'을 택할 확률은 점차 증가합니다. 흥미롭게도 연령효과는 응답자의 성별과 소득수준에 따라 달라집니다. 상위 소득수준 응답자의 경우 연령효과가 성별에 따라 크게 다르지 않지만, 하위 소득수준 응답자의 경우 연령효과가 남성보다 여성에게서 더 강하게 나타납니다. '매우 불만' 범주에서 나타난 패턴은 '불만' 패턴에서 보다 명확하게 나타납니다. 즉 연령이 높을수록 '불만' 범주를 택할 확률은 증가하는데, 성별이 이러한 연령효과에 미치는 조절효과는 경제적으로 상위수준의 응답자 집단에서는 나타나지 않지만, 하위수준의 응답자에게서는 매우 뚜렷하게 나타납니다. 반면 '그저 그렇다' 범주의 경우 연령효과가 성별에 따라 그리고 소득수준에 따라 크게 다르지 않습니다. '매우 만족' 혹은 '만족' 범주들의 경우 '매우 불만' 혹은 '불만' 범주들에서 나타난 효과 패턴이 반대 패턴으로 나타나는 모습을 알 수 있습니다.

지금까지 순위범주형 변수를 종속변수로 하는 순위 로지스틱 회귀모형이 무엇인지, 그리고 `MASS` 패키지의 `polr()` 함수를 이용하여 어떻게 순위 로지스틱 회귀모형을 추정할 수 있으며 그 추정결과(모수추정치와 모형 적합도 지수)는 어떻게 해석할 수 있는지 살펴보았습니다. 다음 장에서는 종속변수가 '무순위범주형(unordered categorical) 종속변수'인 경우에 사용하는 다항 로지스틱 회귀모형을 소개하도록 하겠습니다. 이항 로지스틱 회귀모형이 순위 로지스틱 회귀모형의 특수사례(special case)이듯, 순위 로지스틱 회귀모형은 다항 로지스틱 회귀모형의 특수사례입니다.

multinomial logistic regression model

3장 다항 로지스틱 회귀모형

제3장에서 소개할 모형에는 무순위범주형 변수가 종속변수로 투입되는 다항 로지스틱 회귀모형(multinomial logistic regression model)입니다. 앞서 제2장에서 살펴보았던 순위범주형 변수의 경우 범주들을 특정한 순서에 따라 구조화할 수 있습니다(즉, > 혹은 <). 그러나 무순위 범주형 변수의 경우 각 범주는 다른 범주들과 다를 뿐(즉 ≠), 어떤 것이 높은 혹은 낮은 관계를 맺고 있지 않습니다. 무순위범주형 변수로는 여러 상품들 중에서 특정한 상품을 구매하는 경우(이를테면 스마트폰을 구매할 때, '삼성', '애플', 'LG', '화웨이' 중에서 무엇을 최종 구매하였는지), 혹은 여러 미디어들 중에서 특정 미디어를 선택하는 경우(이를테면 네이버 뉴스스탠드에서 어떤 언론사를 선택하는지) 등을 예로 들 수 있습니다.[1]

순위 로지스틱 회귀모형을 이해하기 위해서는 이항 로지스틱 회귀모형에 대해 먼저 이해해야만 합니다. 마찬가지로 다항 로지스틱 회귀모형을 이해하기 위해서도 이항 로지스틱 회귀모형을 먼저 이해해야만 합니다.

1 이런 이유로 다항 로지스틱 회귀모형을 "선택모형(choice model)"이라고 부르기도 합니다. 하지만 종속변수로 꼭 '선택'이 들어갈 필요는 없습니다. 예를 들어 개체의 '상태(status)', 이를테면 직업, 종교, 거주상태 등 역시도 종속변수로 투입될 수 있습니다.

개요

앞서 소개했던 순위 로지스틱 회귀모형과 마찬가지로 다항 로지스틱 회귀모형 역시 이항 로지스틱 회귀모형의 확장입니다. 예를 들어 생각해 보겠습니다. 다당제 국가의 선거 상황에서의 유권자 선택은 전형적인 다항 로지스틱 회귀모형의 사례입니다. 만약 유권자가 어떤 선거에서 A, B, C 세 정당 중 하나를 선택한다고 생각해 보죠. 설명의 편의를 위해 '선거기권'은 없었다고 가정하겠습니다. 이때 예측변수 x(예를 들자면 '소득')를 이용하여 특정 유권자가 특정 정당을 선택할 확률을 예측한다고 가정해 보겠습니다. 이 선거에서 각 정당을 유권자가 선택할 확률에 대해 각각 $P(A)$, $P(B)$, $P(C)$라는 이름을 붙일 경우 우리는 다음의 공식이 성립하는 것을 알 수 있습니다.[2]

$$P(A)+P(B)+P(C)=1$$

만약 여기서 C정당을 지지한 유권자들을 분석에서 고려하지 않는다면 A, B 두 정당 중 A 정당을 지지할 확률을 예측하는 이항 로지스틱 회귀모형을 다음과 같이 고려할 수 있습니다.

$$ln\left(\frac{P(A|x)}{P(B|x)}\right) = b_{0,A|B}+b_{1,A|B}x$$

이제 A 정당을 지지한 유권자들을 분석에서 고려하지 않을 경우, 아래와 같이 비슷한 방식으로 이항 로지스틱 회귀모형을 구성하여 테스트할 수 있습니다.

$$ln\left(\frac{P(B|x)}{P(C|x)}\right) = b_{0,B|C}+b_{1,B|C}x$$

끝으로 B정당을 지지한 유권자들을 분석에서 고려하지 않을 경우, 아래와 같이 비슷한 방식으로 이항 로지스틱 회귀모형을 구성하여 테스트할 수 있습니다.

$$ln\left(\frac{P(A|x)}{P(C|x)}\right) = b_{0,A|C}+b_{1,A|C}x$$

---

2 본서에서 제시한 다항 로지스틱 회귀모형 설명방법은 롱(Long, 1997)의 설명방식을 조금 더 쉽게 풀어쓴 것입니다.

이제 위에서 제시한 세 공식을 다음과 같이 바꾸어 보겠습니다.

$$ln(P(A))-ln(P(B))=b_{0,A|B}+b_{1,A|B}x$$

$$ln(P(B))-ln(P(C))=b_{0,B|C}+b_{1,B|C}x$$

$$ln(P(A))-ln(P(C))=b_{0,A|C}+b_{1,A|C}x$$

이제 앞에서 바꾼 세 공식들 중에서 첫 번째 공식과 두 번째 공식을 더해 보죠. 다음과 같은 공식을 얻을 수 있습니다.

$$ln(P(A))-ln(P(C))=b_{0,A|B}+b_{1,A|B}x+b_{0,B|C}+b_{1,B|C}x$$

위의 공식의 좌변을 살펴보시기 바랍니다. $ln(\mathrm{P(A)})-ln(\mathrm{P(C)})=b_{0,\mathrm{A|C}}+b_{1,\mathrm{A|C}}x$ 공식의 좌변과 동일한 것을 발견하실 수 있을 것입니다. 이제 앞서 소개한 공식들의 절편과 회귀계수가 들어간 우변은 다음의 관계를 갖는다는 것을 아시게 될 것입니다.

$$b_{0,A|B}+b_{1,A|B}x+b_{0,B|C}+b_{1,B|C}x=b_{0,A|C}+b_{1,A|C}x$$
$$(b_{0,A|B}+b_{0,B|C})+(b_{1,A|B}x+b_{1,B|C}x)=b_{0,A|C}+b_{1,A|C}x$$

위와 같은 과정을 통해 다음을 이해할 수 있습니다. k개의 범주들로 구성된 무순위범주형 종속변수의 경우 기준집단(reference group; reference level)이 되는 범주를 기준으로 다른 범주의 발생확률을 예측하는 k-1개의 이항 로지스틱 회귀모형들을 구성한 후, 이를 동시에(simultaneously) 추정하면 k개 범주에 대한 확률값[$P(1), P(2), \dots P(k)$]을 얻을 수 있습니다. 다항 로지스틱 회귀모형은 다름 아닌 여러 개의 이항 로지스틱 회귀모형들을 동시에 추정한 로지스틱 회귀모형입니다(Long, 1997).

그러나 이렇게 다항 로지스틱 회귀모형을 이해하기 위해서는 한 가지 가정이 성립해야만 합니다. 즉 2개의 범주들로 구성된 표본이 다른 범주들로 구성된 표본과 동질적이어야 합니다. 앞서의 사례를 들어 말씀드리자면, A와 B 정당을 선택한 응답자 표본과 B와 C 정당을 선택한 응답자 표본, A와 C 정당을 선택한 응답자 표본의 세 표본들이 서로 다른 모집단에서 온 표본들이 아니어야 합니다.

그러나 직관적으로 생각해 보았을 때, 이 가정이 성립하지 않는 경우가 적지 않습니다. 예를 들어 A 정당은 보수적 정당이고, B와 C 정당은 성격이 조금 다르기는 하지만 진보적 정당이라고 생각해 봅시다. 보수적 유권자의 경우 정당선택 과정에서 별 고민을 하지 않지만, 진보적 유권자의 경우 B와 C 정당 사이에서 꽤 고민을 할 가능성이 높습니다. 그렇다면 A, B, C 정당이 경쟁하고 있는 선거상황과, B 정당 없이 A와 C 정당이 경쟁하고 있는 선거상황에서 유권자의(특히 진보적 유권자의) 선택은 과연 동일하다고 할 수 있을까요? 아마도 두 상황이 비슷하다고 볼 수 없을 듯합니다. 종속변수에서 특정한 범주를 빼도 다항 로지스틱 회귀모형의 추정결과에 영향을 미치지 않는지 여부에 대해서는 조금 뒤 '다른 선택대안으로부터의 독립성(IIA, independence of irrelevant alternatives)' 가정과 이를 테스트하기 위한 '하우스만 테스트(Hausman, or Hausman-McFadden, test; Hausman & McFadden, 1984)'를 소개하면서 다시 말씀드리겠습니다.

다시 정리하겠습니다. 개념적으로 다항 로지스틱 회귀모형은 무순위범주형 종속변수의 범주쌍(pair of categories)에 대해 적용한 일련의 이항 로지스틱 회귀모형들을 동시에 추정한 로지스틱 회귀모형입니다. 또한 특정범주의 포함·배제가 다항 로지스틱 회귀모형에 미치는 효과 유무를 확인하려면 IIA가정을 점검하는 하우스만 테스트(Hausman test)를 실시합니다.

다항 로지스틱 회귀모형 추정 시 입력 데이터 형태

다항 로지스틱 회귀모형을 추정하기 전에 무순위범주형 종속변수를 어떤 방식으로 데이터에 투입할지 먼저 살펴보겠습니다. 여기서의 핵심은 '넓은 데이터(wide data)'와 '긴 데이터(long data)'입니다. 이전에 출간된 제 졸저들[3]에서 '넓은 데이터'와 '긴 데이터'가 무엇인지 설명한 바 있습니다. 일반적으로 사용되는 데이터의 구성방식에 대해서는 제가 쓴 이전 책들을 참고하시기 바랍니다. 이번 섹션에서는 다항 로지스틱 회귀모형 맥락에서 넓은 데이터와 긴 데이터를 설명하는 데 집중하겠습니다.

---

3 넓은 데이터와 긴 데이터의 개념 및 전환방식에 대한 보다 자세한 소개로는 백영민(2015, 2018a, 2018b)을 참조하시기 바랍니다.

제가 아는 범위에서 R을 이용하여 다항 로지스틱 회귀모형을 추정할 때 nnet 패키지와 mlogit 패키지를 가장 많이 사용합니다. 다항 로지스틱 회귀모형 추정 시 nnet 패키지에서는 넓은 데이터를 요구하고, mlogit 패키지에서는 긴 데이터를 요구합니다. 데이터(특히 실험이나 설문조사 자료 등의 사회과학 데이터)를 모을 때 '넓은 데이터' 형식을 따른다는 점에서 nnet 패키지는 상대적으로 이용하기가 쉽습니다. 그러나 nnet 패키지의 경우 앞서 잠시 소개한 하우스만 테스트를 위한 함수가 없다는 것이 다소 아쉽습니다. 반면 mlogit 패키지를 사용할 경우 넓은 데이터를 긴 데이터로 변환시켜야만 하고, tidyverse 접근에서 채택하는 티블(tibble) 데이터가 아닌 데이터 프레임(data.frame) 데이터만 사용해야 한다는 점에서 모형추정값 도출과 이를 통한 시각화가 불편하다는 단점이 있습니다. 하지만 하우스만 테스트가 가능하며, 무엇보다 사례의 특성(이를테면 성별, 연령 등과 같은 변수)은 물론 범주의 특징(이를테면 선택 가능한 상품에 대한 인지도, 응답자의 주관적 평가 등과 같은 변수)까지도 모형의 예측변수로 투입할 수 있기 때문에 다항 로지스틱 회귀모형의 적용범위가 훨씬 더 넓다는 점이 장점입니다. 일단 저 개인적으로는 nnet 패키지보다 mlogit 패키지를 더 선호합니다. 그러나 다항 로지스틱 회귀모형 추정방법을 처음 접하는 경우 nnet 패키지가 더 쉬울 수 있기 때문에 두 가지를 모두 다 소개하겠습니다.

그렇다면 다항 로지스틱 회귀모형에서 말하는 넓은 데이터와 긴 데이터는 어떤 데이터일까요? 다음과 같은 가상적 사례를 생각해 봅시다. {갑, 을, 병, 정}의 네 사람이 선거에서 {A, B, C}라는 세 정당 중 하나를 선택하는 상황을 다항 로지스틱 회귀모형으로 설명하고자 합니다. 이때 네 사람들의 연령을 측정하였으며, 이는 다항 로지스틱 회귀모형의 예측변수로 사용될 예정입니다. 넓은 데이터는 다음과 같은 형태로 기록됩니다(일반적 데이터 형태입니다). nnet 패키지의 multinom() 함수에 투입되는 데이터는 바로 아래와 같은 형식의 넓은 데이터입니다.

이름	연령	선택정당
갑	57	A
을	45	B
병	33	B
정	28	C

앞서 저는 다항 로지스틱 회귀모형을 일련의 이항 로지스틱 회귀모형들을 동시에 추정한 로지스틱 회귀모형으로 정의할 수 있다고 말씀드린 바 있습니다. 이런 관점에서 위의 데이터는 다음과 같이 세 개의 가변수들로 바꾸어서 제시할 수 있습니다(선택한 경우 1, 선택하지 않은 경우 0으로 코딩).

이름	연령	선택정당	선택A	선택B	선택C
갑	57	A	1	0	0
을	45	B	0	1	0
병	33	B	0	1	0
정	28	C	0	0	1

이제 네 명의 응답자들에게서 얻은 '선택정당' 변수를 '선택A', '선택B', '선택C'의 세 변수들로 반복측정(repeatedly measured)했다고 조금 다르게 파악해 봅시다. 그렇다면 응답자 이름과 응답자의 선택을 하나의 가로줄에 표시하는 다음과 같이 변환된 '긴 데이터'를 생성할 수 있습니다.

이름	선택정당	선택	연령
갑	A	1	57
갑	B	0	57
갑	C	0	57
을	A	0	45
을	B	1	45
을	C	0	45
병	A	0	33
병	B	1	33
병	C	0	33
정	A	0	28
정	B	0	28
정	C	1	28

위와 같은 방식의 '긴 데이터'가 mlogit 패키지의 mlogit() 함수에 투입되는 데이터입니다. 두 패키지에 투입되는 데이터 형태를 이해하셨다면 이제는 다항 로지스틱 회귀모형을 추정해 봅시다.

다항 로지스틱 회귀모형 추정: '넓은 데이터(wide data)'

먼저 넓은 데이터인 경우 다항 로지스틱 회귀모형을 추정해 봅시다. 다항 로지스틱 회귀모형의 예시 데이터로 exdata1을 사용하겠습니다. 다항 로지스틱 회귀모형에 투입될 종속변수로는 workstatus2 변수(현재의 직업상태)를 사용하겠습니다. 우선 해당 변수는 다음의 4가지 범주를 갖습니다.

```
> #아래의 패키지들이 사용됩니다.
> library("nnet")      #무순위형 종속변수 대상 회귀모형(넓은 데이터)
> library("mlogit")  #무순위형 종속변수 대상 회귀모형(긴 데이터)
> #아래 패키지는 데이터에 대한 기술통계 분석 및 결과 시각화에 사용할 것입니다.
> library('tidyverse')
> library('modelr')
> library('broom')
> # exdata1부터 열어본 후, 어떤 형태 데이터인지 살펴봅시다.
> setwd("D:/2019_year/Categorical_Data_Analysis")
> mydata = read_csv("exdata1.csv")
Parsed with column specification:
cols(
  female2 = col_integer(),
  age2 = col_integer(),
  log10inc2 = col_double(),
  educ2 = col_character(),
  donate2 = col_double(),
  volunt2 = col_integer(),
  workstatus2 = col_character(),
  hlthsat2 = col_character()
)
> #현재 직업상태
> mydata %>% count(workstatus2)
```

```
# A tibble: 4 x 2
  workstatus2      n
  <chr>        <int>
1 1임금근로      465
2 2자영업        161
3 3무급가족근로   41
4 45미취업       345
```

이 다항 로지스틱 회귀모형에 투입될 예측변수로는 응답자의 성별(female2), 나이(age2), 교육수준(educ2)을 사용하겠습니다. 종속변수(workstatus2)와 교육수준(educ2) 변수를 요인형 변수로 바꾸어주고, 나이(age2)를 평균중심화 변환 후 1단위가 10세가 되도록 변환한 후 해당 데이터를 mydata_ch3로 저장한 R 코드는 다음과 같습니다.

```
> # 데이터 사전처리
> mydata_ch3 = mydata %>%
+   mutate(
+     ws2=factor(workstatus2),
+     age2C = (age2 - mean(.$age2))/10,  #10세를 기본단위로
+     educ2 = factor(educ2)
+   ) %>% select(ws2,female2,age2C,educ2)
```

이제 nnet 패키지의 multinom() 함수를 이용해 다항 로지스틱 회귀모형을 추정해 보겠습니다. 추정하는 방법은 아래와 같이 매우 간단합니다.

```
> # 다층모형 추정: 넓은 데이터의 경우
> m_multinomial_1=multinom(ws2~female2+age2C+I(age2C^2)+educ2,mydata_ch3)
# weights:  40 (27 variable)
initial  value 1402.929893
iter  10 value 1025.613073
iter  20 value  924.693922
iter  30 value  904.859927
iter  40 value  901.997081
iter  50 value  901.943713
final  value  901.942740
converged
```

여러 차례의 반복계산을 걸친 것을 확인할 수 있습니다. 이제 위와 같이 추정한 모형추정 결과(m_multinomial_1)를 살펴보면 아래와 같습니다.

```
> # 추정결과를 살펴봅시다. 별로 보기 편하지는 않습니다
> summary(m_multinomial_1)
Call:
multinom(formula = ws2 ~ female2 + age2C + I(age2C^2) + educ2,
    data = mydata_ch3)

Coefficients:
              (Intercept)    female2      age2C  I(age2C^2)   educ24중졸
2자영업         -0.7105189 -0.5011635 0.7552764  0.04028133   0.06925636
3무급가족근로  -16.2100940 16.0251607 0.6063966  0.01587881  -0.33173147
45미취업        -2.1261996  2.2709131 0.3462415  0.37179845  -0.27310078
               educ25고졸 educ26전문대졸 educ27대졸 educ289대학원졸
2자영업       -0.04616057     -0.3237967 -0.5350646      -1.3103563
3무급가족근로 -1.32784383     -1.8922907 -2.5100491     -12.2249261
45미취업       0.28722201     -0.6030936 -0.3399886      -0.7131709

Std. Errors:
              (Intercept)   female2      age2C  I(age2C^2)   educ24중졸
2자영업         0.4362509 0.2192435 0.11601469  0.06403597    0.4881337
3무급가족근로   0.2735439 0.2735469 0.26263077  0.13535196    0.5958496
45미취업        0.4429179 0.1962616 0.08432973  0.04846101    0.4797148
               educ25고졸 educ26전문대졸 educ27대졸 educ289대학원졸
2자영업         0.4390347      0.5347463  0.4613727    6.112402e-01
3무급가족근로   0.6005583      0.9695545  0.8226030    2.845084e-05
45미취업        0.4175987      0.4903748  0.4367871    5.715279e-01

Residual Deviance: 1803.885
AIC: 1857.885
```

Call: 부분과 Residual Deviance: 부분, AIC: 부분의 경우 앞서 살펴본 이항 혹은 순위 로지스틱 회귀모형 추정결과와 마찬가지이기 때문에 별도의 설명은 드리지 않겠습니다. 아쉽지만 사실 모형추정 결과가 보기 편하지는 않습니다. 제 관점에서 몇몇 불만사항(?)을 말씀드리면 다음과 같습니다. 첫째, 회귀계수(Coefficients:)와 표준오차(Std.

Errors:)가 떨어져 있어 모형추정 결과의 가독성이 매우 떨어집니다. 둘째, 일반적인 R아웃풋의 경우 모수추정치의 이름(절편과 회귀계수 이름)이 가로줄에 배치되어 있는데, multinom() 함수 아웃풋의 경우 세로줄에 해당 정보가 나열되어 있습니다. 셋째, 회귀모형 추정결과에서 절편 및 회귀계수의 통계적 유의도 테스트 결과가 제시되어 있지 않습니다. 물론 통계적 유의도 테스트 결과가 절대적인 통계치는 아닙니다. 그러나 논문에 결과를 보고해야 하는 '일반적' 사회과학자의 관점에서 통계적 유의도 테스트 결과가 없다는 사실은 매우 불편한 일입니다. 만약 multinom() 함수를 이용하여 다항 로지스틱 회귀모형의 통계적 유의도를 추정하고 싶은 분이라면 다음과 같이 각 모수추정치의 통계적 유의도를 얻을 수 있습니다(불필요한 분량을 줄이기 위해 맨 마지막 결과만 제시하였습니다).

```
> # 다항 로지스틱 회귀분석의 회귀계수 유의도 테스트는 다음과 같이 할 수 있다.
> myresult=summary(m_multinomial_1)
> # 회귀계수는 다음과 같다.
> myresult$coefficients
                    [불필요한 분량을 줄이기 위해 출력결과를 생략함]
> # SE는 다음과 같다.
> myresult$standard.errors
                    [불필요한 분량을 줄이기 위해 출력결과를 생략함]
> # 테스트 통계치는 다음과 같다.
> myresult$coefficients/myresult$standard.errors
                    [불필요한 분량을 줄이기 위해 출력결과를 생략함]
> # pvalue를 구하면 다음과 같다.
> 2*pnorm(abs(myresult$coefficients/myresult$standard.errors),lower.tail=F) %>%
+   round(3)
           (Intercept) female2 age2C I(age2C^2) educ24중졸 educ25고졸
2자영업          0.104   0.022  0.00      0.530      0.888      0.916
3무급가족근로    0.000   0.000  0.02      0.906      0.578      0.028
45미취업         0.000   0.000  0.00      0.000      0.570      0.492
           educ26전문대졸 educ27대졸 educ289대학원졸
2자영업             0.544      0.246           0.032
3무급가족근로       0.050      0.002           0.000
45미취업            0.218      0.436           0.212
```

불편을 줄이기 위해 제 경우(mlogit 패키지를 사용하기 이전) Multinomial_logistic_nnet_summary_function()이라는 이름의 개인함수를 지정하여 사용하고 있습니다.[4] 아무튼 위의 결과를 통상적인 사회과학 논문의 결과보고 양식에 맞게 바꾸어 정리한 결과는 아래의 〈표1〉과 같습니다.

```
> Multinomial_logistic_nnet_summary_function(m_multinomial_1,3)%>%
+  write.csv("Result_multinomial_logistic.csv",row.names=F)
```

표1. nnet 패키지의 multinom() 함수를 이용한 다항 로지스틱 회귀모형 추정결과

	고용상태 범주(기준집단 = 임금근로)		
	자영업	무급가족근로	미취업
절편	−0.711	−16.210***	−2.126***
	(0.436)	(0.274)	(0.443)
성별(여성 = 1)	−0.501*	16.025***	2.271***
	(0.219)	(0.274)	(0.196)
연령(일차항)	0.755***	0.606*	0.346***
	(0.116)	(0.263)	(0.084)
연령(이차항)	0.040	0.016	0.372***
	(0.064)	(0.135)	(0.048)
교육수준(중졸)	0.069	−0.332	−0.273
	(0.488)	(0.596)	(0.480)
교육수준(고졸)	−0.046	−1.328*	0.287
	(0.439)	(0.601)	(0.418)
교육수준(전문대졸)	−0.324	−1.892+	−0.603
	(0.535)	(0.970)	(0.490)
교육수준(대졸)	−0.535	−2.510**	−0.340
	(0.461)	(0.823)	(0.437)
교육수준(대학원졸)	−1.310*	−12.225***	−0.713
	(0.611)	(0.000)	(0.572)
모형적합도 지수			
로그우도 $\chi^2(df)$		516.689***	
		(27)	
맥파든(McFadden's) 임의 R^2		0.223	
AIC		1857.885	
BIC		1990.717	

알림. $+p<.10$, $*p<.05$, $**p<.01$, $***p<.001$. N=1,012. 다항 로지스틱 회귀모형 추정을 위해 nnet 패키지(version 7.3-12)의 multinom() 함수를 이용하였음.

4 Multinomial_logistic_nnet_summary_function() 함수의 경우 온라인 첨부자료를 통해 확인하시기 바랍니다.

추정된 모수추정치에 대한 해석방식은 이항 로지스틱 회귀모형의 모수추정치 해석방식과 동일합니다. 예를 들어 '자영업'이라는 이름의 세로줄 결과 중 '성별'의 회귀계수를 설명하면 다음과 같습니다.

- 성별: 다른 예측변수들의 효과를 통제하였을 때, 응답자 성별이 남성이 아닌 여성일수록 '자영업' 상태일 확률이 '임금근로' 상태일 확률보다 약 39% 낮으며($.6059 \approx e^{-0.501}$), 이러한 성별에 따른 차이는 통계적으로 유의미하다($p<.05$).

하지만 다항 로지스틱 회귀모형의 경우 위와 같은 방식의 모수추정치 해석이 그다지 유용하지 않을 수도 있습니다. 왜냐하면 '임금근로'를 기준집단으로 추정한 다항 로지스틱 회귀모형 추정결과는 '미취업 상태 대비 자영업 상태일 확률'을 알려주지 못하기 때문입니다. 물론 위의 모수 추정결과들을 다시 계산하여 '미취업 상태 대비 자영업 상태일 확률'을 수계산할 수도 있습니다. 그러나 매우 번거로운 일입니다. 따라서 다항 로지스틱 회귀모형의 경우 연구자의 연구문제나 연구가설 관점에서 어떤 범주를 기준으로 잡아야 타당한지 비판적으로 검토한 후 모형추정을 진행하는 것이 좋습니다. `multinom()` 함수의 경우 종속변수의 첫 번째 범주를 기준집단으로 설정합니다. 다시 말해 만약 '미취업'상태를 기준집단으로 설정하려면 다음과 같이 종속변수의 기준을 다시 설정하신 후, 모형을 추정하시면 됩니다. 기준집단을 '임금근로'에서 '미취업'으로 바꾼 후 다항 로지스틱 회귀모형을 다시 추정한 결과는 〈표2〉와 같습니다. 모형적합도 지수에 제시된 수치는 그대로인 것을 발견하실 수 있습니다(즉 두 모형은 정확하게 동일한 모형입니다).

```
> ws2a=fct_relevel(mydata_ch3$ws2,"45미취업")
> m_multinomial_1a=multinom(ws2a~female2+age2C+I(age2C^2)+educ2,mydata_ch3)
# weights:  40 (27 variable)
initial  value 1402.929893
iter  10 value 960.818342
iter  20 value 907.113083
iter  30 value 902.594873
iter  40 value 901.943922
final   value 901.942711
converged
```

```
> Multinomial_logistic_nnet_summary_function(m_multinomial_1a,3)
```
[모형추정 결과는 본문의 표에 제시되어 있기에 생략함]

표2. 기준집단 변경후 재추정한 다항 로지스틱 회귀모형

	고용상태 범주(기준집단 = 미취업)		
	임금근로	자영업	무급가족근로
절편	2.126***	1.416***	−14.141***
	(0.443)	(0.442)	(0.241)
성별(여성 = 1)	−2.271***	−2.772***	13.811***
	(0.196)	(0.247)	(0.241)
연령(일차항)	−0.346***	0.409***	0.260
	(0.084)	(0.122)	(0.258)
연령(이차항)	−0.372***	−0.332***	−0.356**
	(0.048)	(0.057)	(0.130)
교육수준(중졸)	0.274	0.342	−0.059
	(0.480)	(0.471)	(0.515)
교육수준(고졸)	−0.287	−0.333	−1.615**
	(0.418)	(0.414)	(0.535)
교육수준(전문대졸)	0.604	0.279	−1.290
	(0.490)	(0.552)	(0.940)
교육수준(대졸)	0.340	−0.195	−2.171**
	(0.437)	(0.455)	(0.780)
교육수준(대학원졸)	0.714	−0.597	−17.664***
	(0.572)	(0.691)	(0.000)
모형적합도 지수			
로그우도 $\chi^2(df)$		516.689***	
		(27)	
맥파든(McFadden's) 임의 R^2		0.223	
AIC		1857.885	
BIC		1990.717	

알림. $+p<.10$, $^*p<.05$, $^{**}p<.01$, $^{***}p<.001$. N=1,012. 다항 로지스틱 회귀모형 추정을 위해 `nnet` 패키지(version 7.3-12)의 `multinom()` 함수를 이용하였음.

〈표1〉과 〈표2〉의 결과는 동일한 모형이지만, 기준집단이 바뀌었기 때문에 마치 모수추정 결과가 다른 것처럼 보일 수도 있습니다(물론 추정결과는 바뀌지는 않았습니다). 이런 이유 때문에 다항 로지스틱 회귀모형에서는 특정 예측변수를 투입한 모형이 그렇지 않은 모형

에 비해 보다 설명력이 높은지 여부를 테스트한 결과를 같이 제시하기도 합니다. 즉 앞서 이항 혹은 순위 로지스틱 회귀모형에서 제시하였던 로그우도비 테스트를 통해 특정 예측 변수를 투입할 때 모형설명력이 통계적으로 유의미하게 증가하는지 여부를 제시하는 것입니다. 〈표1〉 및 〈표2〉의 모형에 투입된 '성별', '연령', '교육수준'이 종속변수를 판별하는 다항 로지스틱 회귀모형의 설명력을 통계적으로 유의미하게 증가하는지를 테스트하는 방식은 아래와 같으며 그 결과를 정리하면 〈표3〉과 같습니다(R 출력결과의 경우 성별변수의 효과만 제시하였습니다).

```
> # 성별변수의 효과
> anova(m_multinomial_1,update(m_multinomial_1,.~.-female2))
# weights:  36 (24 variable)
initial  value 1402.929893
iter  10 value 1127.780099
iter  20 value 1041.141727
iter  30 value 1034.364631
iter  40 value 1034.302011
final    value 1034.298893
converged
Likelihood ratio tests of Multinomial Models

Response: ws2
                              Model Resid. df Resid. Dev   Test   Df LR stat. Pr(Chi)
1          age2C + I(age2C^2) + educ2    3012   2068.598
2 female2 + age2C + I(age2C^2) + educ2    3009   1803.885 1 vs 2    3 264.7123       0

> # 연령변수의 효과
> anova(m_multinomial_1,update(m_multinomial_1,.~.-age2C-I(age2C^2)))
                   [본문의 표로 정리하여 제시하였기에 생략함]
> # 교육수준변수의 효과
> anova(m_multinomial_1,update(m_multinomial_1,.~.-educ2))
                   [본문의 표로 정리하여 제시하였기에 생략함]
```

표3. 예측변수 투입시 모형설명력 변화 로그우도비 테스트

	로그우도 카이제곱 (자유도)
성별	$\chi^2(3)=264.71^{***}$
연령	$\chi^2(6)=143.63^{***}$
교육수준	$\chi^2(15)=43.74^{***}$

알림. $^{***}p<.001$. $N=1,012$.

즉 다항 로지스틱 회귀모형 추정에 투입된 세 변수는 모두 응답자의 고용형태를 보다 정확하게 설명하는 데 충분한 변수임을 알 수 있습니다.

모형추정 결과 시각화

그렇다면 예측변수 수준에 따라 종속변수의 범주별 확률은 어떻게 변할까요? nnet 패키지를 사용할 경우 modelr 패키지의 data_grid() 함수를 사용할 수 있기에 상대적으로 모형추정 결과를 시각화하는 것이 까다롭지는 않습니다. 세 가지의 예측변수 중 성별과 교육수준은 범주형 변수이고, 연령은 연속형 변수입니다. 우선 성별과 교육수준의 수준에 따라 각 고용형태의 확률값 변화패턴을 살펴보겠습니다. 이를 위해서 우선 연령변수의 값을 표본의 응답자 평균연령으로 고정시켜 연령효과를 통제하겠습니다. 연령효과를 통제한 후, 아래와 같이 범주별 확률값을 추출하기 위한 데이터를 하나 만들어 보겠습니다.

```
> # 성별/교육수준의 효과 시각화
> myfig = mydata_ch3 %>% data_grid(female2,age2C=0,educ2)
```

모형의 추정값을 얻기 위해서는 predict() 함수를 사용하면 됩니다. 단 앞서 이항 혹은 순위 로지스틱 회귀모형에서 설명하였듯, type 옵션을 확률값으로 지정해(type="p") 주어야 합니다. 이렇게 얻은 확률값은 종속변수의 범주별로 계산됩니다(고용형태 종속변수의 경우 4개의 범주가 있기 때문에 4개의 변수들로 구성된 데이터 형태를 가짐). 문자형 변수에 대한 기초적 텍스트마이닝 기법들에 대해서는 졸저 『R를 이용한 텍스트 마이닝』(2017)이나 『R 기반 데이터과학: tidyverse 접근』(2018a)을 참조하여 주시기 바랍니다.

```
> predy=predict(m_multinomial_1,myfig,type="p") %>% as_tibble()
> predy
# A tibble: 12 x 4
  `1임금근로` `2자영업`  `3무급가족근로`   `45미취업`
       <dbl>   <dbl>  <dbl>               <dbl>
 1     0.621   0.305  0.0000000566        0.0741
 2     0.618   0.326  0.0000000405        0.0561
 3     0.614   0.288  0.0000000148        0.0976
 4     0.704   0.250  0.00000000968       0.0459
 5     0.729   0.210  0.00000000540       0.0619
 6     0.840   0.111  0.000000000000376   0.0491
 7     0.304   0.0906 0.253               0.352
 8     0.358   0.114  0.213               0.315
 9     0.328   0.0934 0.0724              0.506
10     0.507   0.109  0.0635              0.320
11     0.484   0.0844 0.0327              0.398
12     0.607   0.0488 0.00000248          0.344

> myfig = bind_cols(myfig,predy) %>% select(-age2C) %>%
+   gather(key=work,value=prob,-female2,-educ2) %>%
+   mutate(
+     educ2=str_replace(educ2,"[[:digit:]]{1,}",""),
+     educ2=fct_reorder(educ2,row_number()),
+     work=str_replace(work,"[[:digit:]]{1,}",""),
+     work=fct_reorder(work,row_number())
+   )
```

이제 교육수준의 효과도 추가로 통제하겠습니다. 응답자의 학력이 '전문대졸'인 경우를 가정했을 때, 네 가지 고용형태의 남녀별 확률값은 아래와 같습니다. 〈표1〉 혹은 〈표2〉와 같은 다항 로지스틱 회귀모형 추정결과표보다 〈그림1〉이 훨씬 더 이해하기 쉽습니다. 즉 응답자의 연령과 교육수준을 통제하였을 때, 여성은 남성에 비해 미취업 상태 혹은 무급가족근로 상태를 보일 가능성이 높으며, 상대적으로 남성은 자영업 상태이거나 임금근로 상태일 확률이 높습니다.

```
> # 평균연령, 전문대졸 가정
> myfig %>% filter(educ2=="전문대졸") %>%
+   mutate(gender=fct_relevel(ifelse(female2==1,"여성","남성"),"여성")) %>%
+   ggplot(aes(x=work,y=prob,fill=gender))+
+   geom_bar(stat='identity',position="dodge")+
+   labs(x="고용형태",y="확률",fill="성별")+
+   theme_bw()+theme(legend.position="top")
```

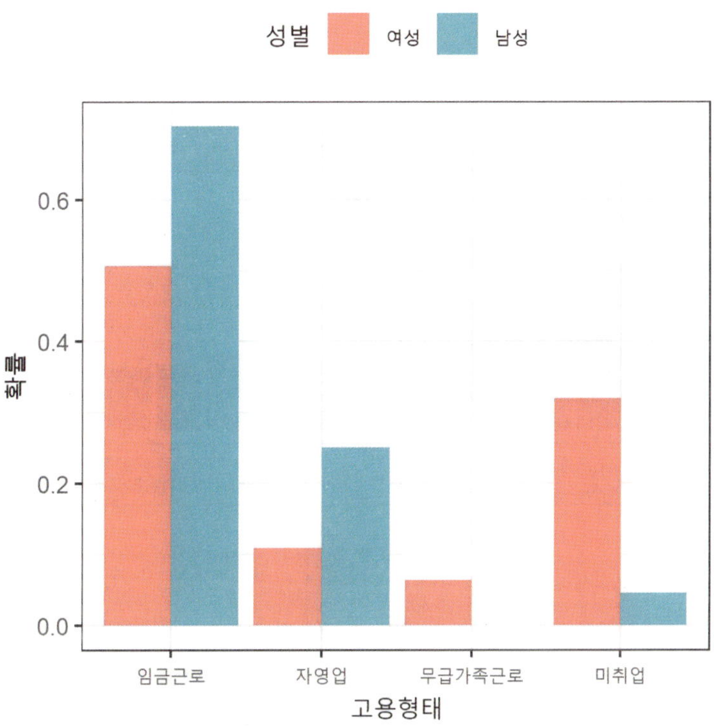

그림1. 성별에 따른 고용형태 추정확률

다음으로 성별효과를 통제한 후, 학력수준별 고용형태 추정확률을 살펴보겠습니다. 남녀의 비율이 동일한 경우를 가정하였을 때, 응답자의 학력수준별 네 가지 고용형태의 추정확률값은 아래와 같습니다. 제시된 〈그림2〉의 결과 역시 해석하기 어렵지는 않습니다. 전체적으로 응답자의 교육수준이 높을수록 고용형태가 임금근로 상태일 가능성이 높지만, 자영업 혹은 무급가족근로 상태에 놓일 가능성은 낮습니다. 반면 교육수준은 미취업 상태의 확률값과 특별한 관련을 맺고 있지 않습니다.

```
> # 평균연령, 남녀 동수를 가정
> myfig %>%
+   group_by(educ2,work) %>%
+   summarize(prob=mean(prob)) %>%
+   ggplot(aes(x=educ2,y=prob))+
+   geom_bar(stat='identity',position="dodge")+
+   coord_cartesian(ylim=c(0,0.7))+
+   labs(x="교육수준",y="확률",fill="")+
+   theme_bw()+theme(legend.position="top")+
+   facet_wrap(~work)
```

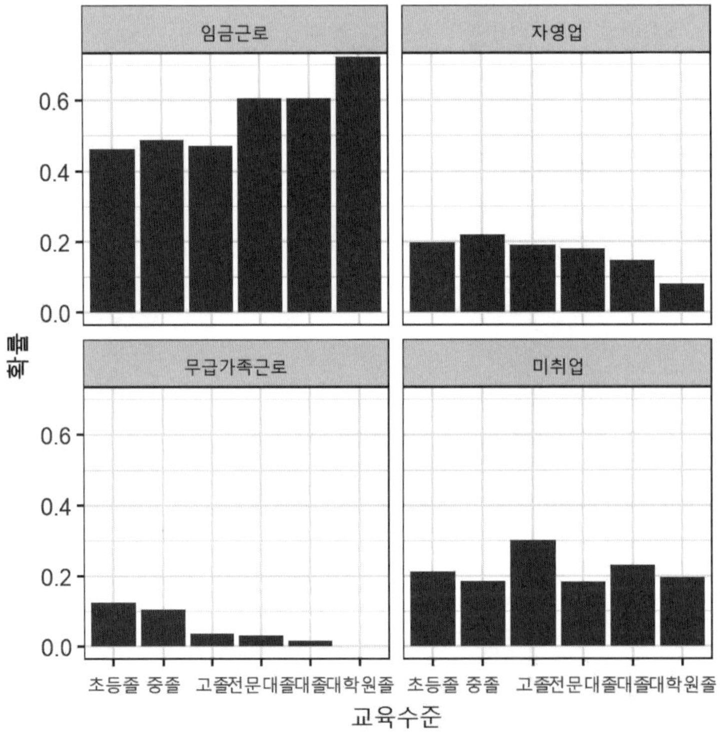

그림2. 응답자 교육수준에 따른 고용형태 추정확률

이제는 연령효과를 시각화해 봅시다. 성별효과는 '남녀 동비'를 가정하여 통제하고, 교육수준의 효과는 '대학졸업'을 상정하여 통제해 봅시다. 위와 마찬가지로 `data_grid()` 함수를 이용한 후 `predict()` 함수를 이용해 종속변수의 범주별 확률값을 추출하였습니다. 이후 그래프를 그리면 아래의 〈그림3〉과 같습니다. 종속변수의 각 범주별 연령효과의

패턴을 이해하는 것은 어렵지 않습니다. 응답자가 임금근로 고용형태를 보일 확률은 연령이 30대 후반에 다다를 때까지 계속 증가하다가 이후 감소하여 80대 정도가 되면 거의 존재하지 않습니다. 반면 응답자가 미취업 상태일 확률은 응답자의 연령이 40대 초반이 될 때까지 계속 감소하다가 그 이후에 급격하게 증가하여 80세 정도가 되면 거의 100%에 다다릅니다. 또한 응답자가 자영업을 할 확률은 60세가 될 때까지 완만하게 증가하다가 이후 감소하는 패턴을 보입니다. 끝으로 무급가족근로 상태는 연령 변화에 따라서도 거의 나타나지 않습니다. 일반적 사회상식을 갖는 한국인이라면 〈그림3〉의 패턴을 보고 고개를 끄덕이실 것입니다. 소위 40대 정도가 되면 자의적으로 혹은 직장분위기에 따라 직장을 떠나 자기 사업을 시작하는 것이죠. 소위 '오륙도'(56세까지 직장에 있는 사람은 도둑), '사오정'(45세는 직장생활 정년), '삼팔선'(38세가 직장생활의 한계)와 같은 말을 들어보신 분이라면 〈그림3〉의 그래프를 씁쓸하게 인정하실 수밖에 없을 것입니다.

```
> # 남녀동수, 대학교 졸업을 가정하였을 때, 연령의 효과
> myfig = mydata_ch3 %>%
+   data_grid(female2=0.5,age2C,educ2) %>% filter(educ2=="7대졸")
> predy=predict(m_multinomial_1,myfig,type="p") %>% as_tibble()
> myfig = bind_cols(myfig,predy) %>% select(-educ2,-female2) %>%
+   gather(key=work,value=prob,-age2C) %>%
+   mutate(
+     age2=10*age2C+mean(mydata$age2),
+     work=str_replace_all(work,"[[:digit:]]{1,}",""),
+     work=fct_reorder(work,row_number())
+   )
> myfig %>%
+   ggplot(aes(x=age2,y=prob,color=work))+
+   geom_line(size=1)+
+   scale_x_continuous(breaks=10*(2:9))+
+   labs(x="연령",y="확률",color="고용형태")+
+   theme_bw()
```

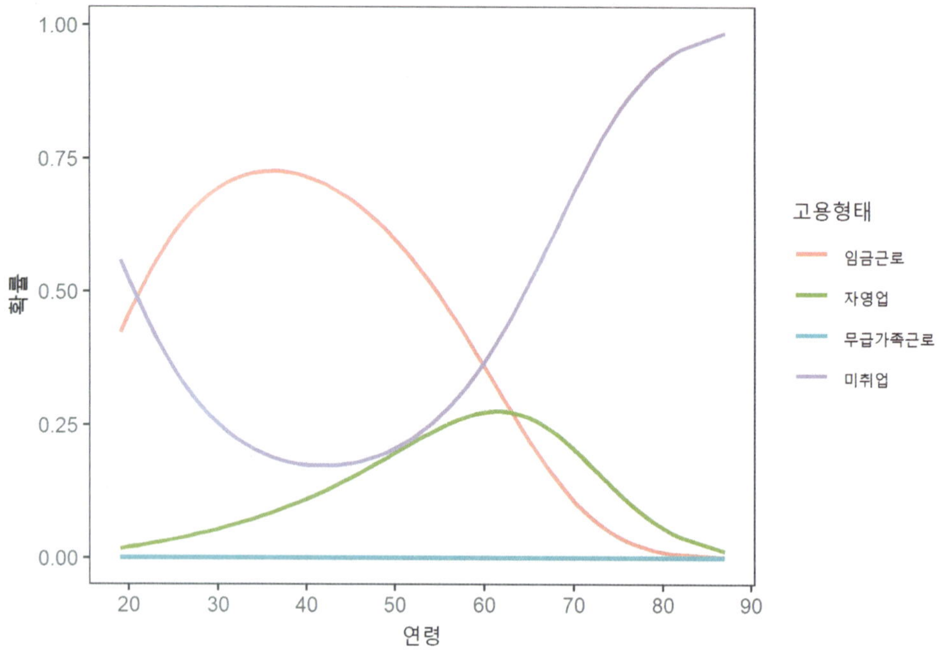

그림3. 성별에 따른 고용형태 추정확률

지금까지는 다항 로지스틱 회귀모형에 투입되는 데이터가 '넓은 데이터'인 경우 어떻게 nnet 패키지의 함수들을 이용하여 모형을 추정하고, 로그우도비 테스트를 실시하며, 모형추정 결과를 시각화하는지 살펴보았습니다. 다음 섹션에서는 데이터가 '긴 데이터'인 경우 어떻게 다항 로지스틱 회귀모형을 추정할 수 있는지 살펴보겠습니다.

다항 로지스틱 회귀모형 추정: '긴 데이터(long data)'

앞서 설명하였듯 대부분의 데이터는 '넓은 데이터' 형태로 수집됩니다. 따라서 mlogit 패키지의 mlogit() 함수를 이용해 다항 로지스틱 회귀모형을 추정하려면 우선 넓은 데이터를 '긴 데이터'로 변환시켜 주어야 합니다. 다행스럽게도 mlogit 패키지의 mlogit.data() 함수를 이용하면 넓은 데이터를 긴 데이터로 쉽게 변환시킬 수 있습니다. 우선 앞서 우리들이 살펴본 exdata1 데이터를 사전처리한 넓은 데이터인 mydata_ch3 데이터를 먼저 변환시킨 후, mlogit() 함수를 이용해 다항 로지스틱 회귀모형을 추정해 보겠습니다.

우선 mydata_ch3 데이터에는 응답자 특성을 담은 변수들(흔히 individual specific variables이라고 불림)만 있고, 무순위범주형 종속변수의 범주별 특성을 담은 변수들(흔히 alternative specific variables라고 불림)은 없습니다(범주별 특성을 담은 변수들이 있는 경우는 조금 후에 exdata3 데이터를 소개하면서 다시 말씀드리겠습니다). 이런 경우 mlogit.data() 함수는 다음과 같이 사용하시면 됩니다. 그러나 한 가지 주의할 것이 있습니다. mlogit 패키지의 함수들에는 tidyverse 접근에서 사용하는 티블(tibble) 데이터가 아닌 데이터프레임(data.frame) 데이터만이 사용됩니다.

```
mlogit.data(데이터프레임_형식의_넓은_데이터,choice="종속변수명",shape="wide")
```

이제 넓은 데이터인 mydata_ch3 데이터를 긴 데이터 형식으로 바꾸어 보겠습니다. 아래의 결과에서 ws2 변수가 FALSE, TRUE의 이분변수(논리형 변수)로 바뀐 것을 확인하실 수 있습니다. 또한 alt 변수는 'alternative'의 약자인데, 이는 종속변수의 범주를 의미합니다. 또한 chid는 넓은 데이터의 가로줄 수를 의미합니다. 다시 말해 1번 응답자(chid변수가 1)의 고용형태는 임금근로, 자영업, 무급가족근로, 미취업의 네 가지 중(alt변수의 범주), 미취업이며(TRUE) 나머지 세 가지 고용형태에는 해당되지 않는다(FALSE)는 의미입니다.

```
> # mlogit 패키지를 이용할 경우
> mydata_ch3_long = mlogit.data(data.frame(mydata_ch3),
+              choice="ws2",shape="wide")
> head(mydata_ch3_long)
                  ws2 female2      age2C  educ2 chid          alt
1.1임금근로      FALSE       1   2.801976  4중졸     1     1임금근로
1.2자영업        FALSE       1   2.801976  4중졸     1       2자영업
1.3무급가족근로  FALSE       1   2.801976  4중졸     1 3무급가족근로
1.45미취업        TRUE       1   2.801976  4중졸     1      45미취업
2.1임금근로       TRUE       0  -1.298024  7대졸     2     1임금근로
2.2자영업        FALSE       0  -1.298024  7대졸     2       2자영업
```

이제 앞서 추정했던 m_multinomial_1과 동일한 다항 로지스틱 회귀모형을 mlogit() 함수를 이용해 추정해 보도록 하겠습니다. mlogit() 함수는 다음과 같은 형태로 구성됩니다. 즉 | 기호를 중심으로 | 기호 왼편에는 종속변수의 범주별 특성에 해당되는 예측변수들을, | 기호 오른편에는 사례별 특성에 해당되는 예측변수들을 투입합니다.

mlogit(종속변수 ~ 종속변수_범주별_특성|사례별_특성, 데이터)

앞서 살펴본 mydata_ch3 데이터의 경우 응답자 특성 변수들만 포함되어 있을 뿐, 종속변수의 범주별 특성 변수들은 포함되어 있지 않습니다. 따라서 | 기호 왼편에는 어떠한 변수도 지정하지 않아야 하며, | 기호 오른편에는 앞서 m_multinomial_1에서 투입된 독립변수들을 지정해 주면 됩니다. 추정결과는 아래와 같습니다.

```
> model_mlogit=mlogit(ws2~1|female2+age2C+I(age2C^2)+educ2,
+                mydata_ch3_long)
> summary(model_mlogit)

Call:
mlogit(formula = ws2 ~ 1 | female2 + age2C + I(age2C^2) + educ2,
   data = mydata_ch3_long, method = "nr", print.level = 0)

Frequencies of alternatives:
   1임금근로      2자영업   3무급가족근로     45미취업
   0.459486     0.159091      0.040514    0.340909

nr method
20 iterations, 0h:0m:1s
g'(-H)^-1g = 4.42E-07
gradient close to zero

Coefficients :
                            Estimate  Std. Error  z-value   Pr(>|z|)
2자영업:(intercept)        -0.709992    0.436265  -1.6274   0.103645
3무급가족근로:(intercept)  -19.970291 2624.362373  -0.0076   0.993928
45미취업:(intercept)       -2.125650    0.442942  -4.7989  1.595e-06 ***
2자영업:female2            -0.501216    0.219244  -2.2861   0.022248 *
3무급가족근로:female2       19.785982 2624.362320   0.0075   0.993985
45미취업:female2            2.270874    0.196261  11.5707  < 2.2e-16 ***
2자영업:age2C               0.755269    0.116015   6.5101  7.510e-11 ***
3무급가족근로:age2C         0.606521    0.262682   2.3090   0.020946 *
45미취업:age2C              0.346212    0.084328   4.1055  4.034e-05 ***
```

```
2자영업:I(age2C^2)            0.040265    0.064035  0.6288   0.529479
3무급가족근로:I(age2C^2)       0.015776    0.135375  0.1165   0.907229
45미취업:I(age2C^2)           0.371769    0.048460  7.6717  1.688e-14 ***
2자영업:educ24중졸             0.068760    0.488148  0.1409   0.887981
3무급가족근로:educ24중졸       -0.332444    0.595862 -0.5579   0.576899
45미취업:educ24중졸           -0.273648    0.479740 -0.5704   0.568401
2자영업:educ25고졸            -0.046661    0.439051 -0.1063   0.915363
3무급가족근로:educ25고졸       -1.328487    0.600573 -2.2120   0.026964 *
45미취업:educ25고졸            0.286697    0.417628  0.6865   0.492405
2자영업:educ26전문대졸        -0.324310    0.534760 -0.6065   0.544210
3무급가족근로:educ26전문대졸   -1.893304    0.969708 -1.9524   0.050885 .
45미취업:educ26전문대졸       -0.603593    0.490398 -1.2308   0.218389
2자영업:educ27대졸            -0.535618    0.461388 -1.1609   0.245689
3무급가족근로:educ27대졸       -2.511088    0.822712 -3.0522   0.002272 **
45미취업:educ27대졸           -0.340531    0.436814 -0.7796   0.435639
2자영업:educ289대학원졸       -1.310870    0.611251 -2.1446   0.031987 *
3무급가족근로:educ289대학원졸 -19.549183 7605.234268 -0.0026   0.997949
45미취업:educ289대학원졸      -0.713745    0.571553 -1.2488   0.211745
---
Signif. codes:  0 '***' 0.001 '**' 0.01 '*' 0.05 '.' 0.1 ' ' 1

Log-Likelihood: -901.94
McFadden R^2:  0.22266
Likelihood ratio test: chisq = 516.69 (p.value = < 2.22e-16)
```

Call: 부분, Coefficients: 부분, Log-Likelihood: 부분, McFadden R^2: 부분, Likelihood ratio test: 부분은 이미 살펴보았던 부분이기 때문에 이해가 어렵지 않을 것으로 생각합니다. 앞서 살펴보았던 nnet 패키지의 multinom() 함수 추정결과에서 소개되지 않은 부분들도 살펴보시면 이해가 어렵지는 않을 것입니다.

우선 Frequencies of alternatives: 부분은 무순위범주형 종속변수의 범주별 추정확률입니다. 예를 들어 임금근로 형태인 응답자는 전체의 약 46% (0.459486)라는 뜻입니다.

그 아래 nr method는 모형추정을 위한 알고리즘 이름입니다. 여기서 nr은 Newton-Raphson의 준말입니다. 그 아래 등장하는 표현들은 모형추정에 소요된 시간 및 모형추정이 성공했다는 의미입니다.

Coefficients: 부분의 결과는 multinom() 함수 추정결과보다는 이해하기 쉽지만, 여전히 말쑥하게 제시되지는 않았습니다. 이 결과를 앞서 살펴본 〈표1〉과 같이 바꾸면 다음의 〈표4〉와 같습니다. 우선 결론적으로 말씀드리자면 〈표1〉과 〈표4〉의 결과는 모형의 설명력이라는 점에서는 동일하지만(모형적합도 지수들의 수치를 비교해 보시기 바랍니다), 절편이나 회귀계수 등의 모수추정치 추정결과는 다소 다릅니다(〈표1〉과 비교하여 다른 부분은 진하게 표시하였습니다). 다른 부분들은 소수점 셋째 자리를 기준으로 0.001 정도로 무시할 수 있는 정도의 차이를 보이는 반면, '무급가족근로'라는 이름의 세로줄의 경우 '절편', '성별', '교육수준(대학원졸)'의 모수추정치가 매우 크게 다릅니다. 이러한 차이는 다소 당황스럽게 받아들여질 수도 있으나, 다항 로지스틱 회귀모형에 투입된 종속변수의 범주가 매우 작을 때 종종 발생합니다. 앞서 잠시 살펴보았듯, 범주형 변수의 경우 특정 범주가 매우 희소한 확률로 발생할 경우 추정된 기대분산의 값이 매우 불안정합니다(제2장의 〈그림3〉 참조). 두 패키지의 모형추정 방식은 완전히 동일하지 않은데(당연하겠지만, STATA, SAS 등의 상업용 패키지들의 모형추정방식과도 아주 미세하게 다릅니다), 이러한 차이가 불안정하게 추정된 기대분산과 만나면서 생기는 문제입니다.[5] 다시 말해 회귀계수에 비해 표준오차가 너무 과도하

---

5 무급가족근로의 경우 남성 응답자가 없으며, 또한 대학원졸업의 학력을 가진 응답자도 없습니다.

```
> # 추정결과가 다른 이유는?
> mydata_ch3 %>% count(ws2,female2) %>% spread(key=female2,value=n,fill=0)
# A tibble: 4 x 3
  ws2          `0`   `1`
  <fct>       <dbl> <dbl>
1 1임금근로      293   172
2 2자영업        119    42.0
3 3무급가족근로    0    41.0
4 45미취업       63.0  282
> mydata_ch3 %>% count(ws2,educ2) %>% spread(key=educ2,value=n,fill=0)
# A tibble: 4 x 7
  ws2          `123초등졸` `4중졸` `5고졸` `6전문대졸` `7대졸` `89대학원졸`
  <fct>            <dbl>  <dbl>  <dbl>     <dbl>  <dbl>      <dbl>
1 1임금근로         13.0   26.0   134       59.0   189         44.0
2 2자영업           15.0   26.0    62.0     13.0    39.0        6.00
3 3무급가족근로~    11.0   12.0    13.0      2.00    3.00       0
4 45미취업          33.0   32.0   150       30.0    91.0        9.00
```

게 작거나 혹은 너무 과도하게 큰 경우 해당 모형추정 결과에 큰 비중을 두지 않는 편이 더 낫습니다. 아니면 종속변수를 리코딩하는 방식으로 안정된 모형추정 결과를 얻는 것도 한 가지 방법일 수 있습니다. `mlogit` 패키지를 이용해 추정한 결과와 `nnet` 패키지를 이용해 추정한 결과는 소수점 3자리 수준에서 거의 완전하게 동일합니다.

표4. `mlogit` 패키지의 `mlogit()` 함수를 이용한 다항 로지스틱 회귀모형 추정결과

	고용상태 범주(기준집단 = 임금근로)		
	자영업	무급가족근로	미취업
절편	**−0.710** **(0.436)**	**−19.970** **(2624.362)**	−2.126*** (0.443)
성별(여성 = 1)	−0.501* (0.219)	**19.786** **(2624.362)**	2.271*** (0.196)
연령(일차항)	0.755*** (0.116)	**0.607*** **(0.263)**	0.346*** (0.084)
연령(이차항)	0.040 (0.064)	0.016 (0.135)	0.372*** (0.048)
교육수준(중졸)	0.069 (0.488)	−0.332 (0.596)	**−0.274** **(0.480)**
교육수준(고졸)	**−0.047** **(0.439)**	−1.328* (0.601)	0.287 (0.418)
교육수준(전문대졸)	−0.324 (0.535)	**−1.893+** **(0.970)**	**−0.604** **(0.490)**
교육수준(대졸)	**−0.536** **(0.461)**	**−2.511**** **(0.823)**	**−0.341** **(0.437)**
교육수준(대학원졸)	**−1.311*** **(0.611)**	**−19.549** **(7605.234)**	**−0.714** **(0.572)**
모형적합도 지수			
로그우도 $\chi^2(df)$		516.689*** (27)	
맥파든(McFadden's) 임의 R^2		0.223	
AIC		1857.885	
BIC		1990.717	

알림. $+p<.10$, $*p<.05$, $**p<.01$, $***p<.001$. N=1,012. 다항 로지스틱 회귀모형 추정을 위해 `mlogit` 패키지(version 0.3-0)의 `mlogit()` 함수를 이용하였음.

다항 로지스틱 회귀모형 가정(IIA) 점검: 하우스만(Hausman) 테스트

이제 앞 부분에서 설명했던 '다른 선택대안으로부터의 독립성(IIA) 가정'을 테스트하여 보겠습니다. nnet 패키지의 경우 IIA 가정을 테스트할 수 있는 함수가 제공되어 있지 않지만, mlogit 패키지에는 하우스만 테스트(Hausman-McFadden test)를 수행할 수 있는 hmmftest() 함수가 제공되어 있습니다.

하우스만 테스트에서는 종속변수의 범주들 중 일부를 뺀 후의 다항 로지스틱 회귀모형과 이들을 포함한 후의 모형의 모수추정치를 카이제곱 통계치를 이용해 비교합니다. 예를 들어 〈표1〉이나 〈표4〉의 결과에는 총 27개의 모수추정치가 들어 있습니다[모수추정치 9개(절편과 8개의 회귀계수) × 3개의 범주]. 만약 여기서 '무급가족근로'라는 범주를 뺀 다항 로지스틱 회귀모형을 추정할 경우, 우리는 총 18개의 모수추정치를 얻게 됩니다(모수추정치 9개 × 2개의 범주). 만약 '무급가족근로'라는 선택대안을 빼도 나머지 범주들(임금근로, 자영업, 미취업)을 추정하는 모수가 동일하다면(즉 H_0 선택), 우리는 IIA가정이 성립했다고 볼 수 있습니다.

아무튼 〈표4〉에서 추정한 model_mlogit 모형에서 종속변수의 범주를 역순으로 빼준 후 하우스만 테스트를 실시해 봅시다. '미취업' 범주를 뺀 후 실시한 하우스만 테스트 결과만 제시하였고, 나머지 범주의 경우 R 코드만 제시하였습니다. mlogit() 함수의 alt.subset 옵션을 이용하면 종속변수 중 원하는 범주만을 포함시킬 수 있습니다. 먼저 '미취업' 범주를 제외한 다른 범주들만 지정한 후, model_mlogit_4라는 이름을 붙였습니다. 이후 hmmftest() 함수에 모든 범주들을 다 포함한 후 추정한 다항 로지스틱 회귀모형과 특정 범주(들)를 배제한 후 추정한 다항 로지스틱 회귀모형을 투입하면 하우스만 테스트 결과를 얻을 수 있습니다. 네 가지 범주들 각각에 대한 하우스만 테스트 결과는 〈표5〉에 정리되어 있습니다.

```
> # 미취업을 빼는 경우
> model_mlogit_4=mlogit(ws2~1|female2+age2C+I(age2C^2)+educ2,mydata_ch3_long
+                  ,alt.subset=c("1임금근로","2자영업","3무급가족근로"))
> hmftest(model_mlogit,model_mlogit_4)

        Hausman-McFadden test

data:  mydata_ch3_long
```

```
chisq = -2.2932, df = 18, p-value = 1
alternative hypothesis: IIA is rejected

> # 무급가족근로를 빼는 경우
> model_mlogit_3=mlogit(ws2~1|female2+age2C+I(age2C^2)+educ2,mydata_ch3_long,
+                alt.subset=c("1임금근로","2자영업","45미취업"))
> hmftest(model_mlogit,model_mlogit_3)
                        [추정결과는 본문의 표에 제시되어 있음]

> # 자영업을 빼는 경우
> model_mlogit_2=mlogit(ws2~1|female2+age2C+I(age2C^2)+educ2,mydata_ch3_long,
+                alt.subset=c("1임금근로","3무급가족근로","45미취업"))
> hmftest(model_mlogit,model_mlogit_2)
                        [추정결과는 본문의 표에 제시되어 있음]

> # 임금근로를 빼는 경우
> model_mlogit_1=mlogit(ws2~1|female2+age2C+I(age2C^2)+educ2,mydata_ch3_long,
+                alt.subset=c("2자영업","3무급가족근로","45미취업"))
> hmftest(model_mlogit,model_mlogit_1)
                        [추정결과는 본문의 표에 제시되어 있음]
```

표5. 하우스만 테스트 결과

제외된 종속변수의 범주	카이제곱 통계치 (자유도)
미취업	$\chi^2(18) = -2.29$
무급가족근로	$\chi^2(18) = -2.30$
자영업	$\chi^2(18) = 16.70$
임금근로	$\chi^2(18) = 155.71^{***}$

알림. $^{***}p<.001$. N=1,012.

〈표5〉의 결과에서 다소 당혹스러운 내용이 나옵니다. '미취업'과 '무급가족근로'를 배제할 경우 하우스만 테스트에서 얻은 카이제곱 통계치의 값이 음수가 됩니다. 우선 이런 결과는 종종 나타납니다. 결론부터 말씀드리면 음의 카이제곱 통계치는 IIA 가정이 충족됨을 보여줍니다(즉 H_0 선택). 하지만 이론적으로 카이제곱 통계치는 0이 최솟값이기 때문에 음수로 계산된 카이제곱 통계치는 종종 0으로 변환되어 표현되기도 합니다. 아무튼 〈표5〉의 결과는 임금근로 범주를 제외한 다른 범주들에서는 IIA 가정이 충족된다는 것을 보여

줍니다. 그러나 임금근로 범주를 뺀 후 추정된 다항 로지스틱 회귀모형과 임금근로 범주를 포함하였을 경우 추정한 다항 로지스틱 회귀모형은 모형추정 결과가 다르다는 것을 보여줍니다.

IIA 가정을 점검하는 하우스만 테스트는 많이 사용되지만, 데이터 상황에 따라 조심하여 사용해야 합니다. 왜냐하면 하우스만 테스트에서 사용하는 카이제곱 테스트 통계치는 표본의 크기에 따라 그 값이 달라지기 때문입니다. 즉 표본수가 큰 경우 하우스만 테스트를 통해 얻은 통계적 유의도 값은 0에 보다 쉽게 가까워지기 때문에 IIA 가정이 충족되지 않는 것처럼 나타납니다. 예를 들어 앞에서 우리가 사용했던 mydata_ch3 데이터의 표본수는 1,000이 넘는 상당히 큰 데이터입니다. 여기서 무작위로 200명의 응답자만 골라낸 후, '임금근로' 범주를 뺀 경우 IIA 가정이 충족되는지를 하우스만 테스트로 테스트해 보도록 하죠. 그 결과는 아래와 같습니다.

```
> # 무작위로 N=200명만 표집
> set.seed(20190114)
> mydata_ch3_R200=mydata_ch3 %>%
+   mutate(
+     random_id=sample(1:dim(mydata_ch3)[1],
+                      size=dim(mydata_ch3)[1],replace=F)
+   ) %>% filter(random_id <= 200)
> mydata_ch3_R200_long = mlogit.data(data.frame(mydata_ch3_R200),
+                               choice="ws2",shape="wide")
> # N=200인 데이터에 대해 임금근로를 빼는 경우 하우스만 테스트
> model_mlogit_1_random200=mlogit(ws2~1|female2+age2C+I(age2C^2)+educ2,
+                                mydata_ch3_R200_long)
> model_mlogit_1_random200_4=mlogit(ws2~1|female2+age2C+I(age2C^2)+educ2,
+                                  mydata_ch3_R200_long,
+                                alt.subset=c("2자영업","3무급가족근로","45미취업"))
> hmftest(model_mlogit_1_random200,model_mlogit_1_random200_4)

      Hausman-McFadden test

data:  mydata_ch3_R200_long
chisq = -13.736, df = 18, p-value = 1
alternative hypothesis: IIA is rejected
```

표본수가 줄어드니 이제는 음의 카이제곱 통계치를 얻었습니다. 다시 말해 임금근로 범주에서도 IIA 가정이 충족됨을 알 수 있습니다. 표본수가 N=1,012일 경우에는 IIA 가정이 충족되지 않았는데, 표본수가 약 1/5 정도로 줄어드니 IIA 가정이 충족됩니다. 위의 분석결과는 하우스만 테스트를 '전가의 보도'로 사용하는 것은 타당하지 않다는 것을 보여줍니다. 앞서의 순위 로지스틱 회귀모형에서 소개한 브랜트 테스트와 마찬가지로 하우스만 테스트 역시도 하나의 참고자료일 뿐이며, 이 결과를 맹목적으로 신뢰하지는 말아야 합니다.

끝으로 `mlogit()` 함수로 추정된 모형들에 대해 로그우도비 테스트를 실시하시고 싶으시면 `lrtest()` 함수를 이용하시면 됩니다. `mlogit` 패키지에는 모형비교 테스트를 위한 함수들로 로그우도비 테스트를 위한 `lrtest()` 함수와 함께, 왈드 카이제곱 테스트를 위한 `waldtest()` 함수와 스코어 테스트('로그랭크 테스트'라고 불리기도 함)를 위한 `scoretest()` 함수가 제공되어 있습니다. 테스트 결과에 대한 해석은 `nnet` 패키지의 `multinom()` 함수로 추정한 모형추정 결과들을 `anova()` 함수로 추정한 것과 동일합니다. 아래의 R 코드를 이용하시면 `mlogit` 패키지에서 제공하는 `lrtest()`, `waldtest()`, `scoretest()` 함수를 통해 〈표3〉과 유사한 방식의 〈표6〉을 얻으실 수 있습니다.

```
> # 각 예측변수 투입시 모형설명력 증가 여부 테스트
> # 로그우도 테스트
> lrtest(update(model_mlogit, .~.|.-female2),model_mlogit)
Likelihood ratio test

Model 1: ws2 ~ 1 | age2C + I(age2C^2) + educ2
Model 2: ws2 ~ 1 | female2 + age2C + I(age2C^2) + educ2
  #Df  LogLik Df  Chisq Pr(>Chisq)
1  24 -1034.30
2  27  -901.94  3 264.71  < 2.2e-16 ***
---
Signif. codes:  0 '***' 0.001 '**' 0.01 '*' 0.05 '.' 0.1 ' ' 1
> lrtest(update(model_mlogit, .~.|.-age2C-I(age2C^2)),model_mlogit)
                                        [테스트 결과는 본문의 표로 별도 제시함]
> lrtest(update(model_mlogit, .~.|.-educ2),model_mlogit)
                                        [테스트 결과는 본문의 표로 별도 제시함]
```

```
> # 왈드 테스트
> waldtest(update(model_mlogit, .~.|.-female2),model_mlogit)
                                    [테스트 결과는 본문의 표로 별도 제시함]
> waldtest(update(model_mlogit, .~.|.-age2C-I(age2C^2)),model_mlogit)
                                    [테스트 결과는 본문의 표로 별도 제시함]
> waldtest(update(model_mlogit, .~.|.-educ2),model_mlogit)
                                    [테스트 결과는 본문의 표로 별도 제시함]
> # 스코어 테스트
> scoretest(update(model_mlogit, .~.|.-female2),model_mlogit)
                                    [테스트 결과는 본문의 표로 별도 제시함]
> scoretest(update(model_mlogit, .~.|.-age2C-I(age2C^2)),model_mlogit)
                                    [테스트 결과는 본문의 표로 별도 제시함]
> scoretest(update(model_mlogit, .~.|.-educ2),model_mlogit)
                                    [테스트 결과는 본문의 표로 별도 제시함]
```

표6. 예측변수 투입시 모형설명력 변화: 로그우도비, 왈드, 스코어 테스트 결과

	로그우도 카이제곱 (자유도)	왈드 카이제곱 (자유도)	로그랭크(스코어 테스트) 카이제곱 (자유도)
성별	$\chi^2(3) = 264.71^{***}$	$\chi^2(3) = 169.40^{***}$	$\chi^2(3) = 238.22^{***}$
연령	$\chi^2(6) = 143.63^{***}$	$\chi^2(6) = 105.56^{***}$	$\chi^2(6) = 135.60^{***}$
교육수준	$\chi^2(15) = 43.74^{***}$	$\chi^2(15) = 39.15^{***}$	$\chi^2(15) = 42.61^{***}$

알림. $^{***}p < .001$. N=1,012.

`mlogit` 패키지의 모형추정 결과 시각화 방식에 대해서는 다음의 제4장에서 설명해 드리겠습니다. 왜냐하면 넓은 형태의 데이터만을 사용하고 긴 형태의 데이터를 사용하실 일이 없는 독자분이라면 굳이 `mlogit` 패키지를 이용할 필요가 없기 때문입니다(물론 하우스만 테스트를 꼭 수행해야 한다면 이야기가 다를 것입니다). 앞서 말씀드렸듯 현재의 `mlogit` 패키지의 경우 티블 데이터를 사용할 수 없기 때문에 모형 시각화를 수행할 때 다소의 제약이 있습니다.

지금까지 무순위범주형 변수를 종속변수로 하는 다항 로지스틱 회귀모형이 무엇인지, 그리고 `nnet` 패키지의 `multinom()` 함수와 `mlogit` 패키지의 `mlogit()` 함수를 이용하여 어떻게 다항 로지스틱 회귀모형을 추정할 수 있으며 그 추정결과(모수추정치와 모형 적합도 지수)는 어떻게 해석할 수 있는지 살펴보았습니다. 제4장은 로지스틱 회귀모형을 다루는

마지막 장입니다. 비교적 최근에 개발되고 제안된 로지스틱 회귀모형들입니다만, 마찬가지로 이항 로지스틱 회귀모형을 비롯하여 제2장과 이번 장에서 소개한 순위 및 다항 로지스틱 회귀모형을 이해하지 못할 경우 따라가기가 쉽지 않으니 이를 염두에 두시기 바랍니다.

3부

Alternative logistic regression model

4장 기타 로지스틱 회귀모형

제4장에서 소개할 모형들은 앞서 소개한 이항, 순위, 다항 로지스틱 회귀모형보다는 덜 알려진 모형들이라 사용빈도가 낮지만, 데이터 상황에 따라 매우 유용하게 사용 가능한 로지스틱 회귀모형입니다. 따라서 제1장, 제2장, 제3장에서 소개한 로지스틱 회귀모형들만으로 충분히 의미 있는 연구를 수행하실 수 있다고 생각하시는 독자분들은 이번 장을 그냥 뛰어넘으셔도 무방합니다.

이번 장에서 소개할 로지스틱 회귀모형들은 이항, 다항, 혹은 순위 로지스틱 회귀모형을 변형한 모형이라고 볼 수 있습니다. 구체적으로 소개될 로지스틱 회귀모형은 다음과 같으며, 각 모형에 대해 간단하게 설명을 덧붙이자면 다음과 같습니다.[1]

- 로지스틱 다층모형(generalized linear mixed model for binary data): 이항 로지스틱 회귀모형의 확장으로 볼 수 있습니다. 이항 로지스틱 회귀모형에 투입된 종속변수가 '1회'로 국한되어 있다면, 로지스틱 다층모형에 투입되는 종속변수는 2차례 이상 반복 측정되었습니다. 졸저 『R을 이용한 다층모형』(2018b)에서 이미 소개한 바 있으며,

1 기타 로지스틱 회귀모형들에 대한 보다 이론적인 설명을 원하시는 독자분들께서는 그리니(Greene, 2012), 롱(Long, 1997) 등을 참조하시기 바랍니다.

lme4 패키지의 glmer() 함수를 이용하여 추정 가능합니다.

- 조건부 로지스틱 회귀모형(conditional logistic regression model): 다항 로지스틱 회귀모형의 확장으로 볼 수 있습니다. 종속변수에 투입된 범주의 특성이 개체의 범주선택(혹은 범주상태)에 미치는 효과를 추정한 모형입니다. 앞서 소개한 mlogit 패키지의 mlogit() 함수를 이용해 추정할 수 있습니다.
- 혼합 로지스틱 회귀모형(mixed logistic regression model): 다항 로지스틱 회귀모형과 조건부 로지스틱 회귀모형을 동시추정한 모형으로 이해할 수 있습니다. 다항 로지스틱 회귀모형이 개체특성(이를테면 성별, 나이 등)이 해당 개체의 범주선택(혹은 범주상태)에 미치는 효과를 추정하며, 조건부 로지스틱 회귀모형이 범주특성이 개체의 범주선택에 미치는 효과를 추정한다면, 혼합 로지스틱 회귀모형은 개체특성과 범주특성의 효과를 동시에 추정하는 모형입니다. 앞서 소개한 mlogit 패키지의 mlogit() 함수를 이용해 추정할 수 있습니다. 이번 장에서는 '확장된 다항 로지스틱 회귀모형'이라는 이름으로 조건부 로지스틱 회귀모형과 혼합 로지스틱 회귀모형을 같이 설명하였습니다.[2]
- 배속 로지스틱 회귀모형(nested logistic regression model): 배속 로지스틱 회귀모형 역시 다항 로지스틱 회귀모형의 파생형태로 간주할 수 있습니다. 앞서 소개했던 IIA 가정이 충족되지 않을 때, 다항 로지스틱 회귀모형에 투입된 범주들을 공통된 특성에 따라 상위범주(branch)로 묶은 후 그 효과를 추정한 모형입니다. 예를 들어 미디어를 선택한다고 할 때, 미디어의 특징을 통신기기(PC, 스마트폰)과 신문방송기기(TV, 라디오, 신문)로 군집화할 경우, 각 미디어 기기는 미디어 상위범주에 배속됩니다(nested). 배속 로지스틱 회귀모형은 이러한 배속관계를 고려하는 로지스틱 회귀모형입니다. 마찬가지로 mlogit 패키지의 mlogit() 함수를 이용해 추정할 수 있습니다.

---

2 mlogit 패키지 개발자 이브 크로상(Yves Croisant)은 일반적으로 통용되는 다항 로지스틱 회귀모형, 조건부 로지스틱 회귀모형, 혼합 로지스틱 회귀모형의 분류에 대해서 강하게 비판하면서, 세 가지 모두 다항 로지스틱 회귀모형이라고 불러야 한다고 주장합니다(mlogit 패키지 매뉴얼 참조). 개인적으로 이 주장에 100% 동의합니다. 왜냐하면 크로상의 주장대로, 무순위범주형 종속변수의 범주가 2개 이상일 경우 세 가지 모형들 모두 다항 로지스틱 회귀모형으로 환원되기 때문입니다. 그러나 본서를 저술할 때는 조건부 로지스틱 회귀모형이라는 용어가 널리 사용된다는 현실을 감안하지 않을 수 없었습니다(예를 들어, Long, 1997; Long & Freese, 2006).

- 범주순위 로지스틱 회귀모형(rank-ordered logistic regression): 순위형 로지스틱 회귀모형의 아이디어가 반영된 확장된 다항 로지스틱 회귀모형으로 볼 수 있습니다. 범주순위 로지스틱 회귀모형은 선택 가능한 범주들의 선호 정도가 알려져 있을 때 사용 가능합니다. 이를테면 특정상품을 구매한다고 가정할 때, 소비자의 선택이 아닌 소비자의 상품선호, 즉 A 〉 B 〉 C 〉 …와 같이 각 범주에 대한 순위를 매겨둔 경우가 여기에 속합니다(순위 로지스틱 회귀모형의 아이디어). 또한 모형추정 시 범주특성을 반영한다는 점에서 다항 로지스틱 회귀모형의 확장이기도 합니다. 마찬가지로 `mlogit` 패키지의 `mlogit()` 함수를 이용해 추정할 수 있습니다.
- 스테레오타입 로지스틱 회귀모형(stereotype logistic regression model): 다항 로지스틱 회귀모형과 순위 로지스틱 회귀모형의 중간쯤에 자리잡고 있는 로지스틱 회귀모형으로 볼 수 있습니다. 다항 로지스틱 회귀모형으로 얻은 모형추정치를 서열화한 후, 순위 로지스틱 회귀모형의 결과와 유사하게(하지만 순위 로지스틱 회귀모형의 가정을 완화하여) 제시하는 로지스틱 회귀모형입니다. `VGAM` 패키지의 `rrvglm()` 함수를 이용해 추정할 수 있습니다.
- 지속비율 순위 로지스틱 회귀모형(continuation ratio ordered logistic regression model): 이름에서 잘 드러나듯 순위 로지스틱 회귀모형이 변화된 회귀모형입니다. 모형에 투입되는 종속변수가 서열화되어 있다는 점에서는 순위 로지스틱 회귀모형과 동일하지만, 가장 낮은 단계 범주에서 가장 높은 단계의 범주까지의 변화가 단계별로 위계화되어 있다는 점에서 다릅니다. 예를 들어 순위 로지스틱 회귀모형의 종속변수 범주의 경우 '1' → '3'으로 변화가 가능하지만, 지속비율 순위 로지스틱 회귀모형에서는 '1' → '2' → '3'과 같이 1단계씩만 순서대로 움직일 수 있다고 가정합니다. 조직 내의 승진이나 질병의 진행단계 등을 설명·예측하는 모형에서 종종 사용됩니다. `VGAM` 패키지의 `vglm()` 함수에 `cratio()` 옵션을 지정해 주는 방식으로 추정가능합니다.

이 외에도 여러 대안적 로지스틱 회귀모형들이 존재합니다. 그러나 저자의 능력과 경험의 부족으로 다른 로지스틱 회귀모형들에 대해서는 다른 문헌들을 참고하여 주시기 바랍니다. 하지만 제 경험상 이항 로지스틱 회귀모형의 개념과 작동원리를 이해하고, 순위 및 다항 로지스틱 회귀모형을 이해하고 그 모형추정 결과를 이해하시는 분이라면 본서에서 소개되는 대안적 로지스틱 회귀모형은 물론이고 소개되지 않는 모형들이라도 어렵지 않게 이해하고 활용하실 수 있을 것으로 생각합니다.

이제 앞에서 제시한 순서에 따라 R을 이용해 기타 대안적 로지스틱 회귀모형을 어떻게 추정할 수 있는지 차례대로 소개하겠습니다.

로지스틱 다층모형(generalized linear mixed model for binary data)

앞서 다항 로지스틱 회귀모형을 설명하면서 넓은 데이터와 긴 데이터에 대해 간략하게 설명해 드렸습니다. 우선 결론적으로 로지스틱 다층모형에는 긴 데이터가 투입됩니다만, 로지스틱 다층모형에서 말하는 '긴 데이터'는 다항 로지스틱 회귀모형에서 말하는 '긴 데이터'와 조금 다릅니다. 앞서 `mlogit` 패키지를 소개하면서 설명했던 긴 데이터는 특정 개체가 종속변수의 범주들 중에서 어떤 범주를 '선택'했는지를 나타내는 방식으로 구성된 데이터이지만, 로지스틱 다층모형에서 말하는 긴 데이터는 특정 개체가 0/1의 시간변화 혹은 측정문항의 유형변화 속에서 어떠한 값의 변화를 보여주는가를 보여주는 방식으로 구성된 데이터입니다.

설명이 추상적일 수 있으니 간단한 사례를 들어 보겠습니다. A, B 정당이 존재하는 어떤 양당제 국가에서 2015년과 2019년에 각각 선거가 있었다고 가정해 봅시다(설명의 편의를 위해 표본에 포함된 모든 응답자들이 투표에 참여했다고 가정합시다). 이 국가에 살고 있는 갑과 을이라는 두 명의 시민들은 2015년과 2019년에 아래와 같이 투표에 참여했습니다. 여기서 `female` 변수는 응답자의 성별을, `year15`와 `year19`는 2015년과 2019년에 투표한 정당을 의미합니다.

```
> #아래의 패키지들이 사용됩니다.
> library("VGAM")    #지속비율 순위 종속변수 대상 회귀모형
> library("lme4")    #로지스틱 다층모형
> library("nnet")    #다항 로지스틱 회귀모형(넓은 데이터만)
> library("mlogit")  #조건부, 혼합, 배속, 범주순위 로지스틱 회귀모형
> library("MASS")    #순위 종속변수 대상 회귀모형
> #아래 패키지는 데이터에 대한 기술통계 분석 및 결과 시각화에 사용할 것입니다.
> library('tidyverse')
> library('modelr')
> library('broom')
```

```
> # 긴 데이터 차이
> exampledata=tibble(
+   name=c("갑","을"),
+   female=c("여성","남성"),
+   year15=c("A","B"),
+   year19=c("B","A")) %>%
+   mutate_all(funs(factor(.)))
> exampledata
# A tibble: 2 x 4
  name  female year15 year19
  <fct> <fct>  <fct>  <fct>
1 갑     여성    A      B
2 을     남성    B      A
```

만약 어떤 연구자가 위와 같은 형태의 데이터를 이용하여 "응답자의 성별과 2015년도 정당선택 변수로 2019년의 B정당 선택 확률을 설명하는 다항 로지스틱 회귀모형"을 추정하고자 한다고 가정해 봅시다. 이 경우 앞에서 소개한 mlogit 패키지의 mlogit.data() 함수를 이용하여 위 데이터를 다음과 같은 형태의 '긴 데이터'로 변환할 수 있습니다.

```
> # 다항 로지스틱 회귀모형
> long_mlogit=mlogit.data(data.frame(exampledata),
+                         choice="year19",shape="wide")
> long_mlogit
    name female year15 year19 chid alt
1.A  갑    여성       A  FALSE    1   A
1.B  갑    여성       A   TRUE    1   B
2.A  을    남성       B   TRUE    2   A
2.B  을    남성       B  FALSE    2   B
```

반면 같은 데이터를 이용하되 다른 연구자는 "응답자의 성별과 시간변화 변수로 B정당 선택 확률을 설명하는 로지스틱 다층모형"을 추정한다고 가정해 봅시다[즉, 성별이라는 개체간 요인에 의한 분산과 시간이라는 개체내 요인에 의한 분산을 동시추정하는 다층모형; 다층모형에 대한 보다 자세한 설명은 졸저 『R을 이용한 다층모형』(2018b)을 참조하시기 바랍니다]. 이때 tidyverse 접근을 기반으로 할 경우 gather() 함수를, R 베이스를 접근으로 할 경우 reshape() 함수를 사용하시면 됩니다. 여기서는 gather() 함수를 이용하여 다음과 같은 형태의 긴 데이터로 변환 가능합니다.

```
> # 로지스틱 다층모형
> long_mlm=exampledata %>%
+   mutate(
+     year15=ifelse(year15=="B",1,0),
+     year19=ifelse(year19=="B",1,0)
+   ) %>%
+   gather(key=year,value=choiceB,-name,-female) %>%
+   mutate(year=ifelse(year=="year15",2015,2019))
> long_mlm
# A tibble: 4 x 4
  name  female  year choiceB
  <fct> <fct>  <dbl>   <dbl>
1 갑    여성    2015     0
2 을    남성    2015     1
3 갑    여성    2019     1
4 을    남성    2019     0
```

사실 위의 두 가지 긴 데이터는 달라 보이지만 동일합니다. 하지만 만약 측정시점이 2번이 아니라 3번 혹은 그 이상인 경우라면 어떨까요? 혹은 선택정당의 범주가 A, B가 아니라 A, B, C, D와 같다면 어떨까요? 당연하지만 이런 경우부터는 위에서 소개한 2가지 형태의 긴 데이터는 서로 명확하게 달라집니다. 개념적으로는 두 데이터 모두 '긴 데이터'이지만 분석의 목적에 따라 긴 데이터의 형태가 달라진다는 점 유념하시기 바랍니다.

이제 R을 이용하여 로지스틱 다층모형을 분석해 보도록 합시다. 사실 이 부분에 대한 보다 자세한 절차는 제가 이전에 출간한 『R을 이용한 다층모형』(2018b)을 참고하시는 것이 더 낫습니다. 이에 여기서는 로지스틱 다층모형을 어떻게 추정할 수 있는지에 대한 간단한 절차만 소개하겠습니다. 모형추정 결과에 대한 해석, 그리고 시각화 방법은 『R을 이용한 다층모형』(2018a)을 참고하시기 바랍니다.

아무튼 로지스틱 다층모형을 추정하기 위해서는 `lme4` 패키지를 구동하셔야 합니다. 먼저 해당 패키지를 구동한 후, `exdata2`를 불러 보시죠. 여기서 '`CESD_w`'라는 표현으로 시작되는 변수들은 응답자의 우울한 심리상태 측정을 위한 문항들입니다. 여기서 `CESD_w2_2` 변수와 `CESD_w5_2` 변수는 응답자가 일주일동안 '심각하게 우울'하다고 느낀 적이 있는지를 각각 2007년과 2010년에 '없다'(0), '있었다'(1)의 이분형 변수로 측정한 것입니다.

이 데이터를 이용해서 시간변화에 따라 응답자가 '우울하다'라고 응답할 확률이 응답자 성별에 따라 어떻게 변하는지 로지스틱 다층모형을 이용해 분석해 봅시다. 이를 위해 아래와 같이 넓은 데이터를 gather() 함수를 이용해 로지스틱 다층모형에 맞는 긴 데이터로 전환하였습니다.

```
> # 로지스틱 다층모형 예시 데이터
> setwd("D:/2019_year/Categorical_Data_Analysis")
> wide2 = read_csv("exdata2.csv")
Parsed with column specification:
cols(
  .default = col_character(),
  id = col_integer(),
  female2 = col_integer(),
  age2 = col_integer(),
  log10inc2 = col_double()
)
See spec(...) for full column specifications.
> data_mlm=wide2 %>%
+   mutate(
+     depress2=ifelse(CESD_w2_2=="2있음",1,0),
+     depress5=ifelse(CESD_w5_2=="있음",1,0)
+   ) %>%
+   select(id,female2,depress2,depress5)
> data_mlm
# A tibble: 10,044 x 4
      id   female2 depress2 depress5
     <int>  <int>   <dbl>   <dbl>
 1    301       0       1       1
 2    401       0       0       0
 3    601       0       0       0
 4    602       1       1       1
 5    604       0       0       0
 6    605       1       0       0
 7    701       1       1       1
 8    801       1       0       1
 9   1001       1       1       0
10   1201       0       0       0
# ... with 10,034 more rows
```

```
> # 긴데이터로 전환
> long_mlm=data_mlm%>%
+  gather(key=time,value=depress,-id,-female2)
> long_mlm
# A tibble: 20,088 x 4
      id  female2       time  depress
   <int>   <int>       <chr>     <dbl>
 1   301       0    depress2         1
 2   401       0    depress2         0
 3   601       0    depress2         0
 4   602       1    depress2         1
 5   604       0    depress2         0
 6   605       1    depress2         0
 7   701       1    depress2         1
 8   801       1    depress2         0
 9  1001       1    depress2         1
10  1201       0    depress2         0
# ... with 20,078 more rows
```

로지스틱 다층모형은 다음과 같이 추정합니다. glmer() 함수의 공식 부분에서 괄호 속의 표현[즉 (1|id)]은 랜덤절편(random intercept) 효과를 추정하기 위한 것이며, depress ~time*female2 부분은 시간과 성별의 고정(fixed) 주효과와 상호작용효과를 추정하기 위한 것입니다.

```
> # 로지스틱 다층모형 추정
> m_mlm=glmer(depress~time*female2+(1|id),
+         family=binomial(link="logit"),
+         data=long_mlm)
> summary(m_mlm)
Generalized linear mixed model fit by maximum likelihood (Laplace Approximation)
[glmerMod]
 Family: binomial  (logit )
Formula: depress ~ time * female2 + (1 | id)
   Data: long_mlm

     AIC      BIC    logLik  deviance df.resid
 25100.5  25140.1  -12545.3   25090.5     20083

Scaled residuals:
    Min      1Q  Median     3Q    Max
-0.9316 -0.6064 -0.4753 0.8299 1.6492
```

```
Random effects:
 Groups Name        Variance Std.Dev.
 id     (Intercept) 1.175    1.084
Number of obs: 20088, groups:  id, 10044

Fixed effects:
                     Estimate Std. Error z value Pr(>|z|)
(Intercept)          -1.10953    0.04329  -25.63  < 2e-16 ***
timedepress5         -0.34774    0.05366   -6.48 9.17e-11 ***
female2               0.81819    0.05384   15.20  < 2e-16 ***
timedepress5:female2  0.11750    0.06872    1.71   0.0873 .
---
Signif. codes:  0 '***' 0.001 '**' 0.01 '*' 0.05 '.' 0.1 ' ' 1

Correlation of Fixed Effects:
            (Intr) tmdpr5 femal2
timedeprss5 -0.555
female2     -0.778  0.452
tmdprss5:f2  0.450 -0.777 -0.611
```

고정효과와 랜덤효과에 대해서는 『R을 이용한 다층모형』(2018b)이나 다른 다층모형 관련 문헌을 참조하시기 바랍니다. 여기서는 `Fixed effects:` 부분의 절편과 회귀계수만 살펴보도록 하겠습니다. 본질적으로 `Fixed effects:` 부분의 절편과 회귀계수의 해석은 이항 로지스틱 회귀분석 추정결과 해석과 같습니다.

`time` 변수와 `female2` 변수는 각각 '2차년도'와 '남성'을 기준집단으로 하는 가변수입니다. 따라서 절편[`(Intercept)`]인 −1.10953은 랜덤효과를 통제하였을 때, 2차년도 남성 응답자가 우울하지 않다고 응답할 확률 대비 우울하다고 응답할 확률의 자연로그 전환값(즉, 로짓)입니다. 또한 `timedepress5` 부분에서 알 수 있듯 측정년도가 5차년도로 바뀔 경우 남성 응답자가 우울하다고 응답할 확률은 약 29% 감소하며(706 $\approx e^{-.34774}$), 이는 통계적으로 유의미한 시간효과입니다($p<.001$). 또한 2차년도를 기준으로 남성보다 여성이 우울하다고 응답할 확률은 약 2.27배 높으며(2.266 $\approx e^{.81819}$), 이 성별효과는 통계적으로 유의미합니다($p<.001$). 끝으로 비록 남성에게서 나타난 시간효과(즉, 측정시점 변화에 따라 우울하다고 응답할 확률 약 29% 감소)에 비해 여성에게서 나타난 시간효과가 다소 작기는 하지만[즉, 측정시점 변화에 따라 우울하다고 응답할 확률 약 21% 감소($e^{.1175-.34774}=e^{-.23024}\approx .7943$)], 통상적 통계적 유의도 수준에서 시간효과의 차이는 성별에 따라 다르다고 보기 어렵습니다(p=.087).

이항 로지스틱 회귀모형을 이해하신 후, 고정효과나 랜덤효과와 같은 다층모형 관련 용어에 익숙해지시면 위에서 제시된 로지스틱 다층모형 추정 과정을 별문제 없이 이해하실 수 있을 것입니다. 본서의 목적이 다층모형을 소개하는 것이 아니기에 로지스틱 다층모형의 모형적합도나 모형추정 결과의 시각화 등이 궁금하신 분들은『R을 이용한 다층모형』을 참조하시기 바랍니다.

확장된 다항 로지스틱 회귀모형: 조건부 그리고 혼합 로지스틱 회귀모형

앞서 제3장에서 살펴본 다항 로지스틱 회귀모형에서는 성별이나 연령 등과 같은 응답자의 개체 특성을 나타내는 변수들만을 모형에 투입했습니다. 그러나 종속변수에 투입되는 범주의 경우 개별 범주 그 자체에 대한 특성 역시도 변수로 처리할 수 있습니다. 또한 개체 특성 변수와 범주 특성 변수의 주효과는 물론 상호작용효과도 추정할 수 있습니다. 설명이 추상적일수도 있으니 먼저 구체적 사례를 통해 개체 특성 변수와 범주특성 변수가 어떻게 개념적으로 구분될 수 있는지 소개하도록 하겠습니다.

우선 `exdata3`을 열어봅시다. 아래에서 알 수 있듯 해당 데이터에는 총 7개의 변수가 들어 있습니다. 해당 데이터는 '넓은 데이터' 형태로, 개별 응답자를 가로줄에, 설문에 대한 응답을 세로줄에 배치한 것입니다. 우선 무순위범주형 종속변수는 `choice`이며, 각 응답자가 "지난 일주일 동안 뉴스나 시사정보를 접할 때 주로 이용한 기기나 매체"를 뜻합니다. 선택된 기기나 매체는 PC(`PC`), 스마트폰(`Smart`), TV(`TV`), 기타(`ETC`) 중 하나입니다. 나머지는 예측변수입니다만, 변수의 성격이 매우 다릅니다. 먼저 `female`과 `age`는 각각 응답자의 성별과 연령을 의미하며, 흔히 개체 특성변수(individual specific variable)이라고 불립니다. 개체 특성변수는 응답자당 1개의 값을 갖습니다(예를 들어 1번줄의 응답자 연령은 33세로 고정되어 있습니다). 반면 `f_PC`, `f_Smart`, `f_ETC`, `f_TV` 변수들은 '`f_`' 표현 다음에 제시된 기기를 일주일에 얼마나 자주 사용하는가를 측정한 것으로 1-5점의 리커트 척도로 측정되어 있습니다.[3] 이들 변수는 `female`이나 `age` 변수와 그 성격이 매우 다르며, 흔히 범주특성 변수(alternative specific variable)라고 불립니다. 예를 들어 1번줄 응답자의 연령은 33이라는 단 하나의 측정값을 갖지만, 해당 응답자는 PC, 스마트폰, TV, 기타 기기들의 사용빈

3 해당 변수는 엄밀히 말해 순위범주형 변수이지만, 설명의 편의를 위해 여기서는 연속형 변수로 가정하였습니다.

도에 대해 각각 응답한 것입니다(다시 말해 4개의 측정값을 갖습니다). 즉 개체특성 변수의 경우 개체간 요인(between-subject factor)인 반면, 범주특성 변수의 경우 개체내 요인(within-subject factor)입니다.

```
> # mlogit 패키지 이용 개체 특성과 범주 특성 동시추정
> setwd("D:/2019_year/Categorical_Data_Analysis")
> wide3 = read_csv("exdata3.csv")
Parsed with column specification:
cols(
  female = col_integer(),
  age = col_integer(),
  choice = col_character(),
  f_PC = col_integer(),
  f_ETC = col_integer(),
  f_Smart = col_integer(),
  f_TV = col_integer()
)
> wide3
# A tibble: 1,075 x 7
   female   age choice f_PC  f_ETC  f_Smart  f_TV
    <int> <int> <chr> <int>  <int>   <int>  <int>
 1      1    33  PC       5      4       5      3
 2      1    44  Smart    3      2       5      3
 3      0    37  Smart    5      4       5      4
 4      1    53  Smart    4      4       5      5
 5      0    42  TV       5      3       5      5
 6      0    32  Smart    5      2       5      5
 7      0    33  Smart    3      3       4      4
 8      0    47  PC       5      1       5      3
 9      0    61  Smart    4      4       5      5
10      1    38  Smart    4      3       4      5
# ... with 1,065 more rows
```

위와 같은 데이터를 이용하면 다음과 같은 가설들을 설정하고 테스트할 수 있습니다(연구맥락에 따라 아래의 연구가설은 보다 구체적으로 설정되어야만 할 것입니다).

- 개인특성 변수의 주효과 가설: 응답자의 개인특성에 따라 뉴스소비 시 선택하는 기기가 달라질 것이다(이를테면, 성별효과 혹은 연령효과).

- 범주특성 변수의 주효과 가설: 응답자가 더 자주 이용하는 기기일수록 해당 기기를 뉴스소비 시 선택할 것이다(이를테면, 이용빈도 효과).
- 개인특성 변수와 범주특성 변수의 상호작용효과 가설: 특정 기기에 대한 응답자의 이용빈도가 뉴스소비 기기선택에 미치는 효과는 응답자의 개인특성에 따라 달라질 것이다.

이때 범주특성 변수의 효과를 전혀 고려하지 않은 '개인특성 변수의 효과만을 고려한 로지스틱 회귀모형'이 바로 앞서 소개해 드렸던 다항 로지스틱 회귀모형입니다. 즉, 넓은 데이터를 기반으로 `nnet` 패키지의 `multinom()` 함수를 이용해 추정한 다항 로지스틱 회귀모형이 여기에 속합니다.

반면 개인특성 변수의 효과를 고려하지 않은 '범주특성 변수의 효과만을 고려한 로지스틱 회귀모형'을 흔히 '조건부 로지스틱 회귀모형'이라고 부릅니다. 조건부 로지스틱 회귀모형은 특정한 개체의 차이를 고려하지 않는 특성을 갖습니다. 이 때문에 범주의 선택이 발생하는 상황의 효과를 통제한 후, 범주의 특성이 범주의 선택에 미치는 효과를 추정할 때 전통적으로 많이 이용되어 왔습니다. 본서에서는 `mlogit()` 함수를 이용하여 조건부 로지스틱 회귀모형을 추정했습니다만, 생존분석 함수를 제공하는 `survival` 패키지의 `clogit()` 함수를 이용하는 것이 더 널리 알려져 있습니다. 그러나 제 개인적 경험으로는 생존분석을 실시하는 것이 목적이 아니라면, `survival` 패키지보다는 `mlogit` 패키지를 사용하는 것이 보다 효율적이고 편한 것 같습니다.

끝으로 개인특성 변수와 범주특성 변수의 효과를 동시에 추정하는 모형을 '혼합 로지스틱 회귀모형'이라고 부릅니다. `mlogit` 패키지외에 혼합 로지스틱 회귀모형 추정함수를 별도 제공하고 있는 패키지는 없는 것으로 저는 알고 있습니다(R에 업로드된 무궁무진한 자원을 고려할 때, 제가 모르고 있을 수도 있습니다).

아무튼 위의 가설들을 추정하기 위해 다음의 총 4가지 로지스틱 회귀모형을 설정하였습니다.

- 모형0: 어떠한 예측변수도 투입하지 않은 모형(즉, 기저모형)
- 모형1A: 개인특성 변수인 성별과 연령만 예측변수로 투입하여 그 주효과를 추정한

모형(흔히 말하는 다항 로지스틱 회귀모형)

- 모형1B: 범주특성 변수인 기기 이용빈도만 예측변수로 투입하여 그 주효과를 추정한 모형(흔히 말하는 조건부 로지스틱 회귀모형)
- 모형2: 개인특성 변수인 성별/연령과 범주특성 변수인 기기 이용빈도의 주효과항만 추정한 모형(흔히 말하는 혼합 로지스틱 회귀모형)
- 모형3: 개인특성 변수인 성별/연령과 범주특성 변수인 기기 이용빈도의 주효과항과 함께 상호작용효과항들도 추정한 모형

연령의 경우 연속형 변수이기 때문에 해석의 편의를 위하여 평균중심화 변환을 실시하였으며, 일차항과 이차항을 모두 투입하도록 하겠습니다. 우선 연령의 평균중심화변환을 실시한 결과는 다음과 같습니다.

```
> # 연령의 경우 평균중심화 변환 실시
> wide3$ageC = wide3$age-mean(wide3$age)
```

이제 mlogit() 함수에 투입될 수 있도록 '넓은 데이터'를 '긴 데이터'로 변환시켜 보겠습니다. 앞서 소개했던 mlogit.data() 함수를 사용하면 됩니다만, 범주특성 변수가 있을 경우 varying 옵션과 sep 옵션을 추가로 지정해야 합니다. 우선 varying 옵션은 넓은 데이터 내부에서 어떤 변수들이 범주특성변수에 해당되는지를 지정하는 옵션입니다. varying=4:7이라는 표현은 넓은 데이터의 4번째부터 7번째 변수들이 범주특성 변수에 해당된다는 것을 뜻합니다. sep 옵션은 범주특성 변수의 이름의 'f' 부분과 '기기이름부분'(이를테면 TV)이 무엇으로 구분되어 있는지(위의 데이터에서는 _으로 구분됨)를 명시하는 역할을 합니다. 앞서 말씀드렸듯 mlogit() 함수의 경우 데이터프레임(data.frame) 데이터를 사용하셔야 하고, tidyverse 접근에서 사용되는 티블(tibble) 데이터는 사용하실 수 없습니다.

```
> # 긴 데이터로 형태변환
> long3 = mlogit.data(data.frame(wide3),
+               choice="choice",varying=4:7,
+               sep="_",shape="wide")
```

긴 데이터로 변환된 데이터는 다음과 같습니다. 1번 응답자의 경우 동일한 female, ageC의 값을 가지며, 선택된 기기별로 이용빈도가 입력되어 있는 것을 발견하실 수 있습니다(f라는 이름의 변수). 즉 위의 변환과정을 통해 f라는 이름의 범주특성 변수를 성공적으로 생성해 냈습니다.

```
> head(long3)
        female age choice         ageC   alt f chid
1.ETC        1  33  FALSE -10.5413953   ETC 4    1
1.PC         1  33   TRUE -10.5413953    PC 5    1
1.Smart      1  33  FALSE -10.5413953 Smart 5    1
1.TV         1  33  FALSE -10.5413953    TV 3    1
2.ETC        1  44  FALSE   0.4586047   ETC 2    2
2.PC         1  44  FALSE   0.4586047    PC 3    2
```

이제 앞에서 설정하였던 모형들을 추정해 보겠습니다. 범주특성 변수인 f는 연속형 변수로 가정되었기 때문에 해석의 용이성을 위하여 평균중심화 변환을 실시하였습니다. 한 가지 유의할 것은 기기별로 평균값을 따로 계산한 후, 평균중심화 변환을 실시해야 한다는 점입니다. 왜냐하면 특정 범주의 범주특성 변수값 평균이 다른 범주의 범주특성 변수값 평균과 다를 수 있기 때문입니다. 즉 전체평균을 중심으로 평균중심화 변환을 실시하는 것이 아니라 범주별 평균중심화 변환을 실시해야 합니다.[4] 앞서 잠시 설명해 드렸듯 | 기호의 왼쪽에는 범주특성 변수를, | 기호의 오른쪽에는 개체특성 변수들을 지정해 주면 됩니다. 범주특성 변수와 개체특성 변수의 상호작용효과 항은 | 기호의 오른편에 지정하시면 됩니다.

---

4 이 부분에 대한 보다 자세한 설명은 졸저(2018) 『R을 이용한 다층모형』(2018b)을 참조하시기 바랍니다. 실제로 4가지 기기별 이용빈도의 평균은 아래와 같이 상당히 다릅니다.

```
> # 각주
> long3 %>% group_by(alt) %>% summarize(mean(f))
# A tibble: 4 x 2
  alt    `mean(f)`
  <chr>     <dbl>
1 ETC        2.62
2 PC         4.12
3 Smart      4.82
4 TV         4.14
```

```
> # 모형추정
> # 각 기기별로 이용빈도 평균중심화 변환
> long3$fC[long3$alt=="ETC"]=long3$f[long3$alt=="ETC"]-
+  mean(long3$f[long3$alt=="ETC"])
> long3$fC[long3$alt=="PC"]=long3$f[long3$alt=="PC"]-
+  mean(long3$f[long3$alt=="PC"])
> long3$fC[long3$alt=="Smart"]=long3$f[long3$alt=="Smart"]-
+  mean(long3$f[long3$alt=="Smart"])
> long3$fC[long3$alt=="TV"]=long3$f[long3$alt=="TV"]-
+  mean(long3$f[long3$alt=="TV"])
> # 주효과
> m0=mlogit(choice~1|1,long3)
> m1a=mlogit(choice~1|female+ageC+I(ageC^2),long3)
> m1b=mlogit(choice~fC|1,long3)[5]
> m2=mlogit(choice~fC|female+(ageC+I(ageC^2)),long3)
> # 상호작용효과
> long3$fC_fem=long3$female*long3$fC
> long3$fC_ageC=long3$ageC*long3$fC
> long3$fC_ageC2=long3$ageC*long3$ageC*long3$fC
> m3=mlogit(choice~alt*(fC+fC_fem+fC_ageC+fC_ageC2)|female+ageC+I(ageC^2),long3)
```

---

5 앞서 말씀드렸듯, m1b 모형은 조건부 로지스틱 회귀모형입니다. R을 이용하여 조건부 로지스틱 회귀모형을 추정하는 기존 문헌에서는 주로 다음과 같이 survival 패키지의 clogit() 함수를 주로 이용합니다. 아래의 결과에서 확인하실 수 있듯, clogit() 함수를 기반으로 추정된 결과와 mlogit() 함수를 기반으로 추정된 결과는 소수점 여섯 번째 자리까지 동일합니다.

```
> # 각주: mlogit 패키지와 survival 패키지 비교
> library("survival")
> clogit_survival=clogit(choice~fC+alt+strata(chid),long3)
> coef(clogit_survival)
       fC      altPC   altSmart      altTV
0.7406463 1.7451026 2.8269508 1.8369854
> coef(m1b)
  PC:(intercept)  Smart:(intercept)  TV:(intercept)        fC
      1.7451025          2.8269507        1.8369853     0.7406463
> logLik(clogit_survival)
'log Lik.' -1115.268 (df=4)
> logLik(m1b)
'log Lik.' -1115.268 (df=4)
```

구체적 모형추정 결과를 살펴보기 전에, 로그우도비 테스트를 통해 앞서 추정했던 5개 모형들 중 어떤 모형의 모형설명력이 가장 우수한지 살펴봅시다. `lrtest()` 함수를 이용하여 5개 모형들의 모형비교 테스트를 실시한 결과는 아래와 같으며, 그 결과는 〈표1〉로 정리하였습니다. R 출력결과의 경우 '모형2'(m2), '모형3'(m3)을 비교한 로그우도비 테스트 결과만 제시하고, 나머지는 R 코드만 제시하였습니다. 만약 로그우도비 테스트 대신 왈드 테스트나 스코어 테스트를 원하신다면 비슷한 방식으로 함수의 이름만 바꾸어 사용하시면 됩니다[waldtest(), scoretest() 함수].[6]

아래 R 출력결과에서 확인하실 수 있듯, 범주특성 변수와 개체특성 변수의 상호작용효과항을 추가로 추정한 '모형3'이 '모형2' 데이터를 훨씬 더 잘 설명하는 것을 알 수 있습니다. 또한 〈표1〉에서 나타나듯, 설정한 모형들 중에서 '모형3'이 가장 데이터를 잘 설명한다는 것을 확인할 수 있습니다.

```
> # 모형비교 테스트: waldtest(), scoretest()도 가능
> lrtest(m0,m1a); lrtest(m0,m1b)
                              [분량조절을 위해 모형추정 결과는 본문의 표에 제시하였음]
> lrtest(m1a,m2); lrtest(m1b,m2)
                              [분량조절을 위해 모형추정 결과는 본문의 표에 제시하였음]
> lrtest(m2,m3)
Likelihood ratio test

Model 1: choice ~ fC | female + (ageC + I(ageC^2))
Model 2: choice ~ alt * (fC + fC_fem + fC_ageC + fC_ageC2) | female +
   ageC + I(ageC^2)
  #Df   LogLik  Df  Chisq  Pr(>Chisq)
1  13  -985.82
2  28  -967.01  15  37.618  0.001027 **
---
Signif. codes:  0 '***' 0.001 '**' 0.01 '*' 0.05 '.' 0.1 ' ' 1
```

6 테스트 결과는 거의 엇비슷합니다. 개인적으로는 로그우도비 테스트를 선호합니다.

표1. 5개 모형들에 대한 로그우도비 테스트 결과

테스트 모형	비교대상 모형	로그우도 카이제곱 (자유도)
모형1a	모형0	$\chi^2(9)=219.80^{***}$
모형1b	모형0	$\chi^2(1)=254.732^{***}$
모형2	모형1a	$\chi^2(1)=186.793^{***}$
모형2	모형1b	$\chi^2(9)=151.861^{***}$
모형3	모형2	$\chi^2(15)=37.618^{**}$

알림. $^{**}p<.01$, $^{***}p<.001$. N=1,075

또한 정보지수 중 AIC의 값을 살펴보아도 모형3이 가장 데이터를 잘 설명하는 것을 확인할 수 있습니다(모형3의 AIC 값이 가장 낮음).

```
> AIC(m0); AIC(m1a); AIC(m1b); AIC(m2); AIC(m3)
[1] 2384.241
[1] 2182.44
[1] 2131.508
[1] 1997.647
[1] 1990.029
```

위의 결과를 통해 우리는 모형3(m3)이 가장 설명력이 높은 모형임을 알 수 있습니다. 이제 모형3의 모수추정 결과를 살펴봅시다. summary(m3)와 같은 방식으로 모형추정 결과를 얻을 수 있습니다만, 앞서 말씀 드렸듯 모수추정 결과의 가독성이 높지 않습니다. 이에 제가 설정한 Multinomial_logistic_mlogit_summary_function() 함수[7]를 이용하여 모형추정 결과를 〈표2〉과 같이 보다 보기 좋게 정리하였습니다.

```
> summary(m3)
            [결과의 가독성이 떨어지기 때문에 제시하지 않았음. 본문의 표 참조]
> Multinomial_logistic_mlogit_summary_function(m3,3)
                                    [본문의 표 참조]
```

7 Multinomial_logistic_mlogit_summary_function() 함수는 본서의 온라인 첨부파일을 참조하시기 바랍니다.

표2. `mlogit()` 함수를 이용 개체특성 변수와 범주특성 변수의 상호작용효과 테스트

	고용상태 범주(기준집단 = 기타기기)		
	PC	스마트폰	TV
범주특성 효과			
이용빈도		0.531+ (0.301)	
이용빈도×성별		1.143 (0.882)	
이용빈도×연령(일차항)		−0.054 (0.045)	
이용빈도×연령(이차항)		0.006* (0.003)	
개체특성 효과			
절편	2.465*** (0.591)	3.500*** (0.587)	1.987** (0.602)
성별(여성 = 1)	2.664 (2.015)	2.989 (2.011)	3.579+ (2.015)
연령(일차항)	−0.154 (0.102)	−0.183+ (0.102)	−0.108 (0.102)
연령(이차항)	0.009 (0.006)	0.009 (0.006)	0.008 (0.006)
범주특성 및 개체특성 상호작용			
이용빈도×범주	0.188 (0.334)	0.153 (0.345)	0.413 (0.363)
이용빈도×성별	−0.901 (0.904)	−1.342 (0.917)	−1.754+ (0.909)
이용빈도×연령(일차항)	0.042 (0.045)	0.067 (0.046)	0.063 (0.046)
이용빈도×연령(이차항)	−0.006* (0.003)	−0.005+ (0.003)	−0.005+ (0.003)
모형적합도 지수			
로그우도 $\chi^2(df)$		444.212*** (28)	
맥파든(McFadden's) 임의 R^2		0.187	
AIC		1990.029	
BIC		2129.471	

알림. $+p<.10$, $^{*}p<.05$, $^{**}p<.01$, $^{***}p<.001$. N=1,075. 다항 로지스틱 회귀모형 추정을 위해 `mlogit` 패키지(version 0.3-0)의 `mlogit()` 함수를 이용하였음.

〈표2〉의 결과를 살펴보겠습니다. 우선 표의 하단 모형적합도 지수의 경우 앞서 이미 설명하였기 때문에 재론하지는 않겠습니다. 이에 표의 상단 모수추정 결과만 살펴보겠습니다.

첫째, 범주특성 효과는 범주특성이 범주의 선택 확률에 미치는 효과를 의미합니다. 이용빈도의 회귀계수인 .531을 해석하면 다음과 같습니다. "다른 예측변수들의 효과를 통제하였을 때(평균 연령의 남성 기준), 기준집단으로 선택된 기타기기를 뉴스이용기기로 선택하지 않을 확률 대비 선택할 확률은 기타기기의 이용빈도가 1단위 증가할 때마다 약 70%씩 증가하며($1.702 \approx e^{.531}$), 이 효과는 통상적 수준에서는 유의미하지 않지만, 유의도 수준을 완화시킬 경우 유의미하다($p<.10$)."

둘째, 개체특성 효과는 앞서 소개했던 `multinom()` 함수의 추정결과 해석과 동일합니다(물론 범주특성 효과를 추가로 통제했다는 것이 다르기는 합니다만). 예를 들어 가장 오른쪽 세로줄('TV'라는 이름의 세로줄)의 성별의 회귀계수 3.579는 다음과 같이 해석할 수 있습니다. "다른 예측변수들의 효과를 통제하였을 때(평균연령 및 평균이용빈도), 기타기기 대비 TV를 선택하지 않을 확률 대비 선택할 확률의 비율은 응답자의 성별이 남성에서 여성으로 변할 때 약 36배 가량 증가하여 매우 큰 것처럼 보이지만($35.838 \approx e^{3.579}$), 이 효과는 통상적 유의도 수준을 완화시킬 경우 유의미하다($p<.10$)."

셋째, 언제나 그렇듯 상호작용효과의 경우는 해석이 쉽지 않습니다. 앞에서 말씀드린 것과 동일하게 확장된 형태의 다항 로지스틱 회귀모형의 추정 결과를 말로 설명하는 것은 매우 번잡한 일입니다(또한 그 결과가 직관적으로 이해되지도 않는 경우가 대부분입니다). 따라서 상호작용효과는 물론이고, 특히 종속변수의 범주가 여럿인 로지스틱 회귀모형 추정결과는 '그래프'로 결과를 제시하는 것이 최선입니다. 학문분과에 따라 다르겠습니다만, 상당수의 학자들이 다항 로지스틱 회귀모형은 물론 확장된 형태의 다항 로지스틱 회귀모형 역시도 선호하지 않는데, 그 이유 중 하나는 해석의 번잡함 때문인 것으로 저는 알고 있습니다. 그러나 그래프로 확장된 다항 로지스틱 회귀모형 추정결과를 시각화하면 모형추정 결과를 이해하는 것이 그다지 어렵지 않습니다.

여기서는 `mlogit` 패키지를 기반으로 추정된 다항 로지스틱 회귀모형을 시각화하는 방법을 설명해 드리겠습니다. 앞에서도 몇 번 말씀을 드린 바 있습니다만, 제 개인적으로 `mlogit` 패키지에 대해 가장 아쉬운 점은 티블(`tibble`) 데이터가 사용되지 못한다는 점입니다. 이 때문에 앞에서 소개했던 `modelr` 패키지의 `data_grid()` 함수를 활용하지 못하기 때문에 시각화작업이 다소 번잡할 수 있습니다. 아마도 이 부분은 `mlogit` 패키지가 개선되면서 점차 나아질 것으로 기대합니다. 아무튼 여기서는 데이터프레임(`data.frame`) 형식의 데이터를 기반으로 모형을 추정한 후, 이 결과를 티블(`tibble`) 형식의 데이터로 전환한 후 시각화 결과를 제시하는 방식을 취하겠습니다.

우선 간단한 사례를 통해 `mlogit` 패키지를 기반으로 추정된 다항 로지스틱 회귀모형의 예측값을 구하는 방법을 살펴보겠습니다. '모형3'에 투입된 예측변수들이 다음과 같은 조건을 갖는다고 가정해 보죠.

- 성별: 남녀 동수를 가정(`female = .50`)
- 연령: 평균연령을 가정(`ageC = 0`)
- 기기 이용빈도: 각 기기별 평균값을 가정(`fC = 0`)

위의 조건에서 계산한 각 범주별 뉴스이용 기기 선택 확률은 다음과 같습니다.

```
> # 모형의 예측값을 얻는 것이 다소 까다롭다(티블 데이터가 작동하지 않습니다).
> # 남녀 동수, 기기별 이용빈도는 3-4일 정도, 연령은 평균연령
> myfig = long3
> myfig$female = 0.5
> myfig$ageC = 0
> myfig$fC = 0
> myfig$fC_fem=0.5*0
> myfig$fC_ageC=0*0
> myfig$fC_ageC2=0*0*0
> predy = predict(m3, newdata = myfig)[1,]
> head(predy)
        ETC          PC       Smart          TV
0.004222853 0.188233822 0.623141258 0.184402067
```

이를 응용하면 다른 예측변수들을 통제한 후, 특정 예측변수의 변화에 따른 범주별 확률값 변화패턴을 예측한 데이터를 얻을 수 있습니다. 즉 이렇게 얻은 데이터를 `tidyverse` 접근의 `ggplot2` 패키지를 이용해 시각화하는 것이죠. 개인함수로 얻은 확률값들이 위에

서 얻은 확률값들과 동일한 것을 발견하실 수 있습니다[물론 최종결과물은 티블(tibble) 데이터 형태입니다].

```
> # 제 경우 개인함수를 하나 작성했습니다.
> Mlogit_visualization_model_based=function(mlogit_object,
+                                 mlogit_df,x_female,x_fC,x_ageC){
+   myfig = mlogit_df
+   myfig$female = x_female
+   myfig$fC = x_fC
+   myfig$ageC = x_ageC
+   myfig$fC_fem= x_fC*x_female
+   myfig$fC_ageC= x_fC*x_ageC
+   myfig$fC_ageC2= x_fC*x_ageC*x_ageC
+   predy = predict(mlogit_object, newdata = myfig)[1,]
+   predy = predy %>%
+     as_tibble() %>%
+     mutate(
+       device=names(predy),
+       female=x_female,
+       fC=x_fC,
+       ageC=x_ageC
+     )
+   predy
+ }
> Mlogit_visualization_model_based(m3,long3,0.5,0,0)
# A tibble: 4 x 5
    value device female    fC  ageC
    <dbl> <chr>   <dbl> <dbl> <dbl>
1 0.00422 ETC     0.500     0     0
2 0.188   PC      0.500     0     0
3 0.623   Smart   0.500     0     0
4 0.184   TV      0.500     0     0
```

이제 반복문을 이용하여 확장된 형태의 다항 로지스틱 회귀모형에서의 상호작용효과를 시각화해보죠. 우선 기기별 이용빈도와 성별의 2원 상호작용효과를 시각화해 보겠습니다. 성별의 변수수준(남성=0, 여성=1) 변화를 i로, 그리고 기기별 이용빈도의 변화를 평균값이

0을 중심으로 1수준 낮은 수준과 높은 수준을 상정하여 그 변화를 j로 설정한 후 반복계산을 적용하였습니다.

시각화한 결과는 〈그림1〉과 같습니다. 〈그림1〉에서 잘 드러나듯, 기기별 이용빈도가 PC와 TV의 선택 확률에 미치는 효과는 응답자의 성별에 따라 다르게 나타납니다. 여성 응답자의 경우 평상시 이용빈도가 높을수록 PC를 뉴스소비 기기로 선택할 확률이 증가하지만, 이러한 효과는 남성 응답자에게서는 나타나지 않습니다. 또한 여성 응답자의 경우 평상시 이용빈도가 높을수록 TV를 뉴스소비 기기로 선택할 확률이 낮아지는 반면, 남성 응답자에게서는 이 효과 패턴이 반대로 나타납니다. 기타기기와 스마트폰의 경우 기기별 이용빈도가 기기선택에 미치는 효과가 남성과 여성 응답자에게서 비슷한 패턴으로 나타납니다.

```
> # 응답자의 평균연령을 설정할 때, 성별과 기기별 이용빈도의 상호작용효과
> myresult=list()
> for (i in 0:1){
+   for (j in -1:1){
+     myresult=bind_rows(myresult,
+                        Mlogit_visualization_model_based(m3,long3,
+                                                         x_female=i,x_fC=j,x_ageC=0))
+   }
+ }
> # 시각화하면 다음과 같음.
> myresult %>%
+   mutate(
+     female=ifelse(female==0,"남성","여성"),
+     female=fct_relevel(female,"여성"),
+     fC=factor(fC,labels=c("평균보다\n1단위 낮음",
+                          "기기별\n평균이용빈도",
+                          "평균보다\n1단위 높음")
+     )) %>%
+   ggplot(aes(x=female,y=value,fill=fC))+
+   geom_bar(stat='identity',position='dodge')+
+   labs(x="성별",y="해당기기 선택 확률",fill="기기별 이용빈도")+
+   theme_bw()+theme(legend.position="top")+
+   facet_wrap(~device)
```

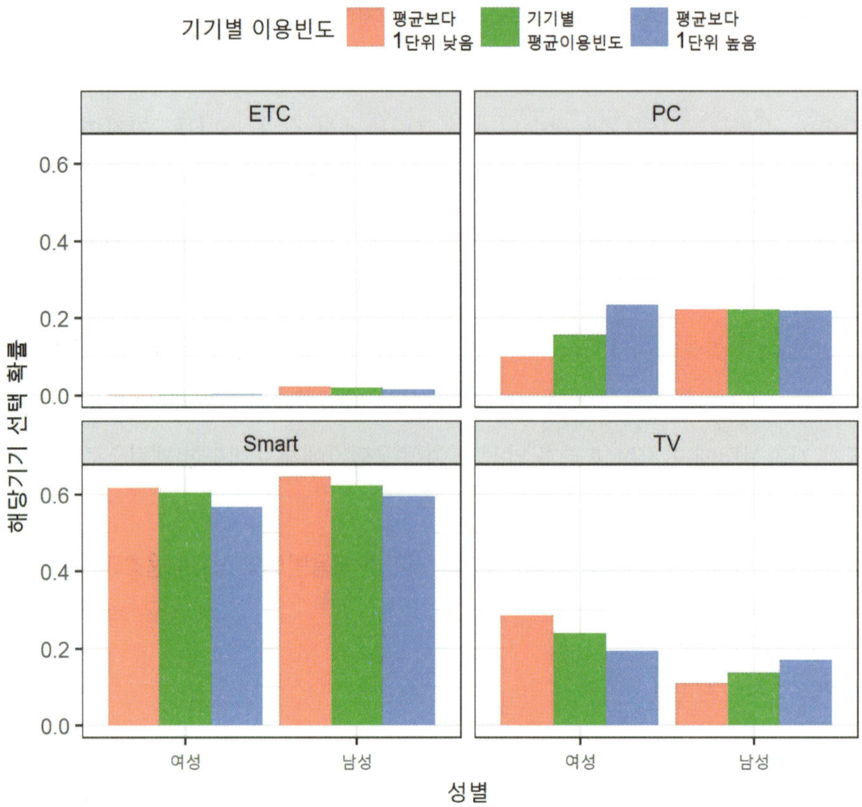

그림1. 응답자의 성별(개체특성)과 기기별 이용빈도(범주특성)의 상호작용효과 패턴

다음으로 성별과 기기별 이용빈도를 통제하였을 때, 연령효과가 어떻게 나타나는지 시각화해 보겠습니다. 성별의 경우 남녀 동비를 가정하고, 기기별 이용빈도를 평균값으로 가정할 경우, 연령변화에 따라 네 가지 기기를 뉴스 주소비기기로 선택할 확률은 아래의 〈그림2〉와 같습니다. 스마트폰을 주요 뉴스소비 기기로 선택할 확률은 연령이 높아질수록 급격하게 감소하지만, 반대로 TV를 주요 뉴스소비 기기로 선택할 확률은 점점 높아집니다. 기타기기의 경우, 모든 연령층에서 선택될 가능성이 매우 높게 나타났습니다. 끝으로 PC의 경우 연령변화에 따라 주요 뉴스소비 기기로 PC를 선택할 확률이 조금씩 증가하는 것을 발견할 수 있습니다.

```
> # 남녀 비율이 동등하고, 평균수준의 기기이용을 가정할 때 연령에 따른 기기선택 확률변화
> myresult=list()
> myageC = unique(long3$ageC)
> for (i in 1:51){
+   myresult=bind_rows(myresult,
+                   Mlogit_visualization_model_based(m3,long3,
+                                          x_female=0.5,x_fC=0,x_ageC=myageC[i]))
+ }
>
> # 시각화하면 다음과 같음.
> myresult %>%
+   mutate(age=ageC+mean(wide3$age)) %>%
+   ggplot(aes(x=age,y=value,color=device))+
+   geom_line(size=1)+
+   labs(x="연령",y="해당기기 선택 확률",color="기기")+
+   theme_bw()
```

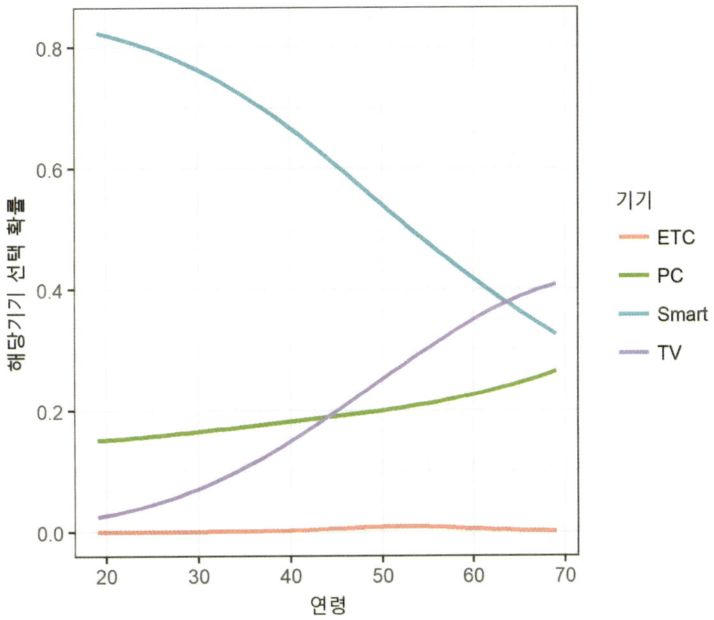

그림2. 응답자의 연령이 기기선택에 미치는 효과

그렇다면 연령에 따른 기기선택 확률변화는 해당 기기의 이용빈도 변화에 따라 어떻게 달라질까요? 즉 성별효과를 통제하였을 때, 기기별 이용빈도(범주특성 변수)와 응답자의 연령(개인특성 변수)의 상호작용은 어떻게 달라질까요? 마찬가지로 테스트할 수 있습니다. 시각화 결과는 〈그림3〉과 같습니다. 결과에서 알 수 있듯, 연령에 따라 스마트폰을 주요 뉴스소비 기기로 선택할 확률의 감소효과는 스마트폰 사용빈도가 높을수록 약해지지만, 연령에 따라 TV를 주요 뉴스소비 기기로 선택할 확률의 증가효과는 TV 사용빈도가 높을수록 강해집니다. 또한 연령에 따라 PC를 주요 뉴스소비 기기로 선택할 확률의 효과는 PC의 사용빈도가 낮을 경우는 증가효과로 나타나지만, PC의 사용빈도가 높을 경우는 감소효과로 나타납니다.

```
> # 남녀 비율이 동등하다고 가정할 때, 기기사용 빈도별로 연령에 따른 기기선택 확률변화
> myresult=list()
> myageC = unique(long3$ageC)
> for (i in 1:51){
+   for (j in c(-1,0,1)){
+     myresult=bind_rows(myresult,
+                   Mlogit_visualization_model_based(
+                     m3,long3,x_female=0.5,x_fC=j,x_ageC=myageC[i]))
+   }
+ }
> # 시각화하면 다음과 같음.
> myresult %>%
+   mutate(
+     age=ageC+mean(wide3$age),
+     fC=factor(fC,labels=c("평균보다 1단위 낮음",
+                          "기기별 평균 이용빈도",
+                          "평균보다 1단위 높음"))
+   ) %>%
+   ggplot(aes(x=age,y=value,color=device))+
+   geom_line(size=1)+
+   labs(x="연령",y="해당기기 선택 확률",color="기기")+
+   theme_bw()+theme(legend.position="top")+
+   facet_wrap(~fC)
```

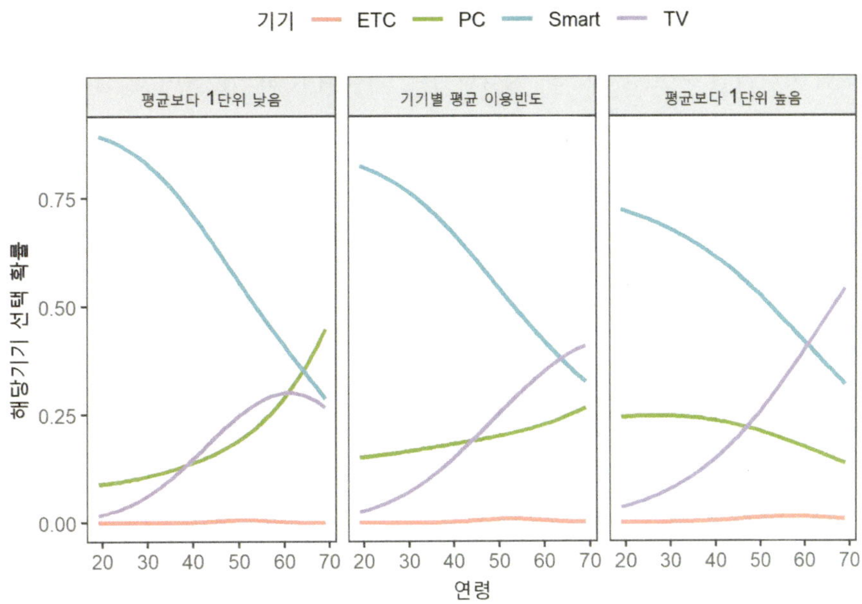

그림3. 응답자의 연령(개체특성)과 기기별 이용빈도(범주특성)의 상호작용효과 패턴

끝으로 조금 복잡한 패턴을 살펴보겠습니다. 앞서 제시한 모형3(m3)의 경우 기기별 이용빈도와 성별의 2원 상호작용효과, 기기별 이용빈도와 연령의 2원 상호작용효과만을 고려했습니다. 만약 여기에 기기별 이용빈도, 성별, 연령의 3원 상호작용효과를 추가로 추정했다고 가정해 봅시다.[8] 이때 3원 상호작용 효과추정 패턴을 제시하기 위해 세 가지 예측변수 변화를 다 반영한 모형추정 결과를 시각화한다고 가정해 봅시다(해당 모형이 현실을 이해하는 데 얼마나 도움이 될지는 잘 모르겠습니다만, R 코드 작성을 연습하는 데는 효과적이라고 생각합니다).

이를 위해서는 반복문에 i, j, k로 세 가지 예측변수 수준을 다 변화시키는 모수를 투

8 일단 데이터상으로는 3원 상호작용효과는 통계적으로 유의미하지 않습니다.

```
> lrtest(m3,m4)
Likelihood ratio test

Model 1: choice ~ alt * (fC + fC_fem + fC_ageC + fC_ageC2) | female +
    ageC + I(ageC^2)
Model 2: choice ~ alt * (fC + fC_fem * fC_ageC + fC_fem * fC_ageC2) |
    female + ageC + I(ageC^2)
  #Df  LogLik  Df   Chisq  Pr(>Chisq)
1  28 -967.01
2  36 -963.36   8  7.3102      0.5036
```

입해야 합니다. R 코드가 다소 복잡해 보이지만 앞에서 소개한 시각화 방법을 이해하셨다면 충분히 따라가실 수 있을 것으로 생각합니다. 아래의 R 코드를 실행한 결과는 〈그림4〉와 같습니다.

```
> # 성별, 연령별, 기기이용 빈도별 효과를 같이 시각화
> m4=mlogit(choice~alt*(fC+fC_fem*fC_ageC+fC_fem*fC_ageC2)|
+         female+ageC+I(ageC^2),long3)
> myresult=list()
> myageC = unique(long3$ageC)
> for (i in 1:51){
+   for (j in -1:1){
+     for (k in 0:1) {
+       myresult=bind_rows(myresult,
+                          Mlogit_visualization_model_based(
+                            m4,long3,x_female=k,x_fC=j,x_ageC=myageC[i]))
+     }
+   }
+ }
> # 시각화하면 다음과 같음.
> myresult %>%
+   mutate(
+     female=ifelse(female==0,"남성","여성"),
+     female=fct_relevel(female,"여성"),
+     age=ageC+mean(wide3$age),
+     fC=factor(fC,labels=c("평균보다 1단위 낮음",
+                           "기기별 평균 이용빈도",
+                           "평균보다 1단위 높음"))
+   ) %>%
+   ggplot(aes(x=age,y=value,color=device))+
+   geom_line(size=1)+
+   labs(x="연령",y="해당기기 선택 확률",color="기기")+
+   theme_bw()+theme(legend.position="top")+
+   facet_grid(fC~female)
```

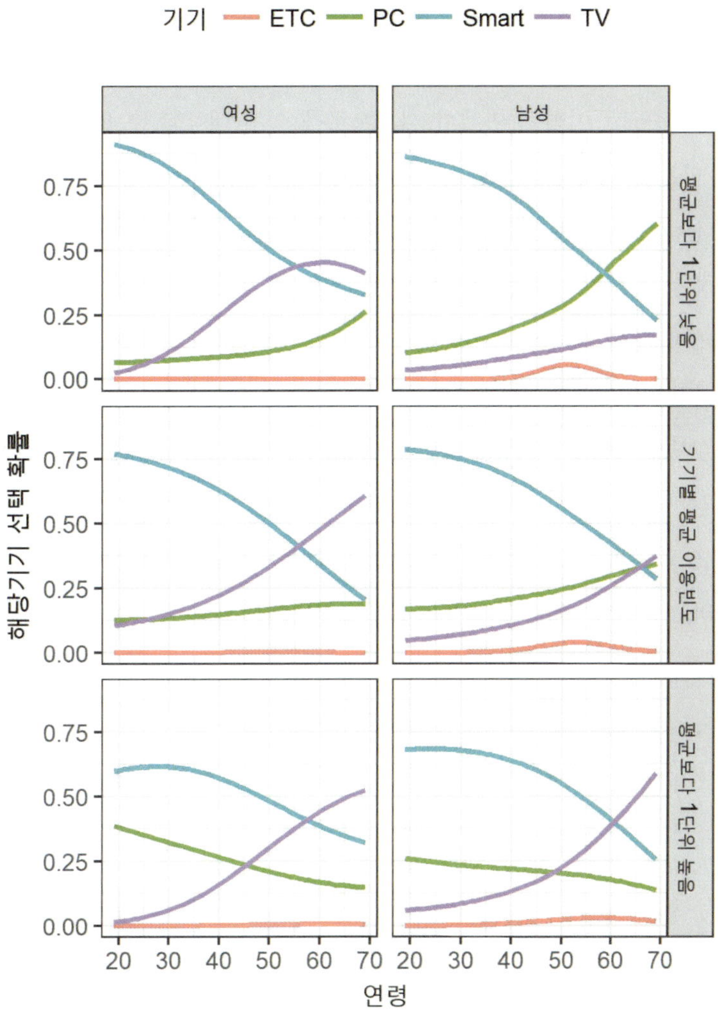

그림4. 응답자의 연령효과가 성별, 기기별 이용빈도에 따라 달라지는 효과 패턴

배속 로지스틱 회귀모형(nested logistic regression model)

배속 로지스틱 회귀모형은 앞서 소개한 다항 로지스틱 회귀모형의 파생모형입니다. 다항 로지스틱 회귀모형의 종속변수의 범주들은 흔히 비슷한 속성끼리 묶어 상위범주로 표현하는 것이 가능합니다. 예를 들어 여러분이 서울에서 부산까지 여행을 계획하고 있다고 가정해 보시기 바랍니다. 어떤 교통수단을 택하시고 싶은가요? 고속버스나 기차와 같은 대중교통을 타고 가려는 분도 있을 것이고, 자신의 자동차 혹은 렌트한 자동차를 타고 가려는 분도 있을 것입니다. 어쩌면 비행기를 택할 수도 있습니다. 지금 제가 언급한 '고속버

스', '기차', '자가용', '렌트카', '비행기'의 5개 선택범주들이 모두 각각에 대해서 독립적이라고, 즉 IIA 가정을 충족시킨다고 보시나요? 아닐 것입니다. 고속버스와 기차는 (어쩌면 비행기도 포함) '대중교통'이라는 면에서 서로서로를 쉽게 대체할 수 있고, '자가용'과 '렌트카'는 '승용차'라는 점에서 비슷한 부류로 묶일 수 있습니다. 다시 말해 서울에서 부산을 가려는 사람의 선택과정은 '대중교통', '승용차'라는 범주들의 상위범주를 먼저 결정한 후, 상위범주를 결정한 후 개별 범주를 선택하는 2단계의 과정을 거칠 수도 있습니다.

이런 관점에서 앞서 살펴본 exdata3을 사례로 배속 로지스틱 회귀모형을 소개하겠습니다. TV와 기타기기(신문과 라디오)라는 기기는 전통적인 신문방송기기(mass communication device)입니다. 반면 PC나 스마트기기들은 통신기기(telecommunication device)입니다. 주요 뉴스소비 기기를 선택할 때 다음의 〈그림5〉와 같은 순서로 기기를 선택한다고 보는 것도 가능합니다. 참고로 배속 로지스틱 회귀모형을 소개하는 문헌에서는 흔히 상위범주를 '큰가지(branch)'라고, 개별범주를 '잔가지(twig)'라고 부릅니다.

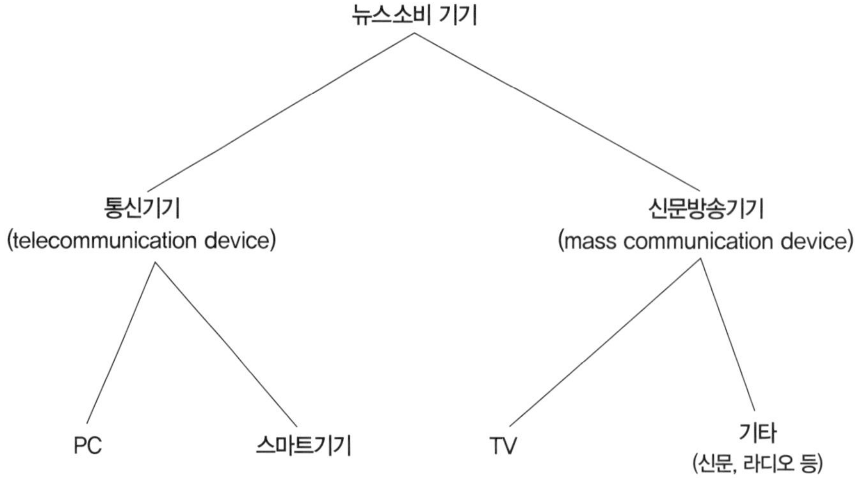

그림5. 범주형 종속변수의 범주선택 단계(상위범주와 개별범주)

뉴스소비 기기 선택방식을 위와 같이 개념화할 경우, 소비자의 선택을 둘러싼 범주들의 경쟁방식을 다음과 같이 2가지로 구분할 수 있습니다. 첫째, 상위범주들 사이의 경쟁이 존재합니다. 즉 신문방송기기는 통신기기의 대안적 범주(alternative)이며, 통신기기는 신문방송기기의 대안적 범주입니다. 둘째, 각 상위범주에 배속된 범주들 사이의 경쟁이 존재합니다. 즉 신문방송기기 중 기타기기는 TV의 대안적 범주이며, 그 반대도 마찬가지입니다. 또한 통신기기의 경우도 스마트기기와 PC는 서로가 서로에 대해 대안적 범주 역할을 합니다.

이를 반영하기 위해 배속 로지스틱 회귀모형에서 내포값(IV, inclusive value)이라는 모수가 사용됩니다. 내포값은 상위범주에서 추정됩니다. 다시 말해 〈그림5〉에서 뉴스소비 기기 중 통신기기 혹은 신문방송기기를 선택할 확률을 추정한다면, 두 상위범주가 소비자의 선택을 두고 경쟁하게 됩니다. 만약 가장 끝단의 개별기기까지 경쟁상태를 고려한다면 통신기기 내에서 PC와 스마트기기의 경쟁, 신문방송기기 내에서 TV와 기타기기의 경쟁을 고려할 수 있습니다. 개념적으로 IV는 상위범주를 기준으로 상위범주들 사이의 경쟁상황이 더 강한지(IV의 값이 1보다 클 경우), 아니면 상위범주 내부의 개별범주들 사이의 경쟁상황이 더 강한지를 보여줍니다(IV의 값이 1보다 작을 경우). 만약 상위범주를 설정하는 것이 별 의미가 없다면(즉, 상위범주를 상정한 후의 개별범주 사이의 경쟁관계가 상위범주를 상정하지 않은 상태에서의 개별범주 사이의 경쟁관계와 동일할 경우), IV의 값은 1이 나옵니다.

설명이 추상적일지도 모르겠습니다. 〈그림5〉에서 설정한 도식을 기반으로 아래와 같은 3가지 모형을 설정하겠습니다.

- 모형0: 범주특성변수만으로 범주선택을 설명하는 모형(즉, 조건부 로지스틱 회귀모형)
- 모형1: 상위범주들 사이의 경쟁상황만 추가로 고려한 모형(즉, 제1단계 선택과정만 고려)
- 모형2: 상위범주 내부의 개별범주 경쟁상황도 추가로 고려한 모형(즉, 2단계 선택과정도 고려)

앞서 사전처리한 `long3`을 기반으로 모형0을 추정한 결과는 아래와 같습니다. 조건부 로지스틱 회귀모형 부분에서 이미 소개한 바 있습니다. 개체특성 변수들을 지정하는 `|` 기호 오른쪽에는 `0`을 부여하여 어떠한 변수도 투입되지 않는다고 지정하였습니다.

```
> # model0: 조건부 로지스틱 회귀모형
> model0=mlogit(choice~fC|0,long3)
```

'모형1'부터가 배속 로지스틱 회귀모형입니다. 〈그림5〉에 맞도록 범주들을 2개의 상위 범주로 묶기 위해 mlogit() 함수의 nests옵션을 아래와 같이 지정하였습니다. 또한 un.nest.el=TRUE라는 옵션은 1단계까지의 선택과정만을 고려한다는 의미입니다.

```
> # model1: 상위범주의 관계
> model1=mlogit(choice~fC|0,long3,
+           nests=list(tele=c("Smart","PC"),mass=c("ETC","TV")),
+           un.nest.el=T)
```

모형1에서 un.nest.el=TRUE라는 옵션을 지정하지 않거나 un.nest.el=FALSE로 지정하면 2단계의 선택과정까지 추정된 모형2에 대한 추정결과를 얻을 수 있습니다.

```
> # model2: 상위범주 내 범주간 관계
> model2=mlogit(choice~fC|0,long3,
+           nests=list(tele=c("Smart","PC"),mass=c("ETC","TV")))
```

이제 위에서 추정한 세 모형들의 모수추정치를 한번 살펴봅시다. summary() 함수를 쓸 수도 있지만, 추정된 모수가 무엇인지 살펴보는 것이 목적입니다.[각 모수추정치에 대한 통계적 유의도가 궁금하면 summary() 함수를 사용하시면 됩니다.]

```
> coef(model0)
     fC
0.4074953
> coef(model1)
     fC       iv
0.3244539 0.6780185
> coef(model2)
    fC       iv:tele    iv:mass
0.5978579  2.8944056  1.1902854
```

모형1의 추정결과에서 IV(iv)의 값을 살펴봅시다. .678로 1보다 작은 IV값을 얻었습니다. 이는 상위범주간 선택 대체(substitution)에 비해 상위범주 내부의 선택 대체가 더 빈번하게 발생하는 것을 보여줍니다. 모형2의 추정결과에서 얻은 두 개의 IV(iv:tele, iv:mass)

는 각각 통신기기의 IV, 신문방송기기의 IV를 의미합니다. 위의 결과에서 볼 수 있듯 '통신기기의 신문방송기기와의 대체가 통신기기 내부간 대체(즉, 스마트기기 혹은 PC) 비율'이 '신문방송기기의 통신기기와의 대체가 신문방송기기 내부간 대체(즉, TV 혹은 기타기기) 비율'보다 더 강하게 나타난다는 것을 의미합니다.

그렇다면 위의 3가지 모형중에서 어떤 모형이 가장 데이터를 잘 설명하는 모형일까요? 구체적으로 모형0과 모형1을 비교하였을 때, 두 모형의 모형설명력이 유사하다면 개인의 기기선택과정에서 상위범주들 사이의 대체관계가 존재하지 않는다는 것을 뜻할 것입니다. 또한 모형1과 모형2를 비교하였을 때, 두 모형의 모형설명력 차이가 존재하지 않는다면, 각 상위범주 내 개별범주가 다른 상위범주 내 개별범주와 대체관계가 동등하다는 것을 의미할 것입니다. 이 테스트는 앞서와 마찬가지로 `lrtest()` 함수 혹은 `waldtest()`, `scoretest()` 함수 등을 이용하시면 됩니다. 여기서는 `lrtest()` 함수를 이용하여 로그우도비 테스트를 실시하겠습니다.

```
> lrtest(model0, model1)
Likelihood ratio test

Model 1: choice ~ fC | 0
Model 2: choice ~ fC | 0
  #Df   LogLik  Df  Chisq   Pr(>Chisq)
1  1  -1423.0
2  2  -1421.4  1  3.2648  0.07078 .
---
Signif. codes:  0 '***' 0.001 '**' 0.01 '*' 0.05 '.' 0.1 ' ' 1
> lrtest(model1, model2)
Likelihood ratio test

Model 1: choice ~ fC | 0
Model 2: choice ~ fC | 0
  #Df   LogLik  Df  Chisq   Pr(>Chisq)
1  2  -1421.4
2  3  -1291.3  1  260.12   < 2.2e-16 ***
---
Signif. codes:  0 '***' 0.001 '**' 0.01 '*' 0.05 '.' 0.1 ' ' 1
```

여기에 개체특성 변수들로 성별(female), 연령의 일차항(ageC)과 이차항(ageC2)을 추가해 봅시다. 범주의 선택단계가 2단계로 이루어지기 때문에, 1단계의 상위범주를 가변수로 생성한 후, 여기에 개체특성변수를 곱해주어야 합니다. 〈그림5〉와 같은 사례의 경우 '신문방송기기' 대비 '통신기기'를 선택할 확률이 성별에 따라 혹은 연령에 따라 달라지는지 여부를 테스트하는 것입니다. 개체특성 변수들까지 반영한 모형은 '모형3(model3)'이라고 이름 붙이겠습니다. 이를 위한 R 코드는 아래와 같습니다.

```
> # 1단계 상위범주 선택 시 개인특성변수의 효과 포함
> long3$tele=ifelse(long3$alt=="PC"|long3$alt=="Smart",1,0)
> long3$tele_female=long3$female*long3$tele
> long3$tele_ageC=long3$ageC*long3$tele
> long3$tele_ageC2=long3$ageC*long3$ageC*long3$tele
> model3=mlogit(choice~fC+tele_female+tele_ageC+tele_ageC2|0,
+                 long3,nests=list(tele=c("Smart","PC"),mass=c("ETC","TV")))
> summary(model3)

Call:
mlogit(formula = choice ~ fC + tele_female + tele_ageC + tele_ageC2 |
   0, data = long3, nests = list(tele = c("Smart", "PC"), mass = c("ETC",
   "TV")))

Frequencies of alternatives:
     ETC        PC     Smart        TV
0.031628 0.205581 0.534884 0.227907

bfgs method
10 iterations, 0h:0m:0s
g'(-H)^-1g = 3.77E-08
gradient close to zero

Coefficients :
               Estimate  Std. Error  z-value   Pr(>|z|)
fC            0.47668508 0.08984413  5.3057   1.122e-07 ***
tele_female  -0.19124277 0.15308006 -1.2493   0.2116
tele_ageC    -0.07512828 0.00772064 -9.7308  < 2.2e-16 ***
tele_ageC2    0.00017776 0.00056552  0.3143   0.7533
iv:tele       3.08570340 0.32646866  9.4518  < 2.2e-16 ***
iv:mass       0.97079069 0.21547952  4.5053   6.629e-06 ***
---
```

```
Signif. codes:  0 '***' 0.001 '**' 0.01 '*' 0.05 '.' 0.1 ' ' 1

Log-Likelihood: -1223.2
```

위의 결과 해석은 앞서의 다항 로지스틱 회귀모형의 결과 해석과 동일합니다. 즉 특정 매체에 대한 이용빈도가 높을수록 응답자들은 뉴스를 보기 위해 해당 기기를 선택합니다(fC의 회귀계수). 우리가 알고 있는 상식과 부합하듯, 연령이 높을수록 스마트기기나 PC와 같은 통신기기를 통해 뉴스를 보지 않으려는 경향이 강합니다만(tele_ageC의 회귀계수), 신문방송기기와 통신기기 사이의 선택과정에서 성별에 따른 차이는 확인되지 않습니다(tele_female의 회귀계수).

흥미로운 사실은 IV 관련 추정결과입니다. iv:tele의 결과에서 알 수 있듯, 통신기기에 속하는 스마트기기와 PC는 신문방송기기와의 대체확률이 같은 통신기기들끼리의 대체확률보다 높은 편입니다(3.08570340). 반면 iv:mass의 결과가 잘 보여주듯, 동일한 신문방송기기들끼리의 대체확률은 신문방송기기의 다른 통신기기와의 대체확률과 그다지 다르지 않습니다(0.97079069). 우선 IV 관련 추정결과에서 제시된 통계적 유의도는 신경쓰지 않는 것이 좋습니다. 왜냐하면 이 결과는 "H_0: IV = 0"이라는 귀무가설을 테스트한 것이기 때문입니다. 그러나 IV에 대한 해석은 1을 기준으로 한다는 점에서 위의 Coefficients: 부분에 제시된 IV 관련 통계적 유의도 추정결과는 별 의미가 없습니다.

그렇다면 흥미로운 테스트를 한 가지 더 해봅시다. 즉 보고된 IV 추정치가 과연 1과 동등한지 여부를 테스트하는 것입니다(H_0: IV = 1 귀무가설 테스트). 이를 위해서는 해당 모형에서 회귀계수와 표준오차를 추출하시면 됩니다. R 코드는 아래와 같습니다.

```
> # IV=1이라는 귀무가설 테스트
> iv_tele_1=(coef(model3)['iv:tele']-1)/sqrt(vcov(model3)['iv:tele', 'iv:tele'])
> pnorm(iv_tele_1,lower.tail=F) # 일방테스트
    iv:tele
8.366259e-11
> iv_mass_1=(coef(model3)['iv:mass']-1)/sqrt(vcov(model3)['iv:mass', 'iv:mass'])
> pnorm(iv_mass_1,lower.tail=T) # 일방테스트
  iv:mass
0.4460866
```

위의 결과는 다음과 같이 설명할 수 있습니다. 신문방송기기에 속하는 TV와 기타기기의 통신기기와의 상호 대체확률은 신문방송기기 내부의 상호 간 대체확률과 거의 동일하지만(p=.554), 통신기기에 속하는 스마트폰과 PC의 신문방송기기와의 상호 대체확률은 통신기기 내부의 상호 간 대체확률보다 월등하게 높으며 이는 통계적으로 유의미합니다(p<.001). 이 결과는 데이터가 수집된 2018년이라는 사회적 상황을 돌이켜 보면 쉽게 이해할 수 있습니다. 신문방송기기라고 하더라도 TV와 기타기기(라디오와 종이신문)는 서로의 영역이 잘 구분된 편이고(즉 상호대체가 잘 일어나지 않을 가능성이 높고), PC나 스마트기기와도 다른 고유의 영역이 존재합니다. 다시 말해 신문방송기기 관점에서는 상위범주 간 혹은 개별범주 간 대체가 딱히 일어날 일이 없습니다. 하지만 최근의 통신기기는 전통적인 신문방송기기의 영역을 지속적으로 잠식하고 있습니다. 다시 말해 통신기기는 통신기기들끼리 경쟁한다기보다 전통적 신문방송기기와 경쟁하며 이를 대체해가는 형국입니다. 실제로 제가 다녔던 학부의 이름은 '신문방송학과'였지만, 이제는 학부의 이름이 바뀌었습니다. 사회적으로 신문방송기기의 위력이 어떻게 감소하고 있는지 위의 IV값이 매우 잘 보여주고 있지 않나요?

배속 로지스틱 회귀모형에 대해 간단하게 소개했습니다. 인간의 의사결정의 단계(stage)라는 점에서 배속 로지스틱 회귀모형은 상당히 흥미롭습니다. 배속 로지스틱 회귀모형에 대한 보다 자세한 내용은 관련된 문헌들을 참조하시기 바랍니다. 배속 로지스틱 회귀모형을 마무리하기 이전에 주요 뉴스소비 기기로 통신기기와 신문방송기기를 선택하는 1단계에서의 의사결정 확률이 성별에 따라 그리고 연령변화에 따라 어떻게 달라지는지를 시각화한 결과를 소개하겠습니다. 시각화방식을 살펴보기 전에 한 가지 주의사항을 드리고자 합니다. 아래의 시각화는 하나의 예시에 불과합니다. 위에서 우리가 살펴본 결과가 타당한지 여부를 먼저 결정한 후에 시각화 결과를 제시하여야 할 것입니다. 과연 `wide3` 데이터의 네 가지 범주들을 〈그림5〉와 같이 묶는 것이 타당할까요? 만약 타당하다고 믿을 수 있는 근거가 있다면, 아래의 시각화 결과는 '현실에 대한 적절한 설명'이 될 수 있습니다. 반면 타당하지 않은 것 같다면, 아래의 시각화 결과는 '시각화 과정에 대한 예시' 그 이상의 의미를 가지지는 못할 것입니다.

아무튼 시각화를 위해서 저는 아래와 같은 이용자 함수를 정의하였습니다. 이렇게 정의된 함수를 이용해 평균연령의 남성이 각 기기들을 응답자의 평균수준으로 사용한다고 가정할 때, 개별 기기를 선택할 확률을 계산하면 다음과 같습니다.

```
> # 시각화를 위해 아래와 같은 개인함수를 하나 작성했습니다.
> Nested_logit_visualization=function(mlogit_object,mlogit_df,
+                                     x_fC,x_female,x_ageC){
+   myfig=mlogit_df
+   myfig$tele_female[1:4] = x_female*myfig$tele[1:4]
+   myfig$fC[1:4] = x_fC
+   myfig$tele_ageC[1:4] = x_ageC*myfig$tele[1:4]
+   myfig$tele_ageC2[1:4] = x_ageC*x_ageC*myfig$tele[1:4]
+   predy = predict(mlogit_object,newdata = myfig)[1,]
+   predy = predy %>%
+     as_tibble() %>%
+     mutate(
+       device=names(predy),
+       tele=myfig$tele[1:4],
+       female=x_female,
+       fC=x_fC,
+       ageC=x_ageC
+     )
+   predy
+ }
> # 평균 이용빈도, 남성, 평균연령인 경우
> Nested_logit_visualization(mlogit_object=model3,
+                            mlogit_df=long3,
+                            x_fC=0,
+                            x_female=0,
+                            x_ageC=0)

# A tibble: 4 x 6
   value device tele  female  fC    ageC
   <dbl> <chr>  <dbl> <dbl>  <dbl> <dbl>
1 0.0938 ETC     0      0      0     0
2 0.406  PC      1.00   0      0     0
3 0.406  Smart   1.00   0      0     0
4 0.0938 TV      0      0      0     0
```

위의 결과를 보시면 통신기기에 속하는 PC와 스마트기기는 .406으로 동일한 확률값을 갖고 있으며, 또한 신문방송기기에 속하는 기타기기와 TV는 .0938이라는 동일한 확률값을 갖고 있습니다. 이유는 간단합니다. 위에서 추출한 확률값은 상위범주의 선택 확률이지, 개별범주의 선택 확률이 아니기 때문입니다.

즉 위와 같은 과정을 통해 얻은 시각화 결과물은 상위범주를 기반으로 제시하여야 합니다. 모형3(m3)의 추정결과를 바탕으로 연령과 상위범주의 유형의 상호작용효과를 시각화한 결과는 아래와 같습니다. 〈그림6〉은 성별을 남녀 동비로, 그리고 이용빈도를 각 기기별 평균수준으로 가정한 후 연령에 따라 통신기기와 신문방송기기의 선택확률 변화를 그래프로 나타낸 것입니다.

```
> # 1단계 선택단계 기기X연령 상호작용(이용빈도는 각 기기별로 평균 가정)
> myresult=list()
> for (i in 1:length(unique(long3$ageC))){
+    myresult=bind_rows(myresult,
+                  Nested_logit_visualization(mlogit_object=model3,
+                                       mlogit_df=long3,
+                                       x_fC=0,x_female=0.5,
+                                       x_ageC=sort(unique(long3$ageC))[i]))
+ }
> # 시각화
> myresult %>%
+  mutate(age=ageC+mean(wide3$age),
+       tele=ifelse(tele==0,"신문방송기기\n('TV'/'라디오, 종이신문')",
+                "통신기기\n('스마트기기', 'PC')")) %>%
+  ggplot(aes(x=age,y=value,color=tele))+
+  geom_line(size=1)+
+  labs(x="연령",y="선택 확률",color="기기")+
+  theme_bw()+theme(legend.position="top")
```

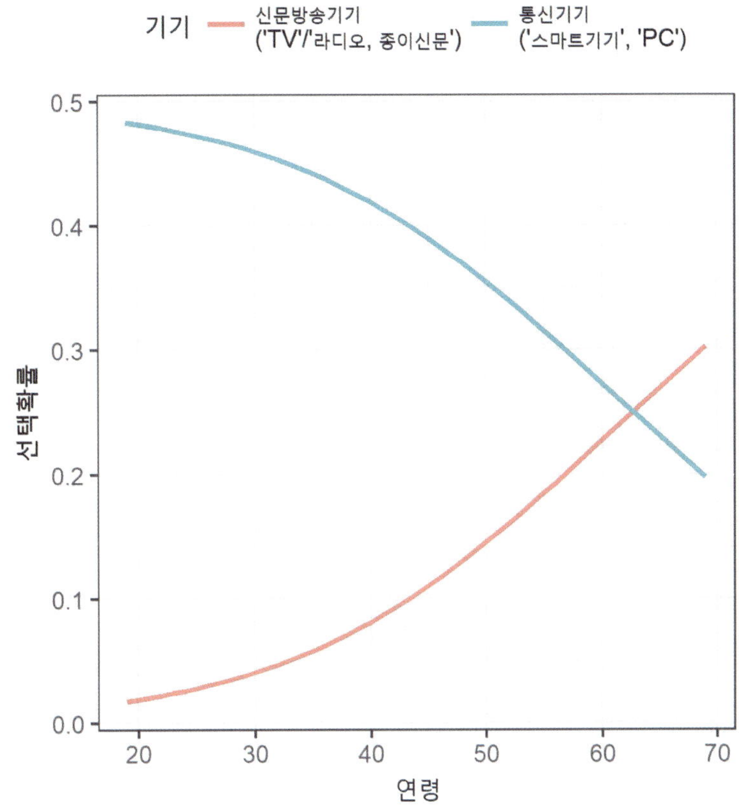

그림6. 연령에 따른 상위범주기기(통신기기 vs. 신문방송기기) 선택 확률

범주순위 로지스틱 회귀모형(rank-ordered logistic regression)

이번에 살펴볼 범주순위 로지스틱 회귀모형은 범주들의 순위(ranking)가 매겨져 있는 데이터에 적용할 수 있는 모형입니다. 지금까지 살펴보았던 모형들은 '선택(choice) 여부'(이를테면 어떤 상품을 구매하였는지) 혹은 개체의 '특정 상태(status) 여부'(이를테면 환자가 어떤 질병에 걸려있는지)를 설명·예측하는 데 중점을 두고 있습니다. 그러나 여러 범주들을 선호도에 따라 순위를 매기는 경우가 종종 발생합니다. 누구나 겪을 수 있는 사례를 하나 들어보죠. 어떤 중식당에서 점심모임이 있다고 가정해 봅시다. 설명의 편의를 위해 '짜장면', '짬뽕', '탕수육', '깐풍기'들을 선택범주들로 설정하겠습니다. 만약 누가 여러분께 "4가지 항목들을 원하는 것 순서대로 알려주세요"라고 요청했다고 가정해 보죠. 만약 저라면 다음과 같은 순서로 4가지 품목을 나열할 것 같습니다. "탕수육(1) 〉 짬뽕(2) 〉 깐풍기(3) 〉 짜장면(4)".

선호도가 결정된 후 음식주문을 한다고 가정하겠습니다. 일단 주문받으시는 분이 오셔서 주문을 받을 때 저는 당연히 '탕수육'을 주문할 것입니다. 여기까지는 사실 앞서 다루었던 다항 로지스틱 회귀모형으로 충분히 설명할 수 있습니다. 하지만 주문받으시는 분이 다음과 같이 말했다고 가정해 보겠습니다. "방금 재료가 다 떨어져서 탕수육은 주문이 불가능합니다." 이렇게 될 경우 저는 뭘 주문하게 될까요? 당연히 '짬뽕'을 주문하겠죠. 다소는 비현실적인 가정이지만, 만약 짬뽕도 주문이 불가능하다는 답을 들으면 어떨까요? 당연히 3순위를 선택하게 될 것입니다. 물론 3순위도 안 된다고 한다면 마지막 품목을 선택하게 될 것입니다.

이제 상황이 다 이해되셨을 것입니다. 위의 상황에서 제 점심품목 선택을 그림으로 도식화하면 아래의 〈그림7〉과 같습니다.

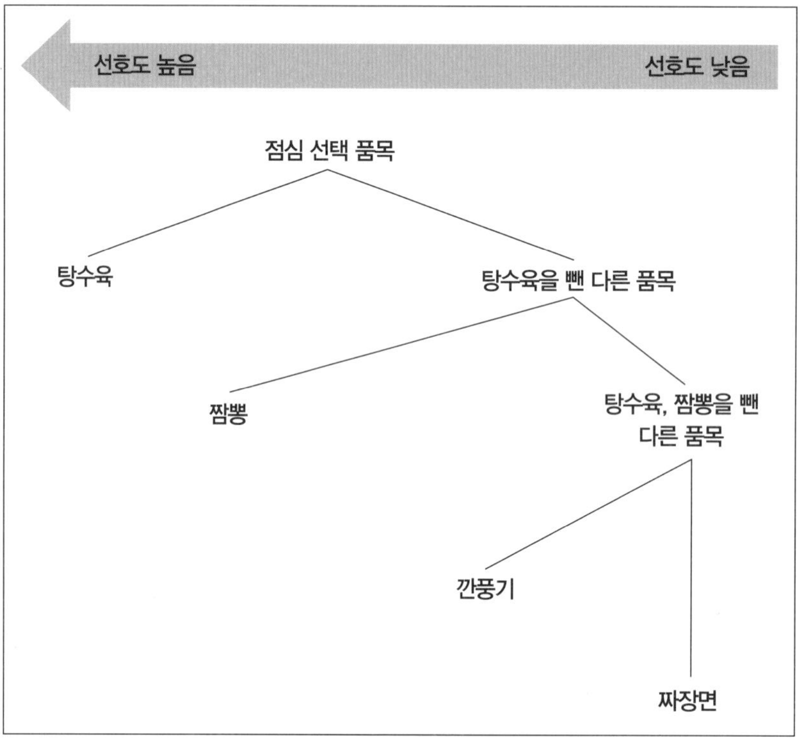

그림7. 범주들의 선호도 순위의 도식화

여기서 위에서 아래로 의사선택 단계가 변할 때 4가지 품목들에 대한 선택 확률이 어떻게 변하는지 살펴봅시다. 우선 각 품목을 선택할 확률값들을 각각 $p_{탕수육}$, $p_{짬뽕}$, $p_{깐풍기}$,

$p_{짜장면}$이라고 한다면 제1단계에서는 다음과 같은 공식이 성립됩니다.

$$p_{1단계,탕수육}+p_{1단계,짬뽕}+p_{1단계,깐풍기}+p_{1단계,짜장면}=1$$

이제 제 2단계에서의 선택 확률은 어떻게 될까요? 1순위가 아닌 남은 3개 품목들 중 하나를 선택하기 때문에 다음과 같은 공식이 성립됩니다.

$$p_{2단계,짬뽕}+p_{2단계,깐풍기}+p_{2단계,짜장면}=1$$

끝으로 3단계에서의 선택 확률 역시 마찬가지로 구할 수 있습니다.

$$p_{3단계,깐풍기}+p_{3단계,짜장면}=1$$

이렇게 3단계로 구분한 후, 각 단계별로 가장 높은 순위의 품목을 선택하는 다항 로지스틱 회귀모형을 추정한다고 가정해 보십시오. 이후 각 단계별로 추정된 모형들을 동시에 추정한 것이 범주순위 로지스틱 회귀모형입니다.

보다 구체적으로 4가지 중식 품목들에 대해 제가 부여한 선호도를 일반적 형태의 넓은 데이터로 입력하는 방법은 아래와 같습니다.

```
> # 데이터의 형태 예시
> temp=matrix(NA,nrow=1,ncol=4) %>% as_tibble()
> temp[1,]=c(1,2,3,4)
> names(temp)=c("선택_탕수육","선택_짬뽕","선택_깐풍기","선택_짜장면")
> temp
# A tibble: 1 x 4
  선택_탕수육 선택_짬뽕 선택_깐풍기 선택_짜장면
       <dbl>     <dbl>       <dbl>       <dbl>
1          1         2           3           4
```

이제 위의 데이터 형태를 앞의 〈그림7〉과 같은 순차적 선택과정을 나타내는 데이터로 만드는 방법은 아래와 같습니다. `mlogit.data()` 함수를 이용하되, 범주순위형 데이터의 경우 `ranked=TRUE` 옵션을 반드시 붙여야만 합니다.

```
> # 범주순위 데이터로 전환
> mlogit.data(data.frame(temp),shape='wide',
+           choice="선택",sep="_",varying=1:4,ranked=T)
          alt chid  선택
1.깐풍기 깐풍기    1 FALSE
1.짜장면 짜장면    1 FALSE
1.짬뽕      짬뽕    1 FALSE
1.탕수육 탕수육    1  TRUE
2.깐풍기 깐풍기    1 FALSE
2.짜장면 짜장면    1 FALSE
2.짬뽕      짬뽕    1  TRUE
3.깐풍기 깐풍기    1  TRUE
3.짜장면 짜장면    1 FALSE
```

위의 출력결과에서 가로줄 이름에 주목해 보시기 바랍니다. '1.'으로 시작되는 가로줄들은 1단계에서 선택 가능한 범주들을, '2.'로 시작되는 가로줄들은 2단계에서 선택 가능한 범주들을, '3.'으로 시작되는 가로줄들은 3단계에서 선택 가능한 범주들을 나타냅니다. 제가 1순위로 원하는 품목은 탕수육이기 때문에 '선택' 변수의 경우 다른 품목들인 경우 FALSE가, 탕수육인 경우에는 TRUE가 부여되어 있습니다.

이제 실제 데이터를 분석해 보겠습니다. 먼저 exdata4.csv 데이터를 먼저 열어보겠습니다.

```
> # 분석예시 데이터
> exdata4 = read_csv("exdata4.csv")
Parsed with column specification:
cols(
  female = col_integer(),
  bornyear = col_integer(),
  conpro = col_integer(),
  role_1 = col_integer(),
  role_2 = col_integer(),
  role_3 = col_integer(),
  role_4 = col_integer(),
  role_5 = col_integer(),
  eval_1 = col_integer(),
  eval_2 = col_integer(),
  eval_3 = col_integer(),
  eval_4 = col_integer(),
  eval_5 = col_integer()
)
```

```
> exdata4
# A tibble: 862 x 13
   female bornyear conpro role_1 role_2 role_3 role_4 role_5 eval_1 eval_2
    <int>    <int>  <int>  <int>  <int>  <int>  <int>  <int>  <int>  <int>
 1      0       83      4      1      4      2      5      3      4      4
 2      1       74      4      1      5      2      3      4      4      4
 3      1       67      4      1      3      2      4      5      5      4
 4      0       77      4      4      5      1      2      3      4      5
 5      0       90      4      3      2      4      5      1      5      5
 6      0       82      5      2      3      1      4      5      5      5
 7      1       85      4      1      4      5      2      3      2      4
 8      0       61      4      2      5      4      3      1      5      4
 9      0       97      4      1      2      5      4      3      6      4
10      1       89      4      4      2      1      3      5      4      6
# ... with 852 more rows, and 3 more variables: eval_3 <int>,
#   eval_4 <int>, eval_5 <int>
```

총 13개의 변수가 있습니다. 처음의 세 변수들은 응답자의 개인특성 변수입니다(순서대로 '성별', '출생년도의 끝자리 2자리', '5점의 보수-진보 성향점수'). 눈여겨 보실 부분은 'role_'로 시작하는 5개의 변수들과 'eval_'로 시작하는 5개의 변수들입니다. 우선 'role_'로 시작하는 5개의 변수들은 아래와 같은 5가지의 언론역할들에 대해 1~5위까지 순위를 매긴 것입니다. 다음으로 'eval_'로 시작하는 5개의 변수들은 현재의 언론이 제시된 언론역할을 얼마나 잘 수행하고 있다고 생각하는지에 대한 응답자의 주관적 평가를 1-7점의 리커트 척도로 측정한 것입니다(7에 가까울수록 긍정적으로 평가).

- role_1: 시민에게 필요한 정보를 제공
- role_2: 이슈에 대한 전문적 의견을 제공
- role_3: 정치·경제·사회 권력에 대한 비판과 견제
- role_4: 사회적 의제·안건 등을 설정
- role_5: 공론장 제공 및 여론 형성

다시 말해 exdata4의 첫 번째 응답자는 위의 5가지 범주들에 대해 다음과 같은 순위를 매겨두었습니다.

'시민에게 필요한 정보를 제공'

〉'정치·경제·사회 권력에 대한 비판과 견제'

〉'공론장 제공 및 여론 형성'

〉'이슈에 대한 전문적 의견을 제공'

〉'사회적 의제·안건 등을 설정'

정리하자면 'role_'로 시작하는 변수들을 범주순위 로지스틱 회귀모형의 종속변수이고, female 변수, bornyear 변수, conpro 변수들은 개체특성 예측변수이며, 'eval_'로 시작하는 변수들은 범주특성 예측변수입니다. 우선은 아래와 같은 과정을 거쳐 연속형 예측변수들을 사전처리 하였습니다.

```
> # 예측변수들을 사전처리
> # 개인특성 변수 중 연속형 변수의 경우
> exdata4 = exdata4 %>%
+   mutate(
+     age=2018-(1900+bornyear),
+     ageC=age-mean(age),
+     libcon=3-conpro
+   )
> # 범주특성 변수들의 경우 4점이 0이 되게 조정
> exdata4 = exdata4 %>%
+   mutate_at(
+     vars(starts_with("eval_")),
+     funs(. - 4)
+   )
```

이제 mlogit.data() 함수를 이용하여 범주순위형 데이터로 전환하겠습니다. 앞에서 말씀드렸듯 ranked=TRUE 옵션지정을 잊지 마세요. 참고로 총 5개의 범주가 존재하기 때문에, 하나의 응답자의 선택과정은 총 14개의 가로줄로 표현됩니다(5+4+3+2=14).

```
> rank_data=mlogit.data(data.frame(exdata4),shape="wide",
+                choice="role",varying=4:13,sep='_',
+                ranked=TRUE)
```

```
> head(rank_data,15)
    female bornyear conpro age      ageC   libcon alt  eval  chid  role
1.1    0       83        4   35  -5.302784   -1     1    0     1   TRUE
1.2    0       83        4   35  -5.302784   -1     2    0     1   FALSE
1.3    0       83        4   35  -5.302784   -1     3    0     1   FALSE
1.4    0       83        4   35  -5.302784   -1     4    0     1   FALSE
1.5    0       83        4   35  -5.302784   -1     5   -1     1   FALSE
2.2    0       83        4   35  -5.302784   -1     2    0     1   FALSE
2.3    0       83        4   35  -5.302784   -1     3    0     1   TRUE
2.4    0       83        4   35  -5.302784   -1     4    0     1   FALSE
2.5    0       83        4   35  -5.302784   -1     5   -1     1   FALSE
3.2    0       83        4   35  -5.302784   -1     2    0     1   FALSE
3.4    0       83        4   35  -5.302784   -1     4    0     1   FALSE
3.5    0       83        4   35  -5.302784   -1     5   -1     1   TRUE
4.2    0       83        4   35  -5.302784   -1     2    0     1   TRUE
4.4    0       83        4   35  -5.302784   -1     4    0     1   FALSE
5.1    1       74        4   44   3.697216   -1     1    0     2   TRUE
```

위의 데이터를 이용해 범주순위 로지스틱 회귀모형을 추정해 보겠습니다. 회귀모형에서는 (1) 성별, 연령, 정치성향이 각 범주의 순위선택에 미치는 효과, (2) 각 범주에 대한 응답자 평가가 각 범주의 순위선택에 미치는 효과 2가지를 추정하도록 하겠습니다. mlogit() 함수 구성방법에 대해서는 앞서 여러 차례 설명해 드렸기에 여기서는 별도의 설명을 드리지 않겠습니다.

```
> # 범주순위 로지스틱 회귀모형 추정
> rank_data$eval2=rank_data$eval*(rank_data$alt==2)
> rank_data$eval3=rank_data$eval*(rank_data$alt==3)
> rank_data$eval4=rank_data$eval*(rank_data$alt==4)
> rank_data$eval5=rank_data$eval*(rank_data$alt==5)
> m_rank=mlogit(role~eval+eval2+eval3+eval4+eval5|
+            female+libcon+ageC,rank_data)
> summary(m_rank)

Call:
mlogit(formula = role ~ eval + eval2 + eval3 + eval4 + eval5 |
   female + libcon + ageC, data = rank_data, method = "nr",
   print.level = 0)
```

```
Frequencies of alternatives:
      1       2       3       4       5
0.22158 0.18852 0.22158 0.21375 0.15458

nr method
4 iterations, 0h:0m:1s
g'(-H)^-1g = 0.00298
successive function values within tolerance limits

Coefficients :
                 Estimate Std. Error  z-value   Pr(>|z|)
2:(intercept) -0.6045301  0.1102486  -5.4833  4.174e-08 ***
3:(intercept) -0.1225372  0.1114889  -1.0991  0.2717253
4:(intercept) -0.5234348  0.1106358  -4.7312  2.232e-06 ***
5:(intercept) -1.0526547  0.1172549  -8.9775  < 2.2e-16 ***
eval           0.1587861  0.0445633   3.5632  0.0003664 ***
eval2         -0.0608981  0.0505475  -1.2048  0.2282922
eval3         -0.2505145  0.0511228  -4.9002  9.572e-07 ***
eval4         -0.1458095  0.0502753  -2.9002  0.0037290 **
eval5         -0.2343910  0.0518191  -4.5233  6.090e-06 ***
2:female      -0.1524110  0.1208031  -1.2616  0.2070754
3:female      -0.2129713  0.1216876  -1.7501  0.0800929 .
4:female      -0.0930320  0.1192297  -0.7803  0.4352289
5:female      -0.2488209  0.1267400  -1.9632  0.0496184 *
2:libcon       0.0174663  0.0576202   0.3031  0.7617921
3:libcon      -0.0567465  0.0576152  -0.9849  0.3246625
4:libcon      -0.0159255  0.0573144  -0.2779  0.7811179
5:libcon      -0.0667256  0.0606923  -1.0994  0.2715901
2:ageC         0.0074145  0.0056540   1.3114  0.1897279
3:ageC         0.0107845  0.0057259   1.8834  0.0596394 .
4:ageC         0.0234901  0.0055962   4.1975  2.699e-05 ***
5:ageC         0.0091595  0.0059901   1.5291  0.1262393
---
Signif. codes:  0 '***' 0.001 '**' 0.01 '*' 0.05 '.' 0.1 ' ' 1

Log-Likelihood: -3898.9
McFadden R^2:  0.29363
Likelihood ratio test : chisq = 3241.3 (p.value = < 2.22e-16)
```

위의 결과에 대한 해석 역시도 앞서의 설명과 크게 다르지 않습니다. 예를 들어 '4:ageC'의 회귀계수 '0.0234901'를 해석하면 다음과 같습니다. "'1번범주'에 비해 '4번범주'를 1순위 높게 선택할 확률은 응답자의 연령이 1단위 증가할수록 약 2% 정도 증가하며($1.0238 \approx e^{.0234901}$), 이 효과는 통계적으로 유의미하다($p<.001$)." 하지만 위의 결과를 문장 형태로 서술하고 해석하는 것은 상당히 번잡하고 까다롭습니다. 거의 언제나 그렇다고 생각합니다만, 로지스틱 회귀모형 추정결과를 알기 쉽게 설명하는 방법은 시각화입니다. 위의 범주순위 로지스틱 회귀모형 추정결과를 바탕으로 (1) 응답자의 연령이 각 범주의 순위선택에 미치는 효과, 그리고 (2) 각 범주에 대한 응답자의 평가가 범주의 순위선택에 미치는 효과 두 가지를 시각화해 보겠습니다.

먼저 모형추정 결과의 시각화 이전에 범주순위 로지스틱 회귀모형의 예측값이 어떻게 계산되는지 살펴봅시다. 앞서 중식당에서 점심을 주문하던 경우를 다시 떠올려 보시기 바랍니다. 각 단계별 확률값의 총합이 '1'이었던 것을 기억하시죠? 또 4개의 범주인 경우 총 3단계의 의사결정이 이루어지는 것도 기억하시죠? 그렇다면 여러분께서는 앞서 분석했던 5가지의 언론역할에 대한 응답자의 순위부여 역시 총 4단계이고, 각 단계별로 확률값의 총합이 1이 된다고 예상하시겠죠? 실제로 그렇습니다. 범주순위 로지스틱 회귀모형의 경우 응답자 1명당 총 '범주수 – 1'개만큼의 순위선택 예측값이 도출됩니다. 앞서 얻은 m_rank라는 이름의 모형추정 결과를 이용해 관측데이터(즉, rank_data)의 개별 응답자별 각 단계의 확률값을 예측하면 아래와 같습니다(알림: R 출력결과에 제가 별도로 음영표시를 하였습니다).

```
> # 범주순위 로지스틱 회귀모형의 경우 예측값을 얻는 과정이 독특하다.
> predy = predict(m_rank,newdata=rank_data)
> head(predy)
             1         2         3         4          5
[1,] 0.3016354 0.1556959 0.2667310 0.1603160 0.11562173
[2,] 0.0000000 0.2229436 0.3819365 0.2295592 0.16556069
[3,] 0.0000000 0.3607131 0.0000000 0.3714168 0.26787004
[4,] 0.0000000 0.4926900 0.0000000 0.5073100 0.00000000
[5,] 0.3090089 0.1464049 0.2667225 0.1848744 0.09298933
[6,] 0.0000000 0.2118766 0.3860000 0.2675496 0.13457385
```

음영 표시된 부분은 순서대로 각 단계별 첫 번째 응답자의 언론역할 순위부여 예측확률을 나타냅니다. 우선 이 응답자의 경우 5가지 언론역할 중 1순위의 역할로 1번을 선택했습니다(즉 5개 범주들이 주어졌을 때 이 응답자가 1번 범주를 선택할 확률은 `0.3016354`, 즉 약 30%입니다). 만약 1번을 제외할 경우, 이 응답자는 3번 범주를 선택할 것입니다(`0.3819365`, 즉 4가지 범주들 중 3번 범주를 택할 확률 38%). 이제 간단한 수계산을 한번 해보죠. 2순위로 3번 범주를 택할 확률 .38은 다음과 같이 계산할 수 있습니다.

$$
\begin{aligned}
&\text{2순위에서 3번 범주 선택 확률} \\
&= \frac{p_{3번}}{p_{2번}+p_{3번}+p_{4번}+p_{5번}} \\
&= \frac{0.2667310}{0.1556959+0.2667310+0.1603160+0.11562173} \\
&\approx .3819
\end{aligned}
$$

다른 확률들도 마찬가지로 계산할 수 있습니다. 다시 말해 각 순위별 특정 범주 선택 확률들은 1순위에서의 각 범주별 선택 확률값들을 활용하여 계산할 수 있습니다. 이에 저는 시각화할 때, 1순위 선택 확률만을 사용하겠습니다(물론 1순위가 아니라 2순위 선택 확률이 연구목적상 중요하다면 1순위 선택 확률 부분을 사용할 이유가 없습니다).

자 이제 시각화를 해 봅시다. 우선 첫 번째 응답자의 연령이 각 범주의 순위선택에 미치는 효과를 추정할 때, 저는 성별의 경우 남녀 동수인 경우를, 정치적 성향은 중도인 경우를, 그리고 각 범주별 평가의 경우 7점 척도의 중간점('4'점)을 가정하였습니다. 연령의 경우 20~59세까지의 범위를 갖지만, 여기서는 시각화 효율성을 위해 {20, 30, 40, 50, 59}세의 5개 연령만 고려하겠습니다.

우선 효율적인 시각화를 위해 다음과 같은 방식의 개인함수를 설정하였습니다. 즉 `m_rank`의 예측변수들의 값을 선정하면 1순위 선택 시 각 범주별 선택 확률이 산출되도록 정의한 이용자 함수입니다.

```
> # 시각화를 위해 아래와 같은 개인함수를 하나 작성했습니다.
> Rank_ordered_visualization=function(mlogit_object,mlogit_df,
+                              x_female,x_eval,x_libcon,x_ageC){
+   myfig=mlogit_df
+   myfig$female = x_female
+   myfig$eval = x_eval
+   myfig$eval2 = x_eval*(myfig$alt==2)
+   myfig$eval3 = x_eval*(myfig$alt==3)
+   myfig$eval4 = x_eval*(myfig$alt==4)
+   myfig$eval5 = x_eval*(myfig$alt==5)
+   myfig$libcon = x_libcon
+   myfig$ageC = x_ageC
+   predy = predict(mlogit_object,newdata=myfig)[1,]
+   predy = predy %>%
+     as_tibble()
+   predy = predy %>%
+     mutate(
+       role=c("시민에게 필요한\n정보 제공",
+              "특정 이슈에 대한\n전문적 의견 제공",
+              "권력에 대한\n비판과 견제",
+              "사회적 의제,\n안건 등 설정",
+              "공론장 및\n사회적 여론 형성"),
+       role=fct_reorder(role,row_number()),
+       eval=x_eval,
+       female=x_female,
+       libcon=x_libcon,
+       ageC=x_ageC,
+       order=rank(value),
+       order=max(order)-order+1
+     )
+   predy
+ }
```

이렇게 정의한 함수를 이용하여 다른 예측변수들은 모두 통제한 후, 연령변수만 {20, 30, 40, 50, 59}세의 5개 연령으로 변화시켰을 때의 1순위 선택범주의 예측 확률값은 아래의 〈그림8〉과 같습니다.

```
> # 연령 효과(평가인식 평균; 남녀동비; 중도기준)
> ageCrange=c(20,30,40,50,59)-mean(exdata4$age)
> myresult=list()
> for (i in ageCrange){
+  myresult=bind_rows(myresult,
+              Rank_ordered_visualization(mlogit_object=m_rank,
+                                  mlogit_df=rank_data,
+                                  x_female=0.5,
+                                  x_eval=0,
+                                  x_libcon=0,
+                                  x_ageC=i))
+ }
> # 시각화
> myresult2=myresult %>%
+  mutate(
+   age=ageC+mean(exdata4$age),
+   age2=fct_recode(as.character(age),
+              "20세"="20","30세"="30",
+              "40세"="40","50세"="50",
+              "59세"="59"),
+   age2=fct_reorder(age2,ageC),
+   order=as.character(order)
+  )
> myresult2 %>%
+  ggplot(aes(x=order,y=value,fill=factor(role)))+
+  geom_bar(stat='identity',position="dodge")+
+  labs(x="순위",y="선택 확률",fill="언론의\n역할")+
+  theme_bw()+theme(legend.position="top")+
+  facet_wrap(~age2,ncol=5)
```

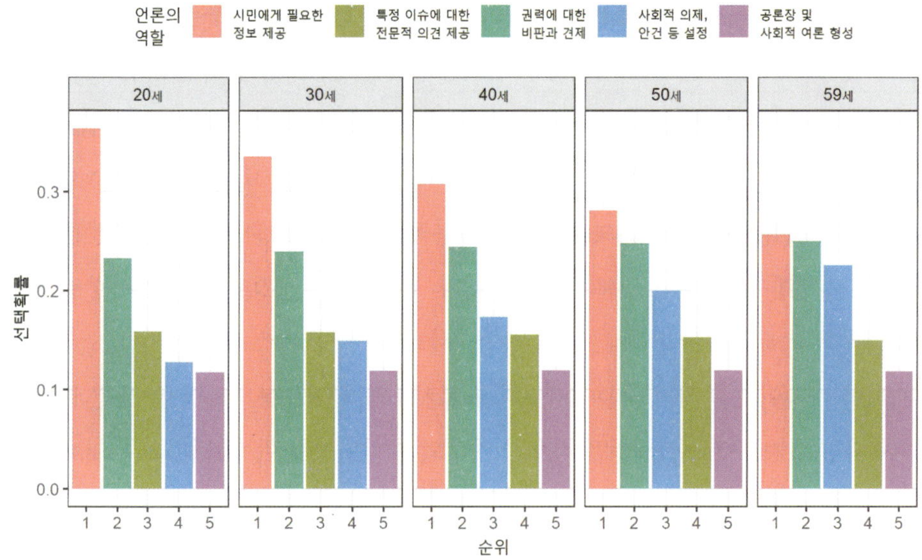

그림8. 응답자의 연령에 따른 5가지 언론역할 순위 변화

〈그림8〉은 언론에 대한 시민들의 가치관이 세대에 따라 어떻게 변하고 있는지를 매우 잘 보여줍니다. 우선 언론이 사회적 공론장 혹은 여론형성의 장이 되어야 한다는 선택범주는 모든 연령대에서 마지막 순위로 밀려 있습니다. 흥미로운 점은 언론의 소극적 역할(1번 범주인 정보제공, 2번 범주인 전문적 의견 제공)과 적극적 역할(4번 범주인 사회적 의제·안건 설정)에 대한 세대 간 인식차이입니다. 예를 들어 1번 범주(적색 막대: "시민에게 필요한 정보제공")를 1순위로 꼽을 확률은 연세가 많은 분들일수록 줄어들고 있으며, 59세 응답자의 경우 2순위와의 격차가 거의 나타나지 않을 정도입니다. 반면, 4번 범주(청색 막대: "사회적 의제·안건 등 설정")의 경우 상대적으로 응답자가 고연령일수록 1순위로 꼽을 가능성이 점점 증가합니다. 즉 젊을수록 언론의 주요역할을 사실보도 혹은 이슈에 대한 의견제시 등이라고 보는 반면, 연령이 높을수록 권력에 대한 비판과 견제, 사회의제 설정 등과 같은 언론의 적극적 역할의 중요성을 강조하고 있습니다.

지금까지 범주순위 로지스틱 회귀모형을 살펴보았습니다. 본질적으로 범주순위 로지스틱 회귀모형 역시 다항 로지스틱 회귀모형의 확장이며, 범주들을 서열화한다는 점에서 순위 로지스틱 회귀모형의 아이디어 역시 반영되어 있습니다. 다음에 소개될 스테레오타입 로지스틱 회귀모형은 다항 로지스틱 회귀모형과 순위 로지스틱 회귀모형의 중간쯤에 있는 모형에 해당합니다.

스테레오타입 로지스틱 회귀모형

앞서 설명해 드렸듯 순위 로지스틱 회귀모형에는 순위범주형 종속변수가, 다항 로지스틱 회귀모형에는 무순위범주형 종속변수가 투입됩니다. 만약 순위범주형 종속변수가 순위 로지스틱 회귀모형의 가정에 부합하면 별문제가 없습니다. 보다 구체적으로 종속변수가 J-1일 때 확률 대비 J일 때의 확률에 미치는 예측변수의 효과가 J수준에 상관없이 일정하다고 가정할 수 있다면 별문제가 없습니다. 하지만 이 가정이 위배되는 경우라면 어떨까요?

흔히 이 가정이 충족되지 않는 경우, 다항 로지스틱 회귀모형을 사용할 것을 권합니다. 그러나 다항 로지스틱 회귀모형을 사용할 경우의 단점도 만만치 않습니다. 무엇보다 다항 로지스틱 회귀모형의 모수추정치의 개수는 순위 로지스틱 회귀모형의 모수추정치의 개수보다 훨씬 더 많습니다. 다시 말해 모형의 간명성(parsimony)이 떨어지고, 모형추정 결과가 번잡합니다. 예를 들어 3개의 예측변수로 5개 범주를 갖는 종속변수를 순위 로지스틱 회귀모형과 다항 로지스틱 회귀모형으로 각각 추정한다고 생각해 보죠. 순위 로지스틱 회귀모형의 경우, 4개의 절편과 3개의 회귀계수로 총 7개 모수가 추정됩니다. 반면 다항 로지스틱 회귀모형의 경우, 4개의 절편과 12개의 회귀계수로 총 16개가 추정됩니다. 실제로 다항 로지스틱 회귀모형이 잘 사용되지 않는 결정적 이유도 바로 모형추정 결과가 번잡하다는 것이기도 합니다.

만약 순위 로지스틱 회귀모형을 사용하기는 적절하지 않지만, 예측변수의 효과가 J수준에 따라 달라진다고 하더라도 '어떤 패턴'에 따라 규칙적으로 달라진다면 어떨까요? 이런 패턴이 존재한다면, 순위 로지스틱 회귀모형의 가정위배를 보완하면서도 다항 로지스틱 회귀모형의 번잡함을 피할 수 있지 않을까요? 스테레오타입 로지스틱 회귀모형은 이러한 아이디어에서 나온 로지스틱 회귀모형입니다. 스테레오타입 로지스틱 회귀모형이라는 용어의 '스테레오타입(stereotype)'은 바로 J수준에 따라 전형적으로(stereotypically) 변하는 회귀계수의 패턴을 순위 로지스틱 회귀모형에 반영했다는 의미로 받아들이시면 이해가 빠릅니다.

이제 구체적 사례를 통해 스테레오타입 로지스틱 회귀모형을 소개하겠습니다. 우선 순위 로지스틱 회귀모형을 설명하면서 사용했던 `exdata1.csv` 데이터를 열어봅시다. 앞에서와 마찬가지로 예측변수들 중 연속형 변수의 경우 평균중심화 변환을 실시하였습니다.

```
> # 스테레오타입 로지스틱 회귀모형
> # 간단 사례로 먼저 시작해 봅시다.
> exdata1 = read_csv("exdata1.csv")
Parsed with column specification:
cols(
  female2 = col_integer(),
  age2 = col_integer(),
  log10inc2 = col_double(),
  educ2 = col_character(),
  donate2 = col_double(),
  volunt2 = col_integer(),
  workstatus2 = col_character(),
  hlthsat2 = col_character()
)
> data_stereo = exdata1 %>%
+   mutate_if(
+     is.character,funs(factor(.)) #순위형 변수로 변환
+   ) %>%
+   mutate(
+     age2C=(age2-mean(age2))/10,
+     log10inc2C=log10inc2-mean(log10inc2)
+   ) %>% select(hlthsat2,female2,age2C,log10inc2C)
```

이렇게 얻은 데이터를 이용하여 스테레오타입 로지스틱 회귀모형을 추정해 봅시다. 설명의 편의를 위해 우선은 hlthsat2라는 순위범주형 변수를 종속변수로, age2C만을 예측변수로 설정하겠습니다(여러 예측변수들을 투입하는 경우는 조금 후에 다시 살펴보겠습니다). 일단은 앞서 살펴본 순위 및 다항 로지스틱 회귀모형을 먼저 추정한 후, 절편과 회귀계수가 어떻게 추정되었는지 살펴봅시다. 왜냐하면 스테레오타입 로지스틱 회귀모형은 순위 로지스틱 회귀모형과 다항 로지스틱 회귀모형의 중간쯤에 존재하는 모형이기 때문입니다.

```
> # 순위 및 다항 로지스틱 회귀모형
> m_ologit=polr(hlthsat2~age2C,data=data_stereo)
> m_mlogit=multinom(hlthsat2~age2C,data=data_stereo)
```

```
# weights:  15 (8 variable)
initial  value 1628.751167
iter  10 value 1342.332912
final  value 1320.504511
converged
> m_ologit$zeta; m_ologit$coefficients
 1매우불만|2불만      2불만|3그저그렇다  3그저그렇다|4만족   4만족|5매우만족
    -3.4827921      -1.5418225         -0.1000984       2.3476338
   age2C
-0.2870329
> coef(m_mlogit)
           (Intercept)     age2C
2불만        1.840339  -0.3593005
3그저그렇다 2.584890  -0.6814240
4만족        2.983369  -0.7377686
5매우만족    1.402190  -0.8376914
```

순위 로지스틱 회귀모형의 경우 총 5개의 모수추정치(절편 4, 회귀계수 1)를, 다항 로지스틱 회귀모형의 경우 총 8개의 모수추정치(절편 4, 회귀계수 4)를 얻을 수 있었습니다. 우선 종속변수의 범주수준별 다항 로지스틱 회귀모형의 회귀계수를 살펴봅시다. 종속변수의 범주순위가 증가할수록 연령의 회귀계수값(절댓값 기준)이 점차 커지는 것을 볼 수 있습니다. 이 결과를 순위 로지스틱 회귀모형에서와 마찬가지로 하나의 회귀계수로 바꾼다고 가정해 보죠. 어떻게 할 수 있을까요? 스테레오타입 로지스틱 회귀모형에서는 다항 로지스틱 회귀모형의 값을 기반으로 ϕ_J라는 모수를 추가로 생성합니다. 구체적으로 다음과 같습니다. 다항 로지스틱 회귀모형에서 '매우만족'이라는 항목의 회귀계수($b_{매우만족}$)인 `-0.8376914`를 기준으로 잡아보죠. 이때, '만족'이라는 항목의 회귀계수($b_{만족}$)인 `-0.7377686`은 가중치 모수 ϕ값을 이용하여 아래와 같이 표현할 수 있습니다.

$$b_{만족} = (1-\phi_4) \times b_{매우만족}$$

$$\phi_4 = 1- \frac{b_{만족}}{b_{매우만족}}$$

$$= \frac{-.7377686}{-.8376914}$$

$$\approx .119$$

위와 같은 방식으로 '그저그렇다' 그리고 '불만' 범주의 회귀계수를 역산하기 위한 가중치 모수 ϕ를 구할 수 있습니다. 수계산을 해보면 각각 약 .187, .571의 값을 구할 수 있을 것입니다. 지금과 같은 방식을 사용하면 연령의 회귀계수를 순위 로지스틱 회귀모형과 같이 단 하나만 추정할 수 있습니다. 이것이 바로 스테레오타입 로지스틱 회귀모형이며, 예측변수가 단 1개만 투입되는 경우 스테레오타입 로지스틱 회귀모형은 다항 로지스틱 회귀모형과 본질적으로 동일한 모형입니다(물론 표현 방식은 좀 다릅니다). 문헌에 따라 예측변수가 단 하나 투입된 스테레오타입 로지스틱 회귀모형을 '일차원(one-dimensional) 스테레오타입 로지스틱 회귀모형'이라고 부릅니다. 일단 일차원 스테레오타입 로지스틱 회귀모형의 추정과정을 살펴보시죠. 스테레오타입 로지스틱 회귀모형 추정을 위해서는 VGAM 패키지의 rrvglm() 함수를 사용시면 됩니다. 한 가지 주의할 점은 스테레오타입 로지스틱 회귀모형 추정 시에는 데이터를 아래와 같은 '표(table)' 형태로 바꾸어 주셔야 한다는 점입니다.[9] tidyverse 패키지의 spread() 함수를 이용하시면 매우 편리합니다.

```
> # 스테레오타입 로지스틱 회귀모형: 표 형태로 데이터 변환
> table_stereo=data_stereo %>%
+   group_by(age2C,hlthsat2) %>%
+   count() %>%
+   spread(key=hlthsat2,value=n,fill=0)
> table_stereo
# A tibble: 65 x 6
# Groups:   age2C [65]
   age2C `1매우불만` `2불만` `3그저그렇다` `4만족` `5매우만족`
   <dbl>       <dbl>   <dbl>        <dbl>   <dbl>       <dbl>
 1 -2.60           0       1            0       2           1
 2 -2.50           0       1            4       4           0
 3 -2.40           0       1            1       4           3
 4 -2.30           0       0            0       3           3
 5 -2.20           0       0            4       4           1
 6 -2.10           0       1            5       3           4
```

9 이러한 방식으로 입력된 데이터를 활용하는 가장 대표적인 모형이 로그-선형 모형(log-linear models)입니다. 흔히 빈도표 분석이라고도 불립니다. 로그-선형 모형에 대한 가장 간단하고 쉬운 입문서로는 노크와 버크(Knoke & Burke, 1980), 그리고 파워스와 쉐(Powers & Xie, 2008)를 참조하시기 바랍니다.

```
 7 -2.00        0     2         1     6       0
 8 -1.90        0     1         5     5       1
 9 -1.80        0     2         2     7       3
10 -1.70        0     3         1     7       0
# ... with 55 more rows
```

종속변수의 5개 범주들의 경우 한글 표현보다는 c1, c2, c3, c4, c5와 같이 이름을 바꾸는 것이 프로그래밍하기가 훨씬 나을 것 같네요. 이름을 바꾼 후 다음과 같은 방식으로 스테레오타입 로지스틱 회귀모형을 추정한 결과를 살펴보죠.

```
> names(table_stereo)[2:6]=str_c('c',1:5)
> m_stereo <- rrvglm(cbind(c1,c2,c3,c4,c5)~age2C,
+              family=multinomial,data=table_stereo)
> summary(m_stereo)

Call:
rrvglm(formula = cbind(c1, c2, c3, c4, c5) ~ age2C, family = multinomial,
   data = table_stereo)


Pearson residuals:
                        Min       1Q     Median       3Q      Max
log(mu[,1]/mu[,5]) -1.9401 -0.51242 -0.376696 0.043652 3.9882
log(mu[,2]/mu[,5]) -1.8574 -0.65499 -0.084181 0.544919 2.5185
log(mu[,3]/mu[,5]) -2.2977 -0.74468 -0.146479 0.640876 2.2617
log(mu[,4]/mu[,5]) -2.6416 -0.51508 -0.150468 0.733068 2.5207

Coefficients:
                   Estimate  Std. Error   z value    Pr(>|z|)
I(latvar.mat):1     0.57108     0.12338    4.6285   1.841e-06 ***
I(latvar.mat):2     0.18655     0.10359    1.8009   0.0358567 *
I(latvar.mat):3     0.11929     0.10223    1.1668   0.1216423
(Intercept):1      -1.40217     0.25648   -5.4669   2.290e-08 ***
(Intercept):2       0.43815     0.13776    3.1806   0.0007348 ***
(Intercept):3       1.18270     0.12168    9.7199    < 2.2e-16 ***
(Intercept):4       1.58118     0.11706   13.5079    < 2.2e-16 ***
age2C               0.83769     0.16036    5.2240   8.757e-08 ***
---
```

```
Signif. codes:  0 '***' 0.001 '**' 0.01 '*' 0.05 '.' 0.1 ' ' 1

Number of linear predictors:  4

Names of linear predictors:
log(mu[,1]/mu[,5]), log(mu[,2]/mu[,5]), log(mu[,3]/mu[,5]), log(mu[,4]/mu[,5])

Residual deviance: 273.0409 on 249 degrees of freedom

Log-likelihood: -348.4957 on 249 degrees of freedom

Number of iterations: 4

Reference group is level of the response
```

R 출력결과에 대한 자세한 설명은 필요 없을 듯합니다.[10] 추정된 회귀계수들 중 'I(latvar.mat):' 시작하는 부분의 값들이 바로 앞서 이야기했던 ϕ 모수추정치입니다. 물론 '(Intercept):'로 시작하는 부분은 순위 로지스틱 회귀모형에서의 절편(τ)과 개념적으로 동일합니다. 한 가지 유의하실 것은 연령(age2C)의 회귀계수 추정값입니다. 현재 rrvglm() 함수의 추정결과는 5번 범주를 기준으로 순위가 감소하는 모형을 추정하고 있습니다. 어떻게 그것을 알 수 있냐고요? Pearson residuals: 부분을 보시면 됩니다. 분모에 투입된 mu[,5]를 보시면 5번째 범주가 기준집단으로 선택된 것임을 알 수 있을 것입니다. 따라서 앞서 우리가 추정한 순위 로지스틱 회귀모형 결과에 비교 가능한 스테레오타입 로지스틱 회귀모형을 추정하려면 다음과 같이 모형을 추정하시면 됩니다.

```
> # 기준범주를 바꾸고 싶다면 아래와 같이
> m_stereo2 <- rrvglm(cbind(c5,c4,c3,c2,c1)~age2C,
+                family=multinomial,data=table_stereo)
> summary(m_stereo2)
```

10 출력결과로 나타난 Pearson residuals: 부분은 추정된 네 개 절편값(연속형 변수로 가정된 잠재변수)의 피어슨 잔차를 의미하며, Coefficients: 부분은 모수추정 결과를 그리고 나머지 Residual deviance:, Log-likelihood: 등은 이미 앞에서 설명한 부분입니다

```
Call:
rrvglm(formula = cbind(c5, c4, c3, c2, c1) ~ age2C, family = multinomial,
   data = table_stereo)


Pearson residuals:
                        Min       1Q     Median      3Q    Max
log(mu[,1]/mu[,5]) -1.8852 -0.53186 -0.1124064 0.55100 3.1980
log(mu[,2]/mu[,5]) -2.5960 -0.49046 -0.0718216 0.79001 2.5226
log(mu[,3]/mu[,5]) -2.9702 -0.69533  0.0042802 0.67228 1.9741
log(mu[,4]/mu[,5]) -1.5177 -0.59698  0.0699320 0.66186 2.2548

Coefficients:
                   Estimate Std. Error z value   Pr(>|z|)
I(latvar.mat):1     0.88071    0.10228   8.6108  < 2.2e-16 ***
I(latvar.mat):2     0.81345    0.10362   7.8505  2.072e-15 ***
I(latvar.mat):3     0.42892    0.12333   3.4779  0.0002526 ***
(Intercept):1       1.40217    0.25642   5.4682  2.273e-08 ***
(Intercept):2       2.98336    0.23804  12.5331  < 2.2e-16 ***
(Intercept):3       2.58487    0.24036  10.7544  < 2.2e-16 ***
(Intercept):4       1.84033    0.24870   7.3998  6.821e-14 ***
age2C              -0.83769    0.16038  -5.2231  8.798e-08 ***
---
Signif. codes:  0 '***' 0.001 '**' 0.01 '*' 0.05 '.' 0.1 ' ' 1

Number of linear predictors:  4

Names of linear predictors:
log(mu[,1]/mu[,5]), log(mu[,2]/mu[,5]), log(mu[,3]/mu[,5]), log(mu[,4]/mu[,5])

Residual deviance: 273.0409 on 249 degrees of freedom

Log-likelihood:  -348.4957 on 249 degrees of freedom

Number of iterations: 5

Reference group is level of the response
```

물론 ϕ 값이 바뀐 것 같다고 생각하실지 모릅니다. 하지만 그렇지 않습니다. 앞서 추정한 결과 중 "`I(latvar.mat):3   0.11929   0.10223   1.1668 0.1216423`"은 범주순서를 뒤집은 후에 추정한 결과 중 "`I(latvar.mat):1   0.88071   0.10228   8.6108   < 2.2e-16 ***`"과 표현이 다를 뿐 정확하게 동일합니다(0.88071 = 1 − 0.11929). 또한 모형추정 결과를 통해 얻은 로그우도값인 −348.4957이 동일한 것에도 주목하여 주세요.

여기까지만 보시면, 사실 스테레오타입 로지스틱 회귀모형의 장점이 무엇인지 잘 납득할 수 없을 것입니다. 하지만 예측변수의 수가 늘어날 경우를 생각해 보시죠. 예를 들어 예측변수가 3개 투입된 경우를 생각해 보시죠. 순위 로지스틱 회귀모형의 경우 절편 4개와 회귀계수 3개로 총 7개의 모수가 추정될 것입니다. 반면 다항 로지스틱 회귀모형의 경우 절편 4개와 회귀계수 12개로 총 16개의 모수가 추정될 것입니다. 그렇다면 스테레오타입 로지스틱 회귀모형의 경우는 어떨까요? 그렇습니다. 절편은 4개, 회귀계수는 3개, 그리고 ϕ 모수는 3개로 총 10개의 모수가 추정됩니다. 이제는 왜 스테레오타입 로지스틱 회귀모형이 다항 로지스틱 회귀모형과 순위 로지스틱 회귀모형의 중간쯤에 위치한 모형인지 감이 오실 것입니다.

하지만 문제가 있습니다. 근본적으로 예측변수가 1개인 경우, ϕ 모수 추정결과에 아무런 문제가 없습니다. 하지만 예측변수가 2개 혹은 그 이상인 경우에도 ϕ 모수 추정결과가 타당할까요? 예를 들어 다항 로지스틱 회귀모형 추정결과 범주의 수준 J에 따라 x_1과 x_2라는 두 예측변수의 회귀계수 변화패턴이 동일하지 않은 경우는 어떨까요? (이를 테면 x_1의 회귀계수는 J수준 증가에 따라 점차로 감소하지만, x_2의 회귀계수는 점차 증가한다면?) 다시 말해 스테레오타입 로지스틱 회귀모형은 회귀계수들의 변화 패턴이 스테레오타입에 어느 정도 부합된다면 매우 유용한 로지스틱 회귀모형이지만, 스테레오타입에서 현격하게 벗어난다면 유용성이 떨어집니다.

구체적으로 실례를 통해 살펴보겠습니다. `hlthsat2`라는 종속변수의 각 범주를 추정하는 모형으로 다항, 순위, 스테레오타입 로지스틱 회귀모형을 추정한 결과는 아래의 R 출력결과와 같습니다. 또한 세 가지 로지스틱 회귀모형 추정결과를 정리하여 비교한 결과는 〈표3〉에 제시되어 있습니다.

```
> # 예측 변수들을 여럿 투입해 보죠.
> m_ologit=polr(hlthsat2~female2+age2C+log10inc2C,data=data_stereo)
> m_mlogit=multinom(hlthsat2~female2+age2C+log10inc2C,data=data_stereo)
# weights:  25 (16 variable)
initial  value 1628.751167
iter  10 value 1348.004558
iter  20 value 1307.060245
final     value 1306.833382
converged
> # 스테레오타입 로지스틱 회귀모형: 표 형태로 데이터 변환
> table_stereo=data_stereo %>%
+   group_by(female2,age2C,log10inc2C,hlthsat2) %>%
+   count() %>%
+   spread(key=hlthsat2,value=n,fill=0)
> table_stereo
# A tibble: 1,010 x 8
# Groups:   female2, age2C, log10inc2C [1,010]
   female2 age2C log10inc2C `1매우불만` `2불만` `3그저그렇다` `4만족`
     <int>   <dbl>    <dbl>     <dbl>   <dbl>     <dbl>   <dbl>
 1       0   -2.60  -0.131          0       0         0       1
 2       0   -2.60  -0.107          0       1         0       0
 3       0   -2.60   0.131          0       0         0       1
 4       0   -2.50  -0.282          0       0         1       0
 5       0   -2.50  -0.254          0       1         0       0
 6       0   -2.50  -0.119          0       0         1       0
 7       0   -2.40   0.195          0       0         0       0
 8       0   -2.40   0.614          0       0         0       0
 9       0   -2.20   0.00246        0       0         0       1
10       0   -2.20   0.0373         0       0         0       0
# ... with 1,000 more rows, and 1 more variable: `5매우만족` <dbl>
> names(table_stereo)[4:8]=str_c('c',1:5)
> m_stereo <- rrvglm(cbind(c5,c4,c3,c2,c1)~female2+age2C+log10inc2C,
+                multinomial,data=table_stereo)
> summary(m_stereo)
```

[모형추정 결과는 본문의 표를 참조할 것]

표3. 성별, 연령, 소득수준을 이용하여 주관적 건강상태 예측모형: 순위, 다항, 스테레오타입 로지스틱 회귀모형 비교

	다항 로지스틱 회귀분석				순위 로지스틱 회귀분석	스테레오타입 로지스틱 회귀분석
	기준집단 = 매우불만족(c1)					
	불만(c2)	그저그렇다(c3)	만족(c4)	매우만족(c5)		
성별	−0.187 (0.430)	−0.804* (0.415)	−0.895* (0.411)	−1.152** (0.453)	−0.448*** (0.118)	−1.341*** (.352)
연령	−0.304* (0.161)	−0.616*** (0.157)	−0.668*** (0.155)	−0.777*** (0.174)	−0.272*** (0.048)	−0.776*** (0.154)
상용로그 전환소득	0.606 (0.585)	0.937+ (0.571)	1.052* (0.562)	1.027+ (0.654)	0.458* (0.199)	0.996* (0.478)
절편(다항 로지스틱 회귀모형)	2.005*** (0.400)	3.123*** (0.384)	3.566*** (0.381)	2.104*** (0.401)		
순위, 절편(c1 | c2) / 스테레오, 절편(c2 | c1)					−3.762*** (0.195)	2.191*** (0.350)
순위, 절편(c2 | c3) / 스테레오, 절편(c3 | c1)					−1.797*** (0.107)	3.267*** (0.355)
순위, 절편(c3 | c4) / 스테레오, 절편(c4 | c1)					−0.331** (0.090)	3.713*** (0.356)
순위, 절편(c4 | c5) / 스테레오, 절편(c5 | c1)					2.139*** (0.123)	2.214*** (0.375)
회귀계수 가중치, ϕ (J=2)						0.383*** (0.109)
회귀계수 가중치, ϕ (J=3)						0.788*** (0.088)
회귀계수 가중치, ϕ (J=4)						0.861*** (0.086)

알림. $+p<.10$, $*p<.05$, $**p<.01$, $***p<.001$. N=1,012. 다항 로지스틱 회귀모형은 nnet 패키지(version 7.3-12)의 `multinom()` 함수를, 순위 로지스틱 회귀모형은 MASS 패키지(version 7.3-51.1)의 `polr()` 함수를, 스테레오타입 로지스틱 회귀모형은 VGAM 패키지(version 1.0-6)의 `rrvglm()` 함수를 이용하였음.

세 가지 예측변수들의 회귀계수들을 비교해 보도록 하죠. 적어도 통계적 유의도 테스트 차원에서 순위 로지스틱 회귀모형의 추정결과와 스테레오타입 로지스틱 회귀모형의 추정결과는 크게 다르지 않습니다. 예를 들어 〈표3〉의 성별변수 모수추정치의 테스트 통계치(즉 회귀계수를 표준오차로 나누어 준 값)의 경우 순위 로지스틱 회귀모형의 경우는 약 3.797이고, 스테레오타입 로지스틱 회귀모형의 경우 3.810으로 엇비슷합니다. 연령과 소득수준의 경우도 모수추정치의 테스트 통계치가 각각 5.667과 5.039, 그리고 2.302와 2.084로

크게 다르지 않습니다.

이제는 다항 로지스틱 회귀모형과 스테레오타입 로지스틱 회귀모형의 모수추정 결과를 비교해 보겠습니다. 스테레오타입 로지스틱 회귀모형에서 보고된 회귀계수와 회귀계수들에 부여된 가중치인 ϕ를 이용하여 종속변수의 범주수준별 회귀계수의 값을 계산하면 다음의 〈표4〉와 같습니다.

표4. 다항 로지스틱 회귀모형과 스테레오타입 로지스틱 회귀모형 회귀계수 추정값 비교

회귀계수	모형	불만 (c2)	그저그렇다 (c3)	만족 (c4)	매우만족 (c5)
성별	다항	−0.187	−0.804	−0.895	−1.152
	스테레오타입	−0.514	−1.057	−1.155	−1.341
연령	다항	−0.304	−0.616	−0.668	−0.777
	스테레오타입	−0.297	−0.611	−0.668	−0.776
소득	다항	0.606	0.937	1.052	1.027
	스테레오타입	0.381	0.785	0.858	0.996

〈표4〉의 결과를 차례대로 살펴봅시다. 먼저 성별의 경우 ϕ 모수를 적용하였을 때의 스테레오타입 로지스틱 회귀모형의 회귀계수와 다항 로지스틱 회귀모형의 회귀계수는 '불만' 쪽에 가까울수록 편차가 심해지는 것을 발견할 수 있습니다. 구체적으로 스테레오타입 로지스틱 회귀모형의 회귀계수가 다항 로지스틱 회귀모형의 회귀계수보다 절댓값이 더 큽니다. 반면 연령변수의 경우 거의 완벽할 정도로 두 로지스틱 회귀모형의 회귀계수가 일치하는 것을 알 수 있습니다. 끝으로 소득 변수의 경우 다항 로지스틱 회귀모형의 회귀계수에 비해 스테레오타입 로지스틱 회귀모형의 회귀계수가 전반적으로 작으며, 이 차이는 '불만' 쪽에 가까운 응답을 추정할수록 더 강하게 나타납니다.

그렇다면 위에서 우리가 추정한 스테레오타입 로지스틱 회귀모형은 "모형의 예측력"이라는 측면에서 다항 로지스틱 회귀모형에 가까울까요, 아니면 순위 로지스틱 회귀모형에 가까울까요? 단순화시켜 말하자면 다항 로지스틱 회귀모형은 복잡하지만 현실에 보다 가까운 모형이고, 순위 로지스틱 회귀모형은 단순하지만 현실과는 다른 모형이라고 볼 수 있습니다. 개념적으로 스테레오타입 로지스틱 회귀모형은 설명력에서는 다항 로지스틱 회귀모형에, 모형의 단순함이라는 측면에서는 순위 로지스틱 회귀모형에 가까운 모형입

니다. 확실히 모수추정치의 개수라는 점에서 스테레오타입 로지스틱 회귀모형은 순위 로지스틱 회귀모형에 가깝습니다. 그렇다면 모형의 예측력에서도 순위 로지스틱 회귀모형에 가까울까요, 아니면 다항 로지스틱 회귀모형에 가까울까요? 이를 살펴보기 위해 저는 다항, 순위, 스테레오타입 로지스틱 회귀모형의 예측값들을 비교했습니다. 구체적으로 성별과 연령의 두 변수에 따른 세 로지스틱 회귀모형의 예측값을 비교해 보겠습니다.

우선 성별의 효과를 추정해 보죠. 스테레오타입 로지스틱 회귀모형의 경우 티블 데이터를 사용하는 데 문제가 없기 때문에, mlogit() 함수로 추정한 모형추정 결과와 달리 모형 시각화가 쉽습니다. 연령과 소득수준이 표본의 평균값인 경우를 가정한 후, 성별에 따라 세 가지 로지스틱 회귀모형을 통해 얻은 5개 범주의 예측값을 비교한 그래프는 아래의 〈그림9〉와 같습니다.

```
> # 성별의 효과 비교
> #스테레오타입 로지스틱 회귀모형에서는 범주가 뒤집히기 때문에 재추정함
> m_stereo <- rrvglm(cbind(c1,c2,c3,c4,c5)~female2+age2C+log10inc2C,
+                 family=multinomial,data=table_stereo)
> myfig=data_stereo %>% data_grid(female2,age2C=0,log10inc2C=0)
> temp1=predict(m_ologit,myfig,type='p') %>% as_tibble()
> temp2=predict(m_mlogit,myfig,type='p') %>% as_tibble()
> temp3=predict(m_stereo,myfig,type='response') %>% as_tibble()
> names(temp1)=names(temp2)=str_c("c",1:5)
> # 예측값을 합침
> myresult=bind_rows(temp1,temp2,temp3) %>%
+   mutate(
+     gender=rep(c("남성","여성"),3),
+     gender=fct_relevel(gender,"여성"),
+     model=rep(c("순위","다항","스테레오타입"),each=2),
+     model=fct_relevel(model,"다항","스테레오타입")
+     ) %>%
+   gather(key=var,value=prob,-gender,-model) %>%
+   mutate(
+     var=fct_recode(var,"매우불만"="c1","불만"="c2",
+                 "그저그렇다"="c3",
+                 "만족"="c4","매우만족"="c5")
+   )
```

```
> # 시각화
> myresult %>%
+   ggplot(aes(x=gender,y=prob,fill=model))+
+   geom_bar(stat="identity",position="dodge")+
+   labs(x="성별",y="예측확률",fill="로지스틱 모형")+
+   theme_bw()+
+   theme(legend.position="top")+
+   facet_wrap(~var,ncol=5)
```

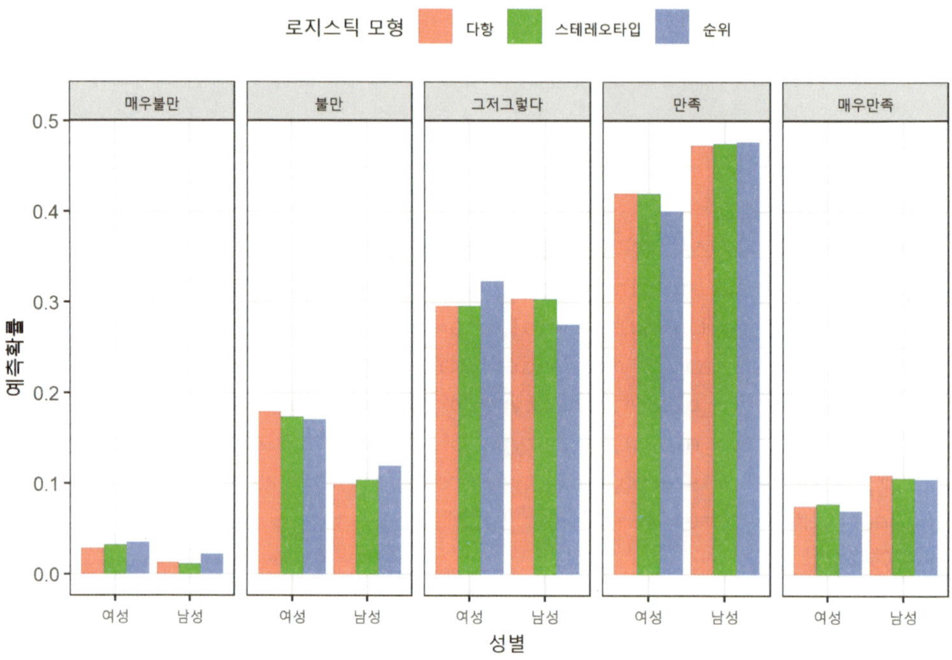

그림9. 세 가지 로지스틱 회귀모형을 통해 얻은 성별 예측값 비교

〈그림9〉의 결과에서 알 수 있듯, 스테레오타입 로지스틱 회귀모형의 예측값은 순위 로지스틱 회귀모형의 예측값보다는 다항 로지스틱 회귀모형의 예측값과 가깝습니다.

이제는 세 가지 로지스틱 회귀모형의 연령별 각 범주 예측확률을 비교해 보겠습니다. 마찬가지 방식으로 시각화한 결과는 아래와 같으며, 시각화 결과는 〈그림10〉에 제시되어 있습니다.

```
> # 연령의 효과 비교
> myfig=data_stereo %>% data_grid(female2=0.5,age2C,log10inc2C=0)
> temp1=predict(m_ologit,myfig,type='p') %>% as_tibble()
> temp2=predict(m_mlogit,myfig,type='p') %>% as_tibble()
> temp3=predict(m_stereo,myfig,type='response') %>% as_tibble()
> names(temp1)=names(temp2)=str_c("c",1:5)
> myresult=bind_rows(temp1,temp2,temp3) %>%
+   mutate(
+     age2C=rep(myfig$age2C,3),
+     age2=10*age2C+mean(exdata1$age2),
+     model=rep(c("순위","다항","스테레오타입"),
+           each=length(myfig$age2C)),
+     model=fct_relevel(model,"다항","스테레오타입")
+   ) %>% select(-age2C) %>%
+   gather(key=var,value=prob,-model,-age2) %>%
+   mutate(
+     var=fct_recode(var,"매우불만"="c1","불만"="c2",
+                 "그저그렇다"="c3",
+                 "만족"="c4","매우만족"="c5")
+   )
> # 시각화
> myresult %>%
+   ggplot(aes(x=age2,y=prob,color=model))+
+   geom_line(size=1)+
+   labs(x="연령",y="예측확률",color="로지스틱 모형")+
+   theme_bw()+
+   theme(legend.position="top")+
+   facet_wrap(~var,ncol=5)
```

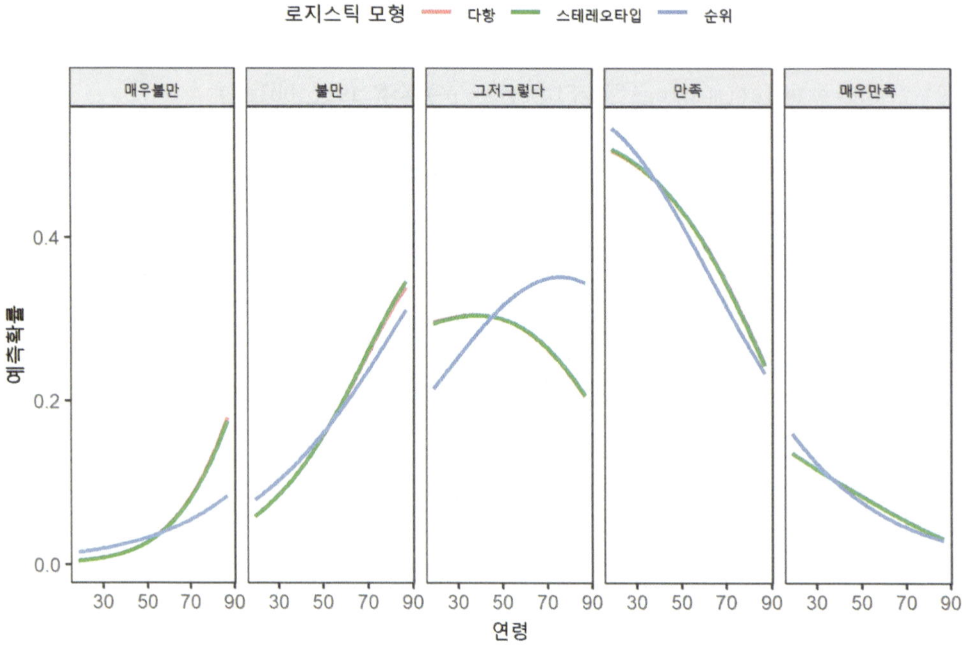

그림10. 응답자의 연령효과가 성별, 기기별 이용빈도에 따라 달라지는 효과 패턴

위의 결과는 다항 로지스틱 회귀모형과 스테레오타입 로지스틱 회귀모형의 모형추정 결과가 구분되지 않을 정도로 동일하다는 것을 명확하게 보여주고 있습니다(주황색으로 표시된 다항 로지스틱 회귀모형 추정결과와 녹색으로 표시된 스테레오타입 로지스틱 회귀선들은 거의 일치하고 있습니다). 반면 청색으로 표현된 순위 로지스틱 회귀모형의 추정결과는 다른 두 로지스틱 회귀모형의 추정결과와 그 패턴이 다르다는 것이 그래프에서 명확하게 드러납니다(특히 '그저 그렇다' 범주의 경우).

〈그림9〉와 〈그림10〉의 그래프는 스테레오타입 로지스틱 회귀모형의 예측력이 다항 로지스틱 회귀모형과 구분하기 어려울 정도로 유사하다는 것을 잘 보여줍니다. 즉 이번 섹션에서 살펴보았듯 스테레오타입 로지스틱 회귀모형은 분석하려는 데이터가 순위 로지스틱 회귀모형의 가정에 들어맞지 않지만 종속변수의 범주가 뚜렷한 순서대로 서열화된 경우 고려할 수 있는 모형입니다. 하지만 사용하시기 전에 분석에 투입된 예측변수의 회귀계수들이 비슷하게 변화하는 패턴을 보이는지 다항 로지스틱 회귀모형을 이용해 점검해 보시는 것이 좋습니다. 제 경험으로는 스테레오타입 로지스틱 회귀모형이 잘 작동하지 않는 경우도 적지 않았습니다(물론 이는 스테레오타입 로지스틱 회귀모형의 문제라기보다는 데이터가

모형의 가정과 잘 부합하지 않기 때문입니다).

지속비율 순위 로지스틱 회귀모형(continuation ratio ordered logistic regression model)

마지막으로 소개할 로지스틱 회귀모형은 지속비율 순위 로지스틱 회귀모형입니다. '순위(ordered)'라는 표현에서 알 수 있듯, 이 모형은 순위 로지스틱 회귀모형의 변형된 형태로 보셔도 무방합니다. 순위 로지스틱 회귀모형에서와 마찬가지로 지속비율 순위 로지스틱 회귀모형은 모형에 사용되는 종속변수가 '순위범주형 변수'여야 하지만, 순위 로지스틱 회귀모형과 달리 현재 단계 범주에 도달하기 위해서는 반드시 이전 단계 범주를 거쳐야만 합니다. 예를 들어 조직 내에서의 '승진'을 생각해 보시죠. 대학 내 교수의 경우 보통 '조교수(1)' → '부교수(2)' → '정교수(3)'의 단계로 승진합니다(물론 중도에 승진하지 못하는 경우도 있습니다). 만약 어떤 학교가 교수의 승진 여부를 '연구실적'(출간한 학술논문수), x로만 평가한다고 가정해 보겠습니다. 이때, 연구실적 변수로 조교수에서 부교수로 승진할 가능성을 예측하는 로지스틱 모형은 아래와 같습니다.

$$ln\left(\frac{p(y>1)}{p(y\geq 1)}\right) = b_{0,s1}+b_{1,s1}x$$

다음으로 부교수에서 정교수로 승진할 가능성을 예측하는 로지스틱 회귀모형을 추정해 보죠. 조교수에서 정교수로 승진할 수 있는 가능성이 원천적으로 존재할 수 없기 때문에, 부교수에서 정교수로 승진할 가능성을 예측할 때, 특정 사례가 조교수인 확률값은 배제합니다. 이때의 로지스틱 회귀모형은 아래와 같습니다.

$$ln\left(\frac{p(y>2)}{p(y\geq 2)}\right) = b_{0,s2}+b_{1,s2}x$$

지속비율 순위 로지스틱 회귀모형에서는 위의 두 방정식에 하나의 제약조건을 붙입니다. 그것은 바로 $b_{1,s1}=b_{1,s2}$입니다. 즉 x의 회귀계수가 동등하다고 제약합니다. 이는 이전 단계에서 다음 단계로 변할 때의 확률값의 비(odds ratio)가 동일하다는 가정을 의미합니다. 바로 이 이유 때문에 '지속비율'이라는 이름이 붙은 것입니다.

예제 데이터를 통해 살펴봅시다. 앞서 여러 번 분석했던 `exdata1.csv` 데이터에서 주관적 건강상태 변수(`hlthsat2`)에 대해 지속비율 순위 로지스틱 회귀모형의 종속변수 가정을 부여해 봅시다. 또한 예측변수로는 연령만 생각해 봅시다. 우선은 `hlthsat2` 변수에서 1번 범주와 2번 범주를 합치겠습니다. 왜냐하면 주관적 건강상태에 대해 '매우 불만족'이라고 응답한 젊은이들의 수가 너무 적기 때문에 지속비율 순위 로지스틱 회귀모형을 추정할 때 하우크-도너 효과(HDE, Hauck-Donner effect)가 발생하기 때문입니다(HDE에 대해서는 '토빗 모형'을 설명하면서 언급해 드린 적 있습니다). 이후 종속변수는 숫자가 커질수록 건강상태가 좋지 않은 의미를 갖도록 리코딩하고, 예측변수인 연령의 경우 이번에는 평균중심화 변환이 아니라 19세가 0이 되도록 조정하겠습니다. 그 결과는 아래와 같습니다.

```
> ## 지속비율 순위 로지스틱 회귀모형
> exdata1 = read_csv("exdata1.csv")
Parsed with column specification:
cols(
  female2 = col_integer(),
  age2 = col_integer(),
  log10inc2 = col_double(),
  educ2 = col_character(),
  donate2 = col_double(),
  volunt2 = col_integer(),
  workstatus2 = col_character(),
  hlthsat2 = col_character()
)
> data_cratio = exdata1 %>%
+   mutate(
+     age19=age2-19,
+     hlthsat2=ifelse(hlthsat2=="1매우불만","2불만",hlthsat2),
+     hlthsat=str_sub(hlthsat2,1,1),
+     neghlth=factor(str_c("c",6-as.integer(hlthsat)))
+   ) %>% select(hlthsat2,neghlth, age19)
```

```
> data_cratio %>% count(hlthsat2,neghlth)
# A tibble: 4 x 3
  hlthsat2   neghlth    n
  <chr>       <fct>  <int>
1 2불만        c4       182
2 3그저그렇다  c3       295
3 4만족        c2       442
4 5매우만족    c1        93
```

지속비율 순위 로지스틱 회귀모형은 앞서 토빗 모형을 추정할 때 사용했던 VGAM 패키지의 vglm() 함수를 이용하시면 됩니다. 또한 지속비율 순위 로지스틱 회귀모형에 투입되는 데이터는 앞서 스테레오타입 로지스틱 회귀모형 추정 시 사용했던 '표(table)' 방식의 데이터입니다. vglm() 함수에 family=cratio(link='logit', parallel=TRUE) 옵션을 지정하면 지속비율 순위 로지스틱 회귀모형을 추정할 수 있습니다. 여기서 parallel=TRUE는 각 단계별 예측변수의 회귀계수가 평행(parallel), 즉 동일하다는 가정을 취한다는 뜻입니다 (다시 말해 '비율이 일정하게 지속'된다는 뜻).

```
> # 지속비율 순위 로지스틱 회귀모형
> table_cratio=data_cratio %>%
+   group_by(age19,neghlth) %>%
+   count() %>%
+   spread(key=neghlth,value=n,fill=0)
> m_cratioT = vglm(cbind(c1,c2,c3,c4)~age19,
+              family=cratio(link='logit',parallel=TRUE),
+              data=table_cratio)
> summary(m_cratioT)

Call:
vglm(formula = cbind(c1, c2, c3, c4) ~ age19, family = cratio(link = "logit",
    parallel = TRUE), data = table_cratio)


Pearson residuals:
                          Min      1Q     Median      3Q   Max
logit(P[Y>1|Y>=1]) -3.301 -0.4998  1.814e-01  0.6125 1.384
logit(P[Y>2|Y>=2]) -2.712 -0.7480 -2.212e-02  0.6917 2.615
logit(P[Y>3|Y>=3]) -2.398 -0.6955 -7.769e-05  0.7730 2.286
```

```
Coefficients:
               Estimate Std. Error z value  Pr(>|z|)
(Intercept):1  1.668048   0.139517  11.956   < 2e-16 ***
(Intercept):2 -0.595361   0.120378  -4.946  7.58e-07 ***
(Intercept):3 -1.213222   0.147573  -8.221   < 2e-16 ***
age19          0.025673   0.003838   6.689  2.25e-11 ***
---
Signif. codes:  0 '***' 0.001 '**' 0.01 '*' 0.05 '.' 0.1 ' ' 1

Number of linear predictors:  3

Names of linear predictors:
logit(P[Y>1|Y>=1]), logit(P[Y>2|Y>=2]), logit(P[Y>3|Y>=3])

Residual deviance: 229.6132 on 191 degrees of freedom

Log-likelihood: -308.4244 on 191 degrees of freedom

Number of iterations: 4

No Hauck-Donner effect found in any of the estimates
```

모형추정 결과는 해석하기 어렵지 않을 것입니다. age19의 회귀계수 0.025673을 해석하면 다음과 같습니다. "응답자 연령이 1살 증가할 때, 이전의 단계를 거친 후, 특정 단계에서 다음번 단계로 주관적 건강상태가 나빠질 가능성은 약 3%씩 증가하며($1.026 \approx e^{0.025673}$), 이는 통계적으로 유의미하다($p < .001$)"

그러나 우리가 던져보아야 할 질문은 바로 이것입니다. "과연 연령의 변화가 이전의 단계를 거친 후, 특정 단계에서 다음번 단계로 주관적 건강상태가 나빠질 가능성에 미치는 효과는 일정하다고 가정할 수 있을까?" 이 궁금증은 모형비교 테스트를 통해 해소될 수 있습니다. 앞서 우리가 설정했던 parallel=TRUE 옵션을 parallel=FALSE으로 바꾸어 봅시다. 옵션을 바꾼 후 모형을 다시 추정한 결과는 아래와 같습니다.

```
> m_cratioF = vglm(cbind(c1,c2,c3,c4)~age19,
+           family=cratio(link='logit',parallel=FALSE),
+           data=table_cratio)
> summary(m_cratioF)
                      [불필요한 출력결과는 제시하지 않았음]
Coefficients:
                Estimate Std. Error z value Pr(>|z|)
(Intercept):1  1.790700   0.231537   7.734 1.04e-14 ***
(Intercept):2 -0.466472   0.150456  -3.100  0.00193 **
(Intercept):3 -1.608893   0.241841  -6.653 2.88e-11 ***
age19:1        0.020324   0.008778   2.315  0.02059 *
age19:2        0.020722   0.005175   4.004 6.22e-05 ***
age19:3        0.039261   0.007565   5.190 2.10e-07 ***
---
Signif. codes:  0 '***' 0.001 '**' 0.01 '*' 0.05 '.' 0.1 ' ' 1
                      [불필요한 출력결과는 제시하지 않았음]
Residual deviance: 225.0194 on 189 degrees of freedom
                      [불필요한 출력결과는 제시하지 않았음]
```

이제는 각 단계별로 연령의 회귀계수들을 따로따로 추정하였습니다. 위의 결과에서 알 수 있듯, 연령의 효과는 '불만 → 매우불만'으로 변하는 단계에서 급격하게 증가하는 것을 발견할 수 있습니다(0.020324과 0.020722 대비 0.039261). 그렇다면 이러한 회귀계수의 차이는 통계적으로 유의미한 것일까요? R 출력결과에서 Residual deviance:의 이탈도 통계치와 자유도를 이용해 모형비교 테스트를 실시할 수 있습니다. 여기서는 anova() 함수를 사용하였습니다.

```
> anova(m_cratioT,m_cratioF,type=1)
Analysis of Deviance Table

Model 1: cbind(c1, c2, c3, c4) ~ age19
Model 2: cbind(c1, c2, c3, c4) ~ age19
  Resid. Df Resid. Dev Df Deviance Pr(>Chi)
1       191     229.61
2       189     225.02  2   4.5939   0.1006
```

모형추정 결과에서 잘 나타나듯, '지속비율' 가정이 타당하다고 보아야 할 것 같습니다. 다시 말해 연령의 회귀계수들은 완전히 동일하다고 보기는 어렵지만, 거의 엇비슷하다고 보는 것이 타당합니다.

마지막으로 시각화를 통해 지속비율 가정부여 여부에 따른 지속비율 순위 로지스틱 회귀모형들의 예측값과 다항 로지스틱 회귀모형, 그리고 순위 로지스틱 회귀모형의 예측값을 비교해 보도록 하겠습니다. 다시 말씀드립니다만, 다항 로지스틱 회귀모형의 경우 범주형 변수에 대해 요구하는 가정들이 적은 반면 많은 수의 모수를 추정하지만, 순위 로지스틱 회귀모형의 경우 범주형 변수에 대해 많은 가정들을 요구하는 대신 가장 적은 수의 모수를 추정합니다. 비율지속 순위 로지스틱 회귀모형의 예측력은 어느 정도인지 한번 살펴봅시다. 연령에 따라 4가지 종속변수 범주의 확률값을 시각화한 결과는 아래의 〈그림 11〉과 같습니다.

```
> myfig=data_cratio %>% data_grid(age19)
> myresult=bind_rows(
+   predict(m_ologit,myfig,type="p") %>%
+     as_tibble() %>%
+     mutate(model="순위 로지스틱",age=19+myfig$age19),
+   predict(m_mlogit,myfig,type="p") %>%
+     as_tibble() %>%
+     mutate(model="다항 로지스틱",age=19+myfig$age19),
+   predict(m_cratioT,myfig,type="response") %>%
+     as_tibble() %>%
+     mutate(model="비율지속 가정\n순위 로지스틱",age=19+myfig$age19),
+   predict(m_cratioF,myfig,type="response") %>%
+     as_tibble() %>%
+     mutate(model="비율비지속 가정\n순위 로지스틱",age=19+myfig$age19)
+ )
> myresult=myresult %>%
+   gather(key=category,value=value,-model,-age) %>%
+   mutate(
+     category=fct_recode(category,
+                         "불만족"="c4","그저그렇다"="c3",
+                         "만족"="c2","매우만족"="c1"),
+     category=fct_reorder(category,row_number()),
+     model=fct_relevel(model,"다항","지속비율 순위")
+   )
```

```
> # 시각화
> myresult %>%
+   ggplot(aes(x=age,y=value,color=category))+
+   geom_line(size=1)+
+   scale_x_continuous(breaks=10*(2:9))+
+   labs(x="연령",y="추정확률",color="종속변수\n범주")+
+   theme_bw()+
+   facet_grid(~model)
```

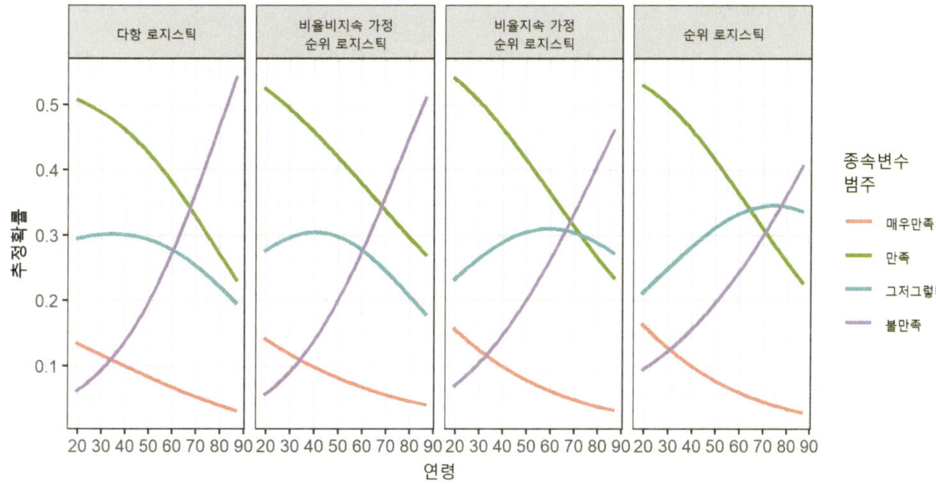

그림11. 응답자의 연령별 주관적 건강상태 예측값 비교(4가지 로지스틱 회귀모형 비교)

〈그림11〉에서 알 수 있듯, 비율지속 순위 로지스틱 회귀모형은 다항 로지스틱 회귀모형과 순위 로지스틱 회귀모형의 중간쯤에 위치하고 있습니다. 한 가지 잊지 말아야 할 것은 다항 로지스틱 모형이나 순위 로지스틱 회귀모형의 경우 종속변수의 범주를 위계적으로 가정하지 않는 데 반해, 비율지속 순위 로지스틱 회귀모형에서는 종속변수의 범주를 위계적이라고 가정합니다(즉 이전 단계를 거친 후에야 특정 단계에서 그다음 단계로 변화 가능하다는 가정). 〈그림11〉의 왼쪽의 두 모형추정 시 모두 동일하게 6개의 모수추정치를 사용했음에도 모형추정 결과가 다소 다르게 나온 이유는 바로 이 때문입니다. 오른쪽의 두 모형추정 시 모두 동일하게 4개의 모수추정치를 사용했음에도 모형추정 결과가 다른 이유도 마찬가지입니다.

아무튼 만약 비율지속 가정을 부여하지 않는다면 다항 로지스틱 회귀모형에 가깝고, 비율지속 가정을 부여하면 순위 로지스틱 회귀모형에 보다 가깝습니다. 하지만 비율지속 순위 로지스틱 회귀모형의 결과는 적은 수의 모수추정치만으로 다항 로지스틱 회귀모형에 상당히 가까운 범주 예측값을 보이고 있습니다.

지금까지 이항, 순위, 다항 로지스틱 회귀모형이 아닌 다른 대안적 로지스틱 회귀모형들로 다음의 모형들을 간략하게 소개하였습니다.

- 로지스틱 다층모형
- 확장된 다항 로지스틱 회귀모형: 조건부 로지스틱 회귀모형과 혼합 로지스틱 회귀모형
- 배속 로지스틱 회귀모형
- 범주순위 로지스틱 회귀모형
- 스테레오타입 로지스틱 회귀모형
- 지속비율 순위 로지스틱 회귀모형

여기서는 다루지 못하였지만 이외에도 다양한 로지스틱 회귀모형들이 존재합니다. 저자의 무지와 경험부족으로 다른 로지스틱 회귀모형을 설명해 드리지 못한 것은 진심으로 아쉽습니다. 그러나 이항 로지스틱 회귀모형을 필두로 순위 로지스틱 회귀모형 특히 다항 로지스틱 회귀모형을 이해하였다면 어떤 로지스틱 회귀모형이라도 이해하지 못할 바는 없다고 저는 생각합니다.

이제 제4부에서는 횟수 형태의 변수를 종속변수로 투입하는 모형들을 소개하도록 하겠습니다.

count variable

4부
횟수형 변수

Regression models for limited dependent variable using R

1장 포아송 회귀모형

10개의 손가락을 가진 인간이 가장 먼저 배우는 것 중 하나는 '횟수를 세는 것'입니다. 사람이 몇 명인지, 책이 몇 권인지, 사과 상자에 몇 개의 사과가 들어있는지 등등이 바로 그것이죠. 이렇게 횟수로 기록된 변수가 바로 횟수형 변수(count variable)입니다. 제4부에서는 횟수(count) 형태의 종속변수에 대해 적용하는 회귀모형들로 포아송(Poisson) 회귀모형, 음이항(negative binomial) 회귀모형, 허들(hurdle) 모형, 영포화(zero-inflated) 모형을 소개하겠습니다. 제1장에서는 횟수형 변수가 어떤 특징을 갖고 있는지를 먼저 간단하게 말씀드린 후, 횟수형 변수를 설명·예측할 때 OLS 회귀모형을 사용하면 어떤 문제가 발생하는지 먼저 설명해 드리겠습니다. 이후 횟수형 변수를 설명·예측하는 가장 기본적 모형인 포아송 회귀모형을 소개하겠습니다.[1]

횟수형 종속변수의 특징

우선 무엇이 횟수형 변수일까요? 거시적으로는 특정 기간 특정 지역에서 발생한 독감 환자의 수, 살인사건 수 등과 같은 변수들이 대표적인 횟수형 변수로 손꼽을 수 있습니다.

---

1 포아송 회귀모형에 대한 본서의 설명방식은 롱(Long, 1997)을 기반으로 하였습니다. 제가 알고 있는 범위에서 롱(Long, 1997)보다 포아송 회귀모형을 쉽게 설명한 문헌은 접해보지 못하였습니다.

미시적으로는 가구당 자녀 수, 응답자가 작년에 읽은 책의 권수와 같은 변수들도 횟수형 변수입니다. 데이터의 측정이라는 관점에서 이들 횟수형 변수의 특징 두 가지를 반드시 유념하실 필요가 있습니다.

첫째, 횟수형 변수는 '정수(integer)'의 형태를 갖습니다. 예를 들어 살인사건은 2건, 3건, ...과 같이 발생합니다. 물론 "지난 10년간 A지역에서 발생한 살인사건의 평균은 3.2건이었다" 혹은 "내년 A지역에서는 약 2.8건 정도의 살인사건이 발생할 수 있다"와 같이 현상을 묘사할 때, 정수 형태로 표현되지 않는 경우도 있습니다. 그러나 현실적으로 그리고 개념적으로 '3.5건의 살인사건'은 발생할 수 없습니다. 현실에서 측정된 살인사건의 횟수는 3건 혹은 4건입니다. 이런 점에서 횟수형 변수가 종속변수로 투입된 모형의 모수추정치 해석방법은 앞서 우리가 살펴본 이항 혹은 순위 로지스틱 회귀모형의 모수추정치 해석방법과 유사합니다. 순위 로지스틱 회귀모형에서 얻은 회귀계수를 '예측변수의 1단위 변화에 따른 종속변수의 범주순위가 1단계 증가할 확률의 변화'로 해석하듯, 횟수형 변수를 대상으로 한 회귀모형을 통해 얻은 회귀계수 역시도 '예측변수의 1단위 변화에 따라 종속변수의 횟수가 1단위 더 증가할 확률의 변화'로 해석합니다. 물론 차이도 있습니다. 이항 혹은 순위 로지스틱 회귀모형의 경우 승산비 혹은 오즈비(odds ratio, OR)라고 표현하지만, 횟수형 종속변수 대상 회귀모형에서는 사건발생비(incidence rate ratio, IRR) 혹은 발생비(rate ratio, RR)라고 표현합니다. IRR에 대해서는 나중에 다시 설명을 드리겠습니다.

둘째, 횟수형 변수는 절대로 음의 값을 갖지 않습니다. 이를테면 책을 한 권도 읽지 않은 사람은 있을 수 있지만, 책을 '−1'권 읽은 사람은 애초에 존재할 수가 없습니다. 이런 점에서 횟수형 변수는 토빗(Tobit) 모형에서 다루는 중도절단형(censored) 변수 혹은 완전절단회귀모형(truncated regression model)에서 다루는 완전절단형(truncated) 변수와도 근본적으로 구분됩니다. 예를 들어 좌측 중도절단값이 0이라는 뜻은 변수에 음수인 값이 존재하지만 음수인 경우 0으로 측정되었을 뿐이라는 의미입니다. 또한 좌측 완전절단값을 0이라고 할 때는 음수의 값을 갖는 개체들이 존재하지만 데이터에는 이들이 포함되지 않았음을 의미합니다. 다시 말해 중도절단형 혹은 완전절단형 변수의 경우 음수가 존재할 가능성이 애초에 배제되지 않습니다. 그러나 횟수형 변수는 언제나 0 혹은 그 이상의, 즉 [0, ∞]의 정수값으로만 기록됩니다.

그렇다면 OLS 회귀모형에 횟수형 변수를 종속변수로 투입하면 어떤 문제가 발생할까요? 문제점을 설명해 드리기 전에 한 가지 당부말씀을 드리고 싶습니다. 횟수형 변수를 OLS 회귀모형으로 추정할 때 언제나 문제가 생기는 것은 아닙니다. 다시 말해 횟수형 변수를 OLS 회귀모형에 종속변수로 투입하였다고 해서 "틀렸다"라고 판단하지 말아야 합니다. 횟수형 변수의 분포가 정규분포에 가까울 경우, OLS 회귀모형을 적용해도 큰 문제가 없는 경우가 대부분입니다. 그리고 무엇보다 OLS 회귀모형의 추정결과는 해석하기 쉽기 때문에 독자나 청중들과 분석결과를 공유하는 데 더 효율적일 수 있습니다. 즉 본서에서 소개하는 모형들은 OLS 회귀모형의 종속변수로 투입되기에 매우 부적절한 경우에 사용을 고려해 볼 수 있는 대안들이라는 점을 반드시 유념해 두시기 바랍니다.

자 이제 보다 구체적인 데이터를 통해 횟수형 종속변수를 대상으로 OLS 회귀모형을 추정할 때 어떤 문제가 발생하는지 살펴보겠습니다. exdata5.csv 데이터를 한번 열어봅시다. 해당 데이터는 제가 시뮬레이션을 통해 만들어낸 데이터입니다.[2] 이 데이터에는 종속변수 y와 예측변수 x가 포함되어 있습니다. 아래의 R 출력결과에서 잘 나타나듯 y는 정수형으로 입력된 변수입니다(<int>라고 입력된 것에 주목하세요).

```
> # 시뮬레이션 데이터
> setwd("D:/2019_year/Categorical_Data_Analysis")
> simdata=read_csv("exdata5.csv")
Parsed with column specification:
cols(
  x = col_double(),
  y = col_integer()
> simdata
# A tibble: 100 x 2
        x       y
    <dbl>   <int>
 1  0.584       2
 2 -0.998       1
 3  1.04        6
 4 -1.76        0
 5  0.978       9
 6 -1.35        0
```

2 참고로 포아송 분포를 기준으로 시뮬레이션한 데이터입니다.

```
 7  -0.188      0
 8   1.07       8
 9  -0.870      0
10   1.77      24
# ... with 90 more rows
```

우선 OLS 회귀모형을 추정하기 전에 종속변수 y의 범위를 살펴보죠. 종속변수 y의 범위는 아래와 같습니다.

```
> # 종속변수의 범위는?
> summary(simdata$y)
   Min. 1st Qu. Median   Mean 3rd Qu.   Max.
  0.00    1.00    2.00   4.14     5.0  28.00
```

이제 OLS 회귀모형을 추정해 봅시다. 또한 모형추정 결과와 함께 모형추정값의 범위도 한번 구해봅시다.

```
> # OLS 회귀모형
> m_ols=lm(y~x,simdata)
> summary(m_ols)
[본문의 설명과 직접적 관련이 없기에 생략함]
> # OLS 회귀모형 추정값 범위
> summary(fitted(m_ols))
   Min.  1st Qu.  Median   Mean  3rd Qu.   Max.
 -8.329  1.271   3.618   4.140  7.024  14.877
```

모형추정 결과를 해석하는 것은 어렵지 않을 것입니다. 이에 별도의 해석을 제시하지는 않겠습니다. 여기서 주목할 점은 바로 OLS 회귀모형 추정값의 범위입니다. 어떤가요? 이상합니다. 왜냐하면 횟수형 종속변수의 값은 [0, 28]의 범위를 갖는 데 반해, OLS 회귀모형 추정값은 [-8.329, 14.877]로 나오기 때문입니다. 음수가 나올 수 없는 횟수형 변수의 성격에서 한참 벗어난 것을 발견하실 수 있을 것입니다. 이제 횟수형 변수에 OLS 회귀모형을 적용하는 것이 어떤 문제가 있는지 느낌이 오실 것입니다.

이제 횟수형 종속변수에 대해 사용 가능한 회귀모형 중 제1장에서 집중적으로 설명해 드릴 포아송(Poisson) 회귀모형을 이용해 모형을 추정해 봅시다. 모형추정 과정은 아래와 같습니다. 모형의 추정과정과 결과해석에 대해서는 조금 후에 보다 자세히 살펴보기로 하고, 우선은 포아송 회귀모형 추정값의 범위에만 집중해 봅시다.

```
> # 포아송 회귀모형
> m_ps=glm(y~x,family=poisson(link='log'),simdata)
> summary(m_ps)

Call:
glm(formula = y ~ x, family = poisson(link = "log"), data = simdata)

Deviance Residuals:
    Min       1Q        Median     3Q        Max
-2.90790  -0.92141  -0.04456  0.60899  2.32883

Coefficients:
            Estimate Std. Error z value Pr(>|z|)
(Intercept)  1.00740   0.06750   14.92   <2e-16 ***
x            1.01903   0.05046   20.20   <2e-16 ***
---
Signif. codes:  0 '***' 0.001 '**' 0.01 '*' 0.05 '.' 0.1 ' ' 1

(Dispersion parameter for poisson family taken to be 1)

    Null deviance: 552.78  on 99  degrees of freedom
Residual deviance: 121.25  on 98  degrees of freedom
AIC: 376.13

Number of Fisher Scoring iterations: 5

> # 포아송 회귀모형 추정값 범위
> summary(fitted(m_ps))
   Min.    1st Qu. Median    Mean   3rd Qu.     Max.
   0.1295  1.2450  2.1652  4.1400  4.8337  30.7759
```

포아송 회귀모형의 추정값 범위, [.1295, 30.7759]는 우리가 앞서 살펴본 종속변수의 범위인 [0, 28]에 상당히 근접합니다. 무엇보다 주목할 것은 OLS 회귀모형과 달리 0보다 작은 음수의 값이 없다는 사실입니다. 자 이제 앞서 데이터에 기록된 관측된 종속변수, OLS 회귀모형 추정값, 포아송 회귀모형 추정값 세 가지의 분포를 히스토그램으로 살펴봅시다. OLS 회귀모형의 문제점이 무엇인지 시각적으로 확인될 것입니다. OLS 회귀모형 추정값의 경우 실제 종속변수의 분포와 상당히 이질적인 형태를 보이지만, 포아송 회귀모형 추정값은 상당히 유사한 형태를 보입니다.

```
> # 관측된 종속변수, 두 모형의 추정값의 히스토그램
> sim_summary=tibble(
+   x=simdata$x,
+   obs_y=simdata$y,
+   ols_y=fitted(m_ols),
+   ps_y=fitted(m_ps)
+ )
> sim_summary %>% select(-x) %>%
+   gather(key=type,value=value) %>%
+   mutate(type=fct_recode(type,
+                          "OLS 회귀모형 추정값"="ols_y",
+                          "포아송 회귀모형 추정값"="ps_y",
+                          "관측된 종속변수"="obs_y")) %>%
+   ggplot(aes(x=value))+
+   geom_histogram(bins=50)+
+   labs(x="자원봉사횟수",y="빈도")+
+   theme_bw()+
+   facet_wrap(~type)
```

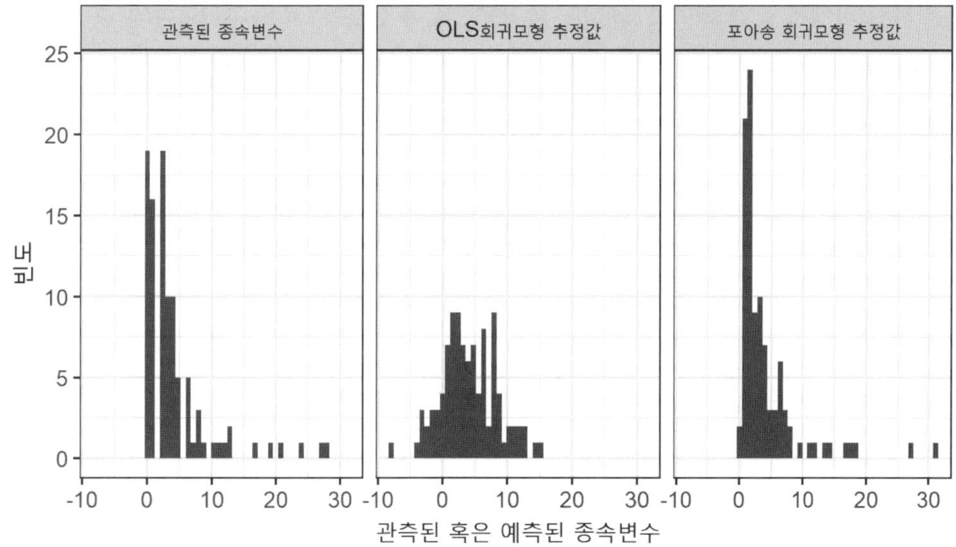

그림1. 자원봉사횟수 변수, 히스토그램

그렇다면 모형을 통해 얻은 예측값의 정확도(accuracy)를 살펴봅시다. 앞서 토빗 모형을 설명하면서 사용했던 오차절대평균(MAE)와 오차제곱평균(RMSE) 두 가지 지표를 이용하겠습니다. 두 지수들을 계산한 결과는 아래와 같습니다.

```
> # MAE, RMSE 지표 비교
> sim_summary %>%
+   mutate(
+     mae_ols=abs(obs_y-ols_y),
+     mae_ps=abs(obs_y-ps_y),
+     rmse_ols=(obs_y-ols_y)^2,
+     rmse_ps=(obs_y-ps_y)^2
+   ) %>% summarize_all(
+     funs(mean(.,na.rm=TRUE))
+   ) %>% mutate_at(
+     vars(starts_with("rmse")),
+     funs(sqrt(.))
+   ) %>% select(mae_ols:rmse_ps)
# A tibble: 1 x 4
  mae_ols mae_ps rmse_ols rmse_ps
    <dbl>  <dbl>    <dbl>   <dbl>
1    2.56   1.42     3.61    1.92
```

위의 결과에서 잘 드러나듯 포아송 회귀모형의 추정값이 OLS 회귀모형의 추정값보다 훨씬 더 종속변수를 정확하게 예측하고 있습니다. 위의 결과는 횟수형 변수의 경우 OLS 회귀모형의 예측력이 낮게 추정된다는 것을 잘 보여줍니다.

그렇다면 모수추정치는 어떨까요? 두 모형에서 도출된 예측변수의 테스트 통계치를 비교해 보죠. 아래의 결과에서 각 모형의 테스트 통계치를 비교하면 잘 드러나듯, 포아송 회귀모형에서 예측변수 x의 효과가 더 뚜렷하게 관측됩니다($t=11.767 \ll z=20.195$). 다시 말해 횟수형 종속변수를 예측할 경우 통계적 검정력이라는 측면에서 OLS 회귀모형보다 포아송 회귀모형이 더 낫습니다.

```
> # x 회귀계수의 테스트 통계치
> summary(m_ols)$coefficients
             Estimate Std. Error  t value    Pr(>|t|)
(Intercept  4.614742  0.3665167 12.59081 3.384711e-22
x           4.322357  0.3673262 11.76708 1.879253e-20
> summary(m_ps)$coefficients
             Estimate Std. Error  z value    Pr(>|z|)
(Intercept) 1.007401 0.06750208 14.92399 2.300782e-50
x           1.019028 0.05045868 20.19529 1.076984e-90
```

위의 발견을 시각화하면 OLS 회귀모형의 모수추정치가 어떤 문제가 있는지 쉽게 파악할 수 있을 것입니다.

```
> # X 변화에 따른 Y 변화
> sim_summary %>%
+   gather(key=type,value=value,-x) %>%
+   mutate(type=fct_recode(type,
+                          "관측된 종속변수"="obs_y",
+                          "예측된 종속변수\n(OLS)"="ols_y",
+                          "예측된 종속변수\n(포아송)"="ps_y")) %>%
+   ggplot(aes(x=x,y=value,color=type))+
+   geom_line(size=1)+
+   labs(x="X",y="관측된 혹은 예측된 종속변수",color="구분")+
+   theme_bw()
```

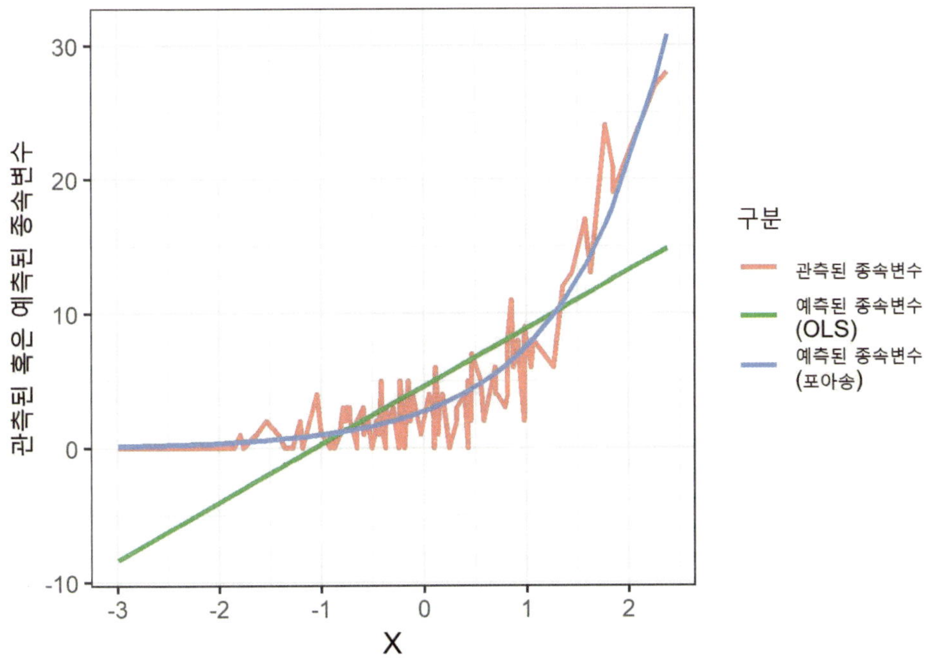

그림2. 예측변수의 예측력 비교(OLS 회귀모형과 포아송 회귀모형)

이상의 결과를 통해 정규분포를 따른다고 보기 어려운 횟수형 변수(0 이상의 값을 갖는 정수형 데이터)에 OLS 회귀모형을 적용할 경우 모수추정치와 모형예측력에 어떤 문제가 생기는지 느끼실 수 있을 것입니다.

개요

이제부터는 횟수형 종속변수를 예측하는 회귀모형들을 설명해 드리겠습니다. 모든 로지스틱 회귀모형의 시작점이 이항 로지스틱 회귀모형이듯, 횟수형 종속변수를 사용하는 모든 회귀모형은 '포아송 회귀모형'에서 시작합니다. 포아송 회귀모형이라는 이름이 붙은 이유는 모형을 추정할 때 '포아송' 분포를 사용하기 때문입니다(마치 OLS 회귀모형이 정규분포를 사용하고, 이항 로지스틱 회귀모형이 이항분포를 사용하듯). 따라서 포아송 회귀모형을 이해하기 위해서는 먼저 포아송 분포가 무엇인지부터 이해해야 합니다. 포아송 분포를 생성하는 함수는 다음과 같습니다(y는 종속변수, μ는 종속변수 y의 모수평균).

$$\Pr(y|\mu)=(\frac{e^{-\mu}\mu^{y}}{y!}),\ \text{여기서 } y=0,\ 1,\ 2...$$

뭔가 공식이 복잡해 보일지도 모르겠습니다. 하지만 실제로 그리 대단하게 복잡한 공식은 아닙니다. 위의 공식을 말로 풀어 설명하면, "종속변수의 모수평균 μ가 주어졌을 때 관측된 y값의 발생확률"입니다. 다시 말해 공식에서의 좌변(즉, 확률값)을 알기 위해서 우리가 필요한 정보는 μ와 y 단 2가지입니다. y는 관측된 값입니다. 하지만 μ는 관측되지 않은, 즉 우리가 알고 있다고 가정하거나 혹은 추정해야 하는 값입니다. 보통의 경우 표본평균 $\bar{y}$로 μ를 대체하곤 합니다.

자 이제 다음과 같은 10가지 상황을 가정해 봅시다. 우선 횟수형 종속변수 y의 범위는 0부터 20입니다. 하지만 10가지 상황에서 나타나는 횟수형 종속변수 y의 평균이 1부터 10까지 차차 변한다고 생각해 봅시다. 즉 y의 평균이 1이라는 뜻은 대부분의 y값이 0, 1, 2쪽으로 몰려있다는 뜻이고, y의 평균이 10이라는 의미는 대부분의 y값이 10주변에서 주로 발생한다는 뜻이겠죠. 아무튼 이런 상황에서 y값의 변화에 따른 $\Pr(y|\mu)$이 어떻게 변하는지 시각화해 봅시다.

```
> # y의 범위가 0부터 20일 때,
> # 표본평균이 1-10까지 1단위로 증가하는 10가지 시나리오에서
> # 표본평균이 주어졌을 때, 0-20의 각각의 y의 발생확률
> myresult=list()
> for (myMU in 1:10){
+   for (myY in 0:20){
+     prob_MU_given_Y=tibble(
+       MU=myMU,Y=myY,
+       prob=(exp(-myMU)*myMU^myY)/(factorial(myY))
+     )
+     myresult=bind_rows(myresult,prob_MU_given_Y)
+   }
+ }
> #
> myresult %>%
+   mutate(lambda=str_c("μ = ",MU),
+          lambda=fct_reorder(lambda,MU)) %>%
```

```
+   ggplot(aes(x=Y,y=prob))+
+   geom_line()+
+   labs(x="변수",y="발생확률")+
+   theme_bw()+
+   facet_wrap(~lambda,ncol=5)
```

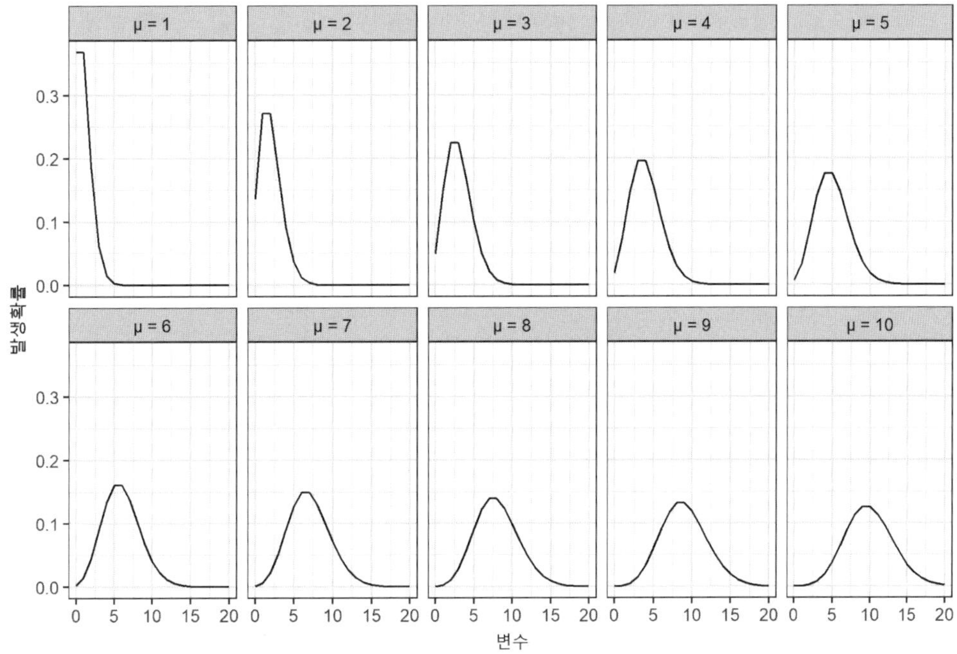

그림3. y의 모수평균 μ의 변화에 따른 사건발생 횟수의 발생확률

〈그림3〉의 결과는 상당히 흥미롭습니다. μ의 값이 1에서 10으로 점차 증가할 때, 종속변수의 분포가 어떻게 변하는지 살펴보세요. 점차로 정규분포에 가까워지는 모습을 보이죠? 이러한 변화는 무슨 의미일까요? 아까 말씀드렸듯 위의 공식의 좌변은 특정한 사건의 평균발생빈도를 알 수 있을 때, 특정한 사건의 발생확률을 의미합니다. 사건이 빈번하게 발생한다는 말은 무슨 의미일까요? 그렇습니다. 흔한 사건, 즉 정상적인 상황(normal state)을 의미합니다(당연히 이 경우 정상분포 혹은 정규분포를 가정하는 OLS 회귀모형을 사용해도 무방합니다). 하지만 사건이 드물게 발생할 경우(즉 μ가 낮은 경우), 정규분포 가정에 기반한 OLS 회귀모형을 사용할 수 없으며, 다른 분포를 가정하는 대안적 회귀모형을 사용해야 한다는 것을 의미합니다(위의 〈그림3〉은 포아송 분포를 기반으로 생성되었기에 당연한 것이지만 포아송 회귀

모형을 사용해야 하겠죠?).

λ 포아송 분포에 대해서 감을 잡으셨다면, 이제 포아송 분포의 특징을 알아봅시다. 포아송 분포의 가장 중요한 특성은 바로 종속변수의 기대값(평균)과 분산이 동일하다는 것입니다. 공식으로 표현하면 다음과 같습니다. 아래 공식에 등장하는 람다(λ)는 포아송 분포의 가정을 언급할 때 책에서 자주 등장합니다. 어려운(?) 그리스어처럼 보이지만 메시지는 간단합니다. λ는 평균 대비 분산을 나타내는 기호입니다. 다시 말해 포아송 분포의 가정인 λ=1은 평균과 분산이 동일한 값을 갖는다는 뜻입니다.

$$\lambda = \frac{Var(y)}{E(y)} = 1$$

실제로 그런지 한번 점검해 봅시다. R에 내장된 함수 중 rpois() 함수에 표본수와 λ를 지정해주면 포아송 분포를 따르는 변수를 생성할 수 있습니다. 위에서와 마찬가지로 포아송 분포를 따르며 종속변수의 평균이 1부터 10까지 변하는 10개의 변수를 생성해 봅시다(일단 표본수는 400으로 통일시켰습니다).

```
> # 포아송 분포
> set.seed(20190115)
> poisson_random=tibble(
+   lambda_1=rpois(400,1),
+   lambda_2=rpois(400,2),
+   lambda_3=rpois(400,3),
+   lambda_4=rpois(400,4),
+   lambda_5=rpois(400,5),
+   lambda_6=rpois(400,6),
+   lambda_7=rpois(400,7),
+   lambda_8=rpois(400,8),
+   lambda_9=rpois(400,9),
+   lambda_10=rpois(400,10)
+ )
```

이렇게 만들어진 데이터에서 10가지 변수의 평균과 분산을 구해보겠습니다.

```
> poisson_random %>% summarize_all(funs(mean))
# A tibble: 1 x 10
  lambda_1 lambda_2 lambda_3 lambda_4 lambda_5 lambda_6 lambda_7
     <dbl>    <dbl>    <dbl>     <dbl>     <dbl>    <dbl>    <dbl>
1   0.972     2.02     3.05      3.75      4.88     5.92     6.87
# ... with 3 more variables: lambda_8 <dbl>, lambda_9 <dbl>,
#   lambda_10 <dbl>
> poisson_random %>% summarize_all(funs(var))
# A tibble: 1 x 10
  lambda_1 lambda_2 lambda_3 lambda_4 lambda_5 lambda_6 lambda_7
     <dbl>    <dbl>    <dbl>     <dbl>    <dbl>     <dbl>    <dbl>
1    1.02     1.83     3.10      3.59     4.91      6.00     7.14
# ... with 3 more variables: lambda_8 <dbl>, lambda_9 <dbl>,
#   lambda_10 <dbl>
```

λ 값이 1~7까지만 출력되었습니다만, 독자분들께서는 8~10까지의 결과도 한번 직접 확인해 보시기 바랍니다. 출력된 결과를 보시면 아시겠지만 포아송 분포를 따르는 변수의 경우 평균과 분산이 동일합니다. 물론 완전히 동일하지는 않습니다. 왜냐하면 위의 결과는 표본수가 400인 무작위 표본이기 때문입니다. 만약 완전히 동일한 결과를 원하신다면 표본수를 매우 크게 잡아보시기 바랍니다. 이를테면 1,000,000 정도로 늘려보시기 바랍니다(시간이 좀 길게 소요될 것입니다).

여기서 한 가지 질문을 던져봅시다. 만약 평균과 분산이 매우 심각할 정도로 다른 경우는 어떨까요? 예를 들어 여러분이 분석하는 데이터의 횟수형 종속변수의 평균이 3인데, 분산은 16 정도로 크게 나온 경우라면? 혹은 평균은 3인데 분산이 1인 경우라면? 일단 결론부터 말씀드리자면 평균값과 분산값이 현격하게 다르게 나타난 경우는 포아송 분포가 아니거나 혹은 포아송 분포와 다른 분포가 혼합되어 나타난 경우로 간주합니다. 제2장의 음이항 회귀모형, 제3장의 허들 회귀모형, 제4장의 영포화 회귀모형은 포아송 분포를 기반으로 특정한 모수를 추가하거나 혹은 다른 분포를 따르는 모형을 추가로 고려한 회귀모형입니다.

아무튼 앞서 소개한 $E(y) \approx Var(y)$인 경우를 '동등분포(equi-dispersion)' 상황이라고 부릅니다. 반면 $E(y) \ll Var(y)$인, 다시 말해 $\frac{Var(y)}{E(y)} \gg 1$인 경우는 '과대분포(over-dispersion)' 상

황이라고, $Var(y) \ll E(y)$인, 즉 $\frac{Var(y)}{E(y)} \ll 1$인 경우는 '과소분포(under-dispersion)' 상황이라고 부릅니다. 횟수형 종속변수의 경우 평균값보다 분산값이 심각할 정도로 큰 과대분포 상황이 대부분입니다. 실제로 제 경험으로도 동등분포나 과소분포 상황은 거의 접한 적 없습니다.

일단 적정분포 상황인 경우 포아송 회귀모형을 사용하는 데 아무런 문제가 없습니다. 하지만 과소분포 상황이거나 과도분포 상황인 경우에는 포아송 회귀모형을 사용하는 것이 적절하지 않습니다. 본서에서는 설명하지 않았으나 과소분포 상황의 경우 콘웨이-맥스웰-포아송 회귀모형(Conway-Maxwell-Poisson regression model)을 사용할 수 있습니다. 하지만 앞서 말씀드렸듯 과소분포 상황은 매우 드문 상황이기 때문에 본서에서는 과소분포 상황에 대해서는 특별히 다루지 않겠습니다. 하지만 과도분포가 발생하는 경우는 매우 빈번하며, 따라서 과도분포로 인한 모형추정의 문제를 해결하기 위한 대안적 모형들이 많이 개발되고 제안된 상태입니다.

다시 한번 포아송 분포의 특징에 대해 정리한 후, 이제 R을 이용해 포아송 회귀모형을 실제로 추정해 보도록 하겠습니다.

- 포아송 분포를 따르는 종속변수의 평균과 분산은 동일한 혹은 거의 동등한 값을 가진다고 가정된다.
- 횟수형 종속변수가 이 같은 포아송 분포의 가정을 따를 경우 '동등분포'라고 불린다.
- 그러나 대부분의 경우 횟수형 종속변수의 평균보다 분산의 값이 월등하게 크게 나타나는 '과대분포'가 일반적이다. 이 경우 포아송 회귀모형이 아닌 다른 대안적 회귀모형들(음이항 회귀모형, 허들 회귀모형, 영포화 회귀모형 등)을 고려하는 것이 권장된다.

포아송 회귀모형 추정

이제는 포아송 회귀모형을 이용하여 실제 데이터의 횟수형 종속변수를 예측해 보겠습니다. `exdata1.csv` 파일을 불러온 후 여기서 `volunt2`라는 변수(지난 1년간 자원봉사참여횟수)의 빈도와 분포를 구해봅시다.

```
> #exdata1 열어보고 자원봉사 참여횟수를 살펴봄
> exdata1 = read_csv("exdata1.csv")
Parsed with column specification:
cols(
 female2 = col_integer(),
 age2 = col_integer(),
 log10inc2 = col_double(),
 educ2 = col_character(),
 donate2 = col_double(),
 volunt2 = col_integer(),
 workstatus2 = col_character(),
 hlthsat2 = col_character()
)
> exdata1 %>% count(volunt2)
# A tibble: 46 x 2
  volunt2     n
    <int> <int>
 1       0   323
 2       1    31
 3       2    61
 4       3    42
 5       4    50
 6       5    34
 7       6    39
 8       7     7
 9       8    14
10       9    38
# ... with 36 more rows
> exdata1 %>%
+   ggplot(aes(x=volunt2))+
+   geom_histogram(bins=50)+
+   coord_cartesian(xlim=c(0,105))+
+   scale_x_continuous(breaks=10*(0:10))+
+   theme_bw()+
+   labs(x="자원봉사횟수",y="빈도")
```

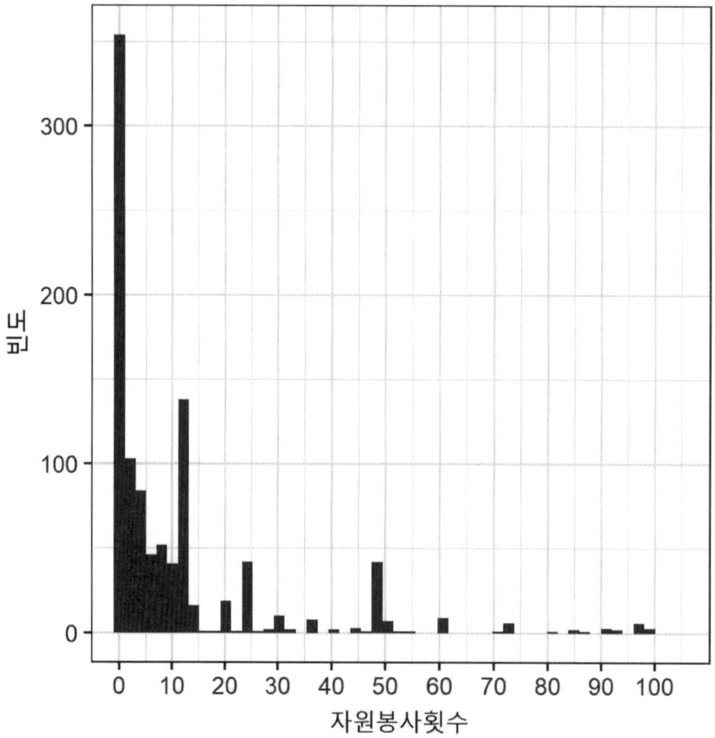

그림4. 자원봉사참여횟수(volunt2) 변수의 분포

〈그림4〉에서 잘 드러나듯 매우 많은 수의 사람들이 자원봉사에 전혀 참여하지 않고 있습니다(전체 1,012명 응답자 중 323명). 또한 반등이 있기는 하지만 전반적으로 자원봉사횟수가 증가하면 증가할수록 참여자의 수가 급격하게 감소하는 패턴이 드러납니다. 그렇다면 위의 분포는 포아송 분포를 따른다고 할 수 있을까요? 앞서 제가 말씀드렸던 포아송 분포의 조건 $E(y)=Var(y)$을 떠올려 보시기 바랍니다. volunt2 변수의 평균과 분산을 구해봅시다. 결과는 아래와 같습니다.

```
> # 우선 평균과 분산을 구해봅시다.
> exdata1 %>% summarize(mean(volunt2),var(volunt2))
# A tibble: 1 x 2
  `mean(volunt2)` `var(volunt2)`
            <dbl>          <dbl>
1            11.2            316
```

의문의 여지가 없는 과대분포라고 볼 수 있습니다(분산이 평균보다 28배 이상 큰 값입니다). 즉 $\lambda \approx 28$입니다. 이런 경우에도 포아송 회귀모형을 사용할 수 있을까요? 사람마다 이에 대한 생각은 다를 수 있습니다. 하지만 한 가지 거의 확실한 것은 "OLS 회귀모형을 사용하는 것보다는 포아송 회귀모형을 사용하는 것이 낫다"는 점이겠죠. 정말로 그런지 또 얼마나 그런지 한번 살펴봅시다. 포아송 회귀모형에 투입되는 예측변수로는 성별(female2), 연령(age2), 상용로그전환소득(log10inc2), 교육수준(educ2) 변수들을 투입하겠습니다. 예측변수의 경우 범주형 변수는 요인형으로 전환하였고, 연령과 상용로그전환소득의 연속형 변수는 평균중심화 변환을 적용하였습니다.

```
> # 데이터 전처리
> data_ps = exdata1 %>%
+   mutate(
+     educ2=factor(educ2),
+     age2C=age2-mean(age2),
+     log10inc2C=log10inc2-mean(log10inc2)
+   ) %>% select(female2,age2C,log10inc2C,educ2,volunt2)
```

포아송 회귀모형은 이항 로지스틱 회귀모형과 마찬가지로 glm() 함수를 이용해 추정할 수 있습니다. glm() 함수의 family 옵션을 다음과 같이 family=poisson(link="log")로 지정하시는 것을 잊지 마세요. 또한 상황에 따라 family 옵션을 quasi() 함수로 다르게 지정하는 경우도 있습니다. quasi() 함수를 사용하면 다른 종류의 포아송 분포의 가정을 적용하는 것이 가능합니다. 포아송 분포의 가정을 바꾼 후 추정한 준(準)-포아송(quasi-Poisson) 회귀모형에 대해서는 조금 후에 추가 설명해 드리겠습니다. 우선은 family=poisson(link="log")에만 집중하여 주세요. 제 경우 총 2개의 포아송 회귀모형을 추정하였습니다. 모형1(m1_ps)은 네 가지 예측변수들의 주효과만 고려하였고, 모형2(m2_ps)는 소득과 다른 세 변수들의 2원 상호작용효과들도 추가로 고려하였습니다.

```
> # 포아송 회귀모형 추정
> m1_ps=glm(volunt2~log10inc2C+female2+age2C+educ2,
+           family=poisson(link="log"),data_ps)
```

```
> m2_ps=update(m1_ps,.~log10inc2C*(female2+age2C+educ2))
> summary(m1_ps)

Call:
glm(formula = volunt2 ~ log10inc2C + female2 + age2C + educ2,
   family = poisson(link = "log"), data = data_ps)

Deviance Residuals:
   Min      1Q  Median      3Q     Max
-7.1312 -4.0580 -2.0566  0.4158 18.2442

Coefficients:
                 Estimate Std. Error z value  Pr(>|z|)
(Intercept)     2.0610741  0.0391077  52.702   < 2e-16 ***
log10inc2C     -0.3454550  0.0311683 -11.084   < 2e-16 ***
female2         0.3484601  0.0201542  17.290   < 2e-16 ***
age2C           0.0141636  0.0008358  16.945   < 2e-16 ***
educ24중졸      0.0783830  0.0420552   1.864   0.06235 .
educ25고졸      0.2025854  0.0368856   5.492  3.97e-08 ***
educ26전문대졸  0.1578347  0.0484963   3.255   0.00114 **
educ27대졸      0.0550289  0.0422257   1.303   0.19250
educ289대학원졸 0.1022351  0.0583964   1.751   0.08000 .
---
Signif. codes:  0 '***' 0.001 '**' 0.01 '*' 0.05 '.' 0.1 ' ' 1

(Dispersion parameter for poisson family taken to be 1)

   Null deviance: 20398  on 1011  degrees of freedom
Residual deviance: 19295  on 1003  degrees of freedom
AIC: 22137

Number of Fisher Scoring iterations: 6

> summary(m2_ps)
```

[본문에 모형추정 결과를 정리하여 제시함]

R 출력결과는 모형1(m1_ps)만 살펴보겠습니다. 두 모형들의 추정결과들은 〈표1〉로 정리하였습니다. 모형2에서 추정한 상호작용 효과추정 결과, 모형1과 모형2의 모형비교 테스트(로그우도비 테스트) 결과는 〈표1〉을 제시한 후 설명해 드리겠습니다.

추정된 결과에서 Call: 부분은 어떤 모형이 정의되었는지를 보여줍니다. Deviance Residuals: 부분은 모형의 이탈도(deviance, 즉 −2를 곱한 로그우도)의 잔차 분포를 요약한 것입니다. 최솟값(Min)에서 중앙값(Median)까지의 거리와 중앙값에서 최댓값(Max)까지의 거리를 비교해 보시면, 전반적으로 중앙값이 왼쪽으로 치우쳐 있다는 것을 발견하실 것입니다. 좌우가 불균형할수록 포아송 분포의 가정에서 멀어져 있다는 것을 의미합니다.

연구가설 테스트와 관련하여 가장 중요한 부분은 Coefficients: 부분입니다. 추정된 절편과 회귀계수를 해석하자면 다음과 같습니다.

- 절편[(intercept)]: 예측변수들의 값이 0일 때, 즉 평균수준의 연령과 소득수준을 보이는 초등학교 졸업 이하의 학력수준을 갖는 남성의 경우 지난 한해 약 7~8회 정도 자원봉사활동에 참여하였으며($7.854 \approx e^{2.0610741}$), 이는 0보다 통계적으로 유의미하게 높다(p<.001).
- 상용로그전환소득[log10inc2C]: 다른 예측변수들의 효과를 통제하였을 때, 상용로그전환된 소득이 1단위 증가하면 자원봉사참여활동 횟수는 약 31%씩 감소하며($.708 \approx e^{-0.3454550}$), 이 감소효과는 통계적으로 유의미하다($p$<.001).
- 성별[female2]: 다른 예측변수들의 효과를 통제하였을 때, 남성에 비해 여성의 자원봉사참여활동 횟수는 약 42%가량 더 많으며($1.417 \approx e^{0.3484601}$), 이러한 성별에 따른 자원봉사참여횟수의 차이는 통계적으로 유의미하다(p<.001).
- 연령[age2C]: 다른 예측변수들의 효과를 통제하였을 때, 응답자의 연령이 1세 증가할수록 자원봉사참여활동 횟수는 약 1%씩 더 증가하며($1.014 \approx e^{0.0141636}$), 이러한 연령의 효과는 통계적으로 유의미하다(p<.001).
- 초등학교 졸업자 대비 대학졸업자[educ27대졸]: 다른 예측변수들의 효과를 통제하였을 때, 초등학교 졸업 학력을 가진 응답자에 비해 대학졸업 학력을 가진 응답자의 자원봉사참여활동 횟수는 약 6%가량 더 높지만($1.057 \approx e^{0.0550289}$), 두 학력집단 간 자원봉사참여활동의 차이는 통계적으로 유의미한 차이라고 보기 어렵다(p=.193).

절편 및 회귀계수 추정 결과 아래 “(Dispersion parameter for poisson family taken to be 1)”라는 표현은 위의 결과가 $E(y)=Var(y)$라는 포아송 분포의 가정을 기반으로 추정된 것임을 보여줍니다. 물론 앞서 종속변수의 평균과 분산을 계산한 결과에서 알 수 있듯, $E(y)=Var(y)$을 가정하기 매우 어려운 상황입니다.

그다음에 제시된 통계치들(Null deviance:, Residual deviance:, AIC)은 추정한 포아송 회귀모형의 모형적합도 관련 지수입니다. 이들 지수들은 모두 -2를 곱한 로그우도를 기반으로 얻어진 통계치라는 것을 앞서 설명한 바 있습니다. 예를 들어 모형1의 임의 R^2으로 맥파든 R^2을 계산하면 다음과 같습니다.

$$\text{McFadden's } R^2 \approx \frac{20398-19295}{20398} \approx 0.05$$

다른 종류의 임의 R^2를 비롯하여 모형적합도 지표들을 계산하려면 아래와 같이 DescTools 패키지의 PseudoR2() 함수를 이용하시면 됩니다.

```
> DescTools::PseudoR2(m1_ps,which='all') %>% round(4)
    McFadden    McFaddenAdj       CoxSnell     Nagelkerke
      0.0475         0.0467         0.6637         0.6637
 AldrichNelson VeallZimmermann   Effron   McKelveyZavoina
          NA             NA         0.0340            NA
        Tjur             AIC            BIC         logLik
          NA      22137.0671     22181.3443    -11059.5336
     logLik0              G2
 -11610.8829       1102.6986
```

이제 모형1과 모형2를 정리해 보죠. 앞에서 추정한 결과를 정리한 결과는 〈표1〉과 같습니다.

표1. 두 개의 포아송 회귀모형 추정결과 비교

	모형1	모형2
절편	2.061***	2.181***
	(0.039)	(0.046)
상용로그전환소득	−0.345***	−0.561***
	(0.031)	(0.118)
성별(여성 = 1)	0.348***	0.391***
	(0.020)	(0.020)
연령	0.014***	0.015***
	(0.001)	(0.001)
학력(중졸 = 1)	0.078+	0.029
	(0.042)	(0.051)
학력(고졸 = 1)	0.203***	0.058
	(0.037)	(0.045)
학력(전문대졸 = 1)	0.158**	0.011
	(0.048)	(0.055)
학력(대졸 = 1)	0.055	−0.031
	(0.042)	(0.048)
학력(대학원졸 = 1)	0.102+	0.120+
	(0.058)	(0.065)
상용로그전환 × 성별(여성 = 1)		0.732***
		(0.064)
상용로그전환 × 연령		0.011***
		(0.003)
상용로그전환 × 학력(중졸 = 1)		0.154
		(0.123)
상용로그전환 × 학력(고졸 = 1)		−0.324**
		(0.107)
상용로그전환 × 학력(전문대졸 = 1)		−0.394**
		(0.142)
상용로그전환 × 학력(대졸 = 1)		−0.798***
		(0.122)
상용로그전환 × 학력(대학원졸 = 1)		−1.267***
		(0.216)
모형적합도 지수		
맥파든(McFadden's) 임의 R^2	0.054	0.071
이탈도(deviance) 통계치(자유도)	1102.699***	1444.106***
	(8)	(15)
로그우도비 테스트		341.408***
		(7)
AIC	22137.07	21809.66
BIC	22181.34	21888.37

알림. $+p<.10$, $*p<.05$, $**p<.01$, $***p<.001$. N=1,012.

먼저 〈표1〉의 하단에 제시된 모형적합도 지수 관련 통계치부터 살펴보겠습니다. 임의 R^2에 대해서는 이미 설명해 드린 바 있고, 이탈도 통계치와 로그우도비 테스트(log-likelihood ratio, LR, test)에 대해서도 이미 설명해 드린 바 있습니다.[3] 로그우도비 테스트 결과와 AIC, BIC의 결과에서 알 수 있듯 상호작용효과항들을 추가로 투입한 '모형2'가 주효과들만 투입한 '모형1'에 비해 높은 설명력을 갖는 것을 알 수 있습니다(AIC, BIC의 경우 그 값이 작을수록 모형의 설명력이 높다는 것에 대해 앞에서 이미 설명해 드린 바 있습니다).

이제 〈표1〉에 제시된 상호작용효과항을 해석해 보겠습니다. 상호작용효과는 흥미로운 결과이지만, 언제나 그렇듯 해석하기가 쉽지 않습니다. 먼저 성별과 소득의 2원 상호작용효과항을 해석해 보겠습니다. 성별변수의 경우 남성이 0이고 여성이 1이기 때문에, 상용로그전환소득이 자원봉사활동참여에 미치는 효과는 성별에 따라 다음과 같습니다.

- 다른 변수들의 효과를 통제할 때, 남성의 상용로그전환소득이 1단위 증가하면 자원봉사활동참여 횟수는 약 43% 감소하지만($.571 \approx e^{-.561}$), 여성의 경우 상용로그전환소득의 1단위 증가는 자원봉사참여 횟수를 약 19% 증가시킨다($1.186 \approx e^{-.561+.732}$). 상용로그전환소득이 자원봉사참여 횟수에 미치는 효과는 성별에 따라 통계적으로 유의적으로 다르다($p<.001$).

교육수준의 가변수들도 비슷한 방식으로 해석할 수 있습니다. 예를 들어 상용로그전환소득과 대졸학력 가변수의 2원 상호작용효과항은 다음과 같이 해석됩니다.

---

3 로그우도비 테스트는 anova() 함수로 테스트할 수 있습니다. R 코드는 아래와 같습니다.

```
> # LR test
> anova(m1_ps,m2_ps)
Analysis of Deviance Table

Model 1: volunt2 ~ log10inc2C + female2 + age2C + educ2
Model 2: volunt2 ~ log10inc2C + female2 + age2C + educ2 + log10inc2C:female2 +
    log10inc2C:age2C + log10inc2C:educ2
  Resid. Df Resid. Dev Df Deviance
1      1003      19295
2       996      18953  7   341.41
> pchisq(anova(m1_ps,m2_ps)$Deviance,anova(m1_ps,m2_ps)$Df,lower.tail=F)
[1]           NA 8.503946e-70
```

- 다른 변수들의 효과를 통제할 때, 초등학교 졸업 학력 응답자의 상용로그전환소득이 1단위 증가하면 자원봉사활동참여 횟수는 약 43% 감소하는 반면($.571 \approx e^{-.561}$), 대학 졸업 학력 응답자의 상용로그전환소득의 1단위 증가 시 자원봉사참여 횟수는 약 74% 감소한다($.257 \approx e^{-.561-.798}$). 학력이 초등학교 졸업에서 대학 졸업 학력으로 바뀔 때 상용로그전환소득이 자원봉사참여 횟수 감소에 미치는 효과는 더 가파르게 감소하며, 이는 통계적으로 유의미하다($p<.001$).

다음으로 소득과 연령의 상호작용효과를 살펴보겠습니다. 두 변수 모두 연속형 변수이기 때문에 상호작용효과 해석이 더 쉽지 않습니다. 분과에 따라 다르지만 조절변수의 수준을 평균을 중심으로 1단위 표준편차 증감된 집단을 상정하거나(즉 $M-SD$, M, $M+SD$의 세 집단으로), 혹은 조절변수의 수준별로 10%, 25%, 50%, 75%, 90%에 해당되는 값을 갖는 다섯 개 집단을 상정하여 해석하는 것이 보통입니다. 여기서는 조절변수를 3집단으로 구분한 후 2원 상호작용효과를 해석해 보겠습니다.

- 다른 변수들의 효과를 통제할 때, 평균연령 응답자의 상용로그전환소득이 1단위 증가하면 자원봉사활동참여 횟수는 약 43% 감소한다($.571 \approx e^{-.561}$). 흥미롭게도 응답자의 연령이 1단위 표준편차(약 13살) 증가할 경우 상용로그전환소득이 1단위 증가할 때 자원봉사참여 횟수는 약 34% 감소하며($.658 \approx e^{-.561+13\times.011}$), 반대로 응답자 연령이 1단위 표준편차 감소할 경우 상용로그전환소득이 1단위 증가할 때 자원봉사참여 횟수는 약 50% 감소한다($.495 \approx e^{-.561-13\times.011}$). 다시 말해 응답자의 연령이 증가할수록 응답자의 소득증가에 따른 자원봉사활동참여의 감소효과가 점차 약해지는 형태로 나타나며, 이러한 응답자 연령의 조절효과는 통계적으로 유의미하다($p<.001$).

앞서의 사례와 마찬가지로 위의 상호작용효과가 쉽게 이해되지는 않으실 것입니다. 게다가 소득변수의 경우 상용로그를 이용해 변환되었기 때문에 "상용로그전환소득이 1단위 증가"한다는 표현 자체가 잘 이해되지 않을 수도 있습니다.

다시 말씀드립니다만, 상호작용효과를 이해하는 그리고 독자·청중들에게 상호작용효과 패턴을 전달하는 가장 좋은 방법은 그래프를 통한 시각화입니다.

모형추정 결과 시각화

앞서 〈표1〉에서 나타난 3가지 상호작용효과를 시각화해 봅시다. 또한 독자나 청중이 상호작용효과 패턴을 쉽게 이해할 수 있도록 상용로그전환소득변수의 경우도 로그전환 이전의 상태로 돌려 보겠습니다. 앞서 소개한 것처럼 modelr 패키지의 data_grid() 함수를 이용해 모형 예측용 데이터를 생성한 후, 추정된 포아송 회귀모형으로 예측용 데이터에 기반한 모형추정값을 추출하면 됩니다.[4]

우선은 소득의 효과가 성별에 따라 어떻게 변하는지 시각화해 봅시다. 이때 응답자의 연령 변수는 평균연령으로, 교육수준은 "초등학교 졸업자"로 각각 고정시키겠습니다(즉 다른 예측변수의 효과 통제). 한 가지 주의할 것은 포아송 회귀모형의 예측값을 추출할 때, type='response'으로 설정하셔야 합니다. 만약 이 옵션을 지정하지 않으면 지수함수를 적용하기 이전의 값이 나옵니다(포아송 분포를 나타내는 공식에 지수함수가 들어가 있었던 것을 떠올려 보세요).

```
> # 예측용 데이터
> myfig1=data_ps %>%
+   data_grid(log10inc2C,female2,age2C=0,educ2) %>%
+   filter(educ2=="123초등졸") %>%
+   mutate(
+     gender=ifelse(female2==1,"여성","남성"),
+     gender=fct_relevel(gender,"여성"),
+     inc2=10^(log10inc2C+mean(exdata1$log10inc2))
+   )
> # 예측변수의 수준에 따른 참여횟수 기대값 추출
> myfig1$predy=predict(m2_ps,myfig1,type='response')
> # 시각화
> myfig1 %>%
+   ggplot(aes(x=inc2,y=predy,color=gender))+
+   geom_line(size=1)+
+   coord_cartesian(ylim=c(0,35))+
+   scale_y_continuous(breaks=5*(0:7))+
+   labs(x="연소득(단위, 만원)",y="자원봉사 참여 횟수 기대값",color="성별")+
+   theme_bw()
```

4 mlogit 패키지의 경우는 안타깝지만 modelr 패키지의 data_grid() 함수가 작동하지 않았습니다.

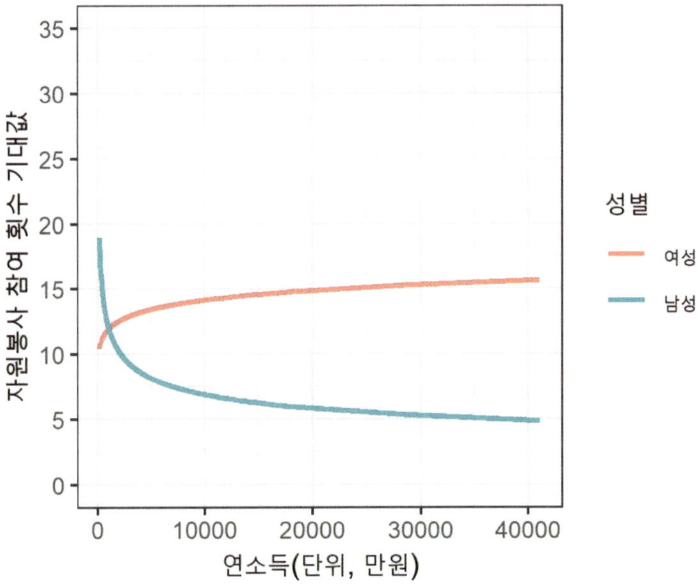

그림5. 응답자의 소득과 성별이 자원봉사참여횟수에 미치는 상호작용효과

평균연령수준의 초등학교 졸업자를 가정했을 때, 연소득 증가에 따른 자원봉사참여횟수의 감소는 여성에게서는 나타나지 않지만, 남성에게서 더 뚜렷하게 나타납니다. 바꿔 말하자면 연소득이 자원봉사참여횟수 감소에 미치는 효과는 남성에게서만 나타나고 있죠.

이제는 응답자의 연소득 증가가 자원봉사참여횟수에 미치는 효과가 연령에 따라 어떻게 달라지는지 시각화해 봅시다. 시각화를 위해 남녀의 비율을 동비로, 교육수준은 "전문대 졸업자"로 각각 고정시켰습니다. 저는 앞서 상호작용효과 회귀계수를 말로 설명할 때, 연령집단을 *M-SD*, *M*, *M+SD*의 세 집단으로 나누었습니다. 여기서는 응답자의 연령이 저연령을 기준으로 10%, 25%, 50%, 75%, 90%인 다섯 집단으로 나눈 후, 각 연령집단별로 연소득 증가에 따른 자원봉사참여 횟수 감소 패턴을 살펴보겠습니다.

```
> # 소득과 연령의 2원 상호작용효과
> # 예측용 데이터
> age5grp=as.double(quantile(data_ps$age2C,probs=c(.10,.25,.50,.75,.90)))
```

```
> myfig2=data_ps %>%
+   data_grid(log10inc2C,female2=0,age2C=age5grp,educ2) %>%
+   filter(educ2=="6전문대졸") %>%
+   mutate(
+     age5grp=factor(age2C,labels=str_c(1:5)),
+     age5grp=fct_recode(age5grp,"10%"="1","25%"="2",
+                        "50%"="3","75%"="4","90%"="5"),
+     inc2=10^(log10inc2C+mean(exdata1$log10inc2))
+   )
> # 예측변수의 수준에 따른 참여횟수 기대값 추출
> myfig2$predy=predict(m2_ps,myfig2,type='response')
> # 시각화
> myfig2 %>%
+   ggplot(aes(x=inc2,y=predy,color=age5grp))+
+   geom_line(size=1)+
+   coord_cartesian(ylim=c(0,35))+
+   scale_y_continuous(breaks=5*(0:7))+
+   labs(x="연소득(단위, 만원)",y="자원봉사 참여 횟수 기대값",color="연령")+
+   theme_bw()
```

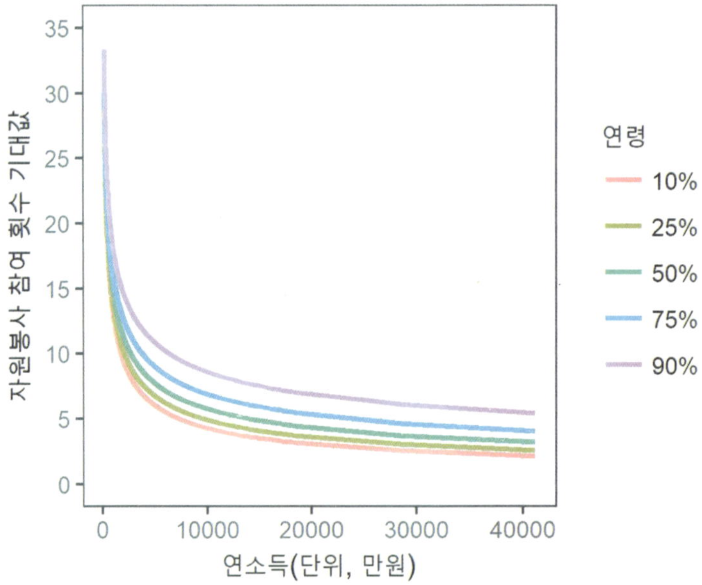

그림6. 응답자의 소득과 연령이 자원봉사참여횟수에 미치는 상호작용효과

〈그림6〉에서 잘 나타나듯 연령이 증가할수록 연소득 증가에 따른 자원봉사참여횟수의 감소 효과가 점차 약화되는 패턴을 볼 수 있습니다.

이제 끝으로 소득과 교육수준의 2원 상호작용효과 패턴을 시각화해보죠. 앞에서와 마찬가지로 다른 예측변수들의 효과를 통제하겠습니다. 성별의 경우는 남녀 동비로, 연령은 표본의 평균연령을 투입하겠습니다. 시각화하는 방법은 아래의 R 코드와 같습니다.

```
> # 소득과 교육수준의 2원 상호작용효과
> # 예측용 데이터
> myfig3=data_ps %>%
+   data_grid(log10inc2C,female2=0,age2C=0,educ2) %>%
+   mutate(
+     educ=str_replace(educ2,"[[:digit:]]{1,}",""),
+     educ=fct_reorder(educ,row_number()),
+     inc2=10^(log10inc2C+mean(exdata1$log10inc2))
+   )
> # 예측변수의 수준에 따른 참여횟수 기대값 추출
> myfig3$predy=predict(m2_ps,myfig3,type='response')
> # 시각화
> myfig3 %>%
+   ggplot(aes(x=inc2,y=predy,color=educ))+
+   geom_line(size=1)+
+   coord_cartesian(ylim=c(0,50))+
+   scale_y_continuous(breaks=5*(0:10))+
+   labs(x="연소득(단위, 만원)",y="자원봉사 참여 횟수 기대값",color="교육수준")+
+   theme_bw()
```

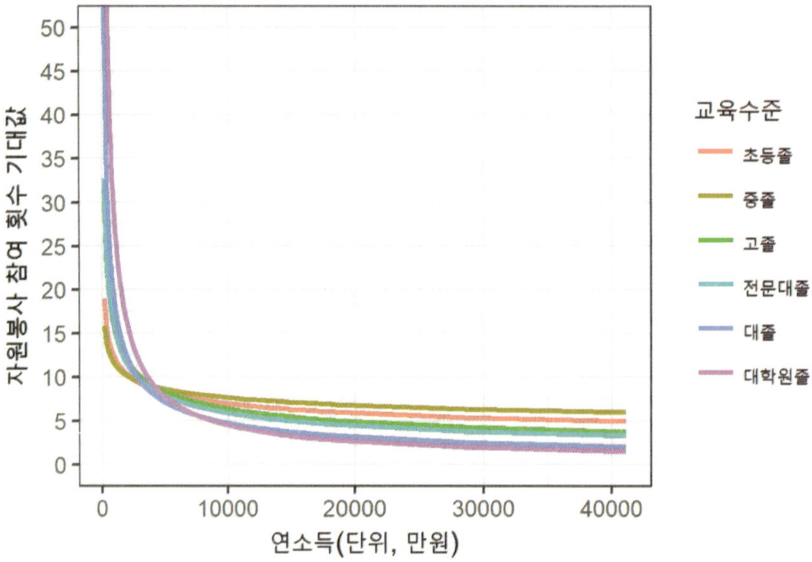

그림7. 응답자의 소득수준과 교육수준이 자원봉사참여횟수에 미치는 상호작용효과

〈그림7〉은 상호작용효과가 나타난다는 것은 보여주지만, 집단의 구분이 명확하게 나타나지 않아 그림을 해석하기가 쉽지 않습니다. 다음과 같이 그려보면 어떨까요? 즉 그래프 내부의 맨 오른쪽에 각 교육수준집단을 명확하게 명기하는 것입니다. 또한 연소득이 너무 낮은 응답자들 역시 제외하여 그래프의 Y축을 조정하였습니다(연소득 2,000만 원 미만인 경우는 그래프에 표현하지 않았습니다).

```
> # 시각화
> fig3_label=tibble(
+   x=43000,
+   y=myfig3$predy[myfig3$log10inc2C==max(myfig3$log10inc2C)],
+   educ=myfig3$educ[myfig3$log10inc2C==max(myfig3$log10inc2C)]
+   ) %>% mutate(educ=str_pad(as.character(educ),width=10,side="right",pad=" "))
> ggplot()+
+   geom_line(data=myfig3%>%filter(inc2>=2000),
+          aes(x=inc2,y=predy,color=educ),size=1)+
+   geom_text(data=fig3_label,aes(x=x,y=y,label=educ,color=educ))+
+   coord_cartesian(ylim=c(0,17),xlim=c(2000,43000))+
+   scale_y_continuous(breaks=5*(0:4))+
+   labs(x="연소득(단위, 만원)",y="자원봉사 참여 횟수 기대값")+
+   theme_bw()+theme(legend.position="none")
```

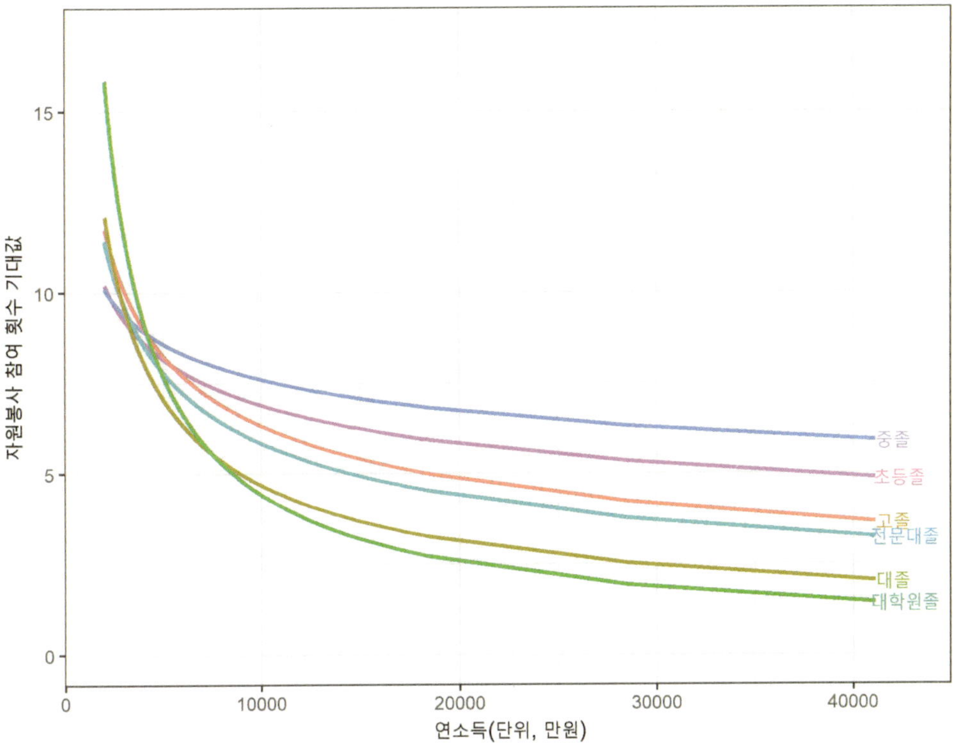

그림8. 응답자의 소득수준과 교육수준이 자원봉사참여횟수에 미치는 상호작용효과(수정)

같은 그림이지만 〈그림8〉이 〈그림7〉보다 교육수준과 연령의 상호작용효과를 보다 효과적으로 보여주고 있습니다.

준(準)-포아송 회귀모형

지금까지 포아송 분포가 무엇이고 포아송 분포의 핵심 가정이 무엇인지 살펴보았으며, 실제 데이터에 포아송 회귀모형을 어떻게 적용할 수 있는지 살펴보았습니다. 이제는 앞서 우리가 살펴본 모형이 과연 포아송 분포의 가정, 즉 $E(y) \approx Var(y)$에 부합하는지 한번 반성해 봅시다. 포아송 회귀모형을 적용하기 전에 `volunt2` 변수의 평균과 분산이 어떤 값을 가졌는지 기억하시나요? 평균은 11, 분산은 316이 나왔습니다. 표본수가 1,012나 된다는 점에서 평균과 분산의 비율이 단순히 표집오차에 의해 이렇게 다르게 나왔다고 보기 매우 어렵습니다. 다시 말해 지금까지 우리는 `volunt2` 변수가 포아송 분포의 가정과 어울리지 않음에도 불구하고 포아송 회귀모형을 사용한 것입니다. 포아송 분포에서 벗어난 횟수형 종속변수에 대해 포아송 회귀모형을 사용해도 별문제가 없는 것일까요?

실제 데이터에 대해 논의하기에 앞서 다음과 같은 시나리오를 따르는 가상의 사례를 먼저 생각해 봅시다. 종속변수 y에 대해 여성(n=100,000)에게서는 λ=1을 모수로 하는 포아송 분포가, 남성(n=100,000)에게서는 λ=2를 모수로 하는 포아송 분포가 나타난다고 가정해 보죠. 즉 남성과 여성 응답자들의 평균과 분산은 각각 1과 2가 될 것입니다. 그렇다면 남성과 여성이 모두 포함된 표본(N=200,000)의 평균과 분산은 어떨까요? 남녀가 동수이니 아마도 평균은 1.50이 나올 것입니다. 그렇다면 분산은? 분산도 1과 2의 평균값이 나올까요? 그렇지 않습니다. 전체표본에서 얻은 분산은 평균값인 1.50보다 높은 값이 나옵니다. 아래와 같은 간단한 시뮬레이션으로 이를 쉽게 이해할 수 있습니다.

```
> # 시뮬레이션: 데이터 내 이질성(heterogeneity)
> set.seed(20190117)
> simdata=tibble(
+   obs=c(rpois(100000,1),rpois(100000,2)),
+   female=rep(c(0,1),each=100000))
> simdata %>% group_by(female) %>% summarize(mean(obs),var(obs))
# A tibble: 2 x 3
  female `mean(obs)` `var(obs)`
   <dbl>       <dbl>      <dbl>
1  0           1.01       1.01
2  1.00        2.00       2.00
> simdata %>% summarize(mean(obs),var(obs))
# A tibble: 1 x 2
  `mean(obs)` `var(obs)`
        <dbl>      <dbl>
1        1.50       1.75
```

재미있죠? 왜냐하면 포아송 분포를 완전하게 따르지만, λ 모수의 값이 다른 집단들을 섞는 순간, 전체표본은 포아송 분포를 따르지 않는다고 볼 수 있기 때문입니다. 즉 서로 다른 λ값을 가지며 포아송 분포를 갖는 이질적(heterogenous) 집단들을 혼합하면서 전체표본에서는 포아송 분포 가정이 붕괴되는 이러한 현상을 흔히 이질성(heterogeneity) 문제라고 부릅니다.

그렇다면 이질성 문제는 어떻게 해결할 수 있을까요? 간단하게 해결할 수 있습니다. 즉 이질성을 야기시키는 집단간 차이를 반영하는 변수를 포아송 회귀모형에 투입하면 됩니다. 정말 그런지 이제 R의 `glm()` 함수를 이용해 확인해 봅시다. 앞서 소개했듯 `glm()` 함수에 지정한 `family=poisson(link="log")` 옵션은 평균 대비 분산의 비율을 뜻하는 λ를 1로 가정한 후 모형을 추정한다는 뜻입니다. 여기서 `family` 옵션의 `poisson`을 `quasipoisson`으로 바꾸면 데이터를 기반으로 λ를 추정하는 준(準)-포아송 회귀모형을 추정합니다. 위에서 우리가 시뮬레이션한 데이터를 대상으로 `family` 옵션 변화가 무엇을 의미하는지 한번 살펴봅시다.

```
> temp0=glm(obs~1,family=poisson(link='log'),simdata)
> temp1=glm(obs~1,family=quasipoisson(link='log'),simdata)
> summary(temp0)
                    [기타 출력결과는 분량감소를 위해 제시하지 않았음]
(Dispersion parameter for poisson family taken to be 1)

> summary(temp1)
                    [기타 출력결과는 분량감소를 위해 제시하지 않았음]
(Dispersion parameter for quasipoisson family taken to be 1.161722)
```

`family=poisson(link='log')`로 모형을 추정한 경우 분포모수(dispersion parameter)가 1로 설정되었습니다. 하지만 `family=quasipoisson(link='log')`로 모형을 추정한 경우 분포모수가 1.161722로 나타납니다. `quasipoisson`으로 옵션을 지정하였을 때의 분포모수는 사실 위에서 우리가 얻은 평균 대비 분산의 비율입니다(즉 λ입니다). 아래를 보시면 명확하게 이해되실 것입니다.

```
> simdata %>% summarize(mean(obs),var(obs)) %>%
+   mutate(lambda=`var(obs)`/`mean(obs)`)
# A tibble: 1 x 3
  `mean(obs)` `var(obs)` lambda
        <dbl>      <dbl>  <dbl>
1        1.50       1.75   1.16
```

자 이제 여기서 `family=quasipoisson(link='log')`로 옵션을 지정한 후 성별변수를 예측변수로 투입해 보죠. 예측변수를 투입한 후, 즉 이질성을 야기시킨 원인을 변수로 통제한 후의 분포모수가 어떻게 바뀌는지 살펴보시죠.

```
> temp2=glm(obs~female,family=quasipoisson(link='log'),simdata)
> summary(temp2)
                    [기타 출력결과는 분량감소를 위해 제시하지 않았음]
(Dispersion parameter for quasipoisson family taken to be 0.9980992)
```

분포모수가 .998로 거의 1에 근접하게 나타났습니다. 다시 말해 예측변수를 투입하여 이질성 문제가 해결되니 이제는 포아송 분포의 가정에 부합하는 결과를 얻었습니다. 다시 말해 이 경우 `family` 옵션을 `poisson(link='log')`으로 지정해도 된다는 뜻입니다.

어떤 경우 예측변수를 투입하면 포아송 분포의 가정에 상당히 부합하는 포아송 회귀모형을 추정할 수 있습니다. 하지만 대부분의 경우 예측변수를 투입해도 포아송 분포의 가정에 맞지 않는 경우가 대부분입니다. 그렇다면 앞에서 우리가 모형1, 그리고 모형2에서 투입한 예측변수들로 인해 표본 내의 집단간 이질성 문제를 해결할 수 있었을까요? 만약 그렇다면 얼마나 해결할 수 있었을까요?

`family=quasipoisson(link='log')`로 옵션을 지정한 후, 다음의 3가지 모형에서 나타난 분포모수(dispersion parameter) 변화를 한번 살펴봅시다. `summary()` 함수를 이용한 모형추정 결과는 '모형1'만 살펴보았습니다.

- 모형0: 예측변수를 전혀 투입하지 않은 경우
- 모형1: 소득, 성별, 연령, 교육수준의 주효과만 투입한 경우
- 모형2: 소득, 성별, 연령, 교육수준의 주효과에, 소득과 다른 세 변수들의 상호작용 효과항도 추가로 투입한 경우

```
> # 예측변수 투입에 따른 이질성 변화
> m0_qps=glm(volunt2~1,
+        family=quasipoisson(link='log'),data_ps)
> m1_qps=update(m0_ps, .~log10inc2C+female2+age2C+educ2)
> m2_qps=update(m0_ps, .~log10inc2C*(female2+age2C+educ2))
> summary(m0_qps)
                 [기타 출력결과는 분량감소를 위해 제시하지 않았음]
(Dispersion parameter for quasipoisson family taken to be 28.26732)
                 [기타 출력결과는 분량감소를 위해 제시하지 않았음]
> summary(m1_qps)

Call:
glm(formula = volunt2 ~ log10inc2C + female2 + age2C + educ2,
   family = quasipoisson(link = "log"), data = data_ps)

Deviance Residuals:
   Min       1Q     Median     3Q       Max
-7.1312  -4.0580  -2.0566  0.4158  18.2442

Coefficients:
                  Estimate  Std. Error  t value  Pr(>|t|)
(Intercept)       2.061074   0.204722   10.068   < 2e-16 ***
log10inc2C       -0.345455   0.163161   -2.117   0.034483 *
female2           0.348460   0.105504    3.303   0.000991 ***
age2C             0.014164   0.004375    3.237   0.001247 **
educ24중졸        0.078383   0.220152    0.356   0.721885
educ25고졸        0.202585   0.193090    1.049   0.294349
educ26전문대졸    0.157835   0.253870    0.622   0.534270
educ27대졸        0.055029   0.221045    0.249   0.803451
educ289대학원졸   0.102235   0.305695    0.334   0.738121
---
Signif. codes:  0 '***' 0.001 '**' 0.01 '*' 0.05 '.' 0.1 ' ' 1

(Dispersion parameter for quasipoisson family taken to be 27.40344)

   Null deviance: 20398  on 1011  degrees of freedom
Residual deviance: 19295  on 1003  degrees of freedom
AIC: NA
```

```
Number of Fisher Scoring iterations: 6
> summary(m2_qps)
                [해당 모형의 추정 결과는 본문의 표에 제시되어 있음]
(Dispersion parameter for quasipoisson family taken to be 26.98112)
```

위의 결과에서 잘 나타나듯, 분포모수가 28.267에서 27.403으로, 다시 26.981로 조금씩 감소하고 있습니다. 그러나 아까 우리가 시뮬레이션 데이터로 본 것처럼 드라마틱하게 변하지는 않네요. 다시 말해 위의 결과는 volunt2 변수는 본질적으로 포아송 분포의 가정에 들어맞지 않는다는 것을 암시하고 있습니다. 어쩌면 이질성을 야기하는 어떤 예측변수가 있는데, 그것을 우리가 모르고 있을 수도 있습니다(개인적으로는 이 가능성은 별로 높지 않을 것으로 생각합니다). 아무튼 우리가 앞서 추정했던 〈표1〉의 결과는 포아송 분포의 가정에 맞지 않는 데이터에 대해 포아송 회귀모형을 적용하여 도출한 결과임을 알 수 있습니다. 그렇다면 가정에 맞지 않는 〈표1〉의 포아송 회귀모형 추정결과는 얼마나 믿을 수 있을까요? 위에서 얻은, 즉 데이터에 기반한 분포모수를 통해 추정한 준(準)-포아송 모형추정 결과를 〈표1〉의 모형추정 결과와 같이 병기하여 정리하면 〈표2〉와 같습니다.

표2. 포아송 회귀모형 추정결과와 준(準)-포아송 회귀모형 추정결과의 비교

	포아송 회귀모형		준(準)-포아송 회귀모형	
	모형1	모형2	모형1	모형2
절편	2.061***	2.181***	2.061***	2.181***
	(0.039)	(0.046)	(0.205)	(0.238)
상용로그전환소득	−0.345***	−0.561***	−0.345*	−0.561
	(0.031)	(0.118)	(0.163)	(0.611)
성별(여성 = 1)	0.348***	0.391***	0.348***	0.391***
	(0.020)	(0.020)	(0.106)	(0.106)
연령	0.014***	0.015***	0.014**	0.015**
	(0.001)	(0.001)	(0.004)	(0.005)
학력(중졸 = 1)	0.078+	0.029	0.078	0.029
	(0.042)	(0.051)	(0.220)	(0.264)
학력(고졸 = 1)	0.203***	0.058	0.203	0.058
	(0.037)	(0.045)	(0.193)	(0.231)
학력(전문대졸 = 1)	0.158**	0.011	0.158	0.011
	(0.048)	(0.055)	(0.254)	(0.283)
학력(대졸 = 1)	0.055	−0.031	0.055	−0.031
	(0.042)	(0.048)	(0.221)	(0.250)
학력(대학원졸 = 1)	0.102+	0.120+	0.102	0.120
	(0.058)	(0.065)	(0.306)	(0.337)
상용로그전환소득×성별(여성 = 1)		0.732***		0.732*
		(0.064)		(0.334)
상용로그전환소득×연령		0.011***		0.011
		(0.003)		(0.014)
상용로그전환소득×학력(중졸 = 1)		0.154		0.154
		(0.123)		(0.637)
상용로그전환소득×학력(고졸 = 1)		−0.324**		−0.324
		(0.107)		(0.555)
상용로그전환소득×학력(전문대졸 = 1)		−0.394**		−0.394
		(0.142)		(0.736)
상용로그전환소득×학력(대졸 = 1)		−0.798***		−0.798
		(0.122)		(0.635)
상용로그전환소득×학력(대학원졸 = 1)		−1.267***		−1.267
		(0.216)		(1.120)
모형적합도 지수				
맥파든(McFadden's) 임의 R^2	0.054	0.071	–	–
이탈도(deviance) 통계치	1102.699***	1444.106***	–	–
(자유도)	(8)	(15)		
로그우도비 테스트		341.408***		–
		(7)		
AIC	22137.07	21809.66	–	–
BIC	22181.34	21888.37	–	–
분포모수(λ)	1로 고정	1로 고정	27.403	26.981

알림. $+p<.10$, $^*p<.05$, $^{**}p<.01$, $^{***}p<.001$. N=1,012.

먼저 〈표2〉 하단의 모형적합도 지수 결과부터 살펴보시죠. 우선 준(準)-포아송 회귀모형의 경우, 포아송 회귀모형에서 얻었던 이탈도 통계치가 추정될 수 없습니다. 왜냐하면 '준(準, quasi)'이라는 말에서 나타나듯 최대우도 추정법을 사용하지 않으며, 따라서 로그우도를 계산할 수 없기 때문입니다. 당연한 것이지만, R에서도 아래와 같이 계산되지 않습니다.

```
> logLik(m1_qps); logLik(m2_qps)
'log Lik.' NA (df=9)
'log Lik.' NA (df=16)
```

로그우도가 계산되지 않으니 −2를 곱한 이탈도 통계치 역시 계산되지 않으며, 따라서 임의 R^2, AIC와 BIC도 계산되지 않습니다.

그러나 절편과 회귀계수 추정결과를 살펴보시죠. 우선 절편과 회귀계수 그 자체는 동일합니다. 달라진 것은 절편과 회귀계수의 표준오차(SE, standard error)입니다. 준(準)-포아송 회귀모형으로 추정된 경우 표준오차, 다시 말해 모수추정치의 불확실성이 급격하게 증가합니다. 이에 따라 모수추정치에 대한 통계적 유의도가 급격하게 0에서 멀어집니다. 준-포아송 회귀모형의 결과에서 잘 나타나듯, 포아송 회귀모형의 가정에서 크게 벗어난 횟수형 종속변수에 적용한 포아송 회귀모형 추정결과는 '제1종 오류'에 매우 취약합니다. 즉 과대분포 현상이 발생한 경우에 포아송 회귀모형 대신 준-포아송 회귀모형을 사용하면 제1종 오류(type-I error)의 위험성을 감소시킬 수 있습니다. 하지만 특정 연구가설을 테스트하고 싶은 연구자 입장, 보다 구체적으로 예를 들자면 소득과 연령의 2원 상호작용효과를 기대한 연구자의 입장에서 보았을 때, 포아송 회귀모형의 추정결과는 기쁜 소식이지만(즉 연구가설이 지지됨), 준(準)-포아송 회귀모형의 추정결과는 별로 듣고 싶지 않은 소식이겠죠(즉 연구가설이 기각됨).

그렇다면 특정한 가설테스트를 하고 싶은 연구자가 아니라면, 다시 말해 현상을 올바로 이해하고 싶은 독자의 입장에서 포아송 회귀모형과 준(準)-포아송 회귀모형 중 어떤 모형이 더 타당한 모형이라고 믿어야 할까요? 보는 사람들마다 다를 수도 있지만, 준(準)-포아송 회귀모형이 포아송 회귀모형보다는 더 타당합니다. 하지만 사람에 따라서는 두 모형 다 적절하지 않다고 볼 수도 있습니다. 왜냐하면 준(準)-포아송 회귀모형의 추정결과 역시도 타당하다고 보기 어려운 부분이 있기 때문입니다. 위의 R 출력결과에서 `summary(m1_qps)` 부분의 `Deviance Residuals:` 부분의 결과를 살펴보시죠. 또한 포아송 회귀모형의 추정결과중 summary(m1_ps) 부분의 Deviance Residuals: 부분의 결과도 살펴보시죠. 일단 Deviance Residuals: 부분의 결과만 제시하면 다음과 같습니다.

```
> summary(m1_ps)
                    [나머지 부분들은 분량문제로 제시하지 않았음]
Deviance Residuals:
    Min       1Q    Median     3Q      Max
-7.1312  -4.0580  -2.0566  0.4158  18.2442
                    [나머지 부분들은 분량문제로 제시하지 않았음]
> summary(m1_qps)
                    [나머지 부분들은 분량문제로 제시하지 않았음]
Deviance Residuals:
    Min       1Q    Median     3Q      Max
-7.1312  -4.0580  -2.0566  0.4158  18.2442
                    [나머지 부분들은 분량문제로 제시하지 않았음]
```

어떤가요? 동일합니다. 모형추정을 위한 이탈도(deviance) 측면에서 두 모형은 동일한 모형입니다. 다른 점은 모수추정치의 표준오차를 다르게 추정했다는 점 뿐입니다.

이제 사태를 조금 다른 시각에서 접근해 봅시다. 포아송 분포의 가정 $E(y)=\text{Var}(y)$을 다음과 같이 조금 다르게 표현해 보면 어떨까요?

$$E(y)^2 = Var(y)$$

즉 평균과 분산이 동일하다는 가정이 아니라 평균의 제곱이 분산과 동일한(다른 말로 평균과 표준편차가 동일한) 가정을 기반으로 준(準)-포아송 회귀모형을 추정해 보는 것입니다. 우선 모형을 추정해 보기 전에 volunt2 변수가 $E(y)=Var(y)$과 $E(y)^2=Var(y)$의 두 가정 중 어떤 가정에 더 부합하는지 살펴봅시다.

```
> # 1 = var/mu^2 ?
> data_ps %>% summarize(mean(volunt2),var(volunt2)) %>%
+   mutate(lambda1=`var(volunt2)`/`mean(volunt2)`,
+          lambda2=`var(volunt2)`/(`mean(volunt2)`^2))
# A tibble: 1 x 4
  `mean(volunt2)` `var(volunt2)` lambda1 lambda2
            <dbl>          <dbl>   <dbl>   <dbl>
1            11.2            316    28.3    2.53
```

일단 평균을 제곱할 경우 분포모수 λ의 값이 훨씬 더 1에 가까워집니다(물론 1보다 여전히 큰 것은 사실입니다). 하지만 상황은 훨씬 더 나아졌다고 볼 수 있습니다.

아무튼 이러한 가정을 기반으로 모형을 추정하고 싶다면 quasi() 함수를 이용하여 family 옵션을 quasi(variance="mu^2",link="log")로 바꾸면 됩니다.[5] 이제 $E(y)^2 = Var(y)$라는 새로운 가정에 근거하여 준(準)-포아송 회귀모형을 다시 추정해 봅시다. 위의 〈표2〉와 마찬가지로, $E(y)^2 = Var(y)$에 근거하여 추정된 준(準)-포아송 회귀모형 추정결과를 포아송 회귀모형 추정결과와 비교하여 〈표3〉과 같이 제시하였습니다.

```
> # 1 = var/mu^2
> m1_qps2=update(m1_qps,family=quasi(variance="mu^2",link="log"))
> m2_qps2=update(m2_qps,family=quasi(variance="mu^2",link="log"))
> summary(m1_qps2)
                    [나머지 부분들은 분량문제로 제시하지 않았음]
Deviance Residuals:
   Min       1Q    Median     3Q      Max
-2.1691  -1.4682  -0.7171  0.1506  4.7157
                    [나머지 부분들은 분량문제로 제시하지 않았음]
> summary(m2_qps2)
                    [나머지 부분들은 분량문제로 제시하지 않았음]
Deviance Residuals:
   Min       1Q    Median    3Q      Max
-2.1830  -1.4753  -0.7200  0.1623  4.6543
```

자세한 모수추정 결과를 살펴보기 전에 Deviance Residuals: 부분의 결과를 살펴보겠습니다. $E(y)^2 = Var(y)$ 가정에 기반해 계산된 모형1의 결과를 기준으로 말씀드리겠습니다. 위에서 확인할 수 있듯 앞서 추정한 포아송 회귀모형과 quasipoisson() 함수를 family 옵션으로 지정한 준(準)-포아송 회귀모형의 Deviance Residuals: 부분의 결과와 매우 다른 값을 얻었습니다. 다시 말해 -2를 곱한 로그우도 값, 즉 이탈도의 계산값 자체가 바뀌었다는 것을 의미합니다. 어찌 보면 당연한 것입니다. 왜냐하면 $E(y) = Var(y)$ 가정에서 $E(y)^2 = Var(y)$ 가정으로 종속변수의 분포에 대한 가정 자체가 바뀌었기 때문입니다. 따라서 모형적합도 지수들 역시도 다르게 나타날 것이고, 또한 추정된 절편과 회귀계수도 달라질 것입니다. 구체적인 결과는 〈표3〉에 제시되어 있습니다.

5 참고로 현재 R에서는 quasi() 함수의 variance 옵션으로 mu, mu^2, mu^3, constant 등이 가능합니다. 만약 필요하시다면 분석하시는 데이터 상태에 따라 적절하게 옵션을 설정하시기 바랍니다.

표3. 포아송 회귀모형 추정결과와 준(準) 포아송 회귀모형 추정결과의 비교

	포아송 회귀모형 가정: $E(y)=Var(y)$		준(準) 포아송 회귀모형 가정: $E(y)^2=Var(y)$	
	모형1	모형2	모형1	모형2
절편	2.061***	2.181***	2.033***	2.154***
	(0.039)	(0.046)	(0.230)	(0.278)
상용로그전환소득	−0.345***	−0.561***	−0.451*	−0.741
	(0.031)	(0.118)	(0.183)	(0.700)
성별(여성 = 1)	0.348***	0.391***	0.409***	0.419***
	(0.020)	(0.020)	(0.108)	(0.107)
연령	0.014***	0.015***	0.014**	0.014**
	(0.001)	(0.001)	(0.005)	(0.005)
학력(중졸 = 1)	0.078+	0.029	0.135	0.130
	(0.042)	(0.051)	(0.260)	(0.318)
학력(고졸 = 1)	0.203***	0.058	0.201	0.083
	(0.037)	(0.045)	(0.229)	(0.278)
학력(전문대졸 = 1)	0.158**	0.011	0.115	−0.006
	(0.048)	(0.055)	(0.283)	(0.321)
학력(대졸 = 1)	0.055	−0.031	0.020	−0.047
	(0.042)	(0.048)	(0.251)	(0.294)
학력(대학원졸 = 1)	0.102+	0.120+	0.077	0.056
	(0.058)	(0.065)	(0.318)	(0.384)
상용로그전환소득×성별(여성 = 1)		0.732***		0.922**
		(0.064)		(0.352)
상용로그전환소득×연령		0.011***		0.010
		(0.003)		(0.016)
상용로그전환소득×학력(중졸 = 1)		0.154		0.427
		(0.123)		(0.753)
상용로그전환소득×학력(고졸 = 1)		−0.324**		−0.299
		(0.107)		(0.671)
상용로그전환소득×학력(전문대졸 = 1)		−0.394**		−0.223
		(0.142)		(0.860)
상용로그전환소득×학력(대졸 = 1)		−0.798***		−0.721
		(0.122)		(0.746)
상용로그전환소득×학력(대학원졸 = 1)		−1.267***		−0.571
		(0.216)		(1.150)
모형적합도 지수				
맥파든(McFadden's) 임의 R^2	0.054	0.071	–	–
이탈도(deviance) 통계치	1102.699***	1444.106***	–	–
(자유도)	(8)	(15)		
로그우도비 테스트		341.408***		–
		(7)		
AIC	22137.07	21809.66	–	–
BIC	22181.34	21888.37	–	–
분포모수(λ)	1로 고정	1로 고정	2.751	2.697

알림. $+p<.10$, $^{*}p<.05$, $^{**}p<.01$, $^{***}p<.001$. $N=1{,}012$.

우선 포아송 회귀모형의 이탈도에 비해 준(準)-포아송 회귀모형의 이탈도가 급격하게 감소한 것을 발견하실 수 있습니다(아까 `Deviance Residuals:` 부분의 출력결과에서 확인했던 부분입니다).

또한 모수추정치 역시도 상당히 달라졌습니다. `family` 옵션에 `quasipoission()` 함수를 지정한 후 추정한 모형의 경우 절편과 회귀계수는 그대로 유지되었던 반면, `quasi()` 함수를 지정한 후에는 표준오차는 물론 추정된 절편과 회귀계수마저도 변한 것을 알 수 있습니다.

그러나 여전히 과대분포(over-dispersion) 문제가 완화되었을 뿐 완전하게 사라진 것이 아닙니다. 그렇다면 어떻게 과대분포 문제를 해결할 수 있을까요? 이를 위해서는 무슨 이유로 데이터에서 과대분포가 발생하는지 생각해 보아야 합니다. 앞에서 저는 표본 내에 존재하는 이질성(heterogeneity)을 언급해 드린 바 있습니다. 하지만 적어도 지금 저희들이 분석하고 있는 `exdata1.csv` 데이터의 경우 예측변수들을 모형에 고려하는 방식으로 이질성을 다룰 수는 없다고 보아야 합니다.

그렇다면 또 어떤 이유로 과대분포가 발생하는 것일까요? 만약 `volunt2` 변수가 나타나는 과정(data generation process)에서 포아송 분포를 따르는 응답자와 다른 분포를 따르는 응답자가 섞이게 되었다고 볼 수도 있지 않을까요? 무엇보다 `volunt2` 변수의 경우(그리고 다른 경우도 마찬가지) 분산에 비해 평균이 낮은 결정적 이유는 바로 '0'의 값을 보이는 30%에 육박하는 응답자들이 존재하기 때문입니다. 다시 말해 `volunt2` 변수는 포아송 분포를 따르는 응답자들과 자원봉사에 참여하는지 참여하지 않는지에 따라 구분되는 이항 분포(binomial distribution)를 보이는 응답자들의 응답이 섞인 데이터일지도 모릅니다. 대부분의 횟수형 종속변수의 경우 '0'을 어떻게 개념화할 것인가에 따라 적용되는 모형이 달라집니다. 제2장부터 소개할 모형들은 모두 포아송 회귀모형을 근간으로 '0'의 발생 확률을 별도로 추정하는 모수, 혹은 별도의 이항 로지스틱 회귀모형을 추가한 모형으로 볼 수 있습니다. 즉 넓은 의미에서 횟수형 종속변수를 추정하는 모든 모형은 '포아송 회귀모형의 일종'으로 볼 수 있습니다.

오프셋(offset) 옵션: 발생횟수가 아닌 발생비율인 경우

지금까지 살펴본 포아송 회귀모형은 모두 개인수준의 변수를 대상으로 하고 있습니다. 그러나 '개인'이 분석단위가 아니라 '지역'이나 '조직'을 단위로 집산된(aggregated) 횟수형 변수를 분석대상으로 하는 경우 종종 오프셋(offset) 옵션이 사용됩니다. 예를 들어 독감이나 메르스(MERS, Middle East respiratory syndrome) 등과 같은 질환이 유행하는 경우, 개인수준에서 측정된 변수는 아마도 질병에 걸렸다면 1, 걸리지 않았다면 0과 같은 이분형 변수 형태로 코딩될 것입니다. 다시 말해 '질병유무'와 같은 변수는 횟수형 종속변수라고 볼 수 없습니다.

하지만 '지역'을 단위로 본다면 사정은 다릅니다. 어떤 지역은 단 한 명도 환자가 발생하지 않을 수도 있지만, 어떤 지역에서는 5명, 어떤 지역에서는 20명 등 개별 지역은 '발병환자수'라는 횟수형 변수로 측정됩니다. 다시 말해 데이터가 지역단위로 집산된 경우, 특정한 병이나 사건의 발생은 횟수형 변수로 측정되고 따라서 포아송 분포를 따르는 모형을 통해 추정하는 것이 낫습니다.

그러나 '지역' 혹은 '조직'을 기본단위로 측정한 데이터는 '개인'을 기본단위로 측정한 데이터와 동일하게 취급될 수 없습니다. 개인이 병에 걸릴지 걸리지 않을지는 개인마다 크게 다르지 않습니다. 물론 병에 약한 사람이 있고 면역력이 강한 사람도 있습니다. 여기서 제가 말씀드리는 것은 갑과 을이라는 두 사람이 병에 걸릴 확률은 비교 가능하다는 뜻입니다. 하지만 지역에서 몇 명의 환자가 발생할지는 지역에 따라 매우 다릅니다. 여기서 말씀드리는 지역의 특성은 지역의 환경상태나 위생수준을 이야기하는 것이 아닙니다. 예를 들어 독감이 유행한다고 했을 때 '서울시'와 '정읍시' 중에서 어느 지역에서 환자수가 더 많이 발생할까요? 당연한 이야기겠지만 서울시에서 환자수가 더 많이 발생합니다. 왜냐하면 서울 인구는 1000만 명에 육박하는데, 정읍 인구는 10만을 조금 넘는 수준입니다. 다시 말해 상황이 동일하다면 서울의 발생환자수는 정읍의 발생환자수에 비해 약 100배 정도 더 높을 것입니다.

따라서 지역단위로 데이터가 집산된 경우라면 특정지역에서 발생하는 '환자수(number)'를 예측하는 것보다는 '환자발생비율(rate)'을 예측하는 것이 더 의미 있는 모형일 것입니다. 포아송 회귀모형 혹은 포아송 회귀모형을 바탕으로 한 다른 모형에서 '오프셋'을 지정한다는 것은 다름 아닌 사건의 발생횟수(count)가 아니라 사건의 발생비율(rate)을 설명하는 모형을 추정했다는 뜻입니다.

한 가지 주의할 것은 오프셋이 종종 사용되는 데이터가 조직이나 지역단위로 집산된 데이터인 것은 사실이지만, 오프셋은 개인단위로 측정된 변수에서도 종종 사용된다는 점입니다. 오프셋이 사용되어야 할 맥락들을 몇 가지 사례로 말씀드리면 다음과 같습니다.

- 특정 지역에서 발생할 환자수를 예측하는 모형에서 해당 지역의 인구수를 오프셋 옵션에 투입하여 환자발생 비율을 예측
- 어떤 병원에서 발생하는 수술사고 발생횟수를 예측하는 모형에서 해당 병원에서 실시한 총 수술횟수를 오프셋 옵션에 투입하여 수술사고 발생비율을 예측
- 어떤 환자에게서 나타나는 돌연변이 세포수(이를테면 암세포)를 예측하는 모형에서 해당 환자가 위험인자에 어느 정도의 기간 동안 노출되었는지(이를테면 방사선 노출량)를 오프셋 옵션에 투입하여 돌연변이 세포수 발생비율을 예측
- 어떤 보험회사의 보험금 지급횟수를 예측하는 모형에서 해당 회사에 청구된 보험금 지급신청수를 오프셋 옵션에 투입하여 보험금지급비율을 예측

아마도 연구자의 연구맥락에 따라 이와 유사한 사례들은 얼마든지 발생할 수 있습니다. 그렇다면 R에서 오프셋 옵션은 어떻게 사용할까요? 실제 데이터를 사례로 제시하겠습니다. 우선 `exdata6.csv` 데이터를 열어봅시다. 해당 데이터의 측정단위는 서울시의 '구(區)'입니다. `disease1`은 2017년의 구별 1급 전염병 발생환자수를, `pop`은 구별 인구수를, `hospital`은 구별 병원수를 의미합니다. 별 의미 없는 일이라고 볼 수도 있지만, 병원수를 예측변수로 해당 구에서 몇 명의 환자가 발생했는지 포아송 회귀모형을 이용해 추정해 봅시다. 모형을 추정하기 이전에 예측변수인 구별 병원수의 경우 최솟값이 0이 되도록 예측변수의 값을 변환합시다(해석의 편의를 위하여). 또한 나중에 오프셋 옵션에 사용하게 될 구별 인구수도 해석의 편의를 위해 10,000을 나누어 줍시다.

```
> # 사전처리
> stat_area$pop10000=stat_area$pop/10000
> stat_area$hospital2=stat_area$hospital - 2
> # 포아송 모형 추정 : 오프셋 없음
> m_Noffset=glm(disease1~hospital2,family=poisson(link='log'),stat_area)
> summary(m_Noffset)
```

```
Call:
glm(formula = disease1 ~ hospital2, family = poisson(link = "log"),
   data = stat_area)

Deviance Residuals:
    Min       1Q   Median       3Q      Max
-4.8333  -0.8863  -0.0455  0.8431  3.8801

Coefficients:
            Estimate  Std. Error  z value  Pr(>|z|)
(Intercept) 3.645128   0.043300  84.183   < 2e-16 ***
hospital2   0.016978   0.004178   4.064  4.82e-05 ***
---
Signif. codes:  0 '***' 0.001 '**' 0.01 '*' 0.05 '.' 0.1 ' ' 1

(Dispersion parameter for poisson family taken to be 1)

    Null deviance: 106.168  on 24  degrees of freedom
Residual deviance:  90.888  on 23  degrees of freedom
AIC: 233.59

Number of Fisher Scoring iterations: 4
```

위의 모형추정 결과를 해석해 보죠.

- 절편[(intercept)]: 병원이 2개뿐인 구의 경우 1급 전염병 발생환자의 수가 약 38명 정도 발생하며($38.288 \approx e^{3.645128}$), 발생환자의 수는 0명보다 통계적으로 유의미하게 높은 값이다($p<.001$).
- 회귀계수(hospital2): 구의 병원수가 1개가 늘어날 때마다 해당 구의 1급 전염병 발생환자수는 약 2%가량 증가하며($1.017 \approx e^{0.016978}$), 병원수에 따른 전염병 발생환자수의 증가 패턴은 통계적으로 유의미하다($p<.001$).

위의 모형추정 결과는 그럴듯해 보이지만, 앞서 말씀드렸듯 적절한 결과라고 보기 어렵습니다. 왜냐하면 지역 내 인구가 많다면 전염병 발생환자수도 많을 것이기 때문이죠. 또한 인구가 많은 구의 경우 병원수도 많을 것이고요. 위의 포아송 회귀모형을 회귀방정식으로 나타내 보면 다음과 같습니다. 여기서 y는 전염병 발생환자수를 x는 병원수를 의미합니다.

$$E(y)=e^{b_0+b_1x}$$
$$\log(E(y))=b_0+b_1x$$

만약 인구수 대비 환자수, 즉 환자발생비율을 추정하고자 한다면 위의 공식의 y값을 인구수로 나누어주어야 하겠죠. 이때 인구수 변수, 즉 오프셋을 원하는 변수를 ε이라고 한다면 위의 공식은 다음과 같이 표현될 것입니다.

$$log(E\left(\frac{y}{\varepsilon}\right))=b_0+b_1x$$

위의 공식의 좌변을 다시 풀어서 써보면 다음과 같이 바뀝니다.

$$\log(E(y))\text{-}\log(\varepsilon)=b_0+b_1x$$

여기서 좌변에서 오프셋 옵션을 취한 변수에 로그를 취한 값을 우변으로 넘기면 최종 공식은 다음과 같이 표현될 수 있습니다.

$$\log(E(y))=b_0+b_1x+\log(\varepsilon)$$

자 여기서 $\log(\varepsilon)$은 무엇처럼 보이시나요? 개념적으로 새로이 회귀모형에 추가된 통제변수라고도 볼 수 있지 않을까요? 하지만 통제변수와는 조금 의미가 다릅니다. 왜냐하면 오프셋으로 처리된 변수는 종속변수의 변화에 따라 같이 변화하기 때문입니다. 따라서 오프셋 옵션에 변수가 투입되어도 모형의 자유도는 증가하지 않습니다. 하지만 종속변수가 발생횟수에서 발생비율로 바뀌었기 때문에 로그우도는 바뀝니다.

`glm()` 함수에 오프셋 옵션을 지정하려면 `offset(log(변수))`와 같이 사용하면 됩니다.

pop 변수를 그대로 투입해도 되지만, 해석의 편의를 위해 인구수를 10,000(만 명)으로 나누어서 사용하겠습니다.

```
> # 포아송 모형 추정 : 오프셋 있음
> m_Yoffset=glm(disease1~hospital2+offset(log(pop10000)),
+    family=poisson(link='log'),stat_area)
> summary(m_Yoffset)

Call:
glm(formula = disease1 ~ hospital2 + offset(log(pop10000)), family =
poisson(link = "log"),
    data = stat_area)

Deviance Residuals:
    Min       1Q    Median      3Q      Max
-1.8419  -0.7803   0.0029  0.5992  2.4202

Coefficients:
             Estimate  Std. Error  z value  Pr(>|z|)
(Intercept)  0.128185   0.045518    2.816  0.00486 **
hospital2   -0.008776   0.004592   -1.911  0.05598 .
---
Signif. codes:  0 '***' 0.001 '**' 0.01 '*' 0.05 '.' 0.1 ' ' 1

(Dispersion parameter for poisson family taken to be 1)

    Null deviance: 30.748  on 24  degrees of freedom
Residual deviance: 26.952  on 23  degrees of freedom
AIC: 169.65

Number of Fisher Scoring iterations: 4
```

모형추정 결과에서 모형의 자유도를 살펴보시기 바랍니다. 오프셋 옵션을 사용하지 않은 경우도 23이고, 오프셋 옵션을 사용한 경우도 23입니다. 다시 말해 오프셋 옵션에 인구수(pop10000) 변수를 지정해도 모형의 자유도는 바뀌지 않습니다.

하지만 모수추정 결과는 확연하게 다르게 해석됩니다. 위의 결과는 다음과 같습니다.

- 절편[(intercept)]: 병원이 2개뿐인 구의 경우 인구 10,000명당 1급 전염병 발생환자의 발생비율은 1.137 정도이며($1.137 \approx e^{.128185}$) 이 비율은 1보다 통계적으로 유의미하게 높다. 다시 말해 병원이 2개뿐인 구에 살고 있는 사람이 1급 전염병에 걸릴 확률은 약 0.0001137 정도다.
- 회귀계수(hospital2): 구의 병원수가 1개가 늘어날 때마다 해당 구의 1급 전염병 발생환자수는 약 1%가량 감소하며($.991 \approx e^{-0.008776}$), 병원수 증가에 따른 전염병 발생환자수의 감소 패턴은 통상적인 수준에서 통계적으로 유의미하지는 않지만, 유의도 수준을 다소 느슨하게 잡을 경우 주목할 발견이다(p=.056).

상식에 비추어 보았을 때 구별 인구수를 오프셋 옵션에 반영한 모형이 훨씬 더 타당하다는 것에 동의하실 것입니다. 병원이 많을수록 환자수가 많다면, 병원은 사회적으로 해로운 존재라고 보아야 할 것입니다. 하지만 상식적으로 병원이 많을수록 환자를 더 잘 관리할 수 있고, 병이 발병했을 때 초기에 발견하여 확산을 막을 수도 있습니다. 오프셋 옵션의 사용 여부에 따라 예측값이 어떻게 갈리는가는 아래의 시각화 결과(〈그림9〉)를 통해서도 쉽게 짐작하실 수 있을 것입니다.

```
> # 시각화
> myfig=stat_area %>% data_grid(hospital2,pop10000)
> myfig$pred_Noffset=predict(m_Noffset, myfig, type="response")
> myfig$pred_Yoffset=predict(m_Yoffset, myfig, type="response")
> myfig %>%
+   group_by(hospital2) %>%
+   summarize(pred_Noffset=mean(pred_Noffset),
+             pred_Yoffset=mean(pred_Yoffset)) %>%
+   gather(key=offset,value=predy,-hospital2) %>%
+   mutate(
+     hospital=hospital2+2,
+     offset=ifelse(offset=="pred_Noffset","사용하지 않음","사용함")
+   ) %>%
+   ggplot(aes(x=hospital, y=predy, color=offset)) +
+   geom_line(size=1)+
+   coord_cartesian(ylim=c(30,65),xlim=c(0,33))+
```

```
+ scale_x_continuous(breaks=2*(0:16))+
+ scale_y_continuous(breaks=5*(6:13))+
+ labs(x="구별 병원수",y="1급 전염병 발생환자수 예측값",
+     color="Offset 사용 여부")+
+ theme_bw()
```

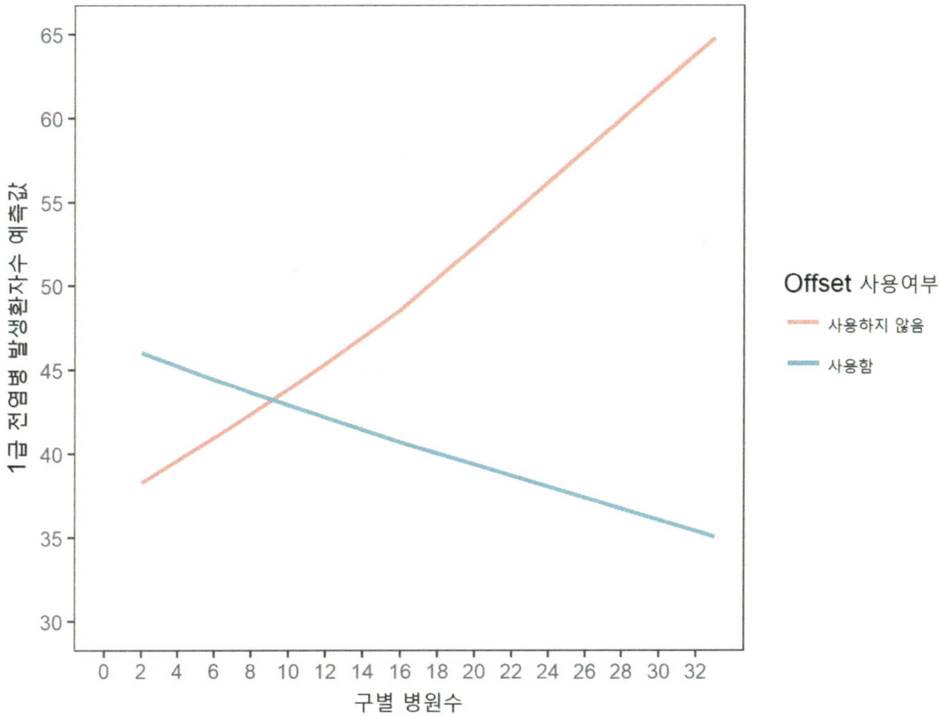

그림9. 오프셋 옵션 사용 여부에 따른 포아송 회귀모형 예측값 차이

앞서 소개하였던 것처럼 지역이나 조직 단위로 집산한 데이터의 경우 측정단위의 규모, 혹은 노출량 등을 오프셋 옵션을 이용해 적절하게 포아송 회귀모형에 반영하지 않는다면, 지금 우리가 살펴본 사례처럼 그럴듯해 보이지만 다소는 이상한 결과를 얻을 가능성이 적지 않습니다. 만약 이와 같은 종류의 데이터를 다루시는 분이라면 포아송 회귀모형은 물론 뒤에서 소개될 음이항 회귀모형 등의 모형에서도 적절한 오프셋 옵션 사용을 고려해 보시는 것이 좋습니다.

이상으로 횟수형 종속변수를 설명하는 가장 기초적인 모형인 포아송 회귀모형을 설명하였습니다. 리뷰가 다소 길었습니다만, 제4부 제2장~제4장에서 소개할 모형들은 모두 포아송 회귀모형을 기반으로 제시된 모형입니다. 따라서 포아송 회귀모형을 이해하시지 않고는 이 다음에 제시되는 회귀모형을 이해하기 어렵습니다. 다음 장으로 넘어가기 전에 포아송 회귀모형이 무엇인지 다시 되짚어 보시기 바랍니다.

4부

Negative binomial regression model

2장 음이항 회귀모형

제2장에서 소개해 드릴 음이항 회귀모형(negative binomial regression model)은 포아송 회귀모형을 변형한 모형입니다. 음이항 회귀모형을 이해하기 위해서는 포아송 회귀모형과 함께, 앞서 제가 설명해 드렸던 '이질성(heterogeneity)'을 반드시 이해하셔야 합니다.

음이항 회귀모형을 소개하기 전에 포아송 회귀모형에서 자주 발생하는 과대분포(over-dispersion)를 잠시 다시 살펴보겠습니다. 과대분포는 횟수형 종속변수의 평균 대비 분산이 1보다 월등하게 크게 나타나는 현상을 의미합니다. 과대분포 경향이 나타나는 이유는 크게 두 가지입니다. 첫 번째는 표본 내 '이질성'입니다. 앞서 간단한 사례에서 살펴보았듯, 표본 내 집단이 포아송 분포를 따르더라도 포아송 분포의 모수 λ가 서로 다를 경우, 전체 표본은 포아송 분포를 따른다고 가정하기 어려운 과대분포 현상이 나타난 것을 확인할 수 있었습니다. 두 번째는 횟수형 종속변수에 포아송 분포를 따르는 개체와 함께 다른 분포(흔히 이항 분포)를 따르는 개체가 섞여 있는 경우입니다. 보통 '0'의 값이 너무 빈번하게 관측되면서 평균에 비해 분산이 매우 높게 나타나는 경우가 대부분입니다.

제2장에서 살펴볼 음이항 회귀모형은 포아송 회귀모형에 표본 내 이질성을 가정한 모수를 추가하는 방식으로 과대분포 현상에 대처합니다. 반면 제3장과 제4장에서 소개할 모형들(허들 모형, 영포화 회귀모형)은 포아송 회귀모형(혹은 음이항 회귀모형)과 함께 0의 발생빈도를 추정하는 회귀모형을 동시에 추정하는 방식으로 과대분포 현상에 대처합니다.

개요

포아송 분포를 따르는 횟수형 변수가 있을 때, 만약 표본을 구성하는 집단들의 λ 모수가 다를 경우 표본 전체는 포아송 분포의 가정에서 크게 벗어납니다. 제1장에서 이러한 현상을 '이질성(heterogeneity)'이라고 부른다고 말씀 드린 바 있습니다. 포아송 회귀모형 내부에서 이질성 문제를 해결하려면 서로 다른 λ 모수를 갖는 집단을 예측변수로 모형에 투입하면 됩니다. 만약 이질성을 야기하는 개체간 차이를 반영한 예측변수가 알려져 있다면, 이 변수를 포아송 회귀모형에 투입하는 방식으로 이질성 문제를 해결할 수 있습니다.

하지만 이질성을 야기시킬 것으로 예상되는 변수를 모형에 반영하는 방법으로 이질성 현상이 해소되는 경우는 그다지 많지 않습니다. 우선 무엇이 이질성을 야기하는지 알고 있는 경우가 드뭅니다. 즉 원인을 알지 못하니 무엇을 측정해서 모형에 예측변수로 투입해야할지 모르는 경우가 대부분입니다. 다음으로 이질성을 야기시키는 원인이 무엇인지 알고 있다고 해도 측정과정이 어렵거나 측정오차로 인해 여전히 이질성 문제가 해결되지 않는 경우도 빈번합니다. 즉 실제 데이터 분석 상황에서는 이질성의 발생원인을 모형에 반영하여 해결하는 방식을 적용할 수 없거나 혹은 적용하더라도 불완전하게 적용되는 경우가 대부분입니다.

앞서 준(準)-포아송 회귀모형의 결과에서 잘 나타나듯, 포아송 회귀모형의 가정(λ=1)에서 크게 벗어난 횟수형 종속변수에 적용한 포아송 회귀모형 추정결과는 '제1종 오류'에 매우 취약합니다.

음이항 회귀모형은 포아송 회귀모형에 존재하는 이질성 문제를 해결하기 위해 가상의 모수를 설정한 후, 이를 통해 이질성 문제에 대처합니다. 먼저 과대분포가 발생한 경우의 평균과 분산을 다음과 같이 표현해 봅시다.

$$\frac{Var(y)}{\mu} \gg 1,\ \text{여기서}\ \mu = E(y)$$

여기서 과대분포가 발생하지 않으려면 어떻게 해야 할까요? 두 가지 중 하나입니다. 첫째, 분자를 줄여 분산과 평균의 비율이 1이 되도록 조정하는 것입니다. 둘째, 분모를 늘려 분산과 평균의 비율이 1이 되도록 조정하는 것입니다. 음이항 회귀모형에서는 두 번째 전략을 사용합니다. 즉 분산을 그대로 두되, 분산과 동등한 값을 갖는, 다시 말해 λ가 1이 되는 새로운 평균을 가정해 보는 것이죠. 일단 새롭게 가정된 평균을 $\tilde{\mu}$라고 표현합시다. 이제 위의 공식은 다음과 같이 바꾸어서 쓸 수 있을 것입니다.

$$\frac{Var(y)}{\tilde{\mu}}=1$$

이렇게 사태를 바라보니 이제 과대분포 문제가 해결되었네요. 하지만 과대분포 문제가 해결된 동시에 새로운 문제가 생겼습니다. 실제 데이터의 평균 μ보다 더 큰 $\tilde{\mu}$를 가정했기 때문에 $\tilde{\mu}$-μ만큼의 차이를 모형추정 과정에서 반영해야만 합니다. 일단 여기까지 이해하셨다면 음이항 회귀모형의 매력을 충분히 이해하실 수 있습니다.

자 이제 포아송 회귀모형의 공식을 살펴보겠습니다. 예측변수 x가 주어졌을 때, 과대분포 현상이 발생한 μ를 추정하는 포아송 회귀모형은 다음과 같습니다.

$$\mu=e^{b_0+b_1x}=e^{b_0}\bullet e^{b_1x}$$

하지만 위의 모형은 추정과정에서 과대분포로 인한 문제가 발생하죠. 즉 과대분포에서 자유로운, 즉 새로운 평균을 설정한 포아송 회귀모형은 다음과 같이 표현할 수 있습니다. 다시 말해 μ와 $\tilde{\mu}$의 차이를 설명해 줄 수 있는 가상의 모수 θ을 투입하는 것입니다.

$$\tilde{\mu}=e^{b_0+b_1x+\theta}=e^{b_0}\bullet e^{b_1x}\bullet e^{\theta}$$

위의 공식의 우변을 잘 살펴보시면 매우 흥미로운 현상이 나타납니다. 즉 $e^{b_0}\bullet e^{b_1x}=\mu$ 이기 때문에, 위의 공식은 이제 다음과 같이 바꾸어 쓸 수 있습니다.

$$\tilde{\mu}=\mu\bullet e^{\theta}$$

이제 위의 공식을 원래의 평균 μ과 과대분포를 해소하기 위해 설정한 평균 $\tilde{\mu}$의 비율로 다시 써보죠.

$$\frac{\tilde{\mu}}{\mu} = e^{\theta}$$

위의 공식의 우변, 즉 e^{θ}의 값이 뭘 의미하는지 한번 생각해 봅시다. 어찌 보면 단순합니다. 즉 횟수형 종속변수에 대해 추정하고 있는 모형에서 적정분포(equi-dispersion)가 나타났는지 여부를 정량화한 지표입니다. 즉 $e^{\theta} \approx 1$이라면 적정분포가 나타났다는 뜻입니다. 하지만 $e^{\theta} \gg 1$라면, 과대분포(over-dispersion)가 발생했다는 의미입니다.

즉 $e^{\theta} \approx 1$라면 포아송 회귀모형을 쓰는 것이 낫습니다. 왜냐하면 이미 $\lambda=1$ 가정이 충족되었기 때문에 θ라는 불필요한 모수를 모형에 첨가할 이유가 없기 때문입니다. 하지만 $e^{\theta} \gg 1$라면 포아송 회귀모형을 쓸 경우 모수추정치에 문제가 생길 수 있습니다. 이 경우라면 음이항 회귀모형을 쓰는 것이 좋을 수도 있습니다.[1]

아래에서 다시 말씀드리겠지만, R을 포함 대부분의 통계 프로그램에서는 e^{θ}에 자연로그를 취한 값, 즉 θ를 제시해 줍니다. 개별 모수추정치 테스트의 관점에서 만약 $e^{\theta}=1$이라면, 여기에 로그값을 취하였을 때 0의 값이 나오기 때문에 θ의 효과는 존재하지 않습니다. 또한 모형비교의 관점에서 동일한 예측변수들이 투입된 포아송 회귀모형과 음이항 회귀모형을 비교할 때, 두 모형의 설명력이 동일하게 나타날 것입니다. 즉 대부분의 통계 프로그램에서는 $E(\theta)=0$, 즉 $E(e^{\theta})=1$인지 여부에 대한 통계적 유의도 테스트 결과를 제시합니다. 또한 포아송 회귀모형과 음이항 회귀모형의 모형비교 테스트, 즉 로그우도비 테스트를 통해 음이항 회귀모형에서 추가로 투입한 모수가 데이터를 더 잘 설명하는 데 기여하는지 테스트합니다.

그러나 개념설명과 아울러 R을 사용하실 때 한 가지 유념하실 사항이 있습니다. R의 경

1 과연 꼭 좋다고 볼 수 있을지에 대해 회의적인 입장도 있을 것입니다. 몇 가지를 들자면 다음과 같습니다. 우선 첫째, 시뮬레이션된 데이터가 아니라면(즉, 정답이 알려진 상황에서 생성된 데이터가 아니라면), 우리는 우리가 분석하고자 하는 횟수형 종속변수가 과연 과대분포되어 있는지 확신할 수 없기 때문입니다. '과대분포'라는 것은 데이터의 문제가 아니라, 데이터에 맞지 않는 모형의 문제입니다. 다시 말해, 현실(즉 데이터)에 문제가 있는 것이 아니라 현실을 바라보는 관점(즉 모형)에 문제가 있는 것입니다. 둘째, 적절한 예측변수를 투입하면 이질성 현상이 완화된다는 것을 언급한 바 있습니다. 즉 어떤 예측변수를 투입하였는가에 따라 표본의 이질성 수준은 변화하기 마련이고, 따라서 음이항 회귀모형에 추가로 반영되는 모수의 값도 계속 변화됩니다. 즉 포아송 회귀모형에서의 과대분포 문제에 대한 적절한 해결책은 음이항 회귀모형이 아니라, 보다 현실에 부합하는 모형을 구상하고 이를 추정하는 것일 수도 있습니다.

우 Theta라는 이름으로 추가된 θ모수추정치를 제시하고 있습니다. 하지만 R의 Theta 모수는 다른 상업용 프로그램들의 모수들의 역수형태로 표현되기 때문에 겉보기에 다른 통계 프로그램과 모형추정 결과가 다른 것처럼 착각할 수도 있습니다. 즉 R의 Theta 추정결과는 0에 근접할수록 과대분포 경향이 강하지만, 다른 상업용 프로그램들의 경우 0보다 크면클수록 과대분포 성향이 강합니다. 분포모수(dispersion parameter)의 경우 SAS의 경우는 "Dispersion"이라는 이름으로, STATA의 경우 "alpha"라는 이름으로, SPSS에서는 "(Negative binomial)"이라는 이름으로 제시됩니다.

음이항 회귀모형 추정: 과대분포 테스트(over-dispersion test)

이제 R을 이용해 음이항 회귀모형을 추정해 봅시다. 음이항 회귀모형을 추정할 때 가장 먼저 할 일은 '포아송 회귀모형'을 추정하는 것입니다. 왜냐하면 앞서 설명해 드렸듯 음이항 회귀모형은 적정분포(equi-dispersion)에서 벗어난, 즉 포아송 회귀모형의 과대분포 현상에 대처하기 위해 제안된 모형이기 때문입니다. 만약 포아송 회귀모형과 음이항 회귀모형이 별로 다르지 않다면, 과대분포는 나타나지 않은 것이기에 굳이 음이항 회귀모형을 추정해야 할 이유가 없습니다.

이제 제1장에서 우리가 사용했던 exdata1.csv를 사전처리한 data_ps를 그대로 사용하겠습니다. 또한 앞서 우리가 추정했던 모형1(주효과만 투입)과 모형2(주효과와 상호작용효과도 투입)를 다음과 같이 추정하였습니다. 추정결과는 이미 앞에서 제시하였기 때문에 반복하여 제시하지 않았습니다.

```
> #아래의 패키지들이 사용됩니다.
> library("MASS")     #음이항 회귀모형
> #아래 패키지는 데이터에 대한 기술통계 분석 및 결과 시각화에 사용할 것입니다.
> library('tidyverse')
> library('modelr')
> library('broom')
> #exdata1 열어보고 자원봉사 횟수를 살펴봄
> setwd("D:/2019_year/Categorical_Data_Analysis")
> exdata1 = read_csv("exdata1.csv")
```

```
Parsed with column specification:
cols(
  female2 = col_integer(),
  age2 = col_integer(),
  log10inc2 = col_double(),
  educ2 = col_character(),
  donate2 = col_double(),
  volunt2 = col_integer(),
  workstatus2 = col_character(),
  hlthsat2 = col_character()
)
> # 데이터 전처리
> data_ps = exdata1 %>%
+   mutate(
+     educ2=factor(educ2),
+     age2C=age2-mean(age2),
+     log10inc2C=log10inc2-mean(log10inc2)
+ ) %>% select(female2,age2C,log10inc2C,educ2,volunt2)
> # 포아송 회귀모형 추정
> m1_ps=glm(volunt2~log10inc2C+female2+age2C+educ2,
+         family=poisson(link="log"),data_ps)
> m2_ps=update(m1_ps,.~log10inc2C*(female2+age2C+educ2))
```

이제 위의 두 가지 포아송 회귀모형의 가정을 수정할 수 있는 가상의 모수를 반영한 음이항 모형을 각각 추정해 보겠습니다. R의 MASS 패키지의 glm.nb() 함수를 이용하면 음이항 모형을 추정할 수 있습니다. 함수 이름에 이미 '음이항(nb = negative binomial)'이라는 표현이 들어 있기 때문에 family 옵션은 지정할 필요가 없습니다. 자세한 추정결과는 나중에 설명해 드리기로 하고, 여기서는 앞서 추정한 2개의 포아송 회귀모형과 음이항 회귀모형의 로그우도만 먼저 살펴봅시다.

```
> # 음이항 회귀모형 추정
> m1_nb=glm.nb(volunt2~log10inc2C+female2+age2C+educ2,data_ps)
> m2_nb=update(m1_nb,.~log10inc2C*(female2+age2C+educ2))
> # 로그우도를 살펴봅시다.
> logLik(m1_ps); logLik(m1_nb)
```

```
'log Lik.' -11059.53 (df=9)
'log Lik.' -3223.723 (df=10)
> logLik(m2_ps); logLik(m2_nb)
'log Lik.' -10888.83 (df=16)
'log Lik.' -3218.027 (df=17)
```

우선 주효과만 추정한 모형1과 상호작용효과도 추정한 모형2 모두 포아송 회귀모형에 비해 음이항 회귀모형인 경우의 로그우도 절댓값이 대폭 감소한 것을 발견하실 수 있을 것입니다. 그러나 포아송 회귀모형의 자유도에 비해 음이항 회귀모형의 자유도가 '1'만큼 더 증가한 것도 발견하실 수 있습니다. 다시 말해 음이항 회귀모형에 추가된 1개의 모수의 설명력이 상당히 높다는 것을 확인할 수 있습니다. 사실 이 정도면 통계적 유의도 테스트를 할 필요도 없을 정도로 명확합니다만, 통계적 유의도 테스트를 실시해 보면 다음과 같습니다.[2]

---

2 이 결과는 lmtest 패키지의 lrtest() 함수를 사용하면 더 편할 수 있습니다. 그러나 포아송 회귀모형과 음이항 회귀모형을 비교할 경우 anova() 함수는 사용하실 수 없습니다.

```
> lmtest::lrtest(m1_ps,m1_nb)
Likelihood ratio test

Model 1: volunt2 ~ log10inc2C + female2 + age2C + educ2
Model 2: volunt2 ~ log10inc2C + female2 + age2C + educ2
  #Df    LogLik Df Chisq Pr(>Chisq)
1   9 -11059.5
2  10  -3223.7  1 15672  < 2.2e-16 ***
---
Signif. codes: 0 '***' 0.001 '**' 0.01 '*' 0.05 '.' 0.1 ' ' 1
> lmtest::lrtest(m2_ps,m2_nb)
Likelihood ratio test

Model 1: volunt2 ~ log10inc2C + female2 + age2C + educ2 + log10inc2C:female2 +
    log10inc2C:age2C + log10inc2C:educ2
Model 2: volunt2 ~ log10inc2C + female2 + age2C + educ2 + log10inc2C:female2 +
    log10inc2C:age2C + log10inc2C:educ2
  #Df LogLik Df Chisq Pr(>Chisq)
1  16 -10889
2  17  -3218  1 15342  < 2.2e-16 ***
---
Signif. codes: 0 '***' 0.001 '**' 0.01 '*' 0.05 '.' 0.1 ' ' 1
```

```
> (diff_2ll_m1=-2*(-11059.53+3223.723))
[1] 15671.61
> (diff_2ll_m2=-2*(-10888.83+3218.027))
[1] 15341.61
> pchisq(diff_2ll_m1,1,lower.tail=F) # 모형1
[1] 0
> pchisq(diff_2ll_m2,1,lower.tail=F) # 모형2
[1] 0
```

- 모형1: $\chi^2(1)=15671.610$, $p<.001$
- 모형2: $\chi^2(1)=15341.610$, $p<.001$

즉 위의 결과는 포아송 회귀모형으로 추정된 결과에는 과대분포 현상이 존재하며, 가상의 모수를 투입한 음이항 회귀모형이 포아송 회귀모형에 비해 데이터를 더 잘 설명한다는 것을 보여줍니다.

음이항 회귀모형 추정결과 해석

이제 음이항 회귀모형 추정결과를 살펴보겠습니다. R 출력결과의 경우 네 가지 인구통계학적 변수들의 주효과만 추정한 모형1만 제시하였습니다. 모형2의 경우 R 출력결과는 제시하지 않고, 추정결과를 본문의 표 형식으로 정리하여 제시하였습니다. 아무튼 summary() 함수를 이용하면 음이항 회귀모형 추정결과가 어떤지 확인할 수 있습니다.

```
> summary(m1_nb)

Call:
glm.nb(formula = volunt2 ~ log10inc2C + female2 + age2C + educ2,
    data = data_ps, init.theta = 0.3763798415, link = log)

Deviance Residuals:
    Min        1Q      Median      3Q        Max
-1.80729  -1.50456  -0.43189  0.09107  2.84528
```

```
Coefficients:
                   Estimate Std. Error z value  Pr(>|z|)
(Intercept)        2.034290   0.229693   8.857   < 2e-16 ***
log10inc2C        -0.446771   0.183337  -2.437  0.014814 *
female2            0.406651   0.108467   3.749  0.000177 ***
age2C              0.013728   0.004787   2.868  0.004130 **
educ24중졸         0.133224   0.259514   0.513  0.607700
educ25고졸         0.201158   0.227741   0.883  0.377088
educ26전문대졸     0.116377   0.282325   0.412  0.680187
educ27대졸         0.022043   0.250244   0.088  0.929810
educ289대학원졸    0.078304   0.318308   0.246  0.805682
---
Signif. codes:  0 '***' 0.001 '**' 0.01 '*' 0.05 '.' 0.1 ' ' 1

(Dispersion parameter for Negative Binomial(0.3764) family taken to be 1)

     Null deviance: 1157.6  on 1011  degrees of freedom
Residual deviance: 1116.8  on 1003  degrees of freedom
AIC: 6467.4

Number of Fisher Scoring iterations: 1


              Theta:  0.3764
          Std. Err.:  0.0187

 2 x log-likelihood:  -6447.4460

> summary(m2_nb)
                              [본문의 표에 별도 제시함]

              Theta:  0.3815
          Std. Err.:  0.0190

 2 x log-likelihood:  -6436.0540
```

Call: 부분, Deviance Residuals: 부분, Null deviance: 부분, Residual deviance: 부분, AIC: 부분 등은 이미 포아송 회귀모형을 소개하면서 말씀드린 부분이기 때문에 다시 반복하지 않겠습니다. 또한 2 x log-likelihood: 부분은 이름 그대로 로그우도에 2를 곱한 값, 즉 이탈도에 −값이 붙었다고 생각하시면 됩니다. 한 가지 유의하실 것은 모형1에 제시된 '2 x log-likelihood:' 결과는 음이항 회귀모형 전체의 로그우도에 2를 곱한 것이고, 'Residual deviance:' 결과에 보고된 값은 가상의 모수로 과대분포를 조정한 후 모형에 투입된 예측변수들로 인해 변한 로그우도값 차이에 −2를 곱한 것입니다.

음이항 회귀모형의 가장 큰 특징은 바로 다름 아닌 'Theta:'라는 이름의 결과입니다. 포아송 회귀모형과 음이항 회귀모형의 자유도 차이는 바로 이 Theta입니다. 모형1의 경우 0.3764의 값을 얻었습니다. 또한 이 값의 표준오차는 0.0187로 나타났습니다. 즉 테스트 통계치는 약 20.128($=\frac{0.3764}{0.0187}$)로 Theta가 통계적으로 유의미하게 0보다 큰 값인 것을 알 수 있습니다.

흥미로운 점은 모형1과 모형2의 Theta값이 다르다는 사실입니다. 즉 예측변수를 어떻게 투입하는가에 따라 과대분포 상태가 달라진다는 뜻입니다. 따라서 다른 예측변수들이 추가로 투입될 경우 Theta값은 달라집니다. 보통의 경우 예측변수를 더 많이 투입할수록 Theta값은 점점 0에서 멀어집니다. 앞에서 잠시 말씀드렸듯, 0에서 멀어질수록 과대분포 현상이 약합니다. 아무튼 만약 여러분 연구에서 여러 모형들을 추정한다면 그때마다 포아송 회귀모형과 음이항 회귀모형을 비교하여 Theta가 어떻게 변하며 또 음이항 회귀모형이 포아송 회귀모형보다 설명력이 높은지 테스트한 결과도 확인할 필요가 있습니다. 여기서는 모형2의 Theta가 약간 더 큰 값을 갖는 것으로 나왔지만(과대분포가 다소 개선됨), 거의 차이가 없는 것을 알 수 있었습니다.

이제 Coefficients: 부분의 결과를 살펴봅시다. 제시된 절편과 회귀계수를 해석하는 방법은 제1장에서 설명한 포아송 회귀모형과 동일합니다. 예를 들어 모형1에 대한 음이항 회귀모형 추정결과 중 성별(female2)의 회귀계수 0.406651은 "다른 변수들의 효과를 통제할 때(즉, 평균연령의 '초등학교' 졸업 학력을 가정할 때), 남성에 비해 여성의 자원봉사참여 횟수는 약 50%가량 더 높으며($1.502 \approx e^{0.406651}$), 이는 통계적으로 유의미하다($p<.001$)"라고 해석할 수 있습니다.

포아송 회귀모형 추정결과와 비교

하지만 회귀계수에 대한 통계적 유의도 테스트 결과는 포아송 회귀모형에서의 유의도 테스트 결과와 상당히 다릅니다. 그렇다면 어떻게 다른지 〈표1〉을 봅시다. 〈표1〉은 동일하게 구성된 모형1과 모형2의 모수추정 결과가 포아송 회귀모형, 준(準)-포아송 회귀모형, 그리고 음이항 회귀모형에 따라 어떻게 다른지를 요약한 것입니다. 포아송 회귀모형과 준(準)-포아송 회귀모형의 경우 제1장에서도 이미 제시한 바 있습니다(제1장 〈표2〉 참조).

표1. 포아송 회귀모형, 준(準)-포아송 회귀모형, 음이항 회귀모형 추정결과 비교

	포아송 회귀모형		준(準)-포아송 회귀모형		음이항 회귀모형	
	모형1	모형2	모형1	모형2	모형1	모형2
절편	2.061***	2.181***	2.061***	2.181***	2.034***	2.154***
	(0.039)	(0.046)	(0.205)	(0.238)	(0.230)	(0.278)
소득(상용로그전환)	−0.345***	−0.561***	−0.345*	−0.561	−0.447*	−0.737
	(0.031)	(0.118)	(0.163)	(0.611)	(0.183)	(0.701)
성별(여성 = 1)	0.348***	0.391***	0.348***	0.391***	0.407***	0.418***
	(0.020)	(0.020)	(0.106)	(0.106)	(0.108)	(0.108)
연령	0.014***	0.015***	0.014**	0.015**	0.014**	0.014**
	(0.001)	(0.001)	(0.004)	(0.005)	(0.005)	(0.005)
학력(중졸 = 1)	0.078+	0.029	0.078	0.029	0.133	0.127
	(0.042)	(0.051)	(0.220)	(0.264)	(0.260)	(0.318)
학력(고졸 = 1)	0.203***	0.058	0.203	0.058	0.201	0.083
	(0.037)	(0.045)	(0.193)	(0.231)	(0.228)	(0.278)
학력(전문대졸 = 1)	0.158**	0.011	0.158	0.011	0.116	−0.004
	(0.048)	(0.055)	(0.254)	(0.283)	(0.282)	(0.322)
학력(대졸 = 1)	0.055	−0.031	0.055	−0.031	0.022	−0.046
	(0.042)	(0.048)	(0.221)	(0.250)	(0.250)	(0.295)
학력(대학원졸 = 1)	0.102+	0.120+	0.102	0.120	0.078	0.059
	(0.058)	(0.065)	(0.306)	(0.337)	(0.318)	(0.385)
소득 ×		0.732***		0.732*		0.914**
성별(여성 = 1)		(0.064)		(0.334)		(0.354)
소득 ×		0.011***		0.011		0.011
연령		(0.003)		(0.014)		(0.016)
소득 ×		0.154		0.154		0.419
학력(중졸 = 1)		(0.123)		(0.637)		(0.753)
소득 ×		−0.324**		−0.324		−0.298
학력(고졸 = 1)		(0.107)		(0.555)		(0.671)
소득 ×		−0.394**		−0.394		−0.226
학력(전문대졸 = 1)		(0.142)		(0.736)		(0.862)
소득 ×		−0.798***		−0.798		−0.714
학력(대졸 = 1)		.(0.122)		(0.635)		(0.747)
소득 ×		−1.267***		−1.267		−0.592
학력(대학원졸 = 1)		(0.216)		(1.120)		(1.157)
모형적합도 지수						
맥파든(McFadden's) 임의 R^2	0.054	0.071	–	–	0.035	0.045
이탈도(deviance)	1102.699***	1444.106***	–	–	40.805***	52.803***
통계치(자유도)	(8)	(15)			(8)	(15)
로그우도비 테스트		341.408***		–		11.39
		(7)				(7)
AIC	22137.07	21809.66	–	–	6467.446	6470.054
BIC	22181.34	21888.37	–	–	6516.643	6553.688
분포모수(λ)	1로 고정	1로 고정	27.403	26.981	1로 고정	1로 고정
θ					0.376***	0.381***
					(0.019)	(0.019)

알림. +p<.10, *p<.05, **p<.01, ***p<.001. N=1,012. 음이항 회귀모형은 R의 MASS 패키지(7.3-51.1)의 `glm.nb()` 함수를 이용하였음.

앞서 살펴보았듯, 포아송 회귀모형과 준(準)-포아송 회귀모형의 경우 회귀계수는 동일하지만 회귀계수의 표준오차(standard error)가 바뀌면서 각 회귀계수의 통계적 유의도 테스트 결과가 달라집니다. 이제 포아송 회귀모형과 음이항 회귀모형을 비교해 보죠. 이제는 표준오차는 물론 회귀계수의 값도 달라진 것을 확인하실 수 있습니다.

구체적으로 예를 들어보죠. 모형2의 상호작용효과항들을 살펴봅시다. '소득×성별'의 상호작용효과를 뺀 나머지 상호작용효과항들의 경우 포아송 회귀모형에서는 통계적으로 유의미한 결과가 나온 반면, 음이항 회귀모형에서는 통계적으로 유의미한 결과가 발견되지 않았습니다. 게다가 '소득×성별'의 상호작용효과의 경우도 포아송 회귀모형에서는 회귀계수가 .732, SE = .064, $p<.001$인 반면, 음이항 회귀모형에서는 .914, SE = .354, $p<.01$로 다른 결과가 나왔습니다. 소득과 성별의 2원 상호작용효과를 아래와 같이 구체적으로 해석해 보면, 포아송 회귀모형과 음이항 회귀모형에서 성별에 따른 소득의 효과를 어떻게 다르게 추정하고 있는지 확실하게 느낄 수 있습니다.

- 포아송 회귀모형: 다른 변수들의 효과를 통제하였을 때(즉, 평균연령의 '초등학교' 졸업 학력을 가정할 때), 상용로그전환한 소득이 1단위 증가할 때 남성의 자원봉사참여횟수는 43% 감소하는 반면($.571 \approx e^{-.561}$), 여성의 자원봉사참여횟수는 19% 증가한다($1.186 \approx e^{-.561+.732}$). 이러한 소득이 자원봉사참여횟수 증가에 미치는 효과는 성별에 따라 통계적으로 유의미하게 다르다($p<.001$).
- 음이항 회귀모형: 다른 변수들의 효과를 통제하였을 때(즉, 평균연령의 '초등학교' 졸업 학력을 가정할 때), 상용로그전환한 소득이 1단위 증가할 때 남성의 자원봉사참여횟수는 52% 감소하는 반면($.478 \approx e^{-.737}$), 여성의 자원봉사참여횟수는 19% 증가한다($1.194 \approx e^{-.737+.914}$). 이러한 소득이 자원봉사참여횟수 증가에 미치는 효과는 성별에 따라 통계적으로 유의미하게 다르다($p<.01$).

위의 해석에서 알 수 있듯, 여성의 경우 소득이 자원봉사참여횟수에 미치는 효과가 두 모형에서 그렇게 크게 다르지 않습니다(두 모형 모두 예측변수 1단위 증가에 따라 19% 증가). 하지만 남성의 경우 음이항 회귀모형을 사용하였을 때 포아송 회귀모형을 사용했을 때에 비해 소득이 자원봉사참여횟수에 미치는 감소 효과가 더 강하게 나타납니다[52% 감소 대(對)

43% 감소]. 다른 회귀계수들의 경우도 독자분들이 직접 살펴보시기 바랍니다.

구체적 회귀계수가 바뀐 것도 흥미롭지만, 아마도 모형비교 테스트 결과가 더 흥미로울 수 있습니다. 포아송 회귀모형을 적용하는 경우 상호작용효과를 추가로 고려한 모형이 주효과만 고려한 모형보다 훨씬 더 낫습니다. 구체적으로 로그우도비 테스트 결과 모형2가 모형1보다 데이터를 통계적으로 유의미하게 더 잘 설명하고 있으며[$\chi^2(7)=341.408$, $p<.001$], AIC와 BIC의 정보지수 역시도 모형2의 값이 모형1의 값보다 더 작게 나타나고 있습니다. 그러나 음이항 회귀모형을 사용할 경우 모형1이 모형2보다 더 낫습니다. 〈표1〉 하단에 잘 드러나듯, 로그우도비 테스트 결과 모형1에 비해 모형2의 설명력이 높다고 할 수 없으며[$\chi^2(7)=11.39$, $p=.122$], 또한 AIC와 BIC의 정보지수 역시도 모형2의 값이 모형1의 값보다 더 크게 나타나고 있습니다.

포아송 회귀모형과 음이항 회귀모형의 차이는 무엇 때문일까요? 앞서 설명했듯 표본에 존재하는 '이질성'을 어떻게 취급했는가에 따라 두 모형은 다릅니다. 즉 포아송 회귀모형의 추정결과의 경우 이질성이 존재함에도 존재하지 않는다고 가정한 후 추정한 결과이고, 음이항 회귀모형 추정결과의 경우 표본에 존재하는 이질성을 가상의 모수(θ)를 상정하여 모형에 투입한 후에 추정한 결과입니다. 요약하자면 표본의 이질성을 어떻게 바라보고 어떻게 다루었는가에 따라 두 모형의 추정결과가 달라진 것입니다.

모형추정 결과 시각화

모형추정 결과의 시각화를 통해 포아송 회귀모형과 음이항 회귀모형의 추정결과가 어떻게 다른지 살펴보겠습니다. 시각화 방법은 제1장에서 살펴본 포아송 회귀모형의 시각화 결과와 본질적으로 동일합니다.

먼저 소득수준과 자원봉사참여횟수의 관계가 성별에 따라 어떻게 다르게 나타나는지 살펴보죠. 앞서와 마찬가지로 `modelr` 패키지의 `data_grid()` 함수를 이용하여 예측용 데이터를 생성한 후, 앞서 추정한 포아송 회귀모형(`m2_ps`)과 음이항 회귀모형(`m2_nb`)의 예측값을 추출한 후, 이를 그래프로 시각화하면 됩니다. 소득과 성별의 2원 상호작용효과가 모형에 따라 어떻게 다르게 나타나는지 시각화한 결과는 아래의 〈그림1〉과 같습니다.

```
> # 소득과 성별의 2원 상호작용효과
> # 예측용 데이터
> myfig1=data_ps %>%
+   data_grid(log10inc2C,female2,age2C=0,educ2) %>%
+   filter(educ2=="6전문대졸") %>%
+   mutate(
+     gender=ifelse(female2==1,"여성","남성"),
+     gender=fct_relevel(gender,"여성"),
+     inc2=10^(log10inc2C+mean(exdata1$log10inc2))
+   )
> # 예측변수의 수준에 따른 참여횟수 기대값 추출
> myfig1$predy_ps=predict(m2_ps,myfig1,type='response')
> myfig1$predy_nb=predict(m2_nb,myfig1,type='response')
> myfig1=myfig1 %>%
+   select(inc2,gender,starts_with("predy_")) %>%
+   gather(key=model,value=predy,-gender,-inc2) %>%
+   mutate(model=ifelse(model=="predy_ps","Poisson","Negative binomial"))
> # 시각화
> myfig1 %>%
+   ggplot(aes(x=inc2,y=predy,color=model))+
+   geom_line(size=1)+
+   coord_cartesian(ylim=c(0,35))+
+   scale_y_continuous(breaks=5*(0:7))+
+   labs(x="연소득(단위, 만원)",y="자원봉사 참여 횟수 기대값",color="모형")+
+   theme_bw()+theme(legend.position="top")+
+   facet_wrap(~gender)
```

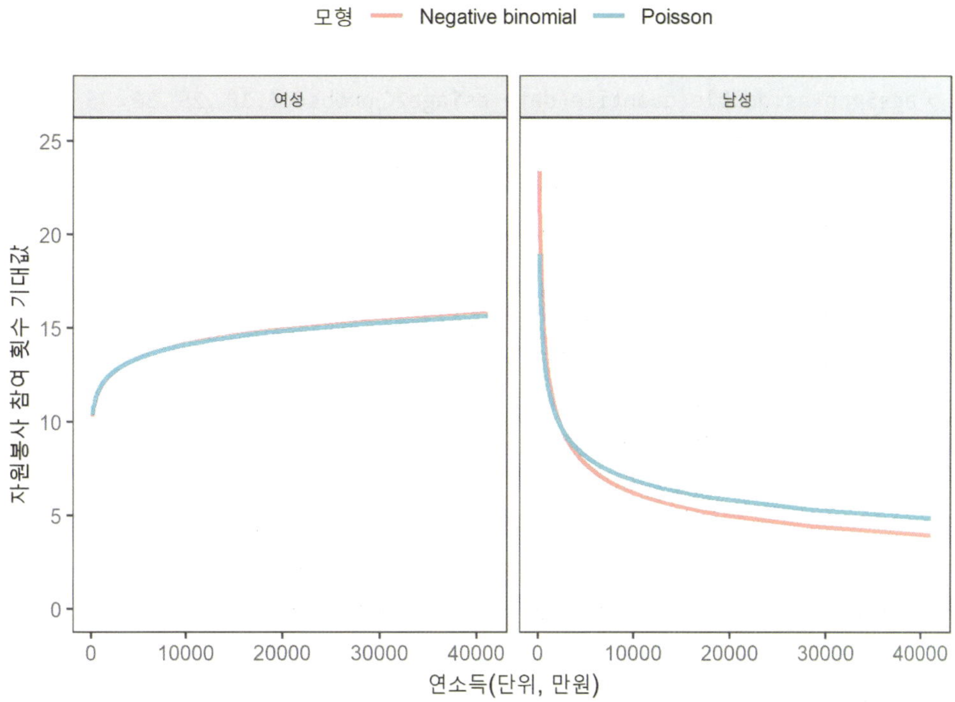

그림1. 포아송 회귀모형과 음이항 회귀모형의 소득과 성별의 상호작용효과 추정값 비교

〈그림1〉의 결과는 앞서 〈표1〉의 결과해석과 동일합니다. 즉 여성의 경우 두 모형의 추정결과는 크게 다르지 않지만, 남성의 경우는 음이항 회귀모형에서 나타난 감소효과가 더 뚜렷하게 나타납니다.

이제 연령수준에 따라 소득과 자원봉사참여횟수의 관계가 어떻게 변하는지 살펴보겠습니다. 제1장과 마찬가지로 성별의 경우 남녀 동비를, 그리고 교육수준은 '전문대졸'로 통제한 후, 소득과 연령의 상호작용효과를 살펴보겠습니다. 마찬가지로 연령의 수준은 10%, 25%, 50%, 75%, 90%의 5가지 수준을 가정하겠습니다. 시각화 결과는 〈그림2〉와 같습니다.

```
> # 소득과 연령의 2원 상호작용효과
> # 예측용 데이터
> age5grp=as.double(quantile(data_ps$age2C,probs=c(.10,.25,.50,.75,.90)))
> myfig2=data_ps %>%
+   data_grid(log10inc2C,female2=0,age2C=age5grp,educ2) %>%
+   filter(educ2=="6전문대졸") %>%
+   mutate(
+     age5grp=factor(age2C,labels=str_c(1:5)),
+     age5grp=fct_recode(age5grp,"10%"="1","25%"="2",
+                        "50%"="3","75%"="4","90%"="5"),
+     inc2=10^(log10inc2C+mean(exdata1$log10inc2))
+   )
> # 예측변수의 수준에 따른 참여횟수 기대값 추출
> myfig2$predy_ps=predict(m2_ps,myfig2,type='response')
> myfig2$predy_nb=predict(m2_nb,myfig2,type='response')
> myfig2_long=myfig2 %>%
+   select(inc2,age5grp,starts_with("predy_")) %>%
+   gather(key=model,value=predy,-age5grp,-inc2) %>%
+   mutate(model=ifelse(model=="predy_ps","Poisson","Negative binomial"))
> # 시각화
> myfig2_long %>%
+   ggplot(aes(x=inc2,y=predy,color=model))+
+   geom_line(size=1)+
+   coord_cartesian(ylim=c(0,35))+
+   scale_y_continuous(breaks=5*(0:7))+
+   labs(x="연소득(단위, 만원)",y="자원봉사 참여 횟수 기대값",color="연령")+
+   theme_bw()+theme(legend.position="top")+
+   facet_wrap(~age5grp)
```

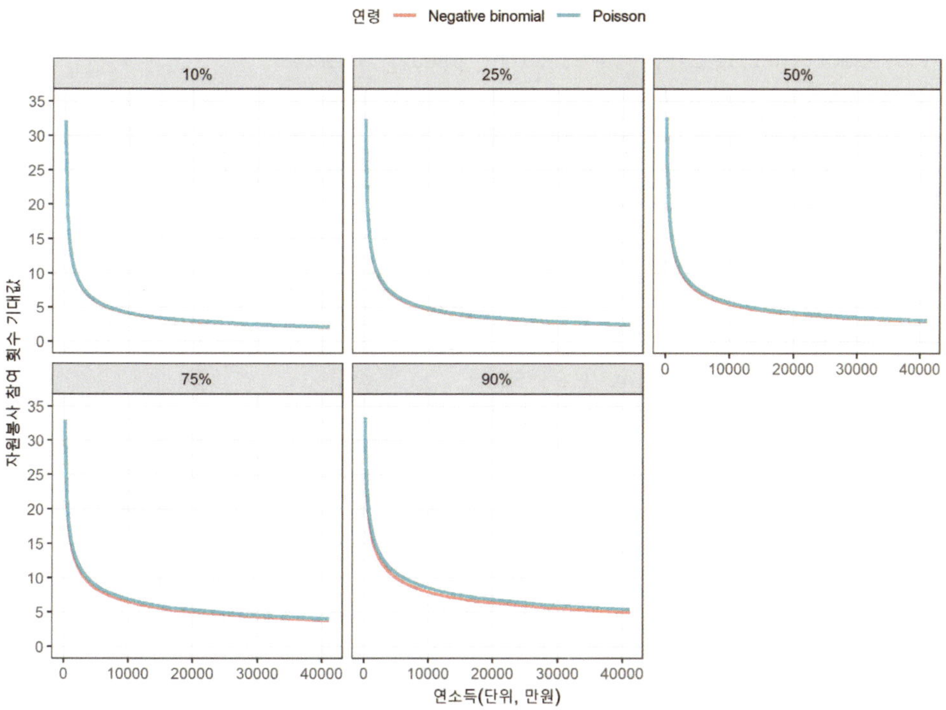

그림2. 포아송 회귀모형과 음이항 회귀모형의 소득과 연령의 상호작용효과 추정값 비교

〈그림2〉에 따르면 두 모형은 모형추정값에서 거의 차이가 없습니다. 그러나 〈표1〉의 결과를 보시면, 포아송 회귀모형의 경우 통계적으로 유의미한 상호작용효과가 나타난 반면, 음이항 회귀모형의 경우 상호작용효과가 통계적으로 유의미하지 않는 것으로 나타납니다. 이유는 무엇일까요? 바로 표준오차 때문입니다. 음이항 회귀모형의 표준오차가 포아송 회귀모형의 표준오차보다 월등하게 크죠. 그렇다면 표준오차, 다시 말해 모형추정값의 불확실성 역시도 같이 시각화해야 할 것입니다. 다소는 복잡하지만 다음과 같이 95% 신뢰구간을 표현하면, 두 모형의 추정값이 다른 것을 시각화 결과로 확인할 수 있습니다.

```
> # 신뢰구간을 같이 표현
> myfig2$predy_ps=predict(m2_ps,myfig2,se.fit=T)$fit
> myfig2$predy_ps_se=predict(m2_ps,myfig2,se.fit=T)$se.fit
> myfig2$predy_nb=predict(m2_nb,myfig2,se.fit=T)$fit
> myfig2$predy_nb_se=predict(m2_nb,myfig2,se.fit=T)$se.fit
```

```
> myfig2_long=myfig2 %>%
+   select(inc2,age5grp,starts_with("predy_")) %>%
+   gather(key=var,value=predy,-inc2,-age5grp) %>%
+   mutate(model=ifelse(str_detect(var,"_ps"),"Poisson","Negative binomial"),
+          type=ifelse(str_detect(var,"_se"),"SE","Point")) %>%
+   select(-var) %>%
+   spread(key=type,value=predy)  %>%
+   mutate(
+     predy=exp(Point),
+     predy_95ll=exp(Point-1.96*SE),
+     predy_95ul=exp(Point+1.96*SE)
+   )
> myfig2_long
# A tibble: 8,450 x 7
    inc2 age5grp model             Point    SE predy_95ll predy_95ul
   <dbl> <fct>   <chr>             <dbl> <dbl>      <dbl>      <dbl>
 1   158 10%     Negative binomial  3.46 0.847       6.05      167. 
 2   158 10%     Poisson            3.47 0.143      24.3        42.6
 3   158 25%     Negative binomial  3.46 0.813       6.45      156. 
 4   158 25%     Poisson            3.48 0.136      24.8        42.3
 5   158 50%     Negative binomial  3.45 0.804       6.55      153. 
 6   158 50%     Poisson            3.49 0.132      25.2        42.4
 7   158 75%     Negative binomial  3.45 0.834       6.15      162. 
 8   158 75%     Poisson            3.50 0.136      25.3        43.0
 9   158 90%     Negative binomial  3.45 0.922       5.17      191. 
10   158 90%     Poisson            3.51 0.149      24.9        44.6
# ... with 8,440 more rows
> # 시각화
> myfig2_long %>%
+   ggplot(aes(x=inc2,y=Point,fill=model))+
+   geom_ribbon(aes(ymin=predy_95ll,ymax=predy_95ul),alpha=0.5)+
+   coord_cartesian(ylim=c(0,35))+
+   scale_y_continuous(breaks=5*(0:7))+
+   labs(x="연소득(단위, 만원)",y="자원봉사 참여 횟수 기대값",fill="모형")+
+   theme_bw()+theme(legend.position="top")+
+   facet_wrap(~age5grp)
```

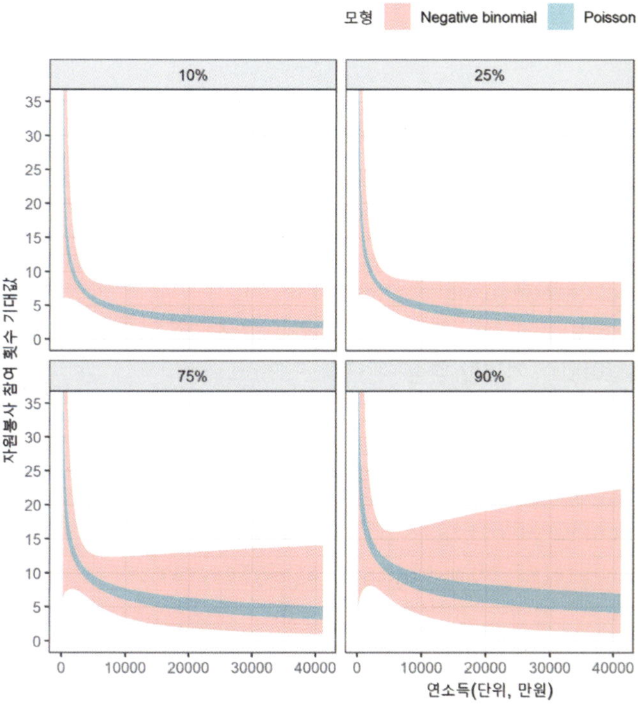

그림3. 포아송 회귀모형과 음이항 회귀모형의 소득과 연령의 상호작용효과 추정값 비교(95% 신뢰구간 포함)

〈그림3〉에서 확연하게 나타나듯, 음이항 회귀모형의 예측값 범위는 포아송 회귀모형의 예측값 범위보다 넓습니다. 다시 말해 추정된 회귀계수의 불확실성이 음이항 회귀모형에서 훨씬 더 크게 나타나는(즉, 표준오차가 크게 나타나는) 것을 확인할 수 있습니다.

끝으로 소득과 교육수준의 효과를 시각화해보겠습니다. 앞서 살펴본 소득과 연령의 경우와 마찬가지로 음이항 회귀모형에서는 두 변수들의 2원 상호작용효과가 통계적으로 유의미하게 발견되지 않았습니다. 따라서 〈그림2〉가 아닌 〈그림3〉과 같이 95% 신뢰구간을 시각화해 보겠습니다.

```
> # 소득과 교육수준의 2원 상호작용효과
> # 예측용 데이터
> myfig3=data_ps %>%
+    data_grid(log10inc2C,female2=0,age2C=0,educ2) %>%
+    mutate(
+       educ=str_replace(educ2,"[[:digit:]]{1,}",""),
+       educ=fct_reorder(educ,row_number()),
+       inc2=10^(log10inc2C+mean(exdata1$log10inc2))
+    )
> # 예측변수의 수준에 따른 참여횟수 기대값 추출
> # 신뢰구간을 같이 표현
> myfig3$predy_ps=predict(m2_ps,myfig3,se.fit=T)$fit
> myfig3$predy_ps_se=predict(m2_ps,myfig3,se.fit=T)$se.fit
> myfig3$predy_nb=predict(m2_nb,myfig3,se.fit=T)$fit
> myfig3$predy_nb_se=predict(m2_nb,myfig3,se.fit=T)$se.fit
> myfig3_long=myfig3 %>%
+    select(inc2,educ,starts_with("predy_")) %>%
+    gather(key=var,value=predy,-inc2,-educ) %>%
+    mutate(model=ifelse(str_detect(var,"_ps"),"Poisson","Negative binomial"),
+          type=ifelse(str_detect(var,"_se"),"SE","Point")) %>%
+    select(-var) %>%
+    spread(key=type,value=predy)  %>%
+    mutate(
+       predy=exp(Point),
+       predy_95ll=exp(Point-1.96*SE),
+       predy_95ul=exp(Point+1.96*SE)
+    )
> # 시각화
> myfig3_long %>%
+    ggplot(aes(x=inc2,y=predy,fill=model))+
+    geom_ribbon(aes(ymin=predy_95ll,ymax=predy_95ul),alpha=0.5)+
+    coord_cartesian(ylim=c(0,35))+
+    scale_y_continuous(breaks=5*(0:7))+
+    labs(x="연소득(단위, 만원)",y="자원봉사 참여 횟수 기대값",fill="모형")+
+    theme_bw()+theme(legend.position="top")+
+    facet_wrap(~educ)
```

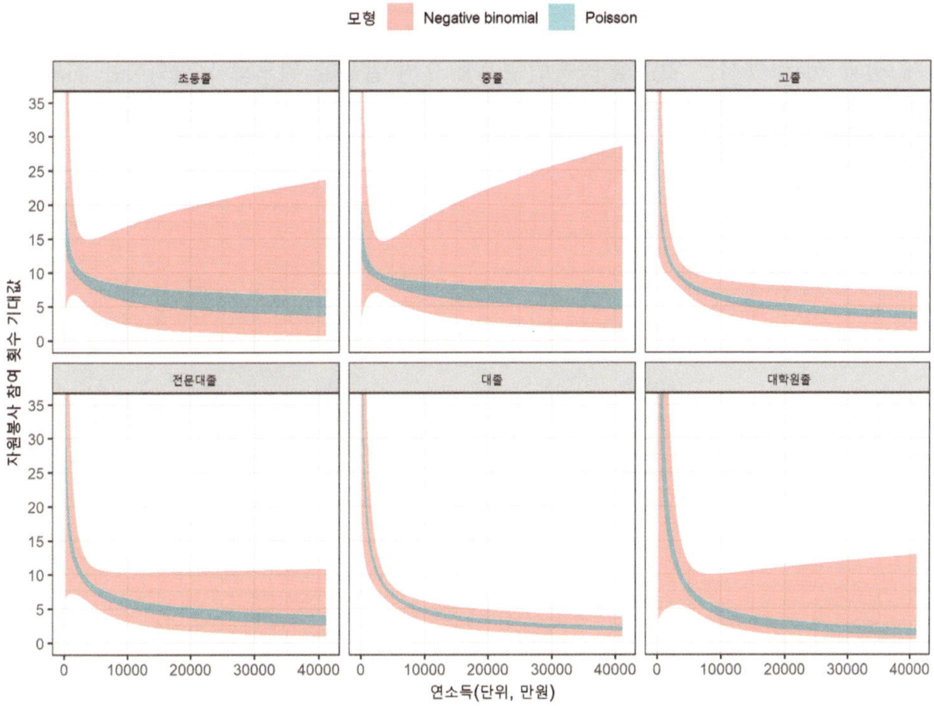

그림4. 포아송 회귀모형과 음이항 회귀모형의 소득과 교육수준의 상호작용효과 추정값 비교(95% 신뢰구간 포함)

지금까지 과대분포 현상이 발생하였을 때, 음이항 회귀모형이 어떤 방식으로 포아송 회귀모형의 문제점을 수정하는지 살펴보았습니다. 음이항 회귀모형의 핵심은 가상의 모수 θ를 상정하여 이를 통해 표본 내의 이질성을 통제하는 것입니다. 분명 좋은 방법입니다. 그러나 우리가 다루는 예시 데이터에서 `volunt2` 변수, 즉 자원봉사참여횟수에 대해 조금 더 생각해 볼 때, 과연 음이항 회귀모형과 같이 가상의 모수 θ를 고려하는 방식으로 자원봉사참여횟수라는 현상을 충분히 설명할 수 있을지는 확실하지 않습니다(음이항 회귀모형의 추정결과가 틀렸다고 말씀드리는 것이 아니니 오해 없기 바랍니다).

만약 자원봉사참여횟수라는 현상을 다음과 같이 2단계로 개념화할 수 있다면 어떨까요? 여러분이 자원봉사에 참여한다고 가정해 보세요.

우선 1단계에서는 자원봉사에 참여할지 참여하지 않을지를 결정합니다(즉, 참여자와 비참여자를 구분). 다음으로 만약 자원봉사에 참여한다면 얼마나 참여할지 결정합니다(즉, 적극적 참여자가 될지 소극적 참여자가 될지). 만약 이렇게 사태를 파악한다면 `volunt2` 종속변수를 분석할 때 음이항 회귀모형은 그다지 좋은 모형이라고 보기 어렵습니다. 왜냐하면 음이항 회귀모형에서는 자원봉사참여를 2단계가 아닌 1단계로 개념화하기 때문입니다.

제3장과 제4장에서는 횟수형 종속변수에서 '0'의 발생을 별도로 모형화하는 기법을 소개하겠습니다.

3장 허들 회귀모형

이번에 소개할 허들 회귀모형 역시 음이항 회귀모형과 마찬가지로 포아송 회귀모형을 변형·확장한 모형입니다. 제2장에서 소개해 드렸듯 음이항 회귀모형은 포아송 회귀모형의 과대분포 현상을 가상의 모수(θ)를 추가로 투입하는 방식으로 해결하는 전략을 취합니다. 그러나 허들 회귀모형에서는 포아송 회귀모형의 과대분포 현상을 다소 다른 시각에서 바라봅니다. 물론 과대분포 현상을 다른 시각에서 접근한다고 해서 허들 회귀모형이 음이항 회귀모형과 배치되는 모형으로 보시면 절대 안 됩니다. 왜냐하면 허들 회귀모형 맥락 속에서 음이항 분포를 가정한 허들 음이항 회귀모형을 추정할 수 있기 때문입니다. 그 이유는 차차 소개하도록 하겠습니다.

제2장 말미에서 잠시 소개하여 드렸듯 허들 회귀모형에서는 횟수형 종속변수의 '0'이라는 값의 특성에 주목합니다. 물론 포아송 분포나 음이항 분포에서도 0이 발생합니다. 하지만 적지 않은 사회과학 현상(다른 현상도 포함됩니다)에서 '0번 발생한 사건'은 '1번 이상 등장하는 사건'과는 다른 고유한 의미를 갖습니다. "시작이 반이다"라는 속담을 떠올려 보시기 바랍니다. 또 최근의 "○○은 한 번도 안 먹어본 사람은 있을지 몰라도 한 번만 먹은 사람은 없다"라는 유행어도 한번 떠올려 보시기 바랍니다. 이러한 속담이나 유행어는 '0번 발생한 사건'의 고유한 의미가 무엇인지 매우 잘 잡아내는 표현입니다.

허들 회귀모형의 이름 속 '허들'은 바로 '0번 발생한 사건'과 '1번 이상 발생한 사건'의 역치(threshold)를 장애물 달리기의 '허들(hurdle)'에 비유하여 붙여진 이름입니다.[1] 즉 허들 회귀모형에서는 먼저 '0'과 '1 이상'을 구분한 후(보통 이항 로지스틱 회귀모형이나 프로빗 모형을 사용), 1 이상의 값을 갖는 개체들은 포아송 회귀모형 혹은 음이항 회귀모형을 이용해 추정합니다. 즉 허들 회귀모형에서는 두 개의 회귀방정식을 동시에 추정하며, 따라서 추정결과 역시도 '1 이상의 횟수에 대해 0을 예측하는 추정결과'와 '1 이상의 횟수를 예측하는 추정결과' 두 가지가 제시됩니다. 이를 통해 0이 과도하게 발생하면서 생기는 과도분포 현상을 다루며, 아울러 '허들을 넘는 과정'에 영향을 미치는 변수 또한 '허들을 넘고 난 후의 과정'에 영향을 미치는 변수가 무엇인지를 구분하여 추정하고 설명할 수 있습니다.

개요

허들 회귀모형을 조금 더 구체적으로 살펴봅시다. 언급하였듯 허들 회귀모형은 2개의 회귀방정식을 동시에 추정합니다. 편의상 표본의 전체사례가 '0'인지 '양의 정수'인지를 설명하는 회귀방정식을 '제로-모형(zero-model)'이라고 부르고, '얼마나 큰 양의 정수'인지를 설명하는 회귀방정식을 '카운트-모형(count-model)'이라고 부릅시다.[2] 먼저 제로-모형에 투입되는 종속변수는 0 혹은 양의 정수이기 때문에 이항분포를 갖는 회귀모형으로 추정할 수 있습니다. 흔히 이항 로지스틱 회귀모형을 사용합니다(만약 원하신다면 프로빗 회귀모형을 사용할 수도 있습니다). 어떤 개체가 양의 정수 값을 갖는지를 x로 예측하는 이항 로지스틱 회귀모형은 다음과 같이 정의할 수 있습니다. 공식을 보다 간단하게 표현하기 위해 절편이 0이라고 가정하였습니다. 아래의 공식 중 첫 번째 방정식에서는 i번째 사례의 0 발생확률, π_i을 예측합니다. w_i는 i번째 사례의 예측변수 w를 의미하며, γ는 예측변수 w의 이항 로지스틱 회귀모형의 회귀계수를 의미합니다. 이 결과를 이용해 양의 정수가 나타날 확률을 계산한 것이 아래의 공식 두 번째 방정식입니다. 제3장에서 추정된 제로-모형 추정결

---

1 문헌에 따라 영전환(zero-altered) 회귀모형이라는 이름을 사용하기도 합니다. R의 VGAM 패키지에서는 본문에서 소개하는 허들 포아송 회귀모형을 `zapoisson()` 함수로, 허들 음이항 회귀모형을 `zanegbinomial()` 함수로 추정할 수 있습니다. 하지만 본서의 경우 허들 회귀모형과 영포화 회귀모형을 추정할 때 VGAM 패키지 대신 `pscl` 패키지를 사용하였습니다.

2 허들 회귀모형에 대한 보다 자세한 이론적 소개를 원하시는 분께서는 그리니(Greene, 2012)를 참조하시기 바랍니다.

과는 $P(y_i>0 | w_i)$를 기준으로 합니다. '0' 대비 '0이 아닌 양의 정수'를 기준으로 한다는 점에서 '제로-모형'이라는 이름보다는 '비(非)제로-모형'이라고 부르는 것이 더 타당할 수도 있습니다. 이런 이유 때문에 '제로-모형'을 해석할 때 주의할 것이 있습니다. 일반적으로 이항 로지스틱 회귀모형의 경우 회귀계수에 지수함수값을 취한 후 해석합니다. 하지만 허들 회귀모형의 제로-모형에서는 이항 로지스틱 회귀모형으로 추정한 오즈비(OR)를 분자에, 그리고 해당 오즈비에 1을 더한 값을 분모에 투입한 값을 통해 '허들'을 넘을 확률을 계산합니다. (아래의 공식 2번째 방정식 참조). 즉 추정된 제로-모형 회귀계수를 설명할 때, 회귀계수에 `exp(회귀계수)`와 같이 계산하여 해석하지 않고, `1/(1+exp(-회귀계수))`와 같이 사용하거나 혹은 `plogis(회귀계수)` 함수를 사용하여 확률값으로 전환한 후 양의 정수의 발생확률이 얼마나 증가 혹은 감소하는지 해석해 주는 것이 더 편합니다.[3]

$$P(y_i=0 | w_i)=\frac{1}{1+e^{\gamma w_i}}=\pi_i$$

$$P(y_i>0 | w_i)=\frac{e^{\gamma w_i}}{1+e^{\gamma w_i}}=1-\pi_i$$

이제 카운트-모형을 추정해 봅시다. 카운트 모형 역시 다양한 모형으로 추정할 수 있지만, 횟수형 종속변수를 추정할 때 가장 기본이 되는 포아송 회귀모형을 추정했다고 가정해 보겠습니다. 그런데 포아송 회귀모형을 적용하기에는 한 가지 문제가 있습니다. 허들 회귀모형에서는 0이 아닌 양의 정수를 예측한다고 말씀드렸습니다. 다시 말해 제로-모형 파트에서 개체가 0이 나타나는지 아니면 1 이상의 정수가 나타나는지 이미 예측한 상태입니다. 다시 말해 양의 정수를 예측하는 포아송 회귀모형은 제1장에서 소개한 포아송 회귀모형과는 구분되는 '다른 형태의 포아송 회귀모형'일 수밖에 없습니다.

다음으로 '허들을 지난 후'이기 때문에 '0'은 존재하지 않는 상황의 횟수형 종속변수를 예측해 보죠. 여기서 제2부에서 학습했던 내용을 떠올려 보시기 바랍니다. 제2부에서 우리는 중도절단형(censored) 변수와 완전절단형(truncated) 변수라는 개념을 학습한 바 있습니

---

3 제로-모형의 경우 허들 회귀모형의 회귀계수와 영포화 회귀모형의 회귀계수는 그 의미가 상당히 다릅니다. 다시 말해 어떤 모형을 택하는가에 따라 해석이 달라집니다. 이에 대해서는 다음 장에서 영포화 회귀모형을 소개하면서 다시 언급드리겠습니다.

다. 참고로 중도절단형 종속변수인 경우 토빗 모형을, 완전절단형 종속변수인 경우 완전절단회귀모형을 어떻게 사용하는지 살펴보았습니다. '허들을 지난 후'라는 말은 바로 '절단된 후'라는 말과 동일합니다. 왜냐하면 우리가 포아송 회귀모형으로 추정할 데이터는 '0'이 이미 다 제로-모형 파트에서 설명된 후의 데이터이기 때문입니다. 바로 이 이유 때문에 허들 회귀모형의 카운트-모형 파트에 적용되는 모형을 흔히 '영-완전절단(zero-truncated)' 모형이라고 부릅니다. 따라서 허들 회귀모형에서 사용하는 포아송 회귀모형은 '영-완전절단 포아송 회귀모형'이며, 공식으로 표현하면 아래와 같습니다. 제로-모형과 마찬가지로 절편은 0이라고 가정하였습니다. 아래의 공식에서 j는 양의 정수, b는 카운트-모형, 즉 0절단 포아송 회귀모형의 회귀계수이며, π_i는 앞서 제로-모형에서 도출된 i개체에서 0의 값이 나타날 확률을 의미합니다.

$$\lambda_i = e^{bx_i}$$

$$P(y_i = j \mid w_i) = \{\frac{e^{-\lambda_i} \bullet \lambda_i^j}{j!}\} \bullet \{\frac{1-\pi_i}{1-e^{-\lambda_i}}\},\ \text{여기서 } j \geq 1$$

공식이 상당히 무서워 보이지만, 찬찬히 살펴보면 그렇게 무섭지는 않습니다. 우선 공식 오른쪽의 대괄호로 구분된 2개의 부분 중 첫 번째 부분, $\left\{\frac{e^{-\lambda_i} \bullet \lambda_i^j}{j!}\right\}$는 사실 앞서 살펴보았던 포아송 회귀모형 공식입니다. 다시 말해 포아송 회귀모형을 추정하는 것과 동일합니다. 두 번째 부분, $\left\{\frac{1-\pi_i}{1-e^{-\lambda_i}}\right\}$은 완전절단 상황에서 제로-모형에서 0이 아닐 가능성, 즉 양의 정수일 확률을 의미합니다(분자를 보면 느낌이 오실 것으로 생각합니다). 즉 0절단 포아송 회귀모형은 앞서 우리가 살펴보았던 완전절단회귀모형과 개념적으로 동일합니다. 완전절단회귀모형에서는 데이터에 측정되지 않은, 즉 완전절단된 값을 알려진 정규분포를 통해 추정하는 방식을 택합니다. 영-완전절단 포아송 회귀모형에서도 마찬가지죠. 또한 영-완전절단 데이터에 대해 포아송 회귀모형이 아닌 음이항 회귀모형을 적용할 수도 있습니다.

아무튼 이렇게 제로-모형과 카운트-모형을 설정한 후 두 모형을 동시에 추정한 것이 바로 허들 회귀모형입니다.

허들 회귀모형 추정

이제 R을 이용해 허들 회귀모형을 추정해 봅시다. 제가 아는 범위에서 허들 회귀모형

추정에는 pscl 패키지 혹은 VGAM 패키지가 사용됩니다(제4장에서 소개할 영포화 회귀모형도 마찬가지입니다). 본서에서는 상대적으로 사용이 간편한 pscl 패키지를 이용해 허들 회귀모형 추정방법을 소개하겠습니다. 예시로 사용할 데이터는 포아송 회귀모형과 음이항 회귀모형을 소개할 때 사용했던 exdata1.csv 데이터입니다. 해당 데이터를 불러온 후, 성별은 이분변수로, 연령과 상용로그전환소득은 평균중심화 변환을 적용한 후, 그리고 교육수준은 범주형 변수로 사전처리한 후, 자원봉사참여횟수를 나타내는 volunt2라는 변수를 종속변수로 하는 허들 회귀모형을 추정하겠습니다. 우선 데이터 사전처리를 아래와 같이 진행하였습니다.

```
> #아래의 패키지들이 사용됩니다.
> library("MASS")     #횟수형 종속변수 대상 회귀모형
> library("pscl")     #허들모형 및 영포화모형
> #아래 패키지는 데이터에 대한 기술통계 분석 및 결과 시각화에 사용할 것입니다.
> library('tidyverse')
> library('modelr')
> library('broom')
> setwd("D:/2019_year/Categorical_Data_Analysis")
> exdata1 = read_csv("exdata1.csv")
Parsed with column specification:
cols(
  female2 = col_integer(),
  age2 = col_integer(),
  log10inc2 = col_double(),
  educ2 = col_character(),
  donate2 = col_double(),
  volunt2 = col_integer(),
  workstatus2 = col_character(),
  hlthsat2 = col_character()
)
> # 데이터 전처리
> data_ps = exdata1 %>%
+   mutate(
+     educ2=factor(educ2),
+     age2C=age2-mean(age2),
+     log10inc2C=log10inc2-mean(log10inc2)
+   ) %>% select(female2,age2C,log10inc2C,educ2,volunt2)
```

이제 이항 로지스틱 회귀모형으로 제로-모형을, 포아송 회귀모형으로 카운트 모형을 설정한 후 허들 '포아송' 회귀모형을 추정해 보겠습니다. pscl 패키지의 hurdle() 함수를 이용하면 허들 회귀모형을 추정할 수 있습니다. hurdle() 함수는 아래와 같은 형식으로 구성되어 있습니다.

```
hurdle(횟수형종속변수~카운트모형_투입_예측변수들|제로모형_투입_예측변수들,
           dist=카운트모형_함수,zero.dist=제로모형함수,link=제로모형링크함수,
           데이터)
```

앞서 말씀드렸듯 허들 회귀모형은 제로-모형과 카운트-모형 두 가지를 동시에 추정합니다. 따라서 하나의 종속변수에 대해 제로-모형에 투입되는 예측변수와 카운트-모형에 투입되는 예측변수 두 가지를 별도로 지정할 수 있습니다. 두 모형에 투입되는 예측변수는 | 기호를 이용하여 구분할 수 있습니다. 이후 제로-모형 추정을 위해 zero.dist 옵션에는 제로 모형에서 사용될 분포함수를, 그리고 link 옵션에는 제로모형의 링크함수를 지정합니다. 앞서 잠시 소개하였듯 일반적으로 제로-모형 추정에는 이항 로지스틱 회귀모형을 사용합니다. 즉 zero.dist 옵션은 "binomial"을, link 옵션에는 "logit"을 지정하는 것이 보통입니다(이는 허들 회귀모형의 디폴트 옵션이기도 합니다). 또한 카운트-모형에 영-완전절단 포아송 회귀모형을 적용하고 싶다면 dist 옵션에 "poisson"을, 영-완전절단 음이항 회귀모형을 적용하고 싶다면 "negbin"을 지정하면 됩니다.

제1장, 제2장과 마찬가지로 허들 회귀모형에도 성별, 연령, 상용로그전환소득, 교육수준의 네 가지 예측변수를 사용하겠습니다. 그러나 앞 장들과는 달리 여기서는 다음의 4가지 모형들을 설정한 후 모형비교 테스트를 통해 가장 설명력이 높은 하나의 모형을 선정하겠습니다.

- 모형1(m1_hdps): 제로-모형과 카운트-모형 각각에 4개의 예측변수들의 주효과를 추정한 모형
- 모형2A(m2_b_hdps): 제로-모형에는 4개 예측변수들의 주효과와 소득과 다른 세 변수들의 상호작용효과를 추정하고 카운트-모형에는 4개의 예측변수들의 주효과만을 추정한 모형

- 모형2B(m2_p_hdps): 제로-모형에는 4개 예측변수들의 주효과만을 추정하고 카운트-모형에는 4개 예측변수들의 주효과와 소득과 다른 세 변수들의 상호작용효과를 추정한 모형
- 모형2(m2_bp_hdps): 제로-모형과 카운트-모형 모두에 4개 예측변수들의 주효과와 소득과 다른 세 변수들의 상호작용효과를 추정한 모형

위의 네 모형을 추정한 후, 모형들 사이의 모형설명력을 비교하기 위해 로그우도비 테스트(LR test)를 실시는 방법은 아래와 같습니다. 로그우도비 테스트 결과는 본문의 분량을 줄이기 위하여 〈표1〉과 같이 정리하였습니다.

```
> # 허들 포아송 회귀모형: 이항로지스틱+포아송
> m1_hdps=hurdle(volunt2~log10inc2C+female2+age2C+educ2|
+              log10inc2C+female2+age2C+educ2,
+            dist="poisson",zero.dist="binomial",link="logit",
+            data_ps)
> # 이항로지스틱 모형에서만 상호작용효과 추정
> m2_b_hdps=hurdle(volunt2~log10inc2C+female2+age2C+educ2|
+               log10inc2C*(female2+age2C+educ2),
+            dist="poisson",zero.dist="binomial",link="logit",
+            data_ps)
> # 포아송 모형에서만 상호작용효과 추정
> m2_p_hdps=hurdle(volunt2~log10inc2C*(female2+age2C+educ2)|
+               log10inc2C+female2+age2C+educ2,
+             dist="poisson",zero.dist="binomial",link="logit",
+             data_ps)
> # 이항로지스틱 및 포아송 모형 모두에서 상호작용효과 추정
> m2_bp_hdps=hurdle(volunt2~log10inc2C*(female2+age2C+educ2)|
+                log10inc2C*(female2+age2C+educ2),
+             dist="poisson",zero.dist="binomial",link="logit",
+             data_ps)
> # 어느 모형이 가장 적절한지 테스트
> lmtest::lrtest(m1_hdps,m2_b_hdps)
                          [테스트 결과는 본문의 표에 별도 정리하였음]
> lmtest::lrtest(m1_hdps,m2_p_hdps)
                          [테스트 결과는 본문의 표에 별도 정리하였음]
```

```
> lmtest::lrtest(m2_b_hdps,m2_bp_hdps)
```
[테스트 결과는 본문의 표에 별도 정리하였음]

```
> lmtest::lrtest(m2_p_hdps,m2_bp_hdps)
```
[테스트 결과는 본문의 표에 별도 정리하였음]

표1. 로그우도비 테스트 결과

	로그우도	로그우도비 테스트		로그우도	로그우도비 테스트
모형1	−7632.356 (18)		모형1	−7632.356 (18)	
모형2A	−7629.189 (25)	6.334 (7)	모형2B	−7491.090 (25)	282.532*** (7)
모형2	−7487.923 (32)	282.532*** (7)	모형2	−7487.923 (32)	6.334 (7)

알림. ***p<.001. 괄호 속 숫자는 자유도를 의미함.

〈표1〉의 결과에 따르면 '모형2A'는 '모형1'과 별반 다르지 않습니다[$\chi^2(7)=6.334$, $p=.501$]. 즉 모형2A에서 가정한 제로-모형에 투입한 상호작용효과는 통계적으로 유의미하지 않습니다. 반면 '모형2B'는 '모형1'보다 데이터를 통계적으로 유의미하게 더 잘 설명합니다[$\chi^2(7)=282.532$, $p<.001$]. 다시 말해 모형2B에서 가정한 카운트-모형에 투입한 상호작용효과는 통계적으로 유의미한 것을 알 수 있습니다. 끝으로 모형2와 모형2B는 모형의 설명력이 별반 다르지 않습니다[$\chi^2(7)=6.334$, $p=.501$]. 즉 모형2보다는 모형2B가 훨씬 더 간명한(parsimonious) 모형입니다. 즉 〈표1〉의 결과는 모형2B, 즉 카운트-모형에만 상호작용효과를 추가로 추정한 모형이 가장 설명력이 높으면서 가장 간명한 모형임을 보여줍니다.

모형2B가 가장 적합한 허들 포아송 회귀모형임을 알았으니, 이제 구체적인 모형추정 결과를 살펴보도록 하겠습니다. `summary()` 함수를 이용하면 아래와 같은 모형추정 결과를 얻을 수 있습니다.

```
> summary(m2_p_hdps)

Call:
hurdle(formula = volunt2 ~ log10inc2C * (female2 + age2C + educ2) |
   log10inc2C + female2 + age2C + educ2, data = data_ps, dist = "poisson",
   zero.dist = "binomial", link = "logit")

Pearson residuals:
   Min      1Q     Median     3Q      Max
-2.2829 -1.1914 -0.7063  0.1983 15.0742

Count model coefficients (truncated poisson with log link):
                           Estimate  Std. Error  z value   Pr(>|z|)
(Intercept)               2.4078704   0.0458974   52.462    < 2e-16 ***
log10inc2C               -0.9734456   0.1246787   -7.808   5.83e-15 ***
female2                   0.2773489   0.0204843   13.540    < 2e-16 ***
age2C                     0.0138773   0.0008685   15.978    < 2e-16 ***
educ24중졸                0.1284948   0.0511608    2.512    0.01202 *
educ25고졸                0.2120432   0.0446523    4.749   2.05e-06 ***
educ26전문대졸            0.2210172   0.0541720    4.080   4.51e-05 ***
educ27대졸                0.3260085   0.0481758    6.767   1.31e-11 ***
educ289대학원졸           0.3521526   0.0640996    5.494   3.93e-08 ***
log10inc2C:female2        0.8959457   0.0666648   13.440    < 2e-16 ***
log10inc2C:age2C          0.0185580   0.0027785    6.679   2.40e-11 ***
log10inc2C:educ24중졸     0.2602878   0.1248887    2.084    0.03715 *
log10inc2C:educ25고졸    -0.0866605   0.1099889   -0.788    0.43075
log10inc2C:educ26전문대졸 0.1120966   0.1417458    0.791    0.42904
log10inc2C:educ27대졸    -0.0958026   0.1251472   -0.766    0.44396
log10inc2C:educ289대학원졸 -0.5761154  0.1949353   -2.955    0.00312 **
Zero hurdle model coefficients (binomial with logit link):
                  Estimate  Std. Error  z value   Pr(>|z|)
(Intercept)       1.438736    0.374296    3.844   0.000121 ***
log10inc2C       -0.275214    0.250333   -1.099   0.271597
female2           0.378770    0.142395    2.660   0.007814 **
age2C             0.003283    0.006275    0.523   0.600854
educ24중졸       -0.464721    0.424157   -1.096   0.273239
educ25고졸       -0.677423    0.376640   -1.799   0.072083 .
educ26전문대졸   -0.889808    0.431880   -2.060   0.039368 *
educ27대졸       -1.261964    0.395841   -3.188   0.001432 **
educ289대학원졸 - 1.024678    0.464436   -2.206   0.027364 *
---
```

```
Signif. codes:  0 '***' 0.001 '**' 0.01 '*' 0.05 '.' 0.1 ' ' 1

Number of iterations in BFGS optimization: 24
Log-likelihood: -7491 on 25 Df
```

Call: 부분은 설정한 허들 회귀모형을 보여줍니다. Pearson residuals: 부분은 앞서 설명한 포아송 회귀모형의 Deviance Residuals: 부분과 이름만 다를 뿐 동일한 결과입니다. 중간은 잠시 건너뛰겠습니다. 맨 마지막의 Number of iterations in BFGS optimization: 부분은 허들모형 추정 시 BFGS(Broyden－Fletcher－Goldfarb－Shanno) 알고리즘을 사용하였으며 총 24번의 반복계산을 통해 모형추정이 이루어졌음을 의미합니다. 끝으로 Log-likelihood: 부분에서는 모형2B의 로그우도와 자유도가 어떠한지를 보여줍니다.

중간부분의 출력결과로 다시 돌아오겠습니다. 앞부분에 카운트-모형 추정결과가 제시되고, 그다음에 제로-모형 추정결과가 제시된 것을 알 수 있습니다. 먼저 제로-모형 추정결과를 살펴보겠습니다. "Zero hurdle model coefficients (binomial with logit link):"이라는 표현에서 알 수 있듯, 종속변수의 분포는 이항분포로 가정하였으며, 로짓을 링크함수로 하였습니다. 다시 말해 제로-모형 추정결과는 이항 로지스틱 회귀모형 추정결과 해석과 개념적으로 동일합니다만, 해석을 할 때 확률값으로 전환하는 것이 다소 까다롭습니다. 네 가지 예측변수들 중 성별과 교육수준의 두 예측변수의 회귀계수들만 통계적으로 유의미한 것을 알 수 있습니다. 예를 들어 성별(female2)과 대졸 교육수준(educ27대졸) 2가지의 회귀계수만 해석해 보겠습니다.

- 성별(female2): 다른 변수들의 효과를 통제하였을 때(즉 평균연령과 평균소득수준의 초등학교 졸업 학력을 가진 응답자를 가정하였을 때), 남성이 자원봉사에 최소 1회 이상 참여할 확률은 약 80%인데 반해($.808 \approx \frac{1}{1+e^{-1.438736}}$), 여성이 자원봉사에 최소 1회 이상 참여할 확률은 약 86%다($.861 \approx \frac{1}{1+e^{-1.438736-.37877}}$). 즉 여성이 남성보다 자원봉사참여라는 허들을 넘을 가능성이 더 높으며, 이러한 차이는 통계적으로 유의미하다($p<.01$).

성별의 회귀계수 해석을 위한 R 코드는 다음과 같습니다.

```
> # 앞서 제시한 공식에 충실하게 한다면
> 1/(1+exp(-1.438736)) # 남성
[1] 0.8082588
> 1/(1+exp(-1.438736-.378770)) # 여성
[1] 0.8602666
> # 혹은 다음과 같이 plogis()를 사용하면 편리함
> plogis(1.438736) # 남성
[1] 0.8082588
> plogis(1.438736+.378770) # 여성
[1] 0.8602666
```

- 대졸 교육수준(educ27대졸): 다른 변수들의 효과를 통제하였을 때(즉 평균연령과 평균소득수준의 남성을 가정하였을 때), 초등학교 졸업 학력을 가진 응답자가 자원봉사 참여자일 확률은 약 81%인 반면($.808 \approx \frac{1}{1+e^{-1.438736}}$), 대졸 학력을 가진 응답자가 참여자일 확률은 약 54%이다($.544 \approx \frac{1}{1+e^{-1.438736+1.261964}}$). 즉 대졸 학력을 가진 응답자는 초등학교 졸업확률을 가진 응답자에 비해 자원봉사참여자가 될 확률이 낮으며, 두 교육수준 집단의 차이는 통계적으로 유의미하다($p<.01$).

```
> # 앞서 제시한 공식에 충실하게 한다면
> 1/(1+exp(-1.438736)) # 초등졸
[1] 0.8082588
> 1/(1+exp(-1.438736+1.261964)) # 대졸
[1] 0.5440783
> # 혹은 다음과 같이 plogis()를 사용하면 편리함
> plogis(1.438736) # 초등졸
[1] 0.8082588
> plogis(1.438736-1.261964) # 대졸
[1] 0.5440783
```

아마도 느끼셨겠지만 결과해석이 상당히 까다롭습니다. 하지만 제로-모형의 회귀계수가 +인 경우 0보다는 양의 정수가 나타날 가능성이 높고, -인 경우는 양의 정수보다 0이 나타날 가능성이 높다는 방향성은 쉽게 파악할 수 있습니다. 나중에 다시 말씀드리겠지만, 같은 제로-모형이라도 허들 회귀모형의 모수추정치는 +일수록 '≥1'의 값으로 예측될 가능성이 높지만, 영포화 회귀모형의 모수추정치는 +일수록 '0'이 나타날 가능성이 높습니다.

이제 카운트-모형 추정결과를 살펴봅시다. "Count model coefficients (truncated

poisson with log link):"라는 이름에서 명확하게 드러나듯 현재 제시된 모형은 영-완전절단 포아송 회귀모형입니다. 따라서 추정된 절편과 회귀계수는 제1장에서 제시한 포아송 회귀모형의 추정결과 해석과 동일합니다. 회귀계수를 해석하기에 앞서 우리가 추정한 영-완전절단 포아송 회귀모형은 과연 포아송 회귀모형의 가정에 부합한다고 확신할 수 있을까요? 다시 말해 카운트-모형 부분의 횟수형 종속변수는 포아송 가정인 $E(y)=Var(y)$에 부합한다고 확신할 수 있을까요? 제1장에서 우리는 포아송 회귀모형의 추정결과는 준(準)-포아송 회귀모형의 추정결과에 비해 '제1종 오류'를 범하기 쉽다는 것을 확인한 바 있습니다. 비슷하게 제2장에서는 포아송 가정에 부합하지 않은 횟수형 종속변수에 대한 포아송 회귀모형을 추정결과는 음이항 회귀모형 추정결과에 비해 '제1종 오류'를 범하기 쉽다는 것도 확인한 바 있습니다. 즉 우리가 추정한 모형2B를 허들 포아송 회귀모형이 아니라 허들 음이항 회귀모형 두 가지로 추정하고 비교한 후, 포아송 회귀모형 적용 시 종종 등장하는 과대분포 문제를 확인해 볼 필요가 있습니다.

자 이제 허들 음이항 회귀모형을 추정해 봅시다. 아래의 R 코드의 밑줄 부분처럼 dist 옵션만 "negbin"으로 바꾸어 주시면 됩니다.[4] 허들 음이항 회귀모형 추정결과는 아래와

---

4 허들 음이항 회귀모형 역시도 모형1, 모형2A, 모형2B, 모형2의 네 가지 중 모형2B가 가장 설명력이 우수한 것으로 나타납니다. 아래를 참조하세요.

```
> # 허들 음이항 회귀모형: 이항로지스틱+음이항
> m1_hdnb=hurdle(volunt2~log10inc2C+female2+age2C+educ2|
+              log10inc2C+female2+age2C+educ2,
+             dist="negbin",zero.dist="binomial",link="logit",
+             data_ps)
> # 이항로지스틱 모형에서만 상호작용효과 추정
> m2_b_hdnb=hurdle(volunt2~log10inc2C+female2+age2C+educ2|
+               log10inc2C*(female2+age2C+educ2),
+              dist="negbin",zero.dist="binomial",link="logit",
+              data_ps)
> # 음이항 모형에서만 상호작용효과 추정: 본문에 제시
                                    [본문에 제시되었습니다]
> # 이항로지스틱 및 음이항 모형 모두에서 상호작용효과 추정
> m2_bnb_hdnb=hurdle(volunt2~log10inc2C*(female2+age2C+educ2)|
+                log10inc2C*(female2+age2C+educ2),
+               dist="negbin",zero.dist="binomial",link="logit",
+               data_ps)
```

같습니다.

```
> # 음이항 모형에서만 상호작용효과 추정
> m2_nb_hdnb=hurdle(volunt2~log10inc2C*(female2+age2C+educ2)|
+              log10inc2C+female2+age2C+educ2,
+            dist="negbin",zero.dist="binomial",link="logit",
+            data_ps)
```

이제 허들 음이항 회귀모형과 허들 포아송 회귀모형을 비교해 봅시다. 만약 모형 테스트 결과 허들 음이항 회귀모형이 허들 포아송 회귀모형에 비해 모형 설명력이 더 낫지 않다면 굳이 허들 음이항 회귀모형을 추정할 필요는 없을 것입니다. 로그우도비 테스트 결과는 아래와 같습니다.

```
> # 음이항 허들모형과 포아송 허들모형의 비교
> lmtest::lrtest(m2_p_hdps,m2_nb_hdnb)
Likelihood ratio test

Model 1: volunt2 ~ log10inc2C * (female2 + age2C + educ2) | log10inc2C +
   female2 + age2C + educ2
Model 2: volunt2 ~ log10inc2C * (female2 + age2C + educ2) | log10inc2C +
   female2 + age2C + educ2
  #Df  LogLik Df  Chisq Pr(>Chisq)
1  25 -7491.1
2  26 -3173.2  1 8635.7  < 2.2e-16 ***
---
Signif. codes:  0 '***' 0.001 '**' 0.01 '*' 0.05 '.' 0.1 ' ' 1
```

```
> # 어느 모형이 가장 적절한지 테스트
> lmtest::lrtest(m1_hdnb,m2_b_hdnb)
                              [별도 제시하지 않았습니다. 직접 확인해 보세요]
> lmtest::lrtest(m1_hdnb,m2_nb_hdnb)
                              [별도 제시하지 않았습니다. 직접 확인해 보세요]
> lmtest::lrtest(m2_b_hdnb,m2_bnb_hdnb)
                              [별도 제시하지 않았습니다. 직접 확인해 보세요]
> lmtest::lrtest(m2_nb_hdnb,m2_bnb_hdnb)
                              [별도 제시하지 않았습니다. 직접 확인해 보세요]
```

허들 음이항 회귀모형이 허들 포아송 회귀모형보다 확연하게 나은 것을 확인할 수 있습니다. 이제 허들 음이항 회귀모형 추정결과를 살펴보겠습니다.

```
> summary(m2_nb_hdnb)

Call:
hurdle(formula = volunt2 ~ log10inc2C * (female2 + age2C + educ2) |
   log10inc2C + female2 + age2C + educ2, data = data_ps, dist = "negbin",
   zero.dist = "binomial", link = "logit")

Pearson residuals:
    Min      1Q  Median     3Q    Max
-0.8756 -0.6373 -0.3823 0.1107 8.2376

Count model coefficients (truncated negbin with log link):
                          Estimate Std. Error z value Pr(>|z|)
(Intercept)               2.221681   0.214429  10.361  < 2e-16 ***
log10inc2C               -1.234579   0.579315  -2.131 0.033081 *
female2                   0.308799   0.091370   3.380 0.000726 ***
age2C                     0.015436   0.004162   3.709 0.000208 ***
educ24중졸                0.259387   0.243079   1.067 0.285932
educ25고졸                0.298663   0.210372   1.420 0.155699
educ26전문대졸            0.290348   0.251663   1.154 0.248615
educ27대졸                0.378115   0.230269   1.642 0.100577
educ289대학원졸           0.416307   0.309349   1.346 0.178383
log10inc2C:female2        1.066368   0.308897   3.452 0.000556 ***
log10inc2C:age2C          0.023737   0.012981   1.829 0.067452 .
log10inc2C:educ24중졸     0.602941   0.616582   0.978 0.328136
log10inc2C:educ25고졸     0.025325   0.529113   0.048 0.961826
log10inc2C:educ26전문대졸 0.291812   0.671207   0.435 0.663739
log10inc2C:educ27대졸    -0.030268   0.596363  -0.051 0.959521
log10inc2C:educ289대학원졸 -0.276992 0.954091  -0.290 0.771571
Log(theta)               -0.222944   0.083283  -2.677 0.007430 **
```

```
Zero hurdle model coefficients (binomial with logit link):
                 Estimate Std. Error z value  Pr(>|z|)
(Intercept)      1.438736   0.374296   3.844  0.000121 ***
log10inc2C      -0.275214   0.250333  -1.099  0.271597
female2          0.378770   0.142395   2.660  0.007814 **
age2C            0.003283   0.006275   0.523  0.600854
educ24중졸      -0.464721   0.424157  -1.096  0.273239
educ25고졸      -0.677423   0.376640  -1.799  0.072083 .
educ26전문대졸  -0.889808   0.431880  -2.060  0.039368 *
educ27대졸      -1.261964   0.395841  -3.188  0.001432 **
educ289대학원졸 -1.024678   0.464436  -2.206  0.027364 *
---
Signif. codes:  0 '***' 0.001 '**' 0.01 '*' 0.05 '.' 0.1 ' ' 1

Theta: count = 0.8002
Number of iterations in BFGS optimization: 25
Log-likelihood: -3173 on 26 Df
```

결과 제시 형태는 허들 포아송 회귀모형과 거의 동일합니다. 다른 점이 있다면 θ모수에 대한 정보가 추가된 것뿐입니다. 카운트-모형 부분을 보시면 Log(theta)라는 모수가 추가되어 있으며(만약 해당 모수가 0에 근사한 값이 나온다면 과대분포 현상이 발생하지 않았다고 해석할 수 있습니다), 또한 출력결과 하단을 보시면 Theta: count = 0.8002라는 결과가 제시되어 있습니다(Log(theta)의 지수함수 값, 즉 θ입니다. 0.8002에 자연로그를 취하면 앞서 얻었던 Log(theta)값인 -0.222944를 얻을 수 있습니다).

위에 제시된 Theta값과 제2장에서 음이항 회귀모형에서 추정한 Theta값을 비교해 봅시다. 제2장에서 주효과와 상호작용효과를 모두 추정한 음이항 회귀모형의 Theta 추정값 경우 .3815의 값을 얻습니다. 하지만 여기서의 Theta값은 .8002로 나타나 음이항 회귀모형에 비해 허들 음이항 회귀모형에서 과대분포 현상이 다소나마 완화된 것을 알 수 있습니다(Theta값이 0에서 보다 멀어짐). 즉 이 결과는 volunt2 종속변수의 '0'은 이항 분포를 추가로 고려할 필요가 있는 '0'임을 보여주고 있습니다.

앞서 추정했던 허들 포아송 회귀모형과 허들 음이항 회귀모형 추정결과를 정리하면 〈표 2〉와 같습니다.

표2. 허들 포아송 회귀모형과 허들 음이항 회귀모형의 모형 추정결과 비교

	허들 포아송 회귀모형		허들 음이항 회귀모형	
	제로-모형 (이항 로지스틱 회귀모형)	카운트-모형 (포아송 회귀모형)	제로-모형 (이항 로지스틱 회귀모형)	카운트-모형 (음이항 회귀모형)
절편	1.439***	2.408***	1.439***	2.222***
	(0.374)	(0.046)	(0.374)	(0.214)
소득(상용로그전환)	−0.275	−0.973***	−0.275	−1.235*
	(0.250)	(0.125)	(0.250)	(0.579)
성별(여성 = 1)	0.379**	0.277***	0.379**	0.309***
	(0.142)	(0.020)	(0.142)	(0.091)
연령	0.003	0.014***	0.003	0.015***
	(0.006)	(0.001)	(0.006)	(0.004)
학력(중졸 = 1)	−0.465	0.128*	−0.465	0.259
	(0.424)	(0.051)	(0.424)	(0.243)
학력(고졸 = 1)	−0.677+	0.212***	−0.677+	0.299
	(0.377)	(0.045)	(0.377)	(0.210)
학력(전문대졸 = 1)	−0.890*	0.221***	−0.890*	0.290
	(0.432)	(0.054)	(0.432)	(0.252)
학력(대졸 = 1)	−1.262**	0.326***	−1.262**	0.378
	(0.396)	(0.048)	(0.396)	(0.230)
학력(대학원졸 = 1)	−1.025*	0.352***	−1.025*	0.416
	(0.464)	(0.064)	(0.464)	(0.309)
소득 ×		0.896***		1.066***
성별(여성 = 1)		(0.067)		(0.309)
소득 ×		0.019***		0.024+
연령		(0.003)		(0.013)
소득 ×		0.260*		0.603
학력(중졸 = 1)		(0.125)		(0.617)
소득 ×		−0.087		0.025
학력(고졸 = 1)		(0.110)		(0.529)
소득 ×		0.112		0.292
학력(전문대졸 = 1)		(0.142)		(0.671)
소득 ×		−0.096		−0.030
학력(대졸 = 1)		(0.125)		(0.596)
소득 ×		−0.576**		−0.277
학력(대학원졸 = 1)		(0.195)		(0.954)
모형적합도 지수				
맥파든(McFadden's) 임의 R^2		0.052		0.015
이탈도(deviance)		14982.18***		6346.459***
통계치(자유도)		(23)		(24)
AIC		15032.18		6398.459
BIC		15155.17		6526.371
log(θ)				−0.223**
				(0.083)

알림. $+p<.10$, $*p<.05$, $**p<.01$, $***p<.001$. N=1,012. 두 가지 허들 회귀모형은 `pscl` 패키지(version 1.5.2)의 `hurdle()` 함수를 이용하여 추정하였음.

〈표1〉의 결과 중 우선 제로-모형의 추정결과를 비교해 봅시다. 두 결과는 정확하게 동일합니다. 즉 허들 포아송 회귀모형과 허들 음이항 회귀모형은 카운트-모형을 다르게 추정한 것이지, 개체가 0의 값을 갖는지 아니면 양의 정수를 갖는지를 구분하는 제로-모형을 다르게 추정하는 것이 아님을 알 수 있습니다.

그러나 〈표1〉에서 잘 드러나듯 카운트-모형 부분의 결과는 서로 다릅니다. 회귀계수도 다르고, 무엇보다 표준오차(SE, standard error)의 값이 허들 포아송 회귀모형에 비해 허들 음이항 회귀모형에서 더 크게 나타납니다. 사실 이러한 패턴은 제1장과 제2장에서 이미 확인한 바 있습니다. 과대분포 현상이 나타날 때 포아송 회귀모형을 적용할 경우 준(準)-포아송 회귀모형이나 음이항 회귀모형에 비해 '제1종 오류'가 발생할 가능성이 높았던 것과 마찬가지로, 허들 회귀모형에서도 그 패턴은 동일합니다.

모형추정 결과 시각화

이제 허들 회귀모형의 추정결과를 시각화해 봅시다. 회귀방정식을 단 하나만 추정했던 포아송 회귀모형이나 음이항 회귀모형과 달리, 허들 회귀모형에서는 두 개의 회귀방정식을 동시에 추정합니다. 다시 말해 포아송 혹은 음이항 회귀모형에서는 1개의 예측값이 추출되지만, 허들 회귀모형에서는 3개의 예측값이 추출됩니다. 첫째, 개체가 0인지 아니면 양의 정수인지에 대한 확률값을 추출할 수 있습니다. 예시 데이터의 `volunt2` 변수로 예를 들자면 제로-모형을 통해 자원봉사에 최소 1회 이상 참여할 확률을 추정할 수 있습니다. 둘째, 양의 정수값의 발생빈도의 기대값을 추출할 수 있습니다. 예시 데이터의 `volunt2` 변수로 예를 들자면 카운트-모형을 통해 자원봉사참여자의 참여횟수 기대값을 추출할 수 있습니다. 끝으로 셋째, 제로-모형과 카운트-모형을 동시에 추정한 모형의 예측값을 추출할 수 있습니다. 세 번째 예측값은 포아송 회귀모형이나 음이항 회귀모형과 비교 가능합니다.

즉 허들 회귀모형 추정결과를 시각화할 때는 연구자의 연구목적에 맞는 예측값을 추출한 후, 시각화해야 할 것입니다. 일단 여기서는 세 가지를 모두 추출하여 시각화해 보겠습니다. 우선 〈표1〉에서 제시된 허들 음이항 회귀모형에서 다른 변수들의 효과를 통제하였을 때, 소득과 성별변수의 변화에 따라 자원봉사참여 여부가 어떻게 달라지는지 시각화해 보겠습니다. 이를 위해 응답자의 연령은 표본의 평균연령으로 학력은 '초등학교졸업'으로 각각 고정시켜, 이들 변수의 효과를 통제하였습니다. 우선 예측을 위한 데이터를 아래와 같이 생성하였습니다.

```
> # 소득과 성별의 2원 상호작용효과 : 허들 음이항 회귀모형
> # 예측용 데이터
> myfig1=data_ps %>%
+   data_grid(log10inc2C,female2,age2C=0,educ2) %>%
+   filter(educ2=="123초등졸") %>%
+   mutate(
+     gender=ifelse(female2==1,"여성","남성"),
+     gender=fct_relevel(gender,"여성"),
+     inc2=10^(log10inc2C+mean(exdata1$log10inc2))
+   )
```

이를 바탕으로 먼저 0이 나올 확률을 먼저 추정해 봅시다. `predict()` 함수를 사용하되, 지금은 `type='prob'`를 지정하면 각 횟수별 확률값을 추정할 수 있습니다. 0이 포함된 횟수형 종속변수의 경우 첫 번째 값이 0이 발생할 확률입니다. 따라서 `[,1]`과 같이 인덱싱을 이용하여 0이 나올 확률만 추출한 후, 예측용 데이터에 `predy_prob`라는 이름의 변수로 덧붙였습니다. 이렇게 추출된 확률을 시각화한 결과는 〈그림1〉과 같습니다. 〈그림1〉에서 나타난 결과와, 앞에서 제로-모형에서의 '성별'의 효과를 문장으로 해석했던 부분을 비교해 보시기 바랍니다.

```
> # 예측변수의 수준에 따른 참여확률 추출
> myfig1$predy_prob=predict(m2_nb_hdnb,myfig1,type='prob')[,1]
> # 시각화 : 참여 여부
> myfig1 %>%
+   ggplot(aes(x=inc2,y=predy_prob,color=gender))+
+   geom_line(size=1)+
+   coord_cartesian(ylim=c(0,0.4))+
+   scale_y_continuous(breaks=.1*(0:4))+
+   labs(x="연소득(단위, 만원)",
+        y="자원봉사 비참여확률\n(참여자 vs. 비참여자)",color="성별")+
+   theme_bw()+theme(legend.position="top")
```

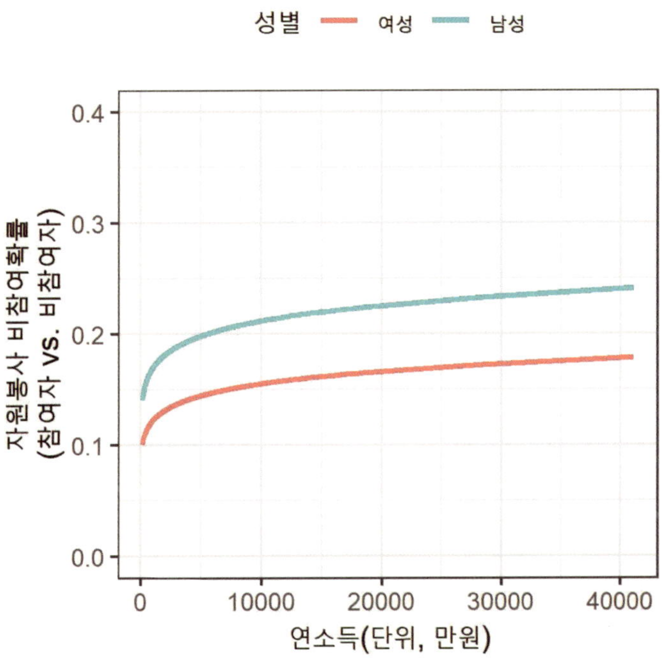

그림1. 응답자의 소득과 성별에 따른 자원봉사참여확률 변화 양상

이제는 응답자 중 자원봉사에 참여한 사람들의 참여횟수가 응답자의 소득수준과 성별에 따라 어떻게 달라지는지 시각화해 봅시다. 이제는 predict() 함수의 type 옵션을 type='count'으로 설정하셔야 합니다. 즉 카운트-모형의 모형추정값을 구한다는 뜻입니다. 시각화 결과는 〈그림2〉와 같습니다.

```
> # 예측변수의 수준에 따른 참여자들의 참여횟수 기대값 추출
> myfig1$predy_count=predict(m2_nb_hdnb,myfig1,type='count')
> # 시각화 : 참여자 참여빈도
> myfig1 %>%
+   ggplot(aes(x=inc2,y=predy_count,color=gender))+
+   geom_line(size=1)+
+   coord_cartesian(ylim=c(0,25))+
+   scale_y_continuous(breaks=5*(0:7))+
+   labs(x="연소득(단위, 만원)",
+        y="자원봉사참여자 참여횟수\n(비참여자 배제)",color="성별")+
+   theme_bw()+theme(legend.position="top")
```

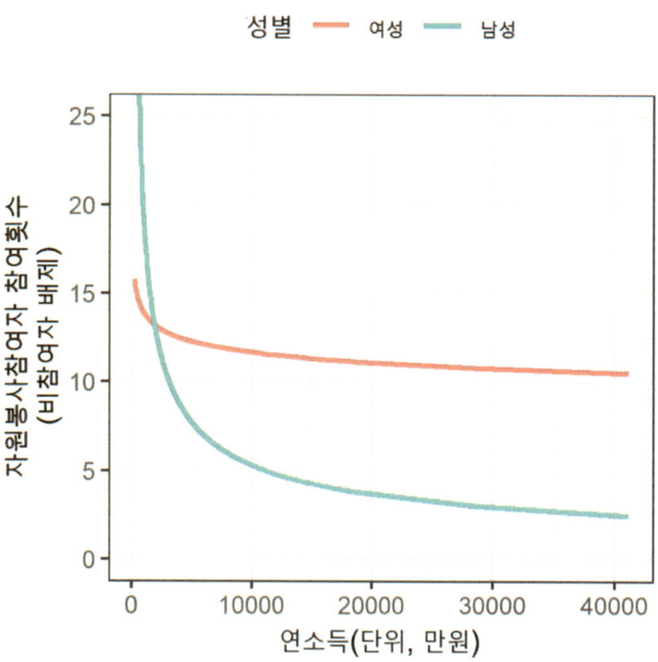

그림2. 응답자의 소득과 성별에 따른 자원봉사참여자의 참여빈도 변화 양상

이제 끝으로 전체 허들 음이항 회귀모형의 모형추정값을 추출해 보겠습니다. 제1장과 제2장에서 소개해 드린 방법과 마찬가지로 predict() 함수의 type 옵션을 type='response'로 설정하시면 됩니다. 시각화 방법은 아래와 같으며, 그 결과는 〈그림3〉과 같습니다.

```
> # 예측변수의 수준에 따른 모든 응답자 참여횟수 기대값 추출
> myfig1$predy_resp=predict(m2_nb_hdnb,myfig1,type='response')
> # 시각화: 전체응답자 참여빈도
> myfig1 %>%
+   ggplot(aes(x=inc2,y=predy_resp,color=gender))+
+   geom_line(size=1)+
+   coord_cartesian(ylim=c(0,25))+
+   scale_y_continuous(breaks=5*(0:7))+
+   labs(x="연소득(단위, 만원)",
+        y="자원봉사활동 참여 횟수\n(참여/비참여자 모두 포함)",color="성별")+
+   theme_bw()+theme(legend.position="top")
```

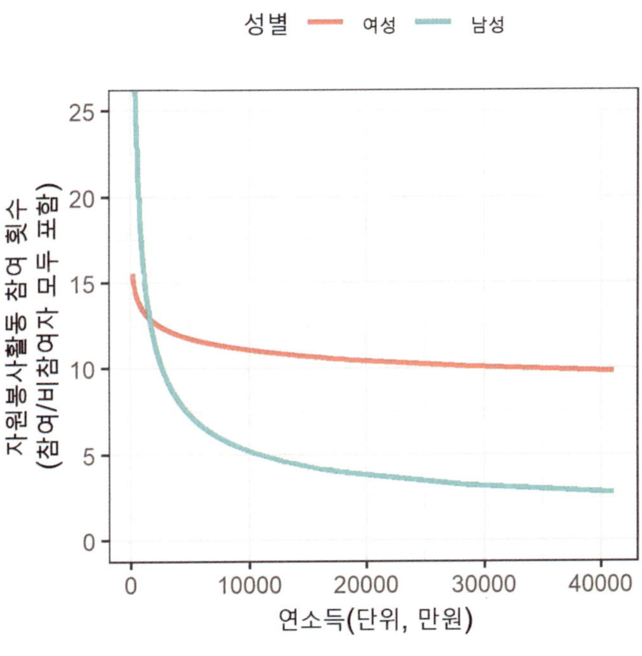

그림3. 응답자의 소득과 성별에 따른 자원봉사참여빈도 변화 양상(참여자 및 비참여자)

얼핏 보면 〈그림2〉와 〈그림3〉은 똑같은 그림 같아 보입니다. 하지만 자세히 보시면 다

큽니다. 〈그림2〉의 예측선이 〈그림3〉의 예측선보다 다소 높게 나타나 있습니다. 다시 말해 0인 사례들을 배제한 후 추정한 참여횟수 기대값은 0인 사례들을 포함한 후에 추정한 참여횟수 기대값보다 큽니다(당연한 일이기는 합니다). 아래에서 볼 수 있듯 남성보다 여성의 경우에 자원봉사비참여자 배제에 따른 기대값의 변화가 더 큽니다(왜냐하면 남성에 비해 여성일수록 '자원봉사참여'라는 허들을 통과할 가능성이 더 높기 때문입니다. 허들을 넘은 여성의 확률은 약 86%이지만, 남성은 약 80%에 그침).

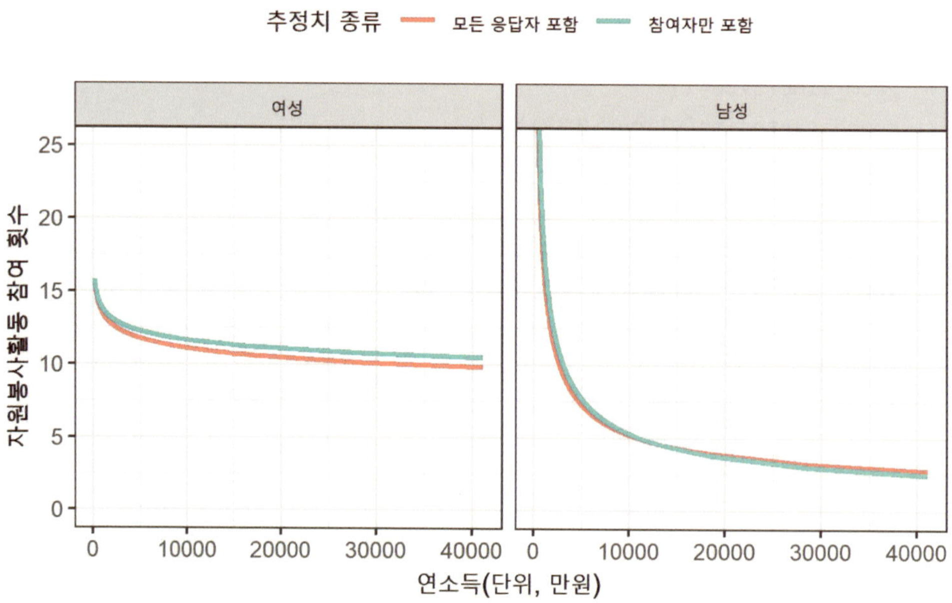

그림4. 자원봉사 비참여자 배제 여부에 따른 자원봉사참여횟수 기대값 변화 양상

다른 상호작용효과의 경우도 위와 마찬가지로 `predict()` 함수의 `type` 옵션을 변경하는 방식으로 원하는 허들 회귀모형 추정값을 추출할 수 있을 것입니다.

이제는 지금까지 학습했던 포아송 회귀모형과 음이항 회귀모형, 그리고 허들 포아송 회귀모형과 허들 음이항 회귀모형의 네 모형들의 예측값을 비교해 보도록 하겠습니다. 네 가지 모형들이 소득과 성별의 상호작용 효과, 즉 소득의 효과가 응답자의 성별에 따라 어떻게 다르게 나타나는지 비교해 보도록 하죠. 먼저 앞서와 마찬가지로 예측용 데이터를 생성한 후, 네 가지 모형들을 통해 전체응답자의 자원봉사참여횟수 기대값을 추출하는 과정(type='response')은 다음과 같습니다.

```
> # 포아송, 음이항, 포아송 허들, 음이항 허들 회귀모형 비교
> myfig1=data_ps %>%
+   data_grid(log10inc2C,female2,age2C=0,educ2) %>%
+   filter(educ2=="123초등졸") %>%
+   mutate(
+     gender=ifelse(female2==1,"여성","남성"),
+     gender=fct_relevel(gender,"여성"),
+     inc2=10^(log10inc2C+mean(exdata1$log10inc2))
+   )
> # 예측값 저장
> myfig1 = myfig1 %>% mutate(
+   predy_ps=predict(m2_ps,.,type='response'),
+   predy_nb=predict(m2_nb,.,type='response'),
+   predy_hdps=predict(m2_p_hdps,.,type='response'),
+   predy_hdnb=predict(m2_nb_hdnb,.,type='response')
+ )
> # 시각화를 위한 데이터 사전처리
> myfig1_long = myfig1 %>%
+   select(inc2,gender,starts_with("predy_")) %>%
+   gather(key=model,value=value,-inc2,-gender) %>%
+   mutate(model=fct_recode(model,
+                     "Poisson"="predy_ps",
+                     "Negative binomial"="predy_nb",
+                     "Hurdle Poisson"="predy_hdps",
+                     "Hurdle negative binomial"="predy_hdnb"),
+        model=fct_reorder(model, row_number())
+        )
> myfig1_long_subset=myfig1_long %>% filter(inc2==max(inc2))
> # 비교
> ggplot()+
+   geom_line(data=myfig1_long,aes(x=inc2,y=value,color=model))+
+   geom_point(data=myfig1_long_subset,
+          aes(x=inc2,y=value,shape=model,color=model),
+          size=2)+
+   coord_cartesian(ylim=c(0,20))+
+   scale_y_continuous(breaks=5*(0:4))+
+   labs(x="연소득(단위, 만원)",
+       y="자원봉사활동 참여 횟수\n(참여/비참여자 모두 포함)",
+       color="모형",shape="모형")+
+   theme_bw()+theme(legend.position="top")+
+   facet_wrap(~gender)
```

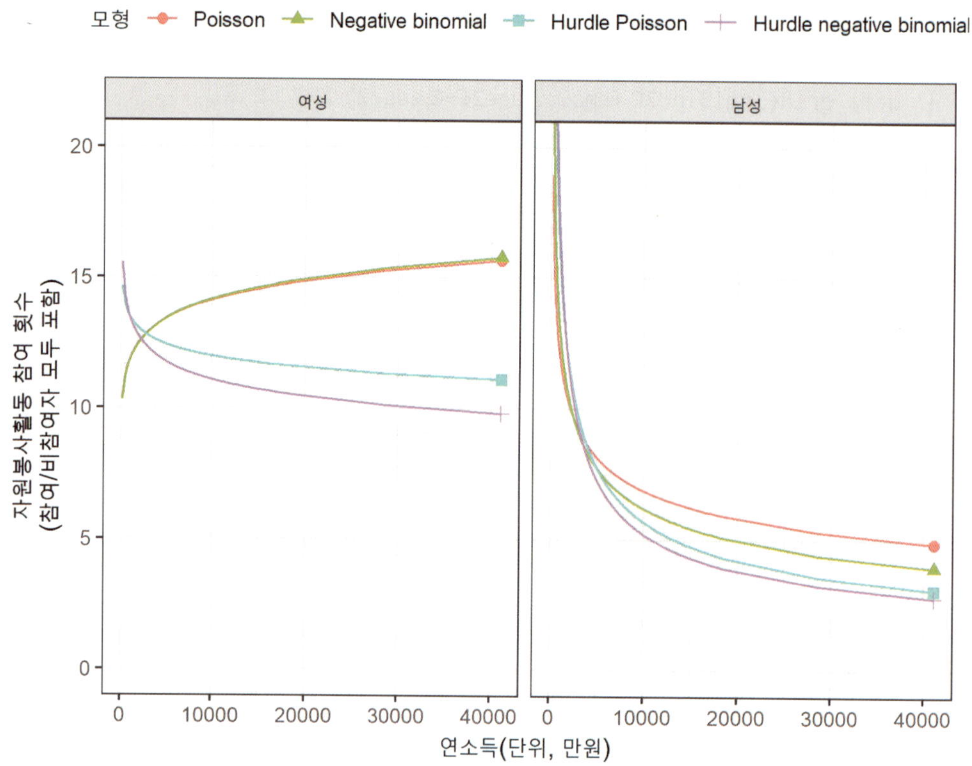

그림5. 포아송, 음이항, 허들 포아송, 허들 음이항 모형별 소득과 성별의 상호작용효과 양상 비교

〈그림5〉의 결과는 어떤 모형을 선택하는가에 따라 모형예측값 추정결과가 어떻게 달라지는가를 잘 보여줍니다. 먼저 남성 응답자의 경우 네 가지 모형의 예측곡선이 거의 유사합니다. 하지만 포아송 혹은 음이항 회귀모형을 통해 발견한 소득의 자원봉사참여횟수 감소효과보다 허들 회귀모형을 통해 발견한 소득의 자원봉사참여횟수 감소효과가 훨씬 더 뚜렷하게 나타납니다.

여성 응답자에게서 나타나는 소득효과는 상당히 다릅니다. '0'이 과도하게 발생하는 것을 고려하는 허들 회귀모형들에서는 소득과 자원봉사 참여의 관계가 부적(negative) 관계를 맺고 있으나, 포아송 혹은 음이항 회귀모형에서 발견된 소득과 자원봉사 참여의 관계는 정적(positive) 관계를 띠고 있습니다. 다시 말해 어떤 모형을 선택하는가에 따라 여성의 소득이 여성의 자원봉사 참여활동에 미치는 효과를 다르게 파악할 수도 있습니다.

제3장에서는 제1장에서 다룬 포아송 회귀모형, 제2장에서 소개한 음이항 회귀모형을

기반으로 '허들 회귀모형'을 소개하였습니다. 포아송 혹은 음이항 회귀모형과는 달리 허들 회귀모형에서는 0과 양의 정수를 구분하여 예측하는 제로-모형과, 0이 완전절단된(truncated) 양의 정수의 발생빈도를 예측하는 카운트-모형 2가지를 동시에 추정합니다. 이를 통해 어떤 특성을 갖는 개체가 0에서 양의 정수로 변하는 '허들'을 더 쉽게 넘는지, 그리고 허들을 넘은 후에는 어떤 특성을 갖는 개체에서 사건발생 빈도가 더 두드러지게 나타나는지를 설명하고 예측합니다. 이런 점에서 '0'이 빈번하게 발생하는 횟수형 종속변수의 경우 허들 회귀모형은 매우 유용한 모형임에 틀림없습니다. 그러나 '0'의 의미를 과연 '완전절단'된 것으로 보아야 할까요? 꼭 카운트-모형을 추정할 때 0이 '완전절단된' 후 관측되지 않았다고 가정한 후 모형을 추정해야만 할까요? 카운트-모형을 추정할 때 '0'을 완전절단점으로 간주하지 않고 '중도절단점(censored point)'로 가정할 수도 있지 않을까요? 다음의 제4장에서 소개할 영포화 회귀모형은 허들 회귀모형과 유사하지만 카운트-모형을 추정할 때 횟수형 종속변수를 완전절단 데이터로 간주하는 대신 중도절단 데이터로 간주한다는 차이점이 있습니다.

Zero-inflated regression model

4장 영포화 회귀모형

이번에 소개할 영포화 회귀모형은 허들 회귀모형과 상당히 비슷합니다. 두 회귀모형 모두 횟수형 종속변수의 발생과정을 두 단계로 구분합니다. 즉 허들 회귀모형과 영포화 회귀모형 모두 '0'과 '1 이상의 정수'를 추정하는 '제로-모형'과 발생빈도를 예측하는 '카운트-모형' 두 가지를 동시에 추정합니다.

하지만 두 모형은 '0'을 바라보는 관점이 확연히 다릅니다. 앞서 허들 회귀모형을 설명하면서 '카운트-모형'의 사례로 "영-완전절단(zero-truncated)" 포아송 회귀모형과 음이항 회귀모형 두 가지를 사용한다고 말씀드렸습니다. 즉 허들 회귀모형에서는 0과 1 이상의 정수를 명확하게 구분하며, 카운트 모형에서의 '0'은 완전절단된, 즉 측정이 배제된 상태에서 추정됩니다. 반면 영포화 회귀모형에서는 '0'을 두 가지로 구분합니다. 하나는 허들 회귀모형에서와 마찬가지로 양의 정수와 전혀 다른 성격의 측정치로 간주될 수 있는 '0'입니다. 또 다른 하나는 포아송 분포 혹은 음이항 분포에서 발생 가능한 '0'입니다. 다시 말해 허들 회귀모형에서는 제로-모형에서만 0이 고려되는 반면, 영포화 회귀모형에서는 제로-모형과 카운트-모형 두 가지에서 모두 0이 고려됩니다(물론 두 모형에서 고려하는 '0'의 성격은 상이합니다). 이런 의미에서 영포화 회귀모형에서는 0을 중도절단점(censored point)으로 간주합니다. 즉 허들 회귀모형과 영포화 회귀모형을 구분하기 위해서는 무엇보다 중도절단과 완전절단 두 가지의 개념을 명확하게 이해할 필요가 있습니다.

개요

영포화 회귀모형을 조금 더 구체적으로 살펴보죠.[1] 말씀드렸듯, 허들 회귀모형과 마찬가지로 영포화 회귀모형에서도 제로-모형과 카운트-모형을 구분한 후, 이 두 가지를 동시에 추정합니다. 하지만 '0'을 두 가지로 이해합니다. 보다 구체적으로 앞서 우리가 살펴본 자원봉사참여횟수 변수를 다시 떠올려 봅시다. 허들 모형에서는 제로-모형을 이용해 누가 자원봉사 비참여자이고 누가 참여자인지를 판별한 후, 자원봉사 참여자 중 어떤 사람이 열성적 참여자인지를 설명합니다. 즉 `volunt2` 변수에서 '0'의 값을 갖는 사람은 '자원봉사 비참여자'이며, 이 사람은 '최소 1회 이상 참여했던 자원봉사참여자'와는 질적으로 다른 사람입니다.

그러나 이러한 자원봉사 비참여자로서 '0'의 값을 부여받은 사람들과 달리 추가로 '0'의 값이 부여되지는 않았으나 '0'이 부여될 수 있는 사람들도 존재할 수 있습니다. 예를 들어 자원봉사에 참여하려 했으나 이러저러한 이유로 실제 자원봉사에 참여하지 못한 사람의 경우를 떠올려 보시기 바랍니다. '0번 빈도'가 가지는 미묘한 차이, 바로 이 미묘한 차이를 담아낸 모형이 바로 영포화 회귀모형입니다. 아주 단순하게 말하자면(약간의 과장을 보태어), 허들 회귀모형에서는 0번의 자원봉사참여횟수를 보인 사람들을 다음과 같이 표현할 것입니다: "0의 값을 갖는 응답자들은 자원봉사참여를 거부한 사람들이다." 하지만 영포화 회귀모형에서는 다음과 같이 표현할 것입니다: "0의 값을 갖는 응답자들에는 자원봉사참여를 거부한 사람들도 있고, 상황이 맞지 않아 자원봉사참여 기회를 갖지 못한 사람들도 섞여 있다."

허들 회귀모형과 영포화 회귀모형의 개념상 차이를 느끼셨을 것입니다. 따라서 영포화 회귀모형의 제로-모형은 허들 회귀모형과 조금 다릅니다. 허들 회귀모형의 제로모형은 다음과 같았습니다(이항 로지스틱 회귀모형 기준).

$$\text{허들 회귀모형의 제로-모형: } P(y_i=0 \mid w_i) = \frac{1}{1+e^{\gamma w_i}} = \pi_i$$

---

1 영포화 회귀모형에 대한 보다 자세한 이론적 소개를 원하시는 분께서는 그리니(Greene, 2012)를 참조하시기 바랍니다.

영포화 회귀모형 제로-모형은 허들 회귀모형의 제로-모형에 $(1-\pi_i)e^{-\lambda_i}$를 덧붙여 줍니다. 덧붙인 부분에서 $(1-\pi_i)$은 양의 정수가 발견될 확률을 의미하며, $e^{-\lambda_i}$는 앞서 말씀드린 '0이 아닐 수 있었으나 0으로 측정된 개체의 발생 가능성'을 뜻합니다. 허들 회귀모형에서의 제로-모형 모수추정치는 양의 정수가 나타날 확률을 예측하였지만, 영포화 회귀모형에서의 제로-모형 추정치는 0이 나타날 확률이 추정됩니다. 따라서 회귀계수가 양수일 경우는 0이 나타날 가능성이 증가한다는 뜻이고, 음수일 경우는 0이 나타날 가능성이 감소한다는 의미입니다. 회귀계수에서 나타나는 효과의 방향성은 반대이지만, 회귀계수를 해석하는 방법은 상대적으로 간단합니다. 회귀계수에 지수함수값[즉 `exp()`]을 적용하여 해석하시면 됩니다.

영포화 회귀모형의 제로-모형: $P(y_i=0\,|\,w_i) = \pi_i+(1-\pi_i)e^{-\lambda_i}$, 여기서 $\lambda_i=\mu_i$

이제 카운트-모형을 살펴봅시다. 앞서 허들 회귀모형과 마찬가지로 카운트-모형에서는 양의 정수를 추정할 수 있는 모형이 사용될 수 있습니다. 보통의 경우 우리가 앞에서 다루었던 포아송 회귀모형 혹은 음이항 회귀모형이 사용됩니다. 만약 포아송 회귀모형을 이용하여 카운트-모형을 추정항 때, 허들 회귀모형은 다음과 같았습니다.

허들 회귀모형의 카운트-모형(영-완전절단 포아송 회귀모형):

$$P(y_i=j\,|\,x_i)=\left\{\frac{e^{-\lambda_i}\cdot\lambda_i^j}{j!}\right\}\cdot\left\{\frac{1-\pi_i}{1-e^{-\lambda_i}}\right\},\ \text{여기서 } j\geq 1$$

영포화 포아송 회귀모형은 위의 공식과 조금 다릅니다. 말씀드렸듯 위의 공식은 영-완전절단 포아송 회귀모형입니다. 그러나 앞서 말씀드렸듯 영포화 회귀모형에서는 0을 완전절단지점이 아니라 중도절단지점으로 파악합니다. 이에 따라 $\left\{\frac{1-\pi_i}{1-e^{-\lambda_i}}\right\}$ 부분에서 분모 부분이 삭제된 형태(즉 완전절단 고려하지 않음)로 카운트 모형을 추정합니다. 공식은 아래와 같습니다.

영포화 회귀모형의 카운트-모형(영-중도절단 포아송 회귀모형):

$$P(y_i=j\,|\,x_i)=\left\{\frac{e^{-\lambda_i}\cdot\lambda_i^j}{j!}\right\}\cdot\{1-\pi_i\},\ \text{여기서 } j\geq 1$$

만약 카운트-모형에 포아송 회귀모형이 아닌 음이항 회귀모형을 사용하고 싶다면 마찬가지로 θ모수를 추가로 투입하면 됩니다.

위와 같이 제로-모형과 카운트-모형을 설정한 후, 두 모형을 동시에 추정하면 영포화 회귀모형을 추정할 수 있습니다. 이렇게 볼 때 영포화 회귀모형은 허들 회귀모형과 개념적으로 매우 유사하지만, '0'을 다르게 개념화하면서 공식이 다소 다르게 표현된 것을 알 수 있습니다.

영포화 회귀모형 추정과 뷩 테스트(Vuong test)

R을 이용해 영포화 회귀모형을 추정하는 방법도 허들 회귀모형 추정방법과 매우 유사합니다(물론 동일하지는 않습니다만). 예시로 사용할 데이터는 앞서 사용했던 exdata1.csv 데이터입니다. 허들 회귀모형에서 사용했던 것과 동일한 방식으로 아래와 같이 데이터 사전처리를 진행하였습니다.

```
> #아래의 패키지들이 사용됩니다.
> library("MASS")     #음이항 회귀모형
> library("pscl")     #허들모형 및 영포화모형
> #아래 패키지는 데이터에 대한 기술통계 분석 및 결과 시각화에 사용할 것입니다.
> library('tidyverse')
> library('modelr')
> library('broom')
> setwd("D:/2019_year/Categorical_Data_Analysis")
> #exdata1 열어봄
> exdata1 = read_csv("exdata1.csv")
Parsed with column specification:
cols(
  female2 = col_integer(),
  age2 = col_integer(),
  log10inc2 = col_double(),
  educ2 = col_character(),
  donate2 = col_double(),
  volunt2 = col_integer(),
  workstatus2 = col_character(),
  hlthsat2 = col_character()
)
```

```
> # 데이터 전처리
> data_ps = exdata1 %>%
+   mutate(
+     educ2=factor(educ2),
+     age2C=age2-mean(age2),
+     log10inc2C=log10inc2-mean(log10inc2)
+   ) %>% select(female2,age2C,log10inc2C,educ2,volunt2)
```

영포화 회귀모형은 VGAM 패키지의 zipoisson() 함수(영포화 포아송 회귀모형)나 zibinomial() 함수(영포화 음이항 회귀모형)를 이용할 수도 있습니다만, 제 개인적 경험으로는 pscl 패키지의 zeroinfl() 함수가 훨씬 더 이용이 쉽습니다. zeroinfl() 함수를 이용하여 영포화 포아송 회귀모형과 영포화 음이항 회귀모형을 추정하는 방법은 아래와 같습니다.

```
zeroinfl(횟수형종속변수~카운트모형_투입_예측변수들|제로모형_투입_예측변수들,
         dist=카운트모형_함수,link=제로모형링크함수,데이터)
```

허들 회귀모형과의 차이점은 zero.dist 옵션이 존재하지 않는다는 것입니다. 이유는 간단합니다. 허들 회귀모형에서는 0이 단일한 의미를 갖지만, 영포화 회귀모형에서는 단일한 의미를 갖지 않기 때문입니다(즉 제로-모형을 하나의 특정 모형으로 지정할 수 없다는 뜻입니다). 그러나 공식을 정의하는 부분이나, 제로-모형의 링크함수와 카운트-모형의 분포함수를 지정하는 것은 허들 회귀모형과 영포화 회귀모형이 모두 동일합니다.

이에 제3장에서 지정했던 것과 동일한 방식으로 성별, 연령, 상용로그전환소득, 교육수준의 네 가지 예측변수를 사용하겠습니다. 또한 예측변수들의 투입방식에 따라 다음의 네 가지 모형을 설정한 후, 어느 모형이 가장 설명력이 높은지를 살펴보겠습니다. 먼저 제로-모형은 일반적으로 많이 쓰이는 이항 로지스틱 회귀모형으로, 카운트-모형은 포아송 회귀모형으로 설정한 후, 다음의 네 가지 영포화 포아송 회귀모형을 추정해 보죠.

- 모형1(m1_zips): 제로-모형과 카운트-모형 각각에 4개의 예측변수들의 주효과를 추정한 모형
- 모형2A(m2_b_zips): 제로-모형에는 4개 예측변수들의 주효과와 소득과 다른 세 변수

들의 상호작용효과를 추정하고 카운트-모형에는 4개의 예측변수들의 주효과만을 추정한 모형

- 모형2B(m2_p_zips): 제로-모형에는 4개 예측변수들의 주효과만을 추정하고 카운트-모형에는 4개 예측변수들의 주효과와 소득과 다른 세 변수들의 상호작용효과를 추정한 모형
- 모형2(m2_bp_zips): 제로-모형과 카운트-모형 모두에 4개 예측변수들의 주효과와 소득과 다른 세 변수들의 상호작용효과를 추정한 모형

```
> # 영포화 포아송 회귀모형: 이항로지스틱+포아송
> m1_zips=zeroinfl(volunt2~log10inc2C+female2+age2C+educ2|
+              log10inc2C+female2+age2C+educ2,
+            dist="poisson",link="logit",
+            data_ps)
> # 이항로지스틱 모형에서만 상호작용효과 추정
> m2_b_zips=zeroinfl(volunt2~log10inc2C+female2+age2C+educ2|
+               log10inc2C*(female2+age2C+educ2),
+             dist="poisson",link="logit",
+             data_ps)
> # 포아송 모형에서만 상호작용효과 추정
> m2_p_zips=zeroinfl(volunt2~log10inc2C*(female2+age2C+educ2)|
+               log10inc2C+female2+age2C+educ2,
+             dist="poisson",link="logit",
+             data_ps)
> # 이항로지스틱 및 포아송 모형 모두에서 상호작용효과 추정
> m2_bp_zips=zeroinfl(volunt2~log10inc2C*(female2+age2C+educ2)|
+                log10inc2C*(female2+age2C+educ2),
+              dist="poisson",link="logit",
+              data_ps)
```

위의 네 모형을 추정한 후, 모형들 사이의 모형설명력을 비교하기 위해 로그우도비 테스트(LR test)를 실시는 방법은 아래와 같습니다. 마찬가지로 로그우도비 테스트 결과는 본문의 분량을 줄이기 위하여 〈표1〉과 같이 정리하였습니다.

```
> # 어느 모형이 가장 적절한지 테스트
> lmtest::lrtest(m1_zips,m2_b_zips)
                    [테스트 결과는 본문의 표에 별도 정리하였음]
> lmtest::lrtest(m1_zips,m2_p_zips)
                    [테스트 결과는 본문의 표에 별도 정리하였음]
> lmtest::lrtest(m2_b_zips,m2_bp_zips)
                    [테스트 결과는 본문의 표에 별도 정리하였음]
> lmtest::lrtest(m2_p_zips,m2_bp_zips)
                    [테스트 결과는 본문의 표에 별도 정리하였음]
```

표1. 경쟁하는 영포화 포아송 회귀모형들에 대한 로그우도비 테스트 결과

	로그우도	로그우도비 테스트		로그우도	로그우도비 테스트
모형1	−7632.356 (18)		모형1	−7632.356 (18)	
모형2A	−7629.189 (25)	6.334 (7)	모형2B	−7491.114 (25)	282.484*** (7)
모형2	−7487.946 (32)	282.487*** (7)	모형2	−7487.946 (32)	6.337 (7)

알림. ***$p<.001$. 괄호 속 숫자는 자유도를 의미함.

로그우도비 테스트 결과는 허들 회귀모형과 유사합니다. 즉 경쟁하는 네 가지 모형들 중 모형2B가 가장 데이터를 잘 설명하고 있습니다. 이에 모형2B를 최종 영포화 포아송 회귀모형으로 선정하고 그 결과를 살펴보겠습니다.

영포화 회귀모형에서는 위의 모형비교 테스트 결과와 별도로 뷩 테스트(Vuong test)라는 것을 보통 실시합니다. 지금까지 소개했던 모형비교 테스트는 배속관계에 있는 경쟁모형들을 비교합니다. 이를테면 '배속관계의(nested)' 두 개의 OLS 회귀모형을 비교한 후 R^2의 증가분이 통계적으로 유의미한지를 테스트하거나, 아니면 '배속관계의(nested)' 로지스틱 회귀모형에 대한 로그우도비 테스트, θ모수를 추가로 투입한 음이항 회귀모형과 포아송 회귀모형을 비교한 로그우도비 테스트 등은 모두 비교대상이 되는 '간단한 모형(parsimonious model) 대(對) 복잡한 모형(complex model)'이 배속관계를 갖는다는 공통점이 있습니다. 배속관계를 간단히 말하자면, '간단한 모형의 전부'는 '복잡한 모형의 일부'를 구성한다는 뜻

입니다.

흥미롭게도 뷩 테스트는 배속관계에 놓이지 않은 경쟁모형에 대한 모형비교 테스트 결과를 제시합니다.[2] 예를 들어 카운트-모형으로 포아송 회귀모형을 사용하는 영포화 포아송 회귀모형을 생각해 봅시다. 만약 0의 발생이 일반 포아송 회귀모형으로 충분히 설명될 수 있다면, 굳이 복잡한 영포화 포아송 회귀모형을 사용할 필요가 있을까요? 그럴 필요가 없을 것입니다. 제로-모형 파트를 고려하지 않은 단일 회귀방정식으로 구성한 포아송 회귀모형을 사용하면 훨씬 더 간단하게 모형을 추정할 수 있을 것입니다. 이제 영포화 회귀

---

2 최근 윌슨(Wilson, 2015)은 영포화 회귀모형에서 뷩 테스트의 적용 타당성을 부정하는 논문을 출간한 바 있습니다. 윌슨은 뷩 테스트 그 자체를 비판하는 것이 아니라, 현재 본서에서 소개하고 있는(즉 일반적으로 사용되는) 뷩 테스트 사용방법을 비판하고 있습니다. 윌슨의 주장을 간단하게 설명하기는 어렵지만, 윌슨의 요점은 뷩(Vuong, 1989)이 말하는 비배속관계(non-nested relationship)는 흔히 영포화 포아송 회귀모형과 포아송 회귀모형, 혹은 영포화 음이항 회귀모형과 음이항 회귀모형의 관계와 상관없다는 것입니다. 뷩 테스트는 몇 가지 가정들(뷩은 8개 가정을 제시하였음)이 적용 가능한 "엄밀한 비배속관계의 모형들"(strictly non-nested models)에 대해서 타당하게 적용 가능하다는 것을 밝혔을 뿐이며, 영포화 회귀모형의 맥락은 뷩 테스트가 가정하는 맥락과 다르다는 것이 윌슨 주장의 핵심입니다. 윌슨이 가장 문제 삼고 있는 부분은 바로 가능도 함수(likelihood function)의 분포형태(shape of distribution)의 차이입니다. 비배속관계라고 하더라도 함수의 형태가 동일하다고 가정할 수 있어야 뷩 테스트가 가능한데, 사실 영포화 포아송/음이항 회귀모형과 일반 포아송/음이항 회귀모형의 함수는 분포형태가 서로 동일하다고 가정하기 어렵습니다. 즉 뷩 테스트를 통해 얻은 평균의 차이로는 분포의 평균(mean of the distribution)이 같은지 여부를 테스트할 수 있지만, 과연 분포의 평균을 테스트하기 위한 사전조건인 분포의 형태(shape of the distribution)가 같은지 테스트할 수 있다고 말하기 어렵다는 것입니다. 만약 윌슨의 말대로 영포화 포아송 회귀모형과 일반 포아송 회귀모형과 같은 비배속관계의 모형들이 뷩이 말하는 "엄밀한 비배속관계의 모형들"에 반드시 속하지 않을 가능성이 열려 있는 한, 본서에서 소개하는 뷩 테스트 사용방법은 오류의 가능성에 노출되어 있다는 윌슨의 주장이 저는 맞다고 생각합니다.

솔직히 말해 윌슨 주장은 이해하겠지만(솔직히 제가 정확하게 이해할 정도의 능력은 없습니다만), 윌슨 주장에 대한 날카로운 반론은 아직까지 제시되지 않은 듯합니다. 또한 윌슨 주장이 영포화 회귀모형을 소개하는 문헌에서 진지하게 다루어지지도 않는 상황입니다. 하지만 무엇보다 저는 윌슨 주장의 타당성을 비평할 능력이 없습니다(다시 고백합니다만, 완벽하게 이해하고 따라가지 못하였다고 생각합니다).

그러나 제 경험상 뷩 테스트는 영포화 회귀모형을 사용할 때 거의 언제나 관례적으로 사용되고 무엇보다 리뷰어들이 거의 반드시 요구하는 테스트입니다. 다시 말해 통계학이 아닌 통계적 기법을 활용하는 방법을 제시하는 것이 본서의 목적이기에 뷩 테스트를 어떻게 실시하고 해석하는지 소개하였을 뿐입니다. 논문출간을 위해 '관례적으로 진행되는 테스트'들이 매우 많지만(앞서 언급했던 브랜트 테스트나 IIA 가정 테스트를 위한 하우스만 테스트 등), 이 책을 보시면서 과연 뷩 테스트가 과연 타당한 기법일지 한번 생각해 보는 기회로 삼으면 좋겠습니다.

모형을 사용하는 많은 연구들이 영포화 포아송/음이항 회귀모형이 일반 포아송/음이항 회귀모형에 비해 설명력이 높은 모형이라고 볼 수 있는지를 뷩 테스트를 통해 점검합니다.[3]

우선 일반 포아송 회귀모형에 비해 영포화 포아송 회귀모형이 더 나은 모형인지 살펴보기 위해 뷩 테스트를 실시한 결과는 아래와 같습니다. 일반 포아송 회귀모형으로는 제1장에서 최종 모형으로 선정한 '모형2'(네 개의 예측변수들과 소득과 다른 예측변수들의 상호작용효과를 추정한 모형)을, 그리고 영포화 포아송 회귀모형으로는 네 모형들 중 모형2B를 선택하겠습니다. 뷩 테스트는 pscl 패키지의 vuong() 함수를 이용하면 됩니다. 추정방법은 anova() 함수나 lrtest() 함수와 동일합니다.

```
> # 뷩 테스트
> vuong(m2_ps,m2_p_zips)
Vuong Non-Nested Hypothesis Test-Statistic:
(test-statistic is asymptotically distributed N(0,1) under the
 null that the models are indistinguishible)
-------------------------------------------------------------
              Vuong z-statistic      H_A    p-value
Raw              -13.94992 model2 > model1 < 2.22e-16
AIC-corrected    -13.91297 model2 > model1 < 2.22e-16
BIC-corrected    -13.82208 model2 > model1 < 2.22e-16
```

출력결과의 맨 윗줄에 나와 있듯, 뷩 테스트 통계치는 정규분포에 점근적으로 가깝습니다("test-statistic is asymptotically distributed N(0,1)" 표현 참조). 테스트 결과는 3가지가 제시됩니다. 가장 윗줄에 나와 있는 Raw라는 것은 조정되어 제시되지 않은(unscaled) 뷩 테스트 통계치입니다. AIC-corrected, BIC-corrected라는 것은 널리 사용되는 정보지수인 AIC 혹은 BIC 방식으로 재조정된(rescaled) 뷩 테스트 통계치입니다. 대개의 경

3 여기서 한 가지 질문을 던질 수도 있습니다. 그렇다면 예를 들어 허들 포아송 회귀모형과 일반 포아송 회귀모형에 대해서는 뷩 테스트를 실시할 수 있을까요? 일단 "제 생각으로는" 실시할 수 있다고 봅니다. 또한 허들 회귀모형과 영포화 회귀모형에 대한 모형비교 테스트 역시도 뷩 테스트로 가능할 것 같습니다(제가 아는 바가 틀렸을 수 있으니 너무 진지하게 듣지 않으시기 바랍니다). 하지만 제가 알고 있는 범위에서 뷩 테스트는 허들 회귀모형에서는 언급되지 않지만, 영포화 회귀모형에서는 거의 필수적으로 언급됩니다[물론 앞서 소개한 윌슨(Wilson, 2015)의 주장이 대세가 된다면, 허들 회귀모형과 이에 대응하는 일반 모형 사이의 뷩 테스트 역시도 타당성이 없다고 보아야 할 것입니다].

우 조정되지 않은 뷩 테스트 통계치의 절댓값에 비해 재조정된 뷩 테스트 절댓값 통계치가 다소 작습니다. 일반 위의 사례에서 알 수 있듯, 재조정 여부와 상관없이 뷩 테스트 통계치의 값이 13 정도로 매우 큰 편입니다. 다시 말해 뷩 테스트를 실시한 영포화 포아송 회귀모형과 일반 포아송 회귀모형은 통계적으로 유의미하게 다릅니다. 뷩 테스트 통계치 다음에 제시된 것에서 알 수 있듯 2번째 모형이 첫 번째 모형보다 통계적으로 유의미하게 설명력이 높은 모형임을 알 수 있습니다[H_A라는 표현은 대안가설(alternative hypothesis)을 의미합니다]. 영포화 회귀모형에서 사용하는 뷩 테스트에 대한 통상적 해석방식을 따르자면 현재의 데이터는 일반 포아송 회귀모형보다 영포화 포아송 회귀모형으로 분석하는 것이 더 타당합니다.

'모형2B'의 추정결과를 확인하기 전에 한 가지를 더 점검해 봅시다. 만약 카운트-모형을 추정할 때 포아송 회귀모형이 아닌 음이항 회귀모형을 사용한다면 어떨까요? 앞서 허들 회귀모형의 경우 허들 포아송 회귀모형보다 허들 음이항 회귀모형이 보다 설명력이 좋은 모형인 것으로 나타났습니다. 영포화 회귀모형의 경우는 어떨까요? 우선 앞서 제시하였던 모형1, 모형2A, 모형2B, 모형2의 네 가지 모형들을 추정한 후 로그우도비 테스트를 통해 가장 적절한 모형은 무엇인지 살펴본 결과를 정리하면 아래의 〈표2〉와 같습니다.

```
> # 영포화 음이항 회귀모형: 이항로지스틱+음이항
> m1_zinb=zeroinfl(volunt2~log10inc2C+female2+age2C+educ2|
+               log10inc2C+female2+age2C+educ2,
+             dist="negbin",link="logit",
+             data_ps)
> # 이항로지스틱 모형에서만 상호작용효과 추정
> m2_b_zinb=zeroinfl(volunt2~log10inc2C+female2+age2C+educ2|
+                log10inc2C*(female2+age2C+educ2),
+              dist="negbin",link="logit",
+              data_ps)
> # 음이항 모형에서만 상호작용효과 추정
> m2_nb_zinb=zeroinfl(volunt2~log10inc2C*(female2+age2C+educ2)|
+                log10inc2C+female2+age2C+educ2,
+              dist="negbin",link="logit",
+              data_ps)
> # 이항로지스틱 및 음이항  모형 모두에서 상호작용효과 추정
```

```
> m2_bnb_zinb=zeroinfl(volunt2~log10inc2C*(female2+age2C+educ2)|
+               log10inc2C*(female2+age2C+educ2),
+              dist="negbin",link="logit",
+              data_ps)
> # 어느 모형이 가장 적절한지 테스트
> lmtest::lrtest(m1_zinb,m2_b_zinb)
                    [테스트 결과는 본문의 표에 별도 정리하였음]
> lmtest::lrtest(m1_zinb,m2_nb_zinb)
                    [테스트 결과는 본문의 표에 별도 정리하였음]
> lmtest::lrtest(m2_b_zinb,m2_bnb_zinb)
                    [테스트 결과는 본문의 표에 별도 정리하였음]
> lmtest::lrtest(m2_nb_zinb,m2_bnb_zinb)
                    [테스트 결과는 본문의 표에 별도 정리하였음]
```

표2. 경쟁하는 영포화 음이항 회귀모형들에 대한 로그우도비 테스트 결과

	로그우도	로그우도비 테스트		로그우도	로그우도비 테스트
모형1	−3181.898 (18)		모형1	−3181.898 (18)	
모형2A	−3178.126 (25)	7.542 (7)	모형2B	−3174.141 (25)	15.514* (7)
모형2	−3169.843 (32)	16.566* (7)	모형2	−3169.843 (32)	8.596 (7)

알림. *$p<.05$. 괄호 속 숫자는 자유도를 의미함.

〈표2〉의 결과에서 알 수 있듯 영포화 포아송 회귀모형들에 대한 모형비교 테스트 결과와 마찬가지로 영포화 음이항 회귀모형의 경우도 '모형2B'가 가장 적절한 것을 알 수 있습니다. 또한 음이항 회귀모형과 영포화 음이항 회귀모형에 대해서도 븽 테스트를 실시할 수 있습니다. 븽 테스트 결과는 아래와 같습니다. BIC 재조정방식을 택한 븽 테스트 통계치의 경우 통계적 유의도가 $p=.064$로 나타났지만, 전반적으로 영포화 음이항 회귀모형을 사용하는 것이 음이항 회귀모형을 사용하는 것보다 설명력이 높다는 것을 알 수 있습니다.

```
> # 븽 테스트
> vuong(m2_nb,m2_nb_zinb)
Vuong Non-Nested Hypothesis Test-Statistic:
(test-statistic is asymptotically distributed N(0,1) under the
 null that the models are indistinguishible)
-------------------------------------------------------------
              Vuong z-statistic           H_A      p-value
Raw                 -5.234417 model2 > model1   8.2753e-08
AIC-corrected       -4.160962 model2 > model1   1.5845e-05
BIC-corrected       -1.520434 model2 > model1   0.064201
```

이제 끝으로 '모형2B'를 영포화 포아송 회귀모형으로 추정하는 것이 나은지, 아니면 영포화 음이항 회귀모형으로 추정하는 것이 나은지 로그우도비 테스트를 실시해 봅시다. 로그우도비 테스트 결과는 아래와 같습니다.

```
> # 영포화 포아송 vs 음이항 모형
> lmtest::lrtest(m2_p_zips,m2_nb_zinb)
Likelihood ratio test

Model 1: volunt2 ~ log10inc2C * (female2 + age2C + educ2) | log10inc2C +
    female2 + age2C + educ2
Model 2: volunt2 ~ log10inc2C * (female2 + age2C + educ2) | log10inc2C +
    female2 + age2C + educ2
  #Df  LogLik Df  Chisq Pr(>Chisq)
1  25 -7491.1
2  26 -3174.1  1 8633.9  < 2.2e-16 ***
---
Signif. codes:  0 '***' 0.001 '**' 0.01 '*' 0.05 '.' 0.1 ' ' 1
```

위의 결과에서 알 수 있듯 영포화 포아송 회귀모형보다 영포화 음이항 회귀모형이 더 데이터에 부합한다는 것을 알 수 있습니다. 이제 summary() 함수를 이용하여 최종모형인 영포화 음이항 회귀모형 추정결과를 살펴보겠습니다.

```
> summary(m2_nb_zinb)

Call:
zeroinfl(formula = volunt2 ~ log10inc2C * (female2 + age2C + educ2) |
log10inc2C +
    female2 + age2C + educ2, data = data_ps, dist = "negbin", link = "logit")

Pearson residuals:
    Min      1Q  Median      3Q     Max
-0.8344 -0.6401 -0.3795  0.1057  8.1823

Count model coefficients (negbin with log link):
                             Estimate  Std. Error  z value  Pr(>|z|)
(Intercept)                  2.263213   0.211972   10.677    < 2e-16 ***
log10inc2C                  -0.979416   0.575473   -1.702   0.088768 .
female2                      0.319797   0.091061    3.512   0.000445 ***
age2C                        0.015054   0.004087    3.683   0.000230 ***
educ24중졸                    0.216821   0.241069    0.899   0.368433
educ25고졸                    0.248360   0.208172    1.193   0.232849
educ26전문대졸                 0.240456   0.248961    0.966   0.334125
educ27대졸                    0.332216   0.227964    1.457   0.145028
educ289대학원졸                0.362946   0.305107    1.190   0.234216
log10inc2C:female2           0.965720   0.304429    3.172   0.001513 **
log10inc2C:age2C             0.019583   0.012787    1.531   0.125668
log10inc2C:educ24중졸         0.468287   0.602782    0.777   0.437232
log10inc2C:educ25고졸        -0.125861   0.521153   -0.242   0.809164
log10inc2C:educ26전문대졸      0.079302   0.659753    0.120   0.904326
log10inc2C:educ27대졸        -0.253547   0.589046   -0.430   0.666879
log10inc2C:educ289대학원졸    -0.424919   0.923250   -0.460   0.645342
Log(theta)                  -0.214323   0.082392   -2.601   0.009288 **

Zero-inflation model coefficients (binomial with logit link):
                 Estimate  Std.Error  z value   Pr(>|z|)
(Intercept)    -2.423e+00  8.419e-01  -2.878    0.0040 **
log10inc2C      2.813e-01  3.281e-01   0.857    0.3913
female2        -3.338e-01  1.892e-01  -1.764    0.0778 .
age2C          -2.337e-05  7.871e-03  -0.003    0.9976
educ24중졸       8.908e-01  8.801e-01   1.012    0.3115
```

```
educ25고졸       1.208e+00 8.217e-01   1.470    0.1415
educ26전문대졸   1.502e+00 8.649e-01   1.736    0.0825 .
educ27대졸       1.965e+00 8.362e-01   2.349    0.0188 *
educ289대학원졸  1.677e+00 8.906e-01   1.882    0.0598 .
---
Signif. codes:  0 '***' 0.001 '**' 0.01 '*' 0.05 '.' 0.1 ' ' 1

Theta = 0.8071
Number of iterations in BFGS optimization: 33
Log-likelihood: -3174 on 26 Df
```

summary() 함수를 이용한 영포화 회귀모형 추정결과는 허들 회귀모형 추정결과와 크게 다르지 않습니다. Call: 부분, Pearson residuals: 부분, Number of iterations in BFGS optimization: 부분, Log-likelihood: 부분은 허들 회귀모형을 설명하면서 설명해 드린 부분이기에 다시 설명해 드리지 않겠습니다.

출력결과 하단의 Theta 부분과 카운트 파트 부분의 Log(theta) 부분의 경우도 허들 음이항 회귀모형을 소개하면서 설명해 드린 바 있기 때문에 별도의 설명을 드리지는 않겠습니다. 끝으로 제로-모형의 모수추정 결과에 대한 해석은 이항 로지스틱 회귀모형의 모수추정 결과에 대한 해석과 동일하며, 카운트-모형 부분의 절편과 회귀계수 추정결과에 대한 해석은 제1장의 포아송 회귀모형, 제2장의 음이항 회귀모형과 동일하게 해석하시면 됩니다. 즉 위의 출력결과를 해석하시는 것은 그다지 어렵지 않을 것입니다.

그렇다면 위에서 우리가 추정한 영포화 음이항 회귀모형 추정결과는 제3장에서 우리가 최종모형으로 선택했던 허들 음이항 회귀모형 추정결과와는 어떻게 다를까요? 〈표3〉는 두 모형의 추정결과를 알아보기 쉽게 비교 정리한 것입니다.

표3. 허들 음이항 회귀모형과 영포화 음이항 회귀모형 추정결과 비교

	허들 음이항 회귀모형		영포화 음이항 회귀모형	
	제로-모형 (이항 로지스틱 회귀모형)	카운트-모형 (음이항 회귀모형)	제로-모형 (이항 로지스틱 회귀모형)	카운트-모형 (음이항 회귀모형)
절편	1.439***	2.222***	−2.423**	2.263***
	(0.374)	(0.214)	(0.842)	(0.212)
소득(상용로그전환)	−0.275	−1.235*	0.281	−0.979+
	(0.250)	(0.579)	(0.328)	(0.575)
성별(여성 = 1)	0.379**	0.309***	−0.334+	0.320***
	(0.142)	(0.091)	(0.189)	(0.091)
연령	0.003	0.015***	0.000	0.015***
	(0.006)	(0.004)	(0.008)	(0.004)
학력(중졸 = 1)	−0.465	0.259	0.891	0.217
	(0.424)	(0.243)	(0.880)	(0.241)
학력(고졸 = 1)	−0.677+	0.299	1.208	0.248
	(0.377)	(0.210)	(0.822)	(0.208)
학력(전문대졸 = 1)	−0.890*	0.290	1.502+	0.240
	(0.432)	(0.252)	(0.865)	(0.249)
학력(대졸 = 1)	−1.262**	0.378	1.965*	0.332
	(0.396)	(0.230)	(0.836)	(0.228)
학력(대학원졸 = 1)	−1.025*	0.416	1.677+	0.363
	(0.464)	(0.309)	(0.891)	(0.305)
소득 ×		1.066***		0.966**
성별(여성 = 1)		(0.309)		(0.304)
소득 ×		0.024+		0.020
연령		(0.013)		(0.013)
소득 ×		0.603		0.468
학력(중졸 = 1)		(0.617)		(0.603)
소득 ×		0.025		−0.126
학력(고졸 = 1)		(0.529)		(0.521)
소득 ×		0.292		0.079
학력(전문대졸 = 1)		(0.671)		(0.660)
소득 ×		−0.030		−0.254
학력(대졸 = 1)		(0.596)		(0.589)
소득 ×		−0.277		−0.425
학력(대학원졸 = 1)		(0.954)		(0.923)
모형적합도 지수				
맥파든(McFadden's) 임의 R^2		0.015		0.014
이탈도(deviance)		6346.459***		6348.281***
통계치(자유도)		(24)		(24)
AIC		6398.459		6400.281
BIC		6526.371		6528.193
log(θ)		−0.223**		−0.214**
		(0.083)		(0.082)

알림. $+p<.10$, $^{*}p<.05$, $^{**}p<.01$, $^{***}p<.001$. N=1,012. 허들 회귀모형과 영포화 회귀모형은 `pscl` 패키지(version 1.5.2)의 `zeroinfl()` 함수를 이용하여 추정하였음.

〈표3〉의 결과에서 먼저 카운트-모형 부분을 살펴봅시다. 모수추정 결과가 동일하지는 않지만 크게 다르지 않은 것을 알 수 있습니다. 물론 자세히 살펴보시면 회귀계수의 절댓값을 기준으로 허들 모형의 추정값보다 영포화 회귀모형의 추정값이 다소 작은 것을 발견하실 것입니다.

이제 다음으로 제로-모형 추정결과를 먼저 비교해 봅시다. 아마도 독자분들은 허들 회귀모형의 제로-모형 추정결과와 영포화 회귀모형의 제로-모형 추정결과가 상반된다는 점에 매우 크게 놀라실 수도 있습니다. 예를 들어 성별변수의 경우 허들 회귀모형을 사용하였을 경우 회귀계수가 b=.379, p<.01로 나온 반면, 영포화 회귀모형을 사용하였을 때에는 b=-.334, p=.078의 값이 나타났습니다. 하지만 제가 여러 차례 이야기드렸던 것을 다시 떠올려 보시기 바랍니다. 허들 회귀모형의 경우 회귀계수가 +일 경우는 양의 정수값이 예측될 확률을 의미하며, 영포화 회귀모형의 경우 회귀계수가 +인 경우는 0의 값이 예측될 확률을 의미합니다. 다시 말해 두 모형 모두에서 남성보다는 여성일수록 양의 정수값이 나타날 가능성이 높다는 것, 즉 여성이 자원봉사참여자가 될 가능성이 높다는 것을 의미합니다(일단 통계적 유의미성 판단기준을 α=.10으로 잡아 봅시다). 즉 두 모형의 제로-모형 추정결과는 달라보이지만 실제로 다른 것은 아닙니다. 〈표3〉의 결과를 살펴보시면 아시겠지만, 성별뿐만이 아니라 학력의 경우에도 두 모형의 부호가 정반대로 나타나는 것을 확인하실 수 있습니다. 허들 회귀모형과 영포화 회귀모형의 비교를 위해 '성별' 변수의 제로-모형과 카운트-모형의 회귀계수를 같이 설명하면 다음과 같습니다.

- 허들 회귀모형: 자원봉사참여활동이 0인 응답자를 자원봉사참여의사가 전혀 없는 사람이라고 간주해 보자. 이때 다른 변수들의 효과를 통제하였을 때, 자원봉사 참여자가 될 확률은 여성이 남성보다 약 5%가량 통계적으로 유의미하게 높으며(남성, $.808=\frac{1}{1+e^{-1.439}}$; 여성, $.860=\frac{1}{1+e^{-1.439+.379}}$, p<.01)[4], 자원봉사참여자 중에서도 여성은 남성보다 자원봉사 참여횟수가 약 1.36배 가량 통계적으로 유의미하게 높다(1.362 $\approx e^{(.309)}$, p<.001).

---

4 R을 이용해 다음과 같이 구할 수 있다.

```
> plogis(1.439+.379)-plogis(1.439)
[1] 0.05202622
```

- 영포화 회귀모형: 자원봉사참여활동이 0인 응답자에 자원봉사참여의사가 전혀 없는 사람과 잠재적 자원봉사참여자가 섞여 있다고 가정해 보자. 이때 다른 변수들의 효과를 통제하였을 때, 자원봉사참여자가 될 확률은 남성보다 여성이 약 40%가량 높지만 통상적인 통계적 유의도 수준에서 뚜렷한 차이라고 보기 어렵고($1.397 \approx e^{-(-.334)}$, $p < .10$), 자원봉사참여자들 중에서도 여성은 남성보다 자원봉사참여횟수가 약 1.38배 가량 통계적으로 유의미하게 더 높다($1.377 \approx e^{(.320)}$, $p < .001$).

이상의 사례에서 볼 수 있듯 영포화 회귀모형은 앞서 소개한 허들 회귀모형과 함께 과도하게 0이 발견되는 환경에서 매우 유용하게 사용할 수 있는 모형입니다. 하지만 0이라는 값을 어떻게 개념화하는가에 따라 현상에 대한 해석이 달라질 수 있습니다. R을 이용하여 모형추정 결과를 얻는 방법도 유용하겠지만, 보다 중요한 것은 현상을 어떤 시각으로 어떻게 모형화하는가를 비판적으로 인식하는 것입니다. 앞서 토빗 모형과 완전절단회귀모형에서도 말씀드렸듯, 현상에 대한 잘못된 가정에 기반한 모형추정은 현상을 왜곡하여 인식하게 만들 수 있기 때문입니다.

끝으로 '0'의 발생확률 추정이라는 점에서 제4부에서 소개하였던 모형들을 비교해 봅시다. 제1장의 포아송 회귀모형과 제2장의 음이항 회귀모형의 경우 0의 발생확률을 포아송 분포 혹은 음이항 분포의 맥락에서 예측합니다. 반면 제3장의 허들 회귀모형과 이번 장에서 살펴본 영포화 회귀모형의 경우 0을 예측하는 별도의 방정식('제로-모형')을 추가로 모형에 구상하여 반영하였습니다. 그렇다면 이들 모형들은 얼마나 '0'을 잘 예측하고 있을까요? 즉 허들 회귀모형이나 영포화 회귀모형은 0을 정말 잘 다루고 있는 것일까요? 이를 알아보기 위해 다음과 같은 R 프로그래밍을 시도했습니다.

```
> # 지금까지 다룬 모형들은 0을 얼마나 잘 예측하는가?
> zero_est=tibble(
+   zero_obs=sum(data_ps$volunt2<1),
+   zero_ps=sum(dpois(0,fitted(m2_ps))),
+   zero_nb=sum(dnbinom(0,fitted(m2_nb),m2_nb$theta)),
+   zero_hdps=sum(predict(m2_p_hdps,type = "prob")[,1]),
+   zero_hdnb=sum(predict(m2_nb_hdnb,type = "prob")[,1]),
+   zero_zips=sum(predict(m2_p_zips,type = "prob")[,1]),
+   zero_zinb=sum(predict(m2_nb_zinb,type = "prob")[,1])
+ )
```

```
> zero_est
# A tibble: 1 x 7
  zero_obs zero_ps zero_nb zero_hdps zero_hdnb zero_zips zero_zinb
     <int>   <dbl>   <dbl>     <dbl>     <dbl>     <dbl>     <dbl>
1      323    1.25    1.74       323       323       323       324
```

위의 결과에서 볼 수 있듯 횟수형 종속변수의 평균이 큰 반면 '0'이 과도하게 발생하는 경우 일반 포아송 회귀모형(zero_ps)이나 일반 음이항 회귀모형(zero_nb)은 0의 과도발생 현상을 적절하게 예측하지 못합니다. 반면 허들 회귀모형(zero_hdps, zero_hdnb)이나 영포화 회귀모형(zero_zips, zero_zinb)은 0의 발생을 상당히 잘 예측하고 있습니다.

모형추정 결과 시각화

〈표3〉의 결과를 시각화해 봅시다. 허들 회귀모형과 마찬가지로 영포화 회귀모형의 경우도 0과 0이 아닌 양수가 나타날 확률을 추정할 수 있습니다. 다시금 강조합니다만, 0이 발생할 확률은 구하는 방법은 '기술적으로는(technically)' 두 모형이 동일하지만, 0의 의미가 서로 다르다는 것 잊지 마시기 바랍니다. 아무튼 0의 발생확률을 추정하려면 영포화 회귀모형의 경우도 predict() 함수를 이용하고 type='prob' 옵션을 지정하신 후, 첫 번째 칼럼만 추려내면 됩니다. 허들 회귀모형과 영포화 회귀모형의 모형추정 결과의 차이를 시각화한 결과는 〈그림1〉과 같습니다.

```
> # 소득과 성별의 2원 상호작용효과 : 영포화 음이항 회귀모형
> # 예측용 데이터
> myfig1=data_ps %>%
+   data_grid(log10inc2C,female2,age2C=0,educ2) %>%
+   filter(educ2=="123초등졸") %>%
+   mutate(
+     gender=ifelse(female2==1,"여성","남성"),
+     gender=fct_relevel(gender,"여성"),
+     inc2=10^(log10inc2C+mean(exdata1$log10inc2))
+   )
> # 예측변수의 수준에 따른 참여확률 추출
> myfig1$predy_prob_z=predict(m2_nb_zinb,myfig1,type='prob')[,1]
> myfig1$predy_prob_h=predict(m2_nb_hdnb,myfig1,type='prob')[,1]
```

```
> long_myfig1=myfig1 %>%
+   select(inc2,gender,starts_with("predy_")) %>%
+   gather(key=model,value=prob0,-inc2,-gender) %>%
+   mutate(model=ifelse(model=="predy_prob_z","zero-inflated","hurdle"))
> # 시각화 : 참여 여부
> long_myfig1 %>%
+   ggplot(aes(x=inc2,y=prob0,color=gender))+
+   geom_line(size=1)+
+   coord_cartesian(ylim=c(0,0.4))+
+   scale_y_continuous(breaks=.1*(0:4))+
+   labs(x="연소득(단위, 만원)",
+        y="자원봉사 참여확률\n(참여자 vs. 비참여자)",color="성별")+
+   theme_bw()+theme(legend.position="top")+
+   facet_wrap(~model)
```

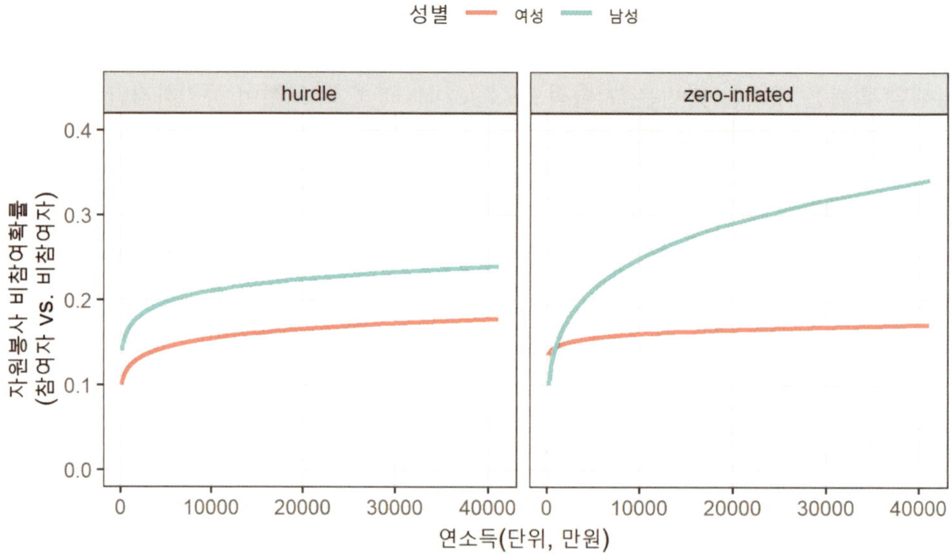

그림1. 허들 음이항 회귀모형과 영포화 음이항 회귀모형의 추정결과 비교(응답자의 소득과 성별에 따른 자원봉사 비참여확률 변화 양상)

여성의 경우는 별 차이가 나타나지 않았으나 남성의 경우 두 모형의 추정값 패턴이 상당히 다릅니다. 그 이유는 바로 '0'의 의미가 두 모형에서 다르기 때문입니다. 허들 회귀모형의 경우 0의 발생확률은 순수하게 제로-모형에 의해 설명됩니다. 하지만 영포화 회귀모형의 경우 0의 발생확률이 제로-모형과 카운트-모형 두 가지에 의해 같이 설명됩니다. 다시 말해 〈표3〉의 허들 회귀모형 중 카운트-모형에서 추정된 소득의 회귀계수 b=-1.235는 〈그림1〉에 반영되어 나타나지 않지만, 영포화 회귀모형 중 카운트-모형에서 추정된 소득의 회귀계수 b=-.979는 〈그림1〉에 반영되어 있습니다. 즉 소득이 높을수록 낮은 자원봉사 참여횟수가 나타날 가능성이 높으며, 이에 따라 중도절단점인 0의 값을 갖는 응답자도 나타날 가능성이 높은데, 바로 이런 패턴이 〈그림1〉의 오른쪽 그래프에 반영된 것입니다.

그렇다면 자원봉사참여자의 자원봉사참여횟수와 표본전체의 자원봉사참여횟수는 소득과 성별에 따라 어떻게 다를까요? 허들 회귀모형과 마찬가지로 영포화 회귀모형의 경우도 `predict()` 함수를 이용하며 `type='count'` 옵션을 지정할 경우는 양의 정수값인 경우의 종속변수 기대값을, `type='count'` 옵션을 지정한 경우는 전체 표본의 종속변수 기대값을 추출할 수 있습니다. 허들 회귀모형과 영포화 회귀모형의 모형추정 결과의 차이를 시각화한 결과는 〈그림2〉와 같습니다.

```
> # 예측변수의 수준에 따른 참여자들의 참여횟수 기대값 추출
> myfig1$predy_count_z=predict(m2_nb_zinb,myfig1,type='count')
> myfig1$predy_count_h=predict(m2_nb_hdnb,myfig1,type='count')
> # 예측변수의 수준에 따른 모든 응답자 참여횟수 기대값 추출
> myfig1$predy_resp_z=predict(m2_nb_zinb,myfig1,type='response')
> myfig1$predy_resp_h=predict(m2_nb_zinb,myfig1,type='response')
> myfig1 %>%
+  select(inc2,gender,predy_resp_z,predy_resp_h,predy_count_z,predy_count_h) %>%
+  gather(key=type,value=predy,-inc2,-gender) %>%
+  mutate(
+   sample=ifelse(str_detect(type,"predy_resp"),"모든 응답자 포함","참여자만 포함"),
+    type=ifelse(str_detect(type,"_z"),
+            "zero-inflated negative binomial\nregression model",
+            "hurdle negative binomial\nregression model")
+  ) %>%
+  ggplot(aes(x=inc2,y=predy,color=gender))+
+  geom_line(size=1)+
+  coord_cartesian(ylim=c(0,25))+
+  scale_y_continuous(breaks=5*(0:7))+
+  labs(x="연소득(단위, 만원)",
+      y="자원봉사활동 참여 횟수",color="성별 ")+
+  theme_bw()+theme(legend.position="top")+
+  facet_grid(type~sample)
```

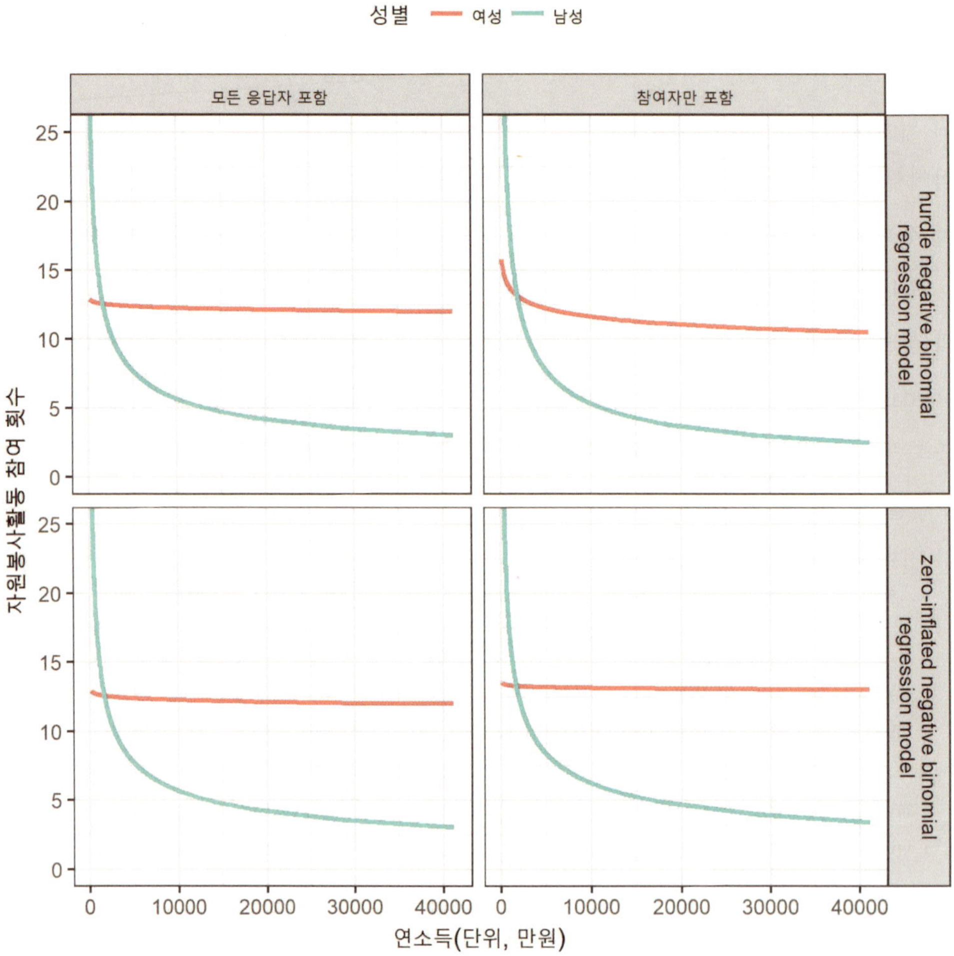

그림2. 허들 음이항 회귀모형과 영포화 음이항 회귀모형의 추정결과 비교(응답자의 소득과 성별에 따른 자원봉사 참여자의 참여횟수와 전체응답자의 참여횟수 변화 양상)

끝으로 제1장에서 살펴본 일반 포아송 회귀모형, 제2장에서 소개한 일반 음이항 회귀모형, 제3장에서 최종선택했던 허들 음이항 회귀모형, 그리고 이번 장에서 최종선택한 영포화 음이항 회귀모형의 모형 예측값은 어떨까요? 마찬가지로 소득변화를 원인으로, 성별을 조절변수로, 종속변수는 표본전체의 자원봉사활동 참여횟수로 가정한 후, 네 가지 모형의 예측값이 어떻게 다른지를 한번 살펴봅시다.

```
> # 포아송, 음이항, 허들 음이항, 영포화 음이항 회귀모형 비교
> myfig1=data_ps %>%
+  data_grid(log10inc2C,female2,age2C=0,educ2) %>%
+  filter(educ2=="123초등졸") %>%
+  mutate(
+   gender=ifelse(female2==1,"여성","남성"),
+   gender=fct_relevel(gender,"여성"),
+   inc2=10^(log10inc2C+mean(exdata1$log10inc2))
+  )
> # 예측값 저장
> myfig1 = myfig1 %>% mutate(
+  predy_ps=predict(m2_ps,.,type='response'),
+  predy_nb=predict(m2_nb,.,type='response'),
+  predy_hdnb=predict(m2_nb_hdnb,.,type='response'),
+  predy_zinb=predict(m2_nb_zinb,.,type='response')
+ )
> # 시각화를 위한 데이터 사전처리
> myfig1_long = myfig1 %>%
+  select(inc2,gender,starts_with("predy_")) %>%
+  gather(key=model,value=value,-inc2,-gender) %>%
+  mutate(model=fct_recode(model,
+                     "Poisson"="predy_ps",
+                     "Negative binomial"="predy_nb",
+                     "Hurdle negative binomial"="predy_hdnb",
+                     "Zero-inflated negative binomial"="predy_zinb"),
+      model=fct_reorder(model, row_number())
+  )
> myfig1_long_subset=myfig1_long %>% filter(inc2==max(inc2))
> # 비교
> ggplot()+
+  geom_line(data=myfig1_long,aes(x=inc2,y=value,color=model))+
+  geom_point(data=myfig1_long_subset,
+          aes(x=inc2,y=value,shape=model,color=model),
+          size=2)+
+  coord_cartesian(ylim=c(0,20))+
+  scale_y_continuous(breaks=5*(0:4))+
+  labs(x="연소득(단위, 만원)",
+      y="자원봉사활동 참여 횟수\n(참여/비참여자 모두 포함)",
+      color="모형",shape="모형")+
+  theme_bw()+theme(legend.position="top")+
+  facet_wrap(~gender
```

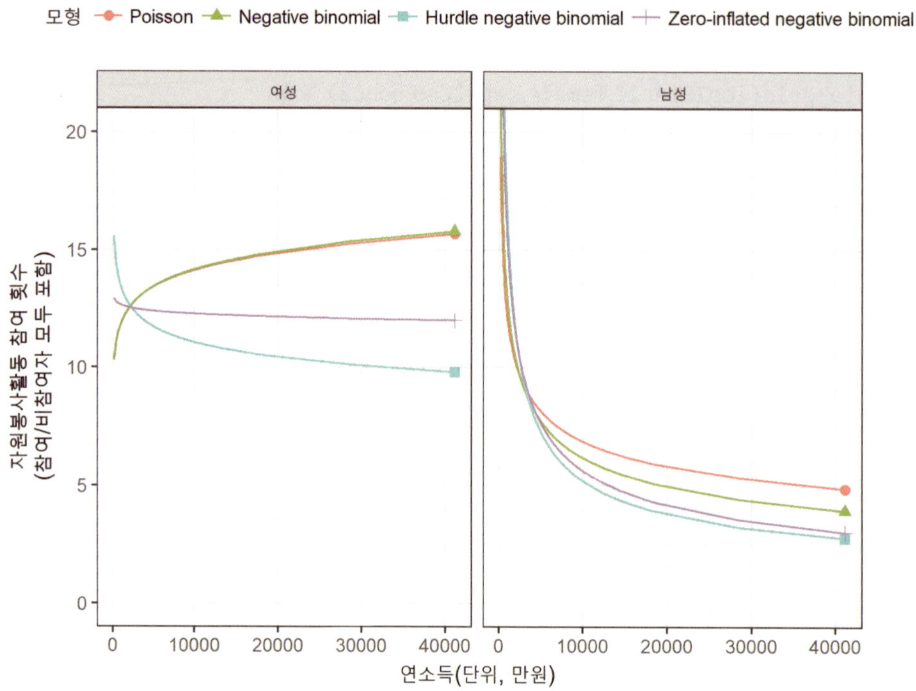

그림3. 일반 포아송 회귀모형, 일반 음이항 회귀모형, 허들 음이항 회귀모형과 영포화 음이항 회귀모형의 추정 결과 비교(응답자의 소득과 성별에 따른 전체응답자의 자원봉사참여횟수 변화 양상)

〈그림3〉은 네 가지 모형이 어떻게 서로 다른지를 잘 보여줍니다. 우선 일반 포아송 회귀모형과 일반 음이항 회귀모형은 서로 비슷한 패턴을 보이고, 허들 음이항 회귀모형과 영포화 음이항 회귀모형은 서로 비슷하게 묶입니다. 하지만 여성 응답자의 경우 영포화 음이항 회귀모형으로 추정하였을 때는 소득이 자원봉사참여횟수에 미치는 효과가 거의 나타나지 않았으나, 허들 음이항 회귀모형으로 추정하였을 때는 소득에 따라 자원봉사참여횟수가 감소하는 것이 나타납니다.

제4부에서는 횟수형 종속변수에 대해 적용 가능한 모형들로 포아송 회귀모형, 음이항 회귀모형, 허들 회귀모형, 영포화 회귀모형들을 살펴보았습니다. 지금까지의 결과들을 살펴볼 때, 제4부에서 살펴본 `exdata1.csv` 데이터의 자원봉사참여횟수(`volunt2` 변수)의 경우 0이 과도하게 발생하는 것을 알 수 있습니다. 또한 과도한 0의 발생을 추정하는 허들 회귀모형과 영포화 회귀모형 중 어느 하나를 사용한다고 하더라도, 연구자가 0을 어떻게 개념화하는가에 따라 선택되는 모형이 다르고 모형추정 결과를 통해 얻을 수 있는 함의도 달라질 가능성이 존재한다는 것을 알 수 있었습니다.

categorical latent variable

5부
범주형 잠재변수

Regression models for limited dependent variable using R

1장 잠재집단분석 모형

잠재변수 용어의 사용맥락과 그 의미

제5부에서 소개할 모형은 잠재집단분석(LCA, latent class analysis) 모형과 잠재프로파일 분석(LPA, latent profile analysis) 모형, 그리고 시계열 데이터에 잠재집단분석 모형을 확장·적용한 모형으로 잠재전이분석(LTA, latent transit analysis) 모형입니다. 모형의 이름에서도 명확하게 드러나듯 잠재집단분석 모형은 데이터의 관측변수들(observed variables)을 설명·예측할 수 있는 '잠재변수(latent variable)'를 분석하는 모형입니다.

잠재집단분석 모형에 대해서 설명하기 전에 우선 '잠재변수'라는 용어의 의미를 사용맥락에 맞게 이해할 필요가 있습니다. 제2부에서 다루었던 중도절단(censored) 종속변수에 적용했던 토빗 모형, 완전절단(truncated) 종속변수에 적용했던 완전절단회귀모형의 경우에도 잠재변수를 언급하였습니다. 제3부에서 다루었던 순위범주형 종속변수 혹은 무순위범주형 종속변수의 경우에도 잠재변수를 언급한 바 있습니다. 제4부에서 소개한 횟수형 종속변수에 적용하는 모형들에서도 잠재변수 개념이 사용되었습니다. 물론 제2부~제4부까지 다룬 잠재변수 개념 각각은 데이터가 분석되는 맥락에 따라 조금씩 다릅니다.

하지만 지금까지 사용했던 잠재변수들은 한 가지 공통점이 있습니다. 즉 앞서 소개한 모형들의 잠재변수는 관측변수의 측정상 한계를 극복하기 위해 모형추정 과정에서 가정한 존재이며, 잠재변수 그 자체를 이용해 데이터가 반영하는 현실을 설명하지는 않습니다. 이를테면 토빗 모형의 경우 측정의 불완전성을 보완하기 위해 정규분포에 맞게 측정된 잠재변수를 가정합니다. 잠재변수를 설정한 이유는 바로 종속변수 측정과정에서 나타난 불완전성을 극복하기 위한 것입니다. 일련의 로지스틱 회귀모형도 마찬가지입니다. 이항 로지스틱 회귀모형의 경우 연속형 변수로 측정된 잠재변수를 가정한 후, 특정 역치(threshold)를 넘는 경우는 '1'의 값으로, 역치를 넘지 못하는 경우는 '0'의 값을 부여합니다. 회귀모형을 통해 잠재변수를 설명한 후, 이를 연결함수를 이용해 변환하여 1의 값이 나타날 확률을 추정하는 것이 이항 로지스틱 회귀모형이며, 잠재변수는 0/1이라는 두 가지 범주를 갖는 종속변수를 설명하는 도구 역할을 합니다[`family=binomial(link='logit')` 옵션을 떠올리시기 바랍니다]. 포아송 회귀모형 역시 마찬가지입니다. 0 미만의 값이 나타나지 않는 횟수형 종속변수의 특징에 맞게 지수함수를 사용하며, 이 과정에서 발생하는 잠재변수를 원래의 관측된 값으로 환원하는 링크함수를 사용합니다[`family=poisson(link='log')` 옵션을 떠올려 보세요].

반면 제5부에서 소개해 드릴 잠재집단분석 모형과 그 파생모형들에서 말하는 잠재변수는 그 성격이 매우 다릅니다. 여기서는 잠재변수 그 자체를 이용하여 데이터가 반영하는 현실을 설명하고자 합니다. 즉 앞서 소개한 모형들의 잠재변수가 모형추정 과정에서 존재하는 변수라면, 잠재집단분석 모형의 잠재변수는 모형추정 결과로 존재하는 변수입니다. 따라서 '잠재변수(latent variable)'라는 동일한 용어를 사용하더라도 목적과 쓰임이 매우 다릅니다. 잠재변수라는 용어의 사용방식과 의미에 대해 오해가 없길 부탁드립니다.

개요

일반적으로 어떤 사람을 보고는 "그 사람은 ○○○ 스타일의 사람이야"라고 말을 합니다. 이를테면 "연예인 A는 엄친아 스타일이다"라고 이야기할 때, 우리는 '엄친아'라는 범주를 가정하고 이야기하며, 이 범주에 속하는 사람의 속성들에 대한 평가기준을 갖고 있습니다. 비록 '엄친아'가 학문적 개념은 아니지만, 제가 아는 바로는 '특정 속성들을 만족시키는 특정 젊은이 집단(a class of young people holding certain features)'이라고 정의할 수 있다고 봅니다. 어떤 젊은이가 엄친아인지는 어떻게 판단할 수 있을까요? 아마도 보통은 다음의 외모, 성격, 능력 3가지가 아닐까 싶네요. 즉 '외모'는 준수하고, '성격'은 원만하며, '능력'은 탁월한 젊은이라면 아마도 '엄친아'가 아닐까요?

만약 외모, 성격, 능력이 2개 수준으로 구성되어 있다면, 어떠한 젊은이든 집단을 최대 8개로 나눌 수 있을 것입니다($8=2^3$). 구체적으로 예를 들어 800명의 젊은이가 다음의 〈표1〉과 같이 분포되어 있다고 가정해 보세요.

표1. 2개 수준을 갖는 3가지 특성변수일 경우 개체의 집단구분

외모	성격	능력	집단	사례수
준수함	원만함	탁월함	집단1	100
		탁월하지 않음	집단2	100
	원만하지 않음	탁월함	집단3	100
		탁월하지 않음	집단4	100
준수하지 않음	원만함	탁월함	집단5	100
		탁월하지 않음	집단6	100
	원만하지 않음	탁월함	집단7	100
		탁월하지 않음	집단8	100

그렇지만 실제 젊은이 집단수는 위의 가능한 조합 수보다 적을 가능성이 높습니다. 예를 들어 성격과 능력이 아주 밀접한 관계를 갖고 있다고 가정해 보세요. 극단적으로 성격이 좋은 젊은이는 언제나 능력이 좋다고 가정해 봅시다. 이 경우 '집단2'와 '집단3' 그리고 '집단6'과 '집단7'은 존재하지 않습니다. 이렇게 가정할 경우 800명의 젊은이는 총 4개 집단으로 구분되겠죠. "성격이 좋은 젊은이는 언제나 능력이 좋다"는 가정은 설명의 편의를 위한 극단적 가정입니다. 현실적으로는 "성격이 좋은 젊은이는 능력이 좋을 가능성이 높다"정도일 것이고, 상황에 따라 "외모가 준수하지 않은 젊은이의 경우 성격이 좋을수록 능력이 좋지만, 외모가 준수한 젊은이의 경우 성격이 좋으면 능력이 떨어진다"와 같이 다양한 가능성들이 나타날 것입니다. 즉 성격과 특성의 두 변수가 서로 상관관계를 갖는 경우, 상관관계의 수준에 따라 젊은이들을 4~8개의 집단으로 나눌 수 있을 것입니다.

LCA 모형은 주어진 n개의 특성 변수들(features)의 조합을 설명할 수 있는 k수준의 범주형 잠재변수를 설정한 후, 특정 개체가 어떤 수준의 범주에 해당되는지 설명·예측하는 일련의 모형들이라고 볼 수 있습니다.[1] 이러한 LCA 모형은 사회과학에서 매우 빈번하게

1 LCA 모형에 대한 보다 포괄적인 설명을 원하시는 분들은 콜린스와 란자(Collins & Lanza, 2010)를 참조

사용하는 탐색적 인자분석(EFA, exploratory factor analysis) 모형과 개념적으로 매우 유사합니다. 왜냐하면 EFA 모형은 n개의 연속형 관측변수들을 설명하는 k개의 인자(factor), 즉 연속형 잠재변수(단 $k<n$)를 추정하는 통계기법이기 때문입니다. 흔히 EFA 모형을 차원축소 기법(dimension reduction technique)이라고 부르는 이유는 n보다 작은 k개의 연속형 잠재변수들로 주어진 n개의 연속형 관측변수를 설명·예측하기 때문입니다. LCA 모형 역시 마찬가지입니다. 앞서 설명해 드렸듯 n개의 특성변수들의 조합으로 나타나는 집단들보다 작은 k개의 집단을 설정한 후 그 집단의 발견 확률을 추정하기 때문입니다. 다른 점이 있다면 EFA는 관측변수와 잠재변수 모두가 연속형 변수로 가정되는 반면, LCA 모형에서는 관측변수와 잠재변수 모두가 범주형 변수로 가정된다는 점입니다.[2]

관측변수와 잠재변수의 성격이 서로 다르지만, LCA 모형과 EFA 모형은 매우 유사합니다.[3] LCA 모형 추정과정에서 해당 용어를 보다 자세하게 다시 설명해 드리겠지만, 유사한 점을 나열하자면 다음과 같습니다. 본서의 목적은 LCA 모형을 설명하는 것이기 때문에, EFA 모형에 대한 설명은 별도로 제시하지 않았습니다. 따라서 EFA 모형에 관한 용어

하시기 바랍니다. 제가 아는 범위 내에서 콜린스와 란자(Collins & Lanza, 2010)보다 LCA 모형이나 LTA 모형을 쉽게 설명한 안내서는 없습니다.

2 다소의 오해가 있을 수 있습니다. 최근에는 잠재변수는 범주형 변수이지만, 관측변수 중 일부는 연속형이고 또 일부는 범주형 변수 혹은 횟수형 변수인 경우 사용되는 LCA 모형들도 제시되고 있습니다. 본서에서는 소개하는 패키지는 아니지만 `depmixS4` 패키지의 `mix()` 함수에는 관측변수의 특성에 따라 분포함수를 다르게 설정할 수 있습니다. 참고로 `depmixS4` 패키지 개발자는 LCA 모형이라는 이름 대신 혼합모형(mixture model)이라는 이름을 쓰고 있습니다. LCA 모형과 혼합모형은 개념적으로 거의 다르지 않지만(적어도 제 생각으로는), 적용범위라는 점에서 본다면 혼합모형이 LCA 모형보다 포괄적 모형이라고 볼 수 있습니다.

3 잠재변수를 상정하고 추정하는 다른 모형들로는 잠재프로파일분석(latent profile analysis) 모형, 문항반응이론(item response theory) 모형 등이 있습니다(Collins & Lanza, 2010, pp. 6-7). 콜린스와 란자(Collins & Lanza, 2010)의 분류를 따르면 잠재 프로파일 분석모형은 k개 범주를 갖는 범주형 잠재변수를 이용해 연속형 관측변수들을 설명하는 모형이며, 문항반응이론은 k개의 연속형 잠재변수로 범주형 관측변수들을 설명하는 모형입니다. 그러나 저 개인적으로는 잠재 프로파일 분석은 본서에서 소개하는 LCA 모형과 같은 계통의 모형이고, 문항반응이론 모형들은 인자분석 모형과 같은 계통의 모형이라고 생각합니다. 이런 이유로 본서에서는 LCA 모형의 파생형태 중 하나로 잠재변환분석(LTA) 모형을 소개하였습니다. 본서에서는 소개하지 않았으나 문항반응이론(IRT) 모형의 가장 간단한 형태라고 할 수 있는 3P(three-parameters) 로지스틱 모형을 '다층모형' 맥락에서 설명한 바 있습니다(백영민, 2018b).

들, 이를테면 카이저 규칙(Kaiser's rule, 연속형 잠재변수의 아이겐값이 1보다 큰 연속형 잠재변수만을 인자로 포함시키는 방법)이나 평행분석(parellel analysis, 재표집 기법을 통해 적절한 수의 인자수를 확정짓는 방법) 등의 경우, 별도의 문헌(백영민, 2018a; Fabrigar & Wegener, 2012)을 참조하시기 바랍니다.

표2. 탐색적 인자분석 모형과 잠재집단분석 모형 비교

	탐색적 인자분석(EFA) 모형	잠재집단분석(LCA) 모형
목적	• k 개의 연속형 잠재변수를 추출($k\geq 1$)	• k 개의 범주를 갖는 무순위범주형 잠재변수를 추출($k\geq 1$)
k 설정방법	• 카이저 규칙(Kaiser's rule) • 평행분석(parallel analysis)	• AIC, BIC 지수를 이용하여 최적의 k 결정
잠재변수와 관측변수의 관계	• 인자적재치(factor loading)를 통해 어떤 측정항목과 어떤 잠재변수가 밀접하게 연관되어 있는지를 추정	• k번째 집단의 문항-반응 확률(item-response probability)을 추정하여 어떤 문항이 어떤 집단의 특성을 주도하는가를 추정
잠재변수값 추정	• 인자적재치를 이용하여 특정 개체의 첫 번째부터 k번째까지의 연속형 잠재변수값 추정	• 문항-반응 확률값을 기반으로 특정 개체가 k번째 집단에 속할 확률값 추정
잠재변수명 · 잠재집단명	• 현상을 잘 알고 있는 연구자가 첫 번째부터 k번째까지의 연속형 잠재변수의 이름을 부여. 즉 통계이론이 아닌 분과학문이론에 기반하여 잠재변수의 이름을 명명(命名)	• 현상을 잘 알고 있는 연구자가 첫 번째부터 k번째 잠재집단의 이름을 부여. 즉 통계이론이 아닌 분과학문이론에 기반하여 잠재집단의 이름을 명명(命名)

EFA 모형과 본서에서 다룰 LCA 모형은 위와 같은 유사성에도 불구하고 '접근법'이라는 측면에서 결정적인 차이점이 있습니다. '잠재변수 추정' 항목을 보시면 두 모형이 어떻게 근본적으로 다른지를 이해할 수 있습니다. EFA 모형이 완료된 후 연구자가 얻는 것은 k개의 잠재변수들입니다. 하지만 LCA 모형이 완료된 후 연구자가 얻는 것은 1개의 잠재변수의 k 개 집단입니다. 다시 말해 EFA 모형으로는 n개의 관측변수를 k개의 잠재변수로 축약한 결과를 얻으며, LCA 모형으로는 n개의 개체를 k개의 집단(범주)으로 축약한 결과를 얻습니다. 이 때문에 EFA 모형을 '변수중심 접근법(variable-centered approach)'이라고 부르며, LCA 모형을 '개체중심 접근법(person-centered approach)'이라고 구분하기도 합니다.

이제는 좀 더 구체적으로 LCA 모형을 살펴봅시다. 먼저 예시 데이터 중 exdata2.csv를 불러와 봅시다. 해당 데이터는 총 10,044명의 응답자와 23개의 변수로 구성되어 있습니다. 우선 제1장에서는 "CESD_w2"라는 이름으로 시작하는 9개의 관측변수들만 사용할 것입니다. 참고로 이들 9개 관측변수들은 응답자의 우울증 수준을 상이한 측정항목으로 측정한 것입니다. 각 관측변수에 대한 응답은 '그렇다'와 '아니다'의 2가지입니다. 데이터에 대한 보다 자세한 소개가 궁금하신 분께서는 제1부를 참조하시기 바랍니다. "CESD_w2"라는 이름으로 시작하는 변수들의 경우 '1없음'은 2로 '2있음'은 1로 변환하였고, 이분형 변수는 요인형으로 다 변환하였습니다. exdata2.csv 데이터에 대한 사전처리과정은 아래와 같습니다.

```
> library('poLCA')
> library('tidyverse')
> # 데이터 불러오기
> setwd("D:/2019_year/Categorical_Data_Analysis")
> data_lca_ch1 = read_csv("exdata2.csv") %>%
+   mutate_at(
+     vars(starts_with("CESD_w2")),
+     funs(factor(ifelse(.=="2있음",1,2)))
+   ) %>% select(starts_with("CESD_w2"))
Parsed with column specification:
cols(
  .default = col_character(),
  id = col_integer(),
  female2 = col_integer(),
  age2 = col_integer(),
  log10inc2 = col_double()
)
See spec(...) for full column specifications.
> data_lca_ch1
```

```
# A tibble: 10,044 x 9
   CESD_w2_1 CESD_w2_2 CESD_w2_3 CESD_w2_4 CESD_w2_5 CESD_w2_6
   <fct>     <fct>     <fct>     <fct>     <fct>     <fct>
 1 2         1         1         1         1         2
 2 2         2         2         2         2         2
 3 2         2         2         2         2         2
 4 1         1         1         1         2         2
 5 2         2         2         2         2         2
 6 2         2         1         2         2         2
 7 1         1         1         1         1         2
 8 1         2         2         2         1         2
 9 1         1         1         1         1         2
10 1         2         2         2         2         2
# ... with 10,034 more rows, and 3 more variables:
#   CESD_w2_7 <fct>, CESD_w2_8 <fct>, CESD_w2_9 <fct>
```

이제 각 문항별로 '그렇다'라는 응답비율이 얼마인지 계산해 봅시다. 모든 문항들이 이분변수이기 때문에 '그렇다'를 1로, '아니다'를 0으로 리코딩한 후 각 문항의 평균값을 구하면 '그렇다'의 응답비율을 얻을 수 있겠죠. 각 문항별 평균값을 계산하면 아래와 같습니다. 어떤 문항이 가장 높은 응답비율을 갖는지를 알아보기 위해 각 측정문항별로 라벨을 붙인 후, 응답비율이 높은 순서대로 정렬한 결과는 아래와 같습니다.

```
> # 각 문항별 '그렇다' 발생확률
> item_label=c('식욕 없음','상당히 우울','만사 어려움','잠 설침',
+              '외로움','차가운 대우','슬픈 마음',
+              '미움받음','의욕 상실')
> data_lca_ch1 %>%
+   mutate_all(funs(ifelse(.==1,1,0))) %>%
+   summarize_all(funs(mean(as.numeric(.)))) %>%
+   gather(key=var,value=average) %>%
+   mutate(item_label=item_label) %>%
+   arrange(desc(average))
```

```
# A tibble: 9 x 3
  var       average item_label
  <chr>       <dbl>  <chr>
1 CESD_w2_3  0.588   만사 어려움
2 CESD_w2_4  0.462   잠 설침
3 CESD_w2_2  0.378   상당히 우울
4 CESD_w2_1  0.354   식욕 없음
5 CESD_w2_7  0.349   슬픈 마음
6 CESD_w2_5  0.345   외로움
7 CESD_w2_9  0.316   의욕 상실
8 CESD_w2_6  0.0916  차가운 대우
9 CESD_w2_8  0.0689  미움받음
```

가장 빈번하게 발생하는 우울징조는 '만사가 어렵다는 느낌'과 '잠을 설치는 현상'입니다. 반면 '타인에게 차가운 대우를 받았다'든지 아니면 '미움을 받았다'든지 하는 느낌은 상대적으로 발생확률이 낮습니다. 다른 관측변수들의 경우 '그렇다'는 응답의 발생확률이 중간 정도 수준을 갖는 것을 알 수 있습니다. 위에서 얻은 결과도 현상을 이해하는 데 상당히 유용합니다. 하지만 이 결과는 응답자 전체를 하나의 집단으로 간주하여 얻은 결과이며, 이 결과를 통해 응답자들을 특정한 계층이나 집단(class, 범주)으로 분류하기는 어렵습니다.

만약 응답자들을 집단에 따라 구분하고 싶다면 어떻게 해야 할까요? LCA 모형에서는 관측된 '반응패턴(response pattern)'을 기반으로 잠재적 집단을 구분하여 추정합니다. 반응패턴이란 주어진 측정문항들(관측변수)에 대한 반응들의 집합(set)을 의미합니다. 우선 9개의 항목별 반응패턴을 살펴보겠습니다. '1 = 그렇다'이고 '2 = 아니다'인 응답을 기준으로 1번 응답자의 반응패턴은 다음과 같습니다. 1번 응답자는 2번, 3번, 4번, 5번, 7번, 9번 항목에 대해서는 '그렇다'라고 답을 했고, 1번, 6번, 8번 항목에 대해서는 '아니다'라고 답을 했습니다.

```
> # 1번 응답자의 반응패턴
> str_c("(",str_c(data_lca_ch1[1,],collapse=","),")")
[1] "(2,1,1,1,1,2,1,2,1)"
```

만약 이러한 반응패턴을 하나의 변수로 생성한다고 가정해 봅시다. 전체 10,044명의 응답자들에게 총 몇 개의 반응패턴이 존재할 것으로 생각하시나요? 생각하기 싫을 정도로 큰 숫자이기는 하지만 계산하는 것은 어렵지 않습니다. 각 측정문항이 2개 수준의 범주형 변수이기 때문에 이론적으로는 총 512개(2^9)의 반응패턴이 가능합니다. 먼저 데이터에 총 몇 개의 반응패턴이 존재하는지 살펴봅시다. 각 응답자의 반응패턴을 기록한 후 하나의 변수를 만들고, 이 변수의 빈도표를 구해보면 되겠죠. 제 경우 다음과 같은 방식으로 접근했습니다.

```
> # 9개의 이항변수들에 대한 응답은 몇 개의 패턴으로 축약 가능할까?
> group9=list()
> for (i in 1:dim(data_lca_ch1)[1]){
+   group9=bind_rows(group9,
+    tibble(pattern_response=str_c("(",str_c(data_lca_ch1[i,],collapse=","),")")))
+ }
> # 아래에서 보듯 총 366개의 패턴이 있습니다.
> group9 %>% count(pattern_response)
# A tibble: 366 x 2
   pattern_response       n
   <chr>              <int>
 1 (1,1,1,1,1,1,1,1,1)  231
 2 (1,1,1,1,1,1,1,1,2)   19
 3 (1,1,1,1,1,1,1,2,1)   71
 4 (1,1,1,1,1,1,1,2,2)   24
 5 (1,1,1,1,1,1,2,1,1)    5
 6 (1,1,1,1,1,1,2,1,2)    1
 7 (1,1,1,1,1,1,2,2,1)    3
 8 (1,1,1,1,1,1,2,2,2)    4
 9 (1,1,1,1,1,2,1,1,1)   41
10 (1,1,1,1,1,2,1,1,2)    4
# ... with 356 more rows
```

결과에서 알 수 있듯 총 366개의 반응패턴이 존재합니다. 다시 말해 512개 중 146개의 반응패턴은 이론적으로만 가능할 뿐 데이터 속에서는 발견되지 않는 반응패턴이었습니다. 위의 결과를 조금더 자세히 살펴보죠. 일단 첫 번째 반응패턴은 매우 단순합니다. 즉 총 231명의 응답자들은 9개의 측정문항에 대해 모두 그렇다라고 대답했습니다. 즉 이들 231명은 데이터에서 발견되는 가장 우울증 증세가 심한 사람이라고 볼 수 있습니다. 반면 6번째 반응패턴을 보시죠. 데이터에서 딱 한 명에게서만 나타난 반응패턴입니다. 이외에도 5번, 7번, 8번, 10번 반응패턴 역시 그 빈도수가 현저하게 낮은 것을 알 수 있습니다.

만약 이러한 가정을 해보면 어떨까요? "5번 응답자와 6번 응답자는 '관측된 반응패턴'이 다를 뿐이다. 이 차이는 측정오차에 의한 것에 불과하고 '잠재적 반응패턴'은 동일하다." 이렇게 사태를 바라본다면 반응패턴의 수를 줄이는 것이 가능할 것입니다. 다시 말해 관측된 반응패턴에서 오차라고 간주할 수 있는 부분을 뺀다면 k개의 잠재적 반응패턴으로 축약할 수 있을 것입니다. 예를 들어 6개의 잠재적 반응패턴으로 366개의 관측된 반응패턴을 설명할 수 있다고 가정해 봅시다(왜 6이라는 숫자를 택했는지는 조금 후에 최적의 집단수 k를 추정하는 과정에서 제시될 것입니다). 이렇게 보면 3개의 연속형 잠재변수로 20개의 관측변수들을 설명하는 탐색적 인자분석(EFA) 모형과 개념적으로 동일하다는 것을 느끼실 수 있을 것입니다.

위의 반응패턴을 빈도수가 높은 것부터 낮은 것으로 정렬해도 잠재적 반응패턴이 존재한다는 가정이 어느 정도 타당하다는 것이 잘 드러납니다. 아래를 보시죠. 아래 결과에서 1번 반응패턴과 2번 반응패턴은 거의 동일하다는 것이 느껴지실 것입니다. 또한 8번 반응패턴과 9번 반응패턴도 상당히 유사하죠.

```
> # 상위부터 나열하면 다음과 같죠.
> group9 %>% count(pattern_response) %>%
+   arrange(desc(n))
# A tibble: 366 x 2
   pattern_response      n
   <chr>             <int>
 1 (2,2,2,2,2,2,2,2,2)  2145
 2 (2,2,1,2,2,2,2,2,2)   689
 3 (1,1,1,1,1,2,1,2,1)   573
 4 (2,2,2,1,2,2,2,2,2)   429
 5 (2,2,1,1,2,2,2,2,2)   336
 6 (1,2,2,2,2,2,2,2,2)   240
 7 (1,1,1,1,1,1,1,1,1)   231
 8 (1,1,1,1,1,2,1,2,2)   194
 9 (2,1,1,1,1,2,1,2,1)   185
10 (1,2,1,2,2,2,2,2,2)   182
# ... with 356 more rows
```

LCA 모형은 위와 같은 아이디어에서 출발합니다. 자세한 모형추정 과정은 조금 후에 제시하겠습니다만, 앞서 말씀드렸듯, 만약 위의 366개의 관측된 반응패턴이 6개의 잠재된 반응패턴으로 설명 가능하다면, 우리는 `exdata2.csv` 데이터의 10,044명의 응답자를 6개의 잠재집단(latent class)으로 분류할 수 있을 것입니다.

우선 적절한 방식으로 잠재집단이 6개 존재한다는 것을 추정하였고, LCA 모형을 통해 특정 개체가 이들 6개 잠재집단에 속할 확률을 구했다고 가정합시다. 이때 9개의 관측된 측정항목의 '그렇다' 응답확률이 6개 집단에 따라 어떻게 나타나는지 계산할 수 있겠죠. 구체적으로 〈표3〉과 같은 결과를 얻을 수 있을 것입니다. 아래의 〈표3〉을 흔히 '문항-반응 확률(item-response probability)'라고 부릅니다. 문항-반응 확률은 EFA 모형에서 측정된 관측변수와 잠재된 인자의 연관관계를 나타내는 인자적재치(factor loadings)와 개념적으로 동일합니다.

표3. 6개 잠재집단별 9개 측정항목의 '그렇다' 응답확률

	1번집단	2번집단	3번집단	4번집단	5번집단	6번집단
만사 어려움	**0.674**	**0.982**	**0.976**	**0.726**	**0.756**	0.210
미움받음	0.000	0.009	**0.894**	**0.677**	0.002	0.002
상당히 우울	**0.629**	**0.917**	**0.942**	**0.355**	0.291	0.016
슬픈 마음	**0.707**	**0.911**	**0.965**	**0.534**	0.095	0.017
식욕 없음	0.273	**0.746**	**0.788**	0.245	**0.440**	0.095
외로움	**0.612**	**0.845**	**0.936**	**0.448**	0.164	0.037
의욕 상실	0.282	**0.742**	**0.933**	**0.525**	0.307	0.032
잠 설침	**0.472**	**0.827**	**0.889**	**0.490**	**0.573**	0.160
차가운 대우	0.071	0.080	**0.848**	**0.546**	0.025	0.006

알림. 문항-반응 확률(item-response probability)이 9개 측정항목의 '그렇다' 응답확률의 중앙값인 .350을 넘는 경우 진하게 표기하였음. 잠재집단분석 모형 추정결과는 poLCA 패키지(version 1.4.1)의 poLCA() 함수를 사용하였음.

위의 〈표3〉의 결과를 해석하는 것이 어렵지는 않을 것입니다. 예를 들어 '만사 어려움' 항목의 경우, 2번 집단과 3번 집단으로 분류된 응답자 중 약 98%가 그렇다고 응답하였으며, 1번 집단, 4번집단, 5번 집단으로 분류된 응답자는 약 67~76%가 그렇다고 응답했고, 6번집단으로 분류된 응답자는 약 21%가 그렇다고 응답했습니다. 반면 '차가운 대우'라는 측정문항의 경우 3번 집단에 속하는 응답자의 약 85%가, 그리고 4번 집단에 속하는 응답

자의 약 55%가 그렇다고 답을 한 반면, 나머지 집단들 중 하나에 속하는 응답자는 그렇다고 답할 확률이 매우 낮은 것으로 나타났습니다.

진짜 흥미로운 발견은 각 집단별 '그렇다' 응답확률의 분포입니다. 우선 3번 집단과 6번 집단이 눈에 띕니다. 6번 집단의 경우 거의 모든 항목에서 '그렇다'라고 응답할 확률이 낮습니다(.002 ~ .210). 반면, 3번 집단의 경우 거의 모든 항목에서 '그렇다'는 응답을 제시하였습니다(.788 ~ .976). 4번 집단도 '식욕 없음'을 제외한 대부분의 측정문항들에서 '그렇다'는 응답을 할 확률이 높았습니다만, 3번집단과 비교하면 그렇다고 응답할 확률이 전반적으로 낮은 편입니다(.355 ~ .726). 2번 집단의 경우 '미움받음'과 '차가운 대우'라는 항목에서는 그렇다고 답하지 않았으나, 다른 항목들에서는 전반적으로 '그렇다'라는 응답이 높게 나타났습니다(.742 ~ .982). 5번 집단의 경우 '만사 어려움', '식욕없음', '잠 설침'의 세 가지 문항에서 두드러지게 그렇다고 답할 확률이 높았고, 1번 집단의 경우 '만사 어려움', '상당히 우울', '슬픈 마음', '외로움', '잠 설침'의 항목들에서 그렇다는 응답이 두드러지게 나타났습니다.

EFA 모형추정을 해보신 분은 아마 동의하실 것으로 생각합니다만, EFA 모형추정 결과의 어려운 점 중 하나는 "잠재변수를 어떤 이름으로 불러야 하는가?"의 문제입니다. LCA 모형도 마찬가지입니다. 과연 1~6번까지의 6개 집단의 이름을 어떻게 불러야 할까요? 동일한 데이터에 대해 동일한 통계처리 프로그램을 사용할 경우 누가 분석해도 데이터 분석결과는 같습니다. 하지만 데이터 분석결과에 대한 해석은 제각각이죠. 마찬가지입니다. EFA 모형추정 결과나 LCA 모형추정 결과에 대해 어떤 의미의 라벨(semantic label)을 붙이는가는 데이터를 해석하는 사람 마음입니다. 그래서 저도 1~6번까지의 집단에 제가 생각하기에 적절한 라벨을 붙이겠습니다(이 부분에 대해 동의하지 않는 독자분이라도 일단 제가 붙인 라벨이 적절하다고 가정해 주시기 바랍니다).

- 1번집단: 신체 및 정신영역 경증(輕症)우울
- 2번집단: 신체 및 정신영역 중증(重症)우울
- 3번집단: 전방위의 중증우울
- 4번집단: 전방위의 경증우울
- 5번집단: 신체영역 우울
- 6번집단: 우울증상 없음

LCA 모형은 이러한 방식으로 9개 측정항목에 대한 응답을 이용하여 전체 응답자를 6개 집단으로 예측하는 것이 목적입니다.

이제 LCA 모형이 전반적으로 어떻게 진행되는지 이해하셨을 것으로 생각합니다. 자세한 부분은 R을 통해 어떻게 LCA 모형을 추정하는지 실습하면서 추가설명해 드리겠습니다. LCA 모형은 매우 흥미롭고 유용한 기법입니다. 우선 장점을 말씀드리면 다음과 같습니다. 무엇보다 복잡한 데이터가 간략해지기 때문에 현상을 이해하기 쉽습니다. 총 366개의 반응패턴을 분석하면 자세하게 분석할 수 있을지는 몰라도, 현상을 쉽게 이해하기는 어렵습니다. 그리고 분석결과 역시 독자나 청중들에게 쉽게 전달되지 않습니다. 반면 6개의 반응패턴, 즉 잠재집단으로 데이터를 설명하면 일반인의 우울성향이 어떠한지 간단하게 묘사할 수 있습니다. 또한 LCA 모형의 추정결과는 우리가 흔히 일상생활에서 언급하는 '인간형'이나 '전형'(stereotype)에 대한 생각을 잘 반영합니다. 즉 LCA 모형이 적절하게 추정되었다면 독자나 청중들도 쉽게 그 결과를 이해할 수 있습니다.

그러나 세상만사 좋은 것만 있을 수는 없습니다. 단점을 몇 가지 꼽자면 다음과 같습니다. 첫째, k개의 잠재집단이 존재한다고 가정하는데 왜 k개여야 하는지에 대한 필연적 이유가 없습니다. 물론 대부분의 LCA 모형에서는 데이터에 기반하여 k개의 잠재집단을 추출하는 것이 보통입니다. 따라서 연구자가 자의적으로 k를 결정하면서 생기는 문제는 적어도 데이터에 기반하여 k개의 잠재집단을 추출하는 일반적인 LCA 모형 추정과정에서는 존재하지 않습니다. 하지만 데이터에 기반하여 k개의 잠재집단을 추출하는 것이 언제나 타당하다고 할 수 있을지는 의심스럽습니다. 왜냐하면 데이터는 그때그때 달라지기 때문입니다. 다시 말해 같은 모집단을 대상으로 하더라도 표집을 어떻게 했는가에 따라 최적의 k수가 달라질 수 있고, 이에 따라 동일한 현상에 대한 해석도 표본에 따라 달라질 수 있습니다.

둘째, LCA 모형 추정결과는 간단할지 몰라도, LCA 모형의 추정과정에 대해서는 일반 독자나 청중은 잘 알지 못하며, 심지어 학계의 심사위원(reviewer)조차도 이해하지 못하는 경우가 적지 않습니다. 특히 학술논문을 쓰는 연구자의 경우 전반적으로 널리 알려지지 않은 LCA 모형을 심사위원이 쉽게 이해하도록 쓰는 것은 매우 쉽지 않습니다. 특히 분량 제한이 심한 학술논문의 경우 LCA 모형의 추정과정을 짧은 분량으로 쉽게 서술하기 상당히 어렵습니다.

셋째, LCA 모형 추정결과 얻은 k개 잠재집단의 이름을 붙이는 것이 쉽지 않습니다. 사실 이 부분은 데이터 분석과는 무관한 부분입니다. 그러나 제 짧은 지식과 제한된 경험으로 볼 때, 잠재집단의 명명(命名)과정에 대한 불만은 결국 LCA 모형 추정결과에 대한 불신으로 이어지는 것이 보통입니다. 이러한 점을 반드시 염두에 두시고 어떻게 하면 LCA 모형의 장점을 살리되 단점은 줄일 수 있을지 고민하시면서 실제 모형추정 과정을 살펴보시기 바랍니다.

잠재집단분석 모형 추정과 해석 그리고 시각화

이제 사전처리 과정을 거친 data_lca_ch1 데이터의 9개 측정항목들에 대한 반응패턴을 기반으로 전체 응답자들의 잠재집단이 무엇인지 추정해 봅시다. 제1장의 LCA 모형 추정을 위해 poLCA 패키지의 poLCA() 함수를 이용하겠습니다. 제 경험으로는 R의 LCA 모형 추정 패키지들 중에서 poLCA 패키지가 사용이 쉽습니다. 물론 poLCA 패키지로는 나중에 소개할 다집단 LCA 모형이나 잠재전이분석(LTA) 모형을 추정할 수 없다는 한계가 있습니다. 하지만 LCA 모형을 처음 접할 때는 poLCA 패키지가 가장 사용이 쉽습니다. poLCA 패키지로 테스트하기 어려운 LCA 모형의 경우 다른 패키지를 사용하겠습니다.

우선 R 코드를 간략하게 하기 위해 우선은 해당 데이터의 변수명에서 "CESD_"라는 표현을 지우도록 하겠습니다.

```
> # LCA 준비과정
> names(data_lca_ch1)=str_replace_all(names(data_lca_ch1),"CESD_","")
```

LCA 모형을 추정하는 poLCA() 함수는 다음과 같은 형태를 띱니다. 우선 반드시 함수 속에 투입해야 할 입력값은 다음의 세 가지입니다. R의 일반적 회귀모형 지정방식과 동일한 방식이라 이해하기 어렵지 않을 것입니다. 다른 점은 잠재집단의 개수를 연구자가 사전에 지정해 주어야 한다는 점입니다.

```
poLCA(공식, 데이터, nclass=잠재집단개수)
```

잠재집단개수를 입력하는 방법은 2가지입니다. 첫째, 이론적 혹은 현상에 대한 전문가적 관점에서 잠재집단의 개수를 지정한 후, 모형을 추정하는 방법입니다. 선행연구를 통해 잠재집단개수의 개수에 대한 사전합의가 있었을 경우라면 별문제가 없을 것입니다. 둘째, 만약 이론적 근거 혹은 특정한 잠재집단개수를 정당화할 근거가 없다면 데이터를 가장 잘 설명할 수 있는 잠재집단개수들을 탐색한 후, 이를 통해 최적의 잠재집단개수를 찾는 방법입니다. 연구자가 다루고 있는 현상이나 데이터에 대한 기존이론이 충분하지 않은 경우, 혹은 새로운 현상을 탐구하는 경우 두 번째 방법이 적당합니다. 여기서는 두 번째 방법을 통해 최적의 잠재집단개수를 찾아내는 방법을 소개하겠습니다.

그러나 제 경험상 필수는 아니지만 다음의 세 옵션들을 추가로 지정하는 것이 편합니다. 여기서 `maxiter` 옵션은 반복계산횟수의 최댓값을 의미합니다. `poLCA()` 함수의 디폴트값은 1000입니다만, 표본수가 크거나 잠재집단개수가 많을 경우 이보다 더 큰 값을 지정해 주어야 합니다. 본서에서는 10,000을 지정하였습니다. 독자분들의 데이터 상황에 따라서는 반복계산횟수를 더 늘리실 필요도 있습니다(물론 이 경우 LCA 모형 추정에 더 긴 시간이 소요됩니다).

`nrep` 옵션은 모형추정 시 초기값(starting values)을 다르게 잡아 추정하는 횟수를 뜻합니다. 본서에서는 사용하지 않았습니다만, 모형추정 과정에 오류가 있는 경우 혹은 안정적 추정치를 얻고 싶은 경우 `nrep=10`과 같은 방식으로 옵션지정을 해주시면 됩니다(대신 엄청나게 긴 계산속도가 소요된다는 것은 반드시 염두에 두시기 바랍니다). 별도로 지정하지 않을 경우 디폴트로 지정된 초기값은 1회로 끝납니다.

`verbose` 옵션은 `TRUE`가 디폴트입니다. 디폴트 형식으로 `poLCA()` 함수를 추정하면 모형추정 직후 모형추정 결과가 제시됩니다. `poLCA()` 함수의 출력결과는 매우 길게 제시되기 때문에 최적의 잠재집단개수를 찾아내는 목적이라면 `verbose` 옵션을 `FALSE`로 바꾸어서 출력결과가 불필요하게 나열되지 않도록 하는 것이 낫습니다. 물론 최종 LCA 모형을 확정한 후라면 `verbose` 옵션을 별도로 바꾸지 않아도 무방합니다.

```
poLCA(공식, 데이터, nclass=잠재집단개수, maxiter=반복계산횟수, nrep=정수, verbose=FALSE)
```

이제 공식부분을 별도의 오브젝트로 정의한 후, 공식을 `poLCA()` 함수에 입력하고 LCA 모형을 추정해 봅시다. 공식부분 오른쪽에 '1'을 지정한 것은 예측변수를 투입하지 않는다는 의미입니다. LCA 모형 추정과 함께 예측변수가 잠재집단 발생확률에 미치는 효과를 살펴볼 경우, 공식 오른쪽에 추정하고 싶은 예측변수를 나열하면 됩니다. 예측변수 효과 테스트 부분은 제2장에서 다시 말씀 드리겠습니다[LCA 모형을 설명하는 문헌에서는 예측변수라는 말 대신 공변량(covariate)이라는 표현을 씁니다]. 최적의 잠재집단개수를 찾아내는 방법을 설명하기에 앞서 다음과 같이 잠재집단개수를 '2'로 설정한 후 poLCA() 함수의 출력결과가 어떤지 간단하게 살펴봅시다.

```
> # LCA 모형에 투입될 공식부분
> myformula=cbind(w2_1,w2_2,w2_3,w2_4,w2_5,w2_6,w2_7,w2_8,w2_9) ~ 1
> # 만약 2개의 집단이 존재한다고 가정하면(과도하게 단순하지만)
> LCA_g2=poLCA(myformula,data_lca_ch1,nclass=2)
Conditional item response (column) probabilities,
 by outcome variable, for each class (row)

$w2_1
           Pr(1)  Pr(2)
class 1:  0.1825  0.8175
class 2:  0.6183  0.3817

           [최종 LCA 모형 추정결과가 아니기에 구체적 결과는 제시하지 않았음]

AIC(2): 85484.36
BIC(2): 85621.44
G^2(2): 3910.293 (Likelihood ratio/deviance statistic)
X^2(2): 6930.522 (Chi-square goodness of fit)
```

자세한 출력결과는 최적의 잠재집단개수를 최종 설정한 후에 살펴보도록 하겠습니다. 제가 여기서 설명해 드리려는 것은 위의 과정을 통해 추정된 결과 오브젝트인 LCA_g2입니다. 해당 오브젝트에는 모형적합도 지수들이 하위 오브젝트로 저장되어 있습니다. poLCA() 함수 추정결과로 저장되는 모형적합도 지수들은 AIC, BIC, G^2, χ^2의 네 가지입니다. 뒤부터 역순으로 설명해 드리겠습니다.

우선 카이제곱(χ^2) 통계치는 가장 익숙한 모형적합도 지수일 것입니다. LCA 모형은 범주형 관측변수들을 설명하는 범주형 잠재변수를 가정한 후 추정한 모형입니다. 다시 말해 LCA 모형에서는 범주형 잠재변수의 입장에서 종속변수라고 할 수 있는 범주형 관측변수의 실제 측정값(O_{ij}, i번째 응답자의 j번째 측정항목 응답)과 모형에 기반한 예측값(P_{ij}, i번째 응답자의 j번째 측정항목에 대한 모형 예측값) 2가지가 계산됩니다. 카이제곱 통계치는 이 두 가지의 관측변수값들의 차이를 예측값으로 나누어준 합을 의미합니다(아래의 공식 참조). 예시 데이터는 2개의 수준을 갖는 9개의 관측변수가 있습니다. 이를 빈도표로 나타내면 총 $512=2^9$개의 칸(cell)이 생성됩니다[앞서 우리가 살펴본 반응패턴(response pattern)이 바로 그것입니다]. 이렇게 생성된 빈도표를 기준으로 카이제곱 통계치를 계산한 것이 바로 LCA 모형에서 보고되는 카이제곱 통계치입니다. 즉 다시 말해 카이제곱 통계치는 작을수록 모형 예측값이 실제 관측값을 잘 예측한다고 볼 수 있습니다. 전통적이고 좋은 측정치입니다만, 최적의 잠재집단개수를 찾을 때는 그다지 유용하지는 않습니다. 앞서 우리가 살펴본 것처럼 총 512개의 칸이 존재하지만, 최소 1번 이상의 관측빈도가 등장한 칸은 366개에 불과하기 때문입니다. 또한 366개의 칸 중에서 상당수의 칸들은 관측빈도가 한 자리수에 불과할 정도로 희소(sparse)합니다[희소성(sparseness) 문제라고도 불림]. 피어슨 카이제곱 테스트를 소개하는 문헌에서 언제나 이야기하듯 이렇게 희소한 칸들이 많은 빈도표에 대해 카이제곱 테스트를 적용하면 '제1종 오류' 확률이 높아집니다.

$$\chi^2 = \sum_i \sum_j \frac{(O_{ij}-P_{ij})^2}{P_{ij}}$$

다음으로 등장하는 G^2 통계치 역시도 카이제곱(χ^2) 통계치와 비슷한 역할을 합니다. 우선 G^2 통계치의 공식은 아래와 같습니다. 만약 실제 관측값과 모형의 예측값이 같다면 어떤 결과가 나올까요? 잘 아시다시피 $\ln(1)=0$입니다. 다시 말해 모형의 예측값이 실제 관측값을 정확하게 예측할 경우 G^2의 값은 0이 됩니다. G^2 통계치는 카이제곱 분포에 근접하는 분포를 갖는다고 알려져 있습니다. 다시 말해 χ^2와 마찬가지로 그 값이 작을수록 모형의 설명력이 더 높다고 볼 수 있습니다. 하지만 χ^2 통계치와 마찬가지로 최적의 잠재집단개수를 선정할 때 유용하지는 않습니다.

$$G^2 = 2\sum_i \sum_j \left\{O_{ij} \cdot \ln\left(\frac{O_{ij}}{P_{ij}}\right)\right\}$$

제가 알고 있는 범위에서 가장 빈번하고 유용하게 쓰이는 지수는 바로 AIC와 BIC입니다. 두 가지 정보지수는 앞에서도 여러 차례 제시한 바 있습니다. 잘 알려져 있듯, 정보지수의 값이 작은 모형일수록 보다 간명하면서 설명력이 높은 모형입니다(물론 경쟁모형들은 동일한 데이터를 기반으로 배속관계에 있어야 합니다). 일단 $k=2$로 설정하여 추정한 LCA 모형이 적절한지 여부는 현재 할 수 없습니다(왜냐하면 경쟁모형이 없기 때문).

이제 k의 값을 변화시켜가면서 위의 네 가지 지수들이 각각 어떻게 변하는지 살펴봅시다. 먼저 poLCA() 함수의 출력결과 오브젝트를 이용해서 위의 네 가지 지수들을 추출하는 방법은 아래와 같습니다. 아울러 χ^2와 G^2 통계치의 통계적 유의도 테스트를 위해 모형추정에 사용된 모수개수(number of parameters)도 추출하겠습니다.

```
> LCA_g2$aic  #AIC
[1] 85484.36
> LCA_g2$bic  #BIC
[1] 85621.44
> LCA_g2$Gsq  #G-squared
[1] 3910.293
> LCA_g2$Chisq  #X-squared
[1] 6930.517
> LCA_g2$npar   #number of parameters
[1] 19
```

이제 k의 값을 변화시키면서 위와 같은 방법으로 모형적합도 지수들을 추출해 보죠. 제 경우 for 구문을 이용하였습니다. k값은 '1'(모든 반응패턴이 동일함)부터 '14'(14개의 잠재집단 범주를 갖는 잠재변수)까지 변화시켰습니다.[4] 참고로 이 과정은 꽤 시간이 걸립니다. 제 PC의

4 14개 잠재집단보다 더 많이 살펴볼 필요는 없을 것 같습니다. 반응패턴의 빈도수를 정렬하여 살펴보면, 100이 넘는 빈도수를 갖는 반응패턴이 16개이며, 이들 16개의 반응패턴들도 서로 엇비슷한 경우가 적지 않기 때문입니다. 〈그림1〉은 반응패턴들의 빈도를 그림으로 제시한 것입니다(빈도수가 40 이상인 경우만 포함함).

```
> # 최소 40번 이상 나타나는 반응패턴은?
> group9 %>% count(pattern_response) %>%
+  mutate(pattern_response=fct_reorder(pattern_response,n)) %>%
+  filter(n>39) %>%
+  ggplot(aes(x=pattern_response,y=n))+
+  geom_bar(stat='identity',color='grey90')+
+  geom_hline(yintercept=100,color='blue')+
+  coord_flip()+
+  scale_y_continuous(breaks=c(0,100,500*1:4))+
```

경우 약 10분 정도 소요됩니다. 독자분의 PC 상황에 따라 소요되는 시간이 다를 것입니다. 아무튼 다소의 인내심을 갖고 실행하시기 바랍니다.

```
> # 가장 적절한 잠재집단의 개수는?
> model_fit_LCA=list()
> for (k in 1:14){
+   temp=poLCA(myformula,data_lca_ch1,nclass=k,maxiter=10^4,verbose=F)
+   model_fit_LCA=bind_rows(
+     model_fit_LCA,tibble(k=k,
+                 aic=temp$aic,
+                 bic=temp$bic,
+                 G2=temp$Gsq,
+                 X2=temp$Chisq,
+                 npar=temp$npar))
+ }
```

```
+  labs(x="반응패턴(40명 이상의 빈도수인 경우만 표시)\n",y="빈도")+
+  theme_bw()
```

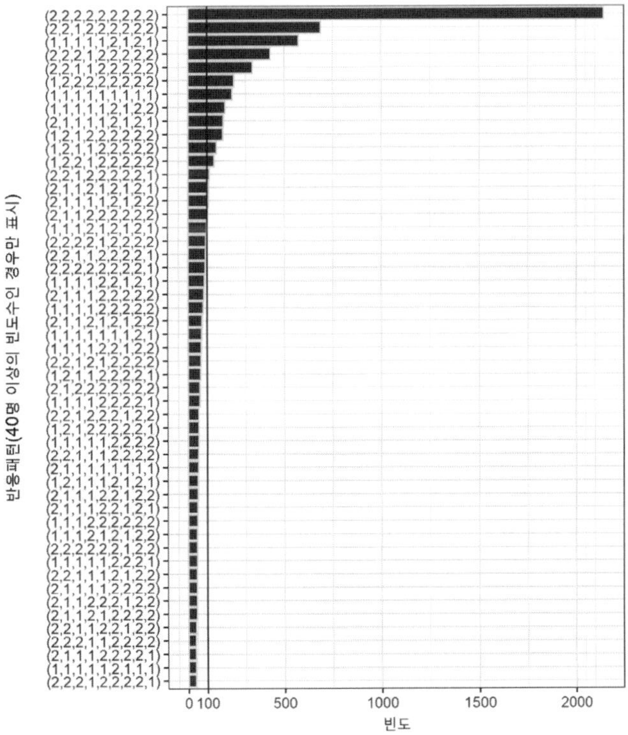

그림1. 반응패턴별 발생빈도

```
> model_fit_LCA
# A tibble: 14 x 6
       k    aic    bic    G2     X2  npar
   <int>  <dbl>  <dbl>  <dbl>  <dbl>  <int>
 1     1 103531. 103596. 21977. 692748.     9
 2     2  85484.  85621.  3910.   6931.    19
 3     3  83806.  84015.  2212.   3603.    29
 4     4  82774.  83055.  1159.   1859.    39
 5     5  82463.  82817.   829.   1249.    49
 6     6  82273.  82698.   619.    627.    59
 7     7  82234.  82731.   559.    567.    69
 8     8  82214.  82784.   519.    526.    79
 9     9  82188.  82830.   474.    476.    89
10    10  82206.  82921.   472.    478.    99
11    11  82189.  82976.   435.    425.   109
12    12  82174.  83032.   400.    397.   119
13    13  82178.  83108.   383.    387.   129
14    14  82171.  83174.   357.    356.   139
```

위의 결과 중 우선 AIC와 BIC를 살펴보시죠. AIC의 경우 k값이 증가하면서 지속적으로 그 값이 감소하고 있습니다. 즉 AIC를 기준으로 한다면 k=14인 경우가 가장 적절한 LCA 모형의 잠재집단 개수입니다. 반면 BIC의 경우 k=6이 되는 지점에서 최솟값을 보인 후, k값이 증가하면 다시 증가하는 패턴이 나타납니다. 즉 BIC를 기준으로 한다면 k=6으로 설정한 LCA 모형이 가장 적절한 모형입니다. 지수에 따라 최적의 k가 서로 다릅니다. k가 다르게 나타나는 한 가지 이유는 BIC 지수를 계산할 때는 표본크기를 반영하지만, AIC 지수를 계산할 때는 표본크기를 반영하지 않기 때문입니다. 이런 경우 CAIC(consistent AIC)를 계산해 보시는 것을 권합니다. CAIC는 표본의 크기를 반영하여 재조정한 AIC 지수입니다. AIC 공식과 CAIC 공식은 다음과 같습니다(여기서 $-2LL$은 -2를 곱한 로그우도를, p는 모형에 투입된 모수개수를, N은 표본크기를 의미합니다). 즉 표본이 클 경우 CAIC는 AIC보다 높은 값을, 즉 보다 큰 벌칙값(penalty score)을 갖게 됩니다.

$$AIC = -2LL + 2 \cdot p$$
$$CAIC = -2LL + \{1 + ln(N)\} \cdot p$$

위의 공식에 따라 CAIC를 계산하면 아래와 같습니다.

```
> # CAIC 계산
> model_fit_LCA = model_fit_LCA %>%
+   mutate(
+     ll2=aic - 2*npar,
+     caic=ll2+(1+log(10044))*npar
+   )
> model_fit_LCA %>% select(aic, caic, bic)
# A tibble: 14 x 3
       aic     caic      bic
     <dbl>    <dbl>    <dbl>
 1 103531. 103605. 103596.
 2  85484.  85640.  85621.
 3  83806.  84044.  84015.
 4  82774.  83094.  83055.
 5  82463.  82866.  82817.
 6  82273.  82757.  82698.
 7  82234.  82800.  82731.
 8  82214.  82863.  82784.
 9  82188.  82919.  82830.
10  82206.  83020.  82921.
11  82189.  83085.  82976.
12  82174.  83151.  83032.
13  82178.  83237.  83108.
14  82171.  83313.  83174.
```

CAIC의 값 역시 k=6일 때 가장 작아집니다. 즉 정보지수를 기준으로 LCA 모형을 선정한다면 k=6이 최적입니다.

그렇다면 χ^2값이나 G^2값의 경우는 어떨까요? 두 가지 통계치의 경우 모형비교 테스트를 통해 최적의 모형을 선택합니다. 예를 들어 k=2인 LCA 모형과 k=3인 LCA 모형을 비교해 봅시다. 우선 χ^2값은 약 3328만큼 변하였고(3328 = 6931-3603), 모수개수는 10만큼 변하였습니다(10 = 29-19). 즉 카이제곱 테스트를 적용한 결과 두 모형은 매우 통계적으로 유의미한 차이를 보이는 것을 알 수 있습니다.

```
> pchisq(3328,10,lower.tail=F)
[1] 0
```

G^2의 경우도 마찬가지입니다. χ^2값 변화분보다 G^2의 변화분(1698 = 3910 - 2212)이 작지만 최종 통계적 유의도 테스트 결과는 동일하죠(아래 참조). 다시 말해 k=3인 LCA 모형은 k=2인 LCA 모형에 비해 훨씬 더 모형의 설명력이 높습니다.

```
> pchisq(1698,10,lower.tail=F)
[1] 0
```

반면 k=13인 경우와 k=14인 경우의 χ^2와 G^2통계치 변화가 모수개수 변화 대비 통계적으로 유의미한 차이를 낳는지 살펴보죠. 모수는 10만큼 증가한 반면, χ^2 테스트 통계치의 경우 31만큼 감소하였고, G^2는 26만큼 감소하였습니다. k=2와 k=3인 경우를 비교한 상황과 비교할 때, 두 테스트 통계치의 변화량이 매우 작은 것을 느끼실 것입니다. 아무튼 각각에 대해 통계적 유의도 테스트를 실시한 결과는 아래와 같습니다.

```
> pchisq(31,10,lower.tail=F)
[1] 0.0005867255
> pchisq(26,10,lower.tail=F)
[1] 0.003740186
```

즉 통상적인 통계적 유의수준인 α =.05를 기준으로 한다면, k=14가 k=13보다 나은 모형입니다. 과연 그럴까요? 그럴 수 있을지도 모릅니다만, 적어도 현재의 분석맥락에서는 χ^2와 G^2 통계치를 이용한 모형비교 결과는 너무 신뢰하지 않는 것이 좋습니다. 왜냐하면 표본크기가 10,000을 넘을 정도로 매우 크기 때문입니다. 즉 위의 통계적 유의도 테스트 결과는 표본크기가 크기 때문에 나타난 결과로 보는 것이 적합합니다.

이를 토대로 저는 현재 데이터의 가장 적절한 잠재집단개수는 6이라고 판단하였으며, 이에 따라 `poLCA()` 함수의 `nclass` 옵션에 6을 지정한 LCA 모형을 최종모형으로 결정하였습니다. 이에 따라 아래와 같이 최종 LCA 모형을 추정하였습니다. 모형추정 후 R 출력 결과는 아래와 같습니다.

```
> # 위의 결과에 따라
> bestK = 6
> LCA_g6=poLCA(myformula,data_lca_ch1,nclass=bestK,maxiter=10^4)
Conditional item response (column) probabilities,
 by outcome variable, for each class (row)

$`w2_1`
           Pr(1)  Pr(2)
class 1:  0.2726 0.7274
class 2:  0.7457 0.2543
class 3:  0.7880 0.2120
class 4:  0.2447 0.7553
class 5:  0.4399 0.5601
class 6:  0.0955 0.9045

$w2_2
           Pr(1)  Pr(2)
class 1:  0.6288 0.3712
class 2:  0.9167 0.0833
class 3:  0.9418 0.0582
class 4:  0.3547 0.6453
class 5:  0.2906 0.7094
class 6:  0.0164 0.9836

$w2_3
           Pr(1)  Pr(2)
class 1:  0.6742 0.3258
class 2:  0.9819 0.0181
class 3:  0.9762 0.0238
class 4:  0.7265 0.2735
class 5:  0.7557 0.2443
class 6:  0.2103 0.7897

$w2_4
           Pr(1)  Pr(2)
class 1:  0.4716 0.5284
class 2:  0.8273 0.1727
class 3:  0.8889 0.1111
class 4:  0.4904 0.5096
class 5:  0.5727 0.4273
class 6:  0.1599 0.8401
```

```
$w2_5
          Pr(1)  Pr(2)
class 1:  0.6117 0.3883
class 2:  0.8448 0.1552
class 3:  0.9361 0.0639
class 4:  0.4477 0.5523
class 5:  0.1643 0.8357
class 6:  0.0370 0.9630

$w2_6
          Pr(1)  Pr(2)
class 1:  0.0707 0.9293
class 2:  0.0803 0.9197
class 3:  0.8477 0.1523
class 4:  0.5458 0.4542
class 5:  0.0246 0.9754
class 6:  0.0060 0.9940

$w2_7
          Pr(1)  Pr(2)
class 1:  0.7071 0.2929
class 2:  0.9111 0.0889
class 3:  0.9653 0.0347
class 4:  0.5338 0.4662
class 5:  0.0946 0.9054
class 6:  0.0168 0.9832

$w2_8
          Pr(1)  Pr(2)
class 1:  0.0000 1.0000
class 2:  0.0091 0.9909
class 3:  0.8940 0.1060
class 4:  0.6769 0.3231
class 5:  0.0017 0.9983
class 6:  0.0015 0.9985

$w2_9
          Pr(1)  Pr(2)
class 1:  0.2825 0.7175
class 2:  0.7423 0.2577
```

```
class 3:  0.9329 0.0671
class 4:  0.5254 0.4746
class 5:  0.3069 0.6931
class 6:  0.0324 0.9676

Estimated class population shares
 0.1301 0.1797 0.0522 0.029 0.2271 0.3819

Predicted class memberships (by modal posterior prob.)
 0.105 0.2076 0.0489 0.0216 0.2313 0.3856

=========================================================
Fit for 6 latent classes:
=========================================================
number of observations: 10044
number of estimated parameters: 59
residual degrees of freedom: 452
maximum log-likelihood: -41077.33

AIC(6): 82272.67
BIC(6): 82698.34
G^2(6): 618.6012 (Likelihood ratio/deviance statistic)
X^2(6): 627.4831 (Chi-square goodness of fit)
```

출력결과를 설명해 드리기 전에 적지 않은 독자분들께서 놀라셨을 수도 있습니다. 왜냐하면 LCA 모형추정 결과가 제가 얻은 것과 상이할 수 있기 때문입니다. 하지만 결과가 상이한 것이 아니라 `class 1`, ..., `class 6`라고 된 부분의 순서가 달라졌을 뿐입니다. LCA 모형에서의 잠재집단은 무순위범주형 변수이기 때문에 순서가 바뀌어도 각 잠재집단의 특성이 바뀌는 것은 아닙니다. 예를 들어 남성을 1로 여성을 2로 코딩하든, 아니면 여성을 1로 남성을 2로 코딩하든 두 변수가 결국 동일하듯, 본서에서 제시된 '집단1'이 '집단6'이 되더라도 결과가 바뀐 것은 아닙니다. 제가 얻은 결과를 그대로 확인하시기 원하시는 분은 `LCA_g6.RData`를 불러온 후 해당 오브젝트를 열어보시기 바랍니다.

이제 차례대로 출력결과가 무엇을 말하는지 살펴보겠습니다. 맨 윗줄에서 명시하듯 가장 먼저 제시되는 결과는 문항-반응 확률(item-response probability)입니다. "`` $`w2_1` ``"로 시작하는 결과부터 해석하겠습니다. 이 결과는 첫 번째 관측변수(w2_1 변수)에서 1이 관측될 확률[Pr(1)], 즉 '그렇다'는 응답이 나타날 확률과 2가 관측된 확률[Pr(2)], 즉 '아니다'가 관측될 확률이 6개의 잠재집단에 따라 각각 어떻게 나타나는지를 추정한 것입니다. 즉 class 1 집단에 속하는 응답자의 경우 w2_1 변수에서 '그렇다'라고 응답할 확률은 27%이며, '아니다'라고 응답할 확률은 약 73%입니다. 반면 class 2 집단에 속하는 응답자의 경우 '그렇다'고 응답할 확률은 75%이지만 '아니다'라고 응답할 확률은 약 25%입니다. 다른 집단들의 경우도 동일한 방식으로 해석할 수 있습니다.

그다음에 제시되는 $w2_2 부분의 결과는 두 번째 관측변수에 따른 각 6개 집단의 '그렇다'와 '아니다' 응답확률입니다. 해석은 $`w2_1`로 시작하는 출력결과와 동일합니다. $w2_3, $w2_4, $w2_5, $w2_6, $w2_7, $w2_8, $w2_9 부분의 결과들도 동일한 방식으로 해석하시면 됩니다. 각각의 수치에 대한 해석은 쉽지만, 정작 어렵고 까다로운 것은 제시된 확률값들을 아우르는 패턴을 찾고 이해하는 것입니다. 여기에 제시된 문항-반응 확률값은 앞서 〈표3〉에서 제시한 바 있습니다. 패턴을 확인하기 쉽도록 문항-반응 확률을 재정리하고, 이를 해석하는 방법은 조금 후에 설명해 드리겠습니다. 우선은 R 출력결과를 다 훑어보도록 하죠.

문항-반응 확률 다음에 제시된 출력결과는 6개 잠재집단이 전체표본에서 발견될 확률값입니다(Estimated class population shares 부분). 다시 말해 class 1 집단의 경우 전체 표본의 약 13% 정도를(0.1301), class 2 집단은 약 18%를(0.1797), class 3 집단은 약 5%를(0.0522), class 4 집단은 약 3%를 차지하고(0.0290), class 5 집단은 약 23%를 차지하고(0.2271), class 6 집단은 약 38%를 차지한다(0.3819)는 뜻입니다. 가장 많이 발견되는 집단은 전체 응답자의 약 38%인 반면, 가장 희소하게 발견되는 집단은 약 3%로 나타나네요. 이를 통해 어떤 집단이 가장 두드러진 집단인지, 또 어떤 집단이 가장 소수집단인지를 확인할 수 있습니다.

그다음에 제시된 출력결과는 6개 잠재집단을 확률값이 아닌 범주로 예측한 후, 각 범주가 어느 정도의 확률로 나타나는지를 계산한 것입니다(Predicted class memberships 부분). 앞서 제시한 집단간 확률값 분포와 유사한 값을 갖지만, 동일하지는 않습니다. 왜냐하면 확률값의 경우 [0, 1]의 범위를 갖는 연속형 변수인 반면, 여기서 제시된 범주는 {1, 2, 3, 4, 5, 6}의 명목변수 범주값이기 때문입니다. 예시를 들어 두 가지의 차이를 설명해보죠. 표본에 속한 다음의 네 응답자들이 상정된 6개 잠재집단 범주 중 어떤 잠재집단에 속하는지 LCA 모형을 통해 예측한 확률값과 범주가 다음의 〈표4〉와 같았다고 가정해 보죠.

표4. 예측된 잠재집단 확률값과 예측된 잠재집단 범주 비율

		갑	을	병	정	분포비율
예측된 확률값	1번 집단	**0.5**	0.1	0.1	0.1	0.20
	2번 집단	0.1	**0.5**	0.1	0.1	0.20
	3번 집단	0.1	0.1	**0.5**	0.1	0.20
	4번 집단	0.1	0.1	0.1	**0.5**	0.20
	5번 집단	0.1	0.1	0.1	0.1	0.10
	6번 집단	0.1	0.1	0.1	0.1	0.10
예측된 범주	1번 집단	1	0	0	0	0.25
	2번 집단	0	1	0	0	0.25
	3번 집단	0	0	1	0	0.25
	4번 집단	0	0	0	1	0.25
	5번 집단	0	0	0	0	0.00
	6번 집단	0	0	0	0	0.00

갑의 경우 1번 집단에 속할 확률이 가장 높습니다. 따라서 갑의 예측된 잠재집단은 '1번 집단'입니다. 하지만 전체 표본으로 본다면 이야기가 다릅니다. 5번 집단 혹은 6번 집단의 경우 네 응답자 중 어느 누구도 5번 집단 범주 혹은 6번 집단 범주에 속하지 않습니다만, 5번과 6번 집단에 속할 확률값이 0이 되지는 않습니다. 실제로 〈표4〉의 맨 마지막 세로줄에서 확인할 수 있듯, 6개 집단의 예측된 확률값과 예측된 범주의 분포비율은 서로 달라지는 것을 확인할 수 있습니다.

그렇다면 잠재집단의 예측 확률값과 예측 범주값 중 어떤 예측값을 써야 할까요? 대부분의 학술논문에서는 예측 확률값을 사용합니다. 왜냐하면 모형을 통해서 예측한 것은 특정 개체가 특정 범주에 속할 확률이기 때문입니다. 즉 예측 범주값은 예측 확률값을 토대로 계산된 값입니다(위의 〈표4〉를 예로 들자면 '갑'이 '1번 집단'이라는 범주값으로 판별된 이유는 1번 집단에 속할 예측 확률값이 다른 5개 집단에 속할 예측 확률값보다 높기 때문입니다). 그러나 연구목적이 특정 개체가 어떤 집단, 유형, 혹은 범주에 속하는지 분류하는 것이라면 범주를 사용

하시는 것이 나을 것입니다. 일단 여기서는 예측된 잠재집단 확률값을 사용하겠습니다.

그다음에 제시되는 내용은 LCA 모형의 모형적합도 지수 통계치들입니다(Fit for 6 latent classes: 부분). 각각 모형추정에 사용된 표본수(number of observations: 부분), LCA 모형에서 추정된 모수개수(number of estimated parameters: 부분), 잔차의 자유도(residual degrees of freedom: 부분), 로그우도(maximum log-likelihood: 부분)가 제시되어 있습니다.

표본수와 로그우도의 경우 별도의 설명이 필요하지 않습니다. 하지만 LCA 모형의 모수개수와 잔차 자유도의 경우 왜 각각 59, 452라는 수치가 나왔는지 생각해볼 필요가 있습니다. 우선 두 값을 다 더해 보시면 511이라는 값을 얻을 수 있습니다. 이 값은 가능한 전체 반응패턴의 개수(2^9)에서 1을 뺀 값입니다. 다시 말해 전체 자유도는 범주들을 교차시켜 얻은 빈도표의 칸(cell)의 개수에서 1을 뺀 것입니다. 1을 빼준 이유는 9개 관측변수의 평균확률값은 언제나 고려할 수밖에 없기 때문입니다[분산분석(ANOVA, analysis of variance)에서 전체평균(grand mean)과 개념적으로 유사합니다].

그렇다면 모형에 추정된 모수개수 59는 어떻게 계산할 수 있을까요? 우선 문항-반응 확률 추정결과를 살펴봅시다. 9개의 문항에 대해 각 문항당 총 12개의 확률값이 제시되어 있습니다. 그러나 모든 측정문항은 2개의 수준('그렇다' vs. '아니다')을 갖기 때문에 어느 특정 범주의 확률을 알고 있다면 다른 범주의 확률은 자동으로 추정됩니다(예를 들어 '그렇다'의 확률이 .80이라면, '아니다의 확률은 1-.80=.20이 됩니다). 즉 문항-반응 확률을 추정할 때 필요한 모수는 총 6×9=54개입니다. 또한 우리는 6개의 잠재집단을 설정했습니다. 또한 6개 잠재집단별 확률값의 총합은 1.00입니다. 다시 말해 6개 잠재집단의 확률값 추정을 위해서는 5개의 모수가 필요합니다. 즉 출력결과에 제시된 59개의 모수는 문항-반응 확률 추정 시 필요한 54개 모수와 잠재집단 확률 추정 시 필요한 5개 모수의 합을 의미합니다. 잔차 자유도는 512-1-59=452와 같이 계산할 수 있습니다.

출력결과 맨 마지막의 AIC, BIC, G^2, χ^2의 경우 앞서 최적의 잠재집단 개수를 추정할 때 설명한 바 있기 때문에 설명을 반복하지는 않겠습니다.

출력결과가 무엇을 뜻하는지 이제 감을 잡으셨을 것으로 생각합니다. 이제는 출력결과를 전반적으로 살펴보면서 측정항목들과 잠재집단들이 어떻게 연관되어 있는지 살펴보도록 하겠습니다. 이를 위한 가장 중요한 결과는 바로 '문항-반응 확률(item-response probability)'입니다. 앞서 〈표3〉에서 결과를 제시한 바 있습니다만, 다시 그 결과를 어떻게 추출할 수 있는지 살펴보겠습니다.

문항-반응 확률은 LCA 모형 추정결과 오브젝트(LCA_g6)의 probs 하위 오브젝트라는 이름으로 저장되어 있습니다. 문항-반응 확률 오브젝트를 추출해 보면 아래와 같습니다. 자세한 결과는 이미 앞에서 살펴보았기 때문에 본문에서는 별도로 제시하지 않았습니다.

```
> # 각 문항별 잠재집단의 범주확률은 다음과 같음
> item_resp_prob = LCA_g6$probs
> item_resp_prob
$`w2_1`
               Pr(1)       Pr(2)
class 1:  0.27258666   0.7274133
  [이하의 결과는 앞서 살펴본 LCA 모형추정 결과와 동일하기 때문에 다시 제시하지 않음]
```

이렇게 저장된 오브젝트에서 각 문항별 결과를 추출하려면 인덱싱을 이용하면 됩니다. 예를 들어 1번 문항의 범주별 확률이 집단에 따라 어떻게 나타나는가를 살펴보려면 다음과 같이 하면 됩니다.

```
> # 문항별 문항-반응 확률 추정값을 추출하려면... 예를 들어 1번 문항의 경우
> item_resp_prob[[1]] %>% as_tibble()
# A tibble: 6 x 2
  `Pr(1)` `Pr(2)`
    <dbl>   <dbl>
1  0.273    0.727
2  0.746    0.254
3  0.788    0.212
4  0.245    0.755
5  0.440    0.560
6  0.0955   0.905
```

이제 9개 항목들의 추정값들을 앞서 제시한 〈표3〉과 같이 정리하여 볼까요? 현재 9개의 관측변수들은 모두 2개의 범주를 갖고 있습니다('그렇다' vs. '아니다'). 여기서 '그렇다'고 답할 확률값만 추출해도 충분할 것입니다 왜냐하면 '그렇다'라고 응답한 확률만 알면 '아니

다'라고 응답할 확률 역시 알 수 있기 때문입니다. 따라서 위의 추정결과 중 첫 번째 세로줄[즉, `Pr(1)` 부분]의 결과만 추출하겠습니다. 이후 각 문항별로 이 과정을 반복하겠습니다. 반복계산은 for 구문을 이용하였습니다. 또한 측정항목의 경우도 그 의미를 쉽게 알 수 있도록 라벨 형태로 바꾸었습니다.

```
> # 이제 추정결과를 정리해 봅시다.
> summary_table = list()
> for (i in 1:9){
+  summary_table=bind_rows(summary_table,
+         item_resp_prob[[i]] %>% as_tibble() %>%
+          mutate(item=i,class=1:bestK)) %>%
+   select(-`Pr(2)`)
+ }
> # 측정문항의 경우 라벨을 붙여 알기쉽게 하였습니다.
> summary_table = summary_table %>%
+  mutate(item=rep(item_label,each=6))
> summary_table
# A tibble: 54 x 3
   `Pr(1)` item      class
    <dbl> <chr>      <int>
 1 0.273  식욕 없음      1
 2 0.746  식욕 없음      2
 3 0.788  식욕 없음      3
 4 0.245  식욕 없음      4
 5 0.440  식욕 없음      5
 6 0.0955 식욕 없음      6
 7 0.629  상당히 우울    1
 8 0.917  상당히 우울    2
 9 0.942  상당히 우울    3
10 0.355  상당히 우울    4
# ... with 44 more rows
```

위의 결과는 '긴 데이터' 형식이기 때문에 전체적 패턴을 살펴보기 어렵습니다. 이에 가로줄에는 측정항목이, 세로줄에는 잠재집단이 배치되도록 '넓은 데이터' 형식으로 변환하였습니다. 그 결과는 아래와 같으며, 이 결과가 바로 앞서 살펴본 〈표3〉의 내용입니다.

```
> # 다음과 같이 하면 어떤 집단이 어떤 항목에서 "네"라고 응답할 가능성이 높은지 확인
> summary_table %>%
+   spread(key=class,value=`Pr(1)`)
# A tibble: 9 x 7
  item              `1`      `2`      `3`     `4`      `5`      `6`
  <chr>           <dbl>    <dbl>    <dbl>   <dbl>    <dbl>    <dbl>
1 만사 어려움   6.74e- 1  0.982    0.976   0.726   0.756    0.210
2 미움받음      1.36e-11  0.00905  0.894   0.677   0.00173  0.00151
3 상당히 우울   6.29e- 1  0.917    0.942   0.355   0.291    0.0164
4 슬픈 마음     7.07e- 1  0.911    0.965   0.534   0.0946   0.0168
5 식욕 없음     2.73e- 1  0.746    0.788   0.245   0.440    0.0955
6 외로움        6.12e- 1  0.845    0.936   0.448   0.164    0.0370
7 의욕 상실     2.82e- 1  0.742    0.933   0.525   0.307    0.0324
8 잠 설침       4.72e- 1  0.827    0.889   0.490   0.573    0.160
9 차가운 대우   7.07e- 2  0.0803   0.848   0.546   0.0246   0.00601
```

위의 결과를 보고 해석하시는 것도 좋습니다. 그러나 제 생각에는 전체적 패턴을 확정짓는데는 '시각화'보다 좋은 방법은 없는 것 같습니다. 위에서 얻은 문항-반응 확률 추정결과 중 '그렇다'라는 응답을 얻을 확률을 집단별로 시각화한 결과는 아래의 〈그림2〉와 같습니다.

```
> # 시각화
> summary_table %>% ggplot()+
+   geom_bar(aes(x=item, y=`Pr(1)`),stat='identity')+
+   labs(x="측정문항",y="'그렇다'고 응답할 확률")+
+   coord_flip()+
+   theme_bw()+theme(legend.position="top")+
+   facet_wrap(~class)
```

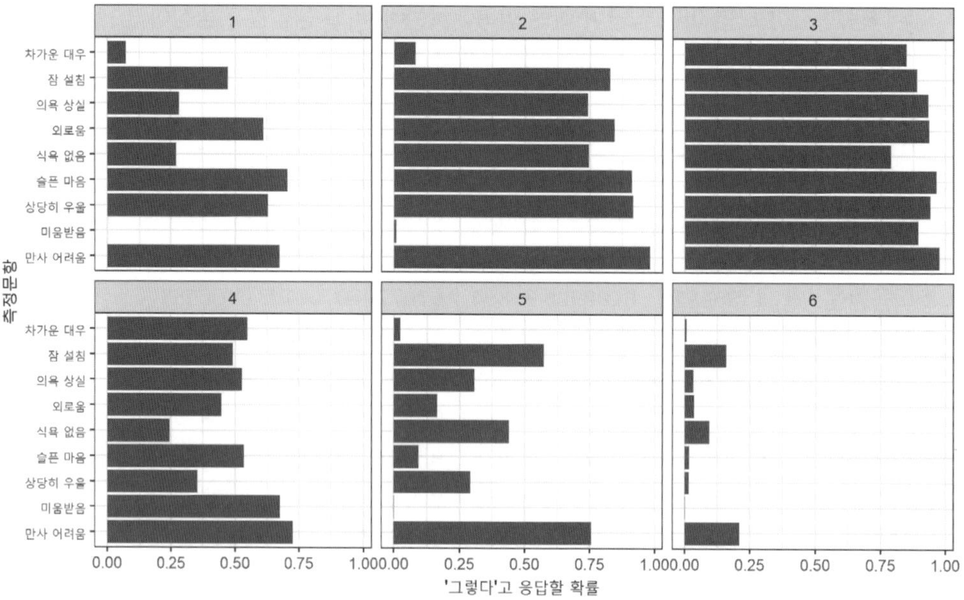

그림2. 잠재집단별 측정문항에서 '그렇다'는 응답이 나타날 확률

우선 3번 집단과 6번 집단이 매우 명확하게 구분됩니다. 3번 집단의 경우 9개 항목 모두에서 '그렇다'고 응답할 확률이 높은 반면, 6번 집단의 경우 거의 모두에서 '그렇다'고 답할 확률이 낮습니다. 이에 저는 3번 집단의 이름을 '전방위의 중증우울'이라고, 6번 집단의 이름을 '우울증상 없음'이라고 붙였습니다.

이제 4번 집단을 볼까요? 3번과 비슷하게 모든 측정항목에서 그렇다고 응답할 확률이 엇비슷합니다. 하지만 3번 집단에 비해서는 전체적으로 '그렇다'고 응답할 확률이 낮습니다. 이에 저는 4번 집단의 이름을 '전방위의 경증우울'이라고 붙였습니다.

이제 다음으로 1번 집단과 2번 집단, 5번 집단을 살펴보겠습니다. 세 집단 모두 '차가운 대우'와 '미움 받음'이라는 항목에서 '그렇다'는 응답이 나타날 확률이 낮다는 공통점이 있습니다. 또한 세 집단 모두 '만사 어려움'이라는 응답이 엇비슷하다는 것도 비슷합니다. 하지만 세 집단은 다소 패턴이 다릅니다. 1번 집단의 경우 '상당히 우울', '슬픈 마음', '외로움' 등의 항목에서 두드러지게 '그렇다'는 응답이 높게 나타납니다. 이들 항목은 '정신영역'에 속한다고 저는 보았습니다. 반면 5번 집단의 경우 '잠 설침'과 '식욕 없음'의 두 항목에서 유독 '그렇다'는 응답확률이 높습니다. 저는 이 두 항목이 신체 영역에 속한다고 보았습니다. 2번 집단의 경우 1번 집단에서 높았던 항목들과 5번 집단에서 높았던 항목들 모두 높은 '그렇다' 응답확률을 보입니다. 다시 말해 2번 집단은 1번 집단과 5번 집단의 특성을 모두 갖고 있습니다. 이에 저는 1번 집단에 대해서는 '신체 및 정신영역 경증우울'이라는 이름을, 5번 집단에 대해서는 '신체영역 우울'이라는 이름을, 그리고 2번 집단에 대해서는 '신체 및 정신영역 중증우울'이라는 이름을 붙였습니다.

부탁드리건대 제가 붙인 집단이름이 마음에 안 드시더라도 일단은 받아들여 주시기 바랍니다. 이제 집단에 이름을 붙여보죠. 또한 측정문항들도 세 가지 부분으로 나누어 보겠습니다. 저는 '미움받음'과 '차가운 대우'는 사회생활에서 얻을 수 있는 느낌이라서 '사회영역'으로 분류하였고, '상당히 우울', '슬픈 마음', '외로움'의 측정항목은 '정신영역'으로 분류하였으며, 나머지 항목들 '만사 어려움', '식욕 없음', '잠 설침'은 '신체영역'이라고 분류하였습니다. 집단의 이름을 붙이고, 측정문항을 영역에 따라 분류한 후 다시 시각화한 결과는 아래의 〈그림3〉과 같습니다.

```
> # 재시각화
> class_name=c("신체 및 정신영역 경증우울",
+ "신체 및 정신영역 중증우울",
+ "전방위의 중증우울",
+ "전방위의 경증우울",
+ "신체영역 우울",
+ "우울증상 없음")
> myfig=summary_table %>%
+  mutate(class_name=rep(class_name,9),
+        item_cluster=fct_recode(item,"정신영역"="외로움",
+                          "사회영역"="미움받음",
+                          "사회영역"="차가운 대우",
+                          "정신영역"="슬픈 마음",
+                          "정신영역"="상당히 우울",
+                          "정신영역"="의욕 상실",
+                          "신체영역"="식욕 없음",
+                          "신체영역"="잠 설침",
+                          "신체영역"="만사 어려움"),
+        item=fct_reorder(item,as.numeric(factor(item_cluster))))
```

```
> myfig %>% ggplot()+
+   geom_bar(aes(x=item, y=`Pr(1)`,fill=item_cluster),stat='identity')+
+   labs(x="측정문항",y="'그렇다'고 응답할 확률",fill="측정문항의 영역")+
+   coord_flip()+
+   theme_bw()+theme(legend.position="top")+
+   facet_wrap(~class_name)
```

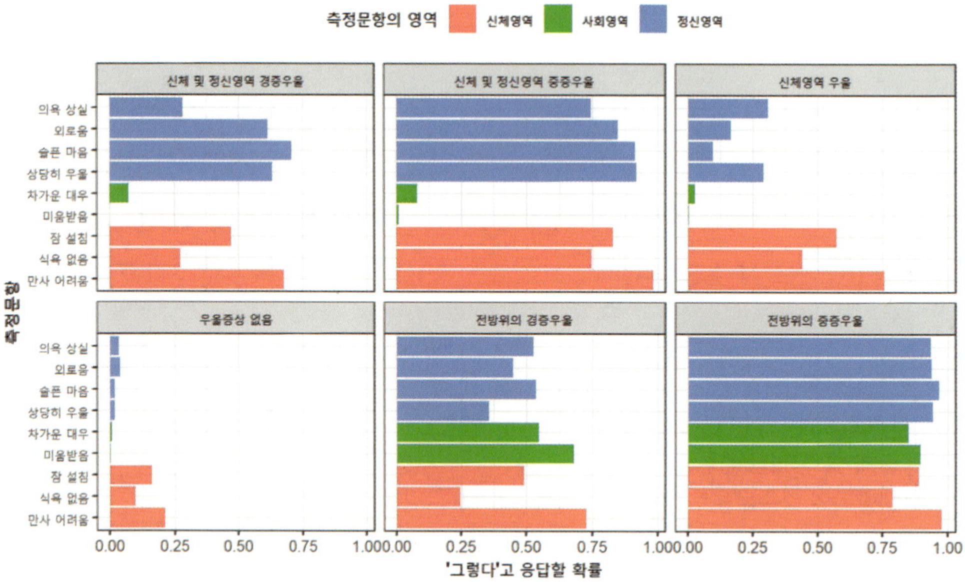

그림3. 잠재집단별 측정문항에서 '그렇다'는 응답이 나타날 확률(1차 수정)

보시는 분에 따라서는 평가가 다를 지도 모르겠습니다만, 일단 제가 보았을 때는 6개 잠재집단의 패턴이 상당히 명확하게 구분된 듯합니다.

위의 시각화는 측정항목과 잠재집단의 관계를 잘 보여줍니다(라고 저는 생각합니다). 하지만 위의 시각화 결과는 각 집단의 규모, 즉 어느 집단이 다수이고 어느 집단이 소수인지를 나타내지 못하고 있습니다. 집단별 규모를 첨부하면 더 좋겠죠. 우선 잠재집단별 예측 확률과 예측 범주를 추출하는 방법은 다음과 같습니다.

```
> # 각 개체가 잠재집단에 속할 확률값을 구하면 다음과 같음
> LCA_g6$P
[1] 0.13011043 0.17965648 0.05221961 0.02898015 0.22713497 0.38189836
```

```
> # 각 개체의 예측된 잠재집단을 구하면 다음과 같음
> LCA_g6$predclass
  [1] 2 6 6 2 6 6 2 6 2 6 1 4 2 5 1 6 6 6 2 6 6 4 5 5 5 2 5 6 2 5 1 2 6 5 6
                      [이후의 결과는 본문 내용과 상관없기에 제시하지 않음]
```

이제 잠재집단별 예측확률값을 추출한 후, 이를 %로 전환하고 그래프에 그 결과를 반영해 보죠. 가장 다수인 집단 순서로 그래프를 제시하였고, 또한 그래프의 라벨에 각 집단이 전체 표본에서 몇 % 정도를 점유하고 있는지 병기하였습니다. 시각화 결과를 조금 더 수정한 결과는 아래의 〈그림4〉와 같습니다.

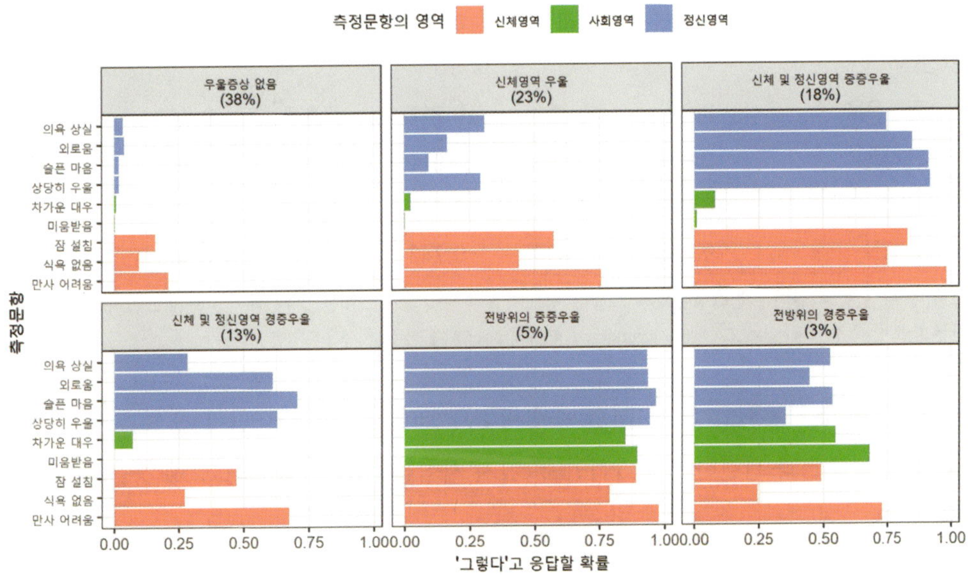

그림4. 잠재집단별 측정문항에서 '그렇다'는 응답이 나타날 확률(2차 수정)

제 경우 〈그림4〉와 같은 그래프를 선호합니다만, LCA 모형을 적용한 학술논문에서는 다음과 같은 〈표5〉를 선호합니다. 사실 〈표5〉는 앞서 제시한 〈표3〉을 재편집한 후, 잠재집단의 예측확률값을 추가한 후, 다수집단 순서로 재정렬한 것에 불과합니다.

표5. LCA 모형 추정을 통해 얻은 문항-반응 확률

	우울증상 없음	신체영역 우울	신체 및 정신영역 중증우울	신체 및 정신영역 경증우울	전방위의 중증우울	전방위의 경증우울
잠재집단 예측확률	.382	.227	.180	.130	.052	.029
사회영역						
미움받음	0.002	0.002	0.009	0.000	**0.894**	**0.677**
차가운 대우	0.006	0.025	0.080	0.071	**0.848**	**0.546**
신체영역						
만사 어려움	0.210	**0.756**	**0.982**	**0.674**	**0.976**	**0.726**
식욕 없음	0.095	**0.440**	**0.746**	0.273	**0.788**	0.245
잠 설침	0.160	**0.573**	**0.827**	**0.472**	**0.889**	**0.490**
정신영역						
상당히 우울	0.016	0.291	**0.917**	**0.629**	**0.942**	**0.355**
슬픈 마음	0.017	0.095	**0.911**	**0.707**	**0.965**	**0.534**
외로움	0.037	0.164	**0.845**	**0.612**	**0.936**	**0.448**
의욕 상실	0.032	0.307	**0.742**	0.282	**0.933**	**0.525**

알림. 문항-반응 확률이 9개 측정항목의 '그렇다' 응답확률의 중앙값인 .350을 넘는 경우 진하게 표기하였음. 잠재집단분석 모형 추정결과는 poLCA 패키지(version 1.4.1)의 poLCA() 함수를 사용하였음.

여기까지가 기본적인 LCA 모형 추정과정과 해석 및 시각화 결과 제시 방법입니다. LCA 모형 추정과 관련하여 추가적인 두 가지 사항들만 더 말씀드리고 제1장을 마무리하겠습니다.

첫째, 문항-반응 확률 추정결과의 해석과 관련하여 LCA 모형을 소개하는 문헌에서는 '잠재집단의 동질성(homogeneity of a latent class)'과 '잠재집단의 분리(latent class separation)'라는 개념을 사용하기도 합니다. 우선 잠재집단 동질성 개념은 특정 잠재집단이 측정문항들에 대해 얼마나 동질적인 응답을 보이는가를 의미합니다. 반면 잠재집단의 분리 개념은 잠재집단과 잠재집단이 얼마나 잘 구분되는가를 평가하는 개념입니다. 두 개념의 관계와 관련하여 결론부터 말씀드리자면, 잠재집단 분리개념이 충족되면, 잠재집단 동질성 개념도 충족됩니다. 그러나 잠재집단 동질성 개념이 충족되었다고 해도, 잠재집단 분리개념이 반드시 충족된다고 보장할 수 없습니다. 우선 해당 개념을 이해하기 위해 〈표6〉과 같이 2가지 가상으로 구상한 문항-반응 확률 추정결과를 살펴봅시다.

표6. 잠재집단 동질성과 잠재집단 분리의 관계 설명을 위한 두 가지 가상사례

		사례1 (잠재집단 동질성이 높고, 아울러 잠재집단 분리도 높음)			사례2 (잠재집단 동질성은 높지만, 잠재집단 분리는 낮음)		
		집단1	집단2	집단3	집단1	집단2	집단3
측정항목1	그렇다	**0.9**	**0.8**	0.1	**0.9**	**0.8**	0.1
	아니다	0.1	0.2	**0.9**	0.1	0.2	**0.9**
측정항목2	그렇다	**0.9**	0.2	**0.9**	**0.9**	**0.8**	**0.9**
	아니다	0.1	**0.8**	0.1	0.1	0.2	0.1
측정항목3	그렇다	0.1	**0.8**	**0.9**	0.1	0.2	**0.9**
	아니다	0.9	0.2	0.1	**0.9**	**0.8**	0.1

'사례1'의 경우 각 집단의 문항-반응 확률은 매우 잘 나뉘어 있습니다. 즉 각 집단에게서 관측된 측정항목의 반응패턴은 명확하게 동질적입니다(대부분 '그렇다'라고 응답하거나 혹은 대부분 '아니다'라고 응답함). 물론 세 집단이 모두 동등한 수준으로 동질적인 것은 아닙니다. '집단1'과 '집단3'이 '집단2'에 비해서 보다 동질적입니다만, 세 집단 모두 각 문항 내부의 반응패턴이 명확하게 나뉘어 내적 동질성을 보이고 있습니다. 또한 '집단1'은 '측정항목1'과 '측정항목2'에서, '집단2'는 '측정항목1'과 '측정항목3'에서, '집단3'은 '측정항목2'과 '측정항목2'에서 그렇다는 응답이 두드러지게 나타납니다. 즉 각 집단은 다른 집단과 명확하게 구분되는 반응패턴을 보입니다. 다시 말해 '사례1'의 경우 잠재집단 동질성과 잠재집단 분리 모두 높은 상황입니다.

'사례2'는 어떨까요? 일단 각 집단별 패턴은 '사례1'과 크게 다르지 않습니다. 즉 각 집단 내부의 항목별 반응패턴은 명확하게 나뉘어 동질적 모습을 보이고 있습니다. 하지만 각 집단은 명확하게 구분되지 않습니다. '집단1'과 '집단3'은 서로 구분되는 반응패턴을 보입니다. 하지만 '집단1'과 '집단2'는 다르기는 하지만 비슷합니다. 즉 두 집단 모두 '측정항목1'과 '측정항목2'에서는 '그렇다' 응답이 높고, '측정항목3'에서는 '아니다'는 응답이 높습니다. 다시 말해 '사례1'과 달리 '사례2'의 경우 잠재집단 동질성은 높으나 잠재집단 분리는 낮은 상황입니다.

만약 여러분께서 얻은 LCA 모형 추정결과가 '사례1'에 가깝다면 별문제가 없을 것입니다. 하지만 만약 '사례2'와 같다면 어떨까요? 아마도 잠재집단의 수는 3개가 아니라 2개에 가깝다고 보시지 않을까요? 다시 말해 아무리 데이터를 통해 얻은 최적의 잠재집단 수가

3개였다고 하더라도 개념상 적당한 잠재집단의 수는 3이 아니라 2일지도 모릅니다.

그렇다면 위에서 우리가 얻은 LCA 모형 추정결과는 어떨까요? 예를 들어 〈그림4〉와 〈표5〉의 경우, '우울증상 없음' 집단과 '전방위의 중증우울' 집단은 집단내 문항들의 반응 패턴이 매우 유사합니다(즉, 전체적으로 '아니다'라고 응답하거나 전체적으로 '그렇다'라고 응답함). 또한 이 2개의 집단은 명확하게 구분됩니다. 즉 이 2개 집단에만 집중한다면 잠재집단 동질성과 잠재집단 분리의 2가지 기준이 모두 충족된다고 볼 수 있습니다. 하지만 다른 네 개의 집단은 다소 모호합니다. 예를 들어 '전방위의 중증우울' 집단과 '전방위의 경증우울' 집단을 비교해 보세요. 일단 '전방위의 경증우울' 집단은 잠재집단 동질성 수준이 높다고 보기 어려울 수 있고(다 어중간하게 나타나기 때문), 또한 두 집단의 확률수준 차이가 나타나기는 하지만 명확하게 나타나지 않는다고 볼 가능성도 완전히 배제하기 어렵습니다. 즉 〈그림4〉와 〈표5〉의 결과를 보고 어떤 분들은 6개 잠재집단이 아니라 5개, 4개 혹은 3개의 잠재집단으로 LCA 모형을 재추정하고 싶은 분도 있을지 모릅니다.

일단 제 경우 위의 모형추정 결과에 만족합니다. 하지만 모든 분들이 제 판단에 동의하지 않을 것입니다. 아무리 데이터에 근거하여 최적의 잠재집단개수 k를 결정했다고 하더라도 보는 사람에 따라 LCA 모형추정 결과에 동의하지 않을 수 있습니다. LCA 모형의 매력에도 불구하고 이런 부분이 LCA 모형의 어려운 부분입니다.

둘째, LCA 모형은 국소 독립성 가정(local independence assumption)을 요구합니다. 국소 독립성 가정은 LCA 모형의 범주형 잠재변수로 설명된 관측변수들은 서로가 서로에 대해 독립적이라는 가정입니다. 구체적으로 설명해 드리죠. 제가 앞서 사회영역으로 분류한 '미움받음' 항목과 '차가운 대우'라는 항목은 서로서로 연관성이 높을 것입니다.[5] 국소 독립성 가정이란 이렇게 연관성을 갖는 두 범주형 관측변수들이 범주형 잠재변수(즉 잠재집단들)를

---

5 크레머의 V를 계산하면 약 .248의 값이 나옵니다(p<.001).

```
> xtabs(~ w2_5+w2_8, data_lca_ch1) %>% chisq.test()

        Pearson's Chi-squared test with Yates' continuity correction

data:  .
X-squared = 618.31, df = 1, p-value < 2.2e-16

> xtabs(~ w2_5+w2_8, data_lca_ch1) %>% lsr::cramersV()
[1] 0.2481132
```

추정한 후에는 더 이상 연관성을 갖지 않는다는 가정입니다. 인자분석, 보다 정확하게는 확증적 인자분석(CFA, confirmatory factor analysis)의 용어로 말씀드리자면, 관측변수의 잔차들 사이의 상관관계는 0이라고 가정됩니다[흔히 통용되는 리즈렐(LISREL) 표기법으로 말씀드리면 Θ_δ 혹은 Θ_ε 행렬 내의 탈대각행렬 요소(off-diagonal elements)는 0입니다]. 단순화시켜 말씀드리자면 국소 독립성 가정이란 범주형 관측변수들의 패턴은 잠재변수의 차이로 모두 설명된다는 가정입니다. 사실 이 가정은 그다지 놀라운 가정은 아닙니다. 왜냐하면 잠재변수를 가정하였기 때문에 각각의 관측변수들의 공통분산이 잠재변수에 이미 반영되어 있다는 가정에 큰 무리가 없기 때문입니다. 물론 국소 독립성 가정을 취하지 않는 LCA 모형들도 1980년대 후반부터 제안되어 왔습니다. 특히 제4장에서 소개해 드릴 잠재전이분석(LTA, latent transition analysis) 모형을 확장시킨 모형들의 경우 국소 독립성 가정을 취하지 않은 분석기법들이 최근에 많이 제안되고 있습니다.[6] 그러나 이러한 기법들은 본서의 범위를 넘어서기에 별도로 다루지는 않겠습니다.

제1장에서는 LCA 모형을 전반적으로 소개하였으며, 어떻게 데이터를 기반으로 최적의 잠재집단개수 k를 추정할 수 있는지, 그리고 최적의 k를 이용한 LCA 모형 추정결과를 어떻게 해석하며, 추정결과를 표와 그래프로 제시할 수 있는지 살펴보았습니다. 제2장에서는 여기서 다룬 LCA 모형을 조금 더 확장시켜보겠습니다. 제2장에서 다룰 내용은 2가지입니다. 첫째, 우리가 발견한 6개 잠재집단의 예측확률값은 개체의 특성과 어떤 연관관계를 맺고 있을까요? 예를 들어, 6개의 각 잠재집단별 예측확률은 성별이나 연령, 소득수준 등에 따라 어떻게 달라질까요? 이러한 연구문제에 답하는 분석을 흔히 예측변수(공변량)가 투입된 LCA 모형(LCA with covariates)이라고 부릅니다. 둘째, 표본을 여러 개의 하위표본으로 구분할 때, 각 하위표본에서 얻은 LCA 모형 추정결과는 비슷할까요? 아니면 다를까요? 예를 들어 우리가 얻은 6개 잠재집단들과 문항-반응 확률은 남성과 여성에게서

---

6 예를 들어 레보신 등(Reboussin, Ip, & Wlfson, 2008)의 연구에 따르면, 국소 독립성 가정에 기반할 경우 최적의 잠재집단개수가 과다하게 추정되는 경향이 있다고 합니다. 다시 말해 국소 독립성 가정이 없는 모형에서 최적의 k값이 훨씬 작게 추정되기 때문에 보다 간단한 LCA 모형 추정이 가능하다고 합니다. 또한 제2장에서 소개할 예측변수(공변량)가 투입된 LCA 모형의 경우, 국소 독립성 가정을 취하지 않았을 때의 LCA 모형 추정결과가 더 타당한 것으로 나타났습니다.

비슷하게 나타날까요? 아니면 다르게 나타날까요? 이러한 연구문제에 답하는 분석을 흔히 다집단(multi-group) LCA 모형이라고 부릅니다.

LCA with covariates / Multi-group LCA

2장 잠재집단분석 모형의 확장

제1장에서는 잠재집단분석(LCA) 모형이 무엇이고, 어떻게 일련의 범주형 관측변수들을 설명할 수 있는 k개의 잠재집단들로 구성된 범주형 잠재변수를 추정할 수 있는지 살펴보았습니다. 제2장에서는 LCA 모형을 보다 확장해 보겠습니다.

제1장 말미에서 말씀드렸지만, 제2장의 내용은 크게 두 부분입니다. 첫째, 예측변수가 잠재집단 발생확률에 미치는 효과를 추정해 보겠습니다. 이를테면 LCA 모형 추정결과 중 '신체영역 우울'로 분류된 잠재집단의 예측확률은 응답자의 연령에 따라 달라지지 않을까요? 또 소득수준과 각 잠재집단의 예측확률은 어떤 관계를 갖고 있을까요? 이러한 확장된 LCA 모형 추정과정을 흔히 '예측변수(공변량, covariate) 투입 LCA 모형(LCA with covariates)' 추정이라고 부릅니다. 개념적으로는 LCA 모형과 다항 로지스틱 회귀모형(multinomial logistic regression model)을 결합시킨 것으로 이해할 수 있습니다.[1]

둘째, 하위표본들에 따라 LCA 모형 추정결과가 유사하게 나타나는지 아니면 매우 다르게 나타나는지 테스트하겠습니다. 제1장에서 LCA 모형의 핵심적 모형추정 결과로 '문항-반응 확률(item-response probability)'과 '잠재집단 예측확률(estimated class population

1 예측변수 투입 LCA 모형과 다집단 LCA 모형에 대한 보다 포괄적인 설명을 원하시는 독자께서는 콜린스와 란자(Collins & Lanza, 2010)를 참조하시기 바랍니다.

shares)' 두 가지를 소개해 드린 바 있습니다. 그렇다면 이 두 추정치는 표본을 구성하는 집단들마다 동일하지 않을 가능성도 있습니다. 이러한 확장된 LCA 모형 추정과정을 흔히 '다집단 LCA 모형(multi-group LCA)'이라고 부릅니다.[2]

확장된 LCA 모형 추정 준비과정

두 가지 확장된 LCA 모형 소개에 앞서 R 패키지에 대한 말씀을 조금 길게 드릴까 합니다. 제1장에서 사용한 `poLCA` 패키지는 제가 알고 있는 범위 내에서 가장 사용하기 쉬운 LCA 모형 추정 패키지입니다. 세상만사 다 그렇겠지만, 다 좋을 수는 없죠. 사용이 상대적으로 쉽다는 장점이 있지만, 확장된 LCA 모형을 추정하기에는 기능이 제한되어 있거나 혹은 불가능하다는 단점이 있습니다.

우선 `poLCA` 패키지를 이용하여 '예측변수 투입 LCA 모형'과 '다집단 LCA 모형'을 추정할 경우 다음의 세 가지 단점이 있습니다. 첫 번째 단점은 상당히 낡은 문헌(Bolck, Croon, & Hagenaars, 2004)에서 제시된 방식으로 예측변수의 효과를 추정한다는 점입니다. 하지만 통계분석을 전문적으로 하는 사람이 아니라면 이 첫 번째 단점은 그리 큰 문제가 아닐 수 있습니다. 저 역시도 가급적 권장되는 혹은 최근에 개발된 알고리즘이나 모형을 택하려는 사람이기는 하지만, 기존의 방식이 정확성과 효율성이 다소 떨어지기 때문에 반드시 버려야 한다고 생각하지는 않습니다.

두 번째 단점은 예측변수 투입 LCA 모형 추정에 너무 긴 시간이 소요된다는 것입니다. 사실 제 입장에서는 바로 이 두 번째 단점이 더 큰 문제였습니다. 제2장에서는 제1장에서 추정한 LCA 모형에 성별, 연령(일·이차항), 소득(일·이차항), 교육수준 등의 예측변수들을 투입하였습니다. 제2장에서 사용하는 `lcca` 패키지의 경우 제 PC기준으로 약 1분 정도면 모형이 추정되지만, `poLCA` 패키지의 경우 약 20분이 소요됩니다. 즉 `poLCA` 패키지는 정확성의 문제는 차치하더라도 효율성이 매우 낮기에 제2장에서는 사용하지 않았습니다.

---

2 확증적 인자분석(CFA, confirmatory factor analysis), 구조방정식(SEM, structural equation modeling)을 배우신 분들은 모형 동등성 테스트(model invariance test)나 다집단 구조방정식(multi-group SEM)을 기억하실 것입니다. 개념적으로 다집단 LCA 모형은 CFA에서의 모형 동등성 테스트, 다집단 SEM과 동일합니다. SEM 맥락에서의 모형 동등성 테스트와 다집단 SEM에 대해서는 졸저 『R를이용한 사회과학데이터 분석: 구조방정식모형 분석』(2017b)를 참조하여 주시기 바랍니다.

끝으로 세 번째, poLCA 패키지로는 다집단 LCA 모형 추정이 아예 불가능합니다.

lcca 패키지는 적어도 '예측변수 투입 LCA 모형'과 '다집단 LCA 모형'을 추정할 때 이들 세 가지 문제로부터 자유롭습니다. 하지만 제 생각에는 다음과 같은 단점이 있습니다. 첫째, lcca 패키지는 R 홈페이지의 CRAN에 업로드된 패키지가 아닙니다. 따라서 install.packages() 함수를 사용할 수 없으며, 저자들의 홈페이지에서 패키지 파일을 직접 다운로드 받은 후, 로컬 하드드라이브에서 수동설치를 해야 합니다. 즉 설치가 불편합니다.

둘째, 현재 lcca 패키지(version 2.0.0)는 윈도 시스템에서만 작동합니다. 즉 Mac PC를 사용하시는 분들은 이 패키지를 사용할 수 없습니다. 한국의 경우 Mac 이용자가 적은 편이기는 하지만 이는 lcca 패키지의 명백한 단점입니다.

셋째, 무엇보다 가장 큰 단점은 R 버전이 3.5 미만이어야 작동한다는 것입니다. 즉 최근(2018년 이후)에 R을 설치하신 분들의 경우 R 버전이 3.5.1 혹은 3.5.2일텐데 이 분들의 경우 R 홈페이지로 가신 후 이전 버전(older version)을 다운로드 받아 설치한 후에야 lcca 패키지를 사용할 수 있습니다.

독자분들께서는 이런 단점들이 있다는 점을 염두에 두시기 바랍니다. 따라서 제2장을 읽기 전에 여러분들의 PC에서 다음을 꼭 점검하시기 바랍니다.

- PC의 OS가 윈도 시스템이어야 한다.[3]
- 현재 사용하고 있는 R 프로그램의 버전이 3.4 혹은 그 이하이어야 한다.

위의 두 가지가 다 확인되셨다면 https://methodology.psu.edu/downloads/lcca 웹사이트를 방문하시기 바랍니다(아니면 서치엔진 검색어에 Methodology center와 lcca package 두 검색어를 입력한 후 검색해 보시기 바랍니다). 해당 웹사이트를 방문하시면 아래의 〈그림1〉과 같은 화면을 확인하실 수 있을 것입니다.

3 다 살펴본 것은 아니지만, Windows 8부터 Windows 10의 경우 다 작동합니다. 하지만 다른 윈도 버전에 대해서는 lcca 패키지 개발자들에게 별도 문의를 해 보아야 할 듯합니다.

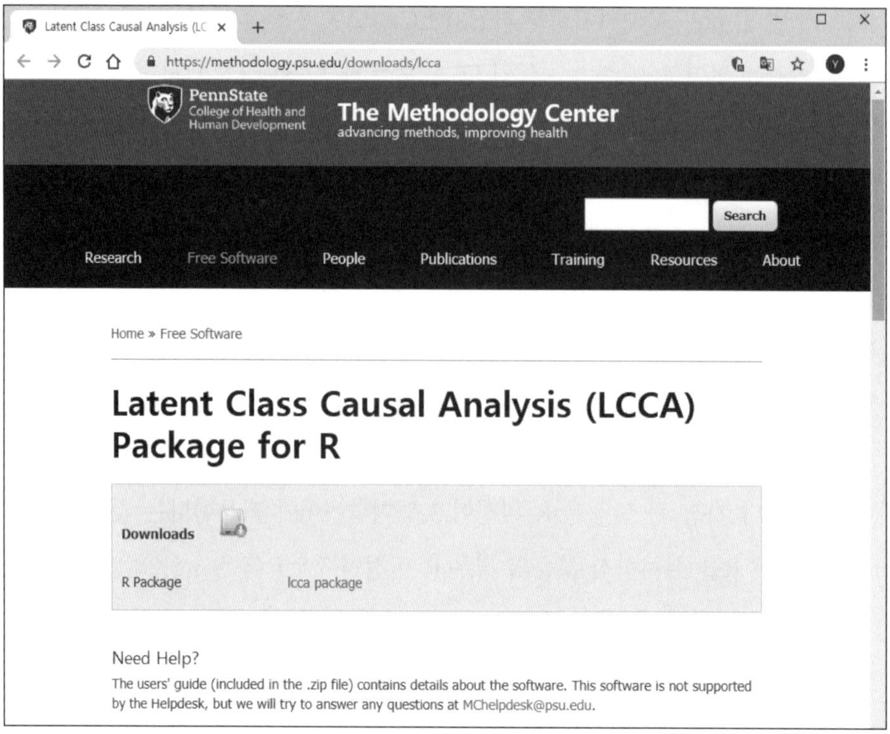

그림1. `lcca` 패키지 다운로드 웹페이지

여기서 `lcca package`를 클릭하시면 전자메일 주소를 입력하라는 창이 나올 것입니다. 여러분 개인 전자메일 주소를 입력한 후 **Accept Terms & Download LCCA Package** 단추를 누르면, 압축파일(zipped file) 하나를 얻게 될 것입니다. 이 파일을 여러분의 하드드라이브에 저장하신 후, R이나 R Studio 등에서 수동으로 설치하시면 됩니다. R Studio의 경우 다음의 순서를 따르시기 바랍니다.

- 1단계: 프로그램 메뉴판의 'Tools' 클릭
- 2단계: 'Tools' 서브메뉴 중 'Install packages…' 클릭
- 3단계: 'Install from:'을 'Repository (CRAN)'에서 'Package Archive File (.zip; .tar.gz)'로 변경(아래의 그림 참조)

디폴트

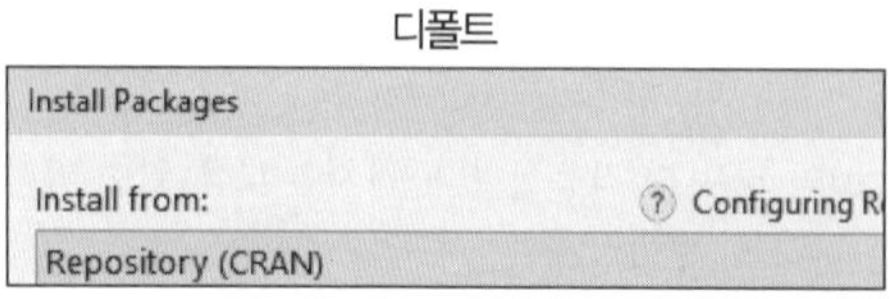

변경

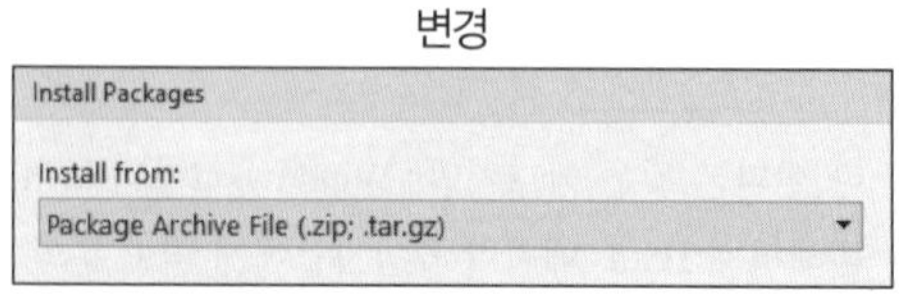

- 4단계: 'Package archive:'에서 'Browse...' 단추를 누른 후 다운로드 받은 압축파일을 클릭하고 Install 단추를 눌러 lcca 패키지를 인스톨하시면 됩니다.

번거롭기는 하지만 어렵지는 않을 것입니다. 패키지가 인스톨된 후에는 library('lcca')를 실행하면 lcca 패키지의 여러 함수들을 사용하실 수 있습니다.

예측변수 투입 LCA 모형

이제 예측변수 투입 LCA 모형 추정과정을 소개하겠습니다. 하지만 그 이전에 어떤 분은 다음과 같은 질문을 던지실 수도 있습니다. "제1장에서 poLCA 패키지를 이용하여 추정한 결과에서 각 사례별 잠재집단 예측집단(Predicted class memberships 부분)을 변수로 저장한 후, 이를 종속변수로 설정하고 예측변수들의 효과를 추정하면 되지 않을까?" 매우 좋은 질문입니다. 예를 들어 탐색적 인자분석(EFA) 모형을 추정한 후 인자점수를 저장한 후 차후 분석에 투입하는 것이 보통이기 때문입니다. 개념적으로 EFA 모형과 LCA 모형이 동일하다면, LCA 모형의 추정결과를 저장한 후 차후 분석에 사용하는 것이 별문제 없다고 생각할 수 있습니다.

하지만 우선 결론부터 말씀드리자면 이는 적절치 않습니다. 다시 말해 완전히 틀렸다고는 할 수 없으나 옳다고 볼 수 없습니다. 앞서 poLCA 패키지로 모형을 추정한 후, 잠재집단의 '예측확률'과 '예측범주' 두 가지가 서로 동일하지 않다는 점 말씀드린 바 있습니다. 잠재집단 예측범주는 잠재집단들의 예측확률 중 가장 큰 값을 갖는 범주를 제시한 것입니다. 비유하여 말하자면 예측확률을 토대로 예측범주가 도출된다는 점에서 예측확률은 모집단 통계치에, 예측범주는 표본 통계치에 해당된다고도 볼 수 있습니다. 앞서 말씀드린 전략, 즉 예측변수를 전혀 투입하지 않은 LCA 모형을 기반으로 예측범주를 추출한 후, 이를 차후 분석에 활용하는 전략은 예측변수의 '잠재집단의 예측확률'에 미치는 효과를 추정하는 것이 아니라는 문제가 있습니다. 그러나 예측확률에서 예측범주로 전환하는 과정의 오차에도 불구하고, 두 가지가 동일한 데이터에서 긴밀하게 연결되어 있다는 점에서 완전히 터무니없는 분석전략이라고 보기도 어렵습니다. 제 생각으로는 데이터를 탐색적으로 기술하는 것이 목적이라면 이 전략도 나쁘지 않다고 생각합니다. 단 학술적 목적의 논문이나 보고서를 작성하는 경우라면 이 전략은 용납되기 어려울 것입니다.

우선 제1장에서 사용했던 데이터를 불러 봅시다. 이번에는 예측변수들도 같이 데이터에 포함시키도록 하죠. 예측변수로는 성별, 연령(일·이차항), 소득(일·이차항), 교육수준 네 변수를 포함시키겠습니다. 제1장과 마찬가지 방식으로 'CESD_w2'라는 표현으로 시작하는 변수들을 사전처리하였고, 연령과 소득변수의 경우 평균중심화 변환을 실시하였습니다. 또한 변수이름에서 CESD_라는 표현을 삭제하여 향후 프로그래밍이 간소해 지도록 변수명을 바꾸었습니다.

```
> # LCA 모형 추정 관련
> library('poLCA')
> library('lcca')
> library('nnet')
> # 데이터 관리 및 시각화
> library('tidyverse')
> library('modelr')
> library('broom')
> # 데이터 불러오기
> setwd("D:/2019_year/Categorical_Data_Analysis")
> data_lca_ch2 = read_csv("exdata2.csv") %>%
+   mutate_at(
+     vars(starts_with("CESD_w2")),
+     funs(factor(ifelse(.=="2있음",1,2)))
+   ) %>% select(starts_with("CESD_w2"),id,female2,age2,educ2,log10inc2) %>%
+   mutate(
+     age2C=age2-mean(age2),
+     log10inc2C=log10inc2-mean(log10inc2)
+   )
Parsed with column specification:
cols(
  .default = col_character(),
  id = col_integer(),
  female2 = col_integer(),
  age2 = col_integer(),
  log10inc2 = col_double()
)
See spec(...) for full column specifications.
> names(data_lca_ch2)=str_replace_all(names(data_lca_ch2),"CESD_","")
```

우선 lcca 패키지를 이용하여 제1장에서 poLCA 패키지를 이용해 추정했던 k=6으로 상정한 LCA 모형을 추정해 봅시다. 불필요한 반복작업이라고 생각하실 수도 있습니다만, 이를 실행한 목적은 다음과 같습니다. 첫째, 이미 확인했던 모형을 다시 추정함으로써 lcca 패키지에서 사용하는 몇몇 고유한 기술적 용어(technical terms)의 의미를 보다 쉽게 전달하고자 합니다. 둘째, 두 패키지의 알고리즘이 조금 다르기는 하지만 전반적으로 일치한다는 것을 보여주고자 합니다. lcca 패키지를 이용해 예측변수를 투입하지 않은 일반 LCA 모형을 추정하는 방법은 아래와 같습니다.

```
> # lcca 패키지를 이용하여 poLCA 패키지 추정결과 재연
> set.seed(20190120)
> myformula=cbind(w2_1,w2_2,w2_3,w2_4,w2_5,w2_6,w2_7,w2_8,w2_9) ~ 1
> LCA_g6_lcca=lca(myformula,data=data_lca_ch2,
+             nclass=6,flatten.gammas=1,flatten.rhos=1)
```

set.seed() 함수를 설정하지 않으면 여러분이 얻은 결과와 본문의 결과가 조금 다를 수 있습니다(집단제시 순서가 바뀝니다. poLCA 패키지의 경우와 마찬가지). 동일한 결과를 얻고자 하신다면 반드시 set.seed() 함수를 실행하시기 바랍니다. 다음으로 공식을 정의하는 것 역시도 poLCA 패키지와 비슷합니다. 즉 공식을 지정하고(myformula 부분), 분석대상이 되는 데이터를 지정하고(data 부분), 설정된 잠재집단의 개수를 지정하는 것(nclass 부분)은 모두 동일합니다.

다른 점은 lca()라는 함수의 옵션지정 방식입니다. 아마 밑줄 그은 두 부분이 낯설게 느껴지실 것입니다. 이 부분이 lcca 패키지가 LCA 모형을 처음 접하는 사람들에게는 낯선 부분입니다. 우선 flatten.gammas 옵션의 gamma는 그리스 문자 γ를 뜻하며, 제1장에서 설명해 드렸던 잠재집단의 예측확률 값에 해당합니다(즉 poLCA 패키지로 추정하였을 때 Estimated class population shares 결과에 해당). flatten.gammas=1의 의미는 지정된 6개 범주들로 구성된 잠재변수의 예측확률값의 총합을 1로 고정시킨다는 의미입니다. 이 옵션은 poLCA 패키지에서는 언제나 1의 값으로 고정되어 있습니다. 특별한 경우가 아니라면 위의 옵션을 바꿀 이유가 없습니다(적어도 저는 실제 연구에서 해당 옵션을 바꾼 경우를 접한 적이 없습니다). 다음으로 flatten.rhos 옵션의 rho는 그리스 문자 ρ를 의미하며, 제1장에서

설명해 드렸던 문항-반응 확률(item-response probability)에 해당됩니다. `flatten.rhos=1`의 의미는 측정문항의 범주별 응답확률의 합은 각 잠재집단별로 1의 값을 갖는다는 뜻입니다. 예를 들어 '미움받음'이라는 측정항목에 대해 '전방위의 경증우울' 집단이 '그렇다'라고 응답할 확률은 약 .677이고 '아니다'라고 응답할 확률은 약 .323이며, 두 범주에 대한 응답확률의 합은 1.00라는 뜻입니다. 이것 역시 `poLCA` 패키지에서는 언제나 1로 고정되어 있으며, 이 옵션을 또한 바꿔야 할 상황은 거의 발생하지 않는 것으로 저는 알고 있습니다.[4]

위의 두 옵션들에 등장한 `gamma`, `rho`라는 두 용어는 `lca()` 함수의 추정결과에서도 그대로 사용됩니다. 두 용어를 어떻게 정의하고 있는지 기억해 두시기 바랍니다. 이제 추정결과를 살펴보도록 합시다. `summary()` 함수를 이용하면 됩니다. 출력결과가 꽤 깁니다.

```
> summary(LCA_g6_lcca,show.all=TRUE)

       Summary of Latent-Class Analysis

============================================================
Data and model information
============================================================

Number of cases:   10044

Total frequency for all cases:   10044

Number of measurement items:      9
Number of categories per item:    2 2 2 2 2 2 2 2 2
Number of latent classes:         6

Starting values for rhos:        randomly generated
Random seed 1:               79
Random seed 2:               546
Starting values for gammas:      uniform values

Flattening constant for rhos:     1
Flattening constant for gammas:   1
```

4 γ와 ρ 옵션을 바꾸어야 할 상황에 대해서는 `lcca` 패키지의 도움말(help) 문서를 참조하시기 바랍니다.

```
Max. number of EM iterations:    5000
Convergence criterion:         0.000001

=========================================================
Fit statistics
=========================================================

The EM algorithm CONVERGED in: 290 iterations

Standard errors computed successfully.
Standard-error method:   STANDARD

Number of free parameters estimated:      59.00000
Loglikelihood:                        -41077.90261
Loglikelihood + penalty:              -41146.26275
-2 * Loglikelihood:                    82155.80522
AIC (smaller is better):               82273.80522
BIC (smaller is better):               82699.47433

=========================================================
Parameter estimates
=========================================================

Class prevalences (gammas):
Class:      1      2      3      4      5      6
      0.3837 0.0256 0.1805 0.2272 0.0525 0.1303

Item-response probabilities (rhos):
  Response category 1
Class:      1      2      3      4      5      6
  w2_1 0.0963 0.2408 0.7454 0.4414 0.7857 0.2673
  w2_2 0.0170 0.3313 0.9155 0.2931 0.9401 0.6286
  w2_3 0.2119 0.7160 0.9806 0.7570 0.9746 0.6759
  w2_4 0.1608 0.4930 0.8268 0.5748 0.8865 0.4674
  w2_5 0.0375 0.4503 0.8440 0.1672 0.9332 0.6091
  w2_6 0.0062 0.5909 0.0786 0.0251 0.8529 0.0731
  w2_7 0.0171 0.5202 0.9103 0.0965 0.9638 0.7108
  w2_8 0.0017 0.6832 0.0122 0.0037 0.8858 0.0102
  w2_9 0.0330 0.5426 0.7407 0.3080 0.9309 0.2833
```

```
  Response category 2
Class:     1      2      3      4      5      6
  w2_1 0.9037 0.7592 0.2546 0.5586 0.2143 0.7327
  w2_2 0.9830 0.6687 0.0845 0.7069 0.0599 0.3714
  w2_3 0.7881 0.2840 0.0194 0.2430 0.0254 0.3241
  w2_4 0.8392 0.5070 0.1732 0.4252 0.1135 0.5326
  w2_5 0.9625 0.5497 0.1560 0.8328 0.0668 0.3909
  w2_6 0.9938 0.4091 0.9214 0.9749 0.1471 0.9269
  w2_7 0.9829 0.4798 0.0897 0.9035 0.0362 0.2892
  w2_8 0.9983 0.3168 0.9878 0.9963 0.1142 0.9898
  w2_9 0.9670 0.4574 0.2593 0.6920 0.0691 0.7167

Standard errors for class prevalences (gammas):
        Est.    Std.Err
Class 1 0.38374 0.01158
Class 2 0.02562 0.00469
Class 3 0.18053 0.00994
Class 4 0.22723 0.01595
Class 5 0.05255 0.00447
Class 6 0.13034 0.01450

Standard errors for item-response probabilities (rhos):
                            Est. Std.Err
Class 1, w2_1, Response 1 0.09625 0.00750
Class 1, w2_1, Response 2 0.90375 0.00750
[이후의 문항-반응 확률의 표준오차 부분은 생략하였음]
Class 6, w2_9, Response 1 0.28334 0.02967
Class 6, w2_9, Response 2 0.71666 0.02967
```

순서대로 살펴보겠습니다. “Data and model information” 부분에 제시된 결과를 이해하기는 어렵지 않을 것입니다. 표본의 크기, 투입된 관측변수(측정문항)의 수와 각 측정변수의 범주들의 수, 그리고 상정된 잠재변수의 잠재집단수 등이 제시되어 있습니다. 또한 모형추정 시 임의로 어떤 숫자가 지정되었는지[흔히 초기값(starting values)이라고 불립니다], 또한 γ 와 ρ에 대해 어떤 가정을 취했는지 등이 나타납니다.

그다음에 제시된 “Fit statistics”에서는 모형적합도와 관련된 통계치들이 제시됩니다. 가장 먼저 반복계산수가 제시되었고, 이후 표준오차(standard errors) 추정에 성공했는지, 그리고 어떤 방식의 표준오차가 사용되었는지가 제시되어 있습니다. 만약 다른 유형의 표준오차를 원하신다면 `se.method` 옵션을 별도로 지정하시기 바랍니다.[5] `poLCA` 패키지 추정결과의 경우 표준오차를 제공하지 않습니다. 표준오차가 어떻게 제시되는가에 대해서는 조금 후에 모수추정 결과를 소개하면서 다시 말씀드리겠습니다. 그다음에 제시되는 모형적합도 지수들은 제1장에서 이미 설명해 드린 바 있습니다. 아쉽게도 G^2와 χ^2의 두 모형적합도 지수는 제공되지 않고 있습니다. 만약 이 두 통계치가 필요하시다면 별도의 수계산을 통해 얻으셔야 합니다(즉 공식을 적용하여). 그렇다면 모형적합도 통계치는 `poLCA` 패키지 추정결과와 `lcca` 패키지 추정결과에서 얼마나 다를까요? 동일한 데이터에 대해 두 패키지를 통해 추정한 로그우도, AIC, BIC의 값을 비교하면 아래의 〈표1〉과 같습니다. 우선 두 패키지의 추정결과가 정확하게 동일하지 않습니다. 그러나 로그우도의 경우 고작 .57 정도만 차이날 뿐입니다. AIC와 BIC 역시도 거의 차이 없습니다. 즉 두 패키지로 추정한 LCA 모형의 모형적합도는 구분되기 어려울 정도로 유사합니다.

표1. 모형적합도: `poLCA` 패키지와 `lcca` 패키지 비교

	`poLCA` 패키지 (version 1.4.1)	`lcca` 패키지 (version 2.0.0)
로그우도(log-likelihood)	−41077.90	−41077.33
AIC	82273.81	82272.67
BIC	82699.47	82698.34

이제 가장 중요한 모수추정치를 보겠습니다(`Parameter estimates` 부분). 맨 처음에 등장한 통계치는 잠재집단의 예측확률, 즉 γ 입니다[`Class prevalences (gammas):` 부분]. 여섯 잠재변수의 예측확률이 제시되어 있습니다. 추정된 예측확률을 크기 순서대로 정렬한 후 제1장에서 `poLCA` 패키지를 통해 추정한 결과와 비교해 봅시다. 추정결과를 정리하면 아래의 〈표2〉와 같습니다. 소수점 3째자리를 기준으로 결과를 비교할 때, 두 패키지의 추정결과가 완전하게 동일하지는 않지만, 거의 일치하는 것을 쉽게 발견할 수 있습니다.

5 맥락에 따라 샌드위치 조정 표준오차(sandwich estimator)를 사용하실 수도 있습니다. 현재 `se.method` 옵션에는 `"STANDARD"`, `"FAST"`, `"SANDWICH"`, `"NONE"`이 제공되고 있습니다.

표2. 잠재집단 예측확률(γ): poLCA 패키지와 lcca 패키지 비교

	우울증상 없음	신체영역 우울	신체 및 정신영역 중증우울	신체 및 정신영역 경증우울	전방위의 중증우울	전방위의 경증우울
poLCA 패키지 (version 1.4.1)	.382	.227	.180	.130	.052	.029
lcca 패키지 (version 2.0.0)	.384	.227	.181	.130	.053	.026

그다음 제시된 결과는 문항-반응 확률입니다[Item-response probabilities (rhos) 부분]. poLCA 패키지 결과제시 방식과 lcca 패키지의 결과제시 방식은 조금 다릅니다. 개인적으로는 lcca 패키지의 결과제시 방식이 좀 더 보기 좋은 것 같습니다. 아무튼 처음에 제시된 'Response category 1'은 각 문항별로 각 잠재집단이 '그렇다'라고 응답할 확률을 의미하고, 그다음에 제시된 'Response category 2'는 각 문항별로 각 잠재집단이 '아니다'라고 응답할 확률을 의미합니다. 제1장의 〈표5〉와 결과를 비교해 보시기 바랍니다(잠재집단의 제시순서가 다르고, 추정결과의 제시양식이 달라 쉽지는 않습니다만). 결과를 비교해 보시면 두 패키지의 추정결과가 소수점 3째자리를 기준으로 거의 동일하다는 것을 발견하실 것입니다.

이후에 제시된 'Standard errors for class prevalences (gammas):' 부분은 잠재집단의 예측확률 추정값과 표준오차입니다. 또한 그다음으로 제시된 'Standard errors for item-response probabilities (rhos):' 부분은 문항-반응 확률의 추정치와 표준오차입니다. 추정치의 표준오차는 poLCA 패키지를 통해 얻는 것이 불가능합니다. 개인적으로는 이 표준오차가 그다지 유용하지는 않다고 생각합니다. 하지만 잠재집단 예측확률이나 문항-반응 확률의 95% 신뢰구간을 구하거나 혹은 두 모수추정치가 통계적으로 유의미하게 다른지 여부를 거칠게라도 살펴보는 것이 목적이라면 유용하게 사용할 수 있을 듯합니다.

모든 R 오브젝트가 그렇듯, lca() 함수 추정결과 역시 별도의 오브젝트로 활용할 수 있습니다. 예를 들어 다음과 같은 방식으로 잠재변수의 예측확률(γ)이나 문항-반응 확률(ρ)을 추출할 수 있습니다. 이미 해당 모수들의 추출결과를 위해서 확인하였기 때문에 R 출력결과는 제시하지 않겠습니다.

```
> LCA_g6_lcca$param$rho              # 문항-반응 확률
, , Class 1, Group 1

          [,1]      [,2]
w2_1 0.096251813 0.9037482
                              [별도의 출력결과 제시하지 않음]
> LCA_g6_lcca$param$gamma             # 잠재집단 예측확률 평균
        Group 1
Class 1 0.38373511
                              [별도의 출력결과 제시하지 않음]
```

아쉽게도 lcca 패키지의 경우 표본의 개체가 어떤 잠재집단 예측범주를 갖는지를 제시하지는 않습니다(poLCA 패키지의 경우 추정결과 오브젝트의 하위 오브젝트 중 predclass를 지정하면 됩니다). 물론 각 개체가 $1 \sim k$까지의 잠재집단으로 분류될 확률값은 추정해 줍니다. 따라서 만약 표본의 개체가 어떤 잠재집단으로 예측되는지를 알고 싶다면, 잠재변수 예측확률을 이용하여 개체의 예측범주를 도출해야 합니다. 예를 들면 다음의 결과에서 알 수 있듯 1번 가로줄의 응답자에게는 가장 높은 확률값을 보인 Class 3이 최종 예측범주값으로 부여되겠죠.

```
> LCA_g6_lcca$post.probs  %>% round(3)  # 개체별 잠재집단 예측확률
    Class 1  Class 2  Class 3  Class 4  Class 5  Class 6
1    0.000    0.002    0.881    0.004    0.006    0.106
                              [이후의 추정결과는 제시하지 않았음]
```

위와 같은 방식으로 개체별 잠재집단 예측확률을 구한 후, 각 개체에게서 가장 높은 예측확률이 나타난 잠재집단을 예측범주로 분류하는 방법은 아래와 같습니다.

```
> # 개체별 잠재집단 예측범주
> probs_g6=LCA_g6_lcca$post.probs %>% data.frame() %>% as_tibble()
> class_g6 = probs_g6 %>%
+    mutate(rid=row_number()) %>%
+    gather(key=class,value=prob,-rid) %>%
+    group_by(rid) %>%
+    mutate(maxprob=max(prob)) %>%
+    filter(prob==maxprob) %>%
+    arrange(rid) %>% ungroup()
```

```
> count(class_g6,class)
# A tibble: 6 x 2
  class     n
  <chr>   <int>
1 Class.1  3875
2 Class.2   199
3 Class.3  2087
4 Class.4  2357
5 Class.5   497
6 Class.6  1029
```

각 예측된 잠재범주의 빈도표와 제1장에서 poLCA 패키지를 통해 얻은 추정결과와 비교해 볼까요? 다시 말해 두 패키지의 알고리즘이 크게 다르지 않자면 개별 응답자에게 부여된 잠재범주 역시 거의 일치하는 모습으로 나타날 것입니다. 두 가지 패키지를 통해 추정한 예측범주를 비교한 결과는 아래와 같습니다.

```
> crosstab=data_lca_ch2 %>%
+   count(class_lcca,class_polca) %>%
+   arrange(desc(n))
> crosstab
# A tibble: 12 x 3
   class_lcca               class_polca                  n
   <fct>                    <fct>                    <int>
 1 우울증상 없음            우울증상 없음             3873
 2 신체영역 우울            신체영역 우울             2323
 3 신체 및 정신영역 중증우울 신체 및 정신영역 중증우울 2085
 4 신체 및 정신영역 경증우울 신체 및 정신영역 경증우울 1024
 5 전방위의 중증우울        전방위의 중증우울          491
 6 전방위의 경증우울        전방위의 경증우울          199
 7 신체영역 우울            신체 및 정신영역 경증우울   31
 8 전방위의 중증우울        전방위의 경증우울            6
 9 신체 및 정신영역 경증우울 전방위의 경증우울           5
10 신체영역 우울            전방위의 경증우울            3
11 우울증상 없음            전방위의 경증우울            2
12 신체 및 정신영역 중증우울 전방위의 경증우울           2
```

전반적으로 6개 잠재집단 분류결과가 유사합니다. 물론 다른 경우도 존재합니다. 그렇다면 얼마나 분류결과가 일치하는 것일까요? 아래에서 보듯 전체 10,044명 응답자 중에 9,995명의 응답자에게서 poLCA 패키지 예측결과와 lcca 패키지 결과가 일치하는 모습을 보입니다. 즉 응답자 중 99.51%에서 예측결과가 일치합니다.

```
> crosstab %>%
+   filter(class_lcca==class_polca) %>%
+   summarize(sum(n))
# A tibble: 1 x 1
  `sum(n)`
     <int>
1     9995
```

이제 lcca 패키지의 작동방식 및 구성방식에 어느 정도 익숙해지셨을 것입니다. 이제 본격적으로 예측변수 투입 LCA 모형을 추정해 봅시다. 앞서 일반 LCA 모형의 경우 lca() 함수를 사용하였습니다. 예측변수 투입 LCA 모형의 경우 lcacov() 함수를 사용합니다만, 함수를 구성하는 방법은 lca() 함수와 거의 동일합니다. 우선 아래와 같은 예측변수 투입 LCA 모형을 살펴보시죠.

```
> # 예측변수를 투입한 LCA 모형
> set.seed(20190120)
> myformula2=cbind(w2_1,w2_2,w2_3,w2_4,w2_5,w2_6,w2_7,w2_8,w2_9) ~
+   female2+age2C+I(age2C^2)+log10inc2C+I(log10inc2C^2)+educ2
> LCA_g6_cov = lcacov(myformula2,data_lca_ch2,
+                     nclass=6,reference=1,
+                     flatten.rhos=1,flatten.gammas=1,
+                     stabilize.alphas=1)
```

제 PC로는 약 2분 정도의 시간이 소요되었습니다.[6] 우선 reference 옵션은 종속변수인 잠재변수의 집단들 중 어떤 집단을 기준집단(baseline group)으로 설정할 것인지를 설정

6 poLCA 패키지로 동일한 모형을 추정해 보니 약 25분 정도 시간이 소요되었습니다.

한 것입니다. 제 경우 1을 설정했는데, 그 이유는 `lca()` 함수 추정결과 1번 집단이 가장 수가 많았던 것은 물론 해당 집단의 성격이 '우울증상 없음'이기 때문에 예측변수 투입 LCA 모형의 추정결과를 해석하는 것도 쉽기 때문입니다.

`stabilize.alphas` 옵션은 예측변수의 효과를 추정한 모수측정치, 즉 절편과 회귀계수[보다 정확하게는 회귀계수를 통해 얻은 오즈비(OR)] 추정과 관련된 옵션입니다(`lcca` 패키지에서 말하는 `alpha`는 그리스 문자 α이며, 앞서 소개한 γ, ρ와 마찬가지로 모수추정치를 의미함). 바로 이 옵션 덕분에 `lcca` 패키지를 사용했을 때의 모형추정 연산속도가 `poLCA` 패키지보다 빨랐다고 보시면 됩니다. 앞서 소개해 드렸듯 LCA 모형은 반응패턴을 기준으로 하며, 적지 않은 반응패턴이 발견되지 않거나 혹은 매우 낮은 관측빈도를 보입니다. 앞서 제가 희소성(sparseness) 문제라고 말씀드린 바로 그 부분입니다. `stabilize.alphas=1`이라는 의미는 예측변수의 효과를 추정할 때, 회귀계수의 안정적 추정을 유도하는 시작값으로 볼 수 있습니다(다항 로지스틱 모형과 같이 LCA 모형에서도 로지스틱 분포를 사용한다는 점을 떠올려 보시기 바랍니다. '1'의 의미는 OR=1, 즉 해당 사건이 나타날 확률과 나타나지 않을 확률이 동일하다는 뜻이고, 이는 다름 아닌 효과가 존재하지 않는다는 뜻입니다).

이제 위에서 설정한 예측변수 투입 LCA 모형 추정결과를 살펴봅시다. 마찬가지로 `summary()` 함수를 사용하시면 됩니다.

```
> summary(LCA_g6_cov,show.all=TRUE)

  Summary of Latent-Class Analysis with Covariates

=========================================================
Data and model information
=========================================================
                [앞서 설명한 부분이기에 결과를 제시하지 않음]
=========================================================
Fit statistics
=========================================================

The EM algorithm CONVERGED in: 270 iterations

Standard errors computed successfully.
Standard-error method:   STANDARD
```

```
Number of free parameters estimated:  109.00000
Loglikelihood:                      -40153.42446
Loglikelihood + penalty:            -40238.26349
-2 * Loglikelihood:                  80306.84892
AIC (smaller is better):             80524.84892
BIC (smaller is better):             81311.25457

==========================================================
Parameter estimates
==========================================================

Class prevalences (marginal gammas):
Class:    1      2      3      4      5      6
      0.3701 0.0315 0.1654 0.2487  0.055 0.1293

Item-response probabilities (rhos):
   Response category 1
Class:     1      2      3      4      5      6
  w2_1 0.0831 0.2541 0.7953 0.4389 0.7788 0.2456
  w2_2 0.0181 0.3397 0.9108 0.2754 0.9440 0.6943
  w2_3 0.2109 0.7256 0.9739 0.7150 0.9733 0.7318
  w2_4 0.1582 0.5024 0.8373 0.5462 0.8861 0.4970
  w2_5 0.0350 0.4535 0.8496 0.1664 0.9353 0.6503
  w2_6 0.0063 0.6018 0.0555 0.0202 0.8748 0.0632
  w2_7 0.0174 0.5188 0.9033 0.1086 0.9663 0.7508
  w2_8 0.0021 0.5573 0.0202 0.0030 0.8204 0.0122
  w2_9 0.0245 0.5284 0.7518 0.2976 0.9273 0.3176

  Response category 2
Class:     1      2      3      4      5      6
  w2_1 0.9169 0.7459 0.2047 0.5611 0.2212 0.7544
  w2_2 0.9819 0.6603 0.0892 0.7246 0.0560 0.3057
  w2_3 0.7891 0.2744 0.0261 0.2850 0.0267 0.2682
  w2_4 0.8418 0.4976 0.1627 0.4538 0.1139 0.5030
  w2_5 0.9650 0.5465 0.1504 0.8336 0.0647 0.3497
  w2_6 0.9937 0.3982 0.9445 0.9798 0.1252 0.9368
  w2_7 0.9826 0.4812 0.0967 0.8914 0.0337 0.2492
  w2_8 0.9979 0.4427 0.9798 0.9970 0.1796 0.9878
  w2_9 0.9755 0.4716 0.2482 0.7024 0.0727 0.6824
```

```
Logistic regression coefficients (alphas):

, , Class 1/1

                  Estimate  Std.Err Z.ratio  Signif
(Intercept)       0         0       NaN      NaN
female2           0         0       NaN      NaN
age2C             0         0       NaN      NaN
I(age2C^2)        0         0       NaN      NaN
log10inc2C        0         0       NaN      NaN
I(log10inc2C^2)   0         0       NaN      NaN
educ24중졸        0         0       NaN      NaN
educ25고졸        0         0       NaN      NaN
educ26전문대졸    0         0       NaN      NaN
educ27대졸        0         0       NaN      NaN
educ289대학원졸   0         0       NaN      NaN

, , Class 2/1

                  Estimate    Std.Err      Z.ratio Signif
(Intercept)      -1.62200000  0.26751000  -6.063   0.0000
female2          -0.41572000  0.18286000  -2.273   0.0230
age2C            -0.02618100  0.00773290  -3.386   0.0007
I(age2C^2)        0.00019183  0.00035104   0.546   0.5847
log10inc2C       -1.34540000  0.30405000  -4.425   0.0000
I(log10inc2C^2)   0.03377400  0.25912000   0.130   0.8963
educ24중졸       -0.58345000  0.31713000  -1.840   0.0658
educ25고졸       -0.89906000  0.28748000  -3.127   0.0018
educ26전문대졸   -1.34970000  0.44929000  -3.004   0.0027
educ27대졸       -1.15490000  0.35262000  -3.275   0.0011
educ289대학원졸  -0.81293000  0.55058000  -1.476   0.1398

, , Class 3/1

                  Estimate    Std.Err      Z.ratio  Signif
(Intercept)      -1.04270000  0.14633000  -7.125    0.0000
female2           1.22440000  0.09493600  12.897    0.0000
```

[분량을 줄이기 위해 일부의 결과만 제시하였음]

```
educ27대졸        -1.11970000 0.23574000  -4.750    0.0000
educ289대학원졸   -0.94098000 0.51751000  -1.818    0.0690

, , Class 6/1

                   Estimate    Std.Err       Z.ratio  Signif
(Intercept)       -0.83256000 0.17429000  -4.777    0.0000
female2            0.53933000 0.10143000   5.317    0.0000
age2C              0.00998980 0.00419690   2.380    0.0173
I(age2C^2)        -0.00045747 0.00021606  -2.117    0.0342
log10inc2C        -1.01440000 0.17512000  -5.792    0.0000
I(log10inc2C^2)   -0.01276900 0.20833000  -0.061    0.9511
educ24중졸        -0.05698700 0.15924000  -0.358    0.7204
educ25고졸        -0.47278000 0.15707000  -3.010    0.0026
educ26전문대졸    -0.25212000 0.23202000  -1.087    0.2772
educ27대졸        -0.41616000 0.19356000  -2.150    0.0315
educ289대학원졸   -0.73480000 0.42547000  -1.727    0.0842

Odds ratios:
, , Class 1/1

                  Estimate   Lower.95.Pct  Upper.95.Pct
(Intercept)          1            1             1
female2              1            1             1

                   [분량을 줄이기 위해 일부의 결과만 제시하였음]

educ27대졸        0.65957      0.45134        0.96387
educ289대학원졸   0.47960      0.20832        1.10420


Standard errors for class prevalences (marginal gammas):
                   [앞서 설명한 부분이기에 결과를 제시하지 않음]
Standard errors for item-response probabilities (rhos):
                   [앞서 설명한 부분이기에 결과를 제시하지 않음]
Significance tests for removal of predictors
Type III, Wald (based on estimated covariance matrix):
```

```
                   Chi.Sq DF  Signif
(Intercept)      202.4500  5  0.0000
female2          207.2400  5  0.0000
age2C             53.7920  5  0.0000
I(age2C^2)         5.9982  5  0.3064
log10inc2C       333.6700  5  0.0000
I(log10inc2C^2)   17.8440  5  0.0031
educ24중졸        24.2050  5  0.0002
educ25고졸        58.6480  5  0.0000
educ26전문대졸    31.5050  5  0.0000
educ27대졸        71.0510  5  0.0000
educ289대학원졸   25.9160  5  0.0001
```

결과가 매우 길죠? 하지만 앞서 `lca()` 함수를 이용한 일반 LCA 모형 추정결과와 많은 부분이 겹칩니다. 차례대로 살펴보겠습니다. 우선 'Data and model information' 부분의 내용은 이미 살펴본 내용입니다. 다음으로 'Fit statistics'의 모형적합도는 중요한 정보이기는 합니다만, 경쟁모형이 없기 때문에 일단 이 자체로는 큰 의미가 없습니다. 모형적합도 통계치를 기반으로 모형비교 테스트, 보다 구체적으로 로그우도비 테스트를 실시하는 방법은 조금 후에 `compare.fit()`이라는 이름의 함수를 소개하면서 설명해 드리겠습니다.

모수추정치의 경우는 중요합니다. 우선 γ와 ρ를 추정한 결과를 살펴보시죠. 자세히 살펴보시면 앞서 추정한 일반 LCA 모형과 비교할 때 모수추정 결과가 다소 다른 것을 발견하실 것입니다. 그 이유는 간단합니다. 앞서 추정했던 일반 LCA 모형의 경우 예측변수 투입 없이 표본의 전체응답자를 기준으로 도출된 γ와 ρ입니다. 하지만 예측변수 투입 LCA 모형의 경우 도출된 γ와 ρ는 모든 예측변수의 값이 0의 값을 갖는 경우, 즉 예측변수의 효과를 통제하였을 때의 모수추정치입니다.[7] 즉 예측변수가 투입되지 않은 LCA 모형의 조건과 예측변수가 투입된 후의 LCA 모형의 조건이 다르니 당연히 추정된 모수인 γ와 ρ 역시도 달라진 것이죠.

예측변수 투입 LCA 모형에서 제일 중요한 결과는 그다음에 제시된 "Logistic regression coefficients (alphas):" 부분입니다. 이 결과는 다항 로지스틱 회귀모형의 분석결과와

---

7 이 부분이 잘 이해가 되지 않으시면, 앞선 제3부의 '다항 로지스틱 회귀모형'을 다시 살펴보고 오시길 권합니다.

동일한 방식으로 해석하시면 됩니다. ', , Class 1/1' 부분의 결과에서 알 수 있듯, 현재 추정된 다항 로지스틱 회귀모형은 첫 번째 잠재집단을 기준집단으로 하고 있습니다(앞서 reference=1으로 옵션지정을 했던 것 기억하시죠?). 그다음의 결과, 즉 ', , Class 2/1' 부분 ~ ', , Class 6/1' 부분은 1번째 잠재집단을 기준으로 2번째부터 6번째 잠재집단의 예측확률의 변화를 추정한 결과입니다. 예를 들어 ', , Class 2/1' 부분의 female의 회귀계수 -0.41572000는 다음과 같이 해석할 수 있습니다, "다른 예측변수들의 효과를 통제하였을 때, '우울증상 없음' 집단에 비해 '전방위의 경증우울' 집단으로 분류될 확률은 남성보다 여성에게서 약 34% 낮으며($.6598 \approx e^{-0.41572000}$), 이러한 성별의 차이는 통계적으로 유의미하다($p<.05$)." 구체적인 절편과 회귀계수 추정결과는 아래의 〈표3〉으로 정리하였습니다. 〈표3〉에 대한 구체적인 해석은 다항 로지스틱 회귀모형에 대한 해석방법과 동일하기에 생략하겠습니다.

그리고 회귀계수 다음에 제시되는 'Odds ratios:' 부분은 회귀계수에 지수함수값을 취한 것입니다.

'Standard errors for class prevalences (marginal gammas):' 부분과 'Standard errors for item-response probabilities (rhos):' 부분의 경우 이미 앞서 설명해 드렸던 일반 LCA 모형 추정결과와 반복되기 때문에 별도의 설명이 필요 없을 듯합니다.

맨 마지막에 제시된 'Significance tests for removal of predictors' 부분은 각 회귀계수가 모두 '0'의 값을 갖는다고 가정하였을 때, 달라지는 모형의 설명력을 테스트한 결과입니다. 왈드(Wald) 카이제곱 통계치가 제시되어 있습니다. 그러나 본 연구에서 추정하는 예측변수 투입 LCA 모형에서는 그다지 유용하지 않습니다. 우선 성별(female2)이나 연령의 이차항[I(age2C^2)], 소득의 이차항[I(log10inc2C^2)]의 경우의 왈드 테스트 결과는 유용합니다. 그러나 다른 예측변수들을 제거했을 때의 모형 설명력 변화를 살펴보는 것은 그다지 유용하지 않습니다. 예를 들어 연령의 1차항을 제거하기 전후의 모형설명력을 비교하는 것은 적절하지 않습니다. 왜냐하면 연령의 1차항을 넣지 않고 2차항만 넣어서 테스트하는 것이 적절하지 않기 때문입니다. 소득의 1차항도 마찬가지입니다. 교육수준의 경우 여러 범주들로 구성된 범주형 변수이기 때문에 특정범주만 살펴보는 것은 별 의미가 없는 경우가 대부분일 듯합니다. 이 경우에는 해당 결과가 별 의미가 없을지 모르지만, 다른 맥락에서는 유용하게 사용될 수도 있습니다.

표3. 예측변수 투입 LCA 모형 추정결과

	고용상태 범주(기준집단 = 우울증상 없음)				
	전방위의 경증우울	신체 및 정신영역 중증우울	신체영역 우울	전방위의 중증우울	신체 및 정신영역 경증우울
절편	−1.622*** (0.268)	−1.043*** (0.146)	−0.001 (0.148)	−1.490*** (0.163)	−0.833*** (0.174)
성별(여성 = 1)	−0.416* (0.183)	1.224*** (0.095)	0.477*** (0.084)	0.416*** (0.111)	0.539*** (0.101)
연령(일차항)	−0.026*** (0.008)	0.015*** (0.004)	0.004 (0.003)	−0.015** (0.005)	0.010* (0.004)
연령(이차항)	<0.001 (<0.001)	<0.001 (<0.001)	<0.001 (<0.001)	<0.001 (<0.001)	<0.001* (<0.001)
소득(일차항)	−1.345*** (0.304)	−2.484*** (0.179)	−0.823*** (0.141)	−2.568*** (0.218)	−1.014*** (0.175)
소득(이차항)	0.034 (0.259)	−0.564* (0.223)	0.055 (0.195)	−0.450* (0.229)	−0.013 (0.208)
교육수준(중졸)	−0.583+ (0.317)	−0.524*** (0.137)	−0.403** (0.140)	−0.699*** (0.198)	−0.057 (0.159)
교육수준(고졸)	−0.899** (0.287)	−0.782*** (0.134)	−0.792*** (0.133)	−0.698*** (0.174)	−0.473** (0.157)
교육수준(전문대졸)	−1.350** (0.449)	−0.784** (0.240)	−0.869*** (0.201)	−0.672* (0.262)	−0.252 (0.232)
교육수준(대졸)	−1.155** (0.353)	−1.247*** (0.211)	−0.949*** (0.164)	−1.120*** (0.236)	−0.416* (0.194)
교육수준(대학원졸)	−0.813 (0.551)	−1.186+ (0.614)	−1.747*** (0.490)	−0.941+ (0.518)	−0.735+ (0.425)
모형적합도 지수					
로그우도 $\chi^2(df)$			1848.977*** (50)		
맥파든(McFadden's) 임의 R^2			0.023		
AIC			80524.85		
BIC			81311.26		

알림. +$p<.10$, *$p<.05$, **$p<.01$, ***$p<.001$. N=10,044. 예측변수 투입 LCA 모형 추정은 `lcca` 패키지(version 2.0.0)의 `lcacov()` 함수를 이용하였음.

전반적인 흐름이 어떤지는 감을 잡으셨을 것입니다. 이제 예측변수를 투입하였을 때, 모형의 설명력이 얼마나 개선되었는지 살펴봅시다. 우선 예측변수 네 개가 전혀 반영되지 않은 모형과 비교하였을 때, 얼마나 모형이 개선되는지 로그우도비 테스트를 통해 살펴봅시다. `lcca` 패키지의 `compare.fit()`이라는 이름의 함수를 사용하시면 됩니다. 먼저 예측변수를 하나도 투입하지 않은 모형을 추정하고, 앞서 추정했던 예측변수 투입 LCA 모형과의 비교를 통해 로그우도비 테스트를 실시한 결과는 다음과 같습니다. $\chi^2(50) = 1848.977$, $p<.001$로 예측변수를 투입할 때 모형설명력이 개선된 것을 알 수 있습니다(위의 〈표3〉의 로그우도 χ^2의 값입니다).

```
> LCA_g6_nocov = lcacov(myformula,data_lca_ch2,
+                nclass=6,reference=1,
+                flatten.rhos=1,flatten.gammas=1,
+                stabilize.alphas=1)
> compare.fit(LCA_g6_nocov,LCA_g6_cov)
$Chi.Sq
[1] 1848.977

$df
[1] 50

$p
[1] 0
```

그렇다면 이번에는 교육수준 변수(educ2)를 투입하는 것이 모형설명력 개선에 도움이 되는지 테스트해 봅시다. 교육수준 변수를 제거한 공식을 설정한 후, 로그우도비 테스트를 실시한 결과는 아래와 같습니다. $\chi^2(25) = 235.392$, $p<.001$로 교육수준 변수를 넣지 않았을 때보다 넣었을 때 모형설명력이 개선되는 것을 알 수 있습니다.

```
> myformula_educ=cbind(w2_1,w2_2,w2_3,w2_4,w2_5,w2_6,w2_7,w2_8,w2_9) ~
+  female2+age2C+I(age2C^2)+log10inc2C+I(log10inc2C^2)
> LCA_g6_noeduc = lcacov(myformula_educ,data_lca_ch2,
+                nclass=6,reference=1,
+                flatten.rhos=1,flatten.gammas=1,
+                stabilize.alphas=1)
```

```
> compare.fit(LCA_g6_noeduc,LCA_g6_cov)
$Chi.Sq
[1] 235.3916

$df
[1] 25

$p
[1] 0
```

그렇다면 위의 모형추정 결과는 일반 LCA 모형을 통해 얻은 잠재집단 예측범주를 종속변수로 설정한 후, 이를 다항 로지스틱 회귀모형을 이용해 예측변수로 추정한 결과와 어떻게 다를까요? `lcca` 패키지의 `lca()` 함수를 이용하여 추정한 일반 LCA 모형을 통해 얻은 잠재집단 예측범주를 종속변수로 한 다항 로지스틱 회귀모형 추정 결과는 다음과 같습니다. 현재의 데이터가 '넓은 데이터'이기 때문에 `nnet` 패키지의 `multinom()` 함수를 이용하였습니다. 〈표4〉는 추정결과를 정리한 것입니다.

```
> mlr_after_lca=multinom(class_lcca~
+         female2+age2C+I(age2C^2)+log10inc2C+I(log10inc2C^2)+educ2,
+          data_lca_ch2)
# weights:  72 (55 variable)
initial  value 17996.432109
iter  10 value 16464.707182
iter  20 value 14860.815230
iter  30 value 14344.265680
iter  40 value 14247.935576
iter  50 value 14209.053332
iter  60 value 14200.732727
final  value  14200.415969
converged
```

표4. 일반 LCA 모형을 통한 잠재집단 예측범주를 종속변수로 투입한 다항 로지스틱 회귀모형

	고용상태 범주(기준집단 = 우울증상 없음)				
	전방위의 경증우울	신체 및 정신영역 중증우울	신체영역 우울	전방위의 중증우울	신체 및 정신영역 경증우울
절편	−2.362*** (0.159)	−0.691*** (0.085)	−0.228** (0.079)	−1.792*** (0.124)	−1.213*** (0.105)
성별(여성 = 1)	−0.204+ (0.146)	0.854*** (0.063)	0.323*** (0.055)	0.355*** (0.100)	0.417*** (0.074)
연령(일차항)	−0.018*** (0.006)	0.009*** (0.003)	0.001 (0.002)	−0.012** (0.004)	0.005+ (0.003)
연령(이차항)	<0.001 (<0.001)	<0.001 (<0.001)	<0.001 (<0.001)	<0.001 (<0.001)	<0.001+ (<0.001)
소득(일차항)	−1.529*** (0.258)	−1.784*** (0.108)	−0.561*** (0.092)	−2.191*** (0.186)	−0.971*** (0.124)
소득(이차항)	−0.475 (0.385)	−0.310* (0.141)	0.072 (0.128)	−0.460* (0.205)	−0.031 (0.152)
교육수준(중졸)	−0.344+ (0.235)	−0.353*** (0.098)	−0.244** (0.094)	−0.543*** (0.171)	−0.036 (0.121)
교육수준(고졸)	−0.415** (0.171)	−0.618*** (0.093)	−0.535*** (0.087)	−0.463*** (0.140)	−0.335** (0.115)
교육수준(전문대졸)	−0.843** (0.293)	−0.600*** (0.155)	−0.590*** (0.132)	−0.480* (0.221)	−0.272+ (0.178)
교육수준(대졸)	−0.644** (0.216)	−0.879*** (0.128)	−0.677*** (0.107)	−0.885*** (0.196)	−0.373** (0.144)
교육수준(대학원졸)	−0.173 (0.285)	−0.826** (0.284)	−0.846*** (0.212)	−0.543** (0.183)	−1.062** (0.365)
모형적합도 지수					
로그우도 $\chi^2(df)$	1609.989*** (55)				
맥파든 (McFadden's) 임의 R^2	0.054				
AIC	28510.83				
BIC	28907.64				

알림. $+p<.10$, $*p<.05$, $**p<.01$, $***p<.001$. N=10,044. 다항 로지스틱 회귀모형 추정을 위해 `nnet` 패키지 (version 7.3-12)의 `multinom()` 함수를 이용하였음.

우선 의심의 여지 없이 〈표3〉과 〈표4〉의 절편과 회귀계수 추정값은 서로 다릅니다. 값들이 다른 것과 함께 회귀계수의 통계적 유의도 테스트 결과도 다른 것이 적지 않습니다. 그러나 전반적인 패턴이 완전히 어긋나지는 않은 것도 발견하실 수 있을 것입니다. 다시 말해 추정결과는 완전히 동일하지는 않지만, 심각할 정도로 다르다고 보기도 어렵습니다.

그렇다면 모형의 예측값은 얼마나 다를까요? 여기서는 두 가지 방법을 통해서 살펴본 '소득효과'의 패턴이 얼마나 다른지 시각화해 보겠습니다. 우선 〈표4〉를 기반으로 소득효과를 시각화하는 방법은 다음과 같습니다. 이 부분은 다항 로지스틱 회귀모형을 설명하면서 제시했던 시각화 방법과 동일한 과정을 밟기 때문에 별도의 설명을 드리지 않겠습니다.

```
> # 예를 들어 소득효과를 보고싶다면
> income_range=0.1*c(-11:11)    # 소득의 범위는 연 200만 원~연 2억
> myfig = data_lca_ch2 %>%
+   data_grid(female2=0.5,age2C=0,log10inc2C=income_range,educ2) %>%
+   filter(educ2=="5고졸")
> probs_mlr_after_lca=predict(mlr_after_lca,myfig,type="prob") %>% as_tibble()
> mylabels=c("우울증상 없음","전방위의 경증우울","신체 및 정신영역 중증우울",
+             "신체영역 우울","전방위의 중증우울","신체 및 정신영역 경증우울")
> names(probs_mlr_after_lca)=str_c("mlr_",mylabels)
```

매우 안타깝게도 lcca 패키지의 경우 predict() 함수가 지원되지 않습니다. 따라서 모형추정 결과의 시각화가 "매우" 까다롭습니다. 모형예측값을 추정해내기 위해서는 아쉽게도 R 베이스 함수를 기반으로 프로그래밍을 해야 합니다. 우선 저는 예측변수 투입 LCA 모형 추정결과 오브젝트인 LCA_g6_cov에서 회귀계수만 다음과 같이 추출했습니다. 앞서 γ나 ρ를 추출할 때와 비슷하게 $param$alpha를 덧붙이시면 α 모수들을 추정할 수 있습니다. 이후 기준집단인 1번 집단('우울증상 없음')을 뺀 후 mycoefs 라는 이름의 오브젝트로 저장하였습니다.

```
> # 예측변수 투입한 LCA 모형에 기반하여 예측값 추출
> mycoefs=LCA_g6_cov$param$alpha[,,1][,-1]
```

이후 예측변수의 조건을 지정하였습니다. 순서대로 절편은 '1', 성별의 경우 남녀 동비

를 가정하여 0.5, 연령의 경우 평균값으로 통제하였고(일차항과 이차항 모두 '0'), 교육수준의 경우 '고졸'을 기준으로 통제하였습니다. 지정된 예측변수는 mycondition이라는 이름의 오브젝트로 저장했습니다.

```
> mycondition=cbind(1,0.5,0,0,income_range,income_range^2,0,1,0,0,0)
```

이후 예측변수의 조건별 절편 및 회귀계수 추정값을 반영하였습니다. 수학적으로 말씀드리면 mycondition 행렬(23×11 행렬)과 mycoefs행렬(11×5 행렬)을 곱한 것입니다. 행렬의 곱은 R 베이스의 %*% 오퍼레이터를 이용하면 됩니다. 이후 이렇게 얻은 값의 지수함수값을 구하였습니다.

```
> my_exp=exp(mycondition %*% mycoefs)
```

이제 이 값을 확률값으로 전환시키면 아래와 같습니다.

```
> lca_cov_prob=cbind(1,my_exp)/(1+rowSums(my_exp))
```

이렇게 저장한 확률값을 이제 티블 데이터 형식으로 전환한 후, 각 집단별로 이름을 붙이면 아래와 같습니다.

```
> lca_cov_prob=as.matrix(lca_cov_prob) %>% as_tibble()
> names(lca_cov_prob)=str_c("lcacov_",c("우울증상 없음","전방위의 경증우울",
+                         "신체 및 정신영역 중증우울","신체영역 우울",
+                         "전방위의 중증우울","신체 및 정신영역 경증우울"))
```

이제 위에서 multinom() 함수로 추정한 6개 집단별 확률과 제가 수계산한 집단별 확률을 하나의 티블 데이터로 합친 후, 그래프로 나타내면 아래의 〈그림2〉와 같습니다.

```
> myfig = bind_cols(myfig %>% select(log10inc2C),
+                probs_mlr_after_lca,lca_cov_prob)
```

```
> # 시각화
> myfig %>%
+   gather(key=var,value=prob,-log10inc2C) %>%
+   separate(var,c("model","class"),sep="_") %>%
+   mutate(
+    model=ifelse(model=="mlr","LCA 모형 추정 잠재집단 저장후\n다항 로지스틱 회귀모형",
+                 "예측변수(공변량) 투입후\n추정한 LCA 모형"),
+     class=fct_relevel(class,"우울증상 없음","신체영역 우울",
+                       "신체 및 정신영역 중증우울","신체 및 정신영역 경증우울",
+                       "전방위의 중증우울","전방위의 경증우울")
+   ) %>%
+   ggplot(aes(x=log10inc2C,y=prob,color=model))+
+   geom_line(size=1)+
+  scale_x_continuous(breaks=0.5*(-2:2),labels=round(10^(0.5*(-2:2)+3.313)))+
+   labs(x="소득수준(단위, 만원)",y="잠재집단 예측확률",color="추정방식")+
+   theme_bw()+theme(legend.position="top")+
+   facet_wrap(~class)
```

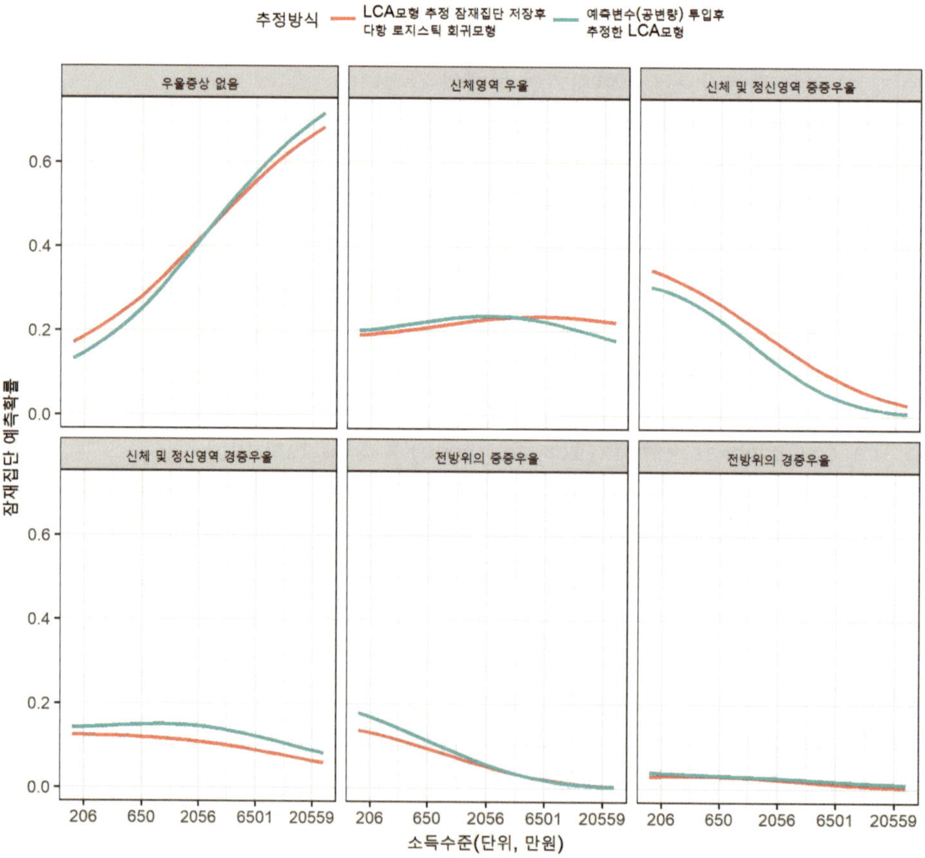

그림2. 예측변수 투입 LCA 모형과 일반 LCA 모형 추정결과에 대한 다항 로지스틱 회귀모형 추정결과 비교

위의 결과에서 알 수 있듯, 두 모형의 추정결과는 상당히 유사합니다. 하지만 절대 동일하지 않습니다. 또한 독자 여러분이 분석하는 데이터의 특성에 따라 두 가지 방법으로 추정한 확률은 위의 결과보다 더 유사할 수도 혹은 더 상이할 수도 있습니다.

〈그림2〉의 결과를 통해 제가 드리고 싶은 말씀은 다음과 같습니다. 만약 데이터에 대한 전반적 묘사와 기술(記述, description)이 목적이라면 굳이 예측변수 투입 LCA 모형을 추정하지 않아도 큰 문제가 없다고 "저는" 생각합니다. 하지만 학위논문을 작성하거나 학술지에 논문을 투고하거나 혹은 전문적 연구보고서를 작성한다면 예측변수 투입 LCA 모형을 사용하시는 것이 타당합니다. 왜냐하면 예측변수 투입 LCA 모형의 추정결과는 일반 LCA 모형 추정결과를 다항 로지스틱 회귀모형으로 추정한 결과에 비해 불필요한 가정을 요구하지 않으며, 또한 추정결과의 정확성이 더 높기 때문입니다.

다집단 LCA 모형

지금 소개해 드릴 다집단 LCA 모형은 앞서 소개한 예측변수 투입 LCA 모형과 유사해 보이지만 다릅니다. 앞서 제시한 추정결과에서도 잘 나타나듯, 예측변수 투입 LCA 모형의 경우 문항-반응 확률값은 전체표본에 동일하게 적용됩니다. 즉 `lcca` 패키지의 용어로 말씀드리지만 ρ 모수추정치는 단 하나만 추정됩니다. 모형에 투입된 예측변수의 수준이 바뀌어도 잠재변수의 수준, 다시 말해 잠재집단의 예측확률값(`lcca` 패키지의 용어로는 γ 모수추정치)만 달라질 뿐, 문항-반응 확률값은 예측변수의 수준에도 변하지 않는다고 가정됩니다.

반면 다집단 LCA 모형에서는 표본 내 집단에 따라 잠재집단의 예측확률값(γ)은 물론 문항-반응 확률값(ρ)도 달라질 수 있다고 가정합니다. 이를 테면 응답자의 성별에 따라 문항-반응 확률이 달라질 수도 있습니다. 아주 간단한 사례를 하나 들어 보죠. 2개의 범주들('그렇다' vs. '아니다')로 구성된 측정문항(관측변수)이 3개이고, 이 관측변수들의 반응패턴을 설명하는 $k = 2$인 1개의 잠재변수를 생각해 봅시다. 만약 아래 〈표5〉와 같이 문항-반응 확률값이 남성과 여성에게서 다르게 나타났다고 가정해 봅시다. 이 경우 문항1과 문항3의 경우 성별에 따라 문항-반응 확률이 다르지 않지만, 문항2의 경우 성별에 따라 문항-반응 확률이 매우 다르게 나타났습니다. 성별은 잠재변수와 관측변수의 관계에 영향을 미친다고 볼 수 있습니다.

표5. 집단간 문항-반응 확률 차이(가상사례)

	남성		여성	
	1번집단	2번집단	1번집단	2번집단
문항1	.80	.20	.80	.20
문항2	.80	.20	.20	.80
문항3	.20	.80	.20	.80

알림. 각 문항에서 '그렇다'는 응답이 나타날 확률

제1장부터 살펴보았던 exdata2.csv 데이터를 대상으로 할 때, 예측변수 투입 LCA 모형과 다집단 LCA 모형을 다이어그램으로 표시해 봅시다. 두 모형을 다이어그램으로 시각화하면 아래의 〈그림3〉과 같습니다.

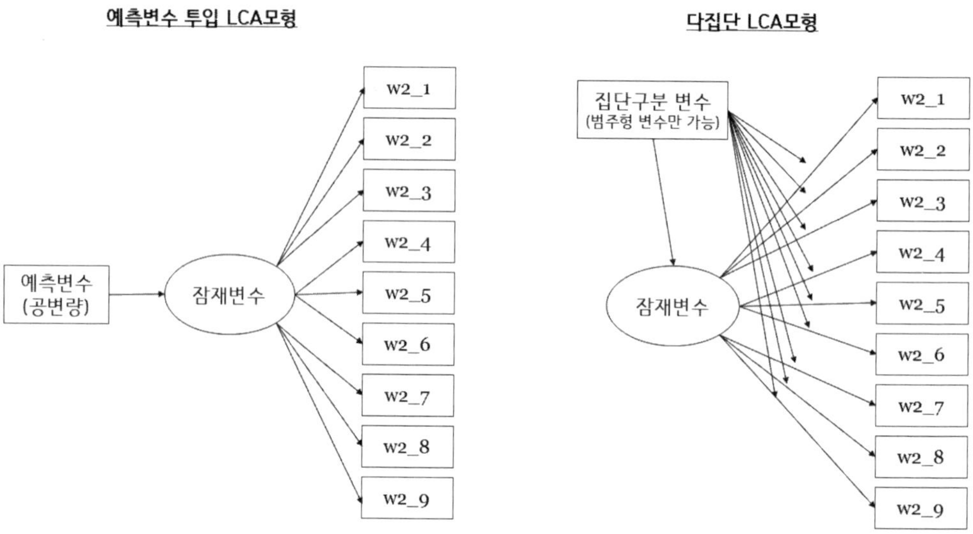

그림3. 예측변수 투입 LCA 모형과 다집단 LCA 모형 비교

〈그림3〉에서 나타나듯, LCA 모형에 추가로 투입되는 변수들은 그 이름과 역할이 다소 다릅니다. 우선 예측변수 투입 LCA 모형의 경우 '예측변수(공변량, covariate)'라는 이름이 사용되며, 여기에는 범주형 변수(이를테면, 성별이나 교육수준 등)와 연속형 변수(이를테면 소득, 연령 등) 모두 투입 가능합니다. 반면 다집단 LCA 모형의 경우 집단구분변수(group variable)라고 불리며, 반드시 범주형 변수만 사용 가능합니다. 다시 말해 연령이나 소득 등과 같이 연속형 변수는 집단구분변수로 사용할 수 없으며, 만약 사용하고 싶다면 연속형 변수를

범주형 변수로 리코딩한 후 사용해야만 합니다(예를 들어 연령의 경우 세대를 구분한다든지 아니면, 중앙값이나 평균값을 기준으로 '저연령'과 '고연령' 집단으로 구분하는 등의 방식). 또한 집단구분변수로는 2개 혹은 그 이상의 변수들이 투입될 수 없습니다. 따라서 만약 연령과 성별변수 두 가지를 집단구분변수로 추정하고자 한다면, '저연령 여성', '고연령 여성', '저연령 남성', '고연령 남성' 등과 같이 범주형 변수를 교차시키는 방식으로 하나의 집단구분변수를 생성해야 합니다.

또한 두 LCA 모형이 사용되는 연구맥락도 다릅니다. 우선 예측변수 투입 LCA 모형의 경우 예측변수의 효과를 설명·예측하는 것이 목적입니다. 예를 들어 연령에 따라 특정 잠재집단의 발생확률이 어떻게 바뀌는지 설명·예측하고 싶다면 예측변수 투입 LCA 모형을 사용하는 것이 좋을 것입니다. 반면 다집단 LCA 모형은 '측정의 안정성(measurement invariance)' 관점에서 주로 사용됩니다. 만약 어떤 연구자가 설정한 잠재변수가 측정단위(이를테면 한국인이든 인도인이든 상관없이), 측정상황(예를 들어 온라인 공간이든 오프라인 공간이든), 측정시점(예를 들어 2010년이든 2020년이든) 등에 따라 일정하다면 이 연구자의 연구모형은 일반화 가능성(generalizability), 즉 '외적 타당도(external validity)'가 매우 높다고 평가할 수 있습니다. 즉 예측변수 투입 LCA 모형이 개별분과의 학문적 관심사를 점검하는 데 사용된다면, 다집단 LCA 모형은 신뢰도를 확보한 측정도구를 개발하고 이를 확인하기 위해 사용됩니다.

이제 예측변수 투입 LCA 모형과 다집단 LCA 모형이 어떤 면에서 다른지 이해하셨을 것입니다. 이제 다집단 LCA 모형을 실습하여 보도록 하죠. 분석 예시 데이터로는 제1장과 앞서 예측변수 투입 LCA 모형에서 사용했던 `data_lca_ch2`를 사용하겠습니다. 다집단 LCA 모형의 집단구분변수로는 변수들 중 가장 간단한 성별변수를 사용하겠습니다. 우선 가장 먼저할 일은 가변수로 코딩된 성별변수를 범주형 변수로 바꾸는 것입니다. 아래와 같이 변수를 변환한 후, 먼저 성별로 데이터를 구분한 제1장에서 소개한 일반 LCA 모형을 각각 추정해 봅시다($k = 6$). `lcca` 패키지의 `lca()` 함수를 이용해 남성 응답자와 여성 응답자에 대해 각각 LCA 모형을 추정한 후 잠재집단 예측확률(γ)과 문항-반응확률(ρ)을 추정한 결과는 〈표6〉과 같습니다.

```
> # 다집단 LCA 모형
> # 성별에 따른 구분
> data_lca_ch2$gender=factor(ifelse(data_lca_ch2$female2==1,"female","male"))
> set.seed(20190120)
```

```
> LCA_g6_lcca_F=lca(myformula,data=data_lca_ch2 %>% filter(gender=="female"),
+            nclass=6,flatten.gammas=1,flatten.rhos=1)
> set.seed(20190120)
> LCA_g6_lcca_M=lca(myformula,data=data_lca_ch2 %>% filter(gender=="male"),
+             nclass=6,flatten.gammas=1,flatten.rhos=1)
```

표6. 응답자 성별에 따른 잠재집단 예측확률과 문항-반응확률 추정결과

	집단 구분 변수	우울증상 없음	전방위의 경증우울	신체 및 정신영역 중증우울	신체영역 우울	전방위의 중증우울	신체 및 정신영역 경증우울
잠재집단 예측확률(γ)	여성	0.329	0.014	0.235	0.228	0.062	0.132
	남성	0.462	0.036	0.122	0.236	0.044	0.100
문항-반응확률(ρ)							
사회영역							
미움받음	여성	0.001	0.727	0.008	0.001	0.844	0.018
	남성	0.003	0.618	0.044	0.012	0.868	0.012
차가운 대우	여성	0.003	0.586	0.064	0.033	0.822	0.053
	남성	0.010	0.656	0.085	0.017	0.930	0.107
신체영역							
만사 어려움	여성	0.216	0.730	0.970	0.757	0.957	0.665
	남성	0.207	0.692	0.995	0.782	0.992	0.639
식욕 없음	여성	0.122	0.246	0.769	0.507	0.767	0.235
	남성	0.079	0.198	0.635	0.356	0.822	0.290
잠 설침	여성	0.199	0.476	0.840	0.599	0.857	0.462
	남성	0.133	0.494	0.748	0.537	0.924	0.476
정신영역							
상당히 우울	여성	0.021	0.335	0.919	0.321	0.940	0.633
	남성	0.016	0.287	0.890	0.268	0.930	0.637
슬픈 마음	여성	0.021	0.354	0.919	0.112	0.958	0.739
	남성	0.013	0.590	0.880	0.111	0.970	0.655
외로움	여성	0.027	0.306	0.845	0.192	0.908	0.579
	남성	0.048	0.539	0.827	0.154	0.961	0.665
의욕 상실	여성	0.039	0.467	0.730	0.315	0.909	0.286
	남성	0.030	0.622	0.758	0.310	0.944	0.191

알림. `lcca` 패키지(version 2.0.0)의 `lca()` 함수를 이용하여 추정한 결과임. $N_{여성} = 5,666$, $N_{남성} = 4,378$.

〈표6〉의 결과에 대해 여러분들께서는 어떻게 생각하시나요? 엄밀하게 말해 여성 응답자에게서 얻은 모수추정값과 남성 응답자에게서 얻은 모수추정값은 서로 다릅니다. 하지만 그렇다고 아주 천지 차이로 다른 것은 아닙니다. 우선 문항-반응 확률은 성별에 따라 크게 다르지 않은 듯합니다(적어도 저에게는 그렇게 보입니다). 하지만 6개 잠재집단의 예측확률의 경우 남녀에게서 큰 차이가 나타나는 듯합니다. 적어도 '우울 증상없음', '전방위의 경증우울', '신체 및 정신영역 중증우울'의 세 집단에서는 남녀 간 예측확률의 차이가 두드러지게 나타납니다.

이제 다집단 LCA 모형을 통해 다음의 두 가지 귀무가설을 테스트해 보도록 하죠.

- 문항-반응확률 귀무가설(H_0, ρ): 여성 응답자에게서 나타난 문항-반응확률은 남성 응답자에게서 나타난 문항-반응확률과 동일하다.
- 잠재집단 예측확률 귀무가설(H_0, γ): 6개 잠재집단의 예측확률은 성별에 상관없이 일정하다.

우선 문항-반응확률 귀무가설(H_0, ρ)을 테스트해 보겠습니다. 이를 위해서는 2개의 LCA 모형이 필요합니다. 첫 번째는 〈표6〉에서 나타난 것처럼 여성과 남성의 문항-반응 확률을 서로 다르게 추정한 LCA 모형입니다. 흔히 이런 모형을 '문항-반응확률 무제약(unconstrained) LCA 모형'이라고 부릅니다. 왜냐하면 집단간 문항-반응확률을 별도의 제약 없이 그대로 추정했기 때문입니다. 두 번째는 여성과 남성의 문항-반응 확률을 서로 동일하다고 가정한 후 추정한 LCA 모형입니다. 이런 모형을 '문항-반응확률 제약(constrained) LCA 모형'이라고 부릅니다. 왜냐하면 LCA 모형을 추정할 때 집단간 문항-반응확률이 동일하다는 제약을 부여했기 때문입니다.

우선 문항-반응확률 무제약 LCA 모형은 다음과 같이 추정합니다. 제가 밑줄을 그은 부분을 살펴보시기 바랍니다. `constrain.rhos=F`는 바로 `rho` (ρ), 문항-반응 확률을 제약하지 않았다는 의미입니다. 또한 `constrain.gammas=F`는 `gamma` (γ), 즉 잠재집단 예측확률을 제약하지 않았다는 뜻입니다. 참고로 이러한 방식으로 추정한 LCA 모형의 추정결과는 〈표6〉과 동일합니다. 이에 `summary()` 함수로 얻은 문항-반응확률 무제약 LCA 모형의 모수추정 결과는 본문에 제시하지 않겠습니다. 하지만 모형적합도 지수, 특히 -2를 곱한 로그우도와 AIC, BIC는 문항-반응확률 귀무가설(H_0, ρ)을 테스트하는 데 매우 중요합니다. 조금 후에 문항-반응확률 무제약 LCA 모형의 모형적합도 지수들은 다시 언급하겠습니다.

```
> set.seed(20190120)
> LCA_g6_gender_lcaMG_r0g0=lca(myformula,data=data_lca_ch2,
+                       nclass=6,group=gender,
+                       constrain.rhos=F,constrain.gammas=F,
+                       flatten.gammas=1,flatten.rhos=1)
> summary(LCA_g6_gender_lcaMG_r0g0)

      Summary of Latent-Class Analysis

=======================================================
Fit statistics
=======================================================

The EM algorithm CONVERGED in: 290 iterations

Standard errors computed successfully.
Standard-error method:   STANDARD

Number of free parameters estimated:     118.00000
Loglikelihood:                         -40801.08282
Loglikelihood + penalty:               -40938.44818
-2 * Loglikelihood:                     81602.16565
AIC (smaller is better):                81838.16565
BIC (smaller is better):                82689.50387

=======================================================
Parameter estimates
=======================================================
```

[이후의 모형추정 결과는 본문의 표로 별도 제시되어 생략함]

이제 문항-반응확률 제약 LCA 모형을 추정해 봅시다. 추정하는 방법은 간단합니다. `constrain.rhos` 옵션만 F에서 T로 바꾸어주면 됩니다. 이렇게 옵션을 바꾸시면 집단구분변수의 집단별 문항-반응확률(ρ)을 동일하게 가정한 후 모형을 추정합니다. 이렇게 모형을 추정한 후 summary() 함수를 통해 결과를 살펴보면 아래와 같습니다.

```
> set.seed(20190120)
> LCA_g6_gender_lcaMG_r1g0=lca(myformula,data=data_lca_ch2,
+                     nclass=6,group=gender,
+                     constrain.rhos=T,constrain.gammas=F,
+                     flatten.gammas=1,flatten.rhos=1)
> summary(LCA_g6_gender_lcaMG_r1g0)

    Summary of Latent-Class Analysis

=======================================================
Fit statistics
=======================================================

The EM algorithm CONVERGED in: 269 iterations

Standard errors computed successfully.
Standard-error method:   STANDARD

Number of free parameters estimated:     64.00000
Loglikelihood:                        -40871.87681
Loglikelihood + penalty:              -40942.28948
-2 * Loglikelihood:                    81743.75362
AIC (smaller is better):               81871.75362
BIC (smaller is better):               82333.49638

=======================================================
Parameter estimates
=======================================================

Class prevalences (gammas):
Class:        1      2       3      4      5      6
  female 0.3052 0.0182  0.238 0.2469 0.0577 0.1340
  male   0.4783 0.0417  0.095 0.2096 0.0512 0.1243
```

```
Item-response probabilities (rhos):
  Response category 1
Class:      1      2      3      4      5      6
  w2_1   0.0903 0.2231 0.7616 0.4482 0.7809 0.2571
  w2_2   0.0168 0.3043 0.9164 0.2887 0.9392 0.6482
  w2_3   0.2155 0.7078 0.9768 0.7374 0.9730 0.6996
  w2_4   0.1556 0.4956 0.8356 0.5782 0.8814 0.4620
  w2_5   0.0386 0.4521 0.8408 0.1642 0.9288 0.6216
  w2_6   0.0062 0.5813 0.0682 0.0222 0.8584 0.0669
  w2_7   0.0171 0.4987 0.9091 0.0978 0.9622 0.7223
  w2_8   0.0017 0.5904 0.0144 0.0027 0.8540 0.0129
  w2_9   0.0329 0.5275 0.7376 0.2997 0.9263 0.3015
```

['아니다'라고 응답할 확률은 별도 제시하지 않았음]

위에서 얻은 문항-반응 확률을 〈표6〉의 문항-반응 확률과 비교해 보시기 바랍니다. 남성 응답자의 문항-반응 확률과도, 여성 응답자의 문항-반응 확률과도 다릅니다. 또한 성별의 문항-반응 확률의 차이를 고려하지 않았을 때 추정한 잠재집단 예측확률(γ)의 결과도 〈표6〉과 비교해 보시기 바랍니다. 결과가 조금 다른 것을 확인하실 수 있을 것입니다.

이제 앞서 제시하였던 문항-반응 확률 귀무가설(H_0, ρ)를 테스트해 봅시다. 문항-반응확률을 제약하기 전후로 $-2\times$로그우도의 값과 모형의 자유도 값이 얼마나 변했는가를 이용해 로그우도비 테스트를 실시해 봅시다. `compare.fit()` 함수를 이용하면 두 LCA 모형의 로그우도비 테스트를 실시할 수 있습니다.

```
> # rho = equal?
> compare.fit(LCA_g6_gender_lcaMG_r0g0,LCA_g6_gender_lcaMG_r1g0)
$Chi.Sq
[1] 141.588

$df
[1] 54

$p
[1] 8.757569e-10
```

로그우도비 테스트 결과 $\chi^2(54) = 141.588$, $p<.001$로 성별에 따라 문항-반응 확률은 통계적으로 유의미한 차이가 존재한다는 것을 알 수 있습니다. 하지만 정보지수를 기반으로 판단하면 결과가 달라집니다. 우선 문항-반응 확률 무제약 LCA 모형에서 얻은 AIC값(AIC = 81838)이 문항-반응 확률 제약 LCA 모형에서 얻은 AIC보다(AIC = 81872) 더 작았지만, BIC의 경우 문항-반응 확률 제약 LCA 모형(BIC = 82333)이 문항-반응 확률 무제약 LCA 모형보다 작은 것으로 나타났습니다(BIC = 82690). 다시 말해 로그우도비 테스트와 AIC를 기준으로 삼는 경우 문항-반응확률 무제약 LCA 모형이 문항-반응확률 제약 LCA 모형보다 낫지만, BIC를 기준으로 삼는 경우 그 반대로 나타납니다.

보는 사람마다 판정이 다를 수도 있지만, 저라면 문항-반응확률 제약 LCA 모형을 택하겠습니다(다시 말해 H_0, ρ를 수용). 이유는 2가지입니다. 첫째, 로그우도비 테스트 결과에서 자유도와 표본의 크기를 고려해 보시기 바랍니다. 일단 표본이 10,004로 매우 크고, 또한 테스트된 문항-반응 확률들이 총 54개나 됩니다(9개 관측변수 × 6개 잠재집단). 즉 로그우도비 테스트의 카이제곱 통계치에 통계적 유의도 테스트를 적용하는 것은 피하는 것이 좋을 듯합니다. 둘째, `lca()` 함수에서 제공하는 AIC는 표본의 크기를 반영하지 않은 AIC입니다. 제1장에서 최적의 잠재집단 k를 찾을 때 살펴보았듯, 표본의 크기가 너무 크거나 너무 작을 때 AIC는 주의해서 사용할 필요가 있습니다. 보고된 AIC를 이용하여 CAIC(consistent AIC)를 계산해 보면, 제약을 가한 모형(CAIC=82398)이 제약을 가하지 않은 모형(CAIC=82808)보다 더 작은 값이 나오기 때문입니다.

아무튼 독자께서는 H_0,ρ 테스트 결과에 대한 저의 판단이 맞다고 가정해 주시기 바랍니다. 문항-반응 확률이 동일하지만, `summary(LCA_g6_gender_lcaMG_r1g0)`의 결과에서도 잘 드러나듯 잠재집단 예측확률은 남성과 여성에게서 서로 다르게 나타납니다. 그렇다면 성별에 따라 잠재집단 예측확률은 서로 다를까요? 아니면 서로 유사할까요? 이제는 잠재집단 예측확률 귀무가설(H_0, γ)을 테스트해 봅시다. 앞서 `constrain.rhos` 옵션을 조정한 것과 마찬가지로 `constrain.gammas` 옵션을 `F`에서 `T`로 조정하면 성별에 따른 잠재집단 예측확률 모수추정치(γ)들의 동등성을 테스트할 수 있습니다.

```
> set.seed(20190120)
> LCA_g6_gender_lcaMG_r1g1=lca(myformula,data=data_lca_ch2,
+                       nclass=6,group=gender,
+                       constrain.rhos=T,constrain.gammas=T,
+                       flatten.gammas=1,flatten.rhos=1)
```

summary() 함수를 이용하여 모형추정 결과를 살펴볼 수도 있습니다만, 사실 생각해 보면 모형추정 결과를 살펴볼 이유가 없습니다. 왜냐하면 위의 모형은 집단구분변수를 상정하되 집단들 사이에 문항-반응 확률과 잠재집단 예측확률이 완전히 동일하다고 가정한 모형이기 때문에 앞서 우리가 추정했던 일반 LCA 모형, 즉 LCA_g6_lcca와 추정결과와 완벽하게 동일하기 때문입니다. 이에 summary() 함수의 R 출력결과는 제시하지 않았습니다.

```
> summary(LCA_g6_gender_lcaMG_r1g1)
          [출력결과는 앞서 살펴본 일반 LCA 모형과 동일하기에 다시 제시하지 않음]
```

이제 잠재집단 예측확률 귀무가설(H_0, γ)을 테스트해 봅시다. 우선은 로그우도비 테스트를 실시해 보죠. 결과는 아래와 같이 $\chi^2(5) = 412.052$, $p < .001$로, 잠재집단 예측확률에 제약을 가하지 않은 모형이 제약을 가한 모형보다 낫습니다.

```
> # rho = equal, then gamma = equal?
> compare.fit(LCA_g6_gender_lcaMG_r1g0,LCA_g6_gender_lcaMG_r1g1)
$Chi.Sq
[1] 412.0516

$df
[1] 5

$p
[1] 0
```

그렇다면 정보지수의 값은 어떨까요? 잠재집단 예측확률에 제약을 가한 모형보다 제약을 가하지 않은 모형에서 AIC, BIC 지수의 값이 모두 크게 나타납니다. 로그우도비 테스트와 정보지수의 비교 결과 모두, 잠재집단 예측확률 귀무가설(H_0)을 기각하는 것이 더 낫다는 결론을 얻을 수 있었습니다.

성별을 집단구분변수로 설정한 후 실시한 다집단 LCA 모형 추정결과는 다음과 같이 요약할 수 있습니다. "성별에 따라 9개의 우울증 측정문항을 6개의 잠재집단 변수로 설명하는 LCA 모형을 추정한 결과, 문항-반응 확률의 경우 성별에 따라 크게 다르지 않았던 반면 잠재집단예측확률은 성별에 따라 크게 다르게 나타났다." 하지만 역시 결과를 말로 서술하는 것보다는 시각화하여 그래프로 그리는 것이 효과적일 듯합니다. 시각화 결과는 아래와 같습니다. 프로그래밍이 복잡해 보이지만, 실제로는 시각화를 위하여 데이터를 재정리한 것에 불과합니다. 먼저 성별에 따라 문항-반응 확률값을 비교하면 〈그림4〉와 같습니다.

```
> # 시각화
> myparas=LCA_g6_gender_lcaMG_r0g0$param
> myGamma=myparas$gamma %>%
+   data.frame() %>% mutate(class=row.names(.)) %>%
+   as_tibble() %>%
+   mutate(class=str_replace_all(class," ","")) %>%
+   gather(key=group,value=gamma,-class) %>%
+   spread(key=class,value=gamma) %>%
+   mutate(item="",response="") %>%
+   select(item,response,group,starts_with("Class"))
> myRho=myparas$rho %>%
+   data.frame() %>% mutate(item=row.names(.)) %>%
+   as_tibble()
> names(myRho) = str_replace_all(names(myRho) , "\\.","_")
> names(myRho) = str_replace_all(names(myRho) , "Class_","Class")
> myRho = myRho %>% gather(key=key,value=value,-item) %>%
+   separate(key,c("response","class","group"),sep="_") %>%
+   spread(key=class,value=value) %>%
+   arrange(group,item,response)
> Gamma_Rho=bind_rows(myRho,myGamma) %>% arrange(group,item,response)
> Gamma_Rho = Gamma_Rho %>%
+   mutate_at(
+     vars(starts_with("Class")),
+     funs(format(round(.,3),3))
+   )
```

```
> myresult = Gamma_Rho %>% arrange(group,item,response) %>%
+   filter(response!="X2") %>%
+   mutate_at(
+     vars(starts_with("Class")),
+     funs(as.numeric(.))
+   )
> # 문항-반응 확률
> myresult %>%
+   filter(response!="") %>%
+   select(-response) %>%
+   gather(key=class,value=prob,-group,-item) %>%
+   arrange(class) %>%
+   mutate(class=rep(mylabels,each=18),
+          class=fct_reorder(class,prob),
+          item=rep(item_label,12),
+          item=fct_reorder(item,prob),
+          group=ifelse(group=="female","여성","남성")) %>%
+   ggplot(aes(x=class,y=prob,fill=group))+
+   geom_bar(stat="identity",position="dodge")+
+   labs(x="잠재집단",y="문항-반응 확률",fill="성별")+
+   coord_flip()+
+   theme_bw()+theme(legend.position="top")+
+   facet_wrap(~item)
```

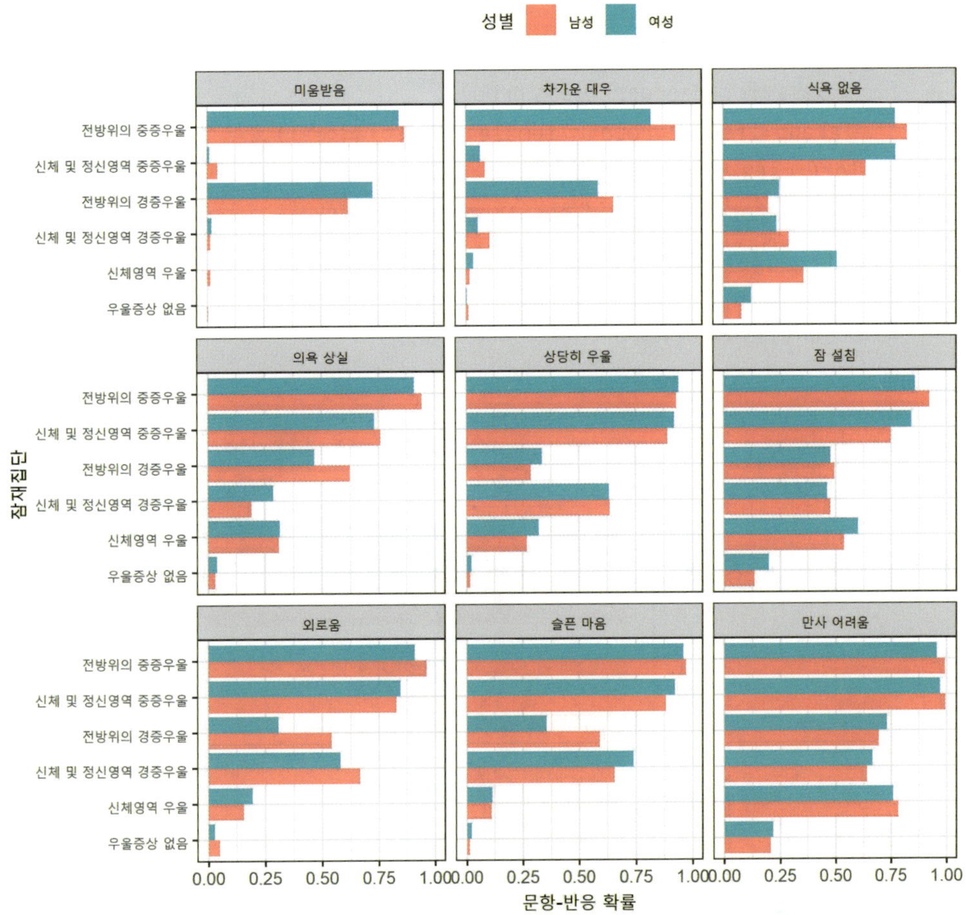

그림4. 성별에 따른 문항-반응 확률의 차이 비교

〈그림4〉에서 잘 나타나듯 여성과 남성의 문항-반응 확률은 그렇게 크게 다르지 않습니다. 딱 2가지가 크게 달라보입니다. '전방위 경증우울' 집단의 경우 '외로움'과 '슬픈 마음' 측정항목에서 여성보다 남성의 문항-반응 확률이 더 크게 나타납니다. 이제 성별에 따른 잠재집단 예측확률을 살펴봅시다. 아래의 〈그림5〉와 같습니다.

```
> # 잠재집단 예측확률
> myresult %>%
+   filter(response=="") %>%
+   select(-item,-response) %>%
+   gather(key=class,value=prob,-group) %>%
```

```
+ arrange(group) %>%
+ mutate(class=rep(mylabels,2),
+     class=fct_reorder(class,prob),
+     group=ifelse(group=="female","여성","남성")) %>%
+ ggplot(aes(x=class,y=prob,fill=group))+
+ geom_bar(stat="identity",position="dodge")+
+ labs(x="잠재집단",y="예측확률",fill="성별")+
+ coord_flip()+
+ theme_bw()+theme(legend.position="top")
```

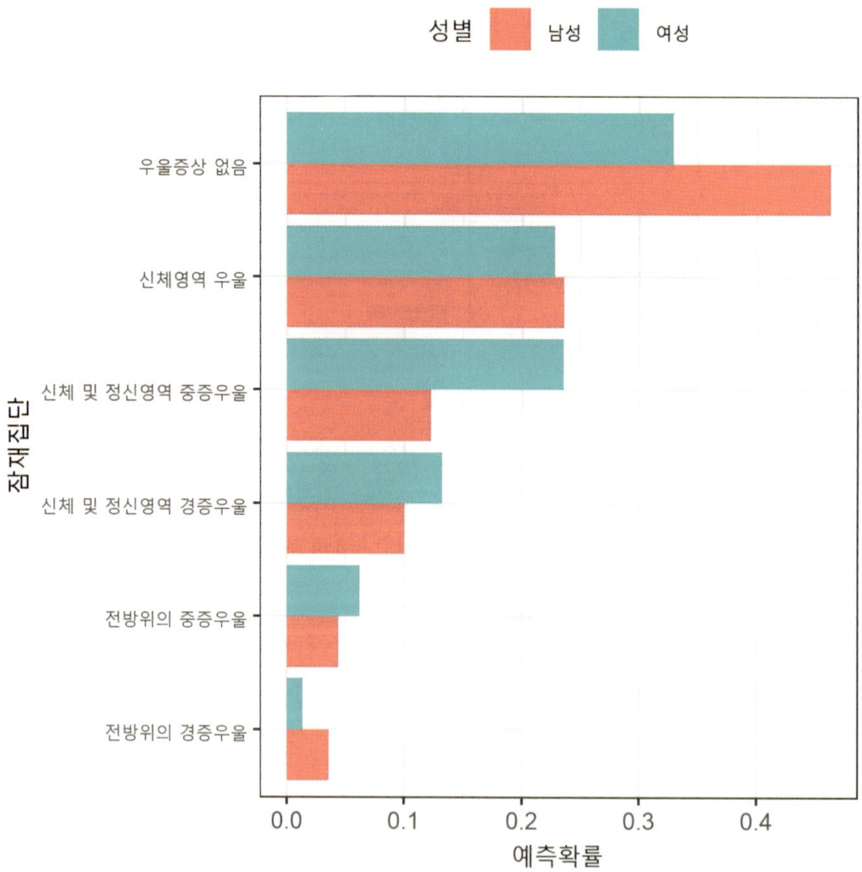

그림5. 성별에 따른 잠재집단 예측확률 차이 비교

〈그림5〉는 남성에게서 두드러지는 잠재집단이 어떤 집단인지, 여성에게서 두드러지는 잠재집단은 어떤 집단인지 잘 보여줍니다.

예시로 살펴본 다집단 LCA 모형을 통해 우리는 제1장에서 우리가 선택했던 최적의 잠재집단개수 $k=6$으로 추정했던 LCA 모형이 남성이든 여성이든 큰 문제없이 적용 가능한 모형이라는 것을 알 수 있었습니다. 물론 성별에 따라 더 많이 혹은 더 적게 발생하는 잠재집단이 있기는 하지만, 잠재변수와 관측변수의 관계는 남성이든 여성이든 안정적이라고 볼 수 있습니다.

지금까지 제1장에서 소개한 일반 LCA 모형을 확장한 두 가지 LCA 모형을 살펴보았습니다. 예측변수 투입 LCA 모형은 LCA 모형을 통해 추정한 잠재집단의 예측확률이 예측변수에 따라 어떻게 달라지는지를 살펴보는 모형이며, 다집단 LCA 모형은 잠재변수와 관측변수의 관계(문항-반응 확률)와 잠재집단 예측확률이 표본 내 하위집단들에 따라 동질적인지 아니면 이질적인지를 살펴보는 모형입니다. 독자 여러분의 연구목적에 맞게 예측변수 투입 LCA 모형 혹은 다집단 LCA 모형을 적절하게 선택하여 사용하시기 바랍니다.

제3장에서는 범주형 잠재변수로 연속형 관측변수들을 설명·예측하는 기법인 잠재프로파일분석(LPA, latent profile analysis) 모형을 살펴보겠습니다. 흔히 LPA 모형은 군집분석(cluster analysis)과 혼동되기도 하지만 사실 두 모형은 개념적으로 서로 다릅니다. 잠재변수를 범주형 변수로 가정한다는 점에서 LPA 모형은 LCA 모형과 유사하지만, 관측변수가 범주형 변수가 아닌 연속형 변수라는 점에서 LPA 모형과 LCA 모형은 개념적으로 구분됩니다.

3장 잠재프로파일분석 모형

제3장에서는 잠재프로파일분석(LPA, latent profile analysis) 모형을 소개하겠습니다. 앞서 잠시 소개해 드렸듯 LPA 모형은 범주형 잠재변수를 설정한다는 점에서 LCA 모형과 유사합니다. 하지만 LPA 모형에 투입되는 관측변수는 정규분포를 가정한 연속형 변수라는 점에서 범주형 관측변수가 투입되는 LCA 모형과 다릅니다. 일단 저는 두 모형 모두 잠재변수를 범주형 변수로 가정한다는 관점에서 LCA 모형을 소개한 후 LPA 모형을 부연 설명하는 방법을 택하였습니다.

하지만 '관측변수'의 속성을 강조하시는 분들은 LPA 모형을 LCA 모형과 아주 다른 모형으로 간주하기도 합니다. 예를 들어 LCA 모형을 소개한 가장 잘 알려진 교과서(Collins & Lanza, 2010)에서는 LCA 모형과 LPA 모형을 명확하게 구분하고 있습니다. 충분히 타당합니다. 왜냐하면 LPA 모형은 오즈비(OR, odds ratio)나 범주의 확률값 등과 같은 범주형 자료분석에서 주로 등장하는 통계치가 아닌 '평균(mean)'과 '분산(variance)', '공분산(covariance)' 등의 연속형 변수를 다루는 통계기법들에서 주로 등장하는 용어들이 등장하기 때문입니다.

그럼에도 불구하고 저는 LPA 모형을 LCA 모형과 같은 맥락에서 묶어 소개해 드리고자 합니다. 이유는 두 가지입니다. 첫째, LCA 모형이든 LPA 모형이든 두 모형 모두 분석의 최종목적이 잠재변수를 추정하는 것이며, 두 모형의 잠재변수는 모두 '범주형 변수'이기 때문입니다. 이는 앞에서 몇 차례 말씀드렸던 바 있습니다. 둘째, 최근의 LCA 모형에서는 범주형 관측변수들은 물론 연속형 관측변수들 역시 투입되고 있기 때문입니다. 사실 실제 데이터 분석환경에서 범주형 변수들만 관측변수로 투입되어야 할 필연적 이유는 없습니다. 예를 들어 '알콜의존'과 관련된 잠재집단을 추정할 때, 범주형 관측변수(이를테면 '술 때문에 가족들과 다툰 적 있다'라는 문항에 대해 '네' 혹은 '아니오'로 응답하는 경우)도 투입될 수 있지만, 횟수형 관측변수(이를테면 술자리에서 술을 몇 잔 정도 마시는지 응답한 경우), 혹은 연속형 관측변수(이를테면 '술'에 대한 호감도를 0-10점의 리커트 척도로 측정한 후 연속형 변수로 가정한 경우)도 투입될 수 있기 때문입니다. 다시 말해 LCA 모형과 LPA 모형을 매우 다른 것으로 취급할 경우 적절한 잠재변수 설정에 불필요한 제약이 가해질 수 있기 때문입니다. 두 번째와 관련하여 관심 있는 분들은 `depmixS4` 라는 이름의 패키지를 사용해 보시기 바랍니다.[1]

잠재프로파일분석 모형 추정과 해석 그리고 시각화

LPA 모형을 추정하기 위해서는 우선 `mclust`라는 이름의 패키지가 필요합니다. 우선은 해당 패키지를 설치하시기 바랍니다. 패키지의 특성들을 기반으로 특정 모형기법을 설명해 드리는 방식을 썩 좋아하는 편은 아닙니다만, LPA 모형의 특성이 무엇인지를 이해하려면 이 방법이 매우 큰 도움이 됩니다.[2] `mclust` 패키지 개발자들은 해당 패키지의 아홉 가지 특징들을 언급합니다. 여기서 LPA 모형과 관련된 특징들은 처음의 4가지이고, 실제 제3장에서 다룰 특징은 1번, 3번, 4번 특징입니다. 처음에 제시된 4가지 특징들을 구체적으로 소개하면 다음과 같습니다.[3]

---

1 일단 본서에서는 depmixS4 패키지를 소개하지는 않았습니다만, 본서의 내용을 충분히 이해하셨다면 해당 패키지를 사용하시는 데 큰 무리는 없을 것입니다. 다만 depmixS4 패키지 개발자들의 용어가 일반적인 LCA 모형 소개 문헌들과 매우 상이하고 잠재적 '마르코프 체인 프로세스(Markov chain process)'라는 개념을 추가로 이해해야 하는 것이 조금은 부담스러울 수 있습니다.

2 보다 이론적으로 LPA 모형을 접하시고 싶은 독자께서는 프레일리와 래프터리(Fraley & Raftery, 2002)를 참조하시기 바랍니다.

3 다른 5개 특징들의 경우 LPA 모형과는 직접적 관련이 없습니다. 5번째 특징인 판별분석(discriminant analysis)의 경우 분류된 잠재집단이 실제 집단에 얼마나 부합하는지, 즉 LPA 모형이 얼마나 실제집단을 '판별'하는 데 유용한지를 살펴볼 수 있습니다. 그러나 잠재집단 분류의 타당성을 살펴볼 수 있는 실제집단이 없는 경우가 적지 않기 때문에 여기서는 별도로 소개하지 않았습니다(LCA 모형에서도 마찬가지입니다. 실제 집단이 있다면 LCA 모형을 통해 추정된 잠재집단 분류의 타당성을 평가해 볼 수 있을 것입니다). 6~8번의 특징들은 데이터 시각화 및 LPA 모형의 보다 세부적 옵션을 다루고 있습니다. LPA 모형의 보다 자세한 부분에 관심 있는 분들에게는 흥미로운 부분이지만, 일단 LPA 모형의 소개라는 점에서 제3장에서

- 14가지의 모수화된 공분산 구조들을 토대로 EM 알고리즘을 이용하여 정규혼합모델링 방법을 제시함(Normal mixture modeling via EM for 14 parameterized covariance structures)
- 모수화된 정규혼합분포를 기반으로 하는 시뮬레이션 기법제공(Simulation from parameterized Gaussian mixtures)
- BIC를 통해 모수화된 공분산 구조와 최적의 군집수를 추정한 모형-기반 군집화 기법(Model-based clustering (covariance parameterization and number of clusters selected via BIC)
- 네 가지 공분산 구조를 기반으로 한 모형기반 위계적 군집화 기법(Model-based hierarchical clustering for four covariance structures)

사용된 용어가 무서울 정도로 낯설게 느껴질 수도 있습니다. 일단 해당 용어들이 무엇을 뜻하는지 차근차근 가급적 쉬운 말로 소개해 드리겠습니다. 우선 눈여겨보셔야 할 표현은 "정규혼합모델링(Normal mixture modeling)", "정규혼합(Gaussian mixture)" 등의 표현입니다. 정규분포 혹은 가우스 분포 등의 용어는 분산분석(ANOVA) 혹은 OLS 회귀모형에서 매우 자주 사용되는 용어입니다. 즉 변수의 분포에 대한 묘사임을 알 수 있습니다. 그렇다면 "mixture"라는 모형은 무엇을 뜻할까요? 단순화시켜 말씀드리자면 LPA 모형에 투입된 관측변수(들)의 분포가 혼합되어 있다고 보시면 됩니다. 예를 들어 연속형 변수가 양봉분포(兩峯分布, bimodal distribution)를 보일 때, 우리는 흔히 2개의 집단이 존재한다고 가정합니다. 가장 대표적인 변수는 정치적 이념성향 변수입니다. 종종 진보주의자의 분포와 보수주의자의 분포가 섞여 봉우리가 두 개인 양봉분포를 보이는 경우가 있습니다. 이러한 양봉분포는 여기서 말하는 "mixture"의 가장 대표적인 사례일 것입니다. 만약 하나의 정치적 이념성향 변수의 분포가 전형적인 양봉분포를 보인다면 우리는 이 변수를 기반으로 2개의 잠재집단이 존재한다고 가정하겠죠. 만약 이 가정이 타당하다면 우리는 2개의 잠재집단을 상정한 LPA 모형을 추정할 수 있겠죠.

는 다루지 않았습니다. 이 부분이 관심 있는 독자께서는 `mclust` 패키지 개발자들인 스크루카 등(Scrucca, Fop, Murphy, & Raftery, 2016)의 예시분석 사례를 참고하시기 바랍니다.

다음으로 "공분산(covariance)"이라는 표현을 눈여겨봅시다. 공분산은 다시 2개로 나눌 수 있습니다. 하나는 동일한 변수에서 얻은 공분산, 다시 말해 분산(variance)이고, 다른 하나는 다른 변수들 사이에서 얻은 공분산입니다. 2개 이상의 변수들의 공분산 행렬을 계산할 경우 분산은 대각요소(diagonal elements)이고, 공분산은 탈대각요소(off-diagonal elements)입니다. 여기서 말하는 '공분산'은 2개 이상의 관측변수들에서 얻은 공분산을 뜻합니다.

공분산과 아울러 눈여겨볼 표현은 '모수화된(parameterized)'이라는 표현입니다. '모수화된'이라는 뜻은 공분산 구조에 대해 어떤 이론적 기대를 반영한다는 뜻입니다. 예를 들어 어떤 두 관측변수들의 공분산 행렬에 대해 분산은 데이터에서 얻은 값을 그대로 사용하지만, 공분산은 0의 값을 갖는다고 가정한 후 모형을 추정할 수 있습니다. '모수화된' 공분산이라는 말은 바로 '이러한 가정을 반영한' 공분산을 뜻합니다. 시계열 분석 등에서 시간에 따른 종속변수들 사이의 오차행렬에 어떤 가정을 부여하는지를 학습해 보신 독자분들은 모수화된 공분산이라는 말을 쉽게 이해하실 것입니다[몇몇 예를 들자면 비구조화(unstructured), 토플리츠(Toeplitz), 복합대칭(compound symmetry) 등의 용어들은 모두 모수화된 공분산 구조를 의미합니다].

다음으로 '모형-기반 군집화(model-based clustering)'라는 표현은 LPA 모형의 목적이 무엇인지를 보여줍니다. '군집화'라는 표현처럼 LCA 모형과 동일하게 LPA 모형 역시 개체들을 k개의 군집으로 묶는 것이 목표입니다. 하지만 '군집화'라는 이름 때문에 LPA 모형을 군집분석의 일종으로 파악하는 경우도 적지 않습니다. 제3장 말미에 군집분석과 LPA 모형의 유사점과 차이점에 대해 보다 구체적인 분석사례를 들어 이야기하겠습니다만, 두 기법은 비슷하지만 실제로는 다릅니다. 군집분석은 개체와 개체의 유사성을 기반으로 전체 사례를 k개의 군집으로 묶지만, LPA 모형에서는 k개의 잠재집단(즉, 프로파일 집단)을 기반으로 각 개체들을 설명합니다. 다시 말해 군집분석은 데이터를 기반으로 k개의 군집을 도출하며, LPA 모형은 모형을 기반으로 k개의 잠재집단을 도출합니다. 비슷해 보이지만 서로 다릅니다. 즉 '모형-기반(model-based)'이라는 표현은 바로 `mclust` 패키지가 군집분석 목적이 아닌 LPA 모형 추정목적임을 보여줍니다.

나머지 표현들도 간단하게 살펴보고 마무리합시다. BIC는 정보지수 통계치라는 점을 말씀드린 바 있습니다. 제1장에서 LCA 모형의 최적 잠재집단개수를 추정할 때 사용했다는 것을 떠올리시면 됩니다. 즉 LPA 모형에서도 최적의 잠재집단개수를 추정할 때 BIC를 사용합니다(이 외에도 ICL과 로그우도비 테스트 역시도 사용하겠습니다). 또 EM 알고리즘

(Expectation-Maximization algorithm)은 모형추정을 위한 알고리즘입니다. 모형추정 과정에서 자주 등장하는 용어이니 아마 들어보셨을 것입니다.

낯선 특징들이었지만, 이제는 어느 정도 감이 오셨을 것으로 봅니다. 정리하자면 다음과 같겠죠. "LPA 모형에 투입되는 관측변수들은 정규분포를 띤다고 가정된 연속형 변수로, 이들 변수들의 공분산 구조를 특정한 이론적 가정에 근거하여 구조화시킬 수 있으며, `mclust` 패키지에서는 BIC와 같은 정보지수를 기반으로 최적의 잠재집단개수를 설정한 후 이렇게 설정된 모형을 기반으로 EM 알고리즘을 사용하여 데이터의 개체들을 잠재집단으로 군집화한다."

이제 실제 데이터를 이용해 LPA 모형을 추정해 보겠습니다. 우선 `mclust` 패키지를 구동시키고, 아울러 `tidyLPA` 라는 이름의 패키지도 추가로 설치한 후 구동시켜 봅시다. 이제 `exdata3.csv` 데이터를 불러본 후, 여기서 "`f_`"라는 표현으로 시작하는 네 변수들을 선정한 후 `data_lpa`라는 이름으로 저장해 보죠. 이전에도 잠시 설명해 드렸듯 이 네 변수들은 PC, TV, 스마트 기기(스마트폰과 태블릿 PC), 기타(라디오와 종이신문)이라는 네 가지 매체를 응답자들이 얼마나 자주 사용하는지 리커트 5점 척도를 이용하여 자기보고 양식으로 측정한 것입니다. 여기서는 이 네 변수들이 정규분포를 따르는 연속형 변수라고 가정하겠습니다.

```
> # LCA 모형 추정 관련
> library('mclust')
> library('tidyLPA')
> # 군집분석관련
> library('cluster')      #clusGap()
> library('factoextra')  #군집분석 시각
> # 데이터 관리 및 시각화
> library('tidyverse')
> library('modelr')
> library('broom')
> setwd("D:/2019_year/Categorical_Data_Analysis")
> wide3 = read_csv("exdata3.csv")
```

```
Parsed with column specification:
cols(
  female = col_integer(),
  age = col_integer(),
  choice = col_character(),
  f_PC = col_integer(),
  f_ETC = col_integer(),
  f_Smart = col_integer(),
  f_TV = col_integer()
)
> data_lpa = wide3 %>% select(starts_with("f_"))
```

먼저 이 네 변수들의 공분산 행렬을 살펴봅시다. cov() 함수를 이용하면 네 변수들의 공분산 구조를 알 수 있습니다. 우선 공분산 행렬의 대각요소, 즉 분산(variance)를 살펴봅시다. 우선 스마트기기의 경우 분산값이 .394로 매우 작지만, 기타기기(라디오와 종이신문)의 경우 2.113으로 분산값이 매우 큽니다. PC와 TV의 경우는 약 1.4 정도의 값을 보이고 있습니다. 공분산 행렬의 탈대각요소들의 경우 .057부터 .354의 분포를 가지며, 제 관점으로는 공분산이 상당히 0에 가깝지 않나 싶습니다. 실제로 상관계수 행렬을 구해보아도 변수들의 상관관계는 .063~.261로 그렇게 큰 값은 아닌 듯합니다.

```
> cov(data_lpa) %>% round(3)
         f_PC  f_ETC f_Smart  f_TV
f_PC    1.400  0.240   0.194 0.240
f_ETC   0.240  2.113   0.057 0.354
f_Smart 0.194  0.057   0.394 0.150
f_TV    0.240  0.354   0.150 1.472
> cor(data_lpa) %>% round(3)
         f_PC  f_ETC f_Smart  f_TV
f_PC    1.000  0.139   0.261 0.167
f_ETC   0.139  1.000   0.063 0.201
f_Smart 0.261  0.063   1.000 0.196
f_TV    0.167  0.201   0.196 1.000
```

그렇다면 위의 네 변수들의 공분산 구조는 어떻게 파악해야 할까요? 일단은 이 부분은 잊어버리고, 우선 mclust 패키지의 특성부분에서 언급된 BIC가 각 잠재집단의 값에 따라 어떻게 변하는지 살펴봅시다. mclust 패키지의 mclustBIC() 함수를 이용하시면 잠재집단개수 변화에 따라 BIC가 어떻게 변하는지 확인할 수 있습니다. 참고로 mclust 패키지에서 보고하는 BIC는 −값을 붙여서 해석하셔야 합니다(큰 값이 나올수록 좋은 모형이라는 것을 알려주기 위해 통상적인 BIC의 지수에 −1이 곱해져 있습니다). 여기서 저는 G옵션의 범위를 2부터 14까지 설정하였습니다. 또한 mclust 패키지에 내장된 plot() 함수[4]를 사용하면 잠재집단개수 변화에 따른 BIC값의 변화패턴을 쉽게 시각화할 수 있습니다.

```
> # 정보지수 기반
> myBICs = mclustBIC(data_lpa,G=2:14)
fitting ...
  |=============================================================| 100%
> myBICs
Bayesian Information Criterion (BIC):
         EII VII        EEI VEI EVI VVI          EEE EVE VEE VVE
2  -13061.59  NA -12497.321  NA  NA  NA -12407.146  NA  NA  NA
3  -12670.02  NA -12063.443  NA  NA  NA -11125.724  NA  NA  NA
4  -12704.85  NA -11973.359  NA  NA  NA -10843.387  NA  NA  NA
5  -11875.76  NA -10958.992  NA  NA  NA -12097.683  NA  NA  NA
6  -11857.52  NA -10267.960  NA  NA  NA -10935.775  NA  NA  NA
7  -11892.54  NA -10794.940  NA  NA  NA -10796.467  NA  NA  NA
8  -11622.00  NA -10829.861  NA  NA  NA -10831.382  NA  NA  NA
9  -11430.23  NA -10216.935  NA  NA  NA -10226.047  NA  NA  NA
10 -11465.14  NA -10251.895  NA  NA  NA -10260.995  NA  NA  NA
11 -11120.02  NA -10014.182  NA  NA  NA -10018.856  NA  NA  NA
12 -10882.48  NA  -9967.989  NA  NA  NA  -9968.290  NA  NA  NA
13 -10785.73  NA  -9953.642  NA  NA  NA  -9943.842  NA  NA  NA
14 -10876.11  NA  -9927.401  NA  NA  NA  -9963.295  NA  NA  NA
```

4 R베이스에 기반한 그래픽 결과를 제시합니다. 즉 타이디버스 접근에서의 ggplot2 패키지로 작성된 그래픽과는 다릅니다.

```
           EEV  VEV EVV VVV
2  -11341.264  NA  NA  NA
3  -10589.469  NA  NA  NA
4   -9666.052  NA  NA  NA
5   -9588.725  NA  NA  NA
6   -9487.693  NA  NA  NA
7   -9159.323  NA  NA  NA
8   -9223.824  NA  NA  NA
9   -9594.642  NA  NA  NA
10  -8442.629  NA  NA  NA
11  -9443.758  NA  NA  NA
12  -8951.829  NA  NA  NA
13  -7789.763  NA  NA  NA
14  -7927.152  NA  NA  NA

Top 3 models based on the BIC criterion:
    EEV,13      EEV,14      EEV,10
-7789.763 -7927.152 -8442.629
> plot(myBICs)
```

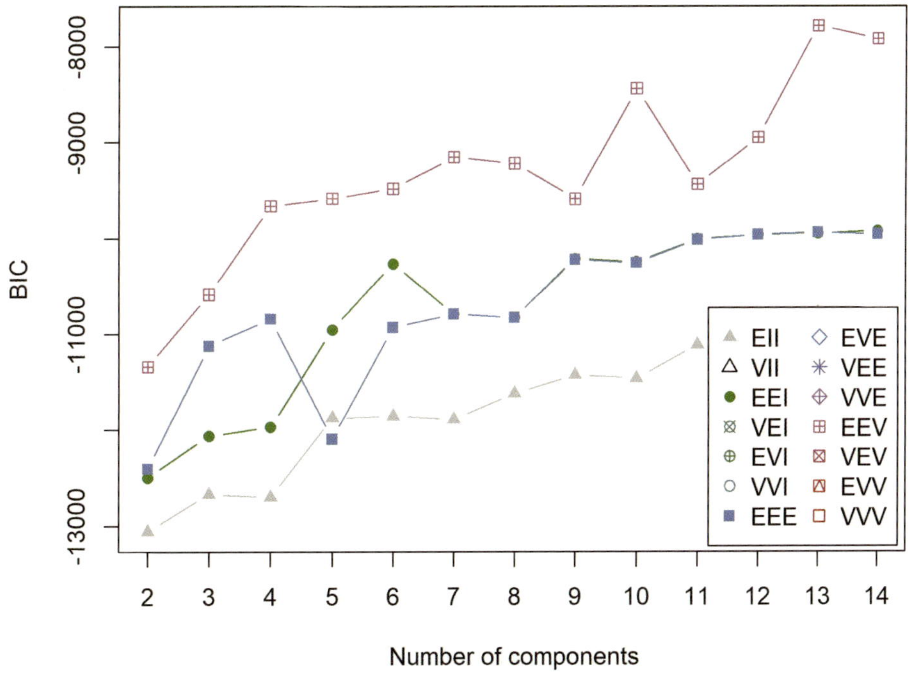

그림1. 잠재집단개수 변화에 따른 BIC 변화

myBICs라는 오브젝트에서 나타나듯 총 14개 종류의 BIC가 계산되었습니다(가로줄은 2~14까지, 즉 잠재집단의 개수입니다). 일단 여기서 나타난 14개의 세로줄은 바로 mclust 패키지에서 제공하는 공분산 구조의 모수화 방식입니다. 앞서 mclust 패키지의 특징을 살펴보시면 총 14개(10개와 4개)의 공분산 구조 모수화 방식이 제시된다는 것을 알 수 있습니다. 지금 우리가 예시로 살펴보고 있는 데이터의 경우 14개 중 EII, EEI, EEE, EEV의 네 가지 방식이 계산 가능합니다. 각각이 무엇을 뜻하는지는 조금 후에 살펴보기로 하죠. myBICs 라는 오브젝트 추정결과의 맨 하단의 "Top 3 models based on the BIC criterion:" 부분을 보시면 BIC를 기준으로 할 때 특정 모수화 방식에 근거하여 몇 개의 잠재변수를 추정하는 것이 가장 최적화된 결과인지를 확인할 수 있습니다. 제시된 결과를 따르자면 EEV 방식으로 13개의 잠재집단을 상정할 경우 최적의 LPA 모형을 추정할 수 있습니다.

최적의 잠재집단개수를 상정하기에 앞서 우선 추정 가능한 모집단방식 네 가지가 무엇인지 살펴보죠. 〈그림1〉에서 볼 수 있듯 EEV는 맨 위의 적색줄을, EEI는 녹색줄, EEE는 청색줄, EII는 회색줄로 표현되어 있습니다. 순서대로 살펴보겠습니다. 우선 이들은 모두 혼합(mixture)형태를 의미합니다. mclust 패키지에서는 각각을 다음과 같이 정의하고 있습니다.

- EEV: 관측변수들은 타원체 형태 분포를 띠며 동일분량과 동일형태를 갖는다(ellipsoidal, equal volume, and equal shape)
- EEI: 관측변수들은 대각 형태의 분포를 띠며 동일분량과 동일형태를 갖는다(diagonal, equal volume and shape)
- EEE: 관측변수들은 타원체 형태의 분포를 띠며 동일분량, 동일형태, 동일지향성을 갖는다(ellipsoidal, equal volume, shape, and orientation)
- EII: 관측변수들은 구형체 형태의 분포를 띠며 동일분량을 갖는다(spherical, equal volume)

표현들이 상당히 난해하죠. 극도로 단순화시켜서 설명을 드리겠습니다. 우선 '대각(diagonal)', '타원체(ellipsoidal)', '구형체(spherical)' 등의 표현은 여러 관측변수들의 혼합분포

(mixture distribution)의 시각적 형태로 볼 수 있습니다. 만약 두 변수가 거의 동일하다면 대각형태의 분포에 가까울 것입니다. 만약 두 변수가 거의 상관이 없다면 그 분포의 모습은 구형체에 가깝게 보이겠죠. 두 변수가 상당 수준의 양의 혹은 음의 상관관계를 갖는다면 그 모습은 타원체에 가까워 보일 것입니다. 셋 이상의 변수들의 경우는 쉽게 설명해 드리기 어렵지만, 그래도 대략적인 감을 잡으실 수는 있을 것입니다. 일반적으로 대각 형태의 분포 혹은 구형체 형태의 분포의 경우 공분산 구조에 사용되는 모수의 수가 적습니다. 왜냐하면 대각 형태의 분포라면 각 변수들이 서로 거의 동일하기 때문에 분산을 추정할 때 각 변수들의 분산을 동일하다고 가정하면서 모수의 수를 줄일 수 있으며, 구형체 형태의 분포라면 각 변수들이 서로 무관하기 때문에 공분산 모수를 0으로 고정할 수 있기 때문입니다.

반면 분량(volume)이라는 의미는 각 변수의 크기입니다. 관측변수들이 동일한 크기를 갖는다는 뜻입니다. 형태(shape)가 동일하다는 의미는 변수 각각의 형태가 동일하다는 뜻입니다. 끝으로 지향성(orientation)이 동일하다는 의미는 잠재집단 내부의 여러 변수들의 관계가 일정한 방향으로 동일하다는 뜻입니다. 예를 들어 지향성이 동일하다는 의미는 1번 잠재집단에서의 x_1과 x_2의 관계가 양의 관계라면 2번 잠재집단에서도 비슷한 양의 관계가 나타난다는 뜻입니다.

위의 설명은 여전히 추상적일 수도 있습니다. 각 옵션들의 의미는 조금 후에 실제 데이터 분석결과를 설명하면서 다시 말씀드리겠습니다. 일단은 '타원체 형태의 분포를 가정한' EEV와 EEE 방식으로 공분산 구조를 가정하였을 때, 잠재집단개수 k의 변화에 따라 LPA 모형의 BIC가 어떻게 변하는지 먼저 살펴봅시다. 앞서 '분포'를 설명하면서 말씀드렸듯, 현재 네 가지 모수화 방식들 중에서 EEV와 EEE가 모형에 대해 가장 적은 가정을, 즉 가급적 데이터에 기반하여 LPA 모형을 추정하는 방법이기 때문입니다(EEV, EEE는 타원체 형태의 분포를 가정하지만, EEI는 대각 형태, EII는 구형체 형태의 분포를 가정하고 있습니다).

〈그림1〉의 X축에는 component라는 용어가 사용되었습니다만, 이는 잠재집단개수를 의미합니다. 우선 EEV의 경우(⊞ EEV) 잠재집단이 13개일 때 가장 최적의 LPA 모형을 얻을 수 있고, EEE의 경우(■ EEE)도 잠재집단이 13개일 때 가장 최적의 LPA 모형을 얻을 수 있습니다. 하지만 두 모수화 방법을 자세히 살펴보면 집단의 개수가 4일때부터 BIC의 값이 평탄해지는 것을 알 수 있습니다. 즉 잠재집단의 개수의 증가에 따라 BIC의 개선효과가 매우 약해지는 모습을 볼 수 있습니다.

일단 mclust 패키지에서는 BIC 외에도 로그우도를 조정한 ICL이라는 지표도 제시하여 줍니다. 해석방법은 BIC와 비슷합니다만(절댓값이 작을수록 좋은 지표), 일단 잠재집단개수 변화에 따라 어떻게 변하는지 살펴보죠. 아래와 같은 방식으로 사용할 수 있습니다. modelNames=c("EEE","EEV") 옵션을 지정하여 우선 EEV, EEE 모수화 방식만 사용하였습니다.

```
> # 통합 완전데이터 로그우도
> myICL = mclustICL(data_lpa,G=2:14,modelNames=c("EEE","EEV"))
fitting ...
  |==============================================================| 100%
> myICL
Integrated Complete-data Likelihood (ICL) criterion:
          EEE         EEV
2  -12554.01 -11353.658
3  -11277.18 -10728.766
4  -11044.92  -9741.522
5  -13243.05  -9872.383
6  -12081.27  -9974.268
7  -11884.38  -9323.047
8  -11902.62  -9428.413
9  -11198.98  -9718.464
10 -11339.74  -8640.354
11 -10949.42 -10123.053
12 -10739.14  -9742.616
13 -10768.07  -8001.919
14 -10819.42  -8286.672

Top 3 models based on the ICL criterion:
    EEV,13    EEV,14    EEV,10
-8001.919 -8286.672 -8640.354
```

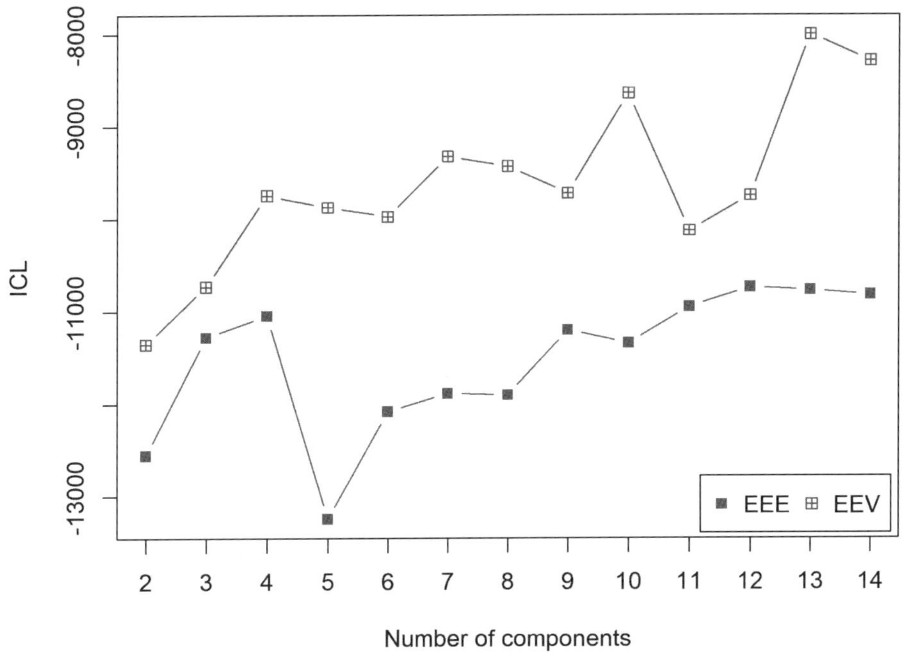

그림2. 잠재집단개수 변화에 따른 ICL 변화

〈그림2〉는 〈그림1〉과 비슷해 보이지만, 여전히 잠재집단개수가 4를 넘어갈수록 ICL이 다소 악화되거나 혹은 크게 개선되지 않는 것을 알 수 있습니다. 즉 〈그림1〉 혹은 〈그림2〉에서는 4보다 큰 수의 잠재집단을 설정하는 것이 좋을지 아니면 좋지 않을지 결정하는 것이 쉽지 않습니다.

이 경우 부트스트래핑(bootstrapping)을 이용한 순차적 로그우도비 테스트(Bootstrap sequential log-likelihood test)를 사용해 보시면 좋습니다. 위에서 얻은 BIC 혹은 ICL 모두 주어진 데이터를 그대로 사용합니다. 하지만 부트스트래핑 기반 순차적 로그우도비 테스트에서는 잠재집단의 개수를 차례대로 늘려가면서 더 이상 늘릴 필요가 없는 순간이 어디인지를 알려줍니다. 우선 EEE 방식을 사용했을 때의 순차적 로그우도비 테스트 결과는 아래와 같습니다. 제 경우 디폴트를 그대로 사용하였습니다. 즉 재표집 횟수는 999번이며(nboot=999), 통상적인 통계적 유의도 수준을 기준으로(level=0.05) 잠재집단개수의 증가를 멈추었습니다.

```
> # 부트스트래핑 기반 잠재집단수의 결정방식
> myLRTest_EEE= mclustBootstrapLRT(data_lpa,modelName="EEE")
bootstrapping LRTS ...
  |=====================================================================| 100%
> myLRTest_EEE
-------------------------------------------------------------
Bootstrap sequential LRT for the number of mixture components
-------------------------------------------------------------
Model        = EEE
Replications = 999
            LRTS bootstrap  p-value
1 vs 2        314.3689        0.001
2 vs 3       1316.3223        0.001
3 vs 4        317.2381        0.001
4 vs 5     -1219.3959        0.058
```

위의 결과에서 알 수 있듯, EEE 방식의 모수화된 공분산구조를 사용할 경우 잠재집단 개수가 4에서 5로 증가하면 모형이 도리어 악화됩니다. 즉 부트스트래핑 기반 순차적 로그우도비 테스트 결과 EEE 방식 기반 공분산 구조의 경우 4개 잠재집단을 설정하는 것이 가장 적절합니다. 그렇다면 EEV 방식을 사용하는 경우는 어떨까요? `modelName` 옵션을 바꾼 후 추정한 결과는 다음과 같습니다.

```
> myLRTest_EEV=mclustBootstrapLRT(data_lpa,modelName=c("EEV"))
bootstrapping LRTS ...
  |=====================================================================| 100%
> myLRTest_EEV
-------------------------------------------------------------
Bootstrap sequential LRT for the number of mixture components
-------------------------------------------------------------
Model        = EEV
Replications = 999
            LRTS bootstrap  p-value
1 vs 2      1422.13223        0.001
2 vs 3       828.57534        0.001
3 vs 4      1000.19815        0.001
4 vs 5       154.10757        0.001
5 vs 6       177.81256        0.001
6 vs 7       405.15142        0.001
7 vs 8        12.27973        0.186
```

공분산구조를 다르게 설정하니 최적의 잠재집단개수는 7인 것으로 나타났습니다. 공분산 구조를 어떻게 설정하는가에 따라 최적의 잠재집단개수가 들쑥날쑥하죠? 즉 LPA 모형에서 공분산구조를 이해하고, 이론과 현상에 적합한 방식으로 모수화된 공분산 구조를 가정하는 것은 매우 중요합니다.

아무튼 EEE 방식의 경우 4개 잠재집단을, EEV 방식의 경우 7개 잠재집단을 설정하도록 하죠. 이제 LPA 모형을 추정해 봅시다. 우선 EEE 방식으로 공분산 구조를 모수화한 후, LPA 모형을 추정한 결과는 아래와 같습니다.

```
> # 4개 집단, EEE 옵션으로 LPA
> LPA_EEE4 = Mclust(data_lpa, G=4,modelNames="EEE")
fitting ...
  |======================================================================| 100%
> summary(LPA_EEE4,parameters=T)
----------------------------------------------------
Gaussian finite mixture model fitted by EM algorithm
----------------------------------------------------

Mclust EEE (ellipsoidal, equal volume, shape and orientation) model with 4
components:

 log.likelihood    n df       BIC       ICL
      -5320.482 1075 29 -10843.39 -11044.92

Clustering table:
  1   2   3   4
525 220 275  55

Mixing probabilities:
         1          2          3          4
0.44859340 0.19951950 0.30072426 0.05116284

Means:
            [,1]     [,2]     [,3]     [,4]
f_PC    4.706476 2.223259 4.700300 2.927273
f_ETC   1.711507 2.266467 4.267299 2.272727
f_Smart 4.957456 4.884231 4.973233 2.381820
f_TV    4.060578 3.968714 4.536681 3.163636
```

```
Variances:
[,,1]
            f_PC        f_ETC        f_Smart       f_TV
f_PC    0.352924732 0.035930127  0.006478217 0.06752857
f_ETC   0.035930127 0.893659538 -0.001311793 0.09524692
f_Smart 0.006478217-0.001311793  0.073491025 0.01644053
f_TV    0.067528574 0.095246919  0.016440532 1.36598579
[,,2]
            f_PC        f_ETC        f_Smart       f_TV
f_PC    0.352924732 0.035930127  0.006478217 0.06752857
f_ETC   0.035930127 0.893659538 -0.001311793 0.09524692
f_Smart 0.006478217-0.001311793  0.073491025 0.01644053
f_TV    0.067528574 0.095246919  0.016440532 1.36598579
[,,3]
            f_PC        f_ETC        f_Smart       f_TV
f_PC    0.352924732 0.035930127  0.006478217 0.06752857
f_ETC   0.035930127 0.893659538 -0.001311793 0.09524692
f_Smart 0.006478217-0.001311793  0.073491025 0.01644053
f_TV    0.067528574 0.095246919  0.016440532 1.36598579
[,,4]
            f_PC        f_ETC        f_Smart       f_TV
f_PC    0.352924732 0.035930127  0.006478217 0.06752857
f_ETC   0.035930127 0.893659538 -0.001311793 0.09524692
f_Smart 0.006478217-0.001311793  0.073491025 0.01644053
f_TV    0.067528574 0.095246919  0.016440532 1.36598579
```

추정결과를 살펴보죠. 맨 위에 제시된 모형적합도 지수들(로그우도, BIC, ICL)은 앞서 설명해 드린 바 있기 때문에 언급하지 않겠습니다.

그다음에 제시된 Clustering table: 부분은 LCA 모형에서 잠재변수의 예측범주에 해당되는 부분입니다. 즉 LPA_EEE4라고 저장된 LPA 모형을 통해 추정한 4개의 잠재집단의 빈도표입니다. 이후 제시된 Mixing probabilities: 부분은 LPA 모형을 통해 추정한 잠재집단의 예측확률입니다. 예를 들어 1번 잠재집단의 예측확률은 .44859340이라는 뜻입니다.

그다음에 제시된 Means: 부분은 각 잠재집단의 문항별 평균값을 의미합니다. 예를 들어 1번 잠재집단의 경우 PC사용빈도 평균은 약 4.71이며, 기타기기(라디오와 종이신문) 사용빈도 평균은 약 1.71이며, 스마트기기 사용빈도 평균은 4.96, TV 사용빈도 평균은 약

4.06이라는 뜻입니다. 각 잠재집단의 문항별 평균값은 LCA 모형의 문항-반응 확률과 유사하며, 각 잠재집단의 특성을 파악하는 핵심적 역할을 수행하고 있습니다.

그다음에 제시된 `Variance:` 부분을 보면 EEE 방식으로 모수화된 공분산 구조가 구체적으로 무엇을 의미하는지 알 수 있습니다. 여기서 `[,,1]`은 1번 잠재집단의 관측변수들 사이의 공분산 행렬을 의미하며, 각각 `[,,2]`는 2번 잠재집단의, `[,,3]`은 3번 잠재집단의, `[,,4]`는 4번 잠재집단의 공분산 행렬을 의미합니다. 수치를 자세히 살펴보시기 바랍니다. 어떤가요? 그렇습니다. 네 집단의 공분산 행렬이 정확하게 동일합니다. EEE의 뜻을 다시 되새겨 봅시다. 타원형의(ellipsoidal)라는 말은 각 집단의 공분산 행렬의 대각요소 부분이 제각각의 값을 갖는다는 뜻입니다. 동일지향성(equal orientation)이라는 말은 네 잠재집단들의 분산·공분산이 모두 동일하다는 것을 의미합니다.

이제 EEV로 옵션을 바꾼 후 $k=7$을 설정한 후 LPA 모형을 추정해 봅시다. 추정결과는 아래와 같습니다.

```
> # 7개 집단, EEV 옵션으로 LPA
> LPA_EEV7=Mclust(data_lpa, G=7,modelNames="EEV")
fitting ...
  |======================================================================| 100%
> summary(LPA_EEV7,parameters=T)
----------------------------------------------------
Gaussian finite mixture model fitted by EM algorithm
----------------------------------------------------

Mclust EEV (ellipsoidal, equal volume and shape) model with 7 components:

 log.likelihood    n  df       BIC       ICL
      -4300.458 1075  80 -9159.323 -9323.047

Clustering table:
  1   2   3  4   5   6   7
240 503   7 36  45 233  11
```

```
Mixing probabilities:
          1           2           3           4           5           6 
0.222271921 0.478369824 0.006698993 0.033471048 0.041902475 0.205006315 
          7 
0.012279424 

Means:
            [,1]     [,2]     [,3]     [,4]     [,5]     [,6]     [,7]
f_PC    4.048799 4.210180 4.707661 2.832732 3.045173 4.433355 3.368647
f_ETC   2.123581 2.140188 2.971742 2.526403 2.223003 4.427643 1.499077
f_Smart 5.000000 5.000000 1.802860 2.415823 3.844601 4.957563 3.439714
f_TV    2.344001 4.767875 5.000000 2.722134 3.023334 5.000000 5.000000

Variances:
[,,1]
                f_PC         f_ETC       f_Smart          f_TV
f_PC     1.100669e+00 -8.945741e-02  1.806917e-18 -1.137178e-02
f_ETC   -8.945741e-02  1.452492e+00  3.382519e-17  8.836292e-02
f_Smart  1.806917e-18  3.382519e-17  7.770645e-03 -1.761645e-16
f_TV    -1.137178e-02  8.836292e-02 -1.761645e-16  2.827300e-01
[,,2]
                f_PC         f_ETC       f_Smart          f_TV
f_PC     1.270534e+00  2.023310e-01  4.790133e-24  9.081235e-03
f_ETC    2.023310e-01  1.278778e+00  2.995388e-23 -9.829953e-02
f_Smart  4.790133e-24  2.995388e-23  7.770645e-03 -2.077652e-24
f_TV     9.081235e-03 -9.829953e-02 -2.077652e-24  2.865800e-01
[,,3]
                f_PC         f_ETC       f_Smart          f_TV
f_PC     3.105944e-01 -1.986755e-01  3.027441e-02  1.517409e-21
f_ETC   -1.986755e-01  1.439497e+00 -4.828796e-02  8.525113e-20
f_Smart  3.027441e-02 -4.828796e-02  1.085800e+00  6.065822e-19
f_TV     1.517409e-21  8.525113e-20  6.065822e-19  7.770645e-03
[,,4]
             f_PC       f_ETC    f_Smart        f_TV
f_PC    0.9168902  0.11211030  0.3014683  0.35012943
f_ETC   0.1121103  1.13795009  0.4685809 -0.09951917
f_Smart 0.3014683  0.46858086  0.3197471  0.17911784
f_TV    0.3501294 -0.09951917  0.1791178  0.46907452
```

```
[,,5]
           f_PC        f_ETC      f_Smart       f_TV
f_PC     1.1797377  -0.2867687  0.15696822  0.3694240
f_ETC   -0.2867687   1.0891195  0.11052659  0.1375945
f_Smart  0.1569682   0.1105266  0.05843706  0.1343026
f_TV     0.3694240   0.1375945  0.13430259  0.5163677
[,,6]
           f_PC         f_ETC        f_Smart       f_TV
f_PC     1.433710e+00 1.272248e-01 2.590221e-02 1.162220e-26
f_ETC    1.272248e-01 1.123603e+00 4.298251e-02 3.040132e-26
f_Smart  2.590221e-02 4.298251e-02 2.785786e-01 1.056963e-25
f_TV     1.162220e-26 3.040132e-26 1.056963e-25 7.770645e-03
[,,7]
            f_PC          f_ETC       f_Smart        f_TV
f_PC     1.204322e+00 -1.828183e-01 4.075848e-01 -1.258896e-20
f_ETC   -1.828183e-01  7.638411e-01 3.515179e-01  8.804329e-20
f_Smart  4.075848e-01  3.515179e-01 8.677284e-01  5.323579e-20
f_TV    -1.258896e-20  8.804329e-20 5.323579e-20  7.770645e-03
```

모형적합도 지수들부터 `Means:` 부분까지의 결과는 이미 설명해 드린 바 있기에 생략하겠습니다. 하지만 `Clustering table:` 부분의 결과를 보시면 과연 7개 잠재집단을 설정하는 것이 과연 타당할지 다시 생각해 볼 필요가 있습니다. 왜냐하면 3번, 7번 집단의 경우 각각 7명, 11명의 응답자만 존재하기 때문입니다. 즉 모형적합도 지수나 부트스트래핑 기반 순차적 로그우도비 테스트 결과에도 불구하고 7개보다 적은 수의 잠재집단을 설정하는 것이 더 나을 듯합니다. 하지만 일단 이 결과를 받아들이죠. 우선은 EEV 방식을 이해하는 데 주력해 봅시다. `Variances:` 부분을 보시면 어떻게 EEV가 앞서 살펴본 EEE와 다른지 이해하실 수 있습니다. 결과에서 알 수 있듯 집단마다 분산·공분산이 다릅니다. 다시 말해 EEE의 경우 EEV에 비해 모형추정에 소요되는 모수의 숫자가 상대적으로 적습니다(다른 말로 표현하자면 EEV는 EEE에 비해 복잡한 모형입니다).

이제 앞서 잠재집단별로 BIC 변화를 추정할 때 확인했지만, 모형추정 과정에서 잠시 고려하지 않았던 EII("관측변수들은 구형체 형태의 분포를 띠며 동일분량을 갖는다"고 가정한 공분산 구조)와 EEI("관측변수들은 대각 형태의 분포를 동일분량과 동일형태를 갖는다"고 가정한 공분산 구조)를 가정한 후 LPA 모형을 추정해 봅시다. 〈그림1〉을 근거로 EII의 경우 $k = 5$를, EEI의 경우 $k=6$을 가정하도록 하겠습니다. 우선 EII의 모형추정 결과는 아래와 같습니다.

```
> # 5개 집단, EII 옵션으로 LPA
> LPA_EII5 = Mclust(data_lpa,G=5,modelNames="EII")
fitting ...
  |=========================================================================| 100%
> summary(LPA_EII5,parameters=T)
----------------------------------------------------
Gaussian finite mixture model fitted by EM algorithm
----------------------------------------------------

Mclust EII (spherical, equal volume) model with 5 components:

 log.likelihood    n  df       BIC      ICL
       -5850.63 1075 25 -11875.76 -12111.1

Clustering table:
  1   2   3   4   5
168 102 140 295 370

Mixing probabilities:
         1          2          3          4          5
0.15072105 0.08857907 0.12296288 0.31130127 0.32643573

Means:
            [,1]     [,2]     [,3]     [,4]     [,5]
f_PC    4.569968 2.304910 2.136057 4.578284 4.709353
f_ETC   1.688214 2.475233 1.838171 4.342164 1.740262
f_Smart 4.919431 3.900657 4.812535 4.930579 4.908093
f_TV    2.301221 2.337728 4.648177 4.666244 4.783354

Variances:
[,,1]
             f_PC     f_ETC   f_Smart      f_TV
f_PC    0.4682251 0.0000000 0.0000000 0.0000000
f_ETC   0.0000000 0.4682251 0.0000000 0.0000000
f_Smart 0.0000000 0.0000000 0.4682251 0.0000000
f_TV    0.0000000 0.0000000 0.0000000 0.4682251
```

```
[,,2]
          f_PC      f_ETC     f_Smart   f_TV
f_PC      0.4682251 0.0000000 0.0000000 0.0000000
f_ETC     0.0000000 0.4682251 0.0000000 0.0000000
f_Smart   0.0000000 0.0000000 0.4682251 0.0000000
f_TV      0.0000000 0.0000000 0.0000000 0.4682251
[,,3]
          f_PC      f_ETC     f_Smart   f_TV
f_PC      0.4682251 0.0000000 0.0000000 0.0000000
f_ETC     0.0000000 0.4682251 0.0000000 0.0000000
f_Smart   0.0000000 0.0000000 0.4682251 0.0000000
f_TV      0.0000000 0.0000000 0.0000000 0.4682251
[,,4]
          f_PC      f_ETC     f_Smart   f_TV
f_PC      0.4682251 0.0000000 0.0000000 0.0000000
f_ETC     0.0000000 0.4682251 0.0000000 0.0000000
f_Smart   0.0000000 0.0000000 0.4682251 0.0000000
f_TV      0.0000000 0.0000000 0.0000000 0.4682251
[,,5]
          f_PC      f_ETC     f_Smart   f_TV
f_PC      0.4682251 0.0000000 0.0000000 0.0000000
f_ETC     0.0000000 0.4682251 0.0000000 0.0000000
f_Smart   0.0000000 0.0000000 0.4682251 0.0000000
f_TV      0.0000000 0.0000000 0.0000000 0.4682251
```

다른 부분보다 `Variances:` 부분의 결과를 봅시다. 과도하다 싶을 정도로 단순합니다. 우선 모든 잠재집단들의 공분산 행렬에서 탈대각요소의 값이 0으로 고정되었습니다. 또한 네 가지 관측변수 모두가 동일한 분산값 `0.4682251`을 갖고 있습니다. 다음으로 EEI 옵션을 사용한 후 추정한 결과는 아래와 같습니다.

```
> # 6개 집단, EEI 옵션으로 LPA
> LPA_EEI6 = Mclust(data_lpa,G=6,modelNames="EEI")
fitting ...
  |======================================================================| 100%
```

```
> summary(LPA_EEI6,parameters=T)
----------------------------------------------------
Gaussian finite mixture model fitted by EM algorithm
----------------------------------------------------

Mclust EEI (diagonal, equal volume and shape) model with 6 components:

 log.likelihood    n  df       BIC       ICL
      -5018.809 1075  33 -10267.96 -11007.1

Clustering table:
  1   2   3   4   5   6 
230  54 185  55 366 185 

Mixing probabilities:
         1          2          3          4          5          6 
0.20423771 0.05023319 0.19353553 0.05116209 0.29482523 0.20600625 

Means:
            [,1]     [,2]     [,3]     [,4]     [,5]     [,6]
f_PC    4.053688 3.425936 4.182142 2.927255 4.488334 4.056655
f_ETC   1.974017 2.555553 1.767753 2.272725 4.299393 1.757338
f_Smart 5.000000 3.999986 5.000000 2.381810 5.000000 5.000000
f_TV    2.292822 3.703715 4.800852 3.163617 4.768800 4.797181

Variances:
[,,1]
            f_PC     f_ETC    f_Smart      f_TV
f_PC    1.259615 0.0000000 0.00000000 0.0000000
f_ETC   0.000000 0.8940639 0.00000000 0.0000000
f_Smart 0.000000 0.0000000 0.02696032 0.0000000
f_TV    0.000000 0.0000000 0.00000000 0.4254905
[,,2]
            f_PC     f_ETC    f_Smart      f_TV
f_PC    1.259615 0.0000000 0.00000000 0.0000000
f_ETC   0.000000 0.8940639 0.00000000 0.0000000
f_Smart 0.000000 0.0000000 0.02696032 0.0000000
f_TV    0.000000 0.0000000 0.00000000 0.4254905
```

```
[,,3]
            f_PC     f_ETC      f_Smart    f_TV
f_PC     1.259615 0.0000000 0.00000000 0.0000000
f_ETC    0.000000 0.8940639 0.00000000 0.0000000
f_Smart  0.000000 0.0000000 0.02696032 0.0000000
f_TV     0.000000 0.0000000 0.00000000 0.4254905
[,,4]
            f_PC     f_ETC      f_Smart    f_TV
f_PC     1.259615 0.0000000 0.00000000 0.0000000
f_ETC    0.000000 0.8940639 0.00000000 0.0000000
f_Smart  0.000000 0.0000000 0.02696032 0.0000000
f_TV     0.000000 0.0000000 0.00000000 0.4254905
[,,5]
            f_PC     f_ETC      f_Smart    f_TV
f_PC     1.259615 0.0000000 0.00000000 0.0000000
f_ETC    0.000000 0.8940639 0.00000000 0.0000000
f_Smart  0.000000 0.0000000 0.02696032 0.0000000
f_TV     0.000000 0.0000000 0.00000000 0.4254905
[,,6]
            f_PC     f_ETC      f_Smart    f_TV
f_PC     1.259615 0.0000000 0.00000000 0.0000000
f_ETC    0.000000 0.8940639 0.00000000 0.0000000
f_Smart  0.000000 0.0000000 0.02696032 0.0000000
f_TV     0.000000 0.0000000 0.00000000 0.4254905
```

마찬가지로 `Variances:` 부분의 결과를 봅시다. EII보다는 복잡하지만 여전히 상당히 단순합니다. 모든 잠재집단들의 공분산 행렬에서 탈대각요소의 값이 0으로 고정되었다는 점에서 EII와 동일하지만, 네 가지 관측변수의 분산을 각기 추정하였다는 점은 다릅니다. 즉 EII에 비해 EEI에서는 공분산구조를 추정하는 데 3개의 모수를 더 사용하고 있습니다.

현재의 데이터에서 가능한 네 가지 공분산 구조를 다시 되짚어 봅시다. 이번에는 잠재집단개수를 모두 $k=4$로 고정시켜 보겠습니다. 잠재집단개수를 고정시킨 이유는 LPA 모형 추정 시 공분산 구조에 소요되는 모형자유도를 추정하기 위해서입니다. 잠재집단개수를 고정시킬 경우 잠재집단의 예측확률에 총 3개의 모수가 소요되고(3 = 4 - 1, 4개 집단의 예측확률의 합은 1.00; LCA 모형의 γ 모수와 유사), 잠재집단별 측정문항평균에 총 16개의 모수가 소요됩니다(16 = 4 × 4, 4개 잠재집단별 4개 측정문항; LCA 모형의 ρ모수와 유사). 다시 말해 전체모형의 자유도에서 19를 빼면 각 옵션별로 가정된 공분산 구조에 소요된 모수의 개수를 얻을 수 있습니다. 제시했던 네 가지 공분산구조들을 단순한 것부터 복잡한 것까지 나열하면 다음과 같습니다.

$$\text{EII} > \text{EEI} > \text{EEE} > \text{EEV}$$

```
> # 각 LPA 모형 옵션별 비교
> m_eii=Mclust(data_lpa,G=4,modelNames="EII")
fitting ...
  |======================================================================| 100%
> m_eei=Mclust(data_lpa,G=4,modelNames="EEI")
fitting ...
  |======================================================================| 100%
> m_eee=Mclust(data_lpa,G=4,modelNames="EEE")
fitting ...
  |======================================================================| 100%
> m_eev=Mclust(data_lpa,G=4,modelNames="EEV")
fitting ...
  |======================================================================| 100%
> compare_4options=tibble(
+   choices=c("EII","EEI","EEE","EEV"),
+   dfs=c(m_eii$df,m_eei$df,m_eee$df,m_eev$df)-19,
+   bic=c(m_eii$bic,m_eei$bic,m_eee$bic,m_eev$bic),
+   ll=c(m_eii$loglik,m_eei$loglik,m_eee$loglik,m_eev$loglik)
+   )
> compare_4options
# A tibble: 4 x 4
  choices  dfs    bic    ll
  <chr>  <dbl>  <dbl>  <dbl>
1 EII        1 -12705. -6283.
2 EEI        4 -11973. -5906.
3 EEE       10 -10843. -5320.
4 EEV       28  -9666. -4669.
```

어떤 옵션이 가장 좋은 옵션일까요? 보는 사람마다 그 답은 다를 것입니다. 특히 현재 우리가 추정했던 4개의 공분산 구조는 배속된 관계(nested relationship)가 아니기 때문에 모형비교를 실시할 수 없습니다. 즉 위의 결과에서 BIC값을 비교하거나 아니면 로그우도비 테스트를 실시하는 것은 불가능합니다. 하지만 왠지 저는 EEE가 가장 적절해 보입니다. 지극히 주관적인 판단이지만 이유는 다음과 같습니다. EII 혹은 EEI의 경우 잠재집단별 관측문항들 사이의 공분산 구조를 0으로 상정하는데 이는 너무 비현실적이라고 생각합니다. 또 EEV의 경우 각 집단별로 분산 및 공분산 구조가 모두 다르다고 가정하는데, 이렇게 볼 경우 각 집단들을 너무 이질적으로 보는 것 같으며, 무엇보다 잠재집단개수를 7개나 추정해야 하기 때문에 해석이 번잡해지는 문제가 발생합니다. EEE 공분산 구조의 경우 각 집단들의 분산 및 공분산이 동일하다고 가정하지만, 각 분산과 공분산을 가급적 데이터에 맞게 추정하고 있기 때문에 가장 데이터에 부합하는 것 아닐까 싶습니다.

표현이 모호하지만 제 판단이 맞다고 가정해 주시기 바랍니다. 이제 위의 결과, 즉 `summary(LPA_EEE4,parameters=T)`로 살펴본 R 출력결과를 기반으로 각 잠재집단에 적절한 이름을 붙여봅시다. 이를 위해 가장 중요한 것은 각 잠재집단별 관측변수의 평균 패턴을 살펴보는 것입니다. R 출력결과를 보고 해석해도 좋지만, 사실 번잡한 일입니다. 패턴을 비교하고 이해하는 첩경, 즉 그래프 작업을 실시해 봅시다. LPA 모형 추정 오브젝트의 `parameters` 하위 오브젝트에서 `mean`을 지정하면 각 잠재집단별 측정문항의 평균값을 추출할 수 있습니다.

```
> # 시각화
> myRho=LPA_EEE4$parameters$mean
> pattern_mean = myRho %>% as_tibble()
> names(pattern_mean)=str_c("class",1:4)
> pattern_mean$vars = row.names(myRho)
> pattern_mean = pattern_mean %>%
+   gather(key=class,value=M,-vars) %>%
+   mutate(vars=fct_recode(vars,"PC"="f_PC",
+                        "기타미디어(종이신문, 라디오)"="f_ETC",
+                        "스마트기기(스마트폰, 태블릿PC)"="f_Smart",
+                        "TV"="f_TV"),
+        vars=fct_relevel(vars,"스마트기기(스마트폰, 태블릿PC)",
+                         "PC","TV"))
```

```
> pattern_mean %>%
+   ggplot(aes(x=class,y=M,fill=vars))+
+   geom_bar(stat='identity',position='dodge')+
+   labs(x="잠재집단",y="각문항별 평균이용빈도",fill="매체")+
+   theme_bw()+
+   theme(legend.position="top")
```

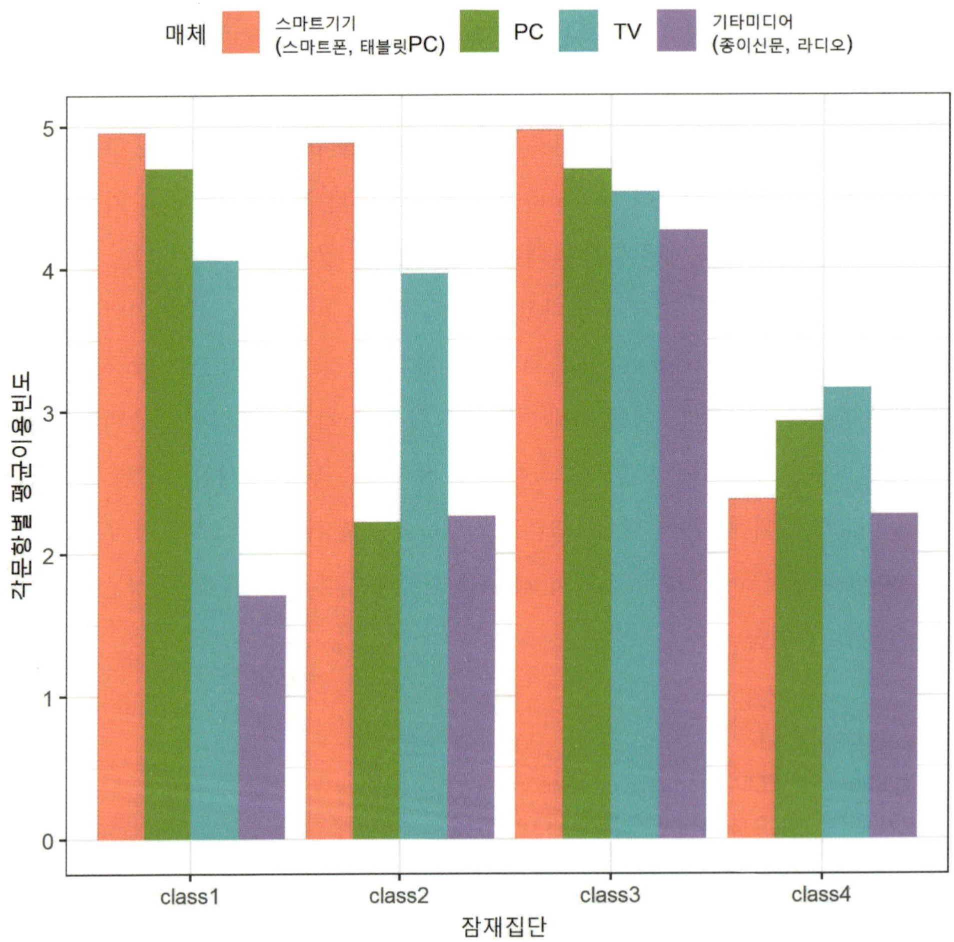

그림3. 잠재집단별 기기 이용빈도 평균

먼저 첫 번째 잠재집단과 세 번째 잠재집단을 살펴보죠. 두 집단 모두 스마트기기, PC, TV를 모두 많이 사용합니다. 하지만 세 번째 잠재집단의 경우 모든 미디어를 활발하게 이용하는 반면, 첫 번째 잠재집단의 경우 종이신문이나 라디오와 같은 기타미디어는 그다지 많이 이용하지 않습니다. 다음으로 네 번째 잠재집단의 경우 기기의 종류에 별 상관없이 사용빈도가 낮으며, 두 번째 잠재집단의 경우 스마트기기와 TV를 주로 사용하는 것을 알 수 있습니다. 하지만 위의 〈그림3〉과 같은 방식으로 데이터를 해석할 때 한 가지 맹점이 있습니다. 우선 스마트기기와 TV를 살펴보시기 바랍니다. 전반적으로 사람들이 애호하는 미디어입니다. 특히 TV의 경우 전통적으로 선호도가 높은 미디어입니다. 이렇게 데이터를 제시하지 말고 각 관측변수를 표준화시킨 후에 각 잠재집단별 관측변수 평균값을 그리면 각 잠재집단이 어떻게 구분되는지 보다 명확하게 알 수 있지 않을까요?

```
> # 재시각화
> pattern_mean_scaled = myRho %>% t() %>% as_tibble() %>%
+   mutate(
+     f_PC=(f_PC-mean(data_lpa$f_PC))/sd(data_lpa$f_PC),
+     f_ETC=(f_ETC-mean(data_lpa$f_ETC))/sd(data_lpa$f_ETC),
+     f_Smart=(f_Smart-mean(data_lpa$f_Smart))/sd(data_lpa$f_Smart),
+     f_TV=(f_TV-mean(data_lpa$f_TV))/sd(data_lpa$f_TV)
+   ) %>% t() %>% as_tibble()
> names(pattern_mean_scaled)=str_c("class",1:4)
> pattern_mean_scaled$vars = row.names(myRho)
> pattern_mean_scaled = pattern_mean_scaled %>%
+   gather(key=class,value=M,-vars) %>%
+   mutate(vars=fct_recode(vars,"PC"="f_PC",
+                          "기타미디어(종이신문, 라디오)"="f_ETC",
+                          "스마트기기(스마트폰, 태블릿PC)"="f_Smart",
+                          "TV"="f_TV"),
+          vars=fct_relevel(vars,"스마트기기(스마트폰, 태블릿PC)",
+                           "PC","TV"))
> pattern_mean_scaled %>%
+   ggplot(aes(x=class,y=M,fill=vars))+
+   geom_bar(stat='identity',position='dodge')+
+   labs(x="잠재집단",y="각문항별 평균이용빈도(표준화 변환)",fill="매체")+
+   theme_bw()+
+   theme(legend.position="top")
```

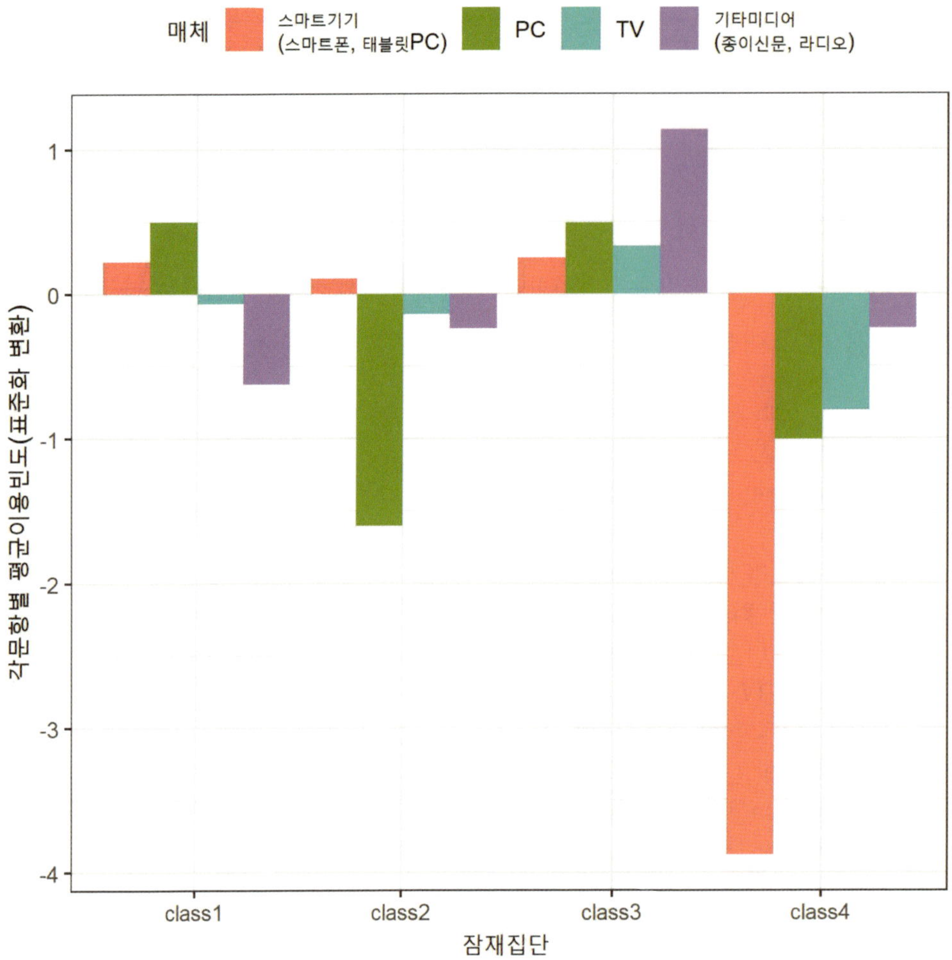

그림4. 잠재집단별 기기 이용빈도 평균(표준화 점수 변환 후)

〈그림4〉를 통해 보면 조금 의미가 다른 듯합니다. 우선 세 번째 잠재집단의 경우 전반적으로 다른 집단들에 비해 미디어를 활발하게 사용하지만 유독 기타미디어에서 더 두드러집니다. 또한 네 번째 잠재집단의 경우도 다른 집단에 비해 미디어 활용빈도가 낮지만 특히나 스마트기기의 활용빈도가 낮습니다.

〈그림3〉과 〈그림4〉를 전반적으로 고려하여 각 잠재집단을 그 순서에 따라 이렇게 이름을 붙여보면 어떨까요? ① 전자기기 의존 미디어 이용자, ② 스마트 기기 의존 미디어 이용자, ③ 전방위 미디어 중이용자, ④ 전방위 미디어 경이용자. 이제 잠재집단의 이름이 결정되었으니 보다 읽기 좋은 그림을 제시해 보도록 하겠습니다.

```
> pattern_mean = pattern_mean %>%
+   mutate(
+     class=fct_recode(class,"전자기기 의존 미디어 이용자"="class1",
+                      "스마트 기기 의존 미디어 이용자"="class2",
+                      "전방위 미디어 중이용자"="class3",
+                      "전방위 미디어 경이용자"="class4"),
+     clsss=fct_reorder(class,row_number())
+   )
> pattern_mean_scaled = pattern_mean_scaled %>%
+   mutate(
+     class=fct_recode(class,"전자기기 의존 미디어 이용자"="class1",
+                      "스마트 기기 의존 미디어 이용자"="class2",
+                      "전방위 미디어 중이용자"="class3",
+                      "전방위 미디어 경이용자"="class4"),
+     clsss=fct_reorder(class,row_number())
+   )
> fig1=pattern_mean %>%
+   ggplot(aes(x=class,y=M,fill=vars))+
+   geom_bar(stat='identity',position='dodge')+
+   labs(x="잠재집단",y="각문항별 평균이용빈도(원 점수 사용)",fill="매체")+
+   theme_bw()+
+   theme(legend.position="top")
> fig2=pattern_mean_scaled %>%
+   ggplot(aes(x=class,y=M,fill=vars))+
+   geom_bar(stat='identity',position='dodge')+
+   labs(x="잠재집단",y="각문항별 평균이용빈도(표준화 변환)",fill="매체")+
+   theme_bw()+
+   theme(legend.position="top")
> myfig=gridExtra::grid.arrange(fig1,fig2,ncol=2)
> myfig
```

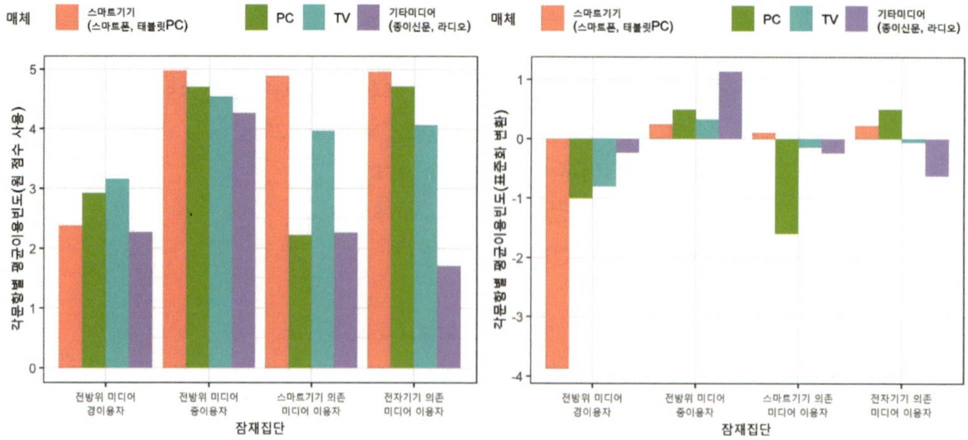

그림5. LPA 모형 추정 네 잠재집단별 기기 이용빈도 평균(원점수 및 표준화 점수)

참고로 위에서 우리가 얻은 결과는 `tidyLPA`라는 이름의 패키지를 이용하면 더 쉽게 시각화할 수 있습니다. 그렇지만 저 개인적 평가로는 `tidyLPA` 패키지를 바로 이용하시는 것보다 `mclust` 패키지를 이용하시는 것이 더 낫다고 봅니다. 이유는 두 가지입니다. 첫째, 이상한 이유처럼 들리실 수 있지만, `tidyLPA` 패키지는 너무 쉽습니다. 앞서 설명해드렸던 모수화된 공분산 구조의 의미, 그리고 왜 그것이 중요한지 등등에 대해 사전지식이 있는 이용자라면 큰 문제가 없지만, LPA 모형에 대한 사전지식이 없는 분에게는 `tidyLPA` 패키지가 LPA 모형습득에 도리어 부정적 영향을 끼칠 수 있다고 생각합니다. 둘째, 많은 함수들이 상업용 패키지인 Mplus에 맞추어져 있는 느낌이 듭니다. 의심의 여지 없이 Mplus는 좋은 프로그램입니다. 하지만 많은 기능들이 Mplus의 모형추정 결과를 R로 옮긴 후 `tidyverse` 접근을 기반으로 모형추정 결과를 시각화한 것 같은 느낌이 듭니다.

이런 제 개인적 우려에도 불구하고 `tidyLPA` 패키지는 매우 유용한 사실은 부정할 수 없습니다. 앞서 우리가 추정했던 EEE 공분산 옵션을 기반으로 잠재집단개수 $k = 4$를 설정한 LPA 모형을 추정한 후,[5] 시각화한 결과는 아래와 같습니다.

---

5 최적의 잠재집단 개수를 추정하시려면 `compare_solutions()` 함수를 사용하시고, 부트스트래핑 기반 로그우도비 테스트를 사용하시려면 `bootstrap_lrt()` 함수를 사용하시면 됩니다.

```
> # tidyLPA 패키지 사용
> myLPA4_m4 = estimate_profiles(data_lpa,  # 데이터
+               f_TV, f_ETC,f_Smart,f_PC,  #관측변수
+               variances="equal",   # 집단별 분산을 동등하게
+               covariances="equal",   #집단별 공분산을 동등하게
+               n_profiles = 4, #k=4
+               center_raw_data=T, #평균중심화변환
+               scale_raw_data=T  #표준화변환
+               )
Fit Equal variances and equal covariances (model 3) model with 4 profiles.
LogLik is 5029.668
BIC is 10261.758
Entropy is 0.923
> myLPA4_m4 %>% count(profile)
# A tibble: 4 x 2
  profile      n
  <fct>    <int>
1 1          525
2 2          220
3 3          275
4 4           55
```

위의 결과에서 알 수 있듯 네 개의 잠재집단으로 분류된 응답자의 수가 앞서 얻은 결과와 동일합니다. 각 집단별 관측변수의 평균을 시각화한 결과는 아래와 같습니다. 각 측정 문항별 평균의 95% 신뢰구간이 같이 제시됩니다.

```
> # 시각화
> plot_profiles(myLPA4_m4,to_center=F,to_scale=F)
```

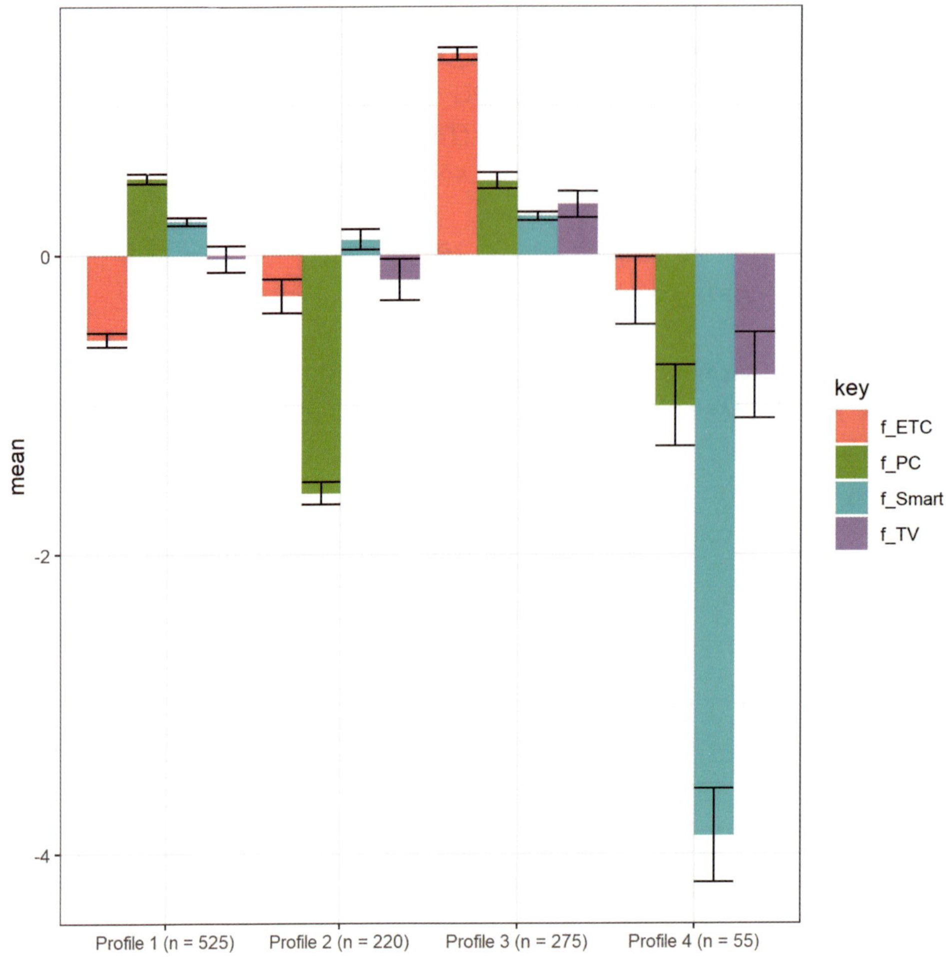

그림6. tidyLPA 패키지의 plot_profiles() 함수 이용 시각화

군집분석과의 비교

LPA 모형은 흔히 모형기반 군집화(model-based clustering) 기법이라고 불립니다. 이 때문에 LPA 모형과 군집분석을 혼용하는 경우도 있지만, 엄연히 두 기법은 다르며, 적지 않은 경우 LPA 모형의 잠재집단개수와 군집분석의 군집개수를 동일하게 상정한 경우에도 결과가 다르게 나타나는 경우가 많습니다.

앞서 말씀드린 것처럼 LPA 모형은 특정한 모형을 상정한 후, 데이터를 해당 모형에 맞추어 특정 잠재집단을 예측합니다. 이 특징에서 장점과 단점을 모두 찾을 수 있습니다. 우선 단점으로는 모형을 잘못 설정하면 잠재집단 역시도 적절하게 예측되지 않을 가능성이 높습니다. 그러나 공분산구조를 이론적으로 구조화할 수 있기 때문에 데이터가 바뀌어도 데이터에 따른 과대적합(over-fitting) 문제가 상대적으로 적게 발생할 수 있습니다. 이러한 특성 때문에 흔히 LPA 모형은 하향식 접근방법(top-down approach)라고 불립니다.

반면 군집분석은 반대입니다. 대부분의 군집분석 기법들에서는 데이터 사례들의 유사성을 기반으로 비슷한 사례들끼리 집단을 이루게 만드는 방식으로 군집을 생성합니다[6][일반적으로 가장 많이 사용되는 위계적 군집분석(hierarchical clustering)의 경우가 대표적인 예입니다]. 따라서 주어진 데이터에 내재한 군집을 잘 파악할 수 있는 장점이 있습니다. 그러나 반대로 데이터가 바뀌면 군집분석 결과가 바뀌기 때문에 상대적으로 과대적합의 문제에 취약합니다. 이런 특성 때문에 군집분석은 상향식 접근방법(bottom-up approach)이라고 불립니다.

그렇다면 어떤 기법이 좋을까요? 제 생각을 말씀드리자면 둘 다 좋습니다. 하지만 상황에 따라 LPA 모형이 적합할 때도 있을 것이고 군집분석이 적절할 경우도 있을 듯합니다. 이에 대해 어떤 표준적 가이드라인을 제시한 글은 없는 것으로 알고 있습니다. 아마도 분과에 따라 그리고 연구자의 선호에 따라 LPA 모형을 사용하든 아니면 군집분석을 사용할 수 있습니다. 제 생각으로는 전반적으로 데이터의 전반적 패턴을 묘사할 경우 혹은 대용량 데이터를 다루는 경우에는 보통 군집분석이 선호됩니다. 반면 데이터가 상대적으로 작거나 데이터를 특정한 관점에서 파악하고 정의하는 경우라면 LPA 모형이 더 적합할 듯합니다.[7]

아무튼 이번 섹션의 목표는 군집분석기법들 중에서 가장 빈번하게 사용되는 위계적 군집분석 결과와 LPA 모형을 비교하여 두 기법이 서로 다른 추정결과를 보여준다는 것을 예시하는 것입니다. 이에 동일한 데이터에 대해 위계적 군집분석을 실시해 보겠습니다. R을 이용하여 군집분석을 진행하는 방법에 대해서는 졸고 『R기반 데이터과학: tidyverse 접근』(2018a)을 참고하시기 바랍니다. 흔히 사용되는 위계적 군집분석을 사용하되 데이터의 개체간 거리는 유클리드 거리(Euclidean distance)를 적용하였으며, 연결방식은 워드(Ward)의

---

6 바로 이런 특성 때문에 군집분석을 비지도 기계학습 기법(unsupervised machine learning technique)이라고 부릅니다.

7 LCA 모형 및 LPA 모형이 군집분석과 어떻게 다른가에 대해서는 다음의 온라인 페이지를 참조하시기 바랍니다(약학, 사회학, 마케팅 등등의 다양한 영역의 사람들이 두 기법을 어떻게 생각하고 어떤 부분에서 논란이 있는지 생생하게 확인할 수 있습니다): http://www.statmodel.com/discussion/messages/13/155.html?1141671585

방법을 채택하였습니다. 또한 군집의 수는 앞서 LPA 모형에서 적용했던 4를 그대로 적용하였습니다. 위계적 군집분석 추정결과는 아래와 같습니다.

```
> # Euclidean distance 기반, Ward's method로 linkage
> hclust = data_lpa %>%
+   dist(., method="euclidean") %>%
+   hclust(., method="ward.D2")
> hclust4=hcut(data_lpa,k=4,hc_metric="euclidean",hc_method="ward.D2")
> fviz_dend(hclust4,k=4)
```

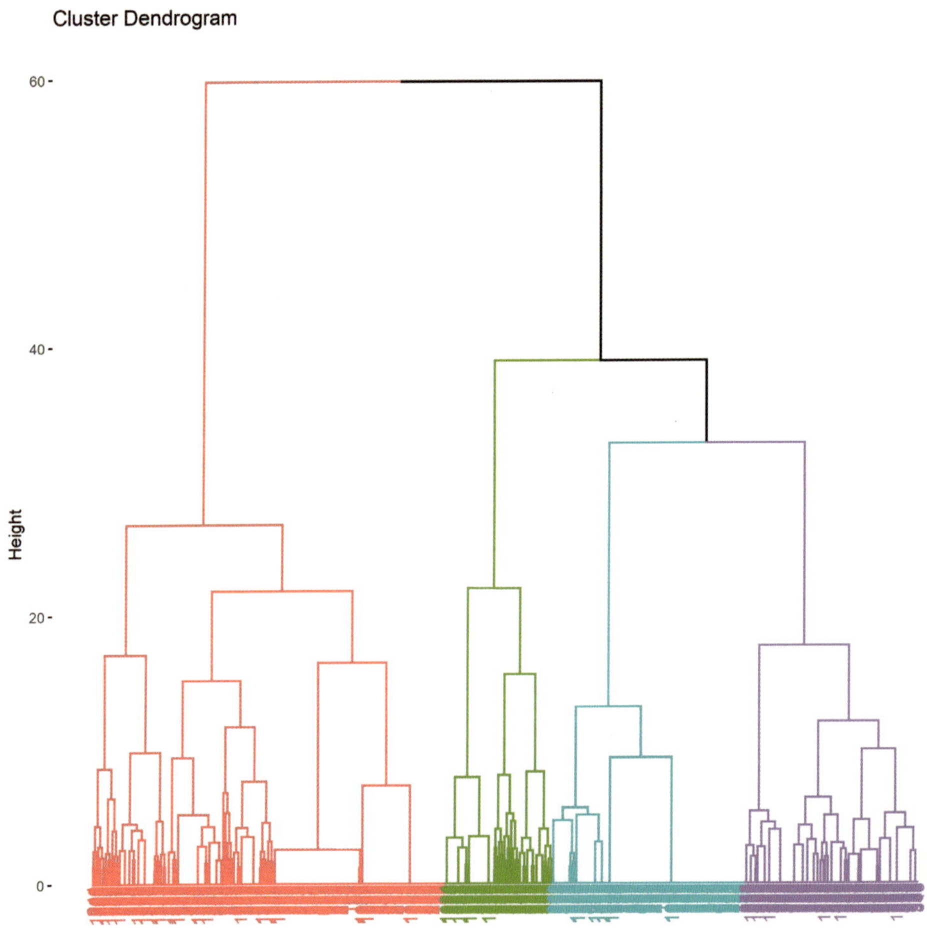

그림7. 위계적 군집분석 덴드로그램

위 결과를 해석하는 것은 어렵지 않습니다. 앞서 말씀드린 군집분석의 특성은 바로 〈그림7〉의 가장 밑단에서 확인하실 수 있습니다. 즉 개체와 개체의 거리에 따라 군집이 결정됩니다. 4개의 군집에 몇 개의 개체가 있고 또한 군집들이 어떤 위계적 관계로 얽혀있는지 이해하실 수 있을 것입니다.

그렇다면 〈그림7〉과 같은 방식으로 추출한 네 개의 군집은 어떤 군집일까요? 또한 이들 네 군집은 앞서 우리가 최종 선택했던 LPA 모형 추정결과(EEE 공분산 구조를 따르며 잠재집단개수가 4개인 LPA 모형)와 어떤 관련을 갖고 있을까요? 먼저 위계적 군집분석의 군집구분과 LPA 모형에서의 잠재집단 구분을 각각 저장해 봅시다. 이후 개체들의 분류결과가 두 모형에서 각각 어떻게 다른지 살펴봅시다.

```
> # 두 가지 분석방법의 집단구분은 서로 동일할까?
> data_lpa$cluster4 = hclust4$cluster
> data_lpa$profile4 = LPA_EEE4$classification
> # 아래에서 보듯 매우 다름.
> data_lpa %>%
+   count(profile4,cluster4) %>%
+   spread(key=cluster4,value=n,fill=0)
# A tibble: 4 x 5
  profile4  `1`  `2`   `3`  `4`
     <dbl> <dbl> <dbl> <dbl> <dbl>
1     1.00 102    196   227     0
2     2.00  60.0  28.0  20.0 112
3     3.00 275      0     0     0
4     4.00  26.0    0     2.00 27.0
```

위의 교차분류표에서 볼 수 있듯, 두 모형의 개체분류 결과는 상당히 다릅니다. 그렇다면 LPA 모형과 군집분석의 집단/군집별 특성은 어떻게 다를까요?

```
> # 군집의 특징은?
> summary_clustering = data_lpa %>%
+   mutate_at(
+     vars(starts_with("f_")),
+     funs(scale)
+   ) %>%
+   group_by(cluster4) %>%
+   summarize_at(
+     vars(starts_with("f_")),
+     funs(mean)
+   )
> # 군집분석결과 시각화
> fig_cluster= summary_clustering %>%
+   gather(key=vars,value=M,-cluster4) %>%
+   mutate(vars=fct_recode(vars,"PC"="f_PC",
+                       "기타미디어\n(종이신문, 라디오)"="f_ETC",
+                       "스마트기기\n(스마트폰, 태블릿PC)"="f_Smart",
+                       "TV"="f_TV"),
+          vars=fct_relevel(vars,"스마트기기\n(스마트폰, 태블릿PC)",
+                        "PC","TV")) %>%
+   ggplot(aes(x=cluster4,y=M,fill=vars))+
+   geom_bar(stat="identity",position="dodge")+
+   labs(x="군집",y="각 문항별 평균이용빈도(표준화 변환)",fill="매체")+
+   theme_bw()+
+   theme(legend.position="top")
Warning message:
attributes are not identical across measure variables;
they will be dropped
> fig_compare=gridExtra::grid.arrange(fig2,fig_cluster,ncol=2)
> fig_compare
```

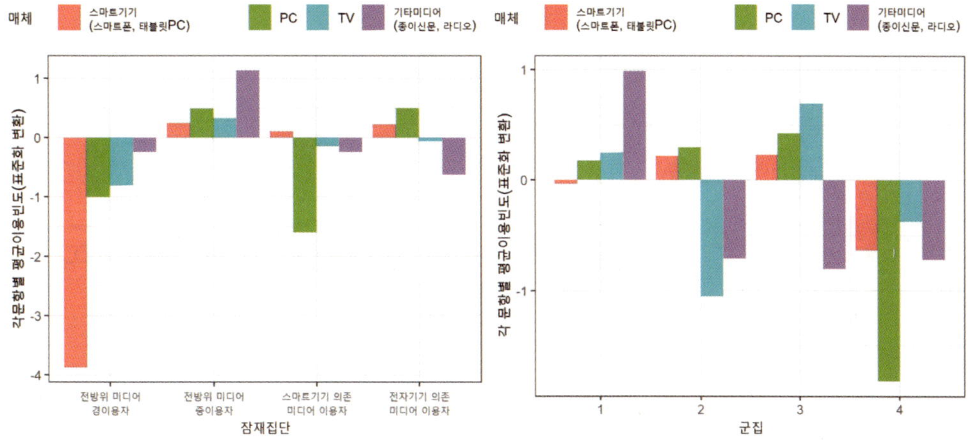

그림8. LPA 모형과 위계적 군집분석 결과비교

〈그림8〉에서 볼 수 있듯 두 기법으로 얻은 결과는 상당히 다릅니다. LPA 모형에서 얻은 '전방위 미디어 중이용자'의 경우 1번 군집과 상당히 비슷해 보입니다. 하지만 LPA 모형에서 얻은 다른 세 집단은 위계적 군집분석 결과에서 얻은 2~4번 군집과 비슷한 면이 없지는 않지만 적지 않게 다른 것도 사실입니다. 즉 〈그림8〉의 결과는 모형선택이 최종적으로 데이터에 대한 해석에도 영향을 끼칠 수 있다는 것을 보여준다고 볼 수 있습니다. 아마도 어떤 모형이 더 타당한지는 미디어 이용행태와 관련한 이론적 지식과 이를 기반으로 한 이성적 토론을 통해 따져봐야 하지 않을까 싶습니다.

5부

Latent transition analysis

4장 잠재전이분석 모형

우리는 제1장에서 잠재집단분석(LCA) 모형을 다룬 후, 제2장에서는 일반 LCA 모형의 잠재집단 예측확률을 설명·예측하기 위한 예측변수 투입 LCA(LCA with covariates) 모형과, LCA 모형의 문항-반응 확률과 잠재집단 예측확률이 표본 내 집단구분변수에 따라 달라지는지를 테스트하는 다집단 LCA(multi-group LCA) 모형을 살펴보았습니다.

이번 장에서 다룰 잠재전이분석(LTA, latent transition analysis) 모형은 제1장에서 다루었던 일반 잠재집단분석(LCA) 모형, 제2장에서 다룬 예측변수 투입 LCA 모형을 시계열 데이터 상황에 적용시킨 모형입니다. 앞서 우리는 응답자들을 우울증 관련 6개 잠재집단으로 구분한 바 있습니다. 하지만 서로 다른 시점들에서 동일한 응답자로부터 동일한 문항을 측정했다고 가정해 봅시다. 그렇다면 우리는 각 시점별로 잠재변수를 추정할 수 있으며, 또한 시간변화에 따라 응답자가 어떤 잠재집단에서 어떤 잠재집단으로 '전이(transition)'되는지도 추정할 수 있을 것입니다. LTA 모형에 '잠재전이(latent transition)'라는 표현이 들어간 이유는 바로 여기 있습니다.[1]

---

1 LTA 모형에 대한 보다 포괄적인 설명을 원하시는 독자분들은 콜린스와 란자(Collins & Lanza, 2010)를 참조하시기 바랍니다.

제가 아는 범위에서 LTA 모형을 분석할 수 있는 R패키지는 총 3개입니다. 첫째, 잠시 언급한 드린 바 있는 depmixS4 패키지(version 1.3-5; 2018년 8월 24일 출시)를 이용해 LTA 모형을 분석할 수 있습니다. 패키지 이름에 포함된 'mix'라는 표현은 제3장에서 LPA 모형을 소개해 드릴 때 말씀드린 '혼합(mixture)'을 의미합니다. depmixS4 패키지를 이용하면 관측변수들의 분포가 정규분포(가우스 분포), 이항분포, 다항분포, 포아송 분포 등으로 다양할 때도 LCA 모형을 추정할 수 있으며, 또한 LTA 모형도 추정할 수 있습니다. 이 패키지는 R CRAN에 등록되어 있기 때문에 install.packages() 함수를 이용하여 쉽게 설치하실 수 있습니다. 하지만 본서에서는 depmixS4 패키지를 사용하지 않았습니다. 이유는 패키지를 추정할 때 사용되는 용어가 일반적 사회과학자들에게는 낯선 용어들이라 설명이 까다롭기 때문입니다. '마르코프 과정(Markov process)'이라는 관점에서 잠재변수를 추정하며, LCA 모형이라는 이름 대신 한정적 혼합모형(FMM, finite mixture model)이라는 용어를 사용합니다. 또한 데이터가 클 경우 모형추정에 소요되는 시간이 좀 긴 편입니다.

둘째, LMest라는 이름의 패키지(version 2.4.3; 2018년 9월 11일 출시)로도 LTA 모형을 분석할 수 있습니다. 패키지 이름의 'LM'은 '잠재 마르코프(latent Markov)'의 약자입니다. 즉 depmixS4 패키지와 마찬가지로 LMest 패키지도 LCA 모형과는 다른 전통에서 개발된 패키지입니다. 따라서 depmixS4 패키지와 마찬가지 이유로 LTA 모형을 추정할 때 LMest 패키지를 사용하지 않겠습니다. 제 경험으로는 depmixS4 패키지보다는 LMest 패키지가 보다 함수 구성방식 등이 간단하며, 모형 추정속도도 다소 빠른 것 같습니다. 또한 이 패키지도 install.packages() 함수를 이용하여 쉽게 설치 가능합니다. 하지만 다양한 관측변수 분포를 다룬다는 점에서는 depmixS4 패키지가 LMest 패키지보다 나은 듯합니다.

끝으로 CAT_LVM이라는 이름의 패키지(version 0.9.0)가 있습니다. LTA 모형을 추정할 때 저는 이 패키지를 사용하려고 합니다. CAT_LVM 패키지는 고려대학교 통계학과의 정환 교수님께서 개발하신 패키지이며, 이 패키지는 앞서 제가 LCA 모형을 설명할 때 사용했던 용어들과 동일한 용어를 사용하고 있으며, 따라서 모형을 추정하는 과정도 이해하기 쉬운 편입니다. 그리고 제 경험으로는 앞서 소개한 두 패키지들에 비해 모형추정 속도가 조금 더 빠른 것 같습니다. 하지만 아쉬운 점들도 적지 않습니다. 우선 CAT_LVM 패키지는 소스코드만 공개되어 있는 상황이라 패키지를 설치하고 사용하는 것이 쉽지 않습니다. 즉 정환 교수님께서 지정한 방식으로 파일 디렉토리를 생성하고 사용하시거나, 아니면 소스코드의 파일 디렉토리 설정방식을 이용자의 파일 디렉토리에 맞게 변경한 후 사용하셔야 합니다. 또한 모형추정 과정은 직관적이지만, 모형추정에 필요한 모수들을 하나하나 수동으로 입력해야 하기 때문에 다소 번거롭기도 합니다. 그리고 모형추정 과정과 모형추정 매뉴얼을 모두 영문으로 작성했기 때문에 영어 표현과 LTA용어의 의미를 정확하게 숙지하시지 않으면 사용하기 불편할 수도 있습니다(사실 이 부분은 새로 개발된 R 패키지를 사용하고자 하지만 영어에 익숙하지 않은 모든 비영어권 R 이용자들이 맞닥뜨리는 문제이기도 합니다). 하지만 LCA 모형의 용어체제에 기반하고, 모형추정 속도가 빠르며, 모형추정 과정이 상대적으로 잘 정리되어 이해하기 쉽다는 점에서, 저는 앞서 소개해 드린 `depmixS4`, `LMest` 패키지보다 이해와 사용이 쉬울 것으로 생각합니다.

아무튼 `CAT_LVM` 패키지는 정환 교수님의 홈페이지(`http://kustatlab.korea.ac.kr/home/software`)에서 다운로드 가능합니다. 제4장을 이해하는 데 필요한 파일들은 〈그림1〉에서 붉은 색으로 ∨표 해둔 파일을 클릭하면 얻을 수 있습니다. 홈페이지를 살펴보시면 아시겠지만, 정환 교수님의 R 패키지로도 제1장~제3장의 모형들을 모두 추정할 수 있습니다.[2]

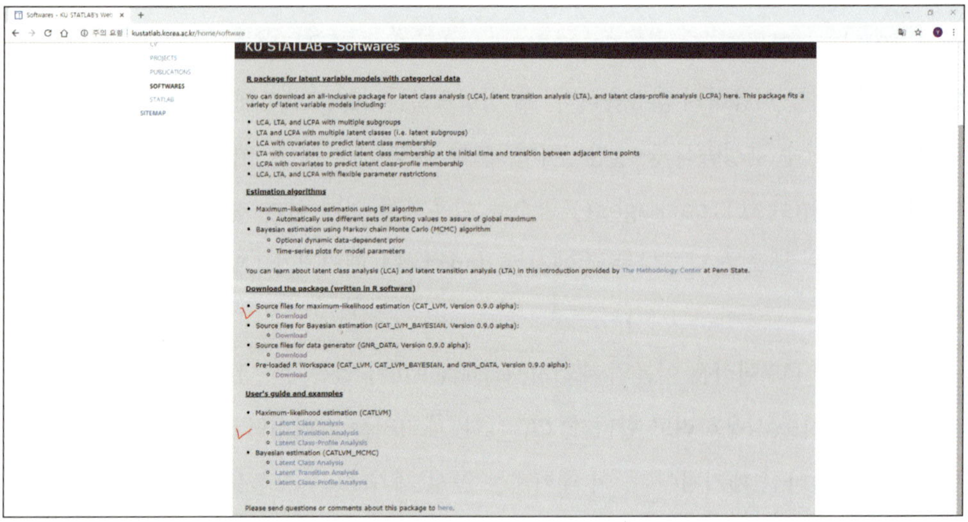

그림1. 고려대학교 통계학과 정환 교수님 홈페이지

2 제 생각입니다만, LTA 모형을 사용할 생각은 없지만 LCA 모형이나, 예측변수 투입 LCA 모형, 다집단 LCA 모형, LPA 모형을 사용하고자 하는 일반 이용자들에게는 `poLCA`, `lcca`, `mclust` 패키지들이 편할 것입니다.

해당 파일들을 다운로드 한 후, source() 함수에 설정된 파일 디렉토리를 살펴보신 후, 동일한 파일 디렉토리를 생성하신 후 단계 단계 R 코드를 실행하시면 됩니다. 제 경우 source() 함수에 설정된 디렉토리를 모두 제 파일 디렉토리에 맞게 변형하였습니다. 예를 들어 Example이라는 이름의 폴더에 들어 있는 CAT_LVM_LTA_1_cntrl.r 파일을 열어보시면 다음과 같은 source() 함수가 설정되어 있습니다.

원파일의 파일 디렉토리: source("C:/Documents and Settings/hchung/My R-code/CATLVM_Data_Gnr/Example/GNR_DATA_LTA_1_ctrl.r")

제가 수정한 파일 디렉토리: source("D:/lca/CATLVM_Data_Gnr/Example/GNR_DATA_LTA_1_ctrl.r")

수작업이 필요하기 때문에 다소 번거로울 수도 있습니다.[3] 하지만 크게 어렵지는 않을 것입니다. 여러분의 파일 디렉토리를 바꾸시든, 아니면 다운로드 받은 CAT_LVM 패키지의 R 코드 내부의 파일 디렉토리를 바꾸시든, 파일 디렉토리 세팅만 끝났다면 이제 LTA 모형을 추정할 준비가 되었다고 볼 수 있습니다.

일반 LTA 모형(예측변수 투입 없음)

우선 LTA 모형들 중 가장 간단한 일반 LTA 모형을 추정해 봅시다. 어떠한 예측변수도 고려하지 않은 상황에서 동일한 관측변수들만 동일한 응답자를 대상으로 반복측정되었다고 가정해 봅시다. 그렇다면 우리는 이 데이터에서 무엇을 기대할 수 있을까요? 우선 각 시점별로 잠재변수와 관측변수의 관계를 각각 추정해 볼 수 있을 것입니다. 예를 들어 2번에 걸쳐 동일한 문항들을 반복하여 측정했다면, 2개의 잠재변수를 설정할 수 있을 것이고, 2개의 문항-반응 확률(item-response probabilities; ρ_1과 ρ_2)과 2개의 잠재집단 예측확률(predicted class prevalence: γ_1과 γ_2)을 추정하게 될 것입니다.

---

3 *.r 파일은 텍스트 파일이기 때문에 각각의 파일을 불러온 후 지정된 표현을 원하는 표현으로 교체하는 텍스트마이닝을 실시하면 편할 수 있습니다.

여기까지만 본다면 개념적으로 각 시점별로 일반 LCA 모형을 추정한 것과 크게 다르지 않습니다. 하지만 관측변수가 반복측정되었다는 점을 감안할 때, 우리는 ρ_1과 ρ_2를 동질적으로 볼 수도 있고, 아니면 이질적으로도 볼 수 있습니다(다집단 LCA 모형과 유사한 논리입니다. 물론 동일집단을 대상으로 다른 시점에서 얻은 문항-반응 확률이기 때문에 완전히 동일하다고는 볼 수 없습니다만). 시간에 따른 문항-반응 확률의 동질성 여부를 두고 LTA 모형에서는 '시간 동질성(time-homogenous) 모형'과 '시간 이질성(time-heterogenous) 모형'으로 구분합니다.

시간 동질성 유무도 흥미롭겠지만, LTA 모형에서 가장 큰 관심을 갖는 것은 잠재집단 예측확률의 '전이과정(transition process)'입니다. 즉 γ_1과 γ_2를 교차시킨 결과가 바로 그것입니다. 흔히 시점 간 잠재변수의 범주들의 확률을 교차시킨 표를 '전이행렬(transition matrix)'이라고 부릅니다. 예를 들어 시간이 지나도 각각의 잠재집단이 전혀 변하지 않았다면, 전이행렬의 대각요소는 '1.00'의 값을 갖고, 탈대각요소는 '.00'의 값을 갖겠죠. 반면 특정 잠재집단이 다른 잠재집단으로 변할 가능성이 높았다면, 탈대각요소는 0과 1 사이의 값을 갖게 될 것입니다. 예를 들어 제1장에서 우리가 얻은 6개 잠재집단 중 '우울증 없음'과 '신체영역 우울'의 두 잠재집단을 생각해 봅시다. 시간이 지나 사람이 나이가 먹으면 이곳저곳 아픈 것이 보통입니다. 다시 말해 이전 시점에서 '우울증 없음' 잠재집단이었던 사람의 경우 다음 시점에서 '신체영역 우울' 잠재집단으로 전이될 가능성(혈관계 질환, 근골격계 질환이 발생하여 우울해지는 경우)은 '신체영역 우울' 잠재집단에서 '우울증 없음' 잠재집단으로 전이될 가능성보다 높을 것입니다(예를 들어 병을 앓고 있다가 병이 완치된 경우). LTA 모형은 이전 시점의 잠재집단이 다음 시점에서 어떤 잠재집단으로 옮겨가는지를 설명·예측하는 시계열 LCA 모형의 일종입니다.

상황이 얼추 정리되었을 것 같습니다. 이제 실제 데이터를 대상으로 LTA 모형을 추정해 보겠습니다. 앞서 사용했던 `exdata2.csv` 데이터를 다시 사용하겠습니다. 단 이번에는 '`CESD_w2`'로 시작하는 변수들(2차년도 조사)은 물론 '`CESD_w5`'로 시작하는 변수들(5차년도 조사)도 사용하겠습니다. 또한 예측변수를 투입하지 않는 LTA 모형에서는 사용하지 않겠지만, 성별변수(`female2`)도 같이 선택하여 사용하겠습니다. 또한 LTA 모형의 경우 모형추정에 상당한 시간이 소요된다는 점, 그리고 잠재집단의 수가 너무 많을 경우 모형추정 결과를 설명하기가 번잡하다는 점 때문에 제4장에서는 연령이 75세 이상인 고령자만을 선택하였습니다(10,044명 중 연령이 75세 이상인 866명만 선별함). `CAT_LVM` 패키지의 경우 범주형 관측변수는 수치형 데이터로 입력해야 하고, 가장 작은 수는 1 이상의 양의 정수여야 합니다. 데이터의 사전처리는 다음과 같습니다.

```
> library('poLCA')
> library('tidyverse')
> # 데이터 불러오기
> setwd("D:/2019_year/Categorical_Data_Analysis")
> data_lta = read_csv("exdata2.csv") %>%
+  mutate_at(
+    vars(starts_with("CESD_w2")),
+    funs(ifelse(.=="2있음",1,2))
+  ) %>% mutate_at(
+    vars(starts_with("CESD_w5")),
+    funs(ifelse(.=="있음",1,2))
+  ) %>%
+  filter(age2>74) %>%
+  select(starts_with("CESD_"),id,female2)
Parsed with column specification:
cols(
  .default = col_character(),
  id = col_integer(),
  female2 = col_integer(),
  age2 = col_integer(),
  log10inc2 = col_double()
)
See spec(...) for full column specifications.
> data_lta
# A tibble: 866 x 20
   CESD_w2_1 CESD_w2_2 CESD_w2_3 CESD_w2_4 CESD_w2_5 CESD_w2_6 CESD_w2_7
       <dbl>     <dbl>     <dbl>     <dbl>     <dbl>     <dbl>     <dbl>
 1      2.00      2.00      2.00      2.00      2.00      2.00      2.00
 2      1.00      1.00      1.00      1.00      1.00      2.00      1.00
 3      1.00      1.00      1.00      1.00      1.00      2.00      1.00
 4      2.00      2.00      2.00      1.00      1.00      2.00      2.00
 5      2.00      1.00      2.00      1.00      2.00      2.00      2.00
 6      2.00      2.00      2.00      2.00      2.00      2.00      2.00
 7      2.00      2.00      2.00      1.00      2.00      2.00      2.00
 8      2.00      1.00      1.00      1.00      1.00      2.00      1.00
 9      1.00      1.00      1.00      1.00      1.00      2.00      2.00
10      1.00      2.00      1.00      1.00      1.00      2.00      2.00
```

```
# ... with 856 more rows, and 13 more variables: CESD_w2_8 <dbl>,
#   CESD_w2_9 <dbl>, CESD_w5_1 <dbl>, CESD_w5_2 <dbl>, CESD_w5_3 <dbl>,
#   CESD_w5_4 <dbl>, CESD_w5_5 <dbl>, CESD_w5_6 <dbl>, CESD_w5_7 <dbl>,
#   CESD_w5_8 <dbl>, CESD_w5_9 <dbl>, id <int>, female2 <int>
```

응답자 전체 표본을 대상으로 한 경우 최적의 잠재집단개수는 $k = 6$이었습니다. 하지만 지금은 75세 이상의 응답자만 대상으로 하였기 때문에 아마도 최적의 잠재집단개수는 6 이하로 나타날 가능성이 높습니다. 제1장에서 소개한 방식으로 최적의 잠재집단개수를 추정해 보니 $k = 3$이 나타났습니다.[4] 이에 LTA 모형 추정 시 최적의 잠재집단개수는 3으로 설정하였습니다.

이제 예측변수를 투입하지 않은 LTA 모형을 추정해 보도록 하겠습니다. 가급적 정현 교수님의 예세 파일을 바꾸지 않는 방향으로 진행하도록 하겠습니다. 본서의 데이터에 맞게 수정한 부분의 경우 밑줄을 그어 별도 표기하였으니 참고하시기 바랍니다(즉 밑줄이 그어지지 않은 R 코드는 정현 교수님의 예제 코드입니다). 자 먼저 데이터를 준비합시다. 먼저 6개

---

4 최적의 잠재집단개수는 아래와 같이 추정했습니다. 표본이 바뀌었을 뿐, 제1장의 내용과 본질적으로 동일합니다.

```
> # 표본이 바뀌었기 때문에 잠재집단개수를 다시 추정
> # 가장 적절한 잠재집단개수?
> myformula = cbind(CESD_w2_1,CESD_w2_2,CESD_w2_3,CESD_w2_4,CESD_w2_5,CESD_w2_6,CESD_
w2_7,CESD_w2_8,CESD_w2_9)~1
> model_fit_LCA75=list()
> for (k in 1:14){
+   temp=poLCA(myformula,
+          data_lta%>%select(starts_with("CESD_w2"))%>%mutate_all(funs(factor(.))),
+          nclass=k,maxiter=10^4,verbose=F)
+   model_fit_LCA75=bind_rows(
+     model_fit_LCA75,tibble(k=k,
+                     aic=temp$aic,
+                     bic=temp$bic,
+                     G2=temp$Gsq,
+                     X2=temp$Chisq,
+                     npar=temp$npar))
+ }
> model_fit_LCA75
```

[구체적 추정결과는 별도로 제시하지 않았음]

의 입력값(input)을 설정해야 합니다. nkase는 표본의 사례수를 의미하고, nstr는 집단변수를 설정하는 경우 집단의 수를 의미합니다(여기서는 다집단 분석을 하지 않았습니다). nc는 잠재 하위집단의 수입니다(여기서는 별도로 지정하지 않았습니다). ns는 잠재집단의 개수를 의미합니다(즉 잠재변수의 범주개수를 의미합니다). LTA 모형의 경우 잠재집단(latent class)이라는 표현 대신 잠재상태(latent status)라는 표현을 사용합니다. nsi는 관측변수의 수를 의미하며, nrc는 각각의 관측변수의 범주개수가 어떻게 되는지를 의미합니다. 각각의 입력값은 다음과 같이 지정하였습니다.

```
> setwd("D:/lca/CATLVM_ML")
> ###############
> ## LOAD DATA ##
> ###############
> nkase = dim(data_lta)[1]
> nstr = 1
> nc = 1
> nt = 2
> ns = 3
> nsi = 9
> nrc = c(2,2,2,2,2,2,2,2,2)
```

이제 데이터를 입력해 봅시다. LTA의 데이터는 흔히 우리가 사용하는 $R \times C$의 이차원 행렬이 아닙니다. 흔히 '어레이(array)'라고 불리는 오브젝트여야 하며, CAT_LVM 패키지에 투입되는 어레이의 경우 [개체, 관측변수, 측정시점]으로 3차원 행렬로 구성됩니다. 위에서 우리가 준비했던 data_lta 데이터의 경우 넓은 형태의 데이터입니다. 'CESD_w2'로 시작되는 데이터를 1시점으로, 그리고 'CESD_w5'로 시작되는 데이터를 5시점으로 설정하겠습니다. 데이터 준비과정은 아래와 같습니다.

```
> myLTAdata = array(NA,c(nkase,nsi,nt))
> myLTAdata[,,1] = data_lta %>% select(starts_with("CESD_w2")) %>% as.matrix()
> myLTAdata[,,2] = data_lta %>% select(starts_with("CESD_w5")) %>% as.matrix()
```

이제 데이터를 입력해 봅시다. 아래와 같이 data라는 이름의 오브젝트, data$is.grp, data$lta$si 오브젝트를 지정해 주면 됩니다. data$is.grp의 경우 집단구분변수를 사용하는지 여부를 지정한 것입니다. 앞서 말씀드렸듯 여기서는 지정하지 않았기 때문에 FALSE를 부여하였습니다. 그다음 dataltasi에 앞서 우리가 생성한 3차원의 어레이 오브젝트를 지정하시면 됩니다.

```
> data <- list()
> data$is.grp <- FALSE
> data$lta$si <- myLTAdata
```

이제는 LTA 모형의 조건을 지정하겠습니다. model이라는 이름의 오브젝트에는 앞서 우리가 지정한 정보들을 지정해 주시면 됩니다. LTA 모형을 추정한다는 것은 model$lta$is.lta에 TRUE값을 지정해 준 것에서 아주 잘 드러납니다.

```
> ############################
> ## SPECIFY AN LCA MODEL ##
> ############################
> model <- list()
> model$lta$is.lta <- TRUE
> model$lta$ns <- ns
> model$lta$nt <- nt
> model$lta$nrs <- nrc
```

이제 다음의 constraint 오브젝트에는 LTA 모형에 대해서 어떤 가정을 부여할지를 결정해 주면 됩니다. constraintltaEQUAL$BIG.RHO$TIME 옵션을 TRUE로 지정한 것은 시간변화에 따라 문항-반응 확률이 달라지지 않는다는 의미입니다(즉 시간-동질성 가정). 만약 시간변화에 따라 문항-반응 확률을 다르게 추정하고 싶다면 FALSE로 바꾸시면 됩니다. TRUE를 설정하면 LTA 모형에서 추정되는 모수개수가 적어 보다 간결한 모형을 얻을 수 있습니다(다집단 LCA 모형에서 constrain.rhos 옵션을 떠올려 보시기 바랍니다). 다음으로 constraintltaEQUAL$BIG.RHO$CLASS 옵션은 디폴트값 그대로 FALSE로 지정하였습니다(즉 잠재집단들 마다 문항-반응 확률이 다를 수 있다는 가정을 취하였습니다).

```
> ###############################
> ## RESTRICT RHO PARAMETERS ##
> ###############################
> constraint <- list()
> constraint$lta$EQUAL$BIG.RHO$TIME <- TRUE
> constraint$lta$EQUAL$BIG.RHO$CLASS <- FALSE
```

다음으로 모수추정 초기값을 지정하는 부분은 디폴트 그대로 무작위로 초기값을 지정하였습니다.

```
> ############################
> ## STARTING VALUE SETUP ##
> ############################
> starval <- list()
> starval$is.random <- TRUE
> source("LOAD_FUNCTIONS_ML.r")
```

이후 예측변수를 투입하지 않은 일반 LTA 모형을 추정한 결과를 LTA.1이라는 이름의 오브젝트로 저장하였습니다. 제 PC로는 모형을 추정하는 데 약 30초 정도 시간이 소요되었습니다. summary() 함수를 통해 추정된 결과를 보면 아래와 같습니다.

```
> ######################
> ## RUNNING PROGRAM ##
> ######################
> LTA.1 <- cat.lvm(data=data, model=model, starval=starval,
+              constraint=constraint)
  Trying to find the best set of starting values...
     SET:  1 ... -7906.293
     SET:  2 ... -7902.253
     SET:  3 ... -7902.557
     SET:  4 ... -7924.952
     SET:  5 ... -7902.189
     SET:  6 ... -7902.205
     SET:  7 ... -7888.019
     SET:  8 ... -7914.882
     SET:  9 ... -7915.929
     SET:  10 ...-7902.109
```

```
  Done. SET 7 selected.

  Starting main iteration...
     1 ... -7887.492    0.01003842
                     [반복계산 과정을 보여준 것이기에 생략함]
     124 ... -7885.594    9.551675e-07
  OK, converged at 124
> summary(LTA.1)
           Length Class  Mode
model      3      -none- list
iteration  6      -none- list
param      1      -none- list
constraint 1      -none- list
prior      0      -none- list
```

추정된 결과에는 총 5개의 하위 오브젝트가 있습니다. 여기서 중요한 결과는 LTA.1$model과 LTA.1$iteration 두 가지입니다. 우선 LTA.1$iteration을 살펴보죠.

```
> ################################
> ## INFO ABOUT EM ITERATIONS ##
> ################################
> LTA.1$iteration
$maxits
[1] 2500

$eps
[1] 1e-06

$niter
[1] 124

$maxdiff
[1] 9.551675e-07

$converged
[1] TRUE

$llvec
[1] -7885.594
```

위의 결과의 마지막 부분은 모형적합도 지수입니다. 아쉽게도 로그우도만 보고가 되었습니다(`$llvec`). 다시 말해 AIC, BIC 등의 정보지수를 원하시면 이 로그우도와 표본수, 그리고 추정된 모수개수를 이용하여 별도의 수계산을 실시하여야 합니다. 그렇다면 몇 개의 모수가 추정되었을까요? 아래와 같이 `LTA.1$param` 결과를 보면 됩니다.

```
> #########################
> ## ESTIMATED PRAMETERS ##
> #########################
> LTA.1$param
$lta
$lta$big.rho
, , Stage.1, Time.1, ,

              [,1]      [,2]
sItem.1 0.75839806 0.2416019
sItem.2 0.85395743 0.1460426
sItem.3 0.89277324 0.1072268
sItem.4 0.76231027 0.2376897
sItem.5 0.80624667 0.1937533
sItem.6 0.03376222 0.9662378
sItem.7 0.79283719 0.2071628
sItem.8 0.03690244 0.9630976
sItem.9 0.70561265 0.2943874
, , Stage.2, Time.1, ,

              [,1]      [,2]
sItem.1 0.36290875 0.6370913
sItem.2 0.12591407 0.8740859
sItem.3 0.37483088 0.6251691
sItem.4 0.35555519 0.6444448
sItem.5 0.20018217 0.7998178
sItem.6 0.02516217 0.9748378
sItem.7 0.13330043 0.8666996
sItem.8 0.02540674 0.9745933
sItem.9 0.26493509 0.7350649
```

```
, , Stage.3, Time.1, ,

               [,1]        [,2]
sItem.1 0.7880281 0.21197189
sItem.2 0.9109769 0.08902312
sItem.3 0.9616463 0.03835369
sItem.4 0.8653966 0.13460341
sItem.5 0.9398334 0.06016663
sItem.6 0.8358182 0.16418184
sItem.7 0.9374291 0.06257092
sItem.8 0.7374794 0.26252059
sItem.9 0.9570966 0.04290338

, , Stage.1, Time.2, ,

                [,1]        [,2]
sItem.1 0.75839806 0.2416019
sItem.2 0.85395743 0.1460426
sItem.3 0.89277324 0.1072268
sItem.4 0.76231027 0.2376897
sItem.5 0.80624667 0.1937533
sItem.6 0.03376222 0.9662378
sItem.7 0.79283719 0.2071628
sItem.8 0.03690244 0.9630976
sItem.9 0.70561265 0.2943874

, , Stage.2, Time.2, ,

                [,1]        [,2]
sItem.1 0.36290875 0.6370913
sItem.2 0.12591407 0.8740859
sItem.3 0.37483088 0.6251691
sItem.4 0.35555519 0.6444448
sItem.5 0.20018217 0.7998178
sItem.6 0.02516217 0.9748378
sItem.7 0.13330043 0.8666996
sItem.8 0.02540674 0.9745933
sItem.9 0.26493509 0.7350649
```

```
, , Stage.3, Time.2, ,

            [,1]       [,2]
sItem.1 0.7880281 0.21197189
sItem.2 0.9109769 0.08902312
sItem.3 0.9616463 0.03835369
sItem.4 0.8653966 0.13460341
sItem.5 0.9398334 0.06016663
sItem.6 0.8358182 0.16418184
sItem.7 0.9374291 0.06257092
sItem.8 0.7374794 0.26252059
sItem.9 0.9570966 0.04290338

$lta$delta
, , ,

        Stage.1   Stage.2   Stage.3
Time.1 0.4426467 0.4707113 0.08664192
Time.2 0.4137058 0.4905484 0.09574582

$lta$tau
, , Time.2, ,

         Stage.1   Stage.2   Stage.3
Stage.1 0.5396257 0.3223495 0.1380248
Stage.2 0.2629879 0.6883773 0.0486348
Stage.3 0.5892163 0.2750912 0.1356924
```

먼저 `$lta$big.rho`의 결과는 9개 관측변수의 범주별 확률값이 잠재집단과 측정시점에 따라 각각 어떻게 나타났는지를 추정한 것입니다. 먼저 `, , Stage.1, Time.1, ,`의 결과는 1번 잠재집단의 첫 번째 측정시점에서 나타난 측정문항별 '그렇다'와 '아니다'의 반응패턴입니다. 결과에서 알 수 있듯 6번과 8번 문항을 제외한 다른 7개 문항들에서 '그렇다'는 응답이 두드러집니다. 반면 `, , Stage.2, Time.1, ,`의 결과에서는 거의 모든 문항에서 '아니다'는 응답확률이 높습니다. 끝으로 `, , Stage.3, Time.1, ,`의 결과에서는 6번과 8번 문항을 포함 모든 문항에서 '그렇다'고 응답할 확률이 '아니다'라고 응답할 확률보다 높습니다.

첫 번째 시점에서 확인된 문항-반응 확률은 두 번째 시점에서도 동일하게 나타나고 있습니다. 이는 전혀 놀라운 것이 아닙니다. 왜냐하면 앞서 저는 LTA 모형을 추정할 때 시간-동질성을 가정했기 때문입니다(즉 "constraintltaEQUAL$BIG.RHO$TIME <- TRUE").

9개 문항이 무엇을 측정했는지 한번 되새겨 보시기 바랍니다. 6번 문항은 '주위로부터 차가운 대우를 받았는지'를 물었고, 8번 문항은 '주위로부터 미움을 받았는지' 물었습니다. 즉 적어도 75세 이상의 고연령층의 답변에서 사회영역으로부터의 우울은 크게 두드러지지 않는 것을 알 수 있습니다. 아무튼 위의 문항-반응 확률값을 기반으로 저는 세 잠재집단을 순서대로 '경증우울', '우울증상없음', '중증우울'로 구분짓겠습니다. 위의 결과를 시각화해보면 아래와 같습니다.

```
> # 문항반응확률
> bigrho=LTA.1$param$lta$big.rho %>% data.frame() %>%
+   as_tibble() %>% select(1,3,5)
> names(bigrho)=str_c("class",1:3)
> bigrho$item = c('식욕 없음','상당히 우울','만사 어려움','잠 설침',
+                 '외로움','차가운 대우','슬픈 마음',
+                 '미움받음','의욕 상실')
> bigrho %>%
+   mutate(item=fct_reorder(item,row_number())) %>%
+   gather(key=class,value=value,-item) %>%
+   mutate(class=rep(c("경증우울","우울증상없음","중증우울"),each=9),
+          class=fct_relevel(class,"우울증상없음","경증우울")) %>%
+   ggplot(aes(x=item,y=value))+
+   geom_bar(stat='identity',position='dodge')+
+   labs(x="측정항목",y="'그렇다'라고 응답할 확률")+
+   coord_flip()+
+   theme_bw()+
+   facet_wrap(~class)
```

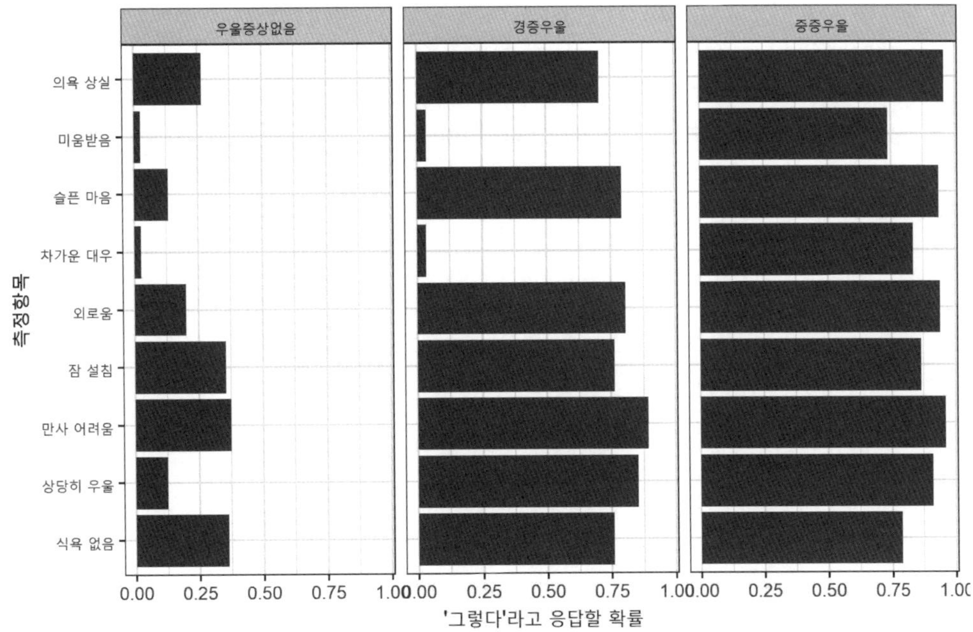

그림2. LTA 모형에서 추정한 문항-반응 확률

다음으로 `$lta$delta` 부분의 결과는 각 시점별 잠재집단의 예측확률을 의미합니다. 즉 LCA 모형의 잠재집단 예측확률(γ)에 해당하는 결과입니다. 단 측정시점이 2개이기 때문에 잠재집단 예측확률 역시 각 시점별로 추정되었을 뿐입니다. 〈그림3〉과 같이 시각화하면 시간이 지남에 따라 75세 이상 응답자의 잠재집단이 어떻게 변화하고 있는지를 쉽게 짐작할 수 있습니다. 우선 '우울증상 없음' 집단과 '중증우울' 집단의 경우 전체적으로 다소 증가한 패턴이 나타납니다(각각 2%, 1%). 하지만 '경증우울' 집단의 경우 2차년도에 비해 5차년도에서도 감소하였습니다(약 3%).

```
> # 잠재집단 예측확률
> delta=LTA.1$param$lta$delta %>% data.frame() %>%
+   as_tibble()
> names(delta)=c("경증우울","우울증상없음","중증우울")
> delta$time=c("2차년도","5차년도")
```

```
> delta %>%
+   gather(key=class,value=value,-time) %>%
+   mutate(class=fct_relevel(class,"우울증상없음","경증우울")) %>%
+   ggplot(aes(x=class,y=value,fill=time))+
+   geom_bar(stat='identity',position='dodge')+
+   labs(x="잠재집단",y="예측확률",fill="조사시점")+
+   theme_bw()
```

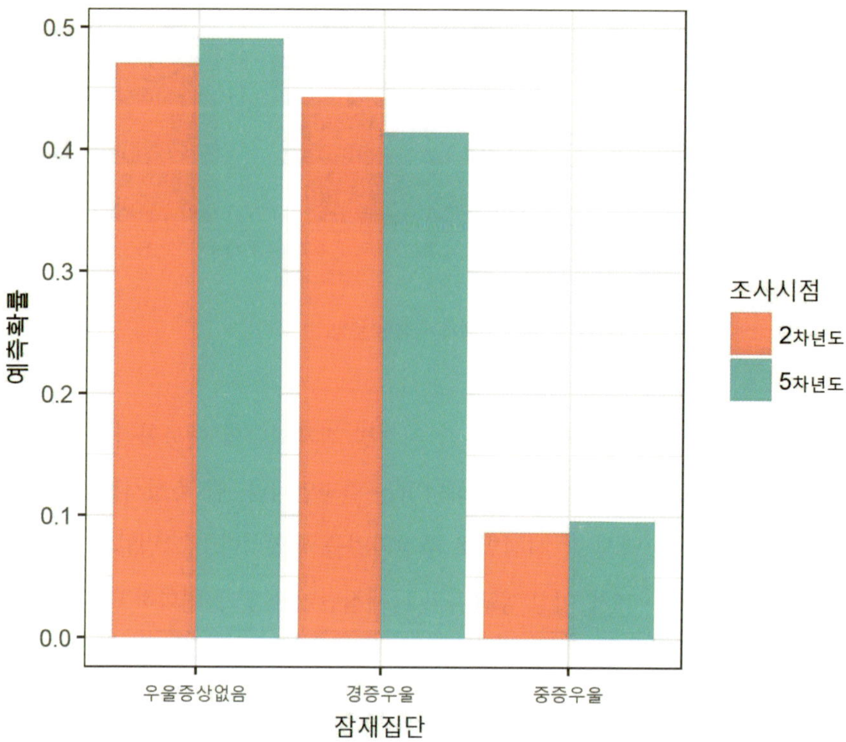

그림3. 시간변화에 따른 잠재집단 예측확률 변화

마지막에 제시된 **ltatau** 부분이 바로 전이행렬입니다(가로줄은 2차년도를, 세로줄은 5차년도를 뜻함). 즉 시점에 따라 잠재집단이 어떻게 바뀌는지를 보여주는 결과입니다. 전이행렬을 시각화하면 아래 〈그림4〉와 같습니다. 〈그림4〉에서 한 가지 독특한 점을 발견할 수 있습니다. 우선 '중증 우울' 집단을 뺀 나머지 두 집단은 동일한 잠재집단으로 전이될 확률이 가장 높습니다. 다시 말해 2차년도에 '경증 우울'에 속한 응답자는 5차년도에서도 '경증 우울'에 속할 가능성이 가장 높습니다(약 54%). 이는 '우울증상없음'에서도 유사하게 나타납

니다(약 69%). 반면 2차년도에서 '중증 우울'에 속한 응답자가 5차년도에서도 '중증 우울'에 속할 가능성은 매우 낮습니다(약 14%).

LTA 모형 분석결과 동일한 잠재집단으로의 전이가능성이 높게 나타났습니다. 실제로 조사시점 간격이 3년인 것을 생각할 때 이러한 패턴은 그다지 놀라울 것은 없습니다('중증 우울' 집단의 경우 표본이 작다는 점을 고려할 필요가 있습니다). 동일 잠재집단으로의 전이패턴보다 더 흥미로운 것은 다른 잠재집단으로의 전이패턴입니다. 우선 2차년도에서 '우울증상 없음' 집단인 경우 5차년도에서 다른 집단으로 옮겨갈 때, '경증우울'로 옮겨갈 가능성(약 26%)이 '중증우울'로 옮겨갈 가능성(5%)보다 약 4배 가량 높습니다. 또한 2차년도에서 '경증우울' 잠재집단에 속했던 응답자의 경우 '우울증상없음'으로 옮겨갈 확률(약 32%)이 '중증우울'로 옮겨갈 확률(약 14%)보다 약 2배 가량 높습니다. 끝으로 '중증우울' 잠재집단의 경우 '경증우울'로 옮겨갈 확률(60%)이 '우울증상없음'으로 옮겨갈 확률(약 28%)보다 약 2배가량 높습니다. 즉 우울상태는 '우울증상없음' → '경증우울' → '중증우울'의 과정으로 악화되거나 혹은 '중증우울' → '경증우울' → '우울증상없음'의 과정으로 개선됩니다. LTA 분석결과는 '경증우울'을 거치지 않고 '우울증상없음' ⟷ '중증우울'로 변하는 과정은 그리 빈번하지 않다는 것을 보여줍니다.

```
> # 전이확률
> mytau=LTA.1$param$lta$tau %>% data.frame() %>%
+   as_tibble()
> names(mytau)=c("경증우울","우울증상없음","중증우울")
> mytau$w2=c("경증우울","우울증상없음","중증우울")
> mytau %>% gather(key=w5,value=value,-w2) %>%
+   mutate(w2=fct_relevel(w2,"우울증상없음","경증우울"),
+          w5=fct_relevel(w5,"우울증상없음","경증우울"))%>%
+   ggplot(aes(x=w2,y=value,fill=w5))+
+   geom_bar(stat='identity',position='dodge')+
+   labs(x="2차조사시 잠재집단",y="예측확률",fill="5차조사시\n잠재집단")+
+   theme_bw()
```

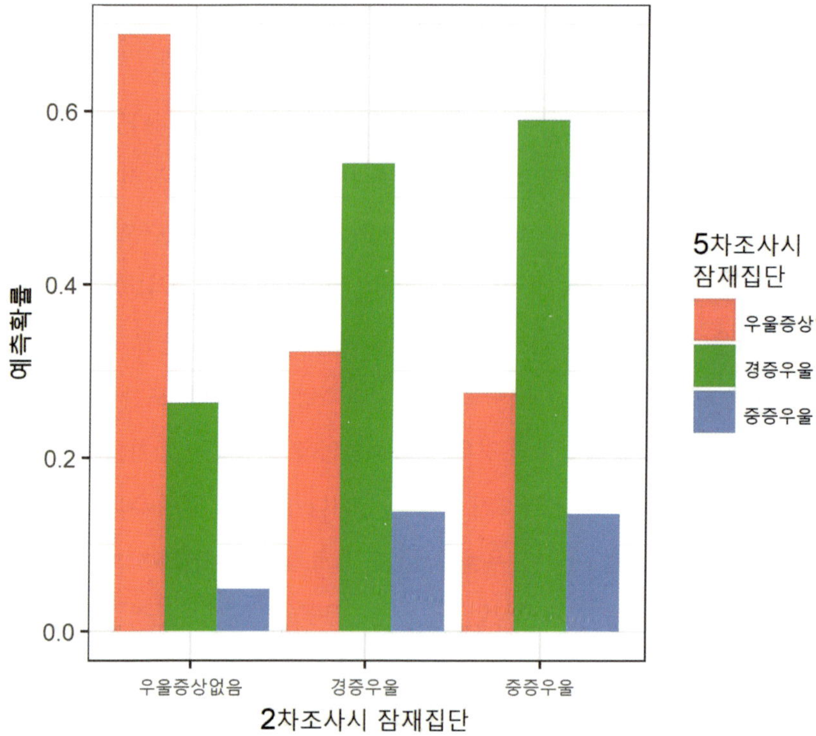

그림4. 시간변화에 따른 잠재집단 전이(transition) 변화

앞서 우리는 시간-동질성을 가정한 후 LTA 모형을 추정하였습니다. 시간-동질성을 가정하면 모형추정 결과를 해석하기 쉽다는 장점이 있습니다만, 데이터에 부합하지 않는 모형을 추정했을 가능성도 배제하기 어렵습니다. 그렇다면 로그우도비 테스트를 실시해 보면 어떨까요? 우선 앞서 추정한 `LTA.1` 오브젝트의 모수 개수를 계산해 봅시다. 우선 문항-반응 확률의 경우 3개의 잠재집단과 2개 범주개수를 갖는 9개 관측변수를 교차하면 총 $27=3\times(2-1)\times9$개의 모수가 필요합니다(시간에 따라 문항-반응확률이 동일하다고 고정했다는 점 다시 상기하여 주시기 바랍니다). 그리고 잠재집단 예측확률의 경우 2개 시점별 3개집단의 예측확률값을 얻었기에 총 $4=2\times(3-1)$개의 모수가 필요합니다. 끝으로 전이행렬의 경우 2차조사의 3집단이 5차 조사의 3집단으로 나뉘기 때문에 총 $4=(3-1)\times(3-1)$의 모수가 필요합니다. 따라서 앞서 추정한 `LTA.1` 오브젝트의 로그우도 카이제곱값은 $\chi^2(35)=15771.19$가 됩니다.

이제 시간-이질성 가정을 취한 후 LTA 모형을 추정하였습니다. 아래와 같습니다.

```
> # 시간에 따라 RHO가 바뀔 수 있다고 가정한 후 모형추정
> constraint <- list()
> constraint$lta$EQUAL$BIG.RHO$TIME <- FALSE
> constraint$lta$EQUAL$BIG.RHO$CLASS <- FALSE
> LTA.1a <- cat.lvm(data=data, model=model, starval=starval,
+             constraint=constraint)
[반복계산 과정은 제시하지 않았음]
> -2*LTA.1$iteration$llvec
[1] 15771.19
> -2*LTA.1a$iteration$llvec
[1] 15694.35
```

시간-이질성을 가정할 경우 2개의 측정시점에서의 문항-반응 확률이 다르기 때문에 27개의 모수를 추가로 추정해야 합니다. 따라서 시간-이질성을 가정한 LTA 모형의 경우 로그우도 카이제곱값은 $\chi^2(62)=15694.35$가 됩니다.

이렇게 얻은 두 모형의 로그우도 카이제곱값을 이용하여 로그우도비 테스트를 한 결과는 아래와 같습니다.

```
> pchisq((15771.19-15694.35),(62-35),lower.tail=F)
[1] 1.126979e-06
```

우선 로그우도비 테스트 결과로 본다면 시간-이질성을 가정하는 것이 더 적합합니다. 그렇다면 정보지수는 어떨까요? 표본크기를 조정한 CAIC와 BIC의 값을 계산한 결과는 아래와 같습니다. 결과를 보면 쉽게 나타나듯 시간-동질성 가정을 적용한 모형이 훨씬 더 낫습니다.

```
> tibble(
+  LTA.1_CAIC=-2*LTA.1$iteration$llvec+(1+log(nkase))*35,
+  LTA.1a_CAIC=-2*LTA.1a$iteration$llvec+(1+log(nkase))*62,
+  LTA.1_BIC=-2*LTA.1$iteration$llvec+log(nkase)*35,
+  LTA.1a_BIC=-2*LTA.1a$iteration$llvec+log(nkase)*62
+ )
# A tibble: 1 x 4
 LTA.1_CAIC LTA.1a_CAIC LTA.1_BIC LTA.1a_BIC
      <dbl>       <dbl>     <dbl>      <dbl>
1     16043       16176     16008      16114
```

이제 시간-이질성을 가정한 LTA 모형의 추정결과는 별도로 제시하지 않겠습니다. 관심 있는 독자께서는 직접 확인해 보시기 바랍니다.

예측변수 투입 LTA 모형

LCA모형에 예측변수를 투입하였듯 마찬가지로 LTA 모형에도 예측변수를 투입해 봅시다. LCA 모형의 경우 예측변수가 잠재집단의 예측확률에 미치는 효과를 추정한 바 있습니다. LTA 모형에서는 예측변수가 잠재집단의 예측확률에 미치는 효과와 아울러 예측변수가 전이패턴에 미치는 효과도 아울러 추정합니다. CAT_LVM 패키지에서는 잠재집단 예측확률에 미치는 효과를 추정하기 위해 투입하는 예측변수를 '델타 공변량(delta covariates)'라고 부르고, 전이패턴에 미치는 효과를 추정하기 위해 투입되는 예측변수를 '타우 공변량(tau covariates)'라고 부릅니다. 여기서도 CAT_LVM 패키지의 용어를 그대로 사용하겠습니다.

우선 델타 공변량은 [개체수, 예측변수개수]의 행렬형태로 투입됩니다. 앞서 말씀드렸듯 여기서는 성별, female2 변수만 예측변수로 사용하였습니다. 이에 mycov_delta라는 이름으로 델타 공변량을 정의한 후, dataltacov$delta에 델타 공변량을 지정하였습니다.

```
> constraint <- list()
> constraint$lta$EQUAL$BIG.RHO$TIME <- TRUE
> constraint$lta$EQUAL$BIG.RHO$CLASS <- FALSE
> ########################################
> ## ADD DELTA COVARIATES TO THE LTA ##
> ########################################
> mycov_delta = data_lta %>% select(female2) %>% as.matrix()
> data$lta$cov$delta <- mycov_delta
```

이제 델타 공변량만 투입한 LTA 모형을 추정해 봅시다. 제 PC를 기준으로 약 40초 정도 모형추정 시간이 소요되었습니다.

```
> ######################
> ## RUNNING PROGRAM ##
> ######################
> LTA.REG.1 <- cat.lvm(data=data, model=model, starval=starval,
+                constraint=constraint)
                        [모형추정 과정은 제시하지 않았음]
```

```
OK, converged at 123
```

이렇게 추정한 LTA 모형추정 결과를 LTA.REG.1라는 이름으로 저장한 후, 앞서와 마찬가지로 로그우도를 확인해 보고, 또한 모수추정 결과도 확인해 보겠습니다.

```
> LTA.REG.1$iteration$llvec
[1] -7866.815
> LTA.REG.1$param
$lta
$lta$big.rho
, , Stage.1, Time.1, ,

             [,1]       [,2]
sItem.1 0.7879843 0.21201568
sItem.2 0.9102118 0.08978820
sItem.3 0.9606283 0.03937165
sItem.4 0.8646544 0.13534563
sItem.5 0.9420763 0.05792374
sItem.6 0.8215167 0.17848334
sItem.7 0.9380973 0.06190266
sItem.8 0.7309488 0.26905119
sItem.9 0.9569363 0.04306367

, , Stage.2, Time.1, ,

             [,1]       [,2]
sItem.1 0.76200809 0.2379919
sItem.2 0.85460779 0.1453922
sItem.3 0.89313992 0.1068601
sItem.4 0.76508517 0.2349148
sItem.5 0.80553570 0.1944643
sItem.6 0.03169939 0.9683006
sItem.7 0.79300260 0.2069974
sItem.8 0.03356153 0.9664385
sItem.9 0.70518145 0.2948185
```

```
, , Stage.3, Time.1, ,

            [,1]       [,2]
sItem.1 0.36161372 0.6383863
sItem.2 0.12890607 0.8710939
sItem.3 0.37700138 0.6229986
sItem.4 0.35483702 0.6451630
sItem.5 0.20280617 0.7971938
sItem.6 0.02598873 0.9740113
sItem.7 0.13567945 0.8643206
sItem.8 0.02634441 0.9736556
sItem.9 0.26638459 0.7336154

, , Stage.1, Time.2, ,

            [,1]       [,2]
sItem.1 0.7879843 0.21201568
sItem.2 0.9102118 0.08978820
sItem.3 0.9606283 0.03937165
sItem.4 0.8646544 0.13534563
sItem.5 0.9420763 0.05792374
sItem.6 0.8215167 0.17848334
sItem.7 0.9380973 0.06190266
sItem.8 0.7309488 0.26905119
sItem.9 0.9569363 0.04306367

, , Stage.2, Time.2, ,

            [,1]       [,2]
sItem.1 0.76200809 0.2379919
sItem.2 0.85460779 0.1453922
sItem.3 0.89313992 0.1068601
sItem.4 0.76508517 0.2349148
sItem.5 0.80553570 0.1944643
sItem.6 0.03169939 0.9683006
sItem.7 0.79300260 0.2069974
sItem.8 0.03356153 0.9664385
sItem.9 0.70518145 0.2948185
```

```
, , Stage.3, Time.2, ,

            [,1]      [,2]
sItem.1 0.36161372 0.8710939
sItem.3 0.37700138 0.6229986
sItem.4 0.35483702 0.6451630
sItem.5 0.20280617 0.7971938
sItem.6 0.02598873 0.9740113
sItem.7 0.13567945 0.8643206
sItem.8 0.02634441 0.9736556
sItem.9 0.26638459 0.7336154


$lta$delta
, , ,

         Stage.1    Stage.2   Stage.3
Time.1 0.08878232 0.4374999 0.4737178
Time.2 0.09817408 0.4093956 0.4924303


$lta$tau
, , Time.2, ,

          Stage.1   Stage.2   Stage.3
Stage.1 0.1409613 0.5847391 0.2742996
Stage.2 0.1401455 0.5399223 0.3199322
Stage.3 0.0513924 0.2559862 0.6926214


$lta$beta
$lta$beta$delta
, , ,

            Stage.1    Stage.2   Stage.3
Int.              0  1.9430407  2.566221
cov.delta.1       0 -0.4528145 -1.312622
```

이미 앞에서 일반 LTA 모형 추정결과를 살펴보았기 때문에 별도의 자세한 설명을 드리지는 않겠습니다. 다만 한 가지 유의하실 것은 여기서 추정한 `Stage.1`은 앞서 일반 LTA 모형 추정 시 얻었던 `Stage.1`과 다르다는 것입니다(poLCA 패키지를 이용했을 때 잠재집단의 라벨이 계속 바뀌었던 것 기억하실 것입니다). 지금은 '중증우울', '경증우울', '우울증상없음'의 순서로 잠재집단이 나타나네요. 또한 각 집단의 경우도 '중증우울' 집단이 약 10% 정도로 가장 적고(2차조사, 9%; 5차조사, 10%), '우울증상없음'집단이 50%로 가장 높으며(2차조사, 47%; 5차조사, 49%), '경증우울'집단은 약 40% 정도로 나타났다는 점입니다(2차조사, 44%; 5차조사, 41%). 이 집단은 바로 남성 응답자의 잠재집단입니다. 왜냐하면 투입된 예측변수(델타 공변량)의 경우 남성이 0, 여성이 1의 값을 갖고 있기 때문입니다. 여성 응답자의 경우 맨 아래 제시된 `$lta$beta$delta` 결과를 이용해 추정해야 합니다. 즉 여성의 경우 '중증우울' 확률에 비해 '경증우울'일 확률이 약 36%가량 낮고($.6458 \approx e^{-0.4528145}$), '중증우울' 확률에 비해 '우울증상없음'일 확률은 약 73%가량 낮습니다($.2691 \approx e^{-1.312622}$). 이 결과는 우리가 제2장에서 살펴본 예측변수 투입 LCA 모형과 유사합니다. 즉 여성이 남성에 비해 '우울성향없음' 잠재집단에 속할 확률이 작았던 반면, 우울증이 있는 다른 집단에 속할 가능성이 남성에 비해 다소 높았습니다.

사실 이 부분은 LTA 모형에서 흥미로운 부분이 아닙니다. 보다 흥미로운 부분은 다름 아닌 전이패턴에 미치는 예측변수, 즉 타우 공변량의 효과입니다. 타우 공변량 효과를 살펴보기 이전에 델타 공변량 투입으로 인해 모형의 설명력이 증가했는지 살펴봅시다. 아쉽지만 로그우도비 테스트와 정보지수 모두 수계산을 해야 합니다. 아래에서 확인하실 수 있듯, 로그우도비 테스트결과를 따를 경우 델타 공변량을 투입하는 것이 더 낫지만, CAIC, BIC 모두 델타 공변량을 투입한 LTA 모형이 일반 LTA 모형보다 낫다는 것을 보여주고 있습니다.

```
> pchisq(2*(LTA.REG.1$iteration$llvec-LTA.1$iteration$llvec), #로그우도값 차이
+        2, # 추가로 투입된 모수개수
+        lower.tail=F)
[1] 6.990559e-09
> tibble(
+   LTA.1_CAIC=-2*LTA.1$iteration$llvec+(1+log(nkase))*35,
+   LTA.REG.1_CAIC=-2*LTA.REG.1$iteration$llvec+(1+log(nkase))*37,
+   LTA.1_BIC=-2*LTA.1$iteration$llvec+log(nkase)*35,
+   LTA.REG.1_BIC=-2*LTA.REG.1$iteration$llvec+log(nkase)*37
+ )
```

```
# A tibble: 1 x 4
  LTA.1_CAIC LTA.REG.1_CAIC LTA.1_BIC LTA.REG.1_BIC
       <dbl>          <dbl>     <dbl>         <dbl>
1    16076        16021          16041        15984
```

타우 공변량을 투입하는 것은 앞의 델타 공변량과 조금 다릅니다. 왜냐하면 델타 공변량의 경우 측정시점의 차이를 고려하지 않지만, 타우 공변량의 경우 측정시점의 차이를 고려하기 때문입니다. 따라서 타우 공변량의 경우 조사시점에 따라 공변량, 즉 예측변수의 값이 다를 수도 있습니다. 하지만 현재 성별과 같은 예측변수의 경우 조사시점에 따라 변동하지 않는 예측변수(time-invariant predictor)입니다. 다시 말해 조사시점에 따라 값이 변동하지 않기 때문에 동일한 값을 2차례 반복하여 넣어주면 됩니다. 타우 공변량은 데이터를 입력했을 때와 마찬가지로 3차원의 어레이 오브젝트 형식으로 투입하면 됩니다.

```
> ####################################
> ## ADD TAU COVARIATES TO THE LTA ##
> ####################################
> mycov_tau = array(NA,c(nkase,1,nt))
> mycov_tau[,,1] = mycov_delta
> mycov_tau[,,2] = mycov_delta
> data$lta$cov$tau <- mycov_tau
```

타우 공변량의 경우 아래와 같이 수정을 해주는 것이 필요합니다. 즉 0에 가깝도록 값을 조정하여 계산이 가능하도록 하는 방법입니다.

```
> ######################################################
> ## FIX SOME TAUs AS ZERO TO AVOID BOUNDARY SOLUTION ##
> ######################################################
> constraint$lta$TAU <- LTA.REG.1$constraint$lta$TAU
> w <- LTA.REG.1$param$lta$tau < 0.1
> constraint$lta$TAU[w] <- 0
```

이제 모형을 추정해 보죠. 시간이 조금 더 걸립니다만, 제 PC로는 2분을 넘기지 않았습니다. 우선 모형추정 결과를 살펴보겠습니다.

```
> ######################
> ## RUNNING PROGRAM ##
> ######################
> LTA.REG.2 <- cat.lvm(data=data, model=model, starval=starval,
+                constraint=constraint)
```

[반복계산 과정은 별도 제시하지 않았음]

```
> LTA.REG.2$param
$lta
$lta$big.rho
, , Stage.1, Time.1, ,

               [,1]         [,2]
sItem.1  2.820165e-01  0.7179835
sItem.2  1.980981e-02  0.9801902
sItem.3  2.308969e-01  0.7691031
sItem.4  2.570700e-01  0.7429300
sItem.5  1.010906e-01  0.8989094
sItem.6  1.491311e-196 1.0000000
sItem.7  4.727075e-02  0.9527293
sItem.8  4.060352e-04  0.9995940
sItem.9  1.568779e-01  0.8431221

, , Stage.2, Time.1, ,

              [,1]       [,2]
sItem.1 0.57793236 0.4220676
sItem.2 0.53742238 0.4625776
sItem.3 0.70998209 0.2900179
sItem.4 0.59142164 0.4085784
sItem.5 0.51846789 0.4815321
sItem.6 0.05199432 0.9480057
sItem.7 0.47213361 0.5278664
sItem.8 0.05917884 0.9408212
sItem.9 0.51253537 0.4874646
```

```
, , Stage.3, Time.1, ,

             [,1]       [,2]
sItem.1 0.8484643 0.15153571
sItem.2 0.9534812 0.04651884
sItem.3 0.9750600 0.02493998
sItem.4 0.8708208 0.12917915
sItem.5 0.9654963 0.03450372
sItem.6 0.2842450 0.71575501
sItem.7 0.9558593 0.04414068
sItem.8 0.2459982 0.75400183
sItem.9 0.8821677 0.11783232

, , Stage.1, Time.2, ,

                 [,1]      [,2]
sItem.1  2.820165e-01 0.7179835
sItem.2  1.980981e-02 0.9801902
sItem.3  2.308969e-01 0.7691031
sItem.4  2.570700e-01 0.7429300
sItem.5  1.010906e-01 0.8989094
sItem.6 1.491311e-196 1.0000000
sItem.7  4.727075e-02 0.9527293
sItem.8  4.060352e-04 0.9995940
sItem.9  1.568779e-01 0.8431221

, , Stage.2, Time.2, ,

              [,1]      [,2]
sItem.1 0.57793236 0.4220676
sItem.2 0.53742238 0.4625776
sItem.3 0.70998209 0.2900179
sItem.4 0.59142164 0.4085784
sItem.5 0.51846789 0.4815321
sItem.6 0.05199432 0.9480057
sItem.7 0.47213361 0.5278664
sItem.8 0.05917884 0.9408212
sItem.9 0.51253537 0.4874646
```

```
, , Stage.3, Time.2, ,

            [,1]       [,2]
sItem.1 0.8484643 0.15153571
sItem.2 0.9534812 0.04651884
sItem.3 0.9750600 0.02493998
sItem.4 0.8708208 0.12917915
sItem.5 0.9654963 0.03450372
sItem.6 0.2842450 0.71575501
sItem.7 0.9558593 0.04414068
sItem.8 0.2459982 0.75400183
sItem.9 0.8821677 0.11783232


$lta$delta
, , ,

         Stage.1   Stage.2   Stage.3
Time.1 0.3023765 0.4111693 0.2864542
Time.2 0.2590198 0.4644933 0.2764869

$lta$tau
, , Time.2, ,

          Stage.1   Stage.2   Stage.3
Stage.1 0.4530836 0.4342607 0.1126557
Stage.2 0.2880755 0.4642591 0.2476654
Stage.3 0.0000000 0.5253355 0.4746645


$lta$beta
$lta$beta$delta
, , ,

              Stage.1    Stage.2     Stage.3
Int.          0          0.04478149 -1.000094
cov.delta.1   0          0.46442773  1.411365
```

```
$lta$beta$tau
, , Stage.1, Time.2, ,

             Stage.1  Stage.2    Stage.3
Int.         0        -0.2693916 -1.6041657
cov.tau.1    0         0.3556062  0.3341107

, , Stage.2, Time.2, ,

             Stage.1  Stage.2     Stage.3
Int.         0         0.53896943 -0.3667935
cov.tau.1    0        -0.09919297  0.3217436

, , Stage.3, Time.2, ,

             Stage.1  Stage.2     Stage.3
Int.         NA       0           -0.4170527
cov.tau.1    NA       0            0.4893253
```

델타 공변량만 추정한 모형에 비해 타우 공변량을 추가로 추정한 모형에서는 총 5개의 모수를 더 추정했습니다. 구체적으로 모형추정 결과를 해석하기 이전에 로그우도비 테스트결과와 CAIC, BIC를 계산해 보겠습니다. 로그우도비 테스트의 경우 타우 공변량을 투입한 모형이 더 낫지만, CAIC, BIC에서 모두 타우 공변량을 추정한 모형의 설명력이 더 감소하는 것으로 나타났습니다.

```
> pchisq(-2*(LTA.REG.1$iteration$llvec-LTA.REG.2$iteration$llvec), #로그우도값 차이
+       5, # 추가로 투입된 모수개수
+       lower.tail=F)
[1] 6.619172e-11
> tibble(
+  LTA.REG.2_CAIC=-2*LTA.REG.2$iteration$llvec+(1+log(nkase))*42,
+  LTA.REG.1_CAIC=-2*LTA.REG.1$iteration$llvec+(1+log(nkase))*37,
+  LTA.REG.2_BIC=-2*LTA.REG.2$iteration$llvec+log(nkase)*42,
+  LTA.REG.1_BIC=-2*LTA.REG.1$iteration$llvec+log(nkase)*37
+ )
```

```
# A tibble: 1 x 4
  LTA.REG.2_CAIC LTA.REG.1_CAIC LTA.REG.2_BIC LTA.REG.1_BIC
           <dbl>          <dbl>         <dbl>         <dbl>
1          16116          16021         16074         15984
```

우선 결론부터 말씀드리면 델타 공변량만 투입한 모형이 제일 낫습니다. 하지만 타우 공변량의 효과가 어떤지 해석은 해볼 수 있을 것입니다. 우선 문항-반응 확률을 보시기 바랍니다. 이번에는 '우울증상없음', '경증우울', '중증우울'의 순서로 잠재집단이 추정되었습니다. 이에 따라 델타 공변량의 효과를 나타내는 회귀계수가 모두 양수로 나타났습니다(앞의 LTA.REG.1 추정결과에서는 성별의 회귀계수가 모두 음수였습니다). 즉 남성에 비해 여성일수록 '우을증상없음' 집단으로 분류될 가능성보다 '경증우울' 집단으로 분류될 가능성이 약 59% 더 높고($1.591 \approx e^{0.46442773}$), '중증우울' 집단으로 분류될 가능성은 약 4배 이상 높습니다($4.102 \approx e^{1.411365}$).

하지만 LTA.REG.2 추정결과의 핵심은 ltabeta$tau 부분입니다. 남성에 비해 여성일 때, 2차조사 시기 '우울증상없음' 집단이었다가 5차조사 시기 '경증우울' 집단으로 전이될 확률이 약 42%가량 더 높고($1.427 \approx e^{0.3556062}$), '중증우울' 집단으로 전이될 확률 역시 40%가량 더 높습니다($1.397 \approx e^{0.3341107}$). '경증우울' 집단에서의 전이 확률이나, '중증우울' 집단에서의 전이 확률의 경우도 비슷하게 해석할 수 있습니다.

지금까지 LTA 모형을 살펴보았습니다. LCA 모형에 비해 분명 복잡하고 혼란스러운 면이 없지 않지만, 시간변화에 따라 잠재집단 변화패턴이 어떻게 변하는지를 볼 수 있다는 점에서 매우 유용한 모형임에 틀림없습니다. 반복측정된 관측변수들을 효율적으로 설명하고자 한다면 분명 LTA는 유용한 모형일 것으로 생각합니다. CAT_LVM 패키지가 다소 불편한 면이 없지 않지만, 적어도 제가 겪어본 LTA 모형 패키지 중에서는 모형추정 입력값을 지정하는 방법이 명확하고 모형추정 속도도 매우 빠른 편입니다. 또한 본서에서는 다루지 않았지만, 다집단 LTA 모형추정이 가능하며, ML 추정이 아닌 다른 추정법을 활용한 LCA 모형 혹은 LTA 모형도 가능합니다. 본서를 통해 LTA 모형에 익숙해진 분이라면 정환 교수님 홈페이지에 업로드된 다른 패키지들도 시도해 보시면 분명 흥미롭고 유익할 것으로 생각합니다.

맺음말 Epilogue

제2부부터 제5부까지를 통해 OLS 회귀모형을 적용하기 어려운 제한적 종속변수에는 어떤 유형이 있고, 각 유형별로 적절하게 사용할 수 있는 모형은 무엇이며, R을 이용하여 각 모형을 어떻게 추정할 수 있는지 살펴보았습니다.

본서에서 소개한 여러 모형들을 적절하게 활용하여 학위논문, 학술논문, 연구보고서, 데이터 분석결과 프레젠테이션 등에서 독자 여러분이 원하시는 소기의 성과를 거두실 수 있다면 저로서는 더 이상 기쁜 일이 없을 것입니다.

참고문헌 Reference

백영민 (2015). 『R을 이용한 사회과학데이터 분석: 기초편』. 서울: 커뮤니케이션 북스.

백영민 (2017a). 『R를 이용한 텍스트 마이닝』. 파주: 한울.

백영민 (2017b). 『R를이용한 사회과학데이터 분석: 구조방정식모형 분석』. 서울: 커뮤니케이션 북스.

백영민 (2018a). 『R기반 데이터과학: tidyverse 접근』. 서울: 한나래.

백영민 (2018b). 『R을 이용한 다층모형』. 서울: 한나래.

Allison, P. D. (2001). *Missing data*. Thousand Oaks, CA: Sage publications.

Collins, L. M., & Lanza, S. T. (2010). *Latent Class and Latent Transition Analysis: With Applications in the Social, Behavioral, and Health Sciences*. New York: John Wiley & Sons.

Fabrigar, L. R., & Wegener, D. T. (2012). *Exploratory factor analysis*. New York: Oxford University Press.

Fraley, C., & Raftery, A. E. (2002). Model-based clustering, discriminant analysis, and density estimation. *Journal of the American statistical Association*, *97*, 611-631. https://doi.org/10.1198/016214502760047131

Greene, W. H. (2012). *Econometric analysis* (*7th Ed.*). Essex, UK: Pearson Education Limited.

Hauck Jr, W. W., & Donner, A. (1977). Wald's test as applied to hypotheses in logit analysis. *Journal of the American Statistical Association*, *72*, 851-853. https://doi.org/10.1080/01621459.1977.10479969

Hausman, J., & McFadden, D. (1984). Specification tests for the multinomial logit model. *Econometrica: Journal of the Econometric Society*, *52*, 1219-1240. doi: 10.2307/1910997

Hosmer, D. W., Hosmer, T., Le Cessie, S., & Lemeshow, S. (1997). A comparison of goodness–of–fit tests for the logistic regression model. *Statistics in medicine*, *16*, 965-980. https://doi.org/10.1002/(SICI)1097-0258(19970515)16:9<965::AID-SIM509>3.0.CO;2-O

Knoke, D., Burke, P. J., & Burke, P. (1980). *Log-linear models*. Thousands Oak, CA: Sage Publications.

Long, J. S. (1997). *Regression models for categorical and limited dependent variables*. Thousand Oaks, CA: Sage Publications.

Long, J. S., & Freese, J. (2006). *Regression models for categorical dependent variables using Stata*. College Station, TX: Stata press.

Powers, D. A., & Xie, Y. (2008). *Statistical methods for categorical data analysis*. New York: Academic Press.

Scrucca, L., Fop, M., Murphy, T. B., & Raftery, A. E. (2016). mclust 5: Clustering, classification and density estimation using gaussian finite mixture models. *The R journal*, *8*, 289-317. https://journal.r-project.org/archive/2016/RJ-2016-021/RJ-2016-021.pdf

Vuong, Q. H. (1989). Likelihood ratio tests for model selection and non-nested hypotheses. *Econometrica: Journal of the Econometric Society*, *57*, 307-333. doi: 10.2307/1912557

Wilson, P. (2015). The misuse of the Vuong test for non-nested models to test for zero-inflation. *Economics Letters*, *127*, 51-53. https://doi.org/10.1016/j.econlet.2014.12.029

주제어 찾아보기 Index

로마자

[U]

[V]

[W]

[Z]

한국어

[카]

[타]

[파]

[하]

함수 찾아보기 Index